CPEC
国家级实验教学示范中心联席会
计算机学科组规划教材

CAD工业软件中的几何理论与算法

赵罡 杜孝孝 王伟 编著

清华大学出版社
北京

内容简介

CAD 工业软件是现代工程产品研发的重要工具，广泛应用于航空、航天、船舶、汽车、电子等领域产品的研发设计过程中。本书将基础理论和算法实现相结合，系统地介绍 CAD 工业软件中涉及的关键几何理论与算法，包括贝齐尔曲线和曲面、B 样条曲线和曲面、有理 B 样条曲线和曲面以及 T 样条曲面等相关知识。同时介绍在逆向工程中有重要应用的点的投影与拟合算法、自由型曲面三维造型中的多类高级造型方法和面向 CAD/CAE 一体化的等几何分析方法及其应用。全书共 9 章，分别介绍微分几何基础、参数曲线和曲面、贝齐尔曲线和曲面、B 样条曲线和曲面、有理 B 样条曲线和曲面、T 样条曲面、点的投影与拟合、NURBS 曲面造型方法、等几何分析及应用等知识。

本书主要面向广大从事 CAX 工业软件开发、计算机辅助几何设计、飞行器设计与制造、机械设计制造及自动化等领域研究工作的专业人员，从事高等教育的专任教师，高等学校的在读高年级本科生、硕博士研究生及相关领域的广大科研人员。

图书在版编目（CIP）数据

CAD 工业软件中的几何理论与算法 / 赵罡，杜孝孝，王伟编著. -- 北京 ：清华大学出版社，2025. 7.
（国家级实验教学示范中心联席会计算机学科组规划教材）. -- ISBN 978-7-302-69837-1

Ⅰ. TP391.72

中国国家版本馆 CIP 数据核字第 20252H6Z92 号

责任编辑： 陈景辉　李　燕
封面设计： 刘　键
责任校对： 胡伟民
责任印制： 沈　露

出版发行： 清华大学出版社

网　　址： https://www.tup.com.cn，https://www.wqxuetang.com
地　　址： 北京清华大学学研大厦 A 座　　**邮　　编：** 100084
社 总 机： 010-83470000　　**邮　　购：** 010-62786544
投稿与读者服务： 010-62776969，c-service@tup.tsinghua.edu.cn
质量反馈： 010-62772015，zhiliang@tup.tsinghua.edu.cn
课件下载： https://www.tup.com.cn，010-83470236

印 装 者： 天津安泰印刷有限公司
经　　销： 全国新华书店
开　　本： 185mm×230mm　　**印　　张：** 19.25　　**字　　数：** 470 千字
版　　次： 2025 年 8 月第 1 版　　**印　　次：** 2025 年 8 月第1 次印刷
印　　数： 1～1500
定　　价： 59.90 元

产品编号：112529-01

序 言

计算机辅助设计(CAD)作为现代工业体系的基础性工具,在研发设计类软件生态中兼具几何数据枢纽与创新引擎的双重属性。从产品概念设计到工程详细设计,CAD系统通过精准的数学建模架设起虚拟空间与物理世界的数字桥梁。这一技术范式的革命性突破,源于对几何形体数学表达方法的持续探索,最终孕育出计算机辅助几何设计(CAGD)这一交叉学科。计算机辅助几何设计通过研究曲线、曲面和其他形体的数学表示方法及其性质,为复杂工程产品的创建、修改和分析提供基础工具。自20世纪60年代法国雷诺汽车公司工程师贝齐尔(Pierre Bézier)提出贝齐尔方法之后,曲线和曲面的数学表达及算法得到了迅猛发展。在此后的20年中,相继发展出了广为人知的B样条曲线和曲面以及非均匀有理B样条(NURBS)曲线和曲面方法。NURBS方法统一了自由型曲线和曲面以及二次型曲线和曲面的数学表示,使其成为一种通用的几何形状数学描述工具,并彻底改变了产品几何设计的实践模式。NURBS以其通用性和简洁性在工业领域得到了广泛关注和大面积推广,应用于各类CAD软件与标准中。产品模型数据交换标准(STEP)甚至将NURBS作为产品几何形状描述的唯一方法。时至今日,NURBS在曲线和曲面精确造型领域依然占据着统治地位。然而,NURBS在彰显其普适性的同时也暴露出了一定的局限性。例如,NURBS在裁剪操作中易产生逼近误差,在局部细分过程有冗余控制顶点。2003年,Sederberg教授和郑建民教授等提出了T样条方法,通过引入T型节点打破了NURBS对控制顶点矩形拓扑阵列的严格约束,在模型无缝拼接和局部细化方面具有显著优势,但相关基础理论和算法要比NURBS复杂得多。

在几何形状的数学描述领域,国内外学界已有诸多经典著作。国内相关研究可追溯至1981年苏步青与刘鼎元合著的《计算几何》,这部开创性著作系统构建了计算几何的理论框架，为应用数学与计算机辅助设计（CAD/CAM）领域奠定了重要基础。20世纪80年代初，唐荣锡教授带领团队研制出了中国第一个多面体实体造型原型系统PANDA，并在此基础上编著了《计算机辅助飞机制造》《CAD/CAM技术》等，带动了国产CAD软件的研发。孙家广院士率领团队研发的高华CAD软件在国产工业软件发展上具有里程碑意义，在此基础上编著的《计算机图形学》《计算机辅助设计技术基础》，以及和胡事民院士合作编著的《计算机图形学基础教程》等，全面介绍了CAD技术的基本原理与应用，对培养CAD软件人才方面影响深远。笔者导师朱心雄教授在自主开发CAD/CAM系统的经验基础上主持撰写了《自由曲线曲面造型技术》，从工程技术和学术发展角度论述了CAD/CAM中的自由曲线和曲面造型技术，并与雷毅教授等成功研发了CAXA软件。王国瑾教授、汪国昭教授和郑建民教授合著了在业界颇具影响的《计算机辅助几何设计》，拓展了计算机辅助几何设计的理论基础和研究范围。此外，施法中教授编著的《计算机辅助几何设计与非均匀有理B样条》聚焦工业产品形状建模的数学方法，被教育部列为研究生推荐教材，成为该领域经典教材和文献。皮格尔（Les Piegl）与蒂勒（Wayne Tiller）编写的权威之作 *The NURBS Book* 全面阐述NURBS理论体系，是CAD领域的经典之作，其开源代码实践尤为学界所称道。笔者曾主持了此书的翻译工作，与穆国旺、王拉柱一道完成了该书的术语体系重构和本土化出版。在这些著作之外，还有许多经典之作，这里不再一一列出。这些著作凝聚了作者深厚的理论根基、广博的学科视野及前瞻性的学术洞见，持续推动着本领域的人才梯队建设，其历久弥新的学术与应用价值始终是笔者学习与借鉴的典范。

笔者从事CAD/CAM软件研发和数字化设计制造领域的研究和教育工作已近三十载，每每研习这些经典著作，倍感敬仰，深感前辈治学之精微与学科传承之厚重。但在教学实践中注意到，这些经典教材与专著皆出版已逾廿载，最新修订版距今亦已逾十载，此间有一些新技术未能得到推广和介绍。为了激发读者的学习兴趣和研究动力，笔者在充分研读与借鉴诸位前辈的呕心力作后，主持编著本书，从CAD工业软件出发，系统介绍三维曲面造型涉及的基础理论、核心算法、工业应用及前沿发展。梳理了参数曲面表达技术的发展脉络，融入了最新研究成果和技术应用，确保读者能够接触到最新的知识。增加了T样条方法的介绍，这一方法打破了贝齐尔、B样条和NURBS对控制顶点矩形拓扑阵列的要求，并衍生出一系列新技术，在近年来被认为是一种颇具影响的几何形状描述新方法。此外，针对CAD/CAE一体化的发展趋势，增加了等几何分析技术的介绍，该技术实现了精确几何模型的直接仿真分析，避开了传统意义上的网格剖分，在一系列仿真领域得到了成功应用。本书既是对前辈学者理论体系的致敬，亦是对CAD工业软件“卡脖子”技术攻关需求的学术响应，期冀为新一代数字化设计人才培养提供兼具理论纵深与实践纬度的学习范本。

赵 罡

2025年5月

前 言

工业软件的发展构筑了当今产业体系的灵魂，在推动我国制造业转型升级、提升产业水平和促进经济增长等方面具有重要意义，高端工业软件是实现我国从制造大国走向制造强国目标的重器之一。研发设计类软件是工业软件的关键，以计算机辅助设计（CAD）、计算机辅助工程（CAE）和计算机辅助制造（CAM）等为代表，广泛应用于航空、航天、船舶、机械、电子等各行各业，是装备研发不可或缺的一环。在 2021 年 5 月的两院院士大会上，习近平总书记发表重要讲话，强调了发展国产自主工业软件的紧迫性，他指出，要从国家急迫需要和长远需求出发，在工业软件等方面的关键核心技术上全力攻坚。计算机辅助几何设计技术作为 CAD 软件的核心理论基础，通过研究曲线、曲面和形体的数学表示方法及其性质，为复杂工程产品的创建、修改和分析提供基础工具。

本书主要内容

本书可视为一本基础理论、算法实现和应用相结合的书籍，注重基础理论的推导与详解，适合具备一定数学基础和编程开发经验的读者学习。

全书共有 9 章。

第 1 章微分几何基础，包括矢量与矢函数、曲线和曲面的表示与基本性质。第 2 章参数曲线和曲面，包括参数多项式插值与逼近、参数样条曲线、参数样条曲面。第 3 章贝齐尔曲线和曲面，包括贝齐尔曲线的定义和性质、贝齐尔曲线的计算、贝齐尔曲面的定义与计算。第 4 章 B 样条曲线和曲面，包括 B 样条曲线的定义与基础计算、B 样条曲线的高效几何算法、B 样条曲面的定义与计算。第 5 章有理 B 样条曲线和曲面，包括 NURBS 曲线的定义和计算、NURBS 曲面的定义和计算、圆锥曲线的 NURBS 构造。第 6 章 T 样条曲面，包括 T

样条曲面基础、局部细分与简化、适分析的 T 样条曲面、非结构化 T 样条曲面、T 样条技术的应用。第 7 章点的投影与拟合，包括点到曲线和曲面的投影，曲线和曲面插值、曲线和曲面逼近。第 8 章 NURBS 曲面造型方法，包括直纹面造型、拉伸曲面造型、旋转曲面造型、蒙皮曲面造型、扫掠曲面造型、覆盖曲面造型、曲线和曲面偏置造型。第 9 章等几何分析及应用，包括等几何分析的基本方法、二维和三维线弹性结构等几何分析、壳结构等几何分析。

本书特色

（1）系统性强，内容全面。

本书覆盖了计算机辅助几何设计基础理论的核心内容，从基础概念、理论性质、关键算法、重要应用等方面构建了较为完整的知识体系。

（2）循序渐进，层次分明。

本书按照理论技术的发展脉络，在简要介绍微分几何和参数曲线和曲面相关知识的基础上，重点介绍工程实际中有广泛应用的贝齐尔、B 样条、NURBS 和 T 样条的相关理论和方法。

（3）与时俱进，紧跟前沿。

本书结合最新的研究成果和学科动态，在传统理论知识的基础上，融入前沿领域的相关知识，包括 T 样条曲面造型和等几何分析等，使读者能够了解学科前沿，拓宽学术视野。

（4）通俗易懂，图文并茂。

本书内容简洁明了，为理论公式和核心算法配备了大量图例，帮助读者理解相关方法的具体实现。同时，为重要知识点配置了教学示例，使读者能够易于理解和接受。

配套资源

为便于教与学，本书配有源代码、教学课件、教学大纲、教学进度表、期末试卷。

（1）获取源代码方式：先刮开本书封底的文泉云盘防盗码并用手机版微信 App 扫描，授权后再扫描下方二维码，即可获取。

（2）其他配套资源可以扫描本书封底的“书圈”二维码，关注后回复本书书号，即可下载。

读者对象

本书主要面向广大从事 CAX 工业软件开发、计算机辅助几何设计、飞行器设计与制造、机械设计制造及自动化等领域研究工作的专业人员，从事高等教育的专任教师，高等学校的在读高年级本科生、硕博士研究生及相关领域的广大科研人员。

在编写本书的过程中，编著者参考了诸多相关资料，在此对相关资料的作者表示衷心的感谢。同时，课题组杨佳明、张冉、李佳仪、刘兆云、雷盛、黄朕祺等博士研究生也参与了本书部分算法实现、图片制作和文字校对工作。限于个人水平和时间仓促，书中难免存在疏漏之处，欢迎广大读者批评指正。

编著者

2025年4月

目录

第1章

微分几何基础

CHAPTER 1

本章从矢函数、曲线论和曲面论三方面介绍微分几何的基础知识。首先介绍矢量和矢函数及相关的基础计算公式,矢函数是参数曲线和曲面表达的基础；其次介绍参数曲线的矢函数表达及相关性质,给出描述参数曲线性质的弗朗内特(Frenet)标架和基本公式；最后介绍曲面论的相关知识,包括常见参数曲面的参数方程、切矢法矢计算、曲面上曲线的表达、直纹面和可展曲面的定义、曲面的曲率性质等。

1.1　矢量与矢函数

1.1.1　矢量

矢量是同时具有方向和长度(或大小)的几何量,也称为**向量**。矢量的长度称为**模长**。模长为 1 的矢量为**单位矢量**。如图 1.1 所示,由点 A 指向点 B 的矢量记为 $\boldsymbol{a}$ 或者 $\overrightarrow{AB}$。$\boldsymbol{a}$ 的模长记为 $|\boldsymbol{a}|$。

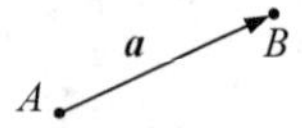

图 1.1　由点 A 指向点 B 的矢量 $\boldsymbol{a}$

矢量依照起始端是否位于坐标原点,可以分为**绝对矢量**和**相对矢量**。当坐标系确定后,绝对矢量对应空间点的位置也称为**位置矢量**。绝对矢量常用来表示定义几何形状的点(如曲线控制顶点)和形状上的点(如曲线上的点)。相对矢量描述的是点与点之间的相对位置关系,不依赖于具体坐标系。

在笛卡儿坐标系 $o\text{-}xyz$ 中,设 $\boldsymbol{i}$、$\boldsymbol{j}$、$\boldsymbol{k}$ 为沿 x 轴、y 轴和 z 轴的单位矢量,则该坐标系中绝对矢量 $\boldsymbol{a}$ 可以表示为

$$\boldsymbol{a}=a_x\boldsymbol{i}+a_y\boldsymbol{j}+a_z\boldsymbol{k}=[a_x,a_y,a_z] \tag{1.1}$$

其中,a_x、a_y、a_z 表示矢量在 3 个坐标轴上投影的有向距离,也称为矢量 $\boldsymbol{a}$ 的分量。

两矢量具有相同的方向和大小,则称两矢量相等。矢量的加法和减法可以采用分量的加减来表示,且满足交换律。设 $\boldsymbol{b}=[b_x,b_y,b_z]$,$\boldsymbol{c}=[c_x,c_y,c_z]$,有

$$\boldsymbol{a}+\boldsymbol{b}=\boldsymbol{b}+\boldsymbol{a}=[a_x+b_x,a_y+b_y,a_z+b_z] \tag{1.2}$$

$$\boldsymbol{a}-\boldsymbol{b}=\boldsymbol{a}+(-\boldsymbol{b})=[a_x-b_x,a_y-b_y,a_z-b_z] \tag{1.3}$$

$$(\boldsymbol{a}+\boldsymbol{b})+\boldsymbol{c}=\boldsymbol{a}+(\boldsymbol{b}+\boldsymbol{c}) \tag{1.4}$$

矢量 $\boldsymbol{a}$ 和 $\boldsymbol{b}$ 的点积(也称为**内积**)表示为 $\boldsymbol{a}\cdot\boldsymbol{b}$,其结果为标量,定义如下:

$$\boldsymbol{a}\cdot\boldsymbol{b}=|\boldsymbol{a}||\boldsymbol{b}|\cos\theta=a_xb_x+a_yb_y+a_zb_z \tag{1.5}$$

其中,θ 表示矢量之间的夹角。矢量的模长可以由其分量计算得到,与矢量和自身点积的平方根相等,即

$$|\boldsymbol{a}|=\sqrt{a_x^2+a_y^2+a_z^2}=\sqrt{\boldsymbol{a}\cdot\boldsymbol{a}} \tag{1.6}$$

矢量 $\boldsymbol{a}$ 和 $\boldsymbol{b}$ 的**叉积**是一个垂直于 $\boldsymbol{a}$ 和 $\boldsymbol{b}$ 的矢量,且与 $\boldsymbol{a}$ 和 $\boldsymbol{b}$ 构成右手坐标系,记为 $\boldsymbol{a}\times\boldsymbol{b}$,其模长等于 $\boldsymbol{a}$ 和 $\boldsymbol{b}$ 张成的平行四边形的面积,即

$$|\boldsymbol{a}\times\boldsymbol{b}|=|\boldsymbol{a}||\boldsymbol{b}|\sin\theta \tag{1.7}$$

叉积 $\boldsymbol{a}\times\boldsymbol{b}$ 可以采用分量表示为

$$\boldsymbol{a}\times\boldsymbol{b}=[a_yb_z-a_zb_y,a_zb_x-a_xb_z,a_xb_y-a_yb_x] \tag{1.8}$$

矢量 $\boldsymbol{a}$ 和 $\boldsymbol{b}$ 垂直的充分必要条件是点积 $\boldsymbol{a}\cdot\boldsymbol{b}=0$。矢量 $\boldsymbol{a}$ 和 $\boldsymbol{b}$ 平行的充分必要条件是叉积 $\boldsymbol{a}\times\boldsymbol{b}=0$。

矢量 $\boldsymbol{a}$、$\boldsymbol{b}$ 和 $\boldsymbol{c}$ 的**混合积**记为

$$(\boldsymbol{a},\boldsymbol{b},\boldsymbol{c})=(\boldsymbol{a}\times\boldsymbol{b})\cdot\boldsymbol{c}=\begin{vmatrix} a_x & a_y & a_z \\ b_x & b_y & b_z \\ c_x & c_y & c_z \end{vmatrix} \tag{1.9}$$

其结果为标量且等于矢量 $\boldsymbol{a}$、$\boldsymbol{b}$ 和 $\boldsymbol{c}$ 张成的六面体的体积。混合积的计算满足

$$(\boldsymbol{a},\boldsymbol{b},\boldsymbol{c})=(\boldsymbol{c},\boldsymbol{a},\boldsymbol{b})=(\boldsymbol{b},\boldsymbol{c},\boldsymbol{a})=-(\boldsymbol{a},\boldsymbol{c},\boldsymbol{b})=-(\boldsymbol{b},\boldsymbol{a},\boldsymbol{c})=-(\boldsymbol{c},\boldsymbol{b},\boldsymbol{a}) \tag{1.10}$$

矢量 $\boldsymbol{a}$、$\boldsymbol{b}$ 和 $\boldsymbol{c}$ 的二重矢积记为

$$\boldsymbol{a}\times(\boldsymbol{b}\times\boldsymbol{c})=(\boldsymbol{a}\cdot\boldsymbol{c})\boldsymbol{b}-(\boldsymbol{a}\cdot\boldsymbol{b})\boldsymbol{c} \tag{1.11}$$

1.1.2　矢函数

给定一个点集 G，如果 G 中的每一个点 x 都有一个矢量 $\boldsymbol{r}$ 与其对应，则称 $\boldsymbol{r}$ 为点集 G 上的一个**矢函数**(或向量函数)，记为

$$\boldsymbol{r}=\boldsymbol{r}(x),\quad x\in G \tag{1.12}$$

具体地，设点集 G 对应一元参数区间 $u\in[u_1,u_2]$，则三维空间中的一个矢函数 $\boldsymbol{r}(u)$ 可以表示为

$$\boldsymbol{r}(u)=r_x(u)\boldsymbol{i}+r_y(u)\boldsymbol{j}+r_z(u)\boldsymbol{k}=[r_x(u),r_y(u),r_z(u)],u\in[u_1,u_2] \tag{1.13}$$

其分量 $r_x(u)$、$r_y(u)$、$r_z(u)$ 均为参数 u 的函数。如果 $r_x(u)$、$r_y(u)$、$r_z(u)$ 都是参数 u 的连续函数，则称矢函数 $\boldsymbol{r}(u)$ 是连续的。

设 $\boldsymbol{r}(u)$ 是参数区间 $[u_1,u_2]$ 上的连续函数，对于 $u_0\in(u_1,u_2)$，如果极限

$$\lim_{\Delta u\to 0}\frac{\boldsymbol{r}(u_0+\Delta u)-\boldsymbol{r}(u_0)}{\Delta u} \tag{1.14}$$

存在，则称 $\boldsymbol{r}(u)$ 在 u_0 处**可微**。该极限称为 $\boldsymbol{r}(u)$ 在 u_0 处的**导矢**，记为 $\boldsymbol{r}'(u_0)$ 或 $\left(\frac{\mathrm{d}\boldsymbol{r}}{\mathrm{d}u}\right)_{u_0}$，即

$$\left(\frac{\mathrm{d}\boldsymbol{r}}{\mathrm{d}u}\right)_{u_0}=\boldsymbol{r}'(u_0)=[p_x'(u_0),p_y'(u_0),p_z'(u_0)] \tag{1.15}$$

如果 $\boldsymbol{r}(u)$ 在区间 $[u_1,u_2]$ 上每一点处的导矢均存在，则称矢函数 $\boldsymbol{r}(u)$ 在此区间上是可微的，记为 $\boldsymbol{r}'(u)$。导矢 $\boldsymbol{r}'(u)$ 称为矢函数 $\boldsymbol{r}(u)$ 的一阶导矢，依旧是关于参数 u 的矢函数。如果一阶导矢 $\boldsymbol{r}'(u)$ 是连续可微的，则 $\boldsymbol{r}'(u)$ 的导矢 $\boldsymbol{r}''(u)$ 称为矢函数 $\boldsymbol{r}(u)$ 的二阶导矢。同理，$\boldsymbol{r}(u)$ 的 k 阶导矢表示为 $\boldsymbol{r}^{(k)}(u)$。如果矢函数 $\boldsymbol{r}(u)$ 在区间 $[u_1,u_2]$ 上有直到 k 阶的连续可微导矢，则称 $\boldsymbol{r}(u)$ 为该区间上 k 阶可微矢函数或 C^k 矢函数。

设 $\boldsymbol{r}(u)$ 为 k 阶可微矢函数，则 $\boldsymbol{r}(u+\Delta u)$ 的泰勒展开式为

$$\boldsymbol{r}(u+\Delta u)=\boldsymbol{r}(u)+\frac{\boldsymbol{r}'(u)}{1!}\Delta u+\frac{\boldsymbol{r}''(u)}{2!}(\Delta u)^2+\cdots+\frac{\boldsymbol{r}^{(k)}(u)}{k!}(\Delta u)^k+O((\Delta u)^k) \tag{1.16}$$

其中 $\Delta u \to 0$ 时，$O((\Delta u)^k) \to 0$。

矢函数的导矢可以归结为对各分量的求导。同理，其积分计算也可以归结为对各分量的积分。设 $a=u_0<u_1<\cdots<u_{n-1}<u_n=b$ 是区间$[a,b]$上的任意有序分割，则 $\boldsymbol{r}(u)$矢函数在该区间的积分为

$$\int_a^b \boldsymbol{r}(u)\mathrm{d}u = \lim_{n\to\infty}\sum_{i=1}^{n}\boldsymbol{r}(\tilde{u}_i)\Delta u_i = \left[\int_a^b \boldsymbol{r}_x(u)\mathrm{d}u, \int_a^b \boldsymbol{r}_y(u)\mathrm{d}u, \int_a^b \boldsymbol{r}_z(u)\mathrm{d}u\right] \tag{1.17}$$

其中，$\Delta u_i = u_i - u_{i-1}$，$\tilde{u}_i \in [u_{i-1}, u_i]$，当 $n\to\infty$时，$\Delta u_i \to 0$。

1.2 曲线的表示与基本性质

1.2.1 曲线的矢函数表达

根据矢函数的基本定义，给定参数区间 $u\in[u_0,u_1]$，矢函数 $\boldsymbol{p}$ 的末端点随参数 u 变化而形成的轨迹称为**矢端曲线**。对于二维平面曲线，其**参数形式**(**参数方程**)表示为

$$\boldsymbol{p}=\boldsymbol{p}(u)=[x(u),y(u)],\quad u\in[u_0,u_1] \tag{1.18}$$

或者

$$\begin{cases} x=x(u) \\ y=y(u) \end{cases} \quad u\in[u_0,u_1] \tag{1.19}$$

相应地，三维空间曲线的参数形式(参数方程)可表示为

$$\boldsymbol{p}=\boldsymbol{p}(u)=[x(u),y(u),z(u)],\quad u\in[u_0,u_1] \tag{1.20}$$

或者

$$\begin{cases} x=x(u) \\ y=y(u) \\ z=z(u) \end{cases} \quad u\in[u_0,u_1] \tag{1.21}$$

其中，参数 u 称为曲线的**参数**，参数区间$[u_0,u_1]$称为曲线的**参数域**。因参数方程仅包含单个参数(变量)，也称**单参数曲线方程**。

参数曲线中的参数 u 可以具有特定的几何意义，也可以没有明确的几何意义。例如，圆心位于坐标原点的椭圆，其参数方程可以写为

$$\boldsymbol{p}(\theta)=[a\cos(\theta),b\sin(\theta)],\quad \theta\in[0,2\pi] \tag{1.22}$$

其中，a 和 b 分别表示椭圆的半长轴和半短轴；θ 表示圆心到曲线一点所构成矢量与 x 轴正向之间的夹角，如图 1.2 所示。参数也可以没有任何几何意义，如参数方程 $\boldsymbol{p}(u)=\boldsymbol{a}_0+\boldsymbol{a}_1u+\boldsymbol{a}_2u^2+\boldsymbol{a}_3u^3$ 所表示的曲

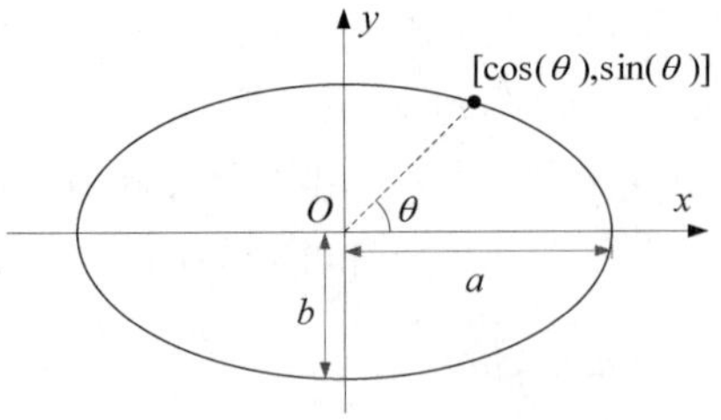

图 1.2 椭圆的参数表达

线,其参数 u 没有几何意义。

给定一个具体的参数曲线方程,称为给定了一个曲线的**参数化**(parametrization)。参数化既决定了所表示曲线的几何形状,也决定了该曲线上点与其参数域内点的一一对应关系。一般地,取任意参数的曲线,其参数域的等分点在曲线上的映射点并不满足曲线弧长或弦长的等分特性。如图 1.3 所示,参数域$[u_0,u_1]$被均匀分割为 9 等份,对应曲线上的 9 段曲线不管是弧长还是弦长均不全部相等。在正常情况下,曲线上的点与参数域内的点存在一一对应关系,对于不满足该映射关系的点称为**奇点**。例如,当曲线发生自交时,自交点对应参数域内的两个不同参数值就是奇点,如图 1.4 所示。

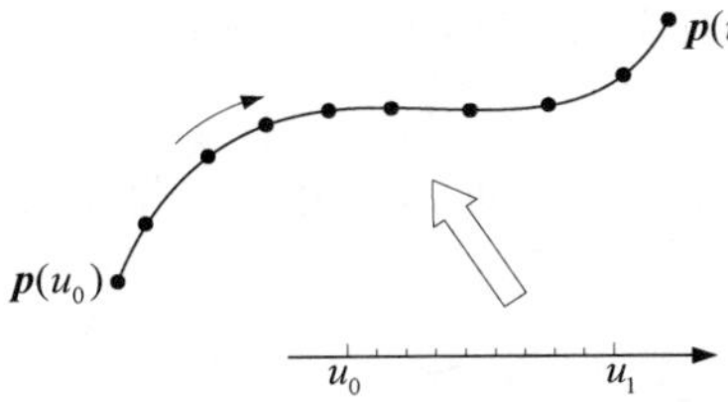

图 1.3 参数域等分点与曲线上点的对应关系

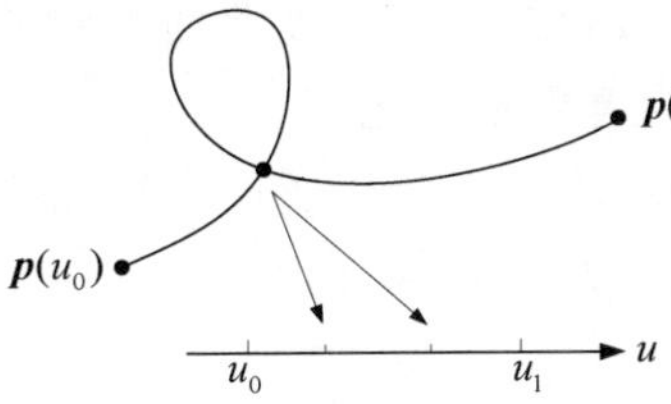

图 1.4 曲线自交点对应参数域内两个点

直线可以看作一类特殊的曲线,曲线上的点始终位于线段两端点的连线上。**线性插值**是直线参数表示中最常用的一种方法。给定直线的两个端点 $\boldsymbol{p}_0$ 和 $\boldsymbol{p}_1$,则直线可以看作动点 $\boldsymbol{p}$ 从始端点 $\boldsymbol{p}_0$ 移动到末端点 $\boldsymbol{p}_1$ 所形成的轨迹。如果动点 $\boldsymbol{p}$ 对应参数域[0,1]上的参数 u,则动点 $\boldsymbol{p}$ 移动所形成的直线可以表示为

$$\boldsymbol{p}=\boldsymbol{p}(u),\quad u\in[0,1] \tag{1.23}$$

其中,首末端点 $\boldsymbol{p}_0$、$\boldsymbol{p}_1$ 和动点 $\boldsymbol{p}$ 的对应参数分别为 0、1、u。线性插值表示动点 $\boldsymbol{p}$ 的移动按照参数 u 的线性关系进行,其对所形成直线段的分割关系与参数 u 对参数域[0,1]的分割关系相等,即

$$\boldsymbol{p}-\boldsymbol{p}_0=u(\boldsymbol{p}_1-\boldsymbol{p}_0),\quad u\in[0,1] \tag{1.24}$$

整理上式可得

$$\boldsymbol{p}(u)=(1-u)\boldsymbol{p}_0+u\boldsymbol{p}_1,\quad u\in[0,1] \tag{1.25}$$

动点 $\boldsymbol{p}$ 分割直线段形成的前后两线段长度比为 $u:1-u$,如图 1.5 所示。当参数 u 取 0.5 时,动点 $\boldsymbol{p}$ 为直线段的中点。

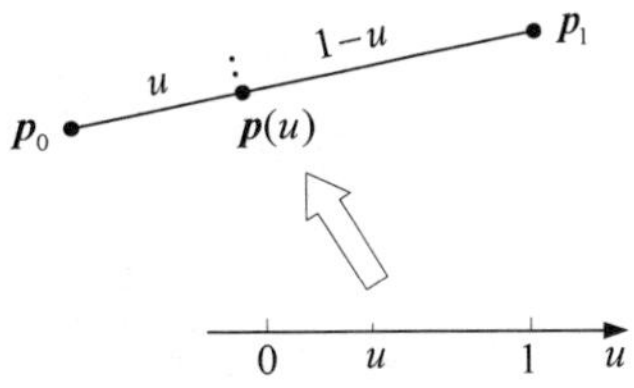

图 1.5 利用线性插值方法构造直线

如果为动点 $\boldsymbol{p}$ 赋予速度,则线性插值表示动点 $\boldsymbol{p}$ 在两端点间作匀速直线运动。显然,动点 $\boldsymbol{p}$ 也可以按照一定加速度作非线性直线运动。例如,动点 $\boldsymbol{p}$ 分割直线段形成的前后两条线段的长度比为 $u^2:1-u^2$,此时该直线的参数方程表示为

$$\boldsymbol{p}(u)=(1-u^2)\boldsymbol{p}_0+u^2\boldsymbol{p}_1,\quad u\in[0,1] \tag{1.26}$$

虽然该参数方程依然表示从始端点 $\boldsymbol{p}_0$ 到末端点 $\boldsymbol{p}_1$ 的直线段,但是参数域上的点在线段上

的映射点与线性插值完全不同,如图 1.6 所示。

$$p(u)=(1-u)p_0+up_1$$

$$p(u)=(1-u^2)p_0+u^2p_1$$

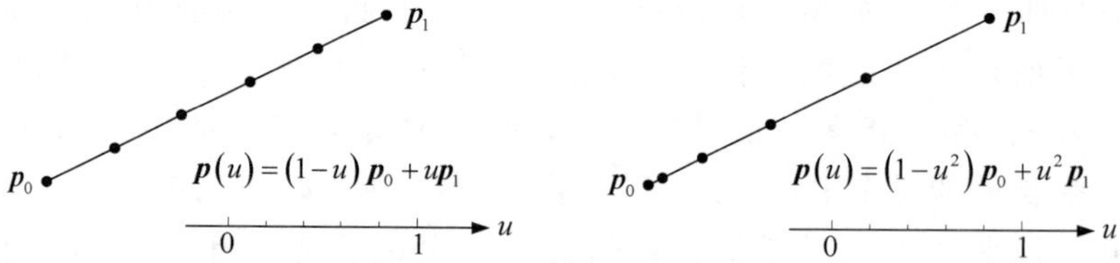

图 1.6　式(1.25)和式(1.26)中 4 个等分参数点对应直线上完全不同的点

式(1.25)和式(1.26)表示同一直线可以具有不同的参数化。同理,同一曲线也可以拥有不同的参数化。在不改变曲线形状的条件下,通过参数化变换的方式来改变一条曲线的参数化,称为**重新参数化**。

数学中有许多形状优美的参数曲线,图 1.7 和图 1.8 分别展示了几类二维平面、三维空间参数曲线图及其参数方程。

$$p(u)=\big[u\cos(u),u\sin(u)\big],\quad u\in[0,6\pi]$$

(a) 阿基米德螺旋曲线

$$p(u)=\big[u^{-1/2}\cos(u),u^{-1/2}\sin(u)\big],\quad u\in\left[\frac{\pi}{10},10\pi\right]$$

(b) Lituus螺旋曲线

$$p(u)=\big[\cos(3u),\sin(2u)\big],\quad u\in[0,2\pi]$$

(c) Lissajous曲线

$$p(u)=\big[r\cos(u),r\sin(u)\big],\quad u\in[0,20\pi]$$
$$r=\mathrm{e}^{\sin(u)}-2\cos(4u)+\sin^5\big((2u-\pi)/24\big)$$

(d) 蝴蝶形曲线

$$R=6,r=4,d=1,u\in[0,4\pi]$$

$$R=5,r=3,d=5,u\in[0,6\pi]$$

$$R=7,r=4,d=1,u\in[0,8\pi]$$

$$p(u)=\left[(R-r)\cos(u)+\mathrm{d}\cos\left(\frac{R-r}{r}u\right),(R-r)\sin(u)-\mathrm{d}\sin\left(\frac{R-r}{r}u\right)\right]$$

(e) 内摆曲线

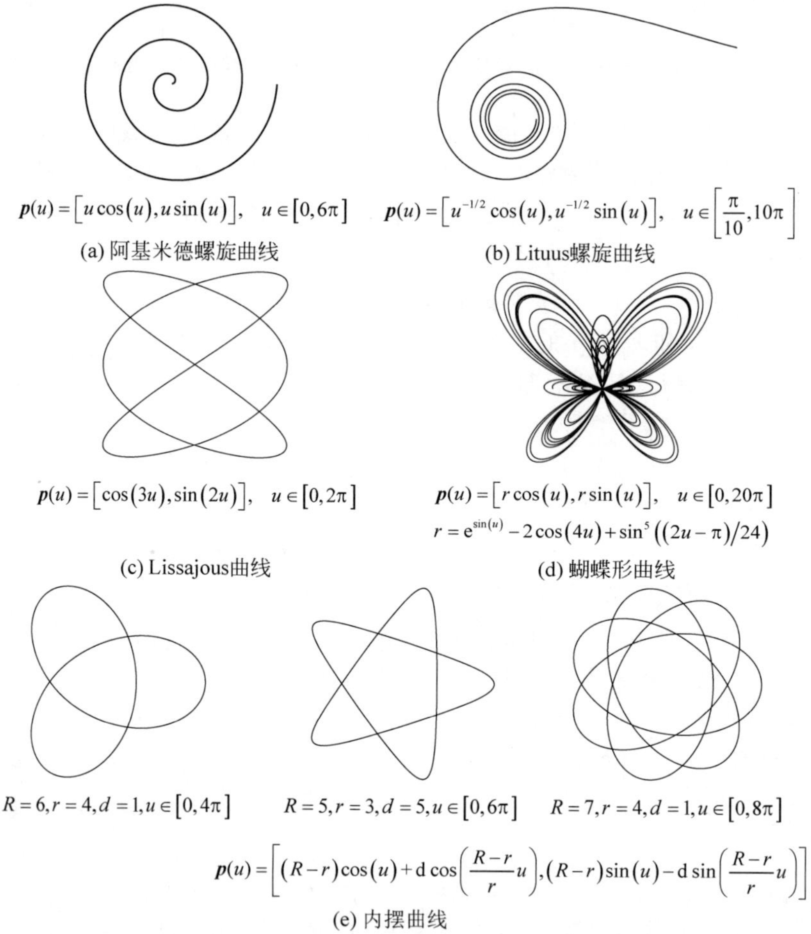

图 1.7　二维平面参数曲线示例及其参数方程

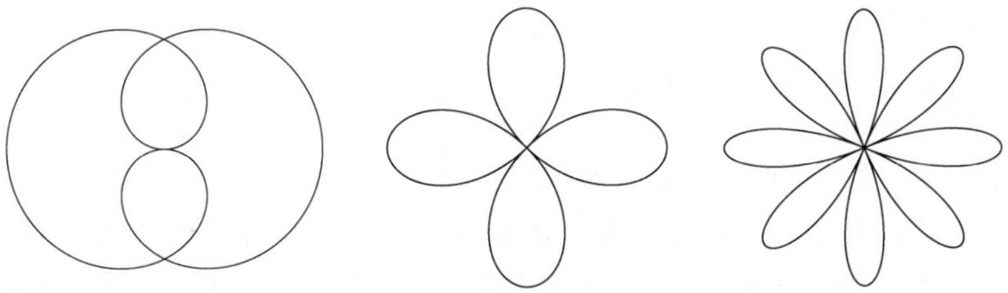

$k = 0.5, u \in [0, 4\pi]$　　$k = 2, u \in [0, 2\pi]$　　$k = 4, u \in [0, 2\pi]$

$$\boldsymbol{p}(u) = [\cos(ku)\cos(u), \cos(ku)\sin(u)]$$

(f) 玫瑰形曲线

图 1.7　(续)

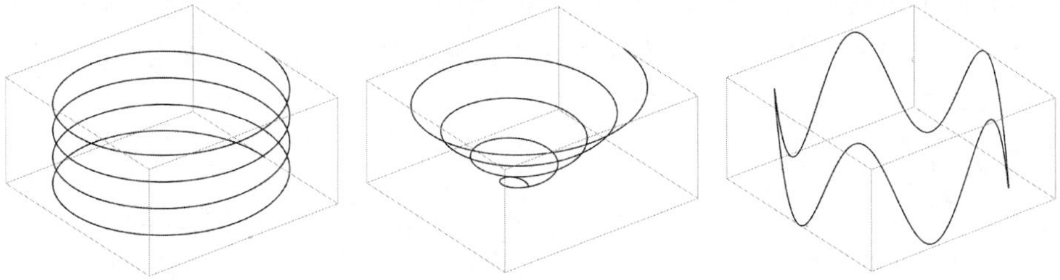

$$\begin{cases} x(u) = 6\cos(4u) \\ y(u) = 6\sin(4u) \\ z(u) = u \\ u \in [0, 6\pi] \end{cases}$$

(a) 圆柱螺旋曲线

$$\begin{cases} x(u) = (1+u)\cos(2u) \\ y(u) = (1+u)\sin(2u) \\ z(u) = u \\ u \in [0, 2\pi] \end{cases}$$

(b) 锥形螺旋曲线

$$\begin{cases} x(u) = \cos(u) \\ y(u) = \sin(u) \\ z(u) = 0.5\cos(5u) \\ u \in [0, 2\pi] \end{cases}$$

(c) 环形正弦曲线

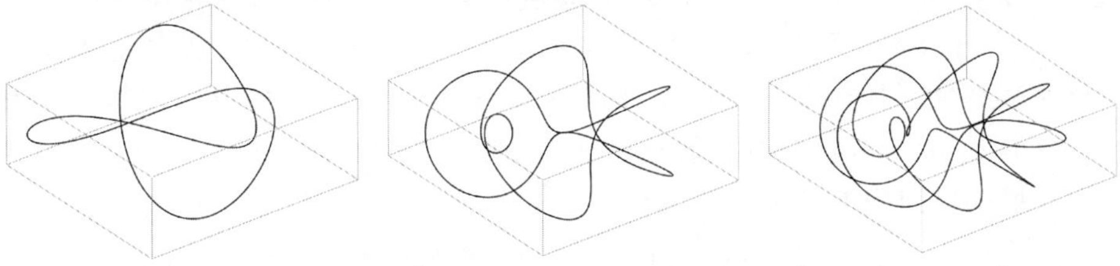

$$\begin{cases} x(u) = \sin(u) + 2\sin(2u) \\ y(u) = \cos(u) - 2\cos(2u) \\ z(u) = -\sin(3u) \\ u \in [0, 2\pi] \end{cases}$$

(d) 三叶结曲线

$$\begin{cases} x(u) = (2+\cos(bu))\cos(au) \\ y(u) = (2+\cos(bu))\sin(au) \\ z(u) = -\sin(bu) \\ a = 2, b = 5, u \in [0, 2\pi] \end{cases}$$

(e) 环形结曲线(2,5)

$$\begin{cases} x(u) = (2+\cos(bu))\cos(au) \\ y(u) = (2+\cos(bu))\sin(au) \\ z(u) = -\sin(bu) \\ a = 3, b = 8, u \in [0, 2\pi] \end{cases}$$

(f) 环形结曲线(3,8)

图 1.8　三维空间参数曲线示例及其参数方程

1.2.2　导矢与弧长参数化

设曲线 $\boldsymbol{p} = \boldsymbol{p}(u)$ 是以任意参数 u 为参数的空间曲线，其对参数 u 的导数可以转换为各

分量对参数 u 的导数，即

$$\boldsymbol{p}'(u)=\left[\frac{\mathrm{d}x(u)}{\mathrm{d}u},\frac{\mathrm{d}y(u)}{\mathrm{d}u},\frac{\mathrm{d}z(u)}{\mathrm{d}u}\right]=[x'(u),y'(u),z'(u)] \tag{1.27}$$

根据矢函数的可微定义，如果曲线 $\boldsymbol{p}(u)$在参数 $u=u_0$ 处导数存在，则曲线在 u_0 处可微，一阶导矢 $\boldsymbol{p}'(u_0)$称为曲线在 u_0 处的**切矢**。类似地，可以给出曲线该点处的其他高阶导矢。切矢和其他高阶导矢均为相对矢量，可以任意平移。通常为便于理解，将切矢和高阶导矢平移到起始点与曲线点 $\boldsymbol{p}(u_0)$重合的位置，如图 1.9 所示。

曲线在采用参数表示之后，便有了方向。曲线的方向与参数增加的方向保持一致。曲线在一点处的**切线方向**称为曲线在该点的方向，与曲线在该点处的切矢方向一致。若曲线在点 $u=u_0$ 处的切矢 $\boldsymbol{p}(u_0)$为零矢量，则称为**切矢消失**，这样的点也称为**奇点**，曲线在该奇点处的切线方向由曲线在该点处最低阶非零导矢的方向决定。曲线上切矢为非零矢量的点称为**正则点**。给定曲线参数化之后，若曲线在参数域内任意一点的切矢均为非零矢量，则称该曲线为**正则曲线**。

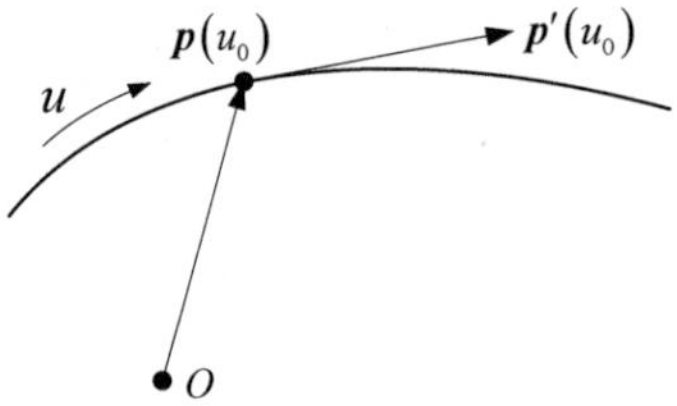

图 1.9　参数曲线的方向及其切矢表达

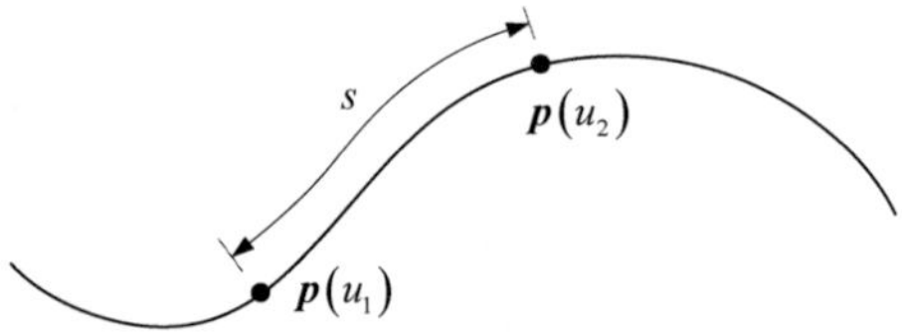

图 1.10　参数曲线的弧长计算

在微分几何中，为了研究曲线的微分性质和便于理论计算，经常需要将以任意参数 u 为参数的曲线 $\boldsymbol{p}=\boldsymbol{p}(u)$转换为以自身弧长 s 为参数的曲线 $\boldsymbol{p}=\boldsymbol{p}(s)$。曲线的弧长是描述曲线的一个重要基本量。如图 1.10 所示，曲线上点 $\boldsymbol{p}(u_1)$和 $\boldsymbol{p}(u_2)$分别对应参数值 u_1 和 u_2，则参数区间 $[u_1,u_2]$对应曲线段的长度称为该段曲线的弧长。

三维欧几里得空间中曲线的弧长微分公式表示为

$$(\mathrm{d}s)^2=(\mathrm{d}x)^2+(\mathrm{d}y)^2+(\mathrm{d}z)^2 \tag{1.28}$$

对式(1.28)两端分别除以$(\mathrm{d}u)^2$ 并取平方根可得

$$\left(\frac{\mathrm{d}s}{\mathrm{d}u}\right)=\sqrt{\left(\frac{\mathrm{d}x}{\mathrm{d}u}\right)^2+\left(\frac{\mathrm{d}y}{\mathrm{d}u}\right)^2+\left(\frac{\mathrm{d}z}{\mathrm{d}u}\right)^2}=|\boldsymbol{p}'(u)| \tag{1.29}$$

于是有

$$\mathrm{d}s=|\boldsymbol{p}'(u)|\,\mathrm{d}u \tag{1.30}$$

则曲线 $\boldsymbol{p}=\boldsymbol{p}(u)$的参数区间 $[u_1,u_2]$所对应曲线分段的弧长可以计算为

$$s(u)=\int_{u_1}^{u_2}\mathrm{d}s=\int_{u_1}^{u_2}|\boldsymbol{p}'(u)|\,\mathrm{d}u=\int_{u_1}^{u_2}\sqrt{[x'(u)]^2+[y'(u)]^2+[z'(u)]^2}\,\mathrm{d}u \tag{1.31}$$

对于正则曲线，式(1.31)中被积函数始终为正值，即曲线的弧长函数 $s(u)$为任意参数 u 的

单调递增函数。参数 u 增加的方向为曲线弧长的正向。故弧长函数 $s=s(u)$ 存在反函数 $u=u(s)$，继而以弧长 s 为参数的曲线方程可以表示为

$$\boldsymbol{p}=\boldsymbol{p}(u)=\boldsymbol{p}(u(s)) \tag{1.32}$$

记为 $\boldsymbol{p}=\boldsymbol{p}(s)$。以自身弧长为参数的曲线方程称为**自然参数方程**，其参数化称为**弧长参数化**。

【例 1.1】 给定一条圆柱螺旋曲线 $\boldsymbol{p}(u)=[a\cos(u),a\sin(u),bu]$，计算其参数区间 $[0,u]$ 对应的曲线弧长，并将参数方程转换为以弧长为参数的自然参数方程。

解：由所给曲线 $\boldsymbol{p}(u)=[a\cos(u),a\sin(u),bu]$，先计算曲线切矢表达式

$$\boldsymbol{p}'(u)=[-a\sin(u),a\cos(u),b]$$

由弧长计算公式计算弧长

$$s(u)=\int_0^u|\boldsymbol{p}'(u)|\mathrm{d}u=\int_0^u\sqrt{[-a\sin(u)]^2+[a\cos(u)]^2+[b]^2}\,\mathrm{d}u=\sqrt{a^2+b^2}\,u$$

其反函数为

$$u(s)=\frac{1}{\sqrt{a^2+b^2}}s$$

则以自身弧长为参数的自然参数方程表示为

$$\boldsymbol{p}(s)=\left[a\cos\left(\frac{s}{\sqrt{a^2+b^2}}\right),a\sin\left(\frac{s}{\sqrt{a^2+b^2}}\right),\frac{bs}{\sqrt{a^2+b^2}}\right]$$

1.2.3　弗朗内特标架与曲线论基本公式

弗朗内特标架在微分几何中用于描述粒子沿欧几里得空间曲线移动的运动性质。曲线 $\boldsymbol{p}=\boldsymbol{p}(s)$ 是以自身弧长为参数的空间曲线，对于其上一阶切矢和二阶导矢不平行的正则点，计算曲线在该点处对弧长参数 s 的一阶导矢，记为 $\boldsymbol{\alpha}$，有

$$\boldsymbol{\alpha}=\dot{\boldsymbol{p}}(s)=\frac{\mathrm{d}\boldsymbol{p}}{\mathrm{d}s} \tag{1.33}$$

由弧长微分公式 $\mathrm{d}\boldsymbol{p}^2=\mathrm{d}s^2$，可得 $|\dot{\boldsymbol{p}}(s)|=\left|\frac{\mathrm{d}\boldsymbol{p}}{\mathrm{d}s}\right|=1$，表明一阶导矢 $\boldsymbol{\alpha}$ 始终为单位矢量。因此，$\boldsymbol{\alpha}$ 称为曲线 $\boldsymbol{p}(s)$ 的**单位切矢**。

由单位切矢模长为 1，即 $|\boldsymbol{\alpha}|=1$，可得点积 $\boldsymbol{\alpha}\cdot\boldsymbol{\alpha}=1$，两边同时对参数 s 求导得 $\boldsymbol{\alpha}\cdot\dot{\boldsymbol{\alpha}}=0$，表明单位切矢 $\boldsymbol{\alpha}$ 与其一阶导矢 $\dot{\boldsymbol{\alpha}}$ 相互垂直，即 $\boldsymbol{\alpha}\perp\dot{\boldsymbol{\alpha}}$。进一步可得曲线 $\boldsymbol{p}(s)$ 对弧长参数的一阶导矢 $\dot{\boldsymbol{p}}$ 和二阶导矢 $\ddot{\boldsymbol{p}}$ 相互垂直，即 $\dot{\boldsymbol{p}}\perp\ddot{\boldsymbol{p}}$。对导矢 $\dot{\boldsymbol{\alpha}}$ 取单位化，记为 $\boldsymbol{\beta}$，有

$$\boldsymbol{\beta}=\frac{\dot{\boldsymbol{\alpha}}}{|\dot{\boldsymbol{\alpha}}|} \tag{1.34}$$

单位矢量 $\boldsymbol{\beta}$ 称为曲线在一点的**主法矢**。取单位切矢 $\boldsymbol{\alpha}$ 与主法矢 $\boldsymbol{\beta}$ 的叉积，得**副法矢** $\boldsymbol{\gamma}$，即

$$\boldsymbol{\gamma}=\boldsymbol{\alpha}\times\boldsymbol{\beta} \tag{1.35}$$

上述 3 个单位矢量：单位切矢、主法矢和副法矢称为曲线的 3 个**基本矢**。由基本定义可知

曲线上一点处 3 个基本矢之间两两垂直，构成右手坐标系。以曲线上的点为坐标原点、3 个基本矢为坐标轴向所构成的局部坐标系，称为曲线上的**弗朗内特标架**。标架中的 3 个轴向直线分别称为**切线**、**主法线**和**副法线**，3 个坐标轴平面分别称为**密切面**、**法面**和**从切面**，如图 1.11 所示。

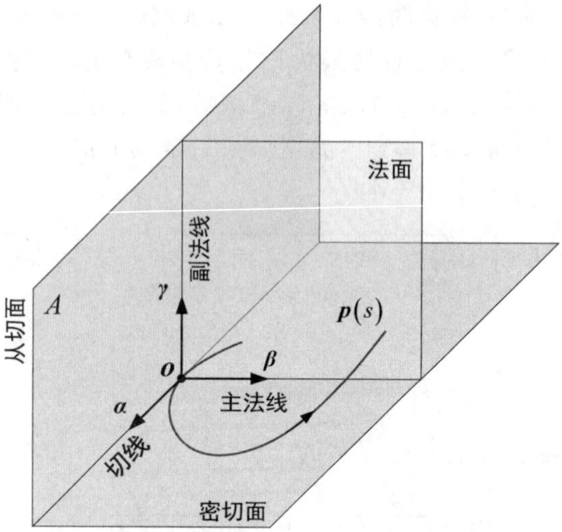

图 1.11 空间参数曲线上一点的弗朗内特标架

单位切矢的一阶导矢 $\dot{\boldsymbol{\alpha}}$ 一般不为单位矢量，其模长 $|\dot{\boldsymbol{\alpha}}|$ 定义为曲线**曲率** $\boldsymbol{\kappa}$，即

$$\kappa = |\dot{\boldsymbol{\alpha}}| = \left|\frac{\mathrm{d}\boldsymbol{\alpha}}{\mathrm{d}s}\right| \tag{1.36}$$

因此，曲率 κ 可以看作曲线单位切矢对弧长的转动率。κ 恒为正值，也称为**绝对曲率**。导矢 $\dot{\boldsymbol{\alpha}}$ 称作**曲率矢**，与主法矢同向，指向曲线凹的一侧。曲率的倒数称为**曲率半径**，曲线一点沿其主法线方向距离为曲率半径的一点称为**曲率中心**。密切面上以曲率中心为圆心、以曲率半径为半径的圆称为**密切圆**。由式(1.34)可得

$$\dot{\boldsymbol{\alpha}} = \frac{\mathrm{d}\boldsymbol{\alpha}}{\mathrm{d}s} = \boldsymbol{\kappa\beta} \tag{1.37}$$

因为 $|\boldsymbol{\beta}|=1$，所以 $\boldsymbol{\beta}\cdot\boldsymbol{\beta}=1$，两边同时对弧长求导可得 $\boldsymbol{\beta}\cdot\dot{\boldsymbol{\beta}}=0$，即 $\dot{\boldsymbol{\beta}}\perp\boldsymbol{\beta}$。因此，导矢 $\dot{\boldsymbol{\beta}}$ 平行于切线和副法线所构成的从切面，可以写为

$$\dot{\boldsymbol{\beta}} = \frac{\mathrm{d}\boldsymbol{\beta}}{\mathrm{d}s} = \alpha\,\boldsymbol{\alpha} + \tau\,\boldsymbol{\gamma} \tag{1.38}$$

其中，τ 称为曲线挠率。对副法矢 $\boldsymbol{\gamma}$ 计算一阶导矢，可得

$$\begin{aligned}\dot{\boldsymbol{\gamma}} &= \frac{\mathrm{d}\boldsymbol{\gamma}}{\mathrm{d}s} = \frac{\mathrm{d}(\boldsymbol{\alpha}\times\boldsymbol{\beta})}{\mathrm{d}s} = \frac{\mathrm{d}\boldsymbol{\alpha}}{\mathrm{d}s}\times\boldsymbol{\beta} + \boldsymbol{\alpha}\times\frac{\mathrm{d}\boldsymbol{\beta}}{\mathrm{d}s} \\ &= \kappa\,\boldsymbol{\beta}\times\boldsymbol{\beta} + \boldsymbol{\alpha}\times(\alpha\,\boldsymbol{\alpha} + \tau\,\boldsymbol{\gamma}) = \tau\,\boldsymbol{\alpha}\times\boldsymbol{\gamma} \\ &= -\tau\,\boldsymbol{\beta}\end{aligned} \tag{1.39}$$

对上式两端取模长，有

$$|\tau| = |\dot{\boldsymbol{\gamma}}| = \left|\frac{\mathrm{d}\boldsymbol{\gamma}}{\mathrm{d}s}\right| \tag{1.40}$$

可见挠率的绝对值等于副法矢$\boldsymbol{\gamma}$对弧长的转动率。$\tau>0$、$\tau=0$、$\tau<0$分别表示曲线为右旋空间曲线、平面曲线与左旋空间曲线。依据式(1.39)重新计算导矢$\dot{\boldsymbol{\beta}}$，可得

$$\begin{aligned}\dot{\boldsymbol{\beta}} &= \frac{\mathrm{d}\boldsymbol{\beta}}{\mathrm{d}s} = \frac{\mathrm{d}(\boldsymbol{\gamma}\times\boldsymbol{\alpha})}{\mathrm{d}s} = \frac{\mathrm{d}\boldsymbol{\gamma}}{\mathrm{d}s}\times\boldsymbol{\alpha} + \boldsymbol{\gamma}\times\frac{\mathrm{d}\boldsymbol{\alpha}}{\mathrm{d}s}\\ &= -\tau\boldsymbol{\beta}\times\boldsymbol{\alpha} + \kappa\boldsymbol{\gamma}\times\boldsymbol{\beta}\\ &= -\kappa\boldsymbol{\alpha} + \tau\boldsymbol{\gamma}\end{aligned} \tag{1.41}$$

因此，式(1.38)中的系数$\alpha=-\kappa$。

式(1.37)、式(1.39)和式(1.40)表示3个基本矢对弧长求导，称为**弗朗内特公式**，联立3个公式可得

$$\begin{bmatrix}\dot{\boldsymbol{\alpha}}\\ \dot{\boldsymbol{\beta}}\\ \dot{\boldsymbol{\gamma}}\end{bmatrix} = \begin{bmatrix}0 & \kappa & 0\\ -\kappa & 0 & \tau\\ 0 & -\tau & 0\end{bmatrix}\begin{bmatrix}\boldsymbol{\alpha}\\ \boldsymbol{\beta}\\ \boldsymbol{\gamma}\end{bmatrix} \tag{1.42}$$

式(1.42)称作**曲线论的基本公式**。

在计算机辅助几何设计(computer aided geometric design，CAGD)中，曲线一般不以自身弧长为参数。此时，3个基本矢的计算按照下述公式进行。对于一般参数曲线$\boldsymbol{p}=\boldsymbol{p}(u)$，单位切矢$\boldsymbol{\alpha}$可计算如下

$$\boldsymbol{\alpha} = \frac{\boldsymbol{p}'(u)}{|\boldsymbol{p}'(u)|} \tag{1.43}$$

副法矢$\boldsymbol{\gamma}$由曲线一阶导矢$\boldsymbol{p}'(u)$和二阶导矢$\boldsymbol{p}''(u)$的叉积决定，即

$$\boldsymbol{\gamma} = \frac{\boldsymbol{p}'(u)\times\boldsymbol{p}''(u)}{|\boldsymbol{p}'(u)\times\boldsymbol{p}''(u)|} \tag{1.44}$$

主法矢可表示为

$$\boldsymbol{\beta} = \boldsymbol{\gamma}\times\boldsymbol{\alpha} = \frac{\boldsymbol{p}'(u)\times[\boldsymbol{p}''(u)\times\boldsymbol{p}'(u)]}{|\boldsymbol{p}'(u)|\,|\boldsymbol{p}'(u)\times\boldsymbol{p}''(u)|} \tag{1.45}$$

由弧长微分公式(1.30)和链式法则，3个基本矢对一般参数u的求导可以表示为

$$\begin{bmatrix}\boldsymbol{\alpha}'\\ \boldsymbol{\beta}'\\ \boldsymbol{\gamma}'\end{bmatrix} = |\boldsymbol{p}'(u)|\begin{bmatrix}0 & \kappa & 0\\ -\kappa & 0 & \tau\\ 0 & -\tau & 0\end{bmatrix}\begin{bmatrix}\boldsymbol{\alpha}\\ \boldsymbol{\beta}\\ \boldsymbol{\gamma}\end{bmatrix} \tag{1.46}$$

【例1.2】 推导一般参数空间曲线$\boldsymbol{p}=\boldsymbol{p}(u)$的曲率和挠率计算公式。

解： 曲线$\boldsymbol{p}(u)$对一般参数u的一阶导矢计算为

$$\boldsymbol{p}'(u) = \frac{\mathrm{d}\boldsymbol{p}}{\mathrm{d}u} = \frac{\mathrm{d}\boldsymbol{p}}{\mathrm{d}s}\frac{\mathrm{d}s}{\mathrm{d}u} = s'\boldsymbol{\alpha} = |\boldsymbol{p}'(u)|\boldsymbol{\alpha}$$

二阶导矢 $\boldsymbol{p}''(u)$计算为

$$\boldsymbol{p}''(u)=s''\boldsymbol{\alpha}+s'\boldsymbol{\alpha}'=s''\boldsymbol{\alpha}+(s')^2\dot{\boldsymbol{\alpha}}=s''\boldsymbol{\alpha}+\boldsymbol{\kappa}(s')^2\boldsymbol{\beta}$$

三阶导矢 $\boldsymbol{p}'''(u)$计算为

$$\begin{aligned}\boldsymbol{p}'''(u)&=s'''\boldsymbol{\alpha}+s''\boldsymbol{\alpha}'+(\kappa'(s')^2+2\kappa s's'')\boldsymbol{\beta}+\kappa(s')^2\boldsymbol{\beta}'\\&=s'''\boldsymbol{\alpha}+\kappa s''s'\boldsymbol{\beta}+(\kappa'(s')^2+2\kappa s's'')\boldsymbol{\beta}+\kappa(s')^3\dot{\boldsymbol{\beta}}\\&=s'''\boldsymbol{\alpha}+(\kappa'(s')^2+3\kappa s's'')\boldsymbol{\beta}-\kappa^2(s')^3\boldsymbol{\alpha}+\kappa\tau(s')^3\boldsymbol{\gamma}\\&=(s'''-\kappa^2(s')^3)\boldsymbol{\alpha}+(\kappa'(s')^2+3\kappa s's'')\boldsymbol{\beta}+\kappa\tau(s')^3\boldsymbol{\gamma}\end{aligned}$$

一阶导矢 $\boldsymbol{p}'(u)$与二阶导矢 $\boldsymbol{p}''(u)$的叉积为

$$\boldsymbol{p}'(u)\times\boldsymbol{p}''(u)=s'\boldsymbol{\alpha}\times(s''\boldsymbol{\alpha}+\kappa(s')^2\boldsymbol{\beta})=\kappa(s')^3\boldsymbol{\gamma}$$

考虑到曲率恒为正值,对上式两端取模长,可得一般参数曲线 $\boldsymbol{p}(u)$的曲率计算公式如下

$$\kappa=\frac{|\boldsymbol{p}'(u)\times\boldsymbol{p}''(u)|}{|\boldsymbol{p}'(u)|^3}$$

计算矢量 $\boldsymbol{p}'(u)\times\boldsymbol{p}''(u)$与三阶导矢 $\boldsymbol{p}'''(u)$的点积

$$[\boldsymbol{p}'(u)\times\boldsymbol{p}''(u)]\cdot\boldsymbol{p}'''(u)=\tau\boldsymbol{\kappa}^2(s')^6$$

因此,一般参数曲线 $\boldsymbol{p}(u)$的挠率计算公式如下

$$\tau=\frac{[\boldsymbol{p}'(u)\times\boldsymbol{p}''(u)]\cdot\boldsymbol{p}'''(u)}{\kappa^2(s')^6}=\frac{[\boldsymbol{p}'(u)\times\boldsymbol{p}''(u)]\cdot\boldsymbol{p}'''(u)}{|\boldsymbol{p}'(u)\times\boldsymbol{p}''(u)|^2}$$

当参数曲线 $\boldsymbol{p}=\boldsymbol{p}(u)$为平面曲线(假定曲线位于 x-y 平面)时,其一阶、二阶和三阶导矢 $\boldsymbol{p}'(u)$、$\boldsymbol{p}''(u)$、$\boldsymbol{p}'''(u)$均位于 x-y 平面内。因此,上述挠率公式的分子恒为 0,即平面曲线的挠率 $\tau=0$。相应地,x-y 平面上平面曲线的曲率计算公式简化为

$$\kappa=\frac{|\boldsymbol{p}'(u)\times\boldsymbol{p}''(u)|}{|\boldsymbol{p}'(u)|^3}=\frac{|x'(u)y''(u)-y'(u)x''(u)|}{[(x'(u))^2+(y'(u))^2]^{3/2}}$$

【例 1.3】 计算圆柱螺旋曲线 $\boldsymbol{p}(u)=[a\cos(u),a\sin(u),bu]$的曲率和挠率。

解:首先计算曲线 $\boldsymbol{p}(u)$的一阶、二阶和三阶导矢

$$\begin{aligned}\boldsymbol{p}'(u)&=[-a\sin(u),a\cos(u),b]\\\boldsymbol{p}''(u)&=[-a\cos(u),-a\sin(u),0]\\\boldsymbol{p}'''(u)&=[a\sin(u),-a\cos(u),0]\end{aligned}$$

一阶导矢的模长为

$$|\boldsymbol{p}'(u)|=\sqrt{a^2\sin^2(u)+a^2\cos^2(u)+b^2}=\sqrt{a^2+b^2}$$

一阶导矢和二阶导矢的叉积为

$$\boldsymbol{p}'(u)\times\boldsymbol{p}''(u)=[ab\sin(u),-ab\cos(u),a^2]$$

根据曲率的计算公式可得

$$\kappa=\frac{|\boldsymbol{p}'(u)\times\boldsymbol{p}''(u)|}{|\boldsymbol{p}'(u)|^3}=\frac{a\sqrt{a^2+b^2}}{(a^2+b^2)\sqrt{a^2+b^2}}=\frac{a}{a^2+b^2}$$

根据挠率的计算公式可得

$$\tau=\frac{[\boldsymbol{p}'(u)\times\boldsymbol{p}''(u)]\cdot\boldsymbol{p}'''(u)}{|\boldsymbol{p}'(u)\times\boldsymbol{p}''(u)|^2}=\frac{a^2b}{a^2(a^2+b^2)}=\frac{b}{a^2+b^2}$$

可以发现圆柱螺旋曲线 $\boldsymbol{p}(u)$的曲率和挠率均为常数,与参数 u 无关。

1.3　曲面的表示与基本性质

1.3.1　曲面参数表达、切矢与法矢

给定参数区间 $u\in[u_1,u_2]$,$v\in[v_1,v_2]$,其上矢函数 $\boldsymbol{p}$ 的末端点随参数 u 和 v 的变化形成的曲面称为**参数曲面**。对于 x-y 平面上的二维曲面,其**参数形式**(**参数方程**)表示为

$$\boldsymbol{p}=\boldsymbol{p}(u,v)=[x(u,v),y(u,v)],\quad u\in[u_1,u_2],v\in[v_1,v_2] \tag{1.47}$$

或者

$$\begin{cases}x=x(u,v)\\y=y(u,v)\end{cases}\quad u\in[u_1,u_2],v\in[v_1,v_2] \tag{1.48}$$

相应地,三维空间曲面的参数形式(参数方程)可表示为

$$\boldsymbol{p}=\boldsymbol{p}(u,v)=[x(u,v),y(u,v),z(u,v)],\quad u\in[u_1,u_2],v\in[v_1,v_2] \tag{1.49}$$

或者

$$\begin{cases}x=x(u,v)\\y=y(u,v)\\z=z(u,v)\end{cases}\quad u\in[u_1,u_2],v\in[v_1,v_2] \tag{1.50}$$

参数 u 和 v 形成的矩形区间称为曲面的**参数空间或参数域**。参数曲面的参数可以有明确的几何意义,也可以没有任何几何意义。下文给出的圆柱面和球面的参数有着较为明确的几何意义。

圆柱面:底面半径为 R、高度为 H 的圆柱面(见图 1.12),其参数方程可以表示为

$$\boldsymbol{p}(u,v)=[R\cos(u),R\sin(u),v],\quad u\in[0,2\pi],v\in[0,H] \tag{1.51}$$

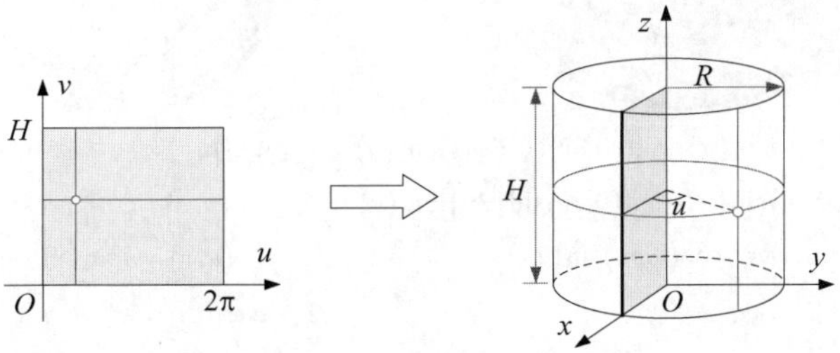

图 1.12　圆柱面的一种参数域及其对应的空间曲面

球面：半径为 R 的球面(见图 1.13)，其参数方程可以表示为

$$\boldsymbol{p}(u,v)=[R\cos(u)\cos(v),R\sin(u)\cos(v),R\sin(v)],\quad u\in[0,2\pi],v\in\left[-\frac{\pi}{2},\frac{\pi}{2}\right] \tag{1.52}$$

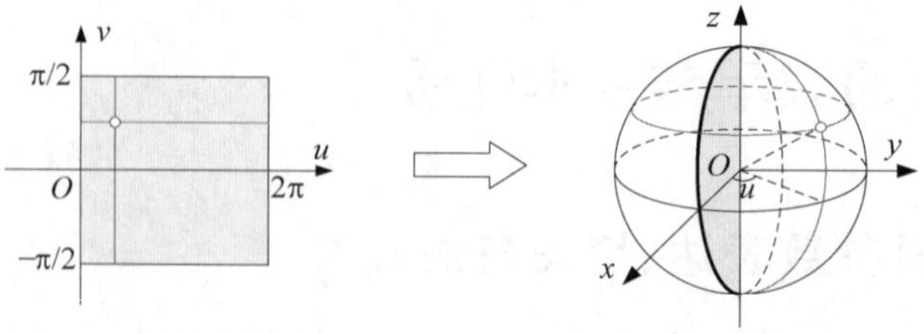

图 1.13　球面的一种参数域及其对应的空间曲面

除上述圆柱面和球面外，图 1.14 给出了一些形状特别的参数曲面及其参数方程。

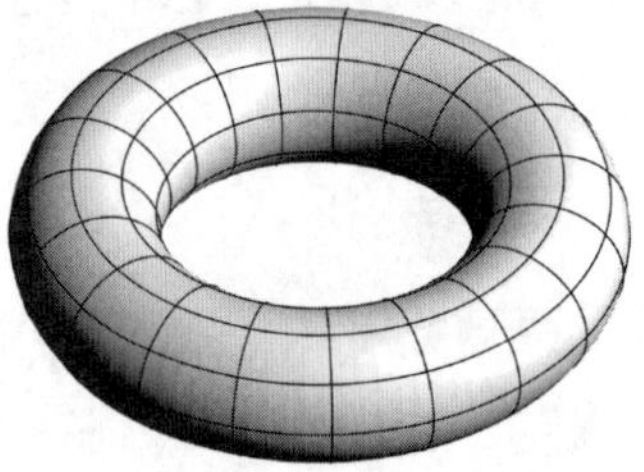

$$\begin{cases}x(u,v)=(a+b\cos(u))\cos(v)\\ y(u,v)=(a+b\cos(u))\sin(v)\\ z(u,v)=b\sin(u)\end{cases}$$

$u\in[0,2\pi],v\in[0,2\pi]$

(a) 圆环面：$a=3, b=1$

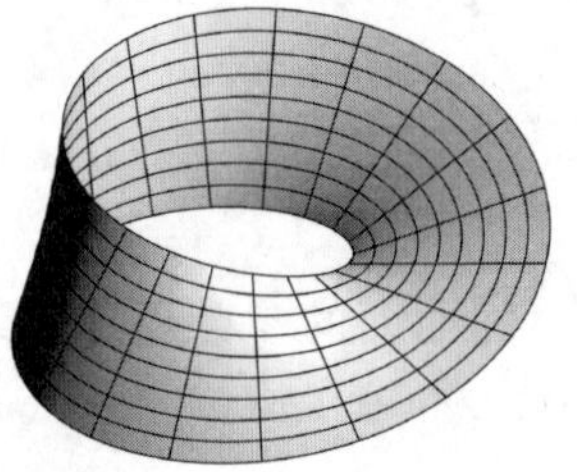

$$\begin{cases}x(u,v)=(a+bv\cos(u/2))\cos u\\ y(u,v)=(a+bv\cos(u/2))\sin u\\ z(u,v)=bv\sin(u/2)\end{cases}$$

$u\in[0,2\pi],v\in[-1,1]$

(b) 莫比乌斯环面：$a=1, b=0.5$

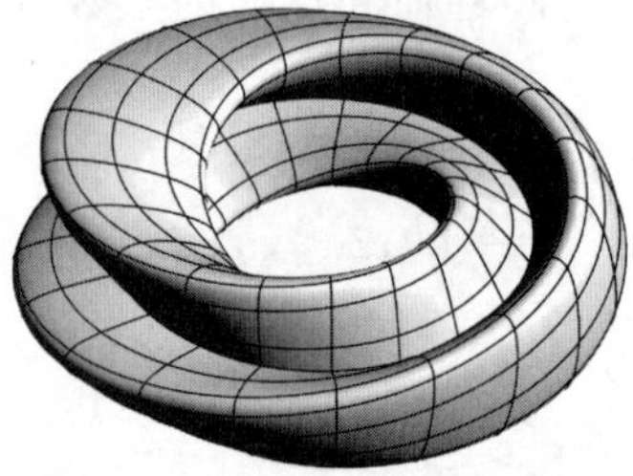

$$\begin{cases}x(u,v)=(a+\cos(0.5v)\sin(u)-\sin(0.5v)\sin(2u))\cos(v)\\ y(u,v)=(a+\cos(0.5v)\sin(u)-\sin(0.5v)\sin(2u))\sin(v)\\ z(u,v)=\sin(0.5v)\sin(u)+\cos(0.5v)\sin(2u)\end{cases}$$

$u\in[0,2\pi],v\in[0,2\pi]$

(c) 克莱因瓶曲面：$a=2.5$

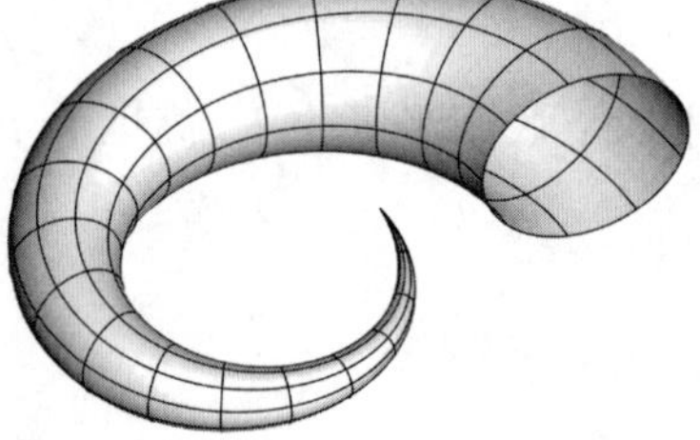

$$\begin{cases}x(u,v)=(a+u\cos(v))\sin(b\pi u)\\ y(u,v)=(a+u\cos(v))\cos(b\pi u)+cu\\ z(u,v)=u\sin(v)\end{cases}$$

$u\in[0,1],v\in[-\pi,\pi]$

(d) 牛角曲面：$a=b=c=2$

图 1.14　各类参数曲面的几何形状及其参数方程

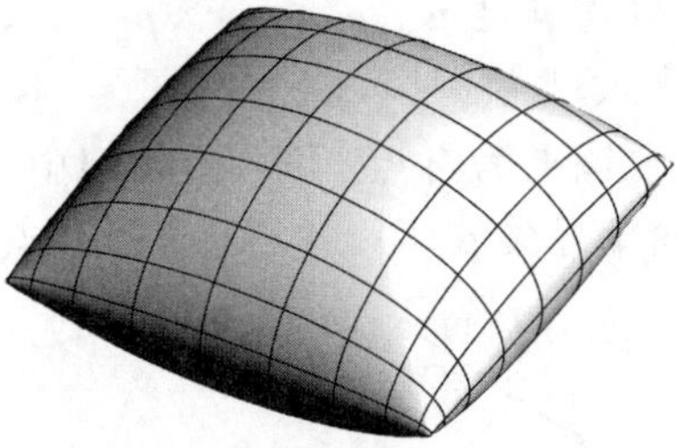

$$\begin{cases} x(u,v)=\cos(u) \\ y(u,v)=\cos(v) \\ z(u,v)=a\sin(u)\sin(v) \end{cases}$$
$u\in[0,\pi], v\in[-\pi,\pi]$

(e) 枕头曲面：a= 0.6

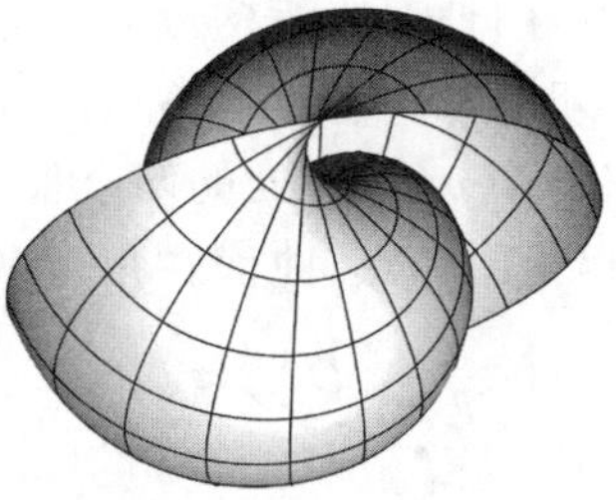

$$\begin{cases} x(u,v)=u\cos(v)\sin(u) \\ y(u,v)=u\cos(u)\cos(v) \\ z(u,v)=-u\sin(v) \end{cases}$$
$u\in[0,2\pi], v\in[-\pi,\pi]$

(f) 蜗牛曲面：a= 0.6

图 1.14　(续)

参数域上的点与曲面上的点通常构成一一对应的映射关系，不满足这种关系的点称作**奇点**。给定一个曲面的参数方程，称为给定了一个曲面参数化。固定曲面的一个参数，如 $v=v_0$，则 $\boldsymbol{p}(u,v_0)$ 表示曲面上一条以 u 为参数的曲线，称作 u 向**等参数线**或 u 线。同理，固定 $u=u_0$，$\boldsymbol{p}(u_0,v)$ 表示曲面上一条以 v 为参数的曲线，称作 v 向**等参数线**或 v 线。参数 u 和 v 取边界值时得到的 4 条等参数线为曲面的边界曲线。因此，过曲面上一点 $\boldsymbol{p}(u_0,v_0)$ 总有一条 u 线和一条 v 线。曲面在点 $\boldsymbol{p}(u_0,v_0)$ 处的偏导矢有两个，分别为沿 u 向切矢 $\boldsymbol{p}_u(u_0,v_0)$ 和沿 v 向切矢 $\boldsymbol{p}_v(u_0,v_0)$，计算如下

$$\boldsymbol{p}_u(u_0,v_0)=\frac{\partial p(u,v_0)}{\partial u},\quad \boldsymbol{p}_v(u_0,v_0)=\frac{\partial p(u_0,v)}{\partial v} \tag{1.53}$$

在不产生歧义的情况下，偏导矢 $\boldsymbol{p}_u(u_0,v_0)$ 和 $\boldsymbol{p}_v(u_0,v_0)$ 也可以简写为 $\boldsymbol{p}_u$ 和 $\boldsymbol{p}_v$。如果两个偏导矢不平行，即 $\boldsymbol{p}_u(u_0,v_0)\times\boldsymbol{p}_v(u_0,v_0)\neq\boldsymbol{0}$，则曲面在该点处的单位法矢 $\boldsymbol{n}(u_0,v_0)$ 可以表示为

$$\boldsymbol{n}(u_0,v_0)=\frac{\boldsymbol{p}_u(u_0,v_0)\times\boldsymbol{p}_v(u_0,v_0)}{|\boldsymbol{p}_u(u_0,v_0)\times\boldsymbol{p}_v(u_0,v_0)|} \tag{1.54}$$

曲面上满足 $\boldsymbol{p}_u(u_0,v_0)\times\boldsymbol{p}_v(u_0,v_0)\neq\boldsymbol{0}$ 的点称作**曲面的正则点**，要求两个偏导矢 $\boldsymbol{p}_u(u_0,v_0)$ 和 $\boldsymbol{p}_v(u_0,v_0)$ 均不为零且方向不同。$\boldsymbol{p}_u(u_0,v_0)\times\boldsymbol{p}_v(u_0,v_0)=\boldsymbol{0}$ 的点称作**曲面的奇点**。图 1.15 展示了一张参数曲面在正则点处的 u 线、v 线、u 向偏导矢 $\boldsymbol{p}_u(u_0,v_0)$、$v$ 向偏导矢 $\boldsymbol{p}_v(u_0,v_0)$，以及单位法矢 $\boldsymbol{n}(u_0,v_0)$。

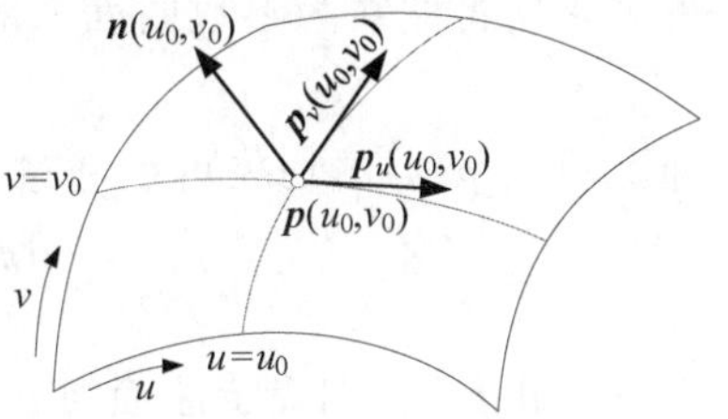

图 1.15　参数曲面一点处的等参数线、偏导矢和单位法矢

在曲面造型中，有时需要在矩形参数域上构造退化三角曲面片。有两种常用方法：一是将曲面的一条边界曲线退化为一个点；二是让曲面某个角点处的两个

偏导矢平行。两种方法所构造的曲面在退化角点处均满足 $\boldsymbol{p}_u(u_0,v_0)\times\boldsymbol{p}_v(u_0,v_0)=\boldsymbol{0}$，为曲面奇点。如图 1.16 所示，参数曲面 $\boldsymbol{p}(u,v)$ 的参数域为 $u\in[0,1]$，$v\in[0,1]$，图 1.16(a)中的曲面在角点 $\boldsymbol{p}(0,1)$ 处的两个偏导矢同向，导致该点为奇点；图 1.16(b)中的边界参数线 $\boldsymbol{p}(0,v)$ 退化为一点，曲面在角点 $\boldsymbol{p}(0,1)$ 的 v 向偏导矢 $\boldsymbol{p}_v(0,1)=\boldsymbol{0}$，导致该点也为奇点。

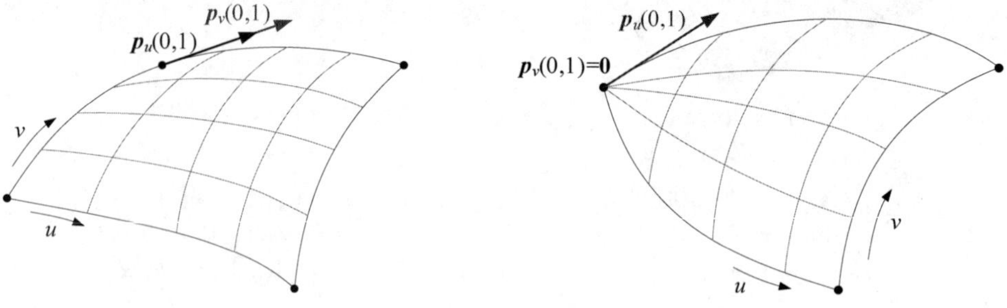

(a) 角点切矢同向　　(b) 退化边

图 1.16　退化角点为奇点的两种情况

对于曲面上的正则点 $\boldsymbol{p}(u_0,v_0)$，通过两个偏导矢可以定义一张以 ξ 和 η 为参数的切平面，记为

$$\boldsymbol{\rho}(\xi,\eta)=\boldsymbol{p}(u_0,v_0)+\xi\boldsymbol{p}_u(u_0,v_0)+\eta\boldsymbol{p}_v(u_0,v_0) \tag{1.55}$$

依据点 $\boldsymbol{p}(u_0,v_0)$ 处的单位法矢 $\boldsymbol{n}(u_0,v_0)$，也可以用隐式方程将切平面表示为

$$[\boldsymbol{\rho}(\xi,\eta)-\boldsymbol{p}(u_0,v_0)]\cdot\boldsymbol{n}(u_0,v_0)=0 \tag{1.56}$$

将曲面上所有的点沿法矢方向移动距离 d，可以构造原曲面的**偏置曲面**(**等距曲面**) $\bar{\boldsymbol{p}}(u,v)$，其数学形式可以表示为

$$\bar{\boldsymbol{p}}(u,v)=\boldsymbol{p}(u,v)\pm d\boldsymbol{n}(u,v) \tag{1.57}$$

偏置曲面在几何造型中应用广泛，可以通过给定曲面和距离生成新的曲面，进而构造几何实体。

1.3.2 曲面上的曲线

考虑参数曲面 $\boldsymbol{p}(u,v)$ 对应参数域中的一条参数曲线 $u=u(t)$，$v=v(t)$，则通过曲面映射关系所得曲线为参数曲面上的一条参数曲线，表示为

$$\boldsymbol{p}(t)=\boldsymbol{p}(u(t),v(t)) \tag{1.58}$$

曲面上曲线 $\boldsymbol{p}(t)$ 的切矢可以通过对参数 t 计算导数得到

$$\boldsymbol{p}'(t)=\frac{\mathrm{d}\boldsymbol{p}}{\mathrm{d}t}=\frac{\mathrm{d}\boldsymbol{p}}{\mathrm{d}u}\frac{\mathrm{d}u}{\mathrm{d}t}+\frac{\mathrm{d}\boldsymbol{p}}{\mathrm{d}v}\frac{\mathrm{d}v}{\mathrm{d}t}=\boldsymbol{p}_u u'+\boldsymbol{p}_v v' \tag{1.59}$$

其中，$\boldsymbol{p}_u$ 和 $\boldsymbol{p}_v$ 分别表示曲面对 u 和 v 的偏导矢，如图 1.17 所示。

由曲线的弧长微分公式(1.30)，可以计算曲线 $\boldsymbol{p}(t)$ 的弧长微分为

$$\mathrm{d}s=|\boldsymbol{p}'(t)|\mathrm{d}t=|\boldsymbol{p}_u u'+\boldsymbol{p}_v v'|\mathrm{d}t=|\boldsymbol{p}_u\mathrm{d}u+\boldsymbol{p}_v\mathrm{d}v|$$

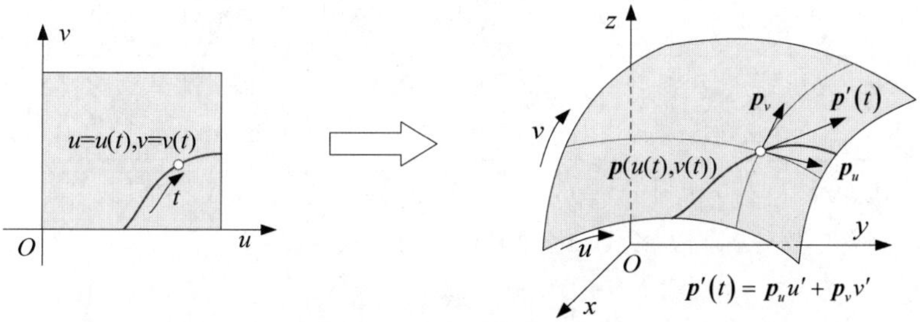

图 1.17　参数曲面上的参数曲线及其切矢

$$=\sqrt{(\boldsymbol{p}_u\mathrm{d}u+\boldsymbol{p}_v\mathrm{d}v)\cdot(\boldsymbol{p}_u\mathrm{d}u+\boldsymbol{p}_v\mathrm{d}v)}$$
$$=\sqrt{\boldsymbol{p}_u^2\mathrm{d}u^2+2\boldsymbol{p}_u\boldsymbol{p}_v\mathrm{d}u\mathrm{d}v+\boldsymbol{p}_v^2\mathrm{d}v^2} \tag{1.60}$$

令

$$E=\boldsymbol{p}_u^2,\quad F=\boldsymbol{p}_u\boldsymbol{p}_v,\quad G=\boldsymbol{p}_v^2 \tag{1.61}$$

曲面 $\boldsymbol{p}(u,v)$的**第一基本形式**定义为

$$\mathrm{I}=\mathrm{d}s^2=\mathrm{d}\boldsymbol{p}\cdot\mathrm{d}\boldsymbol{p}=E\mathrm{d}u^2+2F\mathrm{d}u\mathrm{d}v+G\mathrm{d}v^2 \tag{1.62}$$

其中,E、F、G 成为**第一类基本量**,在刻画曲面内在性质时具有重要意义。由曲线弧长计算公式(1.31)可以计算曲线 $\boldsymbol{p}(t)$的弧长如下

$$s=\int\mathrm{d}s=\int\sqrt{Eu'^2+2Fu'v'+Gv'^2}\,\mathrm{d}t \tag{1.63}$$

给定曲线的始末参数,即可求得曲线弧长。

曲面上的 4 个点 $\boldsymbol{p}(u_0,v_0)$、$\boldsymbol{p}(u_0+\delta u,v_0)$、$\boldsymbol{p}(u_0+\delta u,v_0+\delta v)$、$\boldsymbol{p}(u_0,v_0+\delta v)$围成的微小面积可以通过 $\boldsymbol{p}(u_0,v_0)$点处沿两个偏导矢方向形成的平行四边形的面积来逼近:

$$\mathrm{d}A\approx|\boldsymbol{p}_u\times\boldsymbol{p}_v|\mathrm{d}u\mathrm{d}v \tag{1.64}$$

其中

$$|\boldsymbol{p}_u\times\boldsymbol{p}_v|=\sqrt{(\boldsymbol{p}_u\times\boldsymbol{p}_v)\cdot(\boldsymbol{p}_u\times\boldsymbol{p}_v)}=\sqrt{\boldsymbol{p}_u^2\boldsymbol{p}_v^2-(\boldsymbol{p}_u\boldsymbol{p}_v)^2}=\sqrt{EG-F^2} \tag{1.65}$$

继而,参数曲面上对应参数区域 Ω 上的曲面面积可以通过积分计算如下

$$\mathrm{d}A=\iint_{\Omega}\sqrt{EG-F^2}\,\mathrm{d}u\mathrm{d}v \tag{1.66}$$

由式(1.65)可知 $EG-F^2=|\boldsymbol{p}_u\times\boldsymbol{p}_v|^2\geqslant0$,将式(1.62)的第一基本形式变形为

$$\mathrm{I}=E\mathrm{d}u^2+2F\mathrm{d}u\mathrm{d}v+G\mathrm{d}v^2=\frac{1}{E}(E\mathrm{d}u+F\mathrm{d}v)^2+\frac{EG-F^2}{E}\mathrm{d}v^2 \tag{1.67}$$

其中,$E=\boldsymbol{p}_u^2\geqslant0$,可见第一基本形式 $\mathrm{I}\geqslant0$。

参数曲面上两条曲线 $\boldsymbol{p}_1(u_1(t),v_1(t))$和 $\boldsymbol{p}_2(u_2(t),v_2(t))$相交,两条曲线在交点处的夹角可以通过两曲线在该点处的切矢余弦计算,即

$$\cos\theta=\frac{(\boldsymbol{p}_u u_1'+\boldsymbol{p}_v v_1')\cdot(\boldsymbol{p}_u u_2'+\boldsymbol{p}_v v_2')}{|\boldsymbol{p}_u u_1'+\boldsymbol{p}_v v_1'||\boldsymbol{p}_u u_2'+\boldsymbol{p}_v v'|}$$

$$
\begin{aligned}
&=\frac{\boldsymbol{p}_u^2\mathrm{d}u_1\mathrm{d}u_2+\boldsymbol{p}_u\boldsymbol{p}_v(\mathrm{d}u_1\mathrm{d}v_2+\mathrm{d}u_2\mathrm{d}v_1)+\boldsymbol{p}_v^2\mathrm{d}v_1\mathrm{d}v_2}{\sqrt{\boldsymbol{p}_u^2\mathrm{d}u_1^2+2\boldsymbol{p}_u\boldsymbol{p}_v\mathrm{d}u_1\mathrm{d}v_1+\boldsymbol{p}_v^2\mathrm{d}v_1^2}\sqrt{\boldsymbol{p}_u^2\mathrm{d}u_2^2+2\boldsymbol{p}_u\boldsymbol{p}_v\mathrm{d}u_2\mathrm{d}v_2+\boldsymbol{p}_v^2\mathrm{d}v_2^2}}\\
&=\frac{E\mathrm{d}u_1\mathrm{d}u_2+F(\mathrm{d}u_1\mathrm{d}v_2+\mathrm{d}u_2\mathrm{d}v_1)+G\mathrm{d}v_1\mathrm{d}v_2}{\sqrt{E\mathrm{d}u_1^2+2F\mathrm{d}u_1\mathrm{d}v_1+G\mathrm{d}v_1^2}\sqrt{E\mathrm{d}u_2^2+2F\mathrm{d}u_2\mathrm{d}v_2+G\mathrm{d}v_2^2}}
\end{aligned}
\tag{1.68}
$$

根据式(1.60)的弧长微分，可以将式(1.68)改写为

$$
\cos\theta=E\frac{\mathrm{d}u_1}{\mathrm{d}s_1}\frac{\mathrm{d}u_2}{\mathrm{d}s_2}+F\left(\frac{\mathrm{d}u_1}{\mathrm{d}s_1}\frac{\mathrm{d}v_2}{\mathrm{d}s_2}+\frac{\mathrm{d}u_2}{\mathrm{d}s_2}\frac{\mathrm{d}v_1}{\mathrm{d}s_1}\right)+G\frac{\mathrm{d}v_1}{\mathrm{d}s_1}\frac{\mathrm{d}v_2}{\mathrm{d}s_2}
\tag{1.69}
$$

根据余弦公式(1.69)，可以给出两切矢相互垂直的条件为

$$
E\mathrm{d}u_1\mathrm{d}u_2+F(\mathrm{d}u_1\mathrm{d}v_2+\mathrm{d}u_2\mathrm{d}v_1)+G\mathrm{d}v_1\mathrm{d}v_2=0
\tag{1.70}
$$

当两条曲线为两个方向的等参数线时，余弦角可以简化为

$$
\cos\theta=\frac{\boldsymbol{p}_u\cdot\boldsymbol{p}_v}{\sqrt{\boldsymbol{p}_u\cdot\boldsymbol{p}_u}\sqrt{\boldsymbol{p}_v\cdot\boldsymbol{p}_v}}=\frac{F}{\sqrt{EG}}
\tag{1.71}
$$

【例1.4】 计算半径为 R 的球面的面积。

解：球面的参数方程可以写为

$$
\boldsymbol{p}=\boldsymbol{p}(u,v)=[R\cos(u)\cos(v),R\sin(u)\cos(v),R\sin(v)],\quad u\in[0,2\pi],v\in\left[-\frac{\pi}{2},\frac{\pi}{2}\right]
$$

曲面任意参数点的 u 向和 v 向偏导矢计算如下

$$
\begin{aligned}
\boldsymbol{p}_u(u,v)&=[-R\sin(u)\cos(v),R\cos(u)\cos(v),0]\\
\boldsymbol{p}_v(u,v)&=[-R\cos(u)\sin(v),-R\sin(u)\sin(v),R\cos(v)]
\end{aligned}
$$

计算球面的第一类基本量

$$
\begin{aligned}
E&=\boldsymbol{p}_u^2=R^2\cos^2(v)\\
F&=\boldsymbol{p}_u\boldsymbol{p}_v=0\\
G&=\boldsymbol{p}_v^2=R^2\sin^2(v)+R^2\cos^2(v)=R^2
\end{aligned}
$$

球面的面积计算如下

$$
\begin{aligned}
\mathrm{d}A&=\int_0^{2\pi}\int_{-\pi/2}^{\pi/2}\sqrt{EG-F^2}\,\mathrm{d}u\mathrm{d}v=\int_0^{2\pi}\int_{-\pi/2}^{\pi/2}R^2\,|\cos(v)|\,\mathrm{d}u\mathrm{d}v\\
&=2\pi R^2\int_{-\pi/2}^{\pi/2}|\cos(v)|\,\mathrm{d}v\\
&=4\pi R^2
\end{aligned}
$$

1.3.3　直纹面与可展曲面

如果参数曲面的两族等参数线中有一族等参数线为直线，则该参数曲面称为**直纹面**(ruled surface)，该族直线称为直纹面的**母线**(generator)。直纹面可以看作一条直线在空间中连续运动所形成的曲面，如柱面(母线互相平行)、锥面(母线都经过一点)均为直纹面。

在直纹面上取一条与所有母线均相交的曲线$\boldsymbol{\rho}(u)$，称为**准线**(directrix)。如图 1.18(a)所示，在准线上$\boldsymbol{\rho}(u)$任意一点定义沿母线方向的非零矢量$\boldsymbol{\tau}(u)$，则直纹面的参数方程可以写为

$$\boldsymbol{p}_1(u,v)=\boldsymbol{\rho}(u)+v\boldsymbol{\tau}(u) \tag{1.72}$$

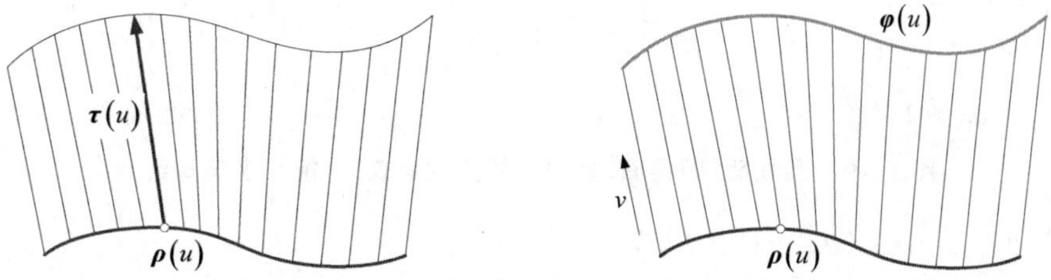

(a) 准线与方向矢量定义　　(b) 两条准线线性插值定义

图 1.18　直纹面的两种参数表达形式

此外，如图 1.18(b)所示，直纹面也可以看作两条准线$\boldsymbol{\rho}(u)$和$\boldsymbol{\varphi}(u)$之间的线性插值，则参数方程表示为

$$\boldsymbol{p}_2(u,v)=(1-v)\,\boldsymbol{\rho}(u)+v\boldsymbol{\varphi}(u) \tag{1.73}$$

令$\boldsymbol{\tau}(u)=\boldsymbol{\varphi}(u)-\boldsymbol{\rho}(u)$，参数方程(1.72)可以转换为式(1.73)。注意到，当采用两条准线线性插值构造直纹面时，两条准线的几何形状和参数化都会影响直纹面的形状。

如图 1.19(a)所示，圆柱面 $\boldsymbol{p}(u,v)=[R\cos(u),R\sin(u),Hv]$ 对应两种直纹面参数方程所包含的矢函数可以表示为

$$\begin{cases}\boldsymbol{\rho}(u)=[R\cos(u),R\sin(u),0]\\ \boldsymbol{\tau}(u)=[0,0,H]\\ \boldsymbol{\varphi}(u)=[R\cos(u),R\sin(u),H]\end{cases} \tag{1.74}$$

如图 1.19(b)所示，圆锥面 $\boldsymbol{p}(u,v)=[Rv\cos(u),Rv\sin(u),Hv]$ 对应两种直纹面参数方程所包含的矢函数可以表示为

$$\begin{cases}\boldsymbol{\rho}(u)=[0,0,0]\\ \boldsymbol{\tau}(u)=[R\cos(u),R\sin(u),H]\\ \boldsymbol{\varphi}(u)=[R\cos(u),R\sin(u),H]\end{cases} \tag{1.75}$$

如图 1.19(c)所示，螺旋面 $\boldsymbol{p}(u,v)=[Rv\cos(u),Rv\sin(u),ku]$ 对应两种直纹面参数方程所包含的矢函数可以表示为

$$\begin{cases}\boldsymbol{\rho}(u)=[0,0,ku]\\ \boldsymbol{\tau}(u)=[R\cos(u),R\sin(u),0]\\ \boldsymbol{\varphi}(u)=[R\cos(u),R\sin(u),ku]\end{cases} \tag{1.76}$$

莫比乌斯环面也可以采用直纹面表达，对应参数方程所包含的矢函数表示为

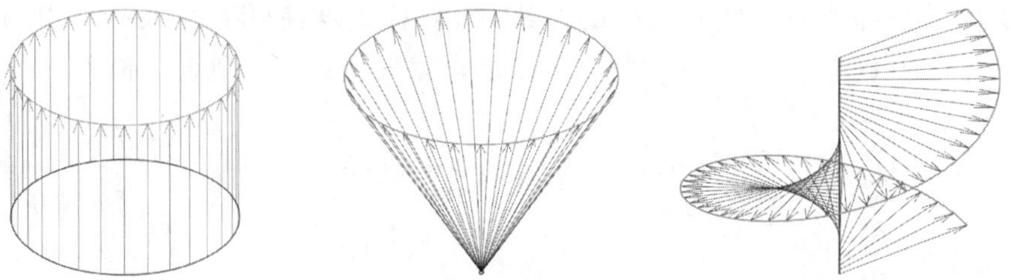

(a) 圆柱面　(b)圆锥面　(c) 螺旋面

图 1.19　圆柱面、圆锥面、螺旋面的直纹面表达(箭头表示母线)

$$\begin{cases}\boldsymbol{\rho}(u)=[a\cos(u),a\sin(u),0]\\ \boldsymbol{\tau}(u)=[b\cos(0.5u)\cos(u),b\cos(0.5u)\sin(u),b\sin(0.5u)]\\ \boldsymbol{\varphi}(u)=[(a+b\cos(0.5u))\cos(u),(a+b\cos(0.5u))\sin(u),b\sin(0.5u)]\end{cases}\tag{1.77}$$

图1.20给出了基于直纹面表达的莫比乌斯环面的上半环面($v\in[0,1]$)、下半环面($v\in[-1,0]$)和整张环面($v\in[-1,1]$)。

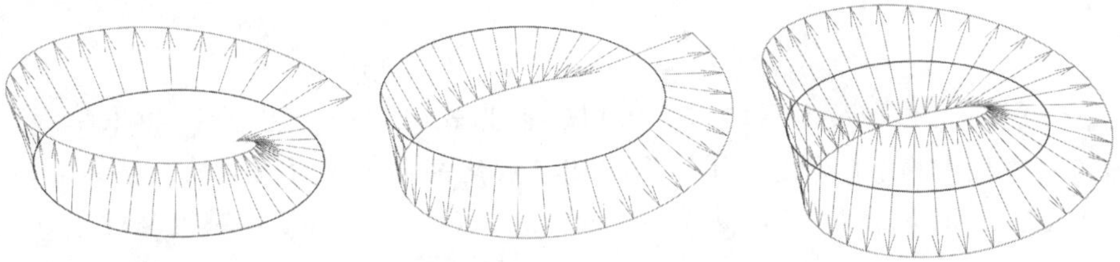

(a) 曲面上半部分　(b) 曲面下半部分　(c) 整张面

图 1.20　莫比乌斯环面的直纹面表达(箭头表示母线,参数 $a=1,b=0.5$)

由式(1.72)的直纹面定义,其上任意正则点的偏导矢计算为

$$\boldsymbol{p}_u(u,v)=\boldsymbol{\rho}'(u)+v\boldsymbol{\tau}'(u),\quad \boldsymbol{p}_v(u,v)=\boldsymbol{\tau}(u)\tag{1.78}$$

继而,法矢表示为

$$\boldsymbol{n}(u,v)=\boldsymbol{p}_u(u,v)\times\boldsymbol{p}_v(u,v)=\boldsymbol{\rho}'(u)\times\boldsymbol{\tau}(u)+v\boldsymbol{\tau}'(u)\times\boldsymbol{\tau}(u)\tag{1.79}$$

由式(1.10)中混合积的计算公式,直纹面上任意一条母线 $\boldsymbol{p}(u_0,v)$ 均满足

$$\boldsymbol{n}(u_0,v)\cdot\boldsymbol{\tau}(u_0)=[\boldsymbol{\rho}'(u_0)\times\boldsymbol{\tau}(u_0)]\cdot\boldsymbol{\tau}(u_0)+[v\boldsymbol{\tau}'(u_0)\times\boldsymbol{\tau}(u_0)]\cdot\boldsymbol{\tau}(u_0)=0\tag{1.80}$$

因此,母线$\boldsymbol{\tau}(u_0)$是直纹面母线 $\boldsymbol{p}(u_0,v)$上一点的一个切矢量。若式(1.80)中的3个矢量$\boldsymbol{\rho}'(u_0)$、$\boldsymbol{\tau}'(u_0)$、$\boldsymbol{\tau}(u_0)$位于同一平面内,即满足行列式条件 $\det(\boldsymbol{\rho}'(u_0),\boldsymbol{\tau}'(u_0),\boldsymbol{\tau}(u_0))=0$,则直纹面沿着母线 $\boldsymbol{p}(u_0,v)$具有唯一的切平面。如果直纹面沿着每条母线均只有唯一的切平面,则称该直纹面为**可展曲面**(developable surface),其充要条件表示为

$$\det(\boldsymbol{\rho}'(u),\boldsymbol{\tau}'(u),\boldsymbol{\tau}(u))=0\tag{1.81}$$

在工程应用中,部分飞机机翼表面和发动机叶片表面采用直纹面构造,有些是可展的,也有不可展的。

1.3.4　曲面的曲率性质

曲面的曲率是通过曲面上曲线的曲率来引入的。考虑曲面上的一条以自身弧长 s 为参数的曲线 $\boldsymbol{p}(s)=\boldsymbol{p}(u(s),v(s))$，其上一点 Q 处的单位切矢 $\dot{\boldsymbol{p}}(s)$ 和曲率矢 $\ddot{\boldsymbol{p}}(s)$ 可以表示为

$$\dot{\boldsymbol{p}}(s)=\boldsymbol{p}_u\dot{u}+\boldsymbol{p}_v\dot{v} \tag{1.82}$$

$$\ddot{\boldsymbol{p}}(s)=\boldsymbol{p}_{uu}\dot{u}^2+2\boldsymbol{p}_{uv}\dot{u}\dot{v}+\boldsymbol{p}_{vv}\dot{v}^2+\boldsymbol{p}_u\ddot{u}+\boldsymbol{p}_v\ddot{v} \tag{1.83}$$

如图 1.21 所示，Q 点处的曲率矢 $\ddot{\boldsymbol{p}}(s)$ 可以沿着曲面法矢方向和切平面内与单位切矢 $\dot{\boldsymbol{p}}(s)$ 垂直的方向分解为

$$\ddot{\boldsymbol{p}}(s)=\boldsymbol{\kappa}_n+\boldsymbol{\kappa}_g=\kappa_n\boldsymbol{n}+\boldsymbol{\kappa}_g \tag{1.84}$$

其中，$\boldsymbol{\kappa}_n$ 称为**法曲率矢量**；$\boldsymbol{\kappa}_g$ 称为**测地曲率矢量**；κ_n 称为曲面在 Q 点处沿切向 $\dot{\boldsymbol{p}}(s)$ 的**法曲率**。在式(1.84)两端同时乘以曲面单位法矢 $\boldsymbol{n}$，则法曲率 κ_n 可以表示为

$$\kappa_n=\ddot{\boldsymbol{p}}(s)\boldsymbol{n}=(\boldsymbol{p}_{uu}\cdot\boldsymbol{n})\dot{u}^2+2(\boldsymbol{p}_{uv}\cdot\boldsymbol{n})\dot{u}\dot{v}+(\boldsymbol{p}_{vv}\cdot\boldsymbol{n})\dot{v}^2 \tag{1.85}$$

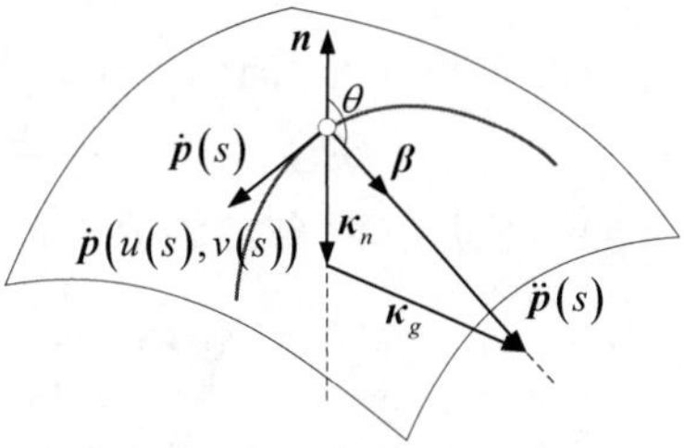

图 1.21　曲面曲率的定义

可见法曲率可正可负。令曲率矢与曲面单位法矢的夹角为 θ，当夹角大于、等于、小于 90°时，法曲率为负值、零、正值。

结合曲线论中的基本公式 $\dot{\boldsymbol{\alpha}}=\kappa\boldsymbol{\beta}$，可推导法曲率与曲线曲率的关系为

$$\kappa_n=\ddot{\boldsymbol{p}}(s)\boldsymbol{n}=\kappa(\boldsymbol{\beta}\cdot\boldsymbol{n})=\kappa\cos(\theta) \tag{1.86}$$

令

$$L=\boldsymbol{p}_{uu}\cdot\boldsymbol{n},\quad M=\boldsymbol{p}_{uv}\cdot\boldsymbol{n},\quad N=\boldsymbol{p}_{vv}\cdot\boldsymbol{n} \tag{1.87}$$

称为**第二类基本量**。联立曲面的第一基本形式(1.62)，式(1.85)中的法曲率可以重新表示为

$$\kappa_n=\frac{L\mathrm{d}u^2+2M\mathrm{d}u\mathrm{d}v+N\mathrm{d}v^2}{\mathrm{d}s^2}=\frac{L\mathrm{d}u^2+2M\mathrm{d}u\mathrm{d}v+N\mathrm{d}v^2}{E\mathrm{d}u^2+2F\mathrm{d}u\mathrm{d}v+G\mathrm{d}v^2}=\frac{\mathrm{II}}{\mathrm{I}} \tag{1.88}$$

其中

$$\mathrm{II}=L\mathrm{d}u^2+2M\mathrm{d}u\mathrm{d}v+N\mathrm{d}v^2 \tag{1.89}$$

称为曲面的**第二基本形式**。令 $\lambda=\mathrm{d}v/\mathrm{d}u$ 为曲面上曲线在 Q 点处的切向，法曲率可以重写为

$$\kappa_n=\frac{L+2M\lambda+N\lambda^2}{E+2F\lambda+G\lambda^2} \tag{1.90}$$

因此，曲面上一点沿 $\lambda=\mathrm{d}v/\mathrm{d}u$ 方向的法曲率只和曲面在该点的 6 个基本量及所取方向有关，和式(1.86)中曲率矢与法矢的夹角 θ 无关。

过曲面上一点具有相同切矢方向的曲面上曲线有无数多条，它们在该点处具有相同

的法曲率。可以认为,法曲率是曲面上一点沿切平面内某一方向的曲率性质。曲面上一点具有无数多个方向,相应地有无数多个法曲率。这其中的最大值和最小值称为**主曲率**,主曲率所在方向称为**主方向**。主曲率的计算可以通过法曲率公式(1.88)对方向参数 λ 求导得到

$$(M+N\lambda)(E+2F\lambda+G\lambda^2)-(F+G\lambda)(L+2M\lambda+N\lambda^2)=0 \tag{1.91}$$

式(1.91)可以进一步简化为求解方程

$$\begin{vmatrix} \kappa_n E-L & \kappa_n F-M \\ \kappa_n F-M & \kappa_n G-N \end{vmatrix}=0 \tag{1.92}$$

将行列式展开可得关于 κ_n 的二次方程式

$$(EG-F^2)\kappa_n^2-(EN+GL-2FM)\kappa_n+(LN-M^2)=0 \tag{1.93}$$

式(1.93)总是有两个实数根或者单个重实数根。令

$$K=\frac{LN-M^2}{EG-F^2},\quad H=\frac{EN+GL-2FM}{2(EG-F^2)} \tag{1.94}$$

则式(1.93)可以进一步简化为

$$\kappa_n^2-2H\kappa_n+K=0 \tag{1.95}$$

求解式(1.95)可得两个主曲率为

$$\begin{cases} \kappa_{\max}=H+\sqrt{H^2-K} \\ \kappa_{\min}=H-\sqrt{H^2-K} \end{cases} \tag{1.96}$$

可见 K、H 与两个主曲率的关系为

$$K=\kappa_{\max}\kappa_{\min},\quad H=\frac{\kappa_{\max}+\kappa_{\min}}{2} \tag{1.97}$$

因此,K 和 H 分别称为**高斯曲率**(Gauss curvature)和**平均曲率**(mean curvature)。高斯曲率在判定和研究曲面形状有关的性质时有非常广泛的应用。根据欧拉定理,法曲率可以表示为两个主曲率的线性组合

$$\kappa_n=\kappa_{\max}\cos^2\varphi+\kappa_{\min}\sin^2\varphi \tag{1.98}$$

其中,角度 φ 表示所选方向与主曲率 $\kappa_{\max}$ 对应主方向的夹角。

此外,式(1.91)可以简化为有关参数 λ 的二次方程,即

$$(FN-GM)\lambda^2+(EN-GL)\lambda+(EM-FL)=0 \tag{1.99}$$

求解式(1.99)可得对应于主曲率的两个主方向 $\lambda_{\max}$ 和 $\lambda_{\min}$,并且可以判断两个主方向相互垂直。

第2章

参数曲线和曲面

CHAPTER 2

曲线和曲面的参数表达是现代几何形状描述的重要基础。在以控制顶点与基函数定义的贝齐尔、B样条曲线和曲面建模技术之前,研究人员最先探索的是基于参数多项式的曲线和曲面表达形式。为了描述一系列离散点集,出现了借助不同参数多项式基函数的曲线和曲面插值与逼近方法。1963年,美国波音公司的弗格森(J. C. Ferguson)率先将参数三次方程引入飞机机翼形状设计,通过不同分段来构造插值于给定数据点及其切矢的组合曲线。此后,弗格森继续将该方法推广到组合曲面的构造,在有序网格点上定义双三次光滑曲面。然而弗格森在曲面片构造中将角点处二阶偏导矢全部取零矢量,致使弗格森曲面仅满足C^1连续。美国麻省理工学院孔斯教授(Steven Anson Coons,1912—1979年)提出了可以满足曲面间C^2连续的孔斯曲面构造方法,孔斯的相关工作为后续众多学者指引了研究方向。本章将从参数多项式插值与逼近、参数样条曲线和参数样条曲面三部分来介绍参数曲线和曲面的数学基础与相关构造方法。

2.1 参数多项式插值与逼近

2.1.1 插值与逼近

插值(interpolation)和**逼近**(approximation)是几何造型领域中通过给定数据点来构造光滑曲线和曲面的两种重要方式。给定一组有序数据点 $\bar{\boldsymbol{p}}_i\ (i=0,1,\cdots,m)$,构造一条曲线顺序通过这组数据点,称为对这些数据点进行**插值**,所构造曲线称为**插值曲线**。如果这组数据点原先便位于某曲线上,则称该曲线为**被插曲线**。同样地,可以将插值曲线的概念推广到插值曲面上。

在工程应用中,经常通过测量设备获得数据点,致使数据点本身带有误差。此时构造插值曲线经过这些数据点意义不大。此外,数据点中可能存在噪点或离群点,构造插值曲线经过数据点会导致插值曲线形状异常。在类似情况下,不要求所构造曲线精确通过数据点,只要求其在某种意义下最为接近给定数据点,称为对数据点进行**逼近**,所构造的曲线称为**逼近曲线**。如果这组数据点原先便位于某曲线上,则称该曲线为**被逼曲线**。同样地,可以将逼近曲线的概念推广到逼近曲面上。插值和逼近统称为**拟合**(fitting)。

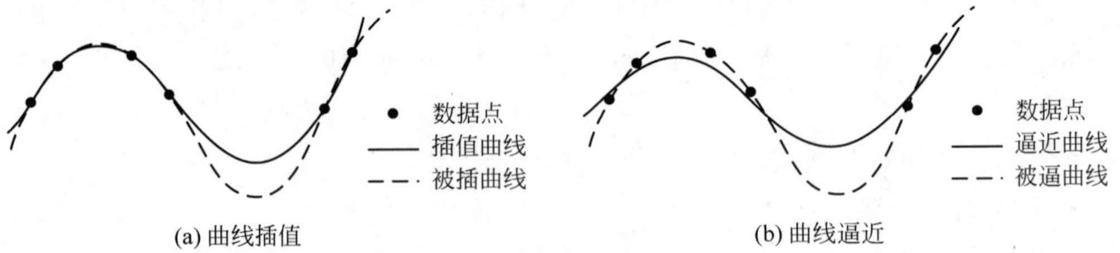

图 2.1　曲线插值与曲线逼近

2.1.2 多项式基函数

以基表示的参数矢函数形式已成为 CAGD 中形状描述的标准形式。以曲线为例,其数学形式可以写为

$$\boldsymbol{p}(u)=\sum_{i=0}^{n}\boldsymbol{a}_i\varphi_i(u) \tag{2.1}$$

其中,$\boldsymbol{a}_i$ 称为**系数矢量**;$\varphi_i(u)$称为**基函数**。在数学中,基函数表示函数空间的一组基,该函数空间中的任一函数均可以通过这组基函数线性组合得到。在数值分析中,基函数常用来插值特定数据点,如有限元分析中的拉格朗日形函数。基函数决定了曲线的整体性质。因此,基函数的选取对形状表达至关重要。

以多项式函数作为基函数首先获得了人们的关注。多项式基函数形式简单,又无穷次可微，能够表示光滑曲线和曲面，且其函数值及导数值计算容易。n 次多项式的全体构成了 n 次多项式空间，该空间内任意一组 $n+1$ 个线性无关的多项式都可以作为一组基函数。因此，n 次多项式空间包含无穷组基函数，且不同组基函数之间仅仅相差一个线性变换。

幂基，也称单项式(monomial)基函数，是最简单的多项式基函数，由次数$\leqslant n$ 的所有单项式构成，表示为

$$\varphi_i(u)=u^i,\quad i=0,1,\cdots,n \tag{2.2}$$

任意多项式函数都可以唯一地表示为有限个单项式基函数的线性组合。

拉格朗日基函数，也称为拉格朗日插值基函数，通过一组节点序列定义。给定 $n+1$ 个互不相同的节点 $\{u_0,u_1,\cdots,u_n\}$，其上定义一组次数为 n 的拉格朗日基函数 $\{\varphi_0(u),\varphi_1(u),\cdots,\varphi_n(u)\}$，且在每个节点处拉格朗日基函数满足**克罗内克**(Kronecker)插值条件，即

$$\varphi_i(u_j)=\delta_{ij}=\begin{cases}1, & i=j\\ 0, & i\neq j\end{cases} \tag{2.3}$$

继而，拉格朗日基函数可以显式表达为

$$\begin{aligned}\varphi_i(u)&=\frac{(u-u_0)}{(u_i-u_0)}\cdots\frac{(u-u_{i-1})}{(u_i-u_{i-1})}\frac{(u-u_{i+1})}{(u_i-u_{i+1})}\cdots\frac{(u-u_n)}{(u_i-u_n)}\\&=\prod_{\substack{0\leqslant j\leqslant n\\ j\neq i}}\frac{u-u_j}{u_i-u_j},\quad i=0,1,\cdots,n\end{aligned} \tag{2.4}$$

拉格朗日基函数常用来构造多项式逼近未知函数，同时插值于给定数据点，在曲线拟合、数值分析、数据分析等方面应用广泛。图2.2展示了二次幂基和二次拉格朗日基函数曲线。

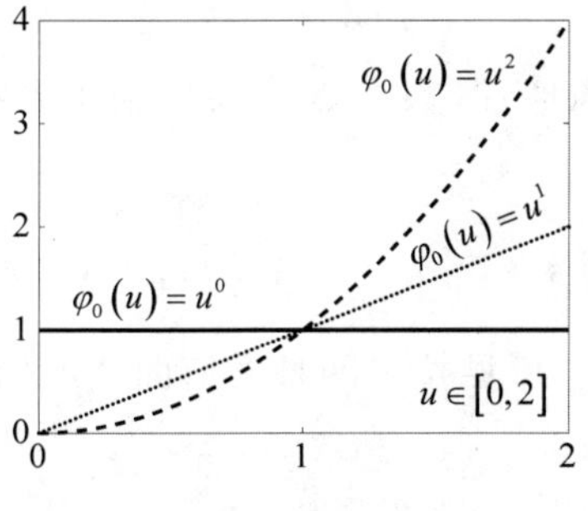

(a) 二次幂基

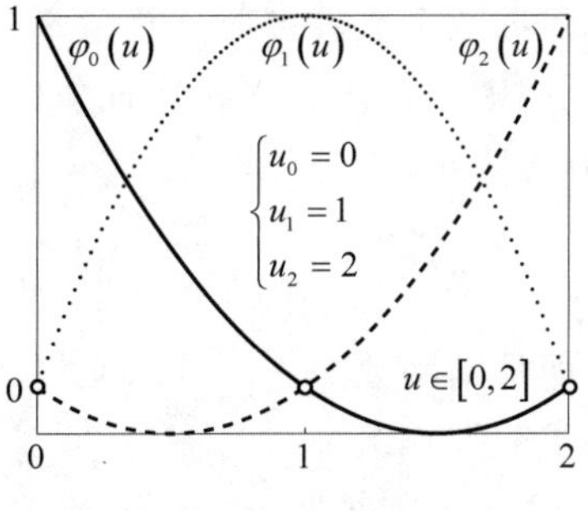

(b) 二次拉格朗日基函数

图2.2　二次幂基和拉格朗日基函数曲线示例

同一条参数多项式曲线可以采用不同的基表示，并决定了曲线不同的性质和优缺点。这就提出了一个问题：应该选择怎样的多项式基才最适合CAGD关于形状数学描述的要求？

2.1.3 多项式插值曲线

当以多项式基函数来构造插值曲线时，数据点的个数应与未知系数矢量个数保持一致。给定 $n+1$ 个节点参数 u_i（参数 u_i 之间满足互异性）及相应数据点 $\bar{\boldsymbol{p}}_i$（$i=0,1,\cdots,n$），在采用幂基构造插值曲线时，插值曲线方程可以写为

$$\bar{\boldsymbol{p}}_i=\boldsymbol{p}(u_i)=\sum_{j=0}^{n}\boldsymbol{a}_j u_i^j=\boldsymbol{a}_0+\boldsymbol{a}_1 u_i^1+\cdots\boldsymbol{a}_n u_i^n,\quad i=0,1,\cdots,n \tag{2.5}$$

依次将 $n+1$ 个数据点 $\bar{\boldsymbol{p}}_i$ 和对应参数代入式(2.5)，可得下列线性方程组

$$\begin{bmatrix}1 & u_0 & u_0^2 & \cdots & u_0^n\\ 1 & u_1 & u_1^2 & \cdots & u_1^n\\ 1 & u_2 & u_2^2 & \cdots & u_2^n\\ \vdots & \vdots & \vdots & \ddots & \vdots\\ 1 & u_n & u_n^2 & \cdots & u_n^n\end{bmatrix}\begin{bmatrix}\boldsymbol{a}_0\\ \boldsymbol{a}_1\\ \boldsymbol{a}_2\\ \vdots\\ \boldsymbol{a}_n\end{bmatrix}=\begin{bmatrix}\bar{\boldsymbol{p}}_0\\ \bar{\boldsymbol{p}}_1\\ \bar{\boldsymbol{p}}_2\\ \vdots\\ \bar{\boldsymbol{p}}_n\end{bmatrix} \tag{2.6}$$

简写为

$$\boldsymbol{VA}=\bar{\boldsymbol{P}} \tag{2.7}$$

系数矩阵 $\boldsymbol{V}$ 是维度为$(n+1)\times(n+1)$的**范德蒙**（Vandermonde）矩阵，其行列式可计算为

$$\det(\boldsymbol{V})=\prod_{0\leqslant j<i\leqslant n}(u_i-u_j) \tag{2.8}$$

由参数 u_i 的互异性可知上述行列式非零，即矩阵 $\boldsymbol{V}$ 可逆，式(2.7)具有唯一解。

以幂基来构造插值曲线的优点在于幂基的计算和求导简单、构造直观。缺点在于要求解方程组，数据点个数较多时计算效率低。

若以拉格朗日基函数来构造插值曲线，由于其插值性，数据点可以直接作为系数矢量，插值曲线方程表示为

$$\boldsymbol{p}(u)=\sum_{i=0}^{n}\bar{\boldsymbol{p}}_i\varphi_i(u)=\bar{\boldsymbol{p}}_0\varphi_0(u)+\bar{\boldsymbol{p}}_1\varphi_1(u)+\cdots+\bar{\boldsymbol{p}}_n\varphi_n(u) \tag{2.9}$$

其中，拉格朗日基函数 $\varphi_i(u)$可以通过式(2.4)计算。可见拉格朗日插值曲线的构造简单直接，不需要求解方程组。

【例 2.1】 令数据点 $\bar{\boldsymbol{p}}_0=[-1,-1]$，$\bar{\boldsymbol{p}}_1=[3,2]$，$\bar{\boldsymbol{p}}_2=[5,0]$，$\bar{\boldsymbol{p}}_3=[8,2]$，分别基于一次、二次、三次拉格朗日基函数对前 2 个点、前 3 个点与全 4 个点构造插值曲线。

解：(1)由前 2 个数据点 $\bar{\boldsymbol{p}}_0$ 与 $\bar{\boldsymbol{p}}_1$ 构造一次拉格朗日插值曲线，令 $u_0=-1$，$u_1=3$，一次拉格朗日基函数可以表示为

$$\varphi_0(u)=\frac{u-u_1}{u_0-u_1}=-\frac{1}{4}(u-3),\quad \varphi_1(u)=\frac{u-u_0}{u_1-u_0}=\frac{1}{4}(u+1)$$

一次拉格朗日基函数表示为

$$\boldsymbol{p}_1(u)=\bar{\boldsymbol{p}}_0\varphi_0(u)+\bar{\boldsymbol{p}}_1\varphi_1(u)$$

(2) 由前 3 个数据点 $\bar{\boldsymbol{p}}_0$、$\bar{\boldsymbol{p}}_1$ 与 $\bar{\boldsymbol{p}}_2$ 构造二次拉格朗日插值曲线，令 $u_0=-1,u_1=3,u_2=5$，二次拉格朗日基函数可以表示为

$$\varphi_0(u)=\frac{(u-u_1)(u-u_2)}{(u_0-u_1)(u_0-u_2)}=\frac{1}{24}(u-3)(u-5)$$

$$\varphi_1(u)=\frac{(u-u_0)(u-u_2)}{(u_1-u_0)(u_1-u_2)}=-\frac{1}{8}(u+1)(u-5)$$

$$\varphi_2(u)=\frac{(u-u_0)(u-u_1)}{(u_2-u_0)(u_2-u_1)}=\frac{1}{12}(u+1)(u-3)$$

二次拉格朗日插值曲线表示为

$$\boldsymbol{p}_2(u)=\bar{\boldsymbol{p}}_0\varphi_0(u)+\bar{\boldsymbol{p}}_1\varphi_1(u)+\bar{\boldsymbol{p}}_2\varphi_2(u)$$

(3) 由全部 4 个数据点 $\bar{\boldsymbol{p}}_0$、$\bar{\boldsymbol{p}}_1$、$\bar{\boldsymbol{p}}_2$ 与 $\bar{\boldsymbol{p}}_3$ 构造三次拉格朗日插值曲线，令 $u_0=-1,u_1=3,u_2=5,u_3=8$，三次拉格朗日基函数可以表示为

$$\varphi_0(u)=\frac{(u-u_1)(u-u_2)(u-u_3)}{(u_0-u_1)(u_0-u_2)(u_0-u_3)}=-\frac{1}{216}(u-3)(u-5)(u-8)$$

$$\varphi_1(u)=\frac{(u-u_0)(u-u_2)(u-u_3)}{(u_1-u_0)(u_1-u_2)(u_1-u_3)}=\frac{1}{40}(u+1)(u-5)(u-8)$$

$$\varphi_2(u)=\frac{(u-u_0)(u-u_1)(u-u_3)}{(u_2-u_0)(u_2-u_1)(u_2-u_3)}=-\frac{1}{36}(u+1)(u-3)(u-8)$$

$$\varphi_3(u)=\frac{(u-u_0)(u-u_1)(u-u_2)}{(u_3-u_0)(u_3-u_1)(u_3-u_2)}=\frac{1}{135}(u+1)(u-3)(u-5)$$

三次拉格朗日插值曲线表示为

$$\boldsymbol{p}_2(u)=\bar{\boldsymbol{p}}_0\varphi_0(u)+\bar{\boldsymbol{p}}_1\varphi_1(u)+\bar{\boldsymbol{p}}_2\varphi_2(u)+\bar{\boldsymbol{p}}_3\varphi_3(u)$$

图 2.3 展示了所构造的一次、二次和三次拉格朗日插值曲线。在例 2.1 中，拉格朗日基函数节点参数的选取与数据点 x 坐标保持一致。节点参数的选取对插值曲线形状有直接影响，2.1.5 节将介绍常用的节点参数选取方法，即参数化方法。

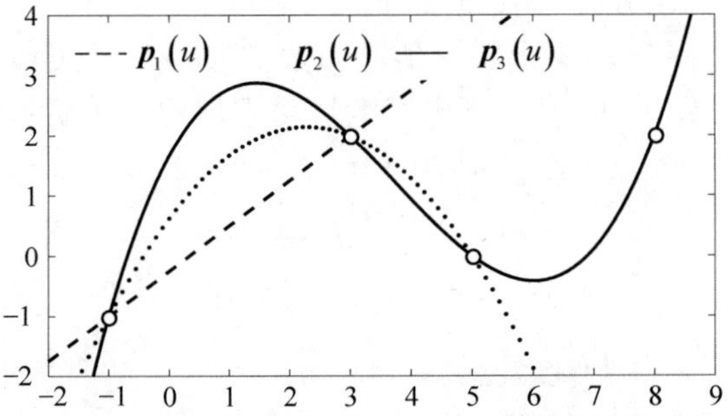

图 2.3　一次、二次和三次拉格朗日插值曲线图

拉格朗日基函数构造插值曲线有其自身不足，包括基函数及其导数求解复杂、节点发生变动时所有基函数均需重新计算、高次插值曲线光顺性差等。此外，当采用均匀分布节点构造插值曲线时，多项式次数越高，边界节点附近曲线振荡越明显，插值曲线越偏离被插曲线，这种现象称为**龙格现象**(Runge's phenomenon)。图2.4展示了基于均匀节点的四次、十次和二十次拉格朗日插值曲线，可以发现随着次数增加，边界节点附近曲线的波动越大。

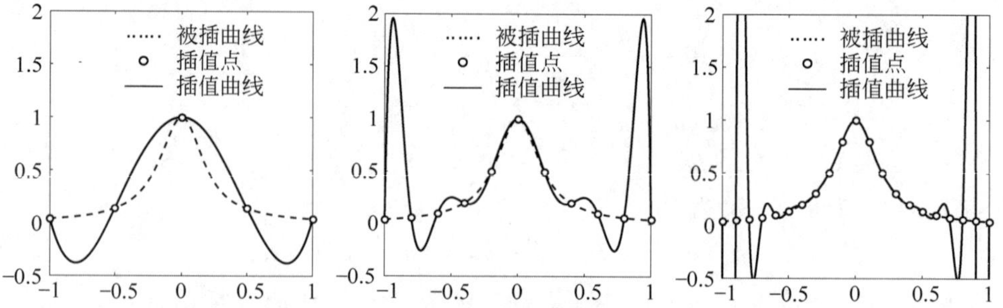

(a) 四次插值曲线 (b) 十次插值曲线 (c) 二十次插值曲线

图2.4 基于均匀节点的四次、十次和二十次拉格朗日插值曲线

在构造插值曲线时，除插值给定数据点外，有时也希望插值于数据点处的导矢，则可以采用**埃尔米特**(Hermite)插值多项式。埃尔米特插值可以看作一种广义的拉格朗日插值，既可以实现对数据点的插值，也可以实现对数据点处导矢的插值。给定 $n+1$ 个数据点 $\bar{\boldsymbol{p}}_i$ 和数据点处的导矢 $\bar{\boldsymbol{p}}_i'$，共计 $2(n+1)$ 个插值条件，基于埃尔米特插值多项式的曲线方程可以表示为

$$\boldsymbol{p}(u)=\sum_{i=0}^{n}\bar{\boldsymbol{p}}_iF_i(u)+\sum_{i=0}^{n}\bar{\boldsymbol{p}}_i'G_i(u) \tag{2.10}$$

其中，$F_i(u)$和$G_i(u)$称为埃尔米特插值基函数，次数为 $2n+1$，满足

$$\begin{cases}F_i(u_j)=\delta_{ij}\\ F_i'(u_j)=0\end{cases},\quad \begin{cases}G_i(u_j)=0\\ G_i'(u_j)=\delta_{ij}\end{cases} \tag{2.11}$$

给定插值条件后，构造埃尔米特插值曲线转变为求解埃尔米特插值基函数。

【例2.2】 给定数据点 $\bar{\boldsymbol{p}}_0=[0,0]$ 与 $\bar{\boldsymbol{p}}_1=[1,0]$，及数据点处导矢 $\bar{\boldsymbol{p}}_0'=[0.5,0.5]$ 与 $\bar{\boldsymbol{p}}_1'=[0,0.5]$，试构造三次埃尔米特插值曲线。

解：(1)令 $u_0=0,u_1=1$，埃尔米特插值基函数 $F_i(u)$与$G_i(u)$分别表示为一般三次多项式，由式(2.11)给定边界条件，通过待定系数法可求解埃尔米特基函数如下

$$F_0(u)=2u^3-3u^2+1$$

$$F_1(u)=-2u^3+3u^2$$

$$G_0(u)=u^3-2u^2+u$$

$$G_1(u)=u^3-u^2$$

继而，三次埃尔米特插值曲线可以表示为

$$\boldsymbol{p}(u)=\overline{\boldsymbol{p}}_0F_0(u)+\overline{\boldsymbol{p}}_1F_1(u)+\overline{\boldsymbol{p}}'_0G_0(u)+\overline{\boldsymbol{p}}'_1G_1(u)$$

图 2.5 给出了对应的三次埃尔米特基函数和插值曲线。

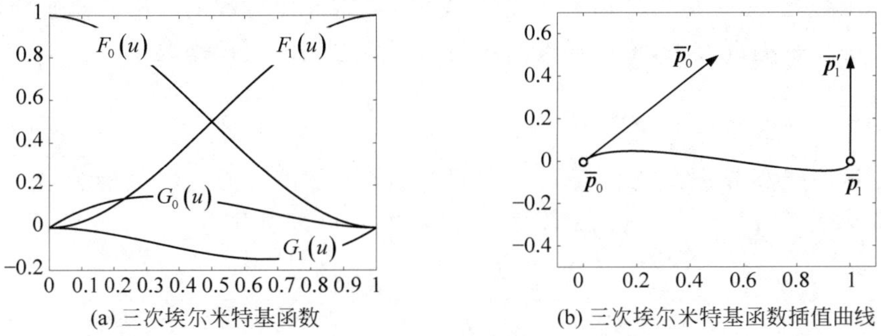

图 2.5　三次埃尔米特基函数和插值曲线

由多项式插值方程可以发现，方程次数与插值条件个数密切相关。插值点数量越多，多项式次数越高。而多项式次数越高，曲线出现扭摆的可能性越大，并导致较差的曲线光顺性。此外，某一数据点的微小变动可能引发曲线形状较大的波动。这些问题使得多项式插值基函数并不适合用来构造复杂形状曲线。

2.1.4　最小二乘逼近

插值曲线寻求严格经过给定数据点，逼近曲线只寻求某种程度上的最靠近给定数据点。那么，如何评判构造曲线与数据点之间的靠近程度呢？**最小二乘逼近**(least square approximation)通过最小化数据点与逼近曲线对应点之间的距离来构造最佳逼近曲线，在实际工程中应用广泛。

采用 n 次多项式基函数 $\varphi_i(u), i=0,1,\cdots,n$ 来构造一条逼近曲线，其方程可写为

$$\boldsymbol{p}(u)=\sum_{i=0}^{n}\boldsymbol{a}_i\varphi_i(u) \tag{2.12}$$

若使用该逼近曲线逼近 $m+1$ 个数据点 $\overline{\boldsymbol{p}}_j\ (j=0,1,\cdots,m)$，数据点对应参数为 u_j，可构造线性方程组

$$\boldsymbol{\Phi}\mathbf{A}=\overline{\boldsymbol{P}} \tag{2.13}$$

其中

$$\boldsymbol{\Phi}=\begin{bmatrix}\varphi_0(u_0) & \varphi_1(u_0) & \varphi_2(u_0) & \cdots & \varphi_n(u_0)\\ \varphi_0(u_1) & \varphi_1(u_1) & \varphi_2(u_1) & \cdots & \varphi_n(u_1)\\ \varphi_0(u_2) & \varphi_1(u_2) & \varphi_2(u_2) & \cdots & \varphi_n(u_2)\\ \vdots & \vdots & \vdots & \ddots & \vdots\\ \varphi_0(u_m) & \varphi_1(u_m) & \varphi_2(u_m) & \cdots & \varphi_n(u_m)\end{bmatrix},\quad \mathbf{A}=\begin{bmatrix}\boldsymbol{a}_0\\ \boldsymbol{a}_1\\ \boldsymbol{a}_2\\ \vdots\\ \boldsymbol{a}_n\end{bmatrix},\quad \overline{\boldsymbol{P}}=\begin{bmatrix}\overline{\boldsymbol{p}}_0\\ \overline{\boldsymbol{p}}_1\\ \overline{\boldsymbol{p}}_2\\ \vdots\\ \overline{\boldsymbol{p}}_m\end{bmatrix} \tag{2.14}$$

当数据点个数大于系数矢量个数时,即 $m>n$,式(2.13)为**超定方程**,一般没有精确解。也就是说所构造的 n 次逼近曲线 $\boldsymbol{p}(u)$不能精确穿过所有数据点 $\bar{\boldsymbol{p}}_j$。从数学角度来看,当选定插值基函数之后,构造最佳逼近曲线的本质是寻求超定方程的一组最佳逼近解。

基于最小二乘逼近方法,构造逼近曲线与数据点之间的误差函数如下

$$J=\sum_{j=0}^{m}|\boldsymbol{p}(u_j)-\bar{\boldsymbol{p}}_j|^2=\sum_{j=0}^{m}\left|\sum_{i=0}^{n}a_i\varphi_i(u_j)-\bar{\boldsymbol{p}}_j\right|^2 \tag{2.15}$$

假定逼近曲线和数据点均位于三维空间,系数矢量和数据点的坐标分量分别表示为 $\boldsymbol{a}_i=[x_i,y_i,z_i]$ 和 $\bar{\boldsymbol{p}}_j=[\bar{x}_j,\bar{y}_j,\bar{z}_j]$,则误差函数 J 可以展开为

$$J=J_x+J_y+J_z \tag{2.16}$$

其中

$$\begin{aligned}
J_x&=\sum_{j=0}^{m}\left[\sum_{i=0}^{n}x_i\varphi_i(u_j)-\bar{x}_j\right]^2\\
J_y&=\sum_{j=0}^{m}\left[\sum_{i=0}^{n}y_i\varphi_i(u_j)-\bar{y}_j\right]^2\\
J_z&=\sum_{j=0}^{m}\left[\sum_{i=0}^{n}z_i\varphi_i(u_j)-\bar{z}_j\right]^2
\end{aligned} \tag{2.17}$$

因为误差分量 J_x、J_y 和 J_z 均为非负值,最小化 3 个误差分量可以得到最小误差。为此,最小化 3 个误差分量可以通过计算误差分量对系数矢量分量的导数并置零获得,即

$$\begin{aligned}
\frac{\partial J_x}{\partial x_i}&=\sum_{j=0}^{m}\left\{2\varphi_i(u_j)\left[\sum_{i=0}^{n}x_i\varphi_i(u_j)-\bar{x}_j\right]\right\}=0\\
\frac{\partial J_y}{\partial y_i}&=\sum_{j=0}^{m}\left\{2\varphi_i(u_j)\left[\sum_{i=0}^{n}y_i\varphi_i(u_j)-\bar{y}_j\right]\right\}=0\\
\frac{\partial J_z}{\partial z_i}&=\sum_{j=0}^{m}\left\{2\varphi_i(u_j)\left[\sum_{i=0}^{n}z_i\varphi_i(u_j)-\bar{z}_j\right]\right\}=0
\end{aligned} \tag{2.18}$$

整理上述方程组,可得

$$(\boldsymbol{\Phi}^{\mathrm{T}}\boldsymbol{\Phi})\boldsymbol{A}=\boldsymbol{\Phi}^{\mathrm{T}}\bar{\boldsymbol{P}} \tag{2.19}$$

称为**法方程**。从形式上看,法方程可以通过在超定方程$\boldsymbol{\Phi A}=\bar{\boldsymbol{P}}$ 两侧乘以$\boldsymbol{\Phi}^{\mathrm{T}}$ 得到。由于基函数 $\varphi_i(u)$,$i=0,1,\cdots,n$ 满足线性无关性,故$\boldsymbol{\Phi}$ 为满秩矩阵,且$(\boldsymbol{\Phi}^{\mathrm{T}}\boldsymbol{\Phi})$可逆。因此,式(2.19)的解表示为

$$\boldsymbol{A}=(\boldsymbol{\Phi}^{\mathrm{T}}\boldsymbol{\Phi})^{-1}\boldsymbol{\Phi}^{\mathrm{T}}\bar{\boldsymbol{P}} \tag{2.20}$$

也称为**最小二乘解**。当 $n=m$ 时,逼近问题退化为插值问题。

图 2.6 展示了基于五次、八次、十二次的拉格朗日基最小二乘曲线逼近,第一行和第二行分别为二维和三维数据点逼近。随着次数的增加,曲线越来越逼近给定数据点。

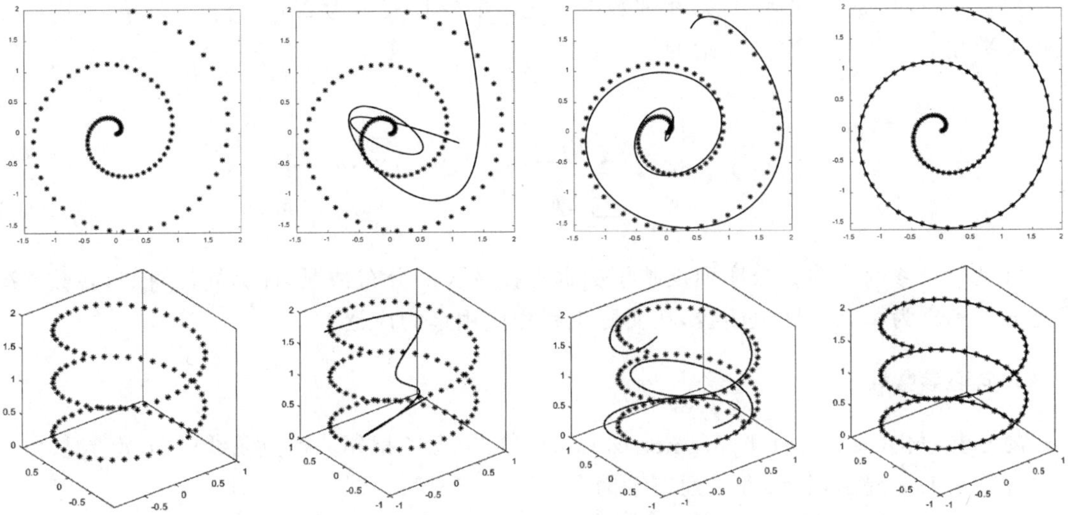

(a) 数据点 (b) $n=5$ (c) $n=8$ (d) $n=12$

图 2.6 基于五次、八次、十二次的二维与三维拉格朗日基最小二乘曲线逼近

2.1.5 曲线数据点参数化

在构造多项式拟合曲线时，多项式基函数（如拉格朗日基函数）与数据点对应的节点参数密切相关。因此，在构造拟合曲线之前需要首先为每个数据点赋予参数值，称为**数据点参数化**。给定一组有序数据点 $\bar{\boldsymbol{p}}_i(i=0,1,\cdots,n)$，数据点参数化的含义是在区间$[a,b]$上寻找一组与数据点序列 $\bar{\boldsymbol{p}}_i$ 一一对应的递增参数序列 u_i：$a=u_0<u_1<\cdots<u_n=b$。同一组数据点，参数化不同，所构造的拟合曲线也可能不同。数据点参数化的方法有多种，下面介绍最为经典的 3 种。为了规范化表示参数序列，假定 $u_i\in[0,1]$，并令 $u_0=0,u_n=1$。

1. 均匀参数化

均匀参数化(uniform parametrization)方法采用参数等距分布的形式，即参数节点在参数域上均匀分布。节点 u_i 的值可以表示为

$$u_i=\frac{i}{n},\quad i=0,1,\cdots,n \tag{2.21}$$

均匀参数化方法不考虑数据点之间的空间位置关系，适用于数据点序列空间分布较均匀的情形。当数据点分布相差悬殊时，所构造的插值曲线在相邻数据点弦长较长时呈现扁平状，在相邻数据点弦长较短时则又凸得厉害。

2. 弦长参数化

弦长参数化(chord length parametrization)方法考虑了数据点空间分布的影响。依次

连接数据点 $\bar{\boldsymbol{p}}_i$ 构成空间多边形，相邻数据点之间的弦长表示为 $\Delta\bar{\boldsymbol{p}}_i=|\bar{\boldsymbol{p}}_{i+1}-\bar{\boldsymbol{p}}_i|$，则基于弦长参数化方法的参数序列表示为

$$\begin{cases} u_0=0, \\ u_{i+1}=u_i+\dfrac{\Delta p_i}{\sum\limits_{j=0}^{n-1}\Delta p_j}, \quad i=0,1,\cdots,n-1 \end{cases} \tag{2.22}$$

可见弦长参数化的参数序列反映了数据点按弦长的分布情况，计算简洁直观，多数情况下能够得到较为满意的插值曲线，在实际工程中应用最为广泛。

3. 向心参数化

向心参数化(centripetal parametrization)方法考虑了相邻数据点弦线的折拐情况，由美国波音公司 Lee 提出，其参数序列表示为

$$\begin{cases} u_0=0, \\ u_{i+1}=u_i+\dfrac{\sqrt{\Delta p_i}}{\sum\limits_{j=0}^{n-1}\sqrt{\Delta p_j}}, \quad i=0,1,\cdots,n-1 \end{cases} \tag{2.23}$$

在计算形式上与积累弦长参数化保持一致，区别在于将积累弦长参数化中的弦长替换为弦长平方根，故也称为平方根法。

图 2.7 给出了基于均匀、弦长和向心 3 种数据点参数化方法的拉格朗日插值曲线，3 条曲线虽然都插值于给定数据点，但是曲线形状不再相同。

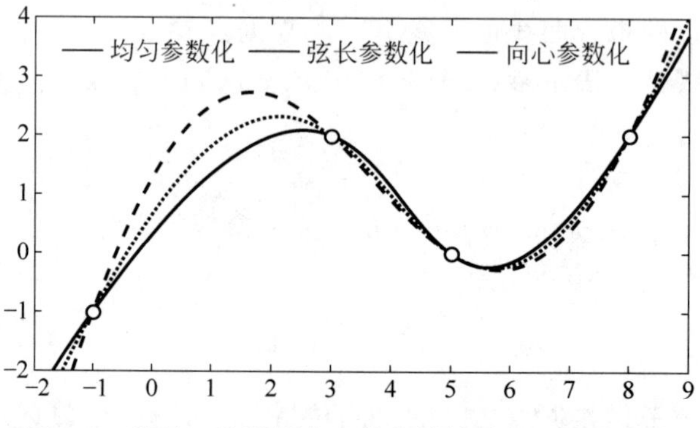

图 2.7 基于 3 种数据点参数化的拉格朗日插值曲线

除上述三种数据点参数化方法外，还有诸如 Foley 参数化等方法。数据点参数化方法的选取依赖于具体情况，正如 Farin 所说，没有“最好的”参数化，因为任何方法都可以通过选取特定数据点集来证伪。同时，Farin 认为向心参数化方法也许能够较好地平衡计算成本和计算效果。

2.2　参数样条曲线

在采用多项式基函数构造插值曲线时存在的主要问题是：低次多项式曲线难以描述复杂形状曲线，高次多项式曲线计算繁杂并可能产生曲线扭摆现象。解决此问题的一个有效途径是用低次多项式来分段构造插值曲线，再将各曲线分段拼接起来形成复杂形状曲线。插值曲线次数也并不是越低越好，例如，采用一次插值曲线时曲线呈直线段形式，多数情况下三次是一个好的选择。在工程应用中，也多采用参数三次曲线来表达几何形状。函数曲线的光顺性（或称光滑度，smoothness）常用其对自变量的可微性（differentiability）来度量。若函数在其定义域内任意一点均有直到 k 阶的连续导数，则称该函数是 C^k 连续函数。同理，如果参数曲线在其参数域内对自身参数处处满足 k 阶连续可微，则称该曲线具有 C^k 参数连续性。但是，曲线的参数连续性并不足以描述曲线的光顺性。例如，C^1 连续曲线可能出现尖点，C^2 连续曲线可能出现曲率不连续点。为了弥补参数连续性在曲线和曲面光顺性描述上的不足，也常采用几何连续性来共同度量曲线和曲面的光顺性。

2.2.1　弗格森三次曲线

参数三次曲线是能够描述空间曲线的次数最低的参数多项式曲线。20 世纪 60 年代，美国波音公司的弗格森（Ferguson）率先将参数三次曲线用于飞机设计中的曲线和曲面造型。基于幂基的参数三次曲线方程可以表示为

$$\boldsymbol{p}(u)=\boldsymbol{a}_0+\boldsymbol{a}_1u+\boldsymbol{a}_2u^2+\boldsymbol{a}_3u^3,\quad u\in[0,1] \tag{2.24}$$

该式存在 4 个待定系数矢量，需要给定 4 个约束条件方可计算，常用的方法是给定曲线的两个端点 $\boldsymbol{p}(0)$、$\boldsymbol{p}(1)$，以及端点处的切矢 $\boldsymbol{p}'(0)$、$\boldsymbol{p}'(1)$作为约束条件。式(2.24)对参数求导可得

$$\boldsymbol{p}'(u)=\boldsymbol{a}_1+2\boldsymbol{a}_2u+3\boldsymbol{a}_3u^2 \tag{2.25}$$

将约束条件代入式(2.24)和式(2.25)，可得

$$\begin{cases}\boldsymbol{p}(0)=\boldsymbol{a}_0\\ \boldsymbol{p}(1)=\boldsymbol{a}_0+\boldsymbol{a}_1+\boldsymbol{a}_2+\boldsymbol{a}_3\\ \boldsymbol{p}'(0)=\boldsymbol{a}_1\\ \boldsymbol{p}'(1)=\boldsymbol{a}_1+2\boldsymbol{a}_2+3\boldsymbol{a}_3\end{cases} \tag{2.26}$$

联立求解系数矢量并代入式(2.24)，参数三次曲线方程可以重新表示为

$$\boldsymbol{p}(u)=\begin{bmatrix}(1-3u^2+2u^3) & (3u^2-2u^3) & (u-2u^2+u^3) & (-u^2+u^3)\end{bmatrix}\begin{bmatrix}\boldsymbol{p}(0)\\ \boldsymbol{p}(1)\\ \boldsymbol{p}'(0)\\ \boldsymbol{p}'(1)\end{bmatrix}$$

$$
=\begin{bmatrix}1 & u & u^2 & u^3\end{bmatrix}\begin{bmatrix}1 & 0 & 0 & 0\\ 0 & 0 & 1 & 0\\ -3 & 3 & -2 & -1\\ 2 & -2 & 1 & 1\end{bmatrix}\begin{bmatrix}\boldsymbol{p}(0)\\ \boldsymbol{p}(1)\\ \boldsymbol{p}'(0)\\ \boldsymbol{p}'(1)\end{bmatrix},\quad u\in[0,1] \tag{2.27}
$$

令

$$
\begin{aligned}
&F_0(u)=1-3u^2+2u^3,\quad F_1(u)=3u^2-2u^3\\
&G_0(u)=u-2u^2+u^3,\quad G_1(u)=-u^2+u^3
\end{aligned} \tag{2.28}
$$

式(2.27)可以进一步简写为

$$
\boldsymbol{p}(u)=F_0(u)\boldsymbol{p}(0)+F_1(u)\boldsymbol{p}(1)+G_0(u)\boldsymbol{p}'(0)+G_1(u)\boldsymbol{p}'(1) \tag{2.29}
$$

式(2.29)也称为**弗格森三次曲线方程**。函数 $F_0(u)$、$F_1(u)$、$G_0(u)$、$G_1(u)$为三次埃尔米特插值基函数，也称为三次混合函数(blending function)，如图2.5(a)所示，它们满足式(2.11)给出的埃尔米特插值条件。对比幂基和埃尔米特基形式的参数三次曲线方程，可以发现埃尔米特基形式下参数方程的系数矢量具有鲜明的几何意义，因此更为设计人员青睐。当首末端点切矢与首末端点所构成的弦线平行时，三次弗格森曲线表示为一段直线，如图2.8(a)所示。特别地，当 $\boldsymbol{p}'(0)=\boldsymbol{p}'(1)=\boldsymbol{p}(1)-\boldsymbol{p}(0)$ 时，式(2.29)简化为 $\boldsymbol{p}(u)=(1-u)\boldsymbol{p}(0)+u\boldsymbol{p}(1)$，表示首末端点之间的线性插值。当 $\boldsymbol{p}'(0)=2[\boldsymbol{b}_1-\boldsymbol{p}(0)]$ 且 $\boldsymbol{p}'(1)=2[\boldsymbol{p}(1)-\boldsymbol{b}_1]$ 时，其中 $\boldsymbol{b}_1$ 表示曲线首末切线的交点，式(2.29)简化为 $\boldsymbol{p}(u)=(1-u)^2\boldsymbol{p}(0)+2u(1-u)\boldsymbol{b}_1+u^2\boldsymbol{p}(1)$，表示为一条二次抛物线，也表示为一条二次贝齐尔曲线(此时 $\boldsymbol{p}(0)$、$\boldsymbol{b}_1$ 与 $\boldsymbol{p}(1)$为曲线控制顶点，贝齐尔曲线相关知识将在第3章介绍)，如图2.8(b)所示。

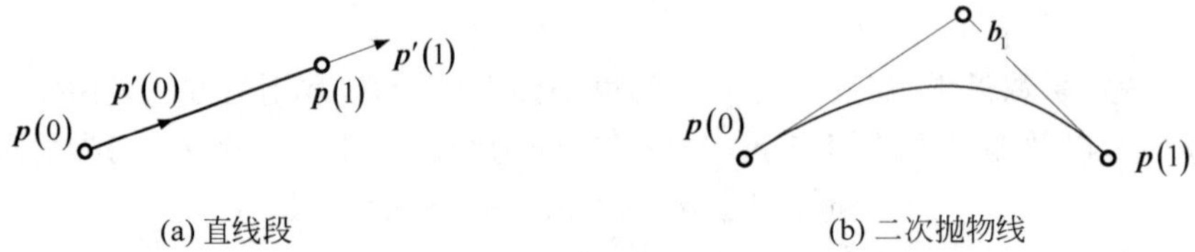

图2.8　弗格森三次曲线表示直线段和二次抛物线

在弗格森三次曲线的4个系数矢量中，$\boldsymbol{p}(0)$、$\boldsymbol{p}(1)$决定了曲线端点的位置，$\boldsymbol{p}'(0)$、$\boldsymbol{p}'(1)$决定了曲线在端点的切矢方向和模长。切矢方向决定了曲线在端点的出发方向，较容易理解，切矢模长对曲线的影响则不太直观。令端点切矢的模长表示为缩放系数与单位矢量的乘积，即 $\boldsymbol{p}'(0)=\alpha_0\boldsymbol{t}_0$ 与 $\boldsymbol{p}'(1)=\alpha_1\boldsymbol{t}_1$，其中 $\boldsymbol{t}_0$ 与 $\boldsymbol{t}_1$ 表示曲线在端点处沿切矢方向的单位矢量，图2.9(a)和图2.9(c)展示了同时增大系数 α_0 与 α_1 对曲线形状的影响，图2.9(b)和图2.9(d)则展示了仅增大系数 α_0 对曲线形状的影响，其中图2.9(c)与图2.9(d)中末端点处的切矢方向和图2.9(a)与图2.9(b)相反。

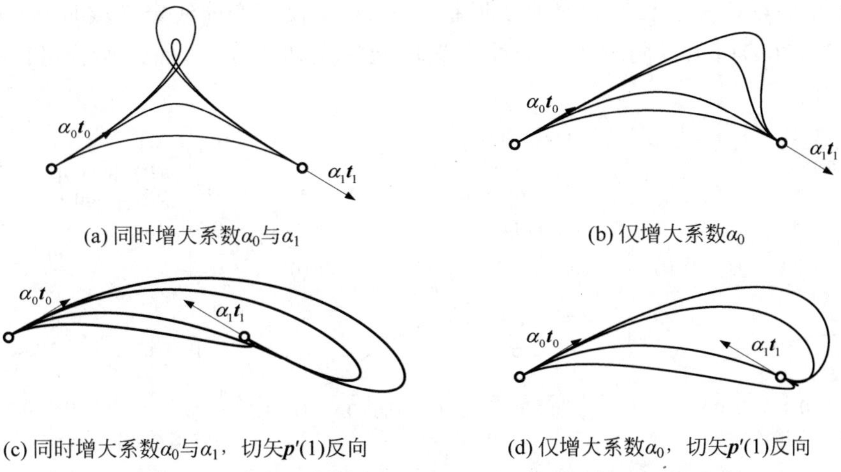

(a) 同时增大系数α_0与α_1　　(b) 仅增大系数α_0

(c) 同时增大系数α_0与α_1，切矢$\boldsymbol{p}'(1)$反向　　(d) 仅增大系数α_0，切矢$\boldsymbol{p}'(1)$反向

图 2.9　端点切矢对弗格森三次曲线形状的影响

2.2.2　分段参数三次曲线

在实际应用中,常需要针对一系列数据点构造插值曲线。可以通过对每相邻两个数据点构造参数三次曲线,最后组合所有曲线段形成插值于所有数据点的分段参数三次曲线。三次埃尔米特基函数的计算与参数域密切相关,构造分段参数三次曲线时需要首先将式(2.24)定义的参数三次曲线从规范参数域[0,1]变换到每个分段曲线所对应的参数域$[u_i, u_{u+1}]$上。

给定数据点序列 $\bar{\boldsymbol{p}}_i(i=0,1,\cdots,n)$及其切矢序列 $\bar{\boldsymbol{p}}_i'(i=0,1,\cdots,n)$,首先依据 2.1.5 节介绍的数据点参数化方法为每个数据点赋予参数 t_i。对于任意相邻的两个数据点 $\bar{\boldsymbol{p}}_i$、$\bar{\boldsymbol{p}}_{i+1}$ 及导矢 $\bar{\boldsymbol{p}}_i'$、$\bar{\boldsymbol{p}}_{i+1}'$,可以构造一段参数域为$[t_i, t_{i+1}]$的参数三次埃尔米特插值曲线。令

$$u = u(t) = \frac{t - t_i}{\Delta t_i}, \quad \Delta t_i = t_{i+1} - t_i, \quad t \in [t_i, t_{i+1}] \tag{2.30}$$

则以 t 为参数的三次埃尔米特插值曲线可以表示为

$$\boldsymbol{p}_i(t) = \boldsymbol{p}(u(t)), \quad t \in [t_i, t_{i+1}] \tag{2.31}$$

代入端点参数 $t=t_i$ 和 $t=t_{i+1}$,有

$$\bar{\boldsymbol{p}}_i = \boldsymbol{p}_i(t_i) = \boldsymbol{p}(u(t_i)) = \boldsymbol{p}(0), \quad \bar{\boldsymbol{p}}_{i+1} = \boldsymbol{p}_i(t_{i+1}) = \boldsymbol{p}(u(t_{i+1})) = \boldsymbol{p}(1) \tag{2.32}$$

因此,曲线段的两端点保持不变。由链式法则计算曲线对参数 t 的导数

$$\frac{\partial \boldsymbol{p}_i}{\partial t} = \frac{\partial \boldsymbol{p}}{\partial u}\frac{\partial u}{\partial t} = \frac{1}{\Delta t_i}\frac{\partial \boldsymbol{p}}{\partial u} \tag{2.33}$$

可见以 t 为参数的切矢相比以 u 为参数的切矢,方向不变,模长发生改变。图 2.10 展示了

参数域变化和端点切矢模长变化对曲线形状的影响，当仅改变曲线定义域时，曲线形状发生改变，如图 2.10(b)所示。同时改变曲线定义域和端点切矢模长，曲线形状可以保持不变，如图 2.10(c)所示。

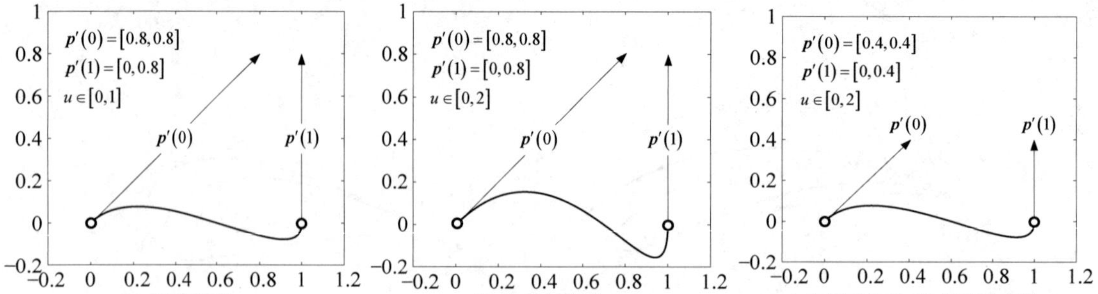

(a) 初始曲线　(b) 定义域变化　(c) 定义域和切矢模长同时变化

图 2.10　参数域变化和端点切矢模长变化对曲线形状的影响

代入端点参数 $t=t_i$ 和 $t=t_{i+1}$，有

$$\bar{\boldsymbol{p}}'_i=\frac{\partial \boldsymbol{p}_i(t_i)}{\partial t}=\frac{\partial \boldsymbol{p}(u(t_i))}{\partial t}=\frac{1}{\Delta t_i}\frac{\partial \boldsymbol{p}(u=0)}{\partial u}=\frac{1}{\Delta t_i}\boldsymbol{p}'(0),\quad \bar{\boldsymbol{p}}'_{i+1}=\frac{1}{\Delta t_i}\boldsymbol{p}'(1) \tag{2.34}$$

将式(2.32)和式(2.34)代入式(2.29)，弗格森曲线方程可以改写为

$$\begin{aligned}\boldsymbol{p}_i(u(t))=&F_0(u(t))\bar{\boldsymbol{p}}_i+F_1(u(t))\bar{\boldsymbol{p}}_{i+1}+\\&G_0(u(t))\Delta t_i\bar{\boldsymbol{p}}'_i+G_1(u(t))\Delta t_i\bar{\boldsymbol{p}}'_{i+1},\quad t\in[t_i,t_{i+1}]\end{aligned} \tag{2.35}$$

令

$$\begin{aligned}&F_{i0}(t)=F_0(u(t)),\quad F_{i1}(t)=F_1(u(t)),\\&G_{i0}(t)=\Delta t_iG_0(u(t)),\quad G_{i1}(t)=\Delta t_iG_1(u(t))\end{aligned} \tag{2.36}$$

代入式(2.28)中以 u 为参数的埃尔米特基函数，可得

$$\begin{aligned}&F_{i0}(t)=1-\frac{3}{(\Delta t_i)^2}(t-t_i)^2+\frac{2}{(\Delta t_i)^3}(t-t_i)^3,\\&F_{i1}(t)=\frac{3}{(\Delta t_i)^2}(t-t_i)^2-\frac{2}{(\Delta t_i)^3}(t-t_i)^3\\&G_{i0}(t)=(t-t_i)-\frac{2}{\Delta t_i}(t-t_i)^2+\frac{1}{(\Delta t_i)^2}(t-t_i)^3,\\&G_{i1}(t)=-u^2+u^3=-\frac{1}{\Delta t_i}(t-t_i)^2+\frac{1}{(\Delta t_i)^2}(t-t_i)^3\end{aligned} \tag{2.37}$$

将式(2.37)以矩阵形式表示为

$$[F_{i0}(t)\quad F_{i1}(t)\quad G_{i0}(t)\quad G_{i1}(t)]$$

$$
= \begin{bmatrix} 1 & (t-t_i) & (t-t_i)^2 & (t-t_i)^3 \end{bmatrix} \begin{bmatrix} 1 & 0 & 0 & 0 \\ 0 & 0 & 1 & 0 \\ -\frac{3}{(\Delta t_i)^2} & \frac{3}{(\Delta t_i)^2} & -\frac{2}{\Delta t_i} & -\frac{1}{\Delta t_i} \\ \frac{2}{(\Delta t_i)^3} & -\frac{2}{(\Delta t_i)^3} & \frac{1}{(\Delta t_i)^2} & \frac{1}{(\Delta t_i)^2} \end{bmatrix} \tag{2.38}
$$

以相邻数据点 $\bar{\boldsymbol{p}}_i$、$\bar{\boldsymbol{p}}_{i+1}$ 及其导矢 $\bar{\boldsymbol{p}}_i'$、$\bar{\boldsymbol{p}}_{i+1}'$ 作为插值条件的分段三次埃尔米特插值曲线可写为

$$
\begin{aligned}
\boldsymbol{p}_i(t) &= F_{i0}(t)\bar{\boldsymbol{p}}_i + F_{i1}(t)\bar{\boldsymbol{p}}_{i+1} + G_{i0}(t)\bar{\boldsymbol{p}}_i' + G_{i1}(t)\bar{\boldsymbol{p}}_{i+1}' \\
&= \begin{bmatrix} F_{i0}(t) & F_{i1}(t) & G_{i0}(t) & G_{i1}(t) \end{bmatrix} \begin{bmatrix} \bar{\boldsymbol{p}}_i \\ \bar{\boldsymbol{p}}_{i+1} \\ \bar{\boldsymbol{p}}_i' \\ \bar{\boldsymbol{p}}_{i+1}' \end{bmatrix}, \quad t \in [t_i, t_{i+1}], i = 0, 1, \cdots, n
\end{aligned} \tag{2.39}
$$

遍历数据点，可以为每相邻的两个数据点构造一段弗格森曲线，最终形成一条组合曲线。由于相邻曲线段在公共端点处具有相同切矢，即一阶导矢相同，且在曲线段内部满足无穷次可微，因此该组合曲线称为**切矢连续分段三次曲线**(或者**分段弗格森三次曲线**)，也称为 C^1 分段三次曲线。图 2.11 给出了由 7 个数据点及其切矢所构造的分段参数三次曲线，采用规范化均匀参数化方法，所有数据点切矢方向沿坐标轴 x 正向，图中实线和虚线对应不同的切矢模长。

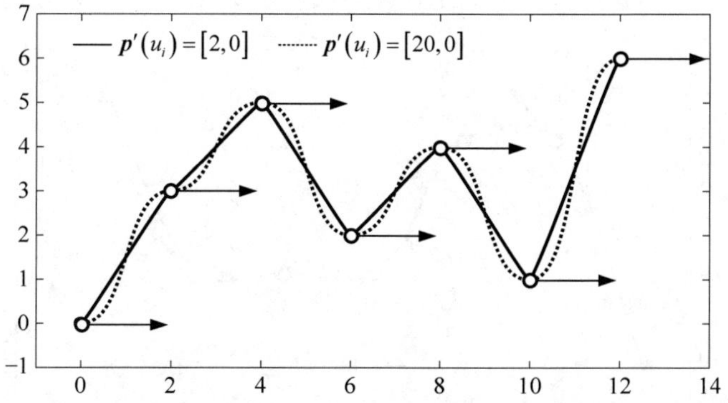

图 2.11　由给定数据点及其切矢所构造的分段参数三次曲线

在实际应用中，同时给出数据点和数据点处切矢相对烦琐，设计人员更希望直接通过一系列数据点来构造光滑连续的分段曲线。因此，需要给出由数据点构造数据点处切矢的方

法。下列几种方法具有局部性，可以只通过相邻几个数据点及其参数值来构造数据点处切矢。

1）Fmill 方法

对于任意连续的 3 点 $\bar{\boldsymbol{p}}_{i-1}$、$\bar{\boldsymbol{p}}_i$、$\bar{\boldsymbol{p}}_{i+1}$，中间点 $\bar{\boldsymbol{p}}_i$ 的切矢可计算为

$$\bar{\boldsymbol{p}}'_i=\frac{\bar{\boldsymbol{p}}_{i+1}-\bar{\boldsymbol{p}}_{i-1}}{\Delta t_{i-1}+\Delta t_i} \tag{2.40}$$

2）Bessel 方法

$$\bar{\boldsymbol{p}}'_i=\frac{\Delta t_i}{\Delta t_{i-1}+\Delta t_i}\frac{\Delta\bar{\boldsymbol{p}}_{i-1}}{\Delta t_{i-1}}+\frac{\Delta t_{i-1}}{\Delta t_{i-1}+\Delta t_i}\frac{\Delta\bar{\boldsymbol{p}}_i}{\Delta t_i},\quad \Delta\bar{\boldsymbol{p}}_i=\bar{\boldsymbol{p}}_{i+1}-\bar{\boldsymbol{p}}_i \tag{2.41}$$

其几何意义是根据连续 3 点 $\bar{\boldsymbol{p}}_{i-1}$、$\bar{\boldsymbol{p}}_i$、$\bar{\boldsymbol{p}}_{i+1}$ 构造抛物线，中间点处的切矢 $\bar{\boldsymbol{p}}'_i$ 即为抛物线上该点处切矢。两端点处的切矢可用同样方法处理，即 $\bar{\boldsymbol{p}}'_0$ 与 $\bar{\boldsymbol{p}}'_n$ 分别为起始与末端 3 点所构造抛物线的首点和末点处切矢，有

$$\bar{\boldsymbol{p}}'_0=2\frac{\Delta\bar{\boldsymbol{p}}_0}{\Delta t_0}-\bar{\boldsymbol{p}}'_1,\quad \bar{\boldsymbol{p}}'_n=2\frac{\Delta\bar{\boldsymbol{p}}_{n-1}}{\Delta t_{n-1}}-\bar{\boldsymbol{p}}'_{n-1} \tag{2.42}$$

当数据点采用均匀参数化时，Bessel 方法与 Fmill 方法的结果一致。Bessel 方法与 Fmill 方法在计算数据点切矢时，需要事先定义首末端点处的切矢。

3）Akima 方法

$$\bar{\boldsymbol{p}}'_i=(1-\alpha_i)\frac{\Delta\bar{\boldsymbol{p}}_{i-1}}{\Delta t_{i-1}}+\alpha_i\frac{\Delta\bar{\boldsymbol{p}}_i}{\Delta t_i},\quad \alpha_i=\frac{\omega_{i-1}}{\omega_{i-1}+\omega_{i+1}},\omega_i=\left|\frac{\Delta\bar{\boldsymbol{p}}_i}{\Delta t_i}-\frac{\Delta\bar{\boldsymbol{p}}_{i-1}}{\Delta t_{i-1}}\right| \tag{2.43}$$

Akima 方法计算数据点切矢涉及连续的 5 个数据点，因此，前两个数据点和后两个数据点处的 4 个切矢需要事先给定。

图 2.12 给出了基于 Fmill 和 Bessel 方法构造的数据点切矢和插值曲线，首末端点处的切矢设置为 $\bar{\boldsymbol{p}}'_0=[2,0]$，$\bar{\boldsymbol{p}}'_6=[2,0]$，图中箭头仅表示数据点处切矢方向，不代表模长。

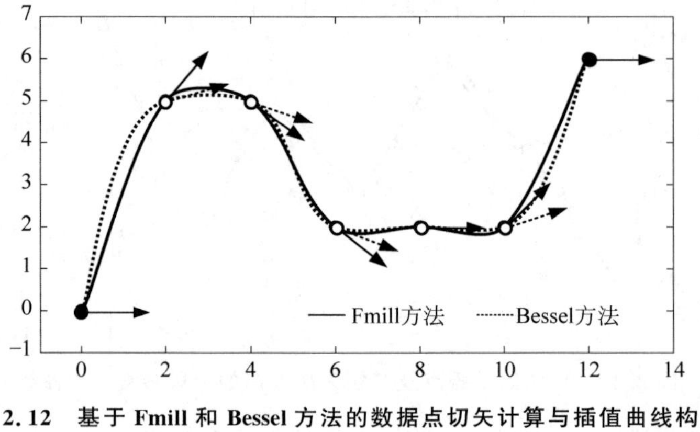

图 2.12 基于 Fmill 和 Bessel 方法的数据点切矢计算与插值曲线构造

2.2.3 样条曲线

“样条”最早指代用于辅助绘制船体、汽车、飞机模线的一种富有弹性的设备，如木质长条、塑料长条等。设计人员将弹性物理样条绕一系列固定装置弯曲来获取特定外形，再借助样条外形手工临摹出一条平滑曲线，称为样条曲线，如图 2.13 所示。

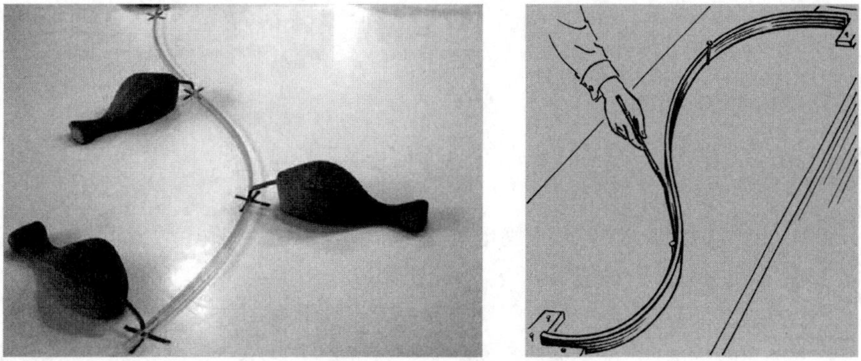

图 2.13　物理样条

通过物理样条所构造的曲线总是很光顺且充满美感。从力学角度，弹性物理样条绕固定位置弯曲所形成的样条曲线，相当于均质弹性细梁在承受集中载荷作用下的应变能最小形态。应变能 E 从数学上可以表示为对曲线曲率平方的积分，即

$$E=B\int_0^l \kappa^2(s)\mathrm{d}s \tag{2.44}$$

其中，B 是与细梁自身材质相关的常数；κ 表示细梁曲线的曲率；s 为弧长。对曲线的曲率进行积分计算通常较为困难，为了简化数学计算，式(2.44)也经常近似表达为

$$E=B\int_a^b \|\boldsymbol{p}''(u)\|^2\mathrm{d}u,\quad u\in[a,b] \tag{2.45}$$

最小化应变能所得解 $\boldsymbol{p}(u)$，即为一条参数三次样条曲线。

令区间$[a,b]$上存在分割 $\Delta: a=u_0<u_1<\cdots<u_n=b$，如果函数 $p(u)$满足下列条件：

(1) 函数 $p(u)$在每个子区间 $[u_i,u_{i+1}]$上是次数不高于 k 的多项式。

(2) 函数 $p(u)$在整个区间$[a,b]$上具有 $k-1$ 阶连续导数。

则称函数 $p(u)$是在区间$[a,b]$上关于分割 Δ 的 k 次**多项式样条函数**(简称 k 次样条)，区间分割点 $u_0,u_1,\cdots,u_n$ 称为**样条节点**，$u_1,u_2,\cdots,u_{n-1}$ 称为**内节点**，u_0,u_n 称为**边界节点**或**端节点**。如果将 k 次多项式样条函数 $p(u)$推广到矢量空间，得到参数矢函数 $\boldsymbol{p}(u)$，称为 k 次多项式**参数样条曲线**，也称为参数 k 次样条曲线。

2.2.4 参数三次样条曲线

由于三次样条曲线具有连续二阶导矢，光顺性好，因此在工程实际中应用广泛。通过数

据点(和数据点处切矢)所构造的分段参数三次曲线具有一阶连续导矢,虽然在许多场合能够满足光顺性要求,但是在诸如高速公路、机翼翼型曲线等建模场景则需要更高的光顺性。那么,如何通过给定数据点来构造满足二阶导矢连续的参数三次样条插值曲线呢?

给定数据点 $\bar{\boldsymbol{p}}_i(i=0,1,\cdots,n)$,对其进行参数化得到 $\Delta: a=u_0<u_1<\cdots<u_n=b$,假设数据点 $\bar{\boldsymbol{p}}_i$ 对应的导矢记为 $\bar{\boldsymbol{p}}_i'$,首先构造三次埃尔米特插值曲线

$$\boldsymbol{p}(u)=F_{i0}(u)\bar{\boldsymbol{p}}_i+F_{i1}(u)\bar{\boldsymbol{p}}_{i+1}+G_{i0}(u)\bar{\boldsymbol{p}}_i'+G_{i1}(u)\bar{\boldsymbol{p}}_{i+1}',\quad u\in[u_i,u_{i+1}] \tag{2.46}$$

对参数 u 计算二阶导矢,可得

$$\boldsymbol{p}_i''(u)=F_{i0}''(u)\bar{\boldsymbol{p}}_i+F_{i1}''(u)\bar{\boldsymbol{p}}_{i+1}+G_{i0}''(u)\bar{\boldsymbol{p}}_i'+G_{i1}''(u)\bar{\boldsymbol{p}}_{i+1}',\quad u\in[u_i,u_{i+1}] \tag{2.47}$$

由式(2.38)给出的三次埃尔米特基函数矩阵表达式,计算其二阶导数

$$\begin{aligned}&[F_{i0}''(u)\quad F_{i1}''(u)\quad G_{i0}''(u)\quad G_{i1}''(u)]\\&=[0\quad 0\quad 2\quad 6(u-u_i)]\begin{bmatrix}1&0&0&0\\0&0&1&0\\-\dfrac{3}{(\Delta u_i)^2}&\dfrac{3}{(\Delta u_i)^2}&-\dfrac{2}{\Delta u_i}&-\dfrac{1}{\Delta u_i}\\\dfrac{2}{(\Delta u_i)^3}&-\dfrac{2}{(\Delta u_i)^3}&\dfrac{1}{(\Delta u_i)^2}&\dfrac{1}{(\Delta u_i)^2}\end{bmatrix}\end{aligned} \tag{2.48}$$

展开,有

$$\begin{aligned}&F_{i0}''(u)=-\frac{6}{(\Delta u_i)^2}+\frac{12}{(\Delta u_i)^3}(u-u_i),\quad F_{i1}''(u)=\frac{6}{(\Delta u_i)^2}-\frac{12}{(\Delta u_i)^3}(u-u_i)\\&G_{i0}''(u)=-\frac{4}{\Delta u_i}+\frac{6}{(\Delta u_i)^2}(u-u_i),\quad G_{i1}''(u)=-\frac{2}{\Delta u_i}+\frac{6}{(\Delta u_i)^2}(u-u_i)\end{aligned} \tag{2.49}$$

当 $u\in[u_{i-1},u_i]$ 时,曲线的二阶导矢表示为

$$\begin{aligned}\boldsymbol{p}_{i-1}''(u)=&F_{i-1,0}''(u)\bar{\boldsymbol{p}}_{i-1}+F_{i-1,1}''(u)\bar{\boldsymbol{p}}_i+\\&G_{i-1,0}''(u)\bar{\boldsymbol{p}}_{i-1}'+G_{i-1,1}''(u)\bar{\boldsymbol{p}}_i',\quad u\in[u_{i-1},u_i]\end{aligned} \tag{2.50}$$

令曲线 $\boldsymbol{p}(u)$ 在区间 $[u_{i-1},u_i]$ 上右端点处的二阶导矢等于区间 $[u_i,u_{i+1}]$ 上左端点处的二阶导矢,即 $\boldsymbol{p}_{i-1}''(u_i)=\boldsymbol{p}_i''(u_i)$。联立方程式(2.47)~式(2.49),可得

$$\begin{aligned}&\Delta u_i\bar{\boldsymbol{p}}_{i-1}'+2(\Delta u_i+\Delta u_{i-1})\bar{\boldsymbol{p}}_i'+\Delta u_{i-1}\bar{\boldsymbol{p}}_{i+1}'\\&=3\frac{\Delta u_i}{\Delta u_{i-1}}\Delta\bar{\boldsymbol{p}}_{i-1}+3\frac{\Delta u_{i-1}}{\Delta u_i}\Delta\bar{\boldsymbol{p}}_i,\quad i=1,2,\cdots,n-1\end{aligned} \tag{2.51}$$

式(2.49)称为**三切矢连续性方程**,表示使得 C^1 连续分段三次埃尔米特插值曲线成为 C^2 分

段三次埃尔米特插值曲线即参数三次样条插值曲线所需满足的连续性条件。在非参数显函数下，该方程的对应关系式称为三次样条函数的 m 连续性方程，或 m 关系式。图 2.14 展示了由 70 个数据点构造的 C^2 连续参数三次样条插值曲线。

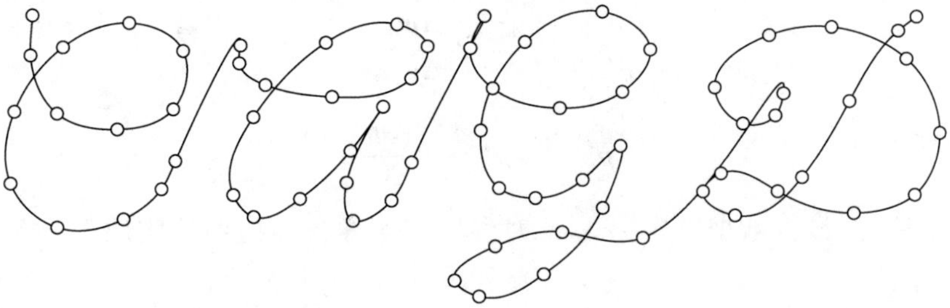

图 2.14 参数三次样条插值曲线

2.2.5 边界条件

通过观察三切矢连续性方程可知，构造参数三次样条插值曲线还需要给出首末两个数据点处的切矢 $\bar{\boldsymbol{p}}'_0$ 和 $\bar{\boldsymbol{p}}'_n$，称为边界条件或端点条件。常用的边界条件有以下几种类型。

1）切矢条件

直接给定首末数据点的切矢 $\bar{\boldsymbol{p}}'_0$ 和 $\bar{\boldsymbol{p}}'_n$。此时切矢方向易给，但切矢模长难定。当数据点参数化采用与弧长参数化相近似的弦长参数化时，$\bar{\boldsymbol{p}}'_0$ 和 $\bar{\boldsymbol{p}}'_n$ 可采用单位矢量。对于其他类型参数化，可采用与弦长参数化对应单位切矢相当的切矢，即

$$\bar{\boldsymbol{p}}'_0=\frac{|\Delta\bar{\boldsymbol{p}}_0|}{\Delta u_0},\quad \bar{\boldsymbol{p}}'_n=\frac{|\Delta\bar{\boldsymbol{p}}_{n-1}|}{\Delta u_{n-1}} \tag{2.52}$$

取切矢条件时，最少数据点数为 2，此时所得参数三次样条插值曲线为一段参数三次埃尔米特插值曲线。

2）自由端点条件

自由端点条件又称为自然端点条件(natural end condition)。假定首末端点二阶导矢取零矢量，即 $\boldsymbol{p}''_0(u_0)=\boldsymbol{p}''_n(u_n)=\boldsymbol{0}$。根据曲线二阶导矢方程(式(2.45)～式(2.46))，可给出附加方程

$$\begin{cases}2\bar{\boldsymbol{p}}'_0+\bar{\boldsymbol{p}}'_1=3\dfrac{\Delta\bar{\boldsymbol{p}}_0}{\Delta u_0}\\[2ex]\bar{\boldsymbol{p}}'_{n-1}+2\bar{\boldsymbol{p}}'_n=3\dfrac{\Delta\bar{\boldsymbol{p}}_{n-1}}{\Delta u_{n-1}}\end{cases} \tag{2.53}$$

在取自由端点条件时，最少数据点数为 2，此时参数三次样条插值曲线实质上是参数一次直线段。

3）抛物线条件

抛物线条件又称为Bessel条件。假设首末端为抛物线，即具有常矢量的二阶导矢，可得附加方程

$$\begin{cases} \bar{\boldsymbol{p}}'_0 + \bar{\boldsymbol{p}}'_1 = 2\dfrac{\Delta\bar{\boldsymbol{p}}_0}{\Delta u_0} \\ \bar{\boldsymbol{p}}'_{n-1} + \bar{\boldsymbol{p}}'_n = 2\dfrac{\Delta\bar{\boldsymbol{p}}_{n-1}}{\Delta u_{n-1}} \end{cases} \tag{2.54}$$

在取抛物线条件时，最少数据点数为3，此时参数三次样条插值曲线实质上是参数二次抛物线段。

4）虚节点条件

假定在首节点 u_0 外存在虚节点 $u_{-1}=(u_0-\lambda_0 u_1)/(1-\lambda_0)$，$0<\lambda_0<1$，并令此虚节点处的二阶导矢为零矢量。末节点 u_n 处取类似假设，可得附加方程

$$\begin{cases} \bar{\boldsymbol{p}}'_0 + \dfrac{1+2\lambda_0}{2+\lambda_0}\bar{\boldsymbol{p}}'_1 = \dfrac{3(1+\lambda_0)}{2+\lambda_0}\dfrac{\Delta\bar{\boldsymbol{p}}_0}{\Delta u_0} \\ \dfrac{1+2\lambda_n}{2+\lambda_n}\bar{\boldsymbol{p}}'_{n-1} + \bar{\boldsymbol{p}}'_n = \dfrac{3(1+\lambda_n)}{2+\lambda_n}\dfrac{\Delta\bar{\boldsymbol{p}}_{n-1}}{\Delta u_{n-1}} \end{cases} \tag{2.55}$$

通常取 $\lambda_0=\lambda_n=1/2$。若取 $\lambda_0=\lambda_n=0$，可得自由端点条件；若取 $\lambda_0=\lambda_n=1$，可得抛物线条件，相当于将虚节点移至无穷远处。

在取虚节点条件时，最少数据点数为2，此时与自由端点条件类似，参数三次样条插值曲线实质上是参数一次直线段。

在实际应用中，两端点可以采用不同的边界条件。

将式(2.51)给出的三切矢连续性方程在形式上进行如下简化

$$a_i\bar{\boldsymbol{p}}'_{i-1} + b_i\bar{\boldsymbol{p}}'_i + c_i\bar{\boldsymbol{p}}'_{i+1} = \boldsymbol{d}_i,\quad i=1,2,\cdots,n-1 \tag{2.56}$$

叠加边界条件所确立的两个附加方程，可得包含 $n+1$ 个未知切矢的线性方程组，其矩阵形式表示为

$$\begin{bmatrix} b_0 & c_0 & & & \\ a_1 & b_1 & c_1 & & \\ & \ddots & \ddots & \ddots & \\ & & a_{n-1} & b_{n-1} & c_{n-1} \\ & & & a_n & b_n \end{bmatrix} \begin{bmatrix} \bar{\boldsymbol{p}}'_0 \\ \bar{\boldsymbol{p}}'_1 \\ \vdots \\ \bar{\boldsymbol{p}}'_{n-1} \\ \bar{\boldsymbol{p}}'_n \end{bmatrix} = \begin{bmatrix} \boldsymbol{d}_0 \\ \boldsymbol{d}_1 \\ \vdots \\ \boldsymbol{d}_{n-1} \\ \boldsymbol{d}_n \end{bmatrix} \tag{2.57}$$

其中，a_0、b_0、$\boldsymbol{d}_0$ 与 a_n、b_n、$\boldsymbol{d}_n$ 由边界条件给定。该方程式的系数矩阵为标准的三对角矩阵，且为对角占优矩阵（每一行主对角元素大于或等于非对角元素绝对值之和），矩阵非奇异，具有唯一解。

图 2.15 给出了 4 种边界条件下的参数三次插值样条，可以发现边界条件的不同对边界处曲线的影响较大。

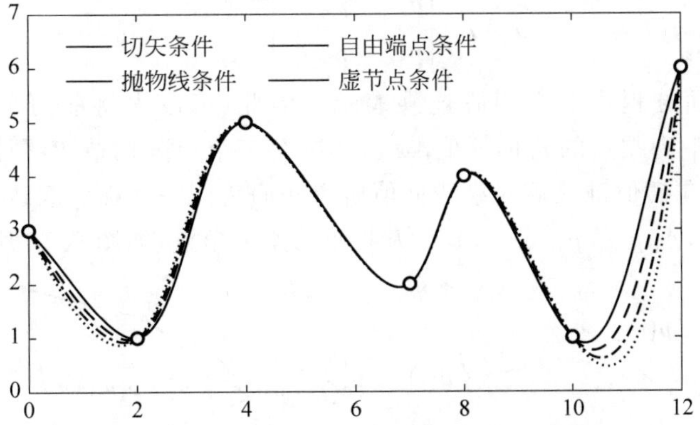

图 2.15　4 种边界条件下的参数三次插值样条

2.3　参数样条曲面

2.3.1　张量积曲面

点动成线，线动成面。构造曲面最简单的一种方式是在空间中沿某一方向移动一条曲线，所形成的连续轨迹即为一张曲面。在曲面论中，参数曲面采用双参数表达，直纹面可以看作两条准线之间的线性插值。若两条准线是由两端点线性插值得到的直线段，则所构造直纹面也称为**双线性插值曲面**。

给定两组端点 $\boldsymbol{p}_{00}$、$\boldsymbol{p}_{01}$ 和 $\boldsymbol{p}_{10}$、$\boldsymbol{p}_{11}$，分别作线性插值可构造以 v 为参数的两条直线段 $\boldsymbol{\rho}(v)$和$\boldsymbol{\varphi}(v)$如下

$$\begin{cases}\boldsymbol{\rho}(v)=(1-v)\boldsymbol{p}_{00}+v\boldsymbol{p}_{01}\\ \boldsymbol{\varphi}(v)=(1-v)\boldsymbol{p}_{10}+v\boldsymbol{p}_{11}\end{cases}\quad v\in[0,1] \tag{2.58}$$

类比式(2.1)中给出的以基表示的参数曲线形式，这里函数$(1-v)$和 v 相当于两条直线段的一组基。对于给定参数 v_0，可对两准线上点$\boldsymbol{\rho}(v_0)$和$\boldsymbol{\varphi}(v_0)$以 u 为参数进行线性插值，构造直线段

$$\boldsymbol{p}(u,v_0)=(1-u)\boldsymbol{\rho}(v_0)+u\boldsymbol{\varphi}(v_0),\quad u\in[0,1] \tag{2.59}$$

对于参数域[0,1]中的每一个参数 v_0，都可以在两准线间构造一条直线段。当参数在参数域上连续变化时，可得由两准线构造的一张直纹面 $\boldsymbol{p}(u,v)$，也即双线性插值曲面，表示为

$$\begin{aligned}\boldsymbol{p}(u,v)&=(1-u)\boldsymbol{\rho}(v)+u\boldsymbol{\varphi}(v)\\&=(1-u)[(1-v)\boldsymbol{p}_{00}+v\boldsymbol{p}_{01}]+u[(1-v)\boldsymbol{p}_{10}+v\boldsymbol{p}_{11}]\end{aligned}$$

$$=(1-u)(1-v)\boldsymbol{p}_{00}+(1-u)v\boldsymbol{p}_{01}+u(1-v)\boldsymbol{p}_{10}+uv\boldsymbol{p}_{11} \tag{2.60}$$

其中，$u,v\in[0,1]$。式(2.60)也可以采用矩阵形式表示为

$$\boldsymbol{p}(u,v)=\begin{bmatrix}1-u & u\end{bmatrix}\begin{bmatrix}\boldsymbol{p}_{00} & \boldsymbol{p}_{01}\\ \boldsymbol{p}_{10} & \boldsymbol{p}_{11}\end{bmatrix}\begin{bmatrix}1-v\\ v\end{bmatrix},\quad u,v\in[0,1] \tag{2.61}$$

观察式(2.61)，曲面方程由3个矩阵连乘表示。因此，可以先将前两个矩阵相乘，构造以$\boldsymbol{p}_{00}$、$\boldsymbol{p}_{10}$和$\boldsymbol{p}_{01}$、$\boldsymbol{p}_{11}$为端点的$\boldsymbol{u}$向插值准线，再乘第三个矩阵构造双线性插值曲面，所得曲面与前述先构造$\boldsymbol{v}$向插值准线后对准线插值所得曲面为同一曲面。双线性插值曲面的两族等参数线均为直线，点$\boldsymbol{p}_{00}$、$\boldsymbol{p}_{10}$、$\boldsymbol{p}_{01}$、$\boldsymbol{p}_{11}$为曲面的4个角点，如图2.16所示。

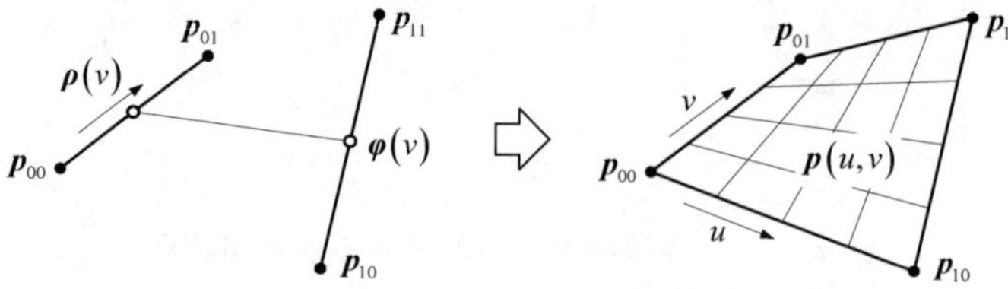

图2.16 双线性插值曲面

令曲线基函数$\varphi_0(u)=(1-u)$，$\varphi_1(u)=u$，$\psi_0(v)=(1-v)$，$\psi_1(v)=v$，式(2.60)可以简写为

$$\boldsymbol{p}(u,v)=\sum_{i=0}^{1}\sum_{j=0}^{1}\boldsymbol{p}_{ij}\varphi_i(u)\psi_j(v) \tag{2.62}$$

双参数函数$\varphi_i(u)\psi_j(v)$满足线性独立性，称为双线性插值曲面$\boldsymbol{p}(u,v)$的一组基。双线性插值曲面仅考虑端点的插值性，所构造曲面较为简单。

考虑更一般的情况，给定递增参数序列$u_i: a=u_0<u_1<\cdots<u_n=b$及其上定义的一组以$u$为参数的基函数$\varphi_i(u)$，$(i=0,1,\cdots,n)$，递增参数序列$v_j: c=v_0<v_1<\cdots<v_m=d$及其上定义的一组以$v$为参数的基函数$\psi_j(v)$，$(j=0,1,\cdots,m)$，系数矢量$\boldsymbol{p}_{ij}(i=0,1,\cdots,n;j=0,1,\cdots,m)$，则可以定义矩形参数域$[u_0,u_n]\otimes[v_0,v_m]$上的一张曲面

$$\boldsymbol{p}(u,v)=\begin{bmatrix}\varphi_0(u) & \varphi_1(u) & \cdots & \varphi_n(u)\end{bmatrix}\begin{bmatrix}\boldsymbol{p}_{00} & \boldsymbol{p}_{01} & \cdots & \boldsymbol{p}_{0m}\\ \boldsymbol{p}_{10} & \boldsymbol{p}_{11} & \cdots & \boldsymbol{p}_{1m}\\ \vdots & \vdots & \ddots & \vdots\\ \boldsymbol{p}_{n0} & \boldsymbol{p}_{n1} & \cdots & \boldsymbol{p}_{nm}\end{bmatrix}\begin{bmatrix}\psi_0(v)\\ \psi_1(v)\\ \vdots\\ \psi_m(v)\end{bmatrix} \tag{2.63}$$

或简写为

$$\boldsymbol{p}(u,v)=\sum_{i=0}^{n}\sum_{j=0}^{m}\boldsymbol{p}_{ij}\varphi_i(u)\psi_j(v) \tag{2.64}$$

采用上述方式定义的曲面称为张量积曲面(tensor product surface)。式(2.64)可以视作双线性插值曲面方程(2.62)的一般形式。式(2.63)右端中间矩阵的$n+1$行系数矢量后乘列阵可以看作定义了$n+1$条以v为参数的曲线$\boldsymbol{p}_i(v)$。取参数域内任一参数值v_0，可

得每条曲线上一点 $\boldsymbol{p}_i(v_0)$，共 $n+1$ 个点。以此 $n+1$ 个点作为系数矢量前乘列阵可定义一条以 u 为参数的曲线 $\boldsymbol{p}(u,v_0)$。当参数 v 从 v_0 变化到 v_m 时，曲线 $\boldsymbol{p}(u,v_0)$ 在空间扫出了一张曲面。张量积曲面的最大优点之一是将曲面问题转换为曲线问题来处理，简化了理论分析和编程计算过程，适用于构建矩形拓扑形状曲面。

2.3.2　曲面数据点参数化

曲线数据点参数化问题考虑有序数据点在一维参数域上的参数映射，曲面数据点参数化则考虑有序数据点在二维（矩形）参数域上的参数映射。给定一组呈矩形拓扑阵列的数据点 $\bar{\boldsymbol{p}}_{ij}$，$\{i=0,1,\cdots,n;j=0,1,\cdots,m\}$，数据点参数化即寻找两组参数分割 $a=u_0<u_1<\cdots<u_n=b$ 和 $c=v_0<v_1<\cdots<v_m=d$，建立数据点 $\bar{\boldsymbol{p}}_{ij}$ 与参数域 $[a,b]\otimes[c,d]$ 上参数点 (u_i,v_j) 之间的一一对应关系，如图 2.17 所示。

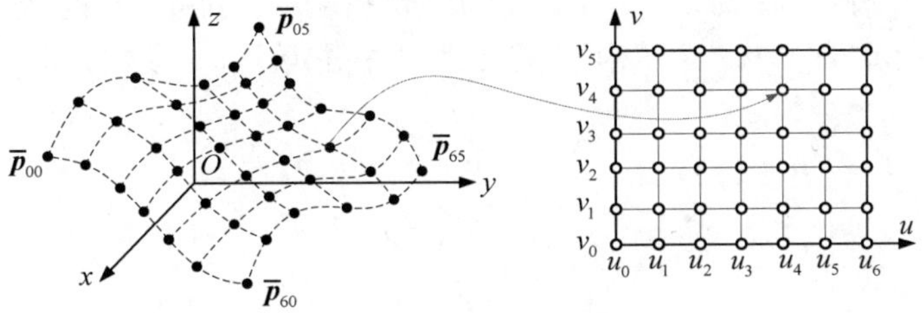

图 2.17　曲面数据点参数化

由图 2.17 可知，网格线与参数轴对齐，数据点与参数域中网格线交点对应，即每一排数据点 $\bar{\boldsymbol{p}}_{ij}$ 对应同一个 u_i 和不同的 v_j，或者对应同一个 v_j 和不同的 u_i。在曲线数据点参数化过程中，常采用能够反映数据点空间分布的弦长参数化等方法。在曲面数据点中，一般每行或每列数据点的空间分布不尽相同，因此对每行或每列数据点进行弦长参数化可能会得到不同的参数分割。此时，便需要在差异化的参数分割中寻找公共的参数分割。除在特殊情况下各排数据点沿同一参数方向呈现均匀分布时可采用均匀参数化方法，一般情况下使用双向弦长参数化方法对矩形拓扑阵列分布的曲面数据点进行参数化，具体计算过程如下。

首先对沿 u 方向的第 i 列数据点 $\bar{\boldsymbol{p}}_{ij}$ $(j=0,1,\cdots,m)$ 进行弦长参数化得参数序列 u_{ij}，再取 u_{ij} 的算术平均值作为沿 u 方向的第 i 个公共参数值 u_i，即

$$u_i=\frac{1}{m+1}\sum_{j=0}^{m}u_{ij},\quad i=0,1,\cdots,n \tag{2.65}$$

其次对沿 v 方向的第 j 行数据点 $\bar{\boldsymbol{p}}_{ij}$ $(i=0,1,\cdots,n)$ 进行弦长参数化得参数序列 v_{ij}，可取沿 v 方向的第 j 个公共参数值 v_j 如下

$$v_j=\frac{1}{n+1}\sum_{i=0}^{n}v_{ij},\quad j=0,1,\cdots,m \tag{2.66}$$

上述双向弦长参数化适用于沿同一参数方向各排数据点弦长参数化比较接近的情形，

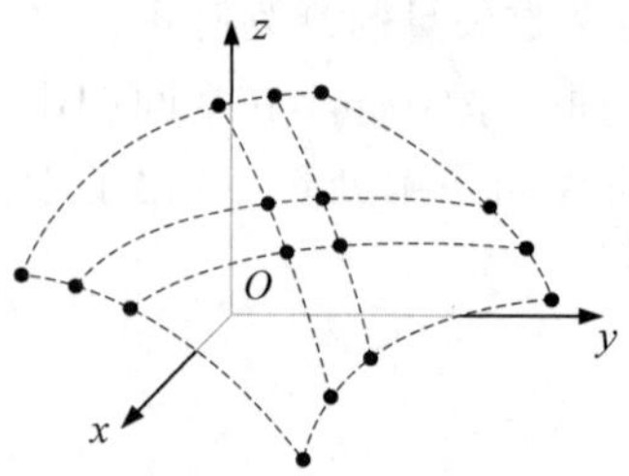

图 2.18　不适用双向弦长参数化的曲面数据点

当曲面数据点分布差异较大，各排数据点弦长参数化结果相差悬殊时，如图 2.18 所示的情况，则不适用。但是，此种情况在工程实践中较为罕见。在具体应用中，还需根据实际情况选取适合的参数化方法。

曲面数据点的参数化是构造拟合曲面的关键步骤。本节讨论的曲面数据点参数化的前提，是所有数据点以矩形拓扑阵列分布。在实际应用中，数据点排布可能杂乱无章，没有明显的行列次序，此时可采用更一般化的曲面拟合方法。

2.3.3　参数多项式插值曲面

类似于参数多项式插值曲线的构造，可以通过特定多项式基函数来构造插值于给定数据点的参数多项式插值曲面。给定以矩形拓扑阵列分布的空间数据点 $\bar{\boldsymbol{p}}_{ij}$，$\{i=0,1,\cdots,n;j=0,1,\cdots,m\}$，按以下矩阵形式排序并定义 uv 参数方向

$$u\downarrow\quad \overset{\rightarrow v}{\begin{bmatrix} \bar{\boldsymbol{p}}_{00} & \bar{\boldsymbol{p}}_{01} & \cdots & \bar{\boldsymbol{p}}_{0m} \\ \bar{\boldsymbol{p}}_{10} & \bar{\boldsymbol{p}}_{11} & \cdots & \bar{\boldsymbol{p}}_{1m} \\ \vdots & \vdots & \ddots & \vdots \\ \bar{\boldsymbol{p}}_{n0} & \bar{\boldsymbol{p}}_{n1} & \cdots & \bar{\boldsymbol{p}}_{nm} \end{bmatrix}} \tag{2.67}$$

通过曲面数据点参数化方法可以为每个数据点 $\bar{\boldsymbol{p}}_{ij}$ 计算参数值 (u_i,v_j)。若以幂基构造插值于数据点 $\bar{\boldsymbol{p}}_{ij}$ 的参数多项式插值曲面，由式(2.63)，曲面方程可写为

$$\boldsymbol{p}(u,v)=\begin{bmatrix}1 & u & \cdots & u^n\end{bmatrix}\begin{bmatrix} \boldsymbol{p}_{00} & \boldsymbol{p}_{01} & \cdots & \boldsymbol{p}_{0m} \\ \boldsymbol{p}_{10} & \boldsymbol{p}_{11} & \cdots & \boldsymbol{p}_{1m} \\ \vdots & \vdots & \ddots & \vdots \\ \boldsymbol{p}_{n0} & \boldsymbol{p}_{n1} & \cdots & \boldsymbol{p}_{nm} \end{bmatrix}\begin{bmatrix}1 \\ v \\ \vdots \\ v^m\end{bmatrix}=\sum_{i=0}^{n}\sum_{j=0}^{m}\boldsymbol{p}_{ij}u^i v^j \tag{2.68}$$

此时，插值曲面构造问题转换为求解式(2.68)中系数矢量 $\boldsymbol{p}_{ij}$ 的问题。令

$$\boldsymbol{p}(u_i,v_j)=\sum_{k=0}^{n}\sum_{l=0}^{m}\boldsymbol{p}_{kl}u_i^k v_j^l=\bar{\boldsymbol{p}}_{ij} \tag{2.69}$$

可获得 $(n+1)\times(m+1)=nm+n+m+1$ 个线性方程，联立求解可得系数矢量 $\boldsymbol{p}_{ij}$。采用这种直接求解的方式，计算量大。借助张量积曲面的优势，可以将上述曲面问题转换为曲线问题来简化计算，计算步骤如下。

(1) 先沿 u 方向进行，对式(2.67)中数据点阵的第 l 列数据点 $\bar{\boldsymbol{p}}_{kl}(k=0,1,\cdots,n)$ 构造沿 u 方向 n 次插值多项式曲线，系数矢量记为 $\boldsymbol{a}_{kl}(k=0,1,\cdots,n)$，则曲线方程可以表示为

$$\boldsymbol{p}_l(u)=\sum_{k=0}^{n}\boldsymbol{a}_{kl}u^k,\quad l=0,1,\cdots,m \tag{2.70}$$

令曲线 $\boldsymbol{p}_l(u)$ 插值于数据点 $\bar{\boldsymbol{p}}_{kl}(k=0,1,\cdots,n)$，即 $\boldsymbol{p}_l(u_k)=\bar{\boldsymbol{p}}_{kl}$。可建立式(2.6)所示线性方程组，求解得 $n+1$ 个系数矢量 $\boldsymbol{a}_{kl}(k=0,1,\cdots,n)$。遍历每列数据点，可获得 $m+1$ 条 n 次插值多项式曲线及其 $(m+1)\times(n+1)$ 个系数矢量 $\boldsymbol{a}_{kl}$。

(2) 再沿 v 方向进行，以系数矢量 $\boldsymbol{a}_{kl}$ 作为数据点，按式(2.67)矩阵形式排布，对第 i 行数据点 $\boldsymbol{a}_{ij}(j=0,1,\cdots,m)$ 构造沿 v 方向 m 次插值多项式曲线，系数矢量记为 $\boldsymbol{b}_{ij}(j=0,1,\cdots,m)$，则曲线方程表示为

$$\boldsymbol{q}_i(v)=\sum_{j=0}^{m}\boldsymbol{b}_{ij}v^k,\quad i=0,1,\cdots,n \tag{2.71}$$

令曲线 $\boldsymbol{q}_i(v)$ 插值于数据点 $\boldsymbol{a}_{ij}(j=0,1,\cdots,m)$，即 $\boldsymbol{q}_i(v_j)=\boldsymbol{a}_{ij}$，联立求解可得 $m+1$ 个系数矢量 $\boldsymbol{b}_{ij}(j=0,1,\cdots,m)$。遍历每行数据点，得 $n+1$ 条 m 次插值多项式曲线及 $(n+1)\times(m+1)$ 个系数矢量 $\boldsymbol{b}_{ij}$。此系数矢量 $\boldsymbol{b}_{ij}$ 即为插值曲面方程(2.68) 所求未知系数 $\boldsymbol{p}_{ij}$。

上述计算步骤也可以先沿 v 方向进行，再沿 u 方向进行，所得曲面为同一张曲面。该插值曲面沿 u 方向为 n 次，沿 v 方向为 m 次。图 2.19 给出了以幂基形式表示 8×5 次参数多项式插值曲面范例。在参数曲面 $\boldsymbol{p}(u,v)=\{u,v,(u^2-v^2)/3\}$ 上选取 9×6 个数据点，当数据点均匀分布时，所构造参数多项式插值曲面较为光滑，如图 2.19(b)所示。当数据点发生小的波动时，类似于多项式插值曲线，插值曲面在边界数据点附近发生较大波动，如图 2.19(c)所示。

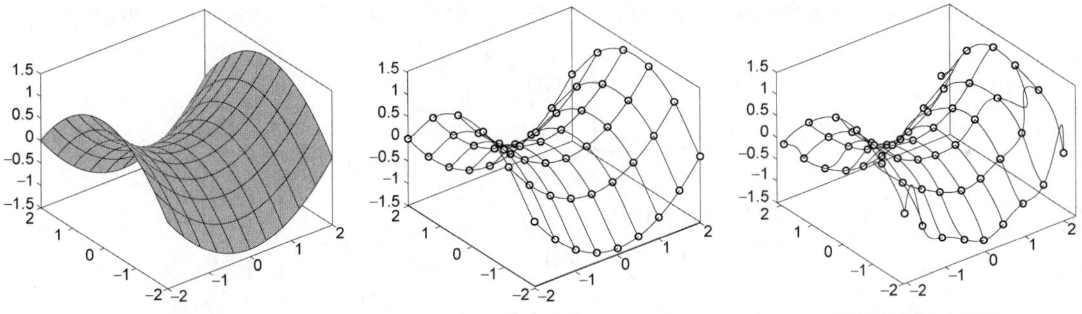

(a) 初始被插曲面　　(b) 数据点均匀分布　　(c) 数据点有微小波动

图 2.19　以幂基形式表示的 8×5 次参数多项式插值曲面

2.3.4　弗格森双三次曲面片

在 2.2.1 节中介绍了以三次埃尔米特基表示的弗格森参数三次曲线，本节进一步介绍弗格森双三次曲面的构造。

给定沿 u、v 参数方向定义的两组三次埃尔米特基函数 $F_0(u)$、$F_1(u)$、$G_0(u)$、$G_1(u)$ 与 $F_0(v)$、$F_1(v)$、$G_0(v)$、$G_1(v)$，其中 $0\leqslant u,v\leqslant 1$，可以定义一张张量积曲面

$$
\boldsymbol{p}(u,v)=\begin{bmatrix}F_0(u) & F_1(u) & G_0(u) & G_1(u)\end{bmatrix}\begin{bmatrix}\boldsymbol{p}_{00} & \boldsymbol{p}_{01} & \boldsymbol{p}_{02} & \boldsymbol{p}_{03}\\ \boldsymbol{p}_{10} & \boldsymbol{p}_{11} & \boldsymbol{p}_{12} & \boldsymbol{p}_{13}\\ \boldsymbol{p}_{20} & \boldsymbol{p}_{21} & \boldsymbol{p}_{22} & \boldsymbol{p}_{23}\\ \boldsymbol{p}_{30} & \boldsymbol{p}_{31} & \boldsymbol{p}_{32} & \boldsymbol{p}_{33}\end{bmatrix}\begin{bmatrix}F_0(v)\\ F_1(v)\\ G_0(v)\\ G_1(v)\end{bmatrix} \tag{2.72}
$$

其中，16个系数矢量 $\boldsymbol{p}_{ij}(i,j=0,1,2,3)$ 待定。令曲面对 u 与 v 方向的一阶偏导矢表示为

$$
\boldsymbol{p}^{u}(u,v)=\frac{\partial \boldsymbol{p}(u,v)}{\partial u},\quad \boldsymbol{p}^{v}(u,v)=\frac{\partial \boldsymbol{p}(u,v)}{\partial v} \tag{2.73}
$$

曲面对 u 与 v 方向的二阶(混合)偏导矢表示为

$$
\boldsymbol{p}^{uv}(u,v)=\frac{\partial^2 \boldsymbol{p}(u,v)}{\partial u \partial v}=\frac{\partial^2 \boldsymbol{p}(u,v)}{\partial v \partial u}=\boldsymbol{p}^{vu}(u,v) \tag{2.74}
$$

在弗格森三次曲线方程中，系数矢量分别表示首末端点空间坐标矢量及相应切矢量。类似地，为了确定式(2.72)张量积曲面的16个系数矢量，假定曲面片的4个角点空间坐标及角点处的一阶、二阶偏导矢已知，分别记为

(1) 角点坐标：$\boldsymbol{p}(0,0),\boldsymbol{p}(1,0),\boldsymbol{p}(0,1),\boldsymbol{p}(1,1)$。

(2) 角点处沿 u 方向一阶偏导矢：$\boldsymbol{p}_u(0,0),\boldsymbol{p}_u(1,0),\boldsymbol{p}_u(0,1),\boldsymbol{p}_u(1,1)$。

(3) 角点处沿 v 方向一阶偏导矢：$\boldsymbol{p}_v(0,0),\boldsymbol{p}_v(1,0),\boldsymbol{p}_v(0,1),\boldsymbol{p}_v(1,1)$。

(4) 角点处二阶混合偏导矢：$\boldsymbol{p}_{uv}(0,0),\boldsymbol{p}_{uv}(1,0),\boldsymbol{p}_{uv}(0,1),\boldsymbol{p}_{uv}(1,1)$。

图2.20展示了一张参数曲面4个角点、8个一阶偏导矢和4个二阶混合偏导矢的示意图。

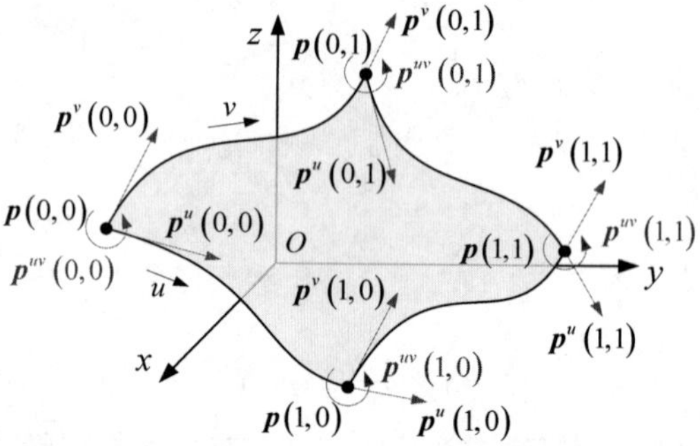

图2.20 参数曲面的4个角点、8个一阶偏导矢和4个二阶混合偏导矢

将上述4个已知条件代入式(2.72)可得张量积曲面的16个系数矢量，此时张量积曲面可显式表示如下

$$
\boldsymbol{p}(u,v)=\begin{bmatrix}F_0(u) & F_1(u) & G_0(u) & G_1(u)\end{bmatrix}
\left[\begin{array}{cc:cc}\boldsymbol{p}(0,0) & \boldsymbol{p}(0,1) & \boldsymbol{p}^{v}(0,0) & \boldsymbol{p}^{v}(0,1)\\ \boldsymbol{p}(1,0) & \boldsymbol{p}(1,1) & \boldsymbol{p}^{v}(1,0) & \boldsymbol{p}^{v}(1,1)\\ \hdashline \boldsymbol{p}^{u}(0,0) & \boldsymbol{p}^{u}(0,1) & \boldsymbol{p}^{uv}(0,0) & \boldsymbol{p}^{uv}(0,1)\\ \boldsymbol{p}^{u}(1,0) & \boldsymbol{p}^{u}(1,1) & \boldsymbol{p}^{uv}(1,0) & \boldsymbol{p}^{uv}(1,1)\end{array}\right]
\begin{bmatrix}F_0(v)\\ F_1(v)\\ G_0(v)\\ G_1(v)\end{bmatrix},\quad 0\leqslant u,v\leqslant 1 \tag{2.75}
$$

观察上述曲面方程的右侧方阵，可以发现 16 个系数矢量的几何意义明确，且分布规则。其中左上角 4 元素表示角点坐标，右上角 4 个元素表示角点沿 v 方向的一阶切矢，左下角 4 个元素表示角点沿 u 方向的一阶切矢，右下角 4 个元素表示角点二阶混合偏导矢。分别将第一行和第二行的 4 个元素右乘列矢量，可得曲面沿 v 方向的两条边界曲线 $\boldsymbol{p}(0,v)$ 与 $\boldsymbol{p}(1,v)$。分别将第一列和第二列的 4 个元素前乘行矢量，可得曲面沿 u 方向的两条边界曲线 $\boldsymbol{p}(u,0)$ 与 $\boldsymbol{p}(u,1)$。4 条边界曲线均为弗格森参数三次曲线。方阵右下角的 4 个混合偏导矢不影响 4 条边界曲线的形状，只影响曲面内部形状，也被称为"扭矢"。

从几何直观角度来看，曲面 4 个角点矢量及角点切矢容易理解，而角点二阶混合偏导矢则不够直观。因此，弗格森最初将 4 个二阶混合偏导矢取为零矢量，形成了如下曲面方程

$$\boldsymbol{p}(u,v)=[F_0(u)\quad F_1(u)\quad G_0(u)\quad G_1(u)]\begin{bmatrix}\boldsymbol{p}(0,0) & \boldsymbol{p}(0,1) & \boldsymbol{p}^v(0,0) & \boldsymbol{p}^v(0,1)\\ \boldsymbol{p}(1,0) & \boldsymbol{p}(1,1) & \boldsymbol{p}^v(1,0) & \boldsymbol{p}^v(1,1)\\ \boldsymbol{p}^u(0,0) & \boldsymbol{p}^u(0,1) & \boldsymbol{0} & \boldsymbol{0}\\ \boldsymbol{p}^u(1,0) & \boldsymbol{p}^u(1,1) & \boldsymbol{0} & \boldsymbol{0}\end{bmatrix}\begin{bmatrix}F_0(v)\\ F_1(v)\\ G_0(v)\\ G_1(v)\end{bmatrix},\quad 0\leqslant u,v\leqslant 1 \tag{2.76}$$

所构造曲面称为**弗格森双三次曲面片**，定义在规范参数域$[0,1]^2$ 上。弗格森双三次曲面仅表示一张曲面片，给定 4 个角点及角点处沿两个参数方向的 8 个偏导矢即可定义。图 2.21 展示了一张弗格森双三次曲面片，其中箭头方向表示一阶偏导矢方向，所有偏导矢均为单位矢量，沿坐标轴方向。

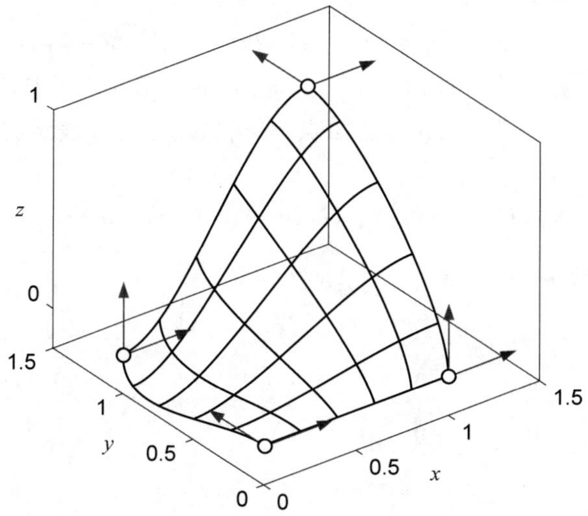

图 2.21　弗格森双三次曲面片

弗格森双三次曲面片将角点二阶混合偏导矢取为零矢量，虽简化了计算，却导致了曲面在角点附近出现局部平坦现象。混合偏导矢置零相当于放弃了一类可选择的曲面内部形状。如果允许混合偏导矢取非零矢量，则式(2.72)表示一张孔斯双三次曲面片。如果将式(2.72)从规范参数域$[0,1]^2$上推广到任意参数域$[u_i,u_{i+1}]\otimes[v_j,v_{j+1}]$上，所构造曲面称为**参数双三次曲面**。

2.3.5 弗格森双三次样条曲面

弗格森双三次曲面仅表示曲面片，对复杂形状曲面的表达能力有限。通过组合曲面方式，可以将弗格森双三次曲面方程推广用于插值数据点，构造弗格森双三次样条曲面，提升对复杂曲面的表达能力。

给定矩形拓扑阵列排布的数据点$\bar{\boldsymbol{p}}_{ij}(i=0,1,\cdots,n;j=0,1,\cdots,m)$，构造沿$uv$参数方向的两组均匀整数参数序列$u_i=i(i=0,1,\cdots,n)$与$v_j=j(j=0,1,\cdots,m)$。对数据点所构成空间网格中的每4个相邻数据点组成的单元构造弗格森双三次曲面，除数据点本身坐标外，还需要给出每个数据点处沿两个参数方向的切矢定义。由式(2.51)给出的三切矢方程，可以通过数据点计算数据点处切矢。首先沿u方向对第$j(j=0,1,\cdots,m)$列数据点$\bar{\boldsymbol{p}}_{ij}(i=0,1,\cdots,n)$构造三切矢方程

$$\bar{\boldsymbol{p}}^u_{i-1,j}+4\bar{\boldsymbol{p}}^u_{i,j}+\bar{\boldsymbol{p}}^u_{i+1,j}=3(\bar{\boldsymbol{p}}_{i+1,j}-\bar{\boldsymbol{p}}_{i-1,j}),\quad i=1,2,\cdots,n-1 \tag{2.77}$$

加上2.2.5节介绍的边界条件，可求解第j排所有数据点对应的u方向切矢。遍历每排的数据点，可构造任意数据点$\bar{\boldsymbol{p}}_{ij}$处的$u$方向切矢$\bar{\boldsymbol{p}}^u_{i,j}$。同理，沿$v$方向对第$i(i=0,1,\cdots,n)$行数据点$\bar{\boldsymbol{p}}_{ij}(j=0,1,\cdots,m)$构造三切矢方程

$$\bar{\boldsymbol{p}}^v_{i,j-1}+4\bar{\boldsymbol{p}}^v_{i,j}+\bar{\boldsymbol{p}}^v_{i,j+1}=3(\bar{\boldsymbol{p}}_{i,j+1}-\bar{\boldsymbol{p}}_{i,j-1}),\quad j=1,2,\cdots,m-1 \tag{2.78}$$

可构造任意数据点$\bar{\boldsymbol{p}}_{ij}$处的$v$方向切矢$\bar{\boldsymbol{p}}^v_{i,j}$。此时，对于数据点网格中的任意单元，对应于弗格森双三次曲面的12个系数矢量均已知晓，可构造基于分片表示的弗格森双三次样条曲面如下

$$\boldsymbol{p}(u,v)=[F_0(u-u_i)\ F_1(u-u_i)\quad G_0(u-u_i)\quad G_1(u-u_i)]$$
$$\left[\begin{array}{cc:cc}\bar{\boldsymbol{p}}_{i,j} & \bar{\boldsymbol{p}}_{i,j+1} & \bar{\boldsymbol{p}}^v_{i,j} & \bar{\boldsymbol{p}}^v_{i,j+1}\\ \bar{\boldsymbol{p}}_{i+1,j} & \bar{\boldsymbol{p}}_{i+1,j+1} & \bar{\boldsymbol{p}}^v_{i+1,j} & \bar{\boldsymbol{p}}^v_{i+1,j+1}\\ \hdashline \bar{\boldsymbol{p}}^u_{i,j} & \bar{\boldsymbol{p}}^u_{i,j+1} & \boldsymbol{0} & \boldsymbol{0}\\ \bar{\boldsymbol{p}}^u_{i+1,j} & \bar{\boldsymbol{p}}^u_{i+1,j+1} & \boldsymbol{0} & \boldsymbol{0}\end{array}\right]\begin{bmatrix}F_0(v-v_j)\\F_1(v-v_j)\\G_0(v-v_j)\\G_1(v-v_j)\end{bmatrix},\quad \begin{cases}i=u_i\leqslant u\leqslant u_{i+1}=i+1\\ j=v_j\leqslant v\leqslant v_{j+1}=j+1\\ i=0,1,\cdots,n-1\\ j=0,1,\cdots,m-1\end{cases} \tag{2.79}$$

图2.22展示了基于5×5数据点构造一张弗格森双三次样条曲面的基本流程，其中4个空心点处共8个切矢需要作为边界条件提前给定。该样条曲面由20张弗格森双三次曲面片构成。

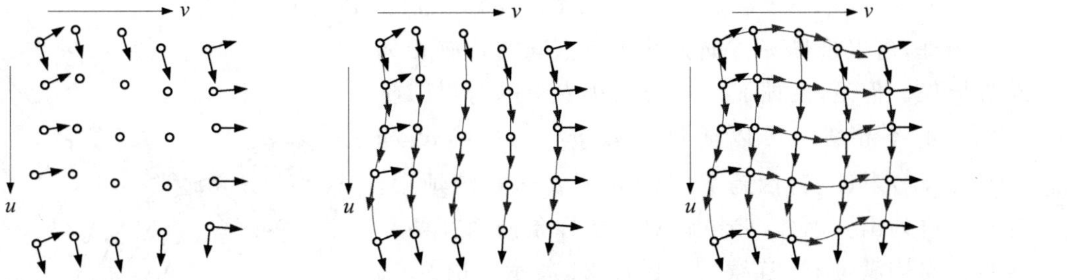

(a) 数据点及边界条件　(b) 数据点u方向切矢计算　(c) 数据点v方向切矢计算

图 2.22　弗格森双三次样条曲面的构造过程

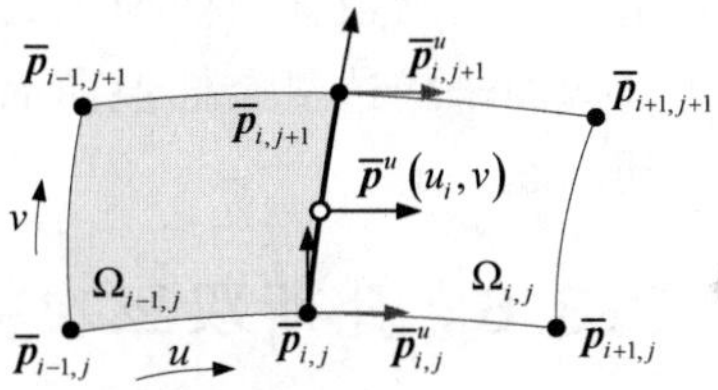

图 2.23　弗格森双三次样条曲面中的两相领曲面片

在弗格森双三次样条曲面构造过程中，由每行或者每列数据点及其切矢插值得到的网格节点线均为参数三次样条曲线，满足 C^2 连续。此外，沿公共边界的相邻弗格森双三次曲面片具有相同的跨界导矢。

令 $\Omega_{i-1,j}$ 与 $\Omega_{i,j}$ 表示弗格森双三次样条曲面中的两相邻曲面片，具有共同边界 $\boldsymbol{p}(u_i,v)$，如图 2.23 所示。两曲面片的定义域分别表示为$[u_{i-1},u_i]\otimes[v_j,v_{j+1}]$与$[u_i,u_{i+1}]\otimes[v_j,v_{j+1}]$。依据式(2.79)，左侧曲面片 $\Omega_{i-1,j}$ 的方程可以写为

$$\boldsymbol{p}_{i-1,j}(u,v)=[F_0(u-u_{i-1})\quad F_1(u-u_{i-1})\quad G_0(u-u_{i-1})\quad G_1(u-u_{i-1})]$$

$$\begin{bmatrix} \bar{\boldsymbol{p}}_{i-1,j} & \bar{\boldsymbol{p}}_{i-1,j+1} & \bar{\boldsymbol{p}}^v_{i-1,j} & \bar{\boldsymbol{p}}^v_{i-1,j+1} \\ \bar{\boldsymbol{p}}_{i,j} & \bar{\boldsymbol{p}}_{i,j+1} & \bar{\boldsymbol{p}}^v_{i,j} & \bar{\boldsymbol{p}}^v_{i,j+1} \\ \bar{\boldsymbol{p}}^u_{i-1,j} & \bar{\boldsymbol{p}}^u_{i-1,j+1} & \boldsymbol{0} & \boldsymbol{0} \\ \bar{\boldsymbol{p}}^u_{i,j} & \bar{\boldsymbol{p}}^u_{i,j+1} & \boldsymbol{0} & \boldsymbol{0} \end{bmatrix}\begin{bmatrix} F_0(v-v_j) \\ F_1(v-v_j) \\ G_0(v-v_j) \\ G_1(v-v_j) \end{bmatrix},\quad \begin{cases} i-1=u_{i-1}\leqslant u\leqslant u_i=i \\ j=v_j\leqslant v\leqslant v_{j+1}=j+1 \end{cases} \tag{2.80}$$

左侧曲面片在公共边界 $u=u_i$ 上的跨界一阶导矢计算如下

$$\begin{aligned} \boldsymbol{p}^u_{i-1,j}(u_i,v) &= \frac{\partial \boldsymbol{p}_{i-1,j}(u_i,v)}{\partial u} \\ &= F_0(v-v_j)\bar{\boldsymbol{p}}^u_{i,j}+F_1(v-v_j)\bar{\boldsymbol{p}}^u_{i,j+1},\quad v_j\leqslant v\leqslant v_{j+1} \end{aligned} \tag{2.81}$$

右侧曲面片 $\Omega_{i,j}$ 的方程与式(2.79)保持一致，其在公共边界上的跨界一阶导矢表示为

$$\boldsymbol{p}^u_{i,j}(u_i,v)=\frac{\partial \boldsymbol{p}_{i,j}(u_i,v)}{\partial u}=F_0(v-v_j)\bar{\boldsymbol{p}}^u_{i,j}+F_1(v-v_j)\bar{\boldsymbol{p}}^u_{i,j+1},\quad v_j\leqslant v\leqslant v_{j+1} \tag{2.82}$$

有

$$\boldsymbol{p}_{i-1,j}^{u}(u_i,v) \equiv \boldsymbol{p}_{i,j}^{u}(u_i,v) \tag{2.83}$$

同理，可以推导 v 方向公共边界上同样具有相邻跨界导矢。但是，两曲面片在公共边界上的跨界二阶导矢一般不相等。可以通过计算 $\boldsymbol{p}_{i-1,j}^{uu}(u_i,v)$ 和 $\boldsymbol{p}_{i,j}^{uu}(u_i,v)$ 来证实，因跨界二阶导矢表达式较烦琐，这里不再列出。因此，弗格森双三次样条曲面在两个参数方向均满足 C^1 连续性。图 2.24 展示了由 9×6 个数据点构造的弗格森双三次样条曲面，包含 8×5 张弗格森双三次曲面片。相比于图 2.19(c)给出的基于幂基形式的参数插值曲面，弗格森样条曲面采用低次组合曲面来构造复杂插值曲面，避免了参数多项式插值曲面在边界数据点附近引发的曲面波动问题。

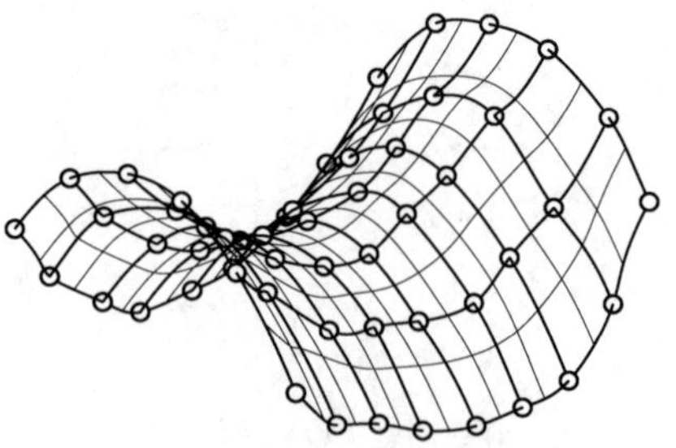

图 2.24　由 9×6 个数据点构造的弗格森双三次样条曲面

2.3.6　孔斯双三次样条曲面

弗格森双三次曲面假定在角点处的二阶混合偏导矢为零，这会带来角点附近曲面形状趋于平坦的问题。如果允许角点处混合偏导矢非零，则可以避免此问题，此时弗格森双三次曲面演变为孔斯双三次曲面。进一步考虑插值于给定数据点 $\bar{\boldsymbol{p}}_{i,j}$，$(i=0,1,\cdots,n;j=0,1,\cdots,m)$的孔斯双三次样条曲面，依据式(2.79)，其表达式可写为

$$\boldsymbol{p}(u,v)=\begin{bmatrix}F_0(u-u_i) & F_1(u-u_i) & G_0(u-u_i) & G_1(u-u_i)\end{bmatrix}$$

$$\begin{bmatrix}\bar{\boldsymbol{p}}_{i,j} & \bar{\boldsymbol{p}}_{i,j+1} & \bar{\boldsymbol{p}}_{i,j}^{v} & \bar{\boldsymbol{p}}_{i,j+1}^{v}\\ \bar{\boldsymbol{p}}_{i+1,j} & \bar{\boldsymbol{p}}_{i+1,j+1} & \bar{\boldsymbol{p}}_{i+1,j}^{v} & \bar{\boldsymbol{p}}_{i+1,j+1}^{v}\\ \bar{\boldsymbol{p}}_{i,j}^{u} & \bar{\boldsymbol{p}}_{i,j+1}^{u} & \bar{\boldsymbol{p}}_{i,j}^{uv} & \bar{\boldsymbol{p}}_{i,j+1}^{uv}\\ \bar{\boldsymbol{p}}_{i+1,j}^{u} & \bar{\boldsymbol{p}}_{i+1,j+1}^{u} & \bar{\boldsymbol{p}}_{i+1,j}^{uv} & \bar{\boldsymbol{p}}_{i+1,j+1}^{uv}\end{bmatrix}\begin{bmatrix}F_0(v-v_j)\\ F_1(v-v_j)\\ G_0(v-v_j)\\ G_1(v-v_j)\end{bmatrix},\quad \begin{cases}i=u_i\leqslant u\leqslant u_{i+1}=i+1\\ j=v_j\leqslant v\leqslant v_{j+1}=j+1\\ i=0,1,\cdots,n-1\\ j=0,1,\cdots,m-1\end{cases} \tag{2.84}$$

在弗格森双三次样条曲面中，已经实现了数据点处一阶偏导矢的构造。因此，孔斯双三次样条曲面的构造问题转换为如何确定数据点处的二阶混合偏导矢，即式(2.84)右侧方阵中的右下角 4 个元素。

以图 2.22(b)和图 2.22(c)所示两张双三次曲面片为例，以 $\bar{\boldsymbol{p}}_{i,j}$ 与 $\bar{\boldsymbol{p}}_{i,j+1}$ 为端点的沿 v 方向公共边界为一弗格森三次曲线。令 $u=u_i$，依据式(2.84)，该公共边界曲线可以表示为

$$\boldsymbol{p}(u_i,v)=\begin{bmatrix}\bar{\boldsymbol{p}}_{i,j} & \bar{\boldsymbol{p}}_{i,j+1} & \bar{\boldsymbol{p}}_{i,j}^{v} & \bar{\boldsymbol{p}}_{i,j+1}^{v}\end{bmatrix}\begin{bmatrix}F_0(v-v_j)\\ F_1(v-v_j)\\ G_0(v-v_j)\\ G_1(v-v_j)\end{bmatrix},\quad v_j\leqslant v\leqslant v_{j+1} \tag{2.85}$$

沿该公共边界的跨界一阶导矢表示为

$$\boldsymbol{p}^u(u_i,v)=\begin{bmatrix}\bar{\boldsymbol{p}}_{i,j}^u & \bar{\boldsymbol{p}}_{i,j+1}^u & \bar{\boldsymbol{p}}_{i,j}^{uv} & \bar{\boldsymbol{p}}_{i,j+1}^{uv}\end{bmatrix}\begin{bmatrix}F_0(v-v_j)\\F_1(v-v_j)\\G_0(v-v_j)\\G_1(v-v_j)\end{bmatrix},\quad v_j\leqslant v\leqslant v_{j+1} \tag{2.86}$$

在 2.2.4 节中，C^2 分段三次埃尔米特插值曲线的构造是通过对连续 3 个数据点施加三切矢连续性方程来实现。这里为了实现公共边界跨界二阶导矢连续，对连续 3 段公共边界及其跨界一阶导矢施加三切矢连续性条件。令 $\boldsymbol{p}(u_{i-1},v)$ 与 $\boldsymbol{p}(u_{i+1},v)$ 为公共边界 $\boldsymbol{p}(u_i,v)$ 的两侧相邻公共边界，$\boldsymbol{p}^u(u_{i-1},v)$ 与 $\boldsymbol{p}^u(u_{i+1},v)$ 为对应跨界一阶导矢。依据三切矢连续性方程，有

$$\boldsymbol{p}^u(u_{i-1},v)+4\boldsymbol{p}^u(u_i,v)+\boldsymbol{p}^u(u_{i+1},v)=3\left[\boldsymbol{p}(u_{i+1},v)-\boldsymbol{p}(u_{i-1},v)\right] \tag{2.87}$$

将式(2.83)～式(2.84)代入式(2.87)，可得

$$\begin{bmatrix}\bar{\boldsymbol{p}}_{i-1,j}^u\\\bar{\boldsymbol{p}}_{i-1,j+1}^u\\\bar{\boldsymbol{p}}_{i-1,j}^{uv}\\\bar{\boldsymbol{p}}_{i-1,j+1}^{uv}\end{bmatrix}+4\begin{bmatrix}\bar{\boldsymbol{p}}_{i,j}^u\\\bar{\boldsymbol{p}}_{i,j+1}^u\\\bar{\boldsymbol{p}}_{i,j}^{uv}\\\bar{\boldsymbol{p}}_{i,j+1}^{uv}\end{bmatrix}+\begin{bmatrix}\bar{\boldsymbol{p}}_{i+1,j}^u\\\bar{\boldsymbol{p}}_{i+1,j+1}^u\\\bar{\boldsymbol{p}}_{i+1,j}^{uv}\\\bar{\boldsymbol{p}}_{i+1,j+1}^{uv}\end{bmatrix}=3\begin{bmatrix}\bar{\boldsymbol{p}}_{i+1,j}-\bar{\boldsymbol{p}}_{i-1,j}\\\bar{\boldsymbol{p}}_{i+1,j+1}-\bar{\boldsymbol{p}}_{i-1,j+1}\\\bar{\boldsymbol{p}}_{i+1,j}^v-\bar{\boldsymbol{p}}_{i-1,j}^v\\\bar{\boldsymbol{p}}_{i+1,j+1}^v-\bar{\boldsymbol{p}}_{i-1,j+1}^v\end{bmatrix},\quad i=1,2,\cdots,n-1 \tag{2.88}$$

式(2.88)中前两个方程为数据点网格节点线的三切矢连续性方程，自然满足，因为数据点处沿参数方向的一阶导矢便是基于此公式构造的。后两个方程指明了数据点处一阶导矢与二阶混合偏导矢的关系，为数据点的混合偏导矢计算提供了一种方案。在某种意义上，后两个方程可以理解为：将数据点处的一阶导矢视作新的"数据点"，将数据点处的二阶混合偏导矢视作新"数据点"的一阶导矢，并基于此构造"三切矢"连续性方程。因此，为了实现孔斯双三次样条曲面沿两个参数方向满足 C^2 连续，数据点处的混合偏导矢可按如下方程计算

$$\bar{\boldsymbol{p}}_{i-1,j}^{uv}+4\bar{\boldsymbol{p}}_{i,j}^{uv}+\bar{\boldsymbol{p}}_{i+1,j}^{uv}=3(\bar{\boldsymbol{p}}_{i+1,j}^v-\bar{\boldsymbol{p}}_{i-1,j}^v),\quad i=1,2,\cdots,n-1;\ j=0,1,\cdots,m \tag{2.89}$$

给定边界条件，即可求解所有数据点处的二阶混合偏导矢。此时，式(2.84)的所有系数矢量均已知晓。

也可以从以 $\bar{\boldsymbol{p}}_{i,j}$ 与 $\bar{\boldsymbol{p}}_{i+1,j}$ 为端点的沿 u 方向的公共边界出发，假定沿 u 方向公共边界的跨界二阶导矢连续，可构造"三切矢"连续性方程如下

$$\bar{\boldsymbol{p}}_{i,j-1}^{uv}+4\bar{\boldsymbol{p}}_{i,j}^{uv}+\bar{\boldsymbol{p}}_{i,j+1}^{uv}=3(\bar{\boldsymbol{p}}_{i,j+1}^u-\bar{\boldsymbol{p}}_{i,j-1}^u),\quad j=1,2,\cdots,m-1;\ i=0,1,\cdots,n \tag{2.90}$$

给定边界条件，求解得数据点二阶混合偏导矢，可以证明与式(2.89)的计算结果相同。

孔斯双三次样条曲面在弗格森双三次样条曲面的基础上，增加了数据点二阶混合偏导矢的定义，使得 C^1 连续的弗格森双三次样条曲面成为 C^2 连续的孔斯双三次样条曲面，提升了曲面的光顺性，同时也缓解了弗格森双三次样条曲面因二阶混合偏导矢取零矢量带来的数据点附近曲面平坦的问题。

2.3.7 参数双三次样条曲面

弗格森双三次样条曲面和孔斯双三次样条曲面都是定义在整数递增参数序列上，本节介绍定义在任意递增参数序列上的参数双三次样条曲面构造方法。

给定呈矩形拓扑阵列分布的数据点 $\bar{\boldsymbol{p}}_{i,j}$，$\{i=0,1,\cdots,n;j=0,1,\cdots,m\}$，和两组递增参数序列 $a=u_0<u_1<\cdots<u_n=b$ 与 $c=v_0<v_1<\cdots<v_m=d$，这里参数序列可以通过曲面数据点参数化来获得。参考2.2.4节参数三次样条曲线的定义，将式(2.84)的孔斯双三次样条曲面方程推广到任意参数序列上，有

$$\boldsymbol{p}(u,v)=\begin{bmatrix}F_{i0}(u) & F_{i1}(u) & G_{i0}(u) & G_{i1}(u)\end{bmatrix}\left[\begin{array}{cc:cc}\bar{\boldsymbol{p}}_{i,j} & \bar{\boldsymbol{p}}_{i,j+1} & \bar{\boldsymbol{p}}^{v}_{i,j} & \bar{\boldsymbol{p}}^{v}_{i,j+1}\\ \bar{\boldsymbol{p}}_{i+1,j} & \bar{\boldsymbol{p}}_{i+1,j+1} & \bar{\boldsymbol{p}}^{v}_{i+1,j} & \bar{\boldsymbol{p}}^{v}_{i+1,j+1}\\ \hdashline \bar{\boldsymbol{p}}^{u}_{i,j} & \bar{\boldsymbol{p}}^{u}_{i,j+1} & \bar{\boldsymbol{p}}^{uv}_{i,j} & \bar{\boldsymbol{p}}^{uv}_{i,j+1}\\ \bar{\boldsymbol{p}}^{u}_{i+1,j} & \bar{\boldsymbol{p}}^{u}_{i+1,j+1} & \bar{\boldsymbol{p}}^{uv}_{i+1,j} & \bar{\boldsymbol{p}}^{uv}_{i+1,j+1}\end{array}\right]\begin{bmatrix}F_{j0}(v)\\ F_{j1}(v)\\ G_{j0}(v)\\ G_{j1}(v)\end{bmatrix},\quad \begin{cases}u_i\leqslant u\leqslant u_{i+1}\\ v_j\leqslant v\leqslant v_{j+1}\\ i=0,1,\cdots,n-1\\ j=0,1,\cdots,m-1\end{cases}\tag{2.91}$$

式(2.91)中三次埃尔米特基函数定义在非规范参数域 $[u_i,u_{i+1}]$ 与 $[v_j,v_{j+1}]$ 上，需要考虑参数变换。式(2.91)中右侧方阵除左上角4个元素已知外，其余12个偏导矢元素未知。假定数据点和参数方向按照式(2.67)排布，如图2.25(a)所示，则偏导矢可通过以下步骤计算。

(1) 构造沿 u 方向每排数据点处的一阶偏导矢，如图2.25(b)所示。对于沿 u 方向的第 j 列数据点 $\bar{\boldsymbol{p}}_{i,j}$ $(i=0,1,\cdots,n)$，假定首末端点 $\bar{\boldsymbol{p}}_{0,j}$ 与 $\bar{\boldsymbol{p}}_{n,j}$ 处 u 方向一阶偏导矢已知，并记为 $\bar{\boldsymbol{p}}^{u}_{0,j}$ 与 $\bar{\boldsymbol{p}}^{u}_{n,j}$，依据参数三次样条曲面构造方法，构造三切矢连续性方程：

$$\begin{aligned}&\Delta u_i\bar{\boldsymbol{p}}^{u}_{i-1,j}+2(\Delta u_i+\Delta u_{i-1})\bar{\boldsymbol{p}}^{u}_{i,j}+\Delta u_{i-1}\bar{\boldsymbol{p}}^{u}_{i+1,j}\\&=3\frac{\Delta u_i}{\Delta u_{i-1}}\Delta\bar{\boldsymbol{p}}_{i-1,j}+3\frac{\Delta u_{i-1}}{\Delta u_i}\Delta\bar{\boldsymbol{p}}_{i,j},\quad i=1,2,\cdots,n-1\end{aligned}\tag{2.92}$$

根据给定参数序列 $a=u_0<u_1<\cdots<u_n=b$ 和首末偏导矢 $\bar{\boldsymbol{p}}^{u}_{0,j}$ 与 $\bar{\boldsymbol{p}}^{u}_{n,j}$，计算内部数据点沿 u 方向一阶偏导矢。遍历每一列数据点，可获得所有数据点处 u 向一阶偏导矢 $\bar{\boldsymbol{p}}^{u}_{i,j}$。

(2) 构造沿 u 方向的两组边界数据点处的二阶混合偏导矢，如图2.25(c)所示。令位于边界的第 j $(j=0,m)$ 列数据点及其 v 向一阶偏导矢记为 $\bar{\boldsymbol{p}}_{i,j}$ 与 $\bar{\boldsymbol{p}}^{v}_{i,j}$，将一阶偏导矢 $\bar{\boldsymbol{p}}^{v}_{i,j}$ 视作新的"数据点"，构造三切矢连续性方程

$$\Delta u_i \bar{\boldsymbol{p}}_{i-1,j}^{uv} + 2(\Delta u_i + \Delta u_{i-1})\bar{\boldsymbol{p}}_{i,j}^{uv} + \Delta u_{i-1}\bar{\boldsymbol{p}}_{i+1,j}^{uv}$$
$$= 3\frac{\Delta u_i}{\Delta u_{i-1}}\Delta\bar{\boldsymbol{p}}_{i-1,j}^{v} + 3\frac{\Delta u_{i-1}}{\Delta u_i}\Delta\bar{\boldsymbol{p}}_{i,j}^{v}, \quad i=1,2,\cdots,n-1;\ j=0,m \tag{2.93}$$

给定端点边界条件 $\bar{\boldsymbol{p}}_{0,j}^{uv}$ 与 $\bar{\boldsymbol{p}}_{n,j}^{uv}$，联立式(2.93)可计算第 0 列和第 m 列数据点处的二阶混合偏导矢 $\bar{\boldsymbol{p}}_{i,0}^{uv}$ 与 $\bar{\boldsymbol{p}}_{i,m}^{uv}$。

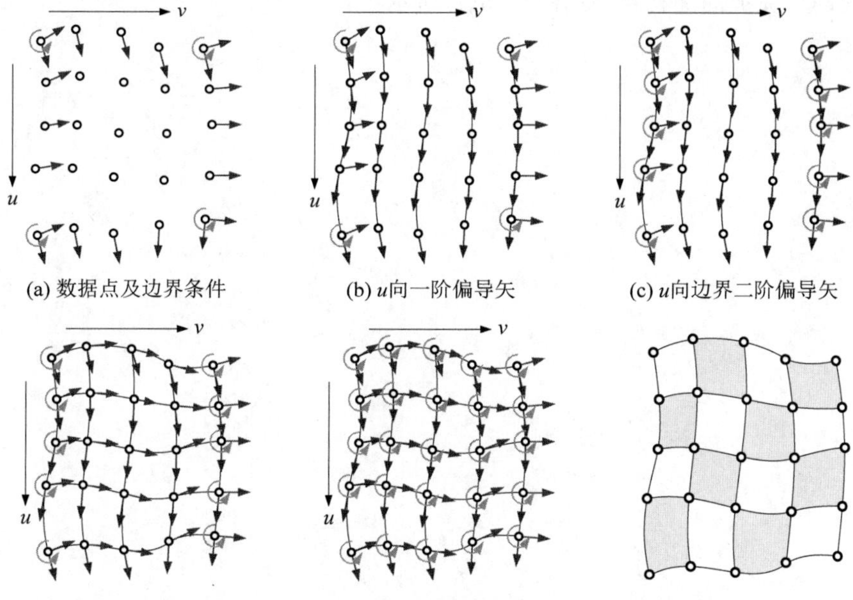

(a) 数据点及边界条件　(b) u向一阶偏导矢　(c) u向边界二阶偏导矢

(d) v向一阶偏切矢　(e) v向二阶偏导矢　(f) 参数双三次样条曲面

图 2.25　参数双三次样条曲面构造流程

(3) 构造沿 v 方向每排数据点处的一阶偏导矢，如图 2.25(d)所示。对于沿 v 方向的第 i 行数据点 $\bar{\boldsymbol{p}}_{i,j}(j=0,1,\cdots,m)$，令其首末端点 $\bar{\boldsymbol{p}}_{i,0}$ 与 $\bar{\boldsymbol{p}}_{i,m}$ 处 v 向一阶偏导矢记为 $\bar{\boldsymbol{p}}_{i,0}^{v}$ 与 $\bar{\boldsymbol{p}}_{i,m}^{v}$，依据参数三次样条曲面构造方法，构造三切矢连续性方程：

$$\Delta v_j \bar{\boldsymbol{p}}_{i,j-1}^{v} + 2(\Delta v_j + \Delta v_{j-1})\bar{\boldsymbol{p}}_{i,j}^{v} + \Delta v_{j-1}\bar{\boldsymbol{p}}_{i,j+1}^{v}$$
$$= 3\frac{\Delta v_j}{\Delta v_{j-1}}\Delta\bar{\boldsymbol{p}}_{i,j-1} + 3\frac{\Delta v_{j-1}}{\Delta v_j}\Delta\bar{\boldsymbol{p}}_{i,j}, \quad j=1,2,\cdots,m-1 \tag{2.94}$$

根据给定参数序列 $c=v_0<v_1<\cdots<v_m=d$ 和偏导矢 $\bar{\boldsymbol{p}}_{i,0}^{v}$ 与 $\bar{\boldsymbol{p}}_{i,m}^{v}$，可计算内部数据点的 v 向一阶偏导矢。遍历每行数据点，可得所有数据点的 v 向一阶偏导矢 $\bar{\boldsymbol{p}}_{i,j}^{v}$。

(4) 构造沿 v 方向每排数据点处的二阶混合偏导矢，如图 2.25(e)所示。对于沿 v 方向的第 i 行数据点 $\bar{\boldsymbol{p}}_{i,j}(j=0,1,\cdots,m)$，其沿 u 方向一阶偏导矢记为 $\bar{\boldsymbol{p}}_{i,j}^{u}$，构造三切矢连续性方程

$$\begin{aligned}&\Delta v_j \bar{\boldsymbol{p}}_{i,j-1}^{uv}+2(\Delta v_j+\Delta v_{j-1})\bar{\boldsymbol{p}}_{i,j}^{uv}+\Delta v_{j-1}\bar{\boldsymbol{p}}_{i,j+1}^{uv}\\&\quad=3\frac{\Delta v_j}{\Delta v_{j-1}}\Delta\bar{\boldsymbol{p}}_{i,j-1}^{u}+3\frac{\Delta v_{j-1}}{\Delta v_j}\Delta\bar{\boldsymbol{p}}_{i,j}^{u},\quad j=1,2,\cdots,m-1\end{aligned}\tag{2.95}$$

以第(2)步计算的 $\bar{\boldsymbol{p}}_{i,0}^{uv}$ 与 $\bar{\boldsymbol{p}}_{i,m}^{uv}$ 作为端点条件，可计算所有数据点处的二阶混合偏导矢。

通过上述 4 个步骤，可求得式(2.91)定义的参数双三次样条曲面的所有未知系数矢量，代入原方程即可完成曲面构造，如图 2.25(f)所示。

第3章

贝齐尔曲线和曲面

CHAPTER 3

贝齐尔曲线由法国工程师贝齐尔(Pierre Étienne Bézier,1910—1999 年)提出。贝齐尔于 1933 年加入雷诺公司,从事汽车研发相关的几何设计、制造自动化和数控机床研发等工作,在 19 世纪 60 年代研发了面向汽车外形几何设计的 UNISURF CAD 系统,并随后公开发表了一系列与贝齐尔曲线相关的论文。后来发现法国雪铁龙公司的德卡斯特里奥(Paul de Casteljau,1930—2022 年)在 1959 年也提出了一种类似的贝齐尔曲线表达方法,但因为发表的先后原因,这类曲线和曲面最终以“贝齐尔”命名。

贝齐尔曲线和曲面也是一类参数多项式曲线和曲面,相比于第 2 章节介绍的参数曲线和曲面,在外形设计、形状控制等方面具有显著优势,得了研究人员的广泛关注和青睐。此外,贝齐尔曲线通过控制顶点和伯恩斯坦基函数来定义,具备一系列优良性质和高效配套算法,为其推广应用奠定了基础。

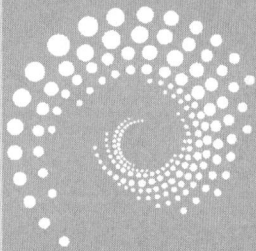

3.1 贝齐尔曲线的定义和性质

3.1.1 贝齐尔曲线的定义

一条贝齐尔曲线由多个顶点控制，通常两端顶点插值于曲线端点，而其余各点不在曲线上。将所有顶点按一定顺序连接组成的多边形称作**控制多边形**（也称为**贝齐尔多边形**），此时的各点称作**控制顶点**。控制顶点的位置或连接顺序影响控制多边形的形状，进而影响曲线形状，因此，控制多边形确定时贝齐尔曲线即可确定。一般地，n 次贝齐尔曲线由 $n+1$ 个控制顶点定义。如图 3.1 所示，根据给定的 4 个控制顶点 $\boldsymbol{b}_i(i=0,1,2,3)$，按照不同的连接顺序分别构造三组控制多边形，得到三条完全不同的三次贝齐尔曲线。

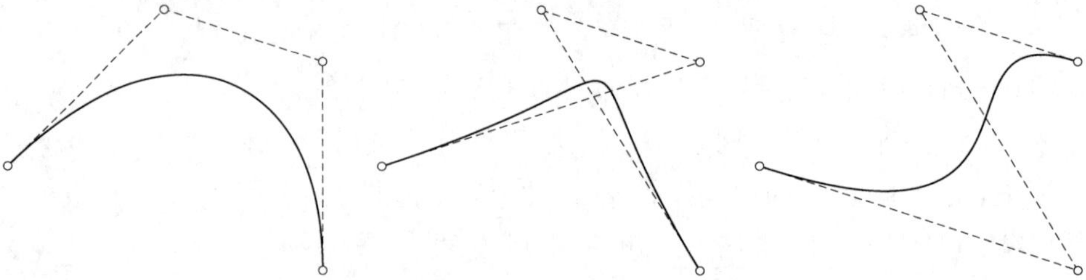

图 3.1　三次贝齐尔曲线示例

贝齐尔在最初描述 n 次贝齐尔曲线时采用控制多边形的边矢量 $\boldsymbol{a}_j(j=0,1,\cdots,n)$ 定义，如图 3.2(a)所示，矢量 $\boldsymbol{a}_0$ 的首端为坐标原点。此时，n 次贝齐尔曲线的数学表达式为

$$\boldsymbol{p}(u)=\boldsymbol{a}_0+\sum_{j=1}^{n}\boldsymbol{a}_j f_j^n(u),\quad 0\leqslant u\leqslant 1 \tag{3.1}$$

其中，$f_j^n(u)$称作贝齐尔基函数，定义在规范区间 $u\in[0,1]$内，在端点 $u=0$ 处前 $j-1$ 阶导数为零，在端点 $u=1$ 处前 $n-j$ 阶导数为零。贝齐尔将其显式写为

$$\begin{aligned} f_j^n(u) &= \frac{(-1)^j}{(j-1)!}u^j\ \frac{\mathrm{d}^{j-1}}{\mathrm{d}u^{j-1}}\left[\frac{(1-u)^n-1}{u}\right] \\ &= \sum_{i=j}^{n}(-1)^{i+j}\mathrm{C}_n^i\mathrm{C}_{i-1}^{j-1}u^i,\quad j=1,2,\cdots,n \end{aligned} \tag{3.2}$$

其中，C_k^l 表示组合数

$$\mathrm{C}_k^l=\binom{k}{l}=\frac{k!}{l!(k-l)!} \tag{3.3}$$

并约定：若 $l>k$ 或 $k\geqslant 0, l<0$，则 $\mathrm{C}_k^l=0$；若 $k\geqslant 0$，则 $\mathrm{C}_k^0=1$。图 3.2(b)给出了四次贝齐尔基函数的图形。贝齐尔最初给出此定义时并未公开基函数推导过程，施法中和韩道康于 1980 年给出了两种推导方法。可以看到，曲线次数 n 确定时，基函数 $f_j^n(u)$可由式(3.2)完

全确定。给定控制多边形的 n 条边后，即得到一条 n 次贝齐尔曲线。

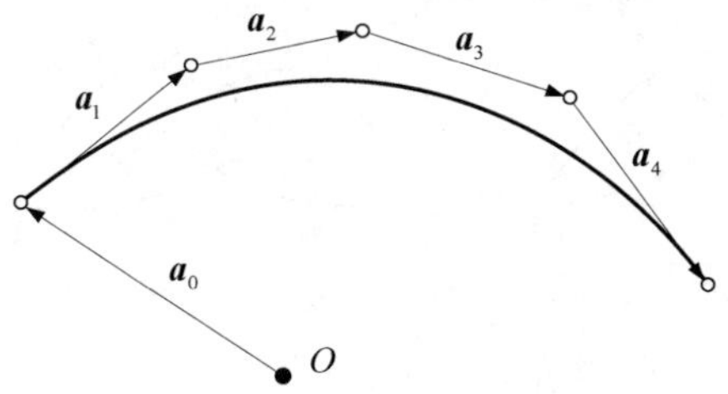

(a) 边矢量定义四次贝齐尔曲线

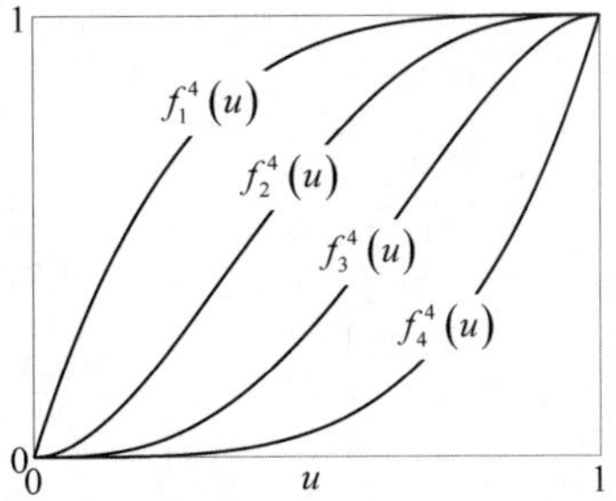

(b) 四次贝齐尔基函数的图形

图 3.2　以边矢量定义的四次贝齐尔曲线

1972 年，英国的福里斯特(Forrest)发现，相对于控制多边形边的相对矢量，描述贝齐尔曲线时采用作为顶点的绝对矢量更为方便，同时可将式(3.1)重新写成现在广泛使用的基于控制顶点 $\boldsymbol{b}_j$ 和伯恩斯坦(Bernstein)基函数 $B_{j,n}(u)$ 定义的表达式

$$\boldsymbol{p}(u)=\sum_{j=0}^{n}\boldsymbol{b}_jB_{j,n}(u),\quad 0\leqslant u\leqslant 1 \tag{3.4}$$

其中，控制顶点 $\boldsymbol{b}_j$ 替换边矢量 $\boldsymbol{a}_j$，并将其定义为 $\boldsymbol{b}_0=\boldsymbol{a}_0$，$\boldsymbol{b}_j=\boldsymbol{b}_{j-1}+\boldsymbol{a}_j(j=1,2,\cdots,n)$。参数域 $u\in[0,1]$上的 n 次伯恩斯坦基函数可按下式计算为

$$B_{j,n}(u)=\mathrm{C}_n^ju^j(1-u)^{n-j},\quad j=0,1,\cdots,n \tag{3.5}$$

可以看出基函数 $B_{j,n}(t)$恰好为二项式 $[t+(1-t)]^n$ 中的第 j 项。由于边矢量向控制顶点转化时不改变控制多边形形状，因此曲线形状也保持不变。

采用顶点表示后，给曲线定义和交互式修改设计带来莫大的方便，曲线形状可以通过移动控制顶点来改变，这也使得基于伯恩斯坦表示的贝齐尔曲线成为直至现在都广受欢迎的曲线表达形式。除非特别指明，后续所指贝齐尔曲线都指它的伯恩斯坦表示形式，即式(3.4)中的定义。

3.1.2　伯恩斯坦基函数

基于伯恩斯坦基函数的贝齐尔曲线所具有的一系列优良特性，主要源于伯恩斯坦基函数的优良性质。图 3.3 给出了 1～6 次伯恩斯坦基函数的曲线图形。下面介绍与伯恩斯坦基函数相关的关键性质和算法。

(1) 规范性：n 次伯恩斯坦基有 $n+1$ 项，它们在同一参数值 u 下的和恒等于 1。这一点可以根据二项式定理证明，即

$$\sum_{j=0}^{n}B_{j,n}(u)=\sum_{j=0}^{n}\mathrm{C}_n^ju^j(1-u)^{n-j}=[u+(1-u)]^n\equiv 1 \tag{3.6}$$

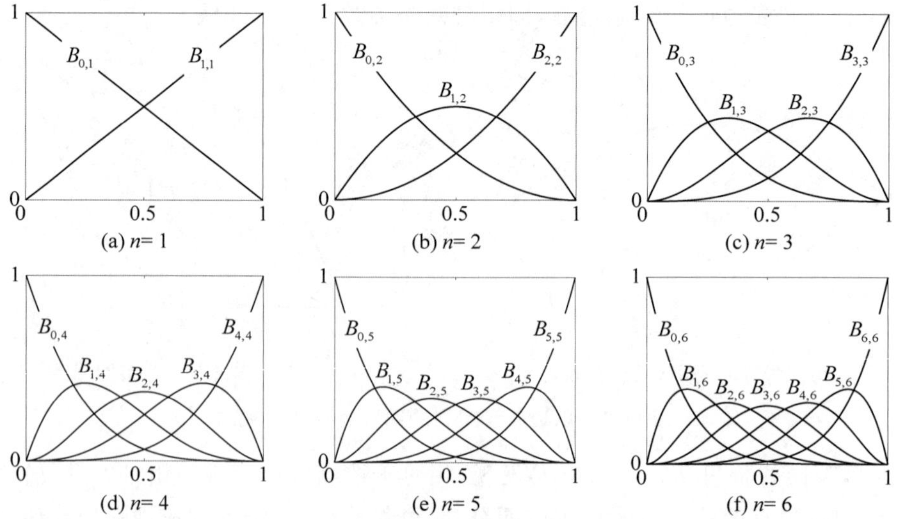

图 3.3　伯恩斯坦基函数的曲线图形

(2) 对称性：由于伯恩斯坦基是定义在规范区间[0,1]上的，并且组合数有对称性 $C_n^j = C_n^{n-j}$，根据表达式易得

$$B_{j,n}(u) = C_n^j u^j (1-u)^{n-j} = C_n^{n-j}(1-u)^{n-j}(1-(1-u))^j = B_{n-j,n}(1-u) \quad (3.7)$$

因此，伯恩斯坦多项式序列 $\{B_{j,n}(u)\}$ 关于 $u=1/2$ 对称。

(3) 递推性：$n+1$ 次伯恩斯坦基可以通过两个 n 次伯恩斯坦基递推得到，即

$$B_{j,n+1}(u) = (1-u)B_{j,n}(u) + uB_{j-1,n}(u), \quad j = 0,1,\cdots,n+1 \quad (3.8)$$

当 $j<0$ 或者 $j>n$ 时，令 $B_{j,n}(u)\equiv 1$。初始伯恩斯坦基函数取值 $B_{0,0}(u)\equiv 1$。图 3.4 展示了三次伯恩斯坦基函数的递推次序和递推函数曲线。

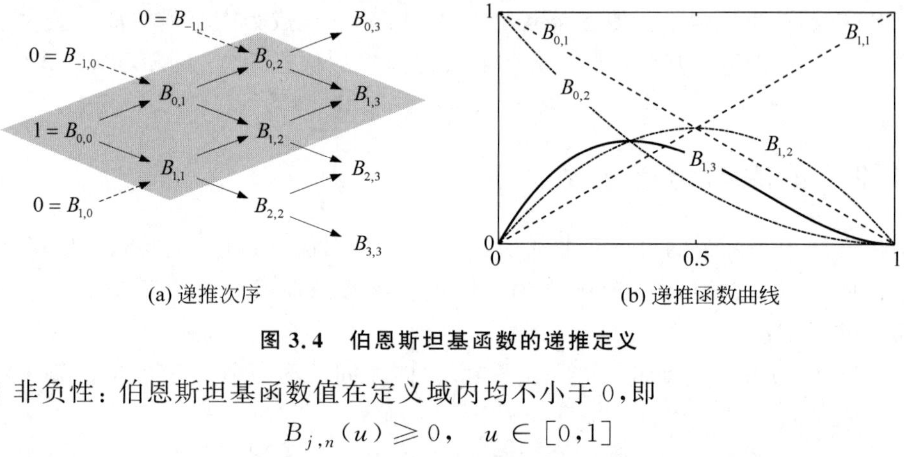

图 3.4　伯恩斯坦基函数的递推定义

(4) 非负性：伯恩斯坦基函数值在定义域内均不小于 0，即

$$B_{j,n}(u) \geqslant 0, \quad u \in [0,1] \quad (3.9)$$

(5) 端点性质：在首端点 $u=0$ 处，首个伯恩斯坦基函数取值为 1，其他基函数取值为 0；在末端点 $u=1$ 处，最后一个伯恩斯坦基函数取值为 1，其他基函数取值为 0，即

$$B_{j,n}(0)=\begin{cases}1, & j=0\\0, & \text{其他}\end{cases},\quad B_{j,n}(1)=\begin{cases}1, & j=n\\0, & \text{其他}\end{cases}\tag{3.10}$$

伯恩斯坦基函数的端点性质使得贝齐尔曲线插值于首末控制顶点。

(6) 最大值：基函数在定义域内具有单一极大值，且在 $u=j/n$ 处取得极大值，可通过令导函数 $\mathrm{d}B_{j,n}(u)/\mathrm{d}t=0$ 求得。对于给定参数 $u=u_*$，存在下标 j，使得

$$B_{0,n}(u_*)\leqslant\cdots\leqslant B_{j-1,n}(u_*)\leqslant B_{j,n}(u_*)\geqslant B_{j+1,n}(u_*)\geqslant\cdots\geqslant B_{n,n}(u_*)\tag{3.11}$$

因此，在参数 $u=u_*$ 处，控制顶点 $\boldsymbol{b}_j$ 对曲线形状的影响最大。如图 3.5 所示，在六次伯恩斯坦基函数序列中，7 个基函数分别在 0、1/6、2/6、3/6、4/6、5/6、1 处取得最大值。

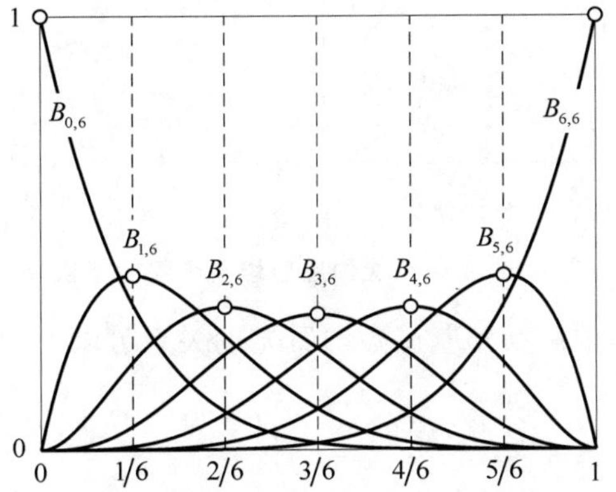

图 3.5　六次伯恩斯坦基函数在 $u=j/n$ 处取得最大值

(7) 导数计算：基函数导数计算满足

$$B'_{j,n}(u)=\frac{\mathrm{d}B_{j,n}(u)}{\mathrm{d}u}=n\left[B_{j-1,n-1}(u)-B_{j,n-1}(u)\right]\tag{3.12}$$

令 $B_{-1,n-1}(u)\equiv 0$，$B_{n,n-1}(u)\equiv 0$。伯恩斯坦基函数的导数递推性质简化了贝齐尔曲线的导矢计算。

(8) 升阶：利用伯恩斯坦基函数表达式(3.5)和 $1=(1-u)+u$，可以将 n 次基函数 $B_{j,n}(u)$ 分别写成关于 $n+1$ 次基函数 $B_{j,n+1}(u)$ 和 $B_{j+1,n+1}(u)$ 的线性组合，即升阶公式

$$\begin{cases}(1-u)B_{j,n}(u)=\left(1-\dfrac{j}{n+1}\right)B_{j,n+1}(u)\\ uB_{j,n}(u)=\dfrac{j+1}{n+1}B_{j+1,n+1}(u)\\ B_{j,n}(u)=\left(1-\dfrac{j}{n+1}\right)B_{j,n+1}(u)+\dfrac{j+1}{n+1}B_{j+1,n+1}(u)\end{cases}\tag{3.13}$$

(9) 积分计算：将导数计算公式(3.12)中 n 置为 $n+1$，并对下标 $k+1,k+2,\cdots,n+1$ 对应公式进行累加，可得不定积分公式

$$\int B_{j,n}(u)\,\mathrm{d}u=\frac{1}{n+1}\sum_{i=j+1}^{n+1}B_{i,n+1}(u) \tag{3.14}$$

对于定义域上的定积分,有

$$\int_0^1 B_{j,n}(u)\,\mathrm{d}u=\frac{1}{n+1} \tag{3.15}$$

可见定义域上每个基函数的定积分均相同,值为 $1/(n+1)$。图 3.6 绘制了 4 条三次伯恩斯坦基函数曲线,其与坐标轴所围成的面积均为 1/4。

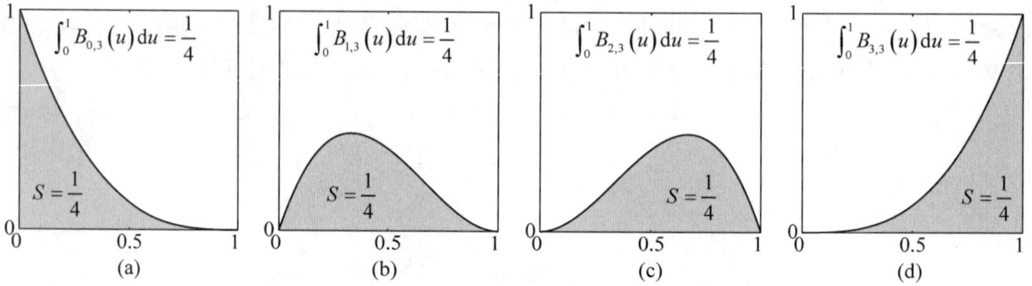

图 3.6　4 条三次伯恩斯坦基函数的定积分

(10) 与幂基的关系:伯恩斯坦基函数与幂基的关系可以表示为

$$u^i=\sum_{j=i}^{n}\frac{C_j^i}{C_n^i}B_{j,n}(u),\quad B_{j,n}(u)=\sum_{i=j}^{n}(-1)^{i+j}C_n^iC_i^ju^i,\quad i=0,1,\cdots,n \tag{3.16}$$

当 $i=0$ 时,式(3.16)左侧退化为规范性公式(3.6);当 $i=1$ 时,有

$$u=\sum_{j=1}^{n}\frac{j}{n}B_{j,n}(u)=\frac{1}{n}[B_{1,n}(u)+2B_{2,n}(u)+3B_{3,n}(u)+\cdots+nB_{n,n}(u)] \tag{3.17}$$

伯恩斯坦基函数同样可以被用来构造插值与逼近曲线(函数),事实上,伯恩斯坦基函数最早即是由数学家伯恩斯坦(S. N. Bernstein,1880—1968 年)在研究逼近理论时于 1912 年提出的。在插值问题中,相对于幂基插值曲线构造时范德蒙矩阵容易出现病态的现象,伯恩斯坦基作插值函数生成的伯恩斯坦-范德蒙矩阵则多为良态矩阵。在最小二乘逼近问题中,基于伯恩斯坦基所构造的超定方程系数矩阵(见式(2.14))相比于幂基方法所构造的矩阵也同样可以获得更好的条件数。但是,基于伯恩斯坦多项式进行函数逼近时,收敛速度较慢。常庚哲等在 20 世纪 80 年代公开发表了一系列文章,对伯恩斯坦多项式及其性质进行了详细论述。伯恩斯坦基函数的优良性质为贝齐尔曲线的推广和应用奠定了基础。

3.1.3 贝齐尔曲线的性质

基于伯恩斯坦基表示的贝齐尔曲线和伯恩斯坦基函数与控制顶点相关,并衍生出诸多优良的几何性质。由伯恩斯坦基函数定义,零次基函数 $B_{0,0}(t)=1$,一次基函数 $B_{0,1}(t)=$

$1-t$，$B_{1,1}(t)=t$。可知，零次贝齐尔曲线表示单个顶点，一次贝齐尔曲线为两个顶点的线性插值。二次及以上次数贝齐尔曲线则可以表示相对复杂的几何形状。图3.7给出了1～6次贝齐尔曲线的范例。

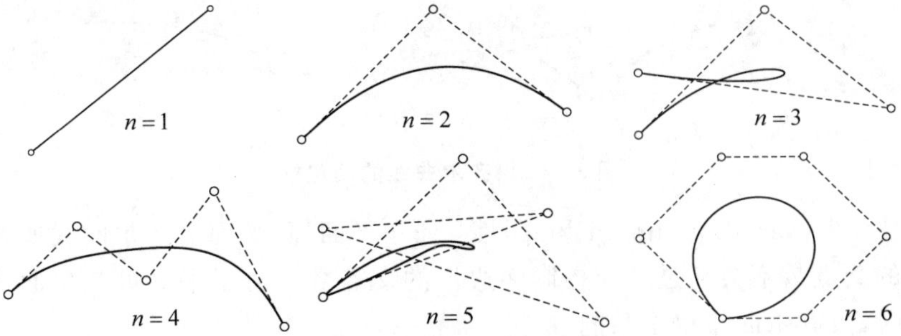

图3.7 不同次数贝齐尔曲线

(1) 端点插值：由伯恩斯坦基函数序列的端点性质，可知贝齐尔曲线插值于首末两个控制顶点，即 $\boldsymbol{p}(0)=\boldsymbol{b}_0$，$\boldsymbol{p}(1)=\boldsymbol{b}_n$。

(2) 对称性：贝齐尔曲线的控制顶点次序取反，曲线形状不变，仅曲线方向改变。令 n 次贝齐尔曲线的控制顶点为 $\boldsymbol{b}_0,\boldsymbol{b}_1,\cdots,\boldsymbol{b}_n$，顶点次序取反有 $\boldsymbol{b}_j^*=\boldsymbol{b}_{n-j}$，顶点取反后的新曲线表示为

$$\boldsymbol{p}^*(u)=\sum_{j=1}^{n}\boldsymbol{b}_j^*B_{j,n}(u)=\sum_{j=1}^{n}\boldsymbol{b}_{n-j}B_{j,n}(u) \tag{3.18}$$

由伯恩斯坦基函数的对称性，可得

$$\boldsymbol{p}^*(u)=\sum_{j=1}^{n}\boldsymbol{b}_{n-j}B_{j,n}(u)=\sum_{j=1}^{n}\boldsymbol{b}_{n-j}B_{n-j,n}(1-u)=\sum_{i=1}^{n}\boldsymbol{b}_iB_{i,n}(1-u)=\boldsymbol{p}(1-u) \tag{3.19}$$

因此，贝齐尔曲线控制顶点次序取反后曲线形状不发生变化；弗格森曲线则不满足对称性，插值条件取反后曲线形状发生改变，如图3.8所示。

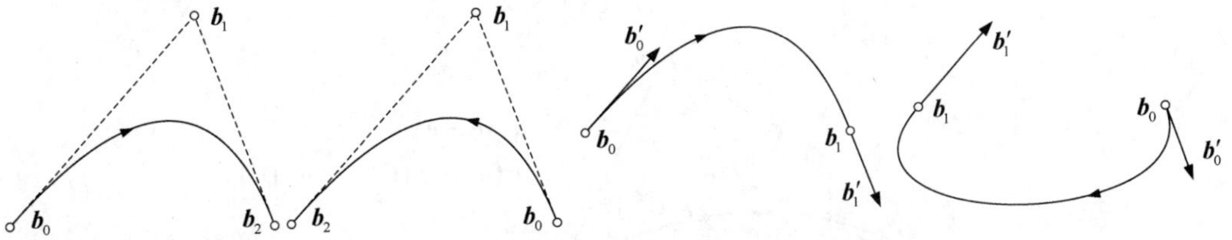

(a) 贝齐尔曲线具有对称性

(b) 弗格森曲线不具有对称性

图3.8 贝齐尔曲线和弗格森曲线的对称性

(3) 凸包(convex hull)性：贝齐尔曲线始终位于其控制顶点张成的凸包内，如图3.9所示，其中灰色区域表示贝齐尔曲线控制顶点张成的凸包。对于有限点集，凸包定义为包含该

点集的所有凸集的交集。当控制顶点是二维点时，其凸包可以理解为包含所有二维顶点的最小凸多边形；当控制顶点是三维点时，其凸包可以理解为包含所有三维顶点的最小凸多面体。

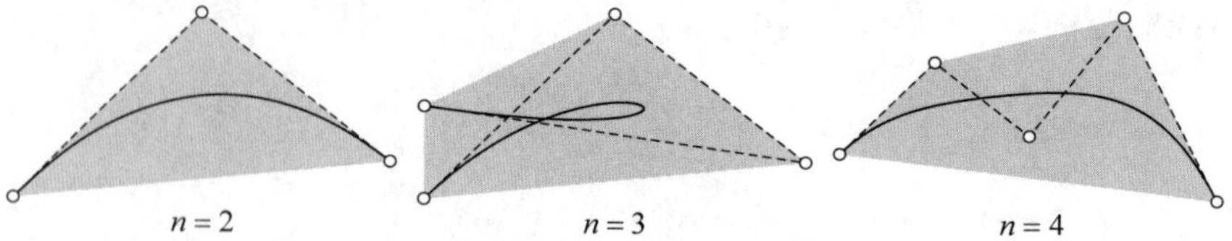

图 3.9 贝齐尔曲线的凸包性

(4) 变差减少(variation diminishing)性：任一平面(除平面贝齐尔曲线所在平面外)与贝齐尔曲线的交点数不会超过其与控制多边形的交点数。对于平面贝齐尔曲线，当其控制多边形为凸时，贝齐尔曲线也是凸的。

(5) 几何不变性与仿射不变性：伯恩斯坦基满足规范性要求，因此，基于伯恩斯坦基表示的贝齐尔曲线具有几何不变性和仿射不变性。贝齐尔曲线不随坐标系的选取而发生改变，其平移、旋转、剪切等变换可以通过对其控制顶点进行相应变换来实现。

(6) 最大影响点：移动 n 次贝齐尔曲线的第 j 个控制顶点 $\boldsymbol{b}_j$ 时，对曲线上对应参数 $u=j/n$ 的点 $\boldsymbol{p}(j/n)$ 影响最大。这是因为控制顶点 $\boldsymbol{b}_j$ 对应的伯恩斯坦基函数 $B_{j,n}(u)$ 在 $u=j/n$ 处取得最大值。这个性质对曲线交互式设计有重要价值，设计人员可以通过改变特定控制顶点来有预见性地修改曲线形状。对顶点 $\boldsymbol{b}_j$ 引入偏移矢量 $\boldsymbol{\delta}_j$，构成新顶点 $\boldsymbol{b}_j^*=\boldsymbol{b}_j+\boldsymbol{\delta}_j$，此时新的贝齐尔多边形定义的贝齐尔曲线为

$$\boldsymbol{p}^*(u)=\boldsymbol{p}(u)+\boldsymbol{\delta}_j B_{j,n}(u) \tag{3.20}$$

可以计算在曲线各点处产生的影响为

$$\Delta\boldsymbol{p}=\boldsymbol{p}^*(u)-\boldsymbol{p}(u)=\boldsymbol{\delta}_j B_{j,n}(u) \tag{3.21}$$

并在 $u=j/n$ 处产生最大影响，即 $\Delta\boldsymbol{p}_{\max}=\boldsymbol{\delta}_j B_{j,n}(j/n)$，如图 3.10 所示。反之，欲使曲线在 $\boldsymbol{p}(j/n)$ 处移动 $\Delta\boldsymbol{p}$，则必须对顶点 $\boldsymbol{b}_j$ 引入偏移矢量

$$\boldsymbol{\delta}_j=\frac{\Delta\boldsymbol{p}}{B_{j,n}(j/n)} \tag{3.22}$$

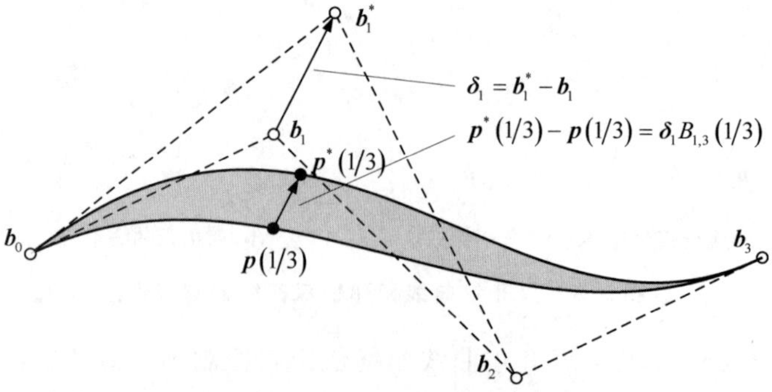

图 3.10 贝齐尔曲线的最大影响点

3.2 贝齐尔曲线的计算

3.2.1 曲线递推计算

德卡斯特里奥算法是贝齐尔曲线计算的一个最基本的算法，将复杂的曲线几何计算转换为一系列简单的线性运算，通过几何作图即可求得贝齐尔曲线上的点。

在解析几何中，可以通过 3 个点来定义一条抛物线。如图 3.11 所示，给定 $\boldsymbol{b}_0$、$\boldsymbol{b}_1$、$\boldsymbol{b}_2$ 共 3 个点，以 u 为参数分别对 $\boldsymbol{b}_0$、$\boldsymbol{b}_1$ 与 $\boldsymbol{b}_1$、$\boldsymbol{b}_2$ 进行线性插值，有

$$\boldsymbol{b}_0^1(u)=(1-u)\boldsymbol{b}_0+u\boldsymbol{b}_1,\quad \boldsymbol{b}_1^1(u)=(1-u)\boldsymbol{b}_1+u\boldsymbol{b}_2 \tag{3.23}$$

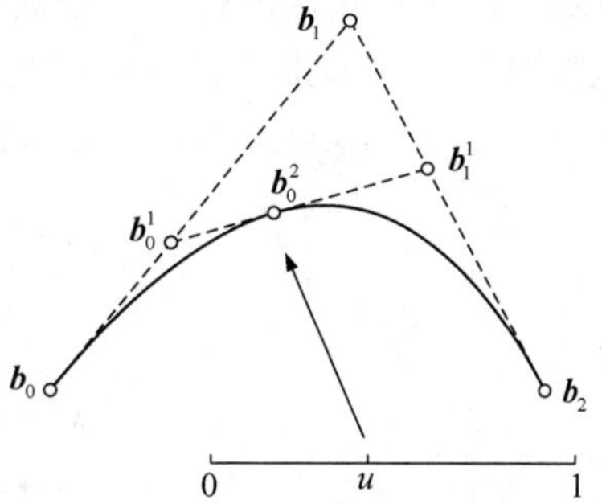

图 3.11　通过线性插值构造抛物线

继续对 $\boldsymbol{b}_0^1(u)$，$\boldsymbol{b}_1^1(u)$进行线性插值

$$\begin{aligned}\boldsymbol{b}_0^2(u)&=(1-u)\boldsymbol{b}_0^1(u)+u\boldsymbol{b}_1^1(u)\\&=(1-u)^2\boldsymbol{b}_0+2u(1-u)\boldsymbol{b}_1+u^2\boldsymbol{b}_2\end{aligned} \tag{3.24}$$

当参数 u 从 $-\infty$ 变化到 $+\infty$ 时，$\boldsymbol{b}_0^2(u)$的轨迹即为一条抛物线，也是一条以 $\boldsymbol{b}_0$、$\boldsymbol{b}_1$、$\boldsymbol{b}_2$ 为控制顶点的二次贝齐尔曲线。上述抛物线构造过程包含了多次线性插值，上标表示递推级数。$\boldsymbol{b}_0^1(u)$与 $\boldsymbol{b}_1^1(u)$的轨迹为一次贝齐尔曲线，因此，二次贝齐尔曲线 $\boldsymbol{b}_0^2(u)$也可以理解为由两条一次贝齐尔曲线通过线性插值得到。

将上述二次贝齐尔曲线构造方法推广到 n 次贝齐尔曲线，即得到德卡斯特里奥递推算法。给定 $n+1$ 个控制顶点 $\boldsymbol{b}_j$ $(j=0,1,\cdots,n)$，一条 n 次贝齐尔曲线可以定义为由前后各 n 个控制顶点所构造的两条 $n-1$ 次贝齐尔曲线 $\boldsymbol{b}_0^{n-1}(u)$与 $\boldsymbol{b}_1^{n-1}(u)$通过线性插值得到，即

$$\boldsymbol{b}_0^n(u)=(1-u)\boldsymbol{b}_0^{n-1}(u)+u\boldsymbol{b}_1^{n-1}(u),\quad 0\leqslant u\leqslant 1 \tag{3.25}$$

对于给定的参数 u，$\boldsymbol{b}_0^{n-1}(u)$与 $\boldsymbol{b}_1^{n-1}(u)$表示两个点，$\boldsymbol{b}_0^n(u)$相当于由这两个点作为控制顶点所构造的一次贝齐尔曲线，有

$$\boldsymbol{b}_0^n(u)=\sum_{j=0}^{1}\boldsymbol{b}_j^{n-1}B_{j,1}(u),\quad 0\leqslant u\leqslant 1 \tag{3.26}$$

为了简化表达，常采用 $\boldsymbol{b}_j^{n-1}$ 表示 $\boldsymbol{b}_j^{n-1}(u)$，也称作中间控制顶点。在式(3.26)中，$\boldsymbol{b}_0^n(u)$名义上是一次贝齐尔曲线，实则为 n 次贝齐尔曲线，因为中间控制顶点 $\boldsymbol{b}_j^{n-1}$ 是 $n-1$ 次贝齐尔曲线。

对于第 k 级递推所得 $n+1-k$ 个中间控制顶点 $\boldsymbol{b}_j^k$ $(j=0,1,\cdots,n+1-k)$，可以定义一条 $n-k$ 次贝齐尔曲线，与通过全部 $n+1$ 个控制顶点所定义的 n 次贝齐尔曲线为同一条曲线，可采用标准形式表示为

$$\boldsymbol{p}(u)=\sum_{j=0}^{n-0}\boldsymbol{b}_j^0 B_{j,n}(u)=\cdots=\sum_{j=0}^{n-k}\boldsymbol{b}_j^k B_{j,n-k}(u)=\cdots=\sum_{j=0}^{1}\boldsymbol{b}_j^{n-1}B_{j,1}(u)=\boldsymbol{b}_0^n \tag{3.27}$$

其中,$\boldsymbol{b}_j^k$ 可由前一级递推控制顶点 $\boldsymbol{b}_j^{k-1}$ 与 $\boldsymbol{b}_{j+1}^{k-1}$ 进行线性插值得到

$$\boldsymbol{b}_j^k=\begin{cases}\boldsymbol{b}_j, & k=0\\(1-u)\boldsymbol{b}_j^{k-1}+u\boldsymbol{b}_{j+1}^{k-1}, & k=1,2,\cdots,n\end{cases} \tag{3.28}$$

将递推算法的每一级控制顶点均写出,可绘制德卡斯特里奥递推三角阵列,如图 3.12 所示。图中灰色区域包含的控制顶点即为第 k 级递推所得的中间控制顶点序列,虚线三角框表明第 k 级递推所得的中间控制顶点 $\boldsymbol{b}_j^k$ 与初始 $k+1$ 个控制顶点 $\boldsymbol{b}_j,\boldsymbol{b}_{j+1},\cdots,\boldsymbol{b}_{j+k}$ 有关,$\boldsymbol{b}_j^k$ 表示一条 k 次中间贝齐尔曲线,可以显式表达如下

$$\boldsymbol{b}_j^k=\sum_{i=0}^{k}\boldsymbol{b}_{j+i}B_{i,k}(u),\quad j=0,1,\cdots,n-k \tag{3.29}$$

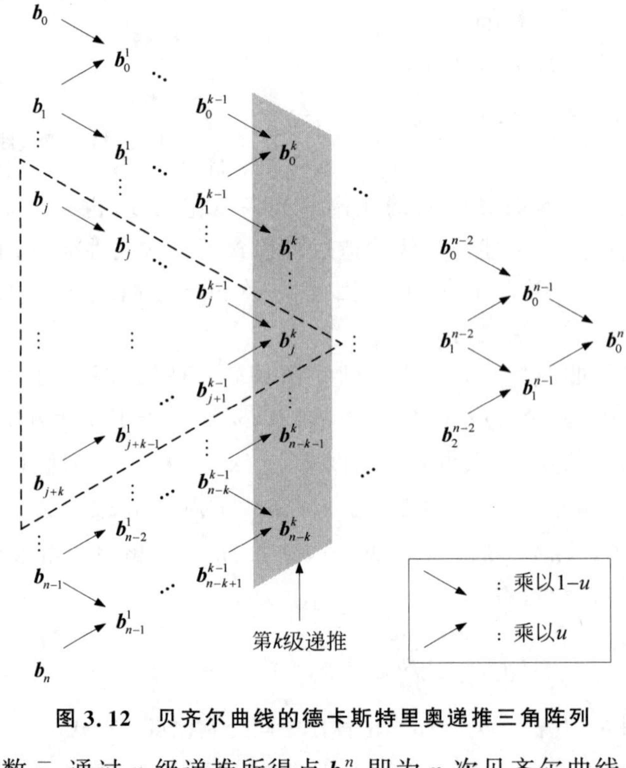

图 3.12　贝齐尔曲线的德卡斯特里奥递推三角阵列

对于任一给定的参数 $\bar{u}$,通过 n 级递推所得点 $\boldsymbol{b}_0^n$ 即为 n 次贝齐尔曲线上的点 $\boldsymbol{p}(\bar{u})$。

德卡斯特里奥算法将贝齐尔曲线的计算转换为控制顶点间的线性插值计算,每个中间控制顶点都可以通过线性插值得到,算法极其简洁,稳定可靠,且计算速度快、易于编程实现。

德卡斯特里奥算法的另一个重要特点是可以通过几何作图的方式来计算曲线。第 k 级递推控制顶点 $\boldsymbol{b}_j^k$ 是第 $k-1$ 级递推控制顶点 $\boldsymbol{b}_j^{k-1}$ 与 $\boldsymbol{b}_{j+1}^{k-1}$ 所构成线段按照 $u:(1-u)$ 长度比例进行线性分割的分割点，如图 3.13 所示。

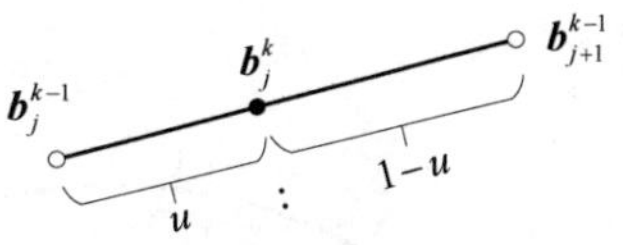

图 3.13 德卡斯特里奥算法第 k 级递推的线性插值计算

下面通过一个范例来演示基于德卡斯特里奥的贝齐尔曲线几何作图计算。

【例 3.1】 给定一条四次贝齐尔曲线，其 5 个控制顶点分别为 $\boldsymbol{b}_0=[0,0]$，$\boldsymbol{b}_1=[0,10]$，$\boldsymbol{b}_2=[20,10]$，$\boldsymbol{b}_3=[20,0]$，$\boldsymbol{b}_4=[10,0]$，贝齐尔曲线控制多边形如图 3.14(a)所示，试通过德卡斯特里奥几何作图法计算曲线上 $u=0.2$、0.4、0.6 的 3 个点。

解：如图 3.14(b)所示，首先以 $u=0.4$ 对四次贝齐尔曲线的相邻控制顶点进行线性插值，几何作图计算过程如下。

一级递推

$$\boldsymbol{b}_0^1=0.6\boldsymbol{b}_0+0.4\boldsymbol{b}_1=[0,4]$$

$$\boldsymbol{b}_1^1=0.6\boldsymbol{b}_1+0.4\boldsymbol{b}_2=[8,10]$$

$$\boldsymbol{b}_2^1=0.6\boldsymbol{b}_2+0.4\boldsymbol{b}_3=[20,6]$$

$$\boldsymbol{b}_3^1=0.6\boldsymbol{b}_3+0.4\boldsymbol{b}_4=[16,0]$$

一级递推的 4 个中间控制顶点如图 3.14(b)中方形点所示。

二级递推

$$\boldsymbol{b}_0^2=0.6\boldsymbol{b}_0^1+0.4\boldsymbol{b}_1^1=[3.2,6.4]$$

$$\boldsymbol{b}_1^2=0.6\boldsymbol{b}_1^1+0.4\boldsymbol{b}_2^1=[12.8,8.4]$$

$$\boldsymbol{b}_2^2=0.6\boldsymbol{b}_2^1+0.4\boldsymbol{b}_3^1=[18.4,3.6]$$

二级递推的 3 个中间控制顶点如图 3.14(b)中上三角形点所示。

三级递推

$$\boldsymbol{b}_0^3=0.6\boldsymbol{b}_0^2+0.4\boldsymbol{b}_1^2=[7.04,7.2]$$

$$\boldsymbol{b}_1^3=0.6\boldsymbol{b}_1^2+0.4\boldsymbol{b}_2^2=[15.04,6.48]$$

三级递推的 2 个中间控制顶点如图 3.14(b)中下三角形点所示。

四级递推

$$\boldsymbol{b}_0^4=0.6\boldsymbol{b}_0^3+0.4\boldsymbol{b}_1^3=[10.24,6.912]$$

因此，曲线上 $u=0.4$ 的点为 $\boldsymbol{p}(0.4)=\boldsymbol{b}_0^4=[10.24,6.912]$，如图 3.14(b)中五角星点所示。同理可以计算曲线上 $u=0.2$ 的点为 $\boldsymbol{p}(0.2)=[3.6,5]$，曲线上 $u=0.6$ 的点为 $\boldsymbol{p}(0.6)=[15.12,4.992]$，几何作图过程如图 3.14(c)和图 3.14(d)所示。

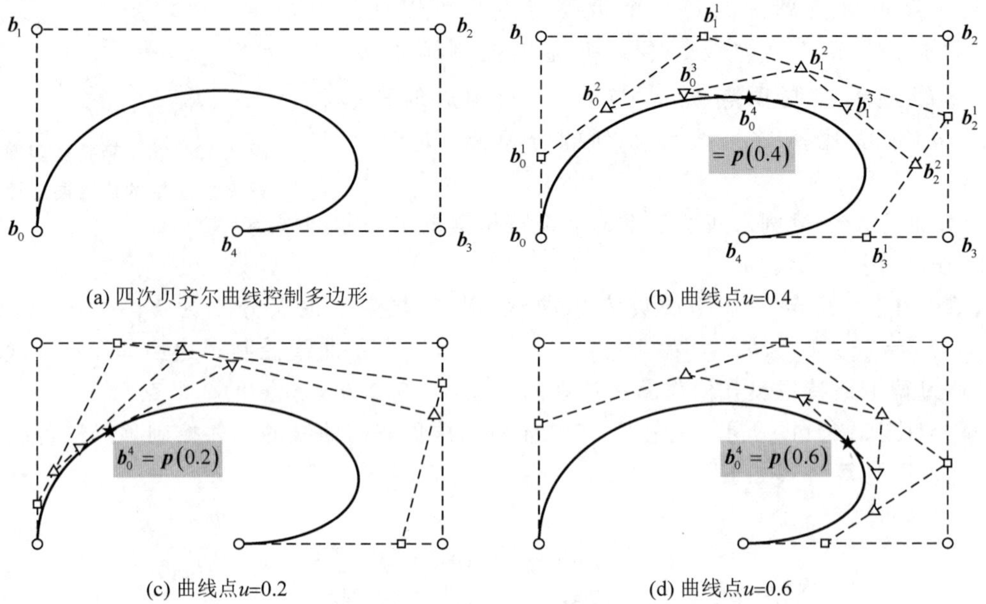

图 3.14 几何作图法计算四次贝齐尔曲线上 $u=0.2$、0.4、0.6 的点

3.2.2 曲线导矢计算

贝齐尔曲线的导矢计算在曲线拼接、光顺、渲染、数控刀轨计算等方面具有重要应用。由于贝齐尔曲线的控制顶点与参数无关，其导矢计算可以转换为对伯恩斯坦基函数求导。由贝齐尔曲线的定义式(3.4)可计算贝齐尔曲线的一阶导矢为

$$\boldsymbol{p}'(u)=\frac{\partial \boldsymbol{p}(u)}{\partial u}=\sum_{j=0}^{n}\boldsymbol{b}_j B'_{j,n}(u) \tag{3.30}$$

代入伯恩斯坦基函数的导数计算公式(3.12)，可得

$$\begin{aligned}\boldsymbol{p}'(u)&=n\sum_{j=0}^{n}\boldsymbol{b}_j\left[B_{j-1,n-1}(u)-B_{j,n-1}(u)\right]\\&=n\sum_{j=0}^{n-1}\boldsymbol{b}_{j+1}B_{j,n-1}(u)-n\sum_{j=0}^{n-1}\boldsymbol{b}_j B_{j,n-1}(u)\\&=n\sum_{j=0}^{n-1}(\boldsymbol{b}_{j+1}-\boldsymbol{b}_j)B_{j,n-1}(u)\end{aligned} \tag{3.31}$$

令

$$\boldsymbol{q}(u)=\sum_{j=0}^{n-1}(\boldsymbol{b}_{j+1}-\boldsymbol{b}_j)B_{j,n-1}(u) \tag{3.32}$$

可以发现 n 次贝齐尔曲线 $\boldsymbol{p}(u)$的一阶导矢可以表示成一条 $n-1$ 次贝齐尔曲线 $\boldsymbol{q}(u)$的 n

倍，其中曲线 $\boldsymbol{q}(u)$ 的控制顶点为曲线 $\boldsymbol{p}(u)$ 控制多边形的边矢量，曲线 $\boldsymbol{q}(u)$ 称为**一阶速端曲线**(first hodograph)。图 3.15 展示了一条三次贝齐尔曲线及其一阶速端曲线（是一条二次贝齐尔曲线）。速端曲线为曲线点的检测提供了一种可视化手段，通过速端曲线可以较为直观地发现零曲率点、拐点和尖点等。

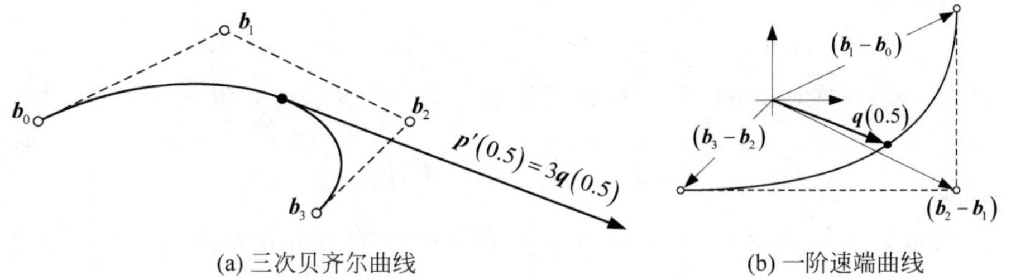

图 3.15　三次贝齐尔曲线及其一阶速端曲线

观察式(3.31)可以发现，n 次贝齐尔曲线的导矢还可以表示成两条 $n-1$ 次贝齐尔曲线 $\boldsymbol{p}_1(u)$ 与 $\boldsymbol{p}_2(u)$ 的差的 n 倍，即

$$\boldsymbol{p}'(u)=n[\boldsymbol{p}_1(u)-\boldsymbol{p}_2(u)] \tag{3.33}$$

其中，$\boldsymbol{p}_1(u)$ 由贝齐尔曲线 $\boldsymbol{p}(u)$ 的后 n 个控制顶点 $\boldsymbol{b}_1,\boldsymbol{b}_2,\cdots,\boldsymbol{b}_n$ 定义，$\boldsymbol{p}_2(u)$ 由前 n 个控制顶点 $\boldsymbol{b}_0,\boldsymbol{b}_1,\cdots,\boldsymbol{b}_{n-1}$ 定义，可以表示为

$$\begin{aligned}\boldsymbol{p}_1(u)&=\sum_{j=0}^{n-1}\boldsymbol{b}_{j+1}B_{j,n-1}(u)\\ \boldsymbol{p}_2(u)&=\sum_{j=0}^{n-1}\boldsymbol{b}_{j}B_{j,n-1}(u)\end{aligned} \tag{3.34}$$

联系 3.2.1 节介绍的德卡斯特里奥算法，对于给定的参数 u，曲线 $\boldsymbol{p}_1(u)$ 与 $\boldsymbol{p}_2(u)$ 等价于 $n-1$ 级递推所得的中间控制顶点 $\boldsymbol{b}_0^{n-1}$ 与 $\boldsymbol{b}_1^{n-1}$，同时 $\boldsymbol{b}_0^{n-1}$ 与 $\boldsymbol{b}_1^{n-1}$ 所形成的线段与贝齐尔曲线 $\boldsymbol{p}(u)$ 相切。因此，借助德卡斯特里奥算法，可以同时计算贝齐尔曲线上点及其一阶导矢。如图 3.16 所示，通过德卡斯特里奥几何作图法计算五次贝齐尔曲线上参数 $u=0.5$ 的点 $\boldsymbol{p}(0.5)$ 时，几何作图所得的最后一条线段 $\boldsymbol{b}_0^4\boldsymbol{b}_1^4$ 与贝齐尔曲线在点 $\boldsymbol{p}(0.5)$ 处相切。

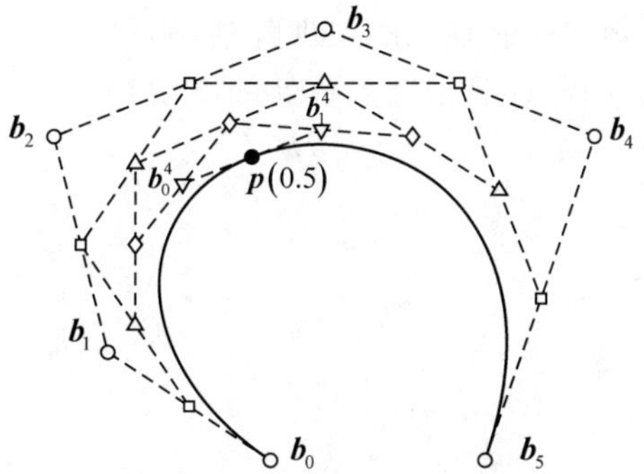

图 3.16　五次贝齐尔曲线的德卡斯特里奥递推计算

由于一阶速端曲线本身是一条贝齐尔曲线，可以按照上述思路继续对其求解新的一阶速端曲线，得到初始贝齐尔曲线的二阶导矢函数 $\boldsymbol{p}''(u)$。为了更简洁地表达贝齐尔曲线的高阶导矢函数，采用有限差分法来表述导矢函数的控制顶点。令第 0 阶差分矢量 $\Delta^0\boldsymbol{b}_j$ 等于初始控制顶点 $\boldsymbol{b}_j$，第 1 阶差分矢量 $\Delta^1\boldsymbol{b}_j$ 和第 2

阶差分矢量 $\Delta^2 \boldsymbol{b}_j$ 分别表示为

$$\begin{aligned} \Delta^1 \boldsymbol{b}_j &= \Delta^0 \boldsymbol{b}_{j+1} - \Delta^0 \boldsymbol{b}_j, \quad 0 \leqslant j \leqslant n-1 \\ \Delta^2 \boldsymbol{b}_j &= \Delta^1 \boldsymbol{b}_{j+1} - \Delta^1 \boldsymbol{b}_j, \quad 0 \leqslant j \leqslant n-2 \end{aligned} \tag{3.35}$$

第 k 阶差分矢量 $\Delta^k \boldsymbol{b}_j$ 表示为

$$\Delta^k \boldsymbol{b}_j = \Delta^{k-1} \boldsymbol{b}_{j+1} - \Delta^{k-1} \boldsymbol{b}_j, \quad 0 \leqslant j \leqslant n-k \tag{3.36}$$

联立式(3.35)～式(3.36),采用初始控制顶点 $\boldsymbol{b}_j$ 来表示第 k 阶差分矢量 $\Delta^k \boldsymbol{b}_j$,可得

$$\Delta^k \boldsymbol{b}_j = \sum_{i=0}^{k} (-1)^i \mathrm{C}_k^i \boldsymbol{b}_{j+i} \tag{3.37}$$

基于上述差分矢量的定义,可以将 n 次贝齐尔曲线的一阶导矢函数 $\boldsymbol{p}'(u)$写为

$$\boldsymbol{p}'(u) = n \sum_{j=0}^{n-1} \Delta^1 \boldsymbol{b}_j B_{j,n-1}(u) \tag{3.38}$$

对一阶导矢函数继续求导,可得二阶导矢函数

$$\boldsymbol{p}''(u) = n(n-1) \sum_{j=0}^{n-2} \Delta^2 \boldsymbol{b}_j B_{j,n-2}(u) \tag{3.39}$$

类推可以得到第 k 阶导矢函数

$$\boldsymbol{p}^{(k)}(u) = \frac{n!}{(n-k)!} \sum_{j=0}^{n-k} \Delta^k \boldsymbol{b}_j B_{j,n-k}(u) \tag{3.40}$$

其中,$\sum_{j=0}^{n-k} \Delta^k \boldsymbol{b}_j B_{j,n-k}(u)$ 表示一条 $n-k$ 次贝齐尔曲线,称为 k 阶速端曲线,以差分矢量 $\Delta^k \boldsymbol{b}_j$ 作为控制顶点。类似于图 3.12 中给出的德卡斯特里奥递推阵列,以同样方式绘制导矢函数控制顶点的递推阵列,如图 3.17 所示。对控制顶点 $\Delta^k \boldsymbol{b}_j$ 应用德卡斯特里奥递推算法,即可计算给定参数处的 k 阶导矢。

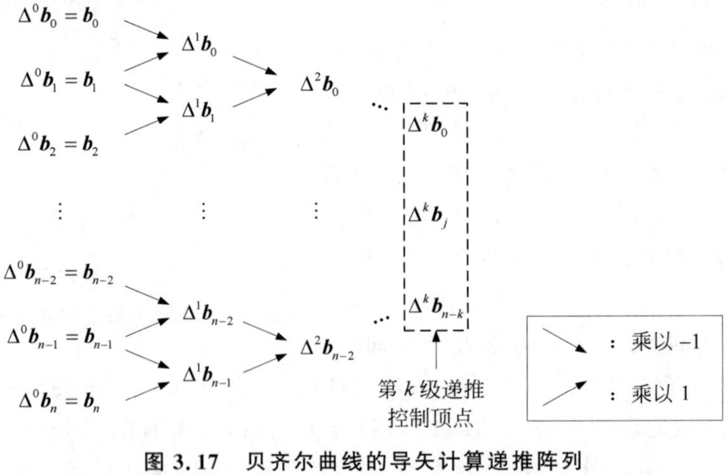

图 3.17 贝齐尔曲线的导矢计算递推阵列

除上述采用有限差分所得控制顶点 $\Delta^k \boldsymbol{b}_j$ 来直接计算 k 阶导矢外，还可以借助德卡斯特里奥递推中间控制顶点 $\boldsymbol{b}_j^k$ 来计算导矢。联立式(3.37)与式(3.40)，可得

$$\begin{aligned} \boldsymbol{p}^{(k)}(u) &= \frac{n!}{(n-k)!}\sum_{j=0}^{n-k}\left\{\sum_{i=0}^{k}(-1)^i C_k^i \boldsymbol{b}_{j+i}\right\}B_{j,n-k}(u) \\ &= \frac{n!}{(n-k)!}\sum_{i=0}^{k}(-1)^i C_k^i\left\{\sum_{j=0}^{n-k}\boldsymbol{b}_{j+i}B_{j,n-k}(u)\right\} \\ &= \frac{n!}{(n-k)!}\sum_{i=0}^{k}(-1)^i C_k^i \boldsymbol{b}_i^{n-k} \\ &= \frac{n!}{(n-k)!}\Delta^k \boldsymbol{b}_0^{n-k} \end{aligned} \tag{3.41}$$

其中，$\Delta^k \boldsymbol{b}_0^{n-k}$ 表示德卡斯特里奥算法第 $n-k$ 级递推所得 $k+1$ 个中间控制顶点 $\boldsymbol{b}_0^{n-k}$，$\boldsymbol{b}_1^{n-k},\cdots,\boldsymbol{b}_k^{n-k}$ 的 k 阶差分矢量，递推关系式写为

$$\Delta^l \boldsymbol{b}_j^{n-k} = \Delta^{l-1}\boldsymbol{b}_{j+1}^{n-k} - \Delta^{l-1}\boldsymbol{b}_j^{n-k},\quad l=1,2,\cdots,k;\ j=0,1,\cdots,k-l \tag{3.42}$$

当 $l=0$ 时，$\Delta^0 \boldsymbol{b}_j^{n-k} = \boldsymbol{b}_j^{n-k}$。因此，贝齐尔曲线的导矢可以作为德卡斯特里奥算法的“副产品”被快速计算出来。对于常见的切矢和二阶导矢，有

$$\begin{aligned} \boldsymbol{p}'(u) &= n(\boldsymbol{b}_1^{n-1} - \boldsymbol{b}_0^{n-1}) \\ \boldsymbol{p}''(u) &= n(n-1)(\boldsymbol{b}_2^{n-2} - 2\boldsymbol{b}_1^{n-2} + \boldsymbol{b}_0^{n-2}) \end{aligned} \tag{3.43}$$

在特殊情况下，当取首末端点参数 $u=0$ 和 $u=1$ 时，n 次贝齐尔曲线的第 k 阶导矢可以表示为

$$\boldsymbol{p}^{(k)}(0) = \frac{n!}{(n-k)!}\Delta^k \boldsymbol{b}_0,\quad \boldsymbol{p}^{(k)}(1) = \frac{n!}{(n-k)!}\Delta^k \boldsymbol{b}_{n-k} \tag{3.44}$$

考虑第1章微分几何中参数曲线的曲率表达公式，可将 n 次贝齐尔曲线的在首末端点处的曲率写为

$$\begin{aligned} \kappa(0) &= \frac{|\boldsymbol{p}'(0)\times\boldsymbol{p}''(0)|}{|\boldsymbol{p}'(0)|^3} = \frac{(n-1)}{n}\frac{|\Delta^1 \boldsymbol{b}_0 \times \Delta^1 \boldsymbol{b}_1|}{|\Delta^1 \boldsymbol{b}_0|^3} \\ &= \frac{(n-1)}{n}\frac{|(\boldsymbol{b}_1-\boldsymbol{b}_0)\times(\boldsymbol{b}_2-\boldsymbol{b}_1)|}{|\boldsymbol{b}_1-\boldsymbol{b}_0|^3} \\ \kappa(1) &= \frac{|\boldsymbol{p}'(1)\times\boldsymbol{p}''(1)|}{|\boldsymbol{p}'(1)|^3} = \frac{(n-1)}{n}\frac{|\Delta^1 \boldsymbol{b}_{n-2}\times\Delta^1 \boldsymbol{b}_{n-1}|}{|\Delta^1 \boldsymbol{b}_{n-1}|^3} \\ &= \frac{(n-1)}{n}\frac{|(\boldsymbol{b}_{n-1}-\boldsymbol{b}_{n-2})\times(\boldsymbol{b}_n-\boldsymbol{b}_{n-1})|}{|\boldsymbol{b}_n-\boldsymbol{b}_{n-1}|^3} \end{aligned} \tag{3.45}$$

3.2.3 域变换与曲线分割

为了简化计算和表达，一般将贝齐尔曲线定义在规范参数域[0,1]上。但这并不是必须的，也可以将贝齐尔曲线定义在任一有效参数域$[a,b]$上，此时，其方程可以写为

$$\boldsymbol{p}(u)=\sum_{j=0}^{n}\boldsymbol{b}_j B_{j,n-k}\left(\frac{u-a}{b-a}\right),\quad u\in[a,b] \tag{3.46}$$

指定参数$u=\bar{u}\in(0,1)$，可以将一条 n 次贝齐尔曲线分割为两个子曲线段，如图 3.18 所示，每一段均为一条 n 次贝齐尔曲线。因此，贝齐尔曲线分割需要解决的首要问题是如何计算分割后子曲线段的控制顶点。在德卡斯特里奥算法中，计算参数 $\bar{u}$ 对应的曲线点，会衍生出一系列中间控制顶点 $\boldsymbol{b}_j^k$。实际上，分割后的子曲线段控制顶点便隐藏在这一系列中间控制顶点中。如图 3.19 所示，以参数 $\bar{u}$ 对一条三次贝齐尔曲线进行分割，定义在参数域$[0,\bar{u}]$上的子曲线段的控制顶点为 $\boldsymbol{b}_0,\boldsymbol{b}_0^1,\boldsymbol{b}_0^2,\boldsymbol{b}_0^3$，定义在$[\bar{u},1]$上的子曲线段的控制顶点为 $\boldsymbol{b}_0^3,\boldsymbol{b}_1^2,\boldsymbol{b}_2^1,\boldsymbol{b}_3$。对于 n 次贝齐尔曲线，以任意参数分割该曲线，所得的第一段曲线控制顶点记为 $\boldsymbol{b}_0^0,\boldsymbol{b}_0^1,\cdots,\boldsymbol{b}_0^k,\cdots,\boldsymbol{b}_0^n$，第二段曲线控制顶点记为 $\boldsymbol{b}_0^n,\boldsymbol{b}_1^{n-1},\cdots,\boldsymbol{b}_k^{n-k},\cdots,\boldsymbol{b}_n^0$。以这两组控制顶点可以定义两条位于规范参数域上的 n 次贝齐尔曲线，且两条曲线分别与两个子曲线段重合。

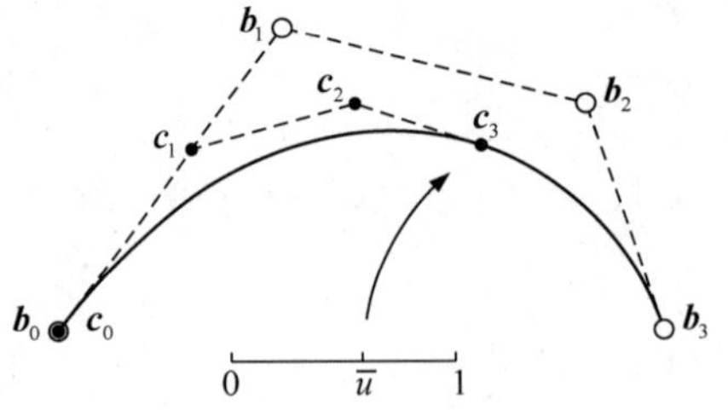

图 3.18 贝齐尔曲线的分割

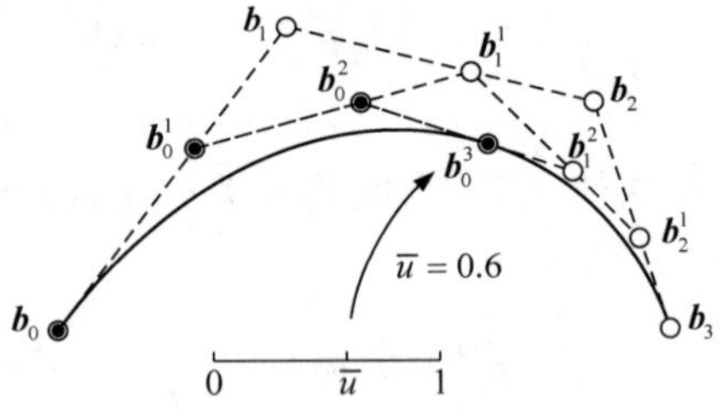

图 3.19 贝齐尔曲线分割子曲线段计算

更一般地，以参数 $u_1,u_2(0\leqslant u_1\leqslant u_2\leqslant 1)$ 对贝齐尔曲线进行分割，求参数域$[u_1,u_2]$对应曲线段的贝齐尔控制顶点。可以分两步计算。

(1) 以参数 u_2 对初始贝齐尔曲线进行分割，取参数域$[0,u_2]$对应曲线段的控制顶点定义贝齐尔曲线 $\boldsymbol{p}_1(t),t\in[0,1]$，如图 3.20(a)所示。

(2) 以参数 $\bar{t}=u_1/u_2$ 对曲线 $\boldsymbol{p}_1(t)$进行分割，取参数域$[\bar{t},1]$对应曲线段的控制顶点定义贝齐尔曲线 $\boldsymbol{p}_2(s),s\in[0,1]$。此时，曲线 $\boldsymbol{p}_2(s)$即为初始贝齐尔曲线参数域$[u_1,u_2]$对应子曲线段，如图 3.20(b)所示。

贝齐尔曲线分割方法可以进一步拓展到贝齐尔曲线延伸。取参数 $u=\bar{u}>1$ 对贝齐尔曲线 $\boldsymbol{p}(u),u\in[0,1]$进行延伸，可以假定贝齐尔曲线 $\boldsymbol{p}(u)$为延伸后的曲线 $\boldsymbol{p}(t),t\in[0,\bar{u}]$的第一个分段。借助德卡斯特里奥算法，对 n 次贝齐尔曲线控制多边形的每一个边矢量按照比例 $1:(\bar{u}-1)$延伸，得到第 1 级中间控制顶点。继续以同等比例对第 1 级中间控制顶点所构成多边形的边矢量进行延伸，得到第 2 级中间控制顶点。重复此操作直至获取

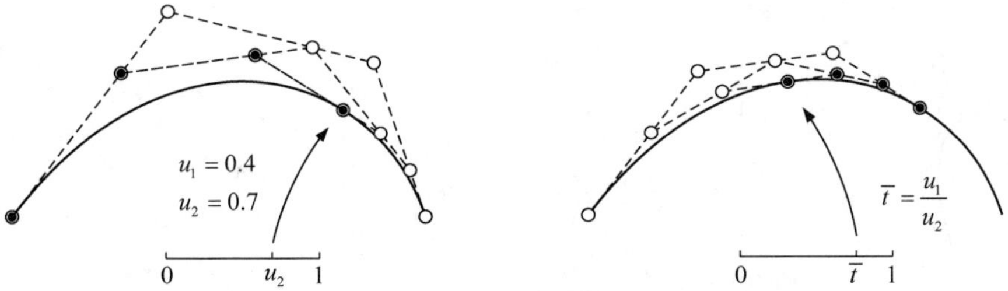

(a) 第一次分割　　(b) 第二次分割

图 3.20　贝齐尔曲线的一般分割

第 n 级中间控制顶点，即为延伸曲线的末端点。图 3.21(a)～图 3.21(d)给出了一条三次贝齐尔曲线以参数 $\bar{u}=1.5$ 进行延伸的德卡斯特里奥算法几何作图过程，经过 3 次控制顶点延伸后，基于中间控制顶点 $\boldsymbol{b}_0$、$\boldsymbol{b}_0^1$、$\boldsymbol{b}_0^2$、$\boldsymbol{b}_0^3$ 即可定义一条延伸曲线。需要注意的是曲线延伸算法并不稳定，此外需要避免选取较大的延伸参数 $\bar{u}$。图 3.22 展示了以参数 $\bar{u}=2$、3、4 延伸图 3.21 中的初始三次贝齐尔曲线，可以发现当延伸参数小幅增大时，曲线大幅延长，掩盖了初始曲线的细节特征。因此，建议延伸参数 $\bar{u}\leqslant 2$，会获得较好的结果。

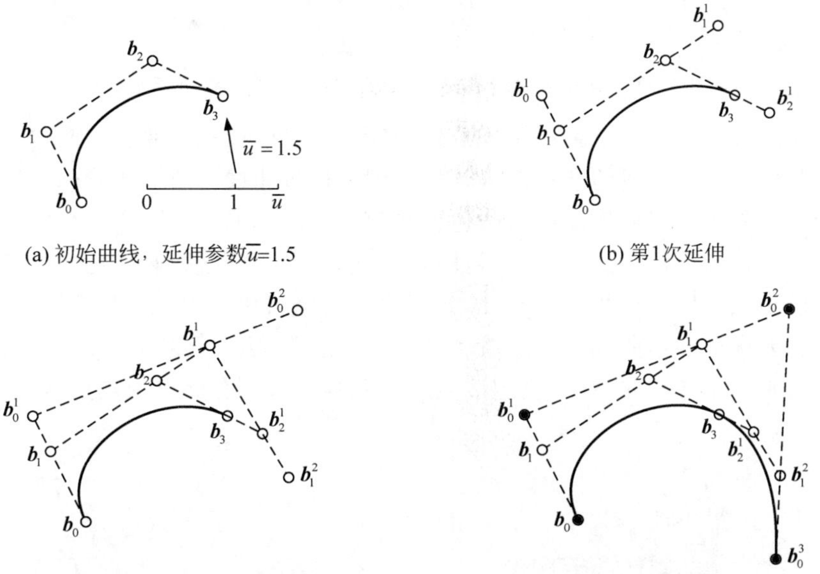

(a) 初始曲线，延伸参数$\bar{u}$=1.5　　(b) 第1次延伸

(c) 第2次延伸　　(d) 第3次延伸

图 3.21　三次贝齐尔曲线的延伸

重复对贝齐尔曲线进行分割，所得各子曲线段的控制多边形会迅速收敛到原曲线。以参数 $u=0.5$ 重复分割贝齐尔曲线 k 次，可以得到 2^k 个子曲线段。图 3.23 展示了对原曲线分割 1 次、2 次和 3 次之后的控制多边形集合，可以发现当 $k=3$ 时，分割所得 8 条子曲线段的控制多边形已经非常接近原曲线。

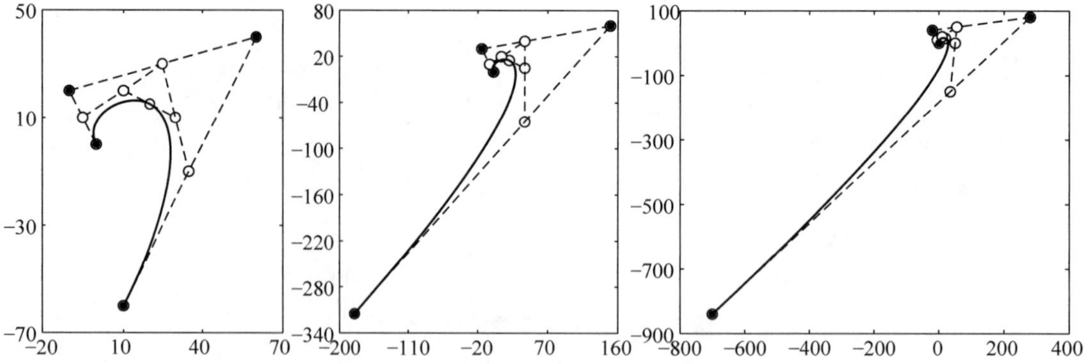

(a) $\bar{u}=2$　　(b) $\bar{u}=3$　　(c) $\bar{u}=4$

图 3.22　以参数 $\bar{u}=2$、3、4 延伸图 3.21 所示贝齐尔曲线

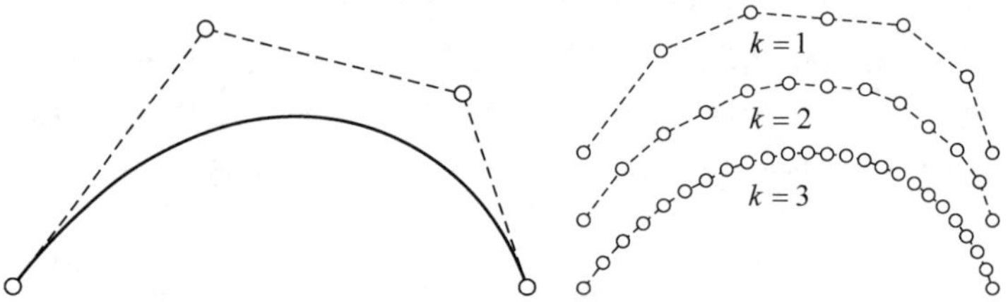

图 3.23　贝齐尔曲线重复分割后的控制多边形逼近原曲线

贝齐尔曲线分割的一个重要应用场景是曲线求交。由贝齐尔曲线的凸包性可知曲线始终位于其控制多边形所形成的凸包内部，因此，可以通过曲线与凸包或者凸包所形成的包围盒来进行相交排除实验。如果曲线与凸包不相交，则与凸包内的曲线也不相交。以二分法对贝齐尔曲线进行细分，通过凸包或其包围盒相交情况可以迅速定位到交点附近。可以通过包围盒的最小尺寸作为分割停止条件，此时可以取包围盒的中心点作为相交点。图 3.24 展示了三次和五次贝齐尔曲线与直线段的分割求交过程，图中灰色方框表示凸包的包围盒，颜色浅深代表判断相交的先后(颜色越浅表示越先判断)，所有交点均被搜索到。

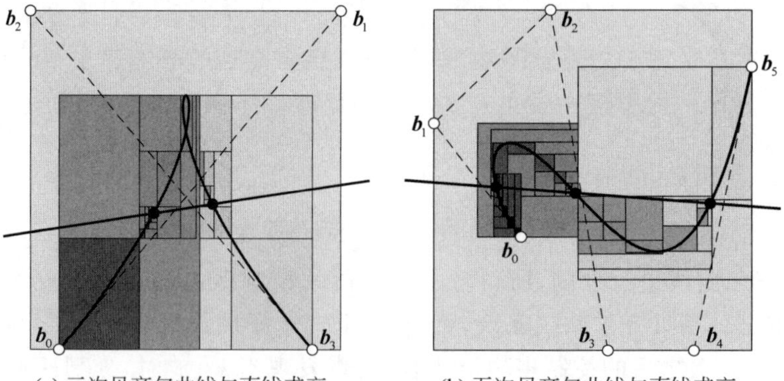

(a) 三次贝齐尔曲线与直线求交　　(b) 五次贝齐尔曲线与直线求交

图 3.24　贝齐尔曲线与直线的分割求交

3.2.4 组合曲线

贝齐尔曲线的次数与控制顶点个数相关联，单条低次曲线难以表示复杂形状，通常采用多条曲线拼接形成的组合曲线来表达复杂外形。在第 2 章中，通过三切矢方程可以构造插值于给定数据点的 C^2 连续参数样条曲线，但是计算过程需求解方程组，几何不直观。贝齐尔曲线间的连续性控制则相对简单，且几何意义明确。

给定两条首尾相邻的贝齐尔曲线 $\boldsymbol{p}(u)$ 与 $\boldsymbol{q}(v)$，其中 $\boldsymbol{p}(u)$ 为 n 次，控制顶点记为 $\boldsymbol{b}_0$，$\boldsymbol{b}_1,\cdots,\boldsymbol{b}_n$，$\boldsymbol{q}(v)$ 为 m 次，控制顶点记为 $\boldsymbol{c}_0,\boldsymbol{c}_1,\cdots,\boldsymbol{c}_m$。如果两条曲线首尾控制顶点重合，由贝齐尔曲线的端点插值性质可知两曲线至少满足 C^0 连续（位置连续）。图 3.25 展示了一条三次贝齐尔曲线和一条四次贝齐尔曲线在首尾连接处满足 C^0 连续。

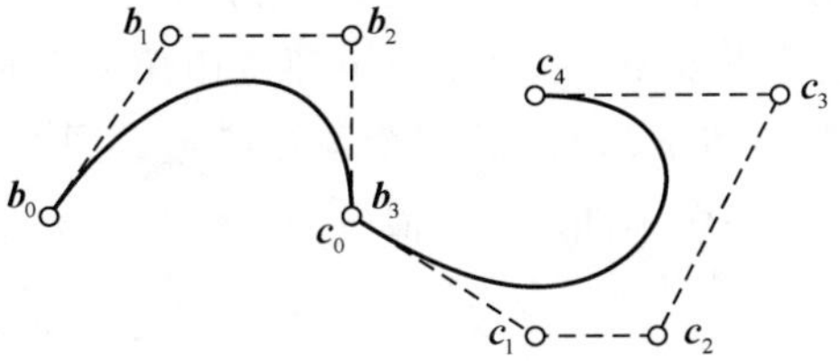

图 3.25 两条贝齐尔曲线 C^0 连续（左侧三次曲线，右侧四次曲线）

要达到 C^1 连续，则需要两曲线在首末端点处满足切矢相同。假定曲线 $\boldsymbol{p}(u)$ 的末端点与曲线的 $\boldsymbol{q}(v)$ 首端点重合，即 $\boldsymbol{b}_n=\boldsymbol{c}_0$，由贝齐尔曲线的导矢计算式(3.44)可得

$$\begin{aligned}\boldsymbol{p}'(1)&=n\Delta^1\boldsymbol{b}_{n-1}=n(\boldsymbol{b}_n-\boldsymbol{b}_{n-1})\\ \boldsymbol{q}'(0)&=m\Delta^1\boldsymbol{c}_0=m(\boldsymbol{c}_1-\boldsymbol{c}_0)\end{aligned}\tag{3.47}$$

令 $\boldsymbol{p}'(1)=\boldsymbol{q}'(0)$，有

$$\boldsymbol{c}_1=\left(1+\frac{n}{m}\right)\boldsymbol{b}_n-\frac{n}{m}\boldsymbol{b}_{n-1}\rightarrow\boldsymbol{b}_n=\frac{n}{m+n}\boldsymbol{b}_{n-1}+\frac{m}{m+n}\boldsymbol{c}_1\tag{3.48}$$

因此，曲线 $\boldsymbol{p}(u)$ 与 $\boldsymbol{q}(v)$ 要满足 C^1 连续，曲线 $\boldsymbol{p}(u)$ 的末端点 $\boldsymbol{b}_n$ 需要位于控制顶点 $\boldsymbol{c}_1$ 与 $\boldsymbol{b}_{n-1}$ 所构成的线段上，且满足线段长度比 $\overline{\boldsymbol{b}_{n-1}\boldsymbol{b}_n}/\overline{\boldsymbol{c}_0\boldsymbol{c}_1}=m/n$。可以通过调整顶点 $\boldsymbol{b}_n$ 来达到 C^1 连续，也可通过调整 $\boldsymbol{c}_1$ 来实现。针对图 3.25 给出的 C^0 连续曲线，图 3.26 通过两种方式调节曲线控制顶点来实现曲线 C^1 连续。当两条曲线次数相同时，即 $n=m$，此时，$\boldsymbol{b}_n$ 位于 $\boldsymbol{c}_1$ 与 $\boldsymbol{b}_{n-1}$ 所构成线段的中点。

若两条曲线在连接处达到 C^2 连续，则需要在首末连接处满足零～二阶导矢相同。贝齐尔曲线的二阶导矢计算如下

$$\begin{aligned}\boldsymbol{p}''(1)&=n(n-1)\Delta^2\boldsymbol{b}_{n-1}=n(n-1)(\boldsymbol{b}_n-2\boldsymbol{b}_{n-1}+\boldsymbol{b}_{n-2})\\ \boldsymbol{q}''(0)&=m(m-1)\Delta^2\boldsymbol{c}_0=m(m-1)(\boldsymbol{c}_0-2\boldsymbol{c}_1+\boldsymbol{c}_2)\end{aligned}\tag{3.49}$$

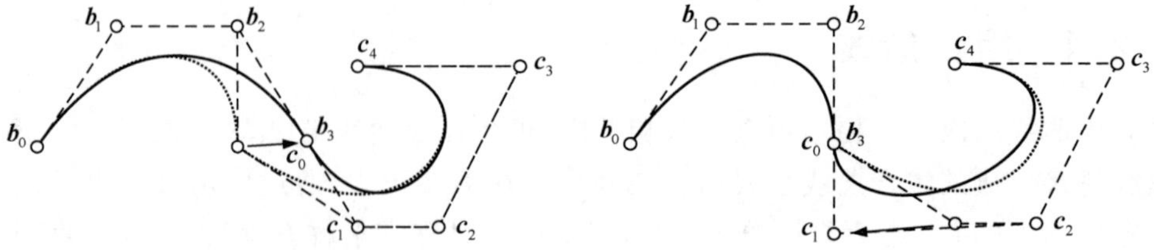

(a) 调整$\boldsymbol{b}_3$与$\boldsymbol{c}_0$达到C^1连续　　(b) 调整$\boldsymbol{c}_1$达到C^1连续

图 3.26　两条贝齐尔曲线 C^1 连续

令两者相同，并根据 C^0 与 C^1 连续性条件，可得

$$\boldsymbol{c}_2=\left[1+\frac{2n}{m}+\frac{n(n-1)}{m(m-1)}\right]\boldsymbol{b}_n-2\left[\frac{n(n-1)}{m(m-1)}+\frac{n}{m}\right]\boldsymbol{b}_{n-1}+\frac{n(n-1)}{m(m-1)}\boldsymbol{b}_{n-2}\quad(3.50)$$

因此，要达到 C^2 连续，第二条曲线 $\boldsymbol{q}(v)$除前两个顶点由第一条曲线 $\boldsymbol{p}(u)$的后两个顶点确定之外，第三个顶点 $\boldsymbol{c}_2$ 需要曲线 $\boldsymbol{p}(u)$的后三个顶点确定。图 3.27 在图 3.25 的基础上，通过调整顶点 $\boldsymbol{c}_2$ 的位置来进一步实现曲线 C^2 连续。

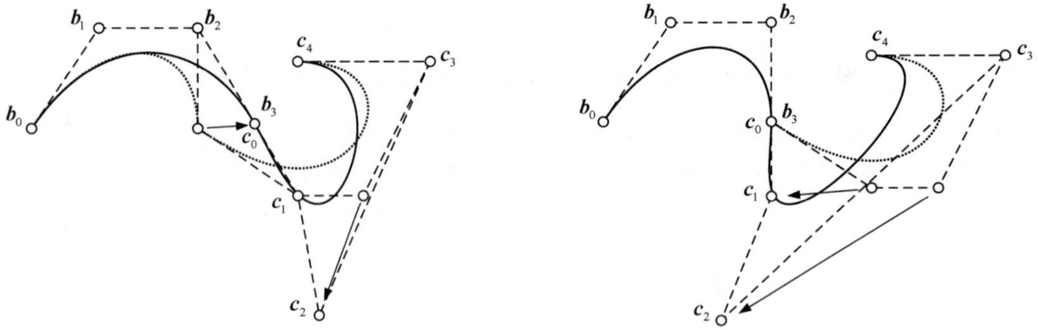

(a) 调整$\boldsymbol{b}_3$、$\boldsymbol{c}_0$与$\boldsymbol{c}_2$达到C^2连续　　(b) 调整$\boldsymbol{c}_1$与$\boldsymbol{c}_2$达到C^2连续

图 3.27　两条贝齐尔曲线 C^2 连续

对于两条三次贝齐尔曲线，式(3.50)简化为

$$\boldsymbol{c}_2=4\boldsymbol{b}_3-4\boldsymbol{b}_2+\boldsymbol{b}_1\quad(3.51)$$

此时第二条贝齐尔曲线的前 3 个控制顶点完全失去自主调控的余地，全部由第一条曲线决定。当多条三次曲线做拼接时，中间曲线的全部 4 个顶点都需要被动调整。如图 3.28 所示，3 条三次贝齐尔曲线通过 C^1 与 C^2 连续性条件来实现 C^1 组合曲线与 C^2 组合曲线的构造。可以发现，当采用 C^2 连续性条件时，组合曲线相对于初始贝齐尔曲线在几何形状上发生较大变化。因此，C^2 连续性条件对于三次贝齐尔曲线来说较为苛刻，建议选用更高阶贝齐尔曲线来构造 C^2 连续贝齐尔组合曲线。

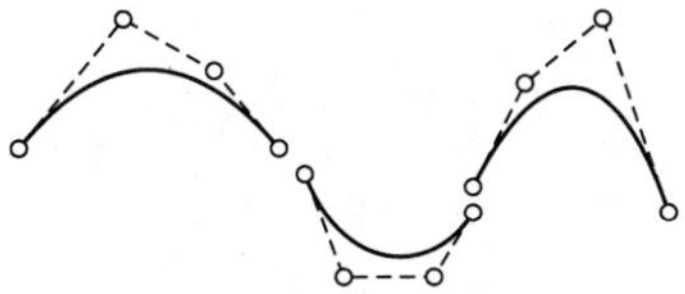

(a) 3条三次贝齐尔曲线

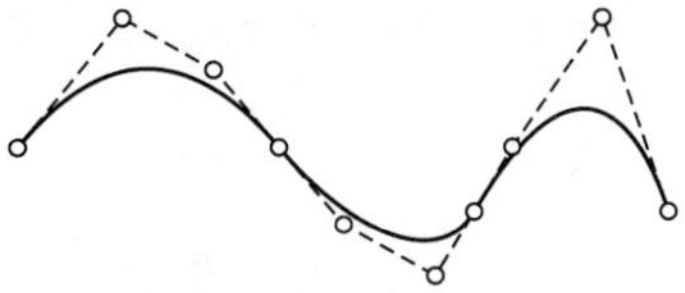

(b) C^1连续组合曲线

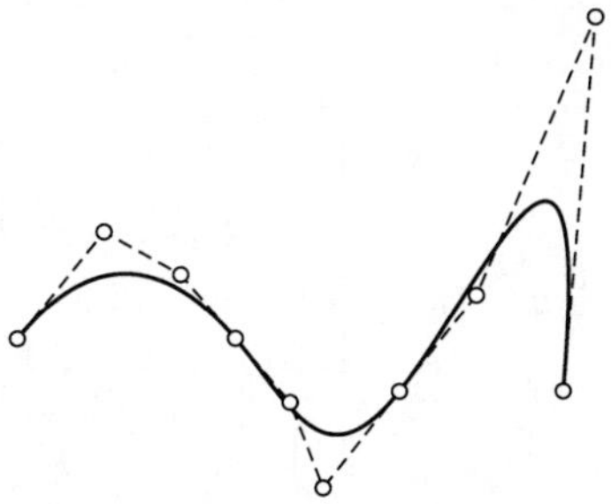

(c) C^2连续组合曲线

图 3.28　三条三次贝齐尔曲线的 C^1 连续和 C^2 连续组合曲线构造

3.2.5　曲线矩阵表达

贝齐尔曲线也可以采用矩阵形式表达。n 次贝齐尔曲线的矩阵形式表示为

$$\boldsymbol{p}(u)=\sum_{j=0}^{n}\boldsymbol{b}_j B_{j,n}(u)=\begin{bmatrix}B_{0,n}(u) & B_{1,n}(u) & \cdots & B_{n,n}(u)\end{bmatrix}\begin{bmatrix}\boldsymbol{b}_0\\ \boldsymbol{b}_1\\ \vdots\\ \boldsymbol{b}_n\end{bmatrix}\tag{3.52}$$

伯恩斯坦基函数 $B_{j,n}(u)$可以表示为幂基形式，有

$$\begin{bmatrix}B_{0,n}(u) & B_{1,n}(u) & \cdots & B_{n,n}(u)\end{bmatrix}=\begin{bmatrix}1 & u & \cdots & u^n\end{bmatrix}\begin{bmatrix}m_{00} & m_{01} & \cdots & m_{0n}\\ m_{10} & m_{11} & \cdots & m_{1n}\\ \vdots & \vdots & \ddots & \vdots\\ m_{n0} & m_{n1} & \cdots & m_{nn}\end{bmatrix}=\boldsymbol{UM}\tag{3.53}$$

其中，矩阵 $\boldsymbol{M}$ 的分量 m_{ij} 写为

$$m_{ij}=\begin{cases}(-1)^{i+j}\mathrm{C}_n^i\mathrm{C}_i^j, & i\geqslant j\\ 0, & i<j\end{cases}\tag{3.54}$$

因此，矩阵 $\boldsymbol{M}$ 是一个下三角矩阵。将式(3.53)代入式(3.52)，并令 $\boldsymbol{P}=[\boldsymbol{b}_0,\boldsymbol{b}_1,\cdots,\boldsymbol{b}_n]^{\mathrm{T}}$，有

$$\boldsymbol{p}(u)=\boldsymbol{UMP}\tag{3.55}$$

具体地，三次贝齐尔曲线的矩阵形式写为

$$\boldsymbol{p}(u)=\begin{bmatrix}1 & u & u^2 & u^3\end{bmatrix}\begin{bmatrix}1 & 0 & 0 & 0\\ -3 & 3 & 0 & 0\\ 3 & -6 & 3 & 0\\ -1 & 3 & -3 & 1\end{bmatrix}\begin{bmatrix}\boldsymbol{b}_0\\ \boldsymbol{b}_1\\ \boldsymbol{b}_2\\ \boldsymbol{b}_3\end{bmatrix} \tag{3.56}$$

四次贝齐尔曲线的矩阵形式写为

$$\boldsymbol{p}(u)=\begin{bmatrix}1 & u & u^2 & u^3 & u^4\end{bmatrix}\begin{bmatrix}1 & 0 & 0 & 0 & 0\\ -4 & 4 & 0 & 0 & 0\\ 6 & -12 & 6 & 0 & 0\\ -4 & 12 & -12 & 4 & 0\\ 1 & -4 & 6 & -4 & 1\end{bmatrix}\begin{bmatrix}\boldsymbol{b}_0\\ \boldsymbol{b}_1\\ \boldsymbol{b}_2\\ \boldsymbol{b}_3\\ \boldsymbol{b}_4\end{bmatrix} \tag{3.57}$$

贝齐尔曲线矩阵表达可以应用于曲线分割算法。以三次贝齐尔曲线为例，令曲线 $\boldsymbol{q}(t)$ 表示曲线 $\boldsymbol{p}(u)$ 在参数域 $[a,b]$（$0\leqslant a,b\leqslant 1$）上的分段，由贝齐尔曲线分割知 $\boldsymbol{q}(t)$ 可以表示为一条三次贝齐尔曲线。令 $u=(b-a)t+a$，式(3.56)可以改写为

$$\begin{aligned}\boldsymbol{q}(t)=\boldsymbol{p}(u)&=\begin{bmatrix}1 & (b-a)t+a & ((b-a)t+a)^2 & ((b-a)t+a)^3\end{bmatrix}\boldsymbol{MP}\\ &=\begin{bmatrix}1 & t & t^2 & t^3\end{bmatrix}\begin{bmatrix}1 & a & a^2 & a^3\\ 0 & (b-a) & 2a(b-a) & 3a^2(b-a)\\ 0 & 0 & (b-a)^2 & 3a(b-a)^2\\ 0 & 0 & 0 & (b-a)^3\end{bmatrix}\boldsymbol{MP}\\ &=\boldsymbol{UTMP}\end{aligned} \tag{3.58}$$

将式(3.58)变换为

$$\boldsymbol{q}(t)=\boldsymbol{UTMP}=\boldsymbol{U}(\boldsymbol{MM}^{-1})\boldsymbol{TMP}=\boldsymbol{UM}(\boldsymbol{M}^{-1}\boldsymbol{TM})\boldsymbol{P} \tag{3.59}$$

因此，参数域 $[a,b]$ 上分段对应的三次贝齐尔曲线控制顶点可以直接表示为

$$\boldsymbol{V}^*=(\boldsymbol{M}^{-1}\boldsymbol{TM})\boldsymbol{P} \tag{3.60}$$

推广到任意次数，矩阵 $\boldsymbol{T}$ 的维度为 $(n+1)\times(n+1)$，分量 t_{ij}，$(i,j=0,1,2,\cdots,n)$ 写为

$$t_{ij}=\begin{cases}\mathrm{C}_j^i(b-a)^i a^{j-i}, & i\leqslant j\\ 0, & i>j\end{cases} \tag{3.61}$$

图 3.29 展示了基于矩阵表达的贝齐尔曲线分割计算的结果。曲线的矩阵表达和相关运算适用于以矩阵为基础的几何计算。

在第 2 章中介绍了以埃尔米特基表示的弗格森曲线，其也可以表示成幂基形式，见式(2.27)～式(2.29)。因此，可以建立三次弗格森曲线与三次贝齐尔曲线之间的矩阵转换关系。联立式(2.27)与式(3.56)，可得

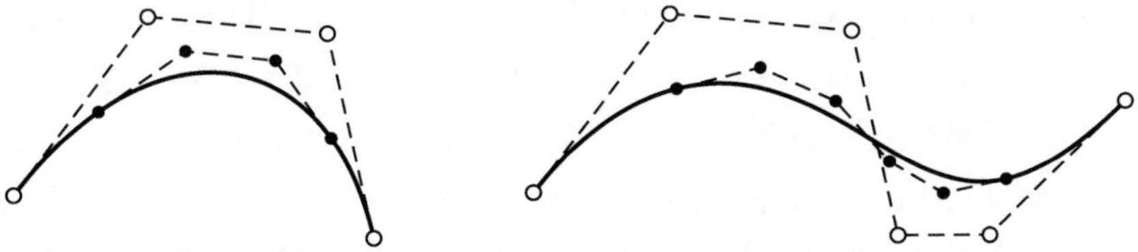

(a) 三次贝齐尔曲线分割　　(b) 五次贝齐尔曲线分割

图 3.29　基于矩阵表达的贝齐尔曲线分割($a=0.2,b=0.8$)

$$\begin{bmatrix} 1 & 0 & 0 & 0 \\ -3 & 3 & 0 & 0 \\ 3 & -6 & 3 & 0 \\ -1 & 3 & -3 & 1 \end{bmatrix} \begin{bmatrix} \boldsymbol{b}_0 \\ \boldsymbol{b}_1 \\ \boldsymbol{b}_2 \\ \boldsymbol{b}_3 \end{bmatrix} = \begin{bmatrix} 1 & 0 & 0 & 0 \\ 0 & 0 & 1 & 0 \\ -3 & 3 & -2 & -1 \\ 2 & -2 & 1 & 1 \end{bmatrix} \begin{bmatrix} \boldsymbol{p}(0) \\ \boldsymbol{p}(1) \\ \boldsymbol{p}'(0) \\ \boldsymbol{p}'(1) \end{bmatrix} \tag{3.62}$$

求解方程组可得三次弗格森曲线与三次贝齐尔曲线之间的系数转换关系

$$\begin{bmatrix} \boldsymbol{p}(0) \\ \boldsymbol{p}(1) \\ \boldsymbol{p}'(0) \\ \boldsymbol{p}'(1) \end{bmatrix} = \begin{bmatrix} \boldsymbol{b}_0 \\ \boldsymbol{b}_3 \\ 3(\boldsymbol{b}_1 - \boldsymbol{b}_0) \\ 3(\boldsymbol{b}_3 - \boldsymbol{b}_2) \end{bmatrix}, \quad \begin{bmatrix} \boldsymbol{b}_0 \\ \boldsymbol{b}_1 \\ \boldsymbol{b}_2 \\ \boldsymbol{b}_3 \end{bmatrix} = \begin{bmatrix} \boldsymbol{p}(0) \\ \boldsymbol{p}(0) + \boldsymbol{p}'(0)/3 \\ \boldsymbol{p}(1) - \boldsymbol{p}'(1)/3 \\ \boldsymbol{p}(1) \end{bmatrix} \tag{3.63}$$

图 3.30 展示了同一条曲线的三次贝齐尔曲线表示和三次弗格森曲线表示。

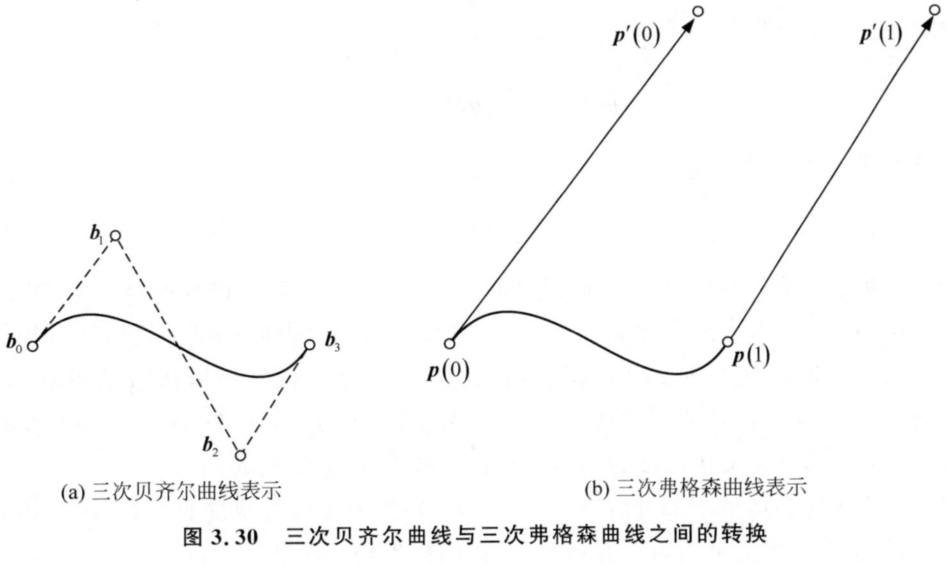

(a) 三次贝齐尔曲线表示　　(b) 三次弗格森曲线表示

图 3.30　三次贝齐尔曲线与三次弗格森曲线之间的转换

3.2.6　曲线升阶与降阶

在贝齐尔曲线设计时，当曲线控制顶点个数(设计自由度)不足以描述所需要的几何形状时，可以通过组合曲线来解决，也可以通过对初始曲线增加控制顶点个数来实现。贝齐尔曲线的次数与控制顶点的个数关联，当增加控制顶点个数时，曲线次数也随之增大。贝齐尔曲线升阶是希望在保持曲线形状不变的同时提升曲线次数（增加曲线控制顶点个数），从而增加曲线设计自由度，为形状修改提供更多可能。

首先考虑在 n 次贝齐尔曲线中增加1个控制顶点，令原曲线的控制顶点记为 $\boldsymbol{b}_0, \boldsymbol{b}_1, \cdots, \boldsymbol{b}_n$，新曲线控制顶点记为 $\bar{\boldsymbol{b}}_0, \bar{\boldsymbol{b}}_1, \cdots, \bar{\boldsymbol{b}}_n, \bar{\boldsymbol{b}}_{n+1}$。由式(3.13)给定的伯恩斯坦升阶公式，可将原曲线表示为

$$\begin{aligned}
\boldsymbol{p}(u) &= \sum_{j=0}^{n} \boldsymbol{b}_j B_{j,n}(u) = \sum_{j=0}^{n} \boldsymbol{b}_j \left\{ \left(1-\frac{j}{n+1}\right) B_{j,n+1}(u) + \frac{j+1}{n+1} B_{j+1,n+1}(u) \right\} \\
&= \sum_{j=0}^{n} \boldsymbol{b}_j \left(1-\frac{j}{n+1}\right) B_{j,n+1}(u) + \sum_{j=0}^{n} \boldsymbol{b}_j \frac{j+1}{n+1} B_{j+1,n+1}(u) \\
&= \sum_{j=0}^{n+1} \boldsymbol{b}_j \left(1-\frac{j}{n+1}\right) B_{j,n+1}(u) + \sum_{i=1}^{n+1} \boldsymbol{b}_{i-1} \frac{i}{n+1} B_{i,n+1}(u) \\
&= \sum_{j=0}^{n+1} \boldsymbol{b}_j \left(1-\frac{j}{n+1}\right) B_{j,n+1}(u) + \sum_{j=0}^{n+1} \boldsymbol{b}_{j-1} \frac{j}{n+1} B_{j,n+1}(u) \\
&= \sum_{j=0}^{n+1} \left\{ \boldsymbol{b}_j \left(1-\frac{j}{n+1}\right) + \boldsymbol{b}_{j-1} \frac{j}{n+1} \right\} B_{j,n+1}(u)
\end{aligned} \tag{3.64}$$

升阶一次后的新曲线表示为

$$\bar{\boldsymbol{p}}(u) = \sum_{j=0}^{n+1} \bar{\boldsymbol{b}}_j B_{j,n+1}(u) \tag{3.65}$$

令两条曲线相等，可得

$$\bar{\boldsymbol{b}}_j = \frac{j}{n+1} \boldsymbol{b}_{j-1} + \left(1-\frac{j}{n+1}\right) \boldsymbol{b}_j, \quad j=0,1,\cdots,n+1 \tag{3.66}$$

其中，$\boldsymbol{b}_{-1} = \boldsymbol{b}_{n+1} = \boldsymbol{0}$。因此，升阶一次得到的 $n+1$ 次贝齐尔曲线的控制顶点 $\bar{\boldsymbol{b}}_j$ 可由原曲线控制顶点 $\boldsymbol{b}_j$ 求得，首末两个控制顶点不变，中间控制顶点由原控制多边形的每相邻两个控制顶点线性插值得到。重复升阶操作，理论上可以得到任意高阶次数的贝齐尔曲线。图3.31展示了一条三次贝齐尔曲线升阶1次、2次、3次、10次和20次之后的曲线及其控制多边形。曲线形状未发生改变，随着次数升高，控制多边形逼近原曲线。

曲线升阶在许多场景中都有应用，例如，在以多截面线构造蒙皮曲面时，需要每个截面线保持相同次数，此时需要对每个截面线进行升阶，以统一次数。

曲线降阶旨在寻找一条低阶曲线来表示另一条高阶曲线。具体而言，以 n 次贝齐尔方程表示一条 $n+1$ 次贝齐尔曲线。曲线升阶是在原曲线基础上增加自由度，可以精确实现。曲线降阶则需要减少原曲线的自由度，一般不能精确实现。例如，带拐点的三次贝齐尔曲线

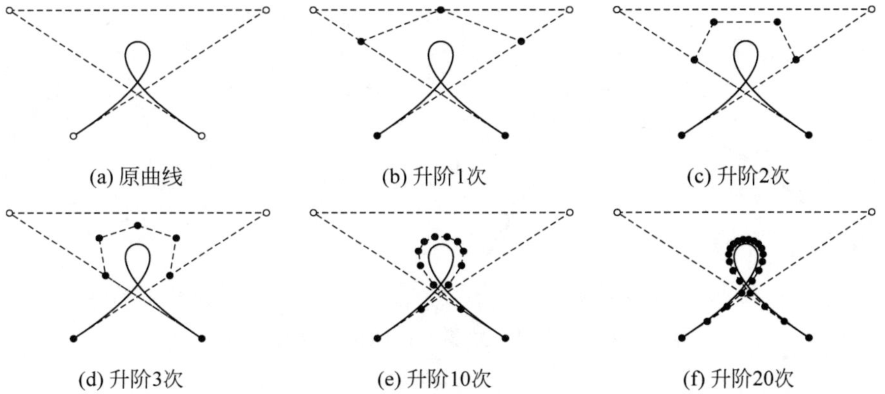

图 3.31　三次贝齐尔曲线升阶

不能采用二次贝齐尔曲线精确表达。曲线降阶可以视作是对原曲线的低阶逼近。以曲线升阶的逆过程来描述降阶过程，式(3.65)可以写成矩阵形式如下

$$\begin{bmatrix} 1 & 0 & 0 & \cdots & 0 & 0 \\ \frac{1}{n+1} & \frac{n}{n+1} & 0 & \cdots & 0 & 0 \\ 0 & \frac{2}{n+1} & \frac{n-1}{n+1} & \cdots & 0 & 0 \\ \vdots & \vdots & \vdots & \ddots & \vdots & \vdots \\ 0 & 0 & 0 & \cdots & \frac{n}{n+1} & \frac{1}{n+1} \\ 0 & 0 & 0 & \cdots & 0 & 1 \end{bmatrix} \begin{bmatrix} \boldsymbol{b}_0 \\ \boldsymbol{b}_1 \\ \vdots \\ \boldsymbol{b}_{n-1} \\ \boldsymbol{b}_n \end{bmatrix} = \begin{bmatrix} \bar{\boldsymbol{b}}_0 \\ \bar{\boldsymbol{b}}_1 \\ \vdots \\ \bar{\boldsymbol{b}}_n \\ \bar{\boldsymbol{b}}_{n+1} \end{bmatrix} \tag{3.67}$$

简写为

$$\boldsymbol{MP} = \bar{\boldsymbol{P}} \tag{3.68}$$

其中，矩阵 $\boldsymbol{M}$ 的维度为 $(n+2)\times(n+1)$。降阶相当于已知 $n+1$ 次贝齐尔曲线控制顶点 $\bar{\boldsymbol{P}}$，求解升阶前控制顶点 $\boldsymbol{P}$。式(3.68)为超定方程，可以采用最小二乘方法来求解，在方程两侧同时乘以 $\boldsymbol{M}^{\mathrm{T}}$，有

$$\boldsymbol{M}^{\mathrm{T}}\boldsymbol{MP} = \boldsymbol{M}^{\mathrm{T}}\bar{\boldsymbol{P}} \tag{3.69}$$

求解可得

$$\boldsymbol{P} = (\boldsymbol{M}^{\mathrm{T}}\boldsymbol{M})^{-1}\boldsymbol{M}^{\mathrm{T}}\bar{\boldsymbol{P}} \tag{3.70}$$

图 3.32 展示了基于最小二乘方法分别对三次与六次贝齐尔曲线实施降阶操作，可以看出降阶后的曲线与原曲线存在偏差，首末点也不再一致。

因为降阶过程的非精确性，降阶操作在几何造型过程中应用较少。

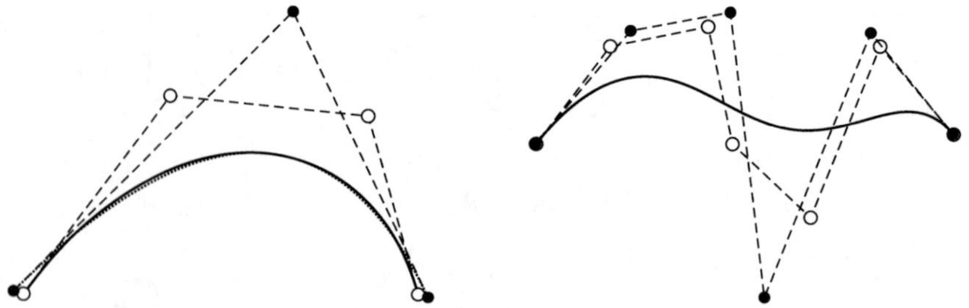

(a) 三次贝齐尔曲线降为二次 (b) 六次贝齐尔曲线降为五次

图 3.32 基于最小二乘方法的贝齐尔曲线降阶

3.3 贝齐尔曲面的定义与计算

3.3.1 张量积贝齐尔曲面

在 2.3.1 节中介绍了以任意两组基定义的张量积曲面，本节主要介绍以伯恩斯坦基定义的张量积贝齐尔曲面。令 $B_{i,n}(u)(i=0,1,\cdots,n)$ 与 $B_{j,m}(v)(j=0,1,\cdots,m)$ 分别表示以 u 和 v 为参数的两组伯恩斯坦多项式函数，其中 $B_{i,n}(u)$ 为 n 次，$B_{j,m}(v)$ 为 m 次。则一张 u 方向为 n 次、v 方向为 m 次的张量积贝齐尔曲面可以定义如下

$$\boldsymbol{p}(u,v)=\sum_{i=0}^{n}\sum_{j=0}^{m}\boldsymbol{b}_{ij}B_{i,n}(u)B_{j,m}(v),\quad 0\leqslant u,v\leqslant 1 \tag{3.71}$$

其中，$B_{i,n}(u)B_{j,m}(v)$ 为曲面基函数；系数矢量 $\boldsymbol{b}_{ij}$ 为曲面控制顶点。将控制顶点按照方向和次序连线，形成的空间网格称为曲面控制网格。当 $n=m=1$ 时，称为“双线性”贝齐尔曲面；当 $n=m=2$ 时，称为“双二次”贝齐尔曲面；当 $n=m=3$ 时，称为“双三次”贝齐尔曲面，以此类推。对于任意次数 n 和 m，称为 $n\times m$ 次贝齐尔曲面。

图 3.33 为一张 2×3 次贝齐尔曲面，包含 12 个控制顶点 $\boldsymbol{b}_{ij}$，其中虚线网格为控制网格，实线为等参数线。图 3.34 为 2×3 次贝齐尔曲面对应的 12 个基函数。

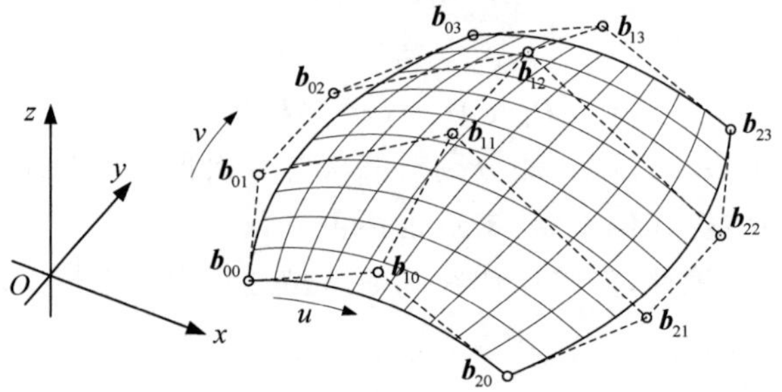

图 3.33 一张 2×3 次贝齐尔曲面

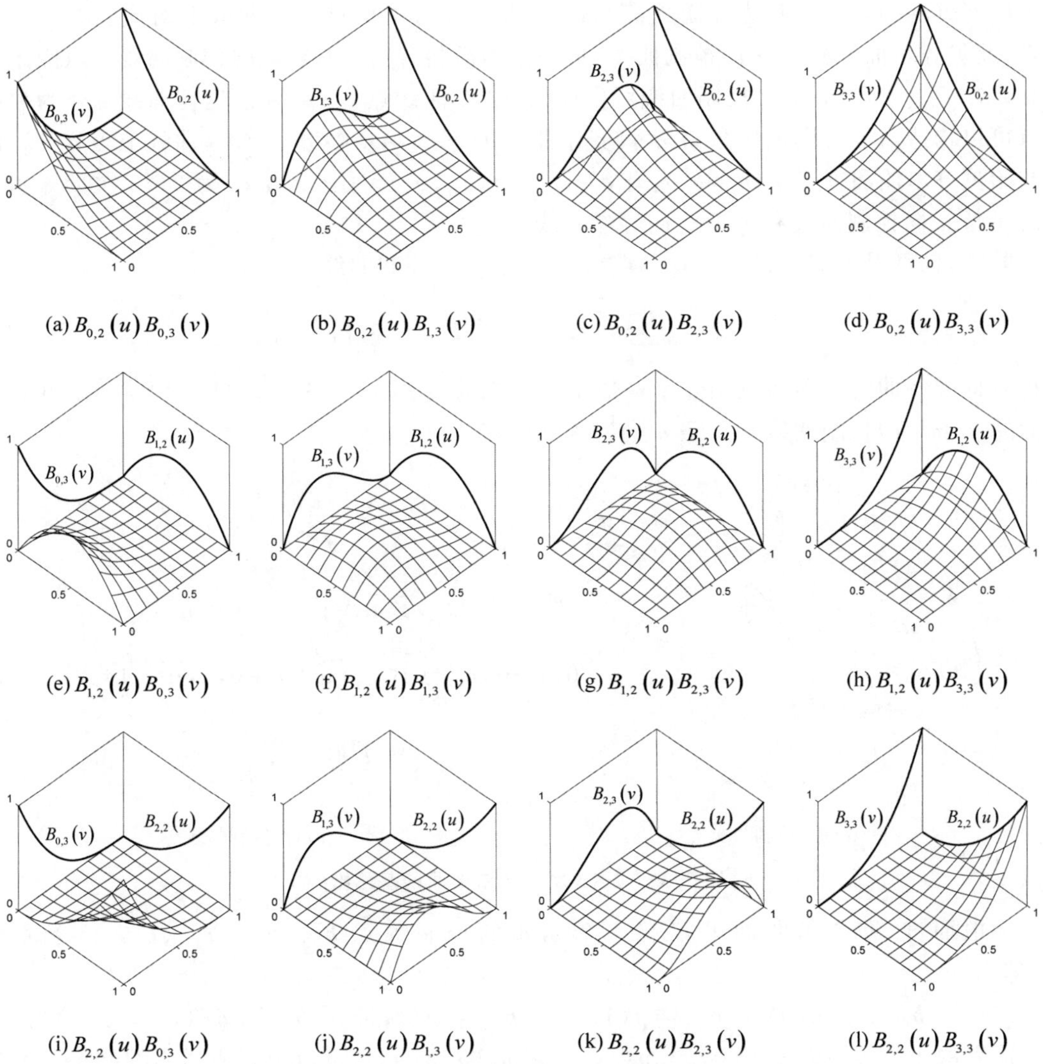

图 3.34　2×3 次贝齐尔曲面的基函数

当固定参数 $u=u_0$ 时，式(3.71)可以改写为

$$\begin{aligned}\boldsymbol{p}(u_0,v)&=\sum_{i=0}^{n}\sum_{j=0}^{m}\boldsymbol{b}_{ij}B_{i,n}(u_0)B_{j,m}(v)\\&=\sum_{j=0}^{m}\left[\sum_{i=0}^{n}\boldsymbol{b}_{ij}B_{i,n}(u_0)\right]B_{j,m}(v)=\sum_{j=0}^{m}\boldsymbol{c}_j(u_0)B_{j,m}(v)\end{aligned}\tag{3.72}$$

表示曲面上一条沿 v 方向的等参数曲线，其中

$$\boldsymbol{c}_j(u_0)=\sum_{i=0}^{n}\boldsymbol{b}_{ij}B_{i,n}(u_0),\quad j=0,1,\cdots,m\tag{3.73}$$

表示以 $\boldsymbol{b}_{ij}(i=0,1,\cdots,n)$为控制顶点与以 u 为参数的 n 次贝齐尔曲线上对应参数 $u=u_0$ 的点，此贝齐尔曲线称为 u 向控制曲线，贝齐尔曲面共有 $m+1$ 条 u 向控制曲线。取固定参数 $u=u_0$ 后，$m+1$ 条 u 向控制曲线可生成 $m+1$ 个曲线点 $\boldsymbol{c}_j(u_0)$，以这些曲线点作为控制顶点可以构造沿 v 方向的一条 m 次贝齐尔曲线 $\boldsymbol{d}(v)$。给定参数 $v=v_0$，曲线上点 $d(v_0)$即为初始贝齐尔曲面上点 $\boldsymbol{p}(u_0,v_0)$，有 $\boldsymbol{d}(v_0)=\boldsymbol{p}(u_0,v_0)$。图 3.35(a)为 2×3 次贝齐尔曲面的 4 条 u 向控制曲线和 1 条 v 向等参数线。

同理，也可以固定参数 $v=v_0$，构造 $m+1$ 条 v 向控制曲线

$$\boldsymbol{e}_i(v_0)=\sum_{j=0}^{m}\boldsymbol{b}_{ij}B_{j,m}(v_0),\quad i=0,1,\cdots,n \tag{3.74}$$

再将 v 向控制曲线视为控制顶点来构造 u 向等参数线 $\boldsymbol{f}(u)$。图 3.35(b)为 2×3 次贝齐尔曲面的 3 条 v 向控制曲线和 1 条 u 向等参数线。

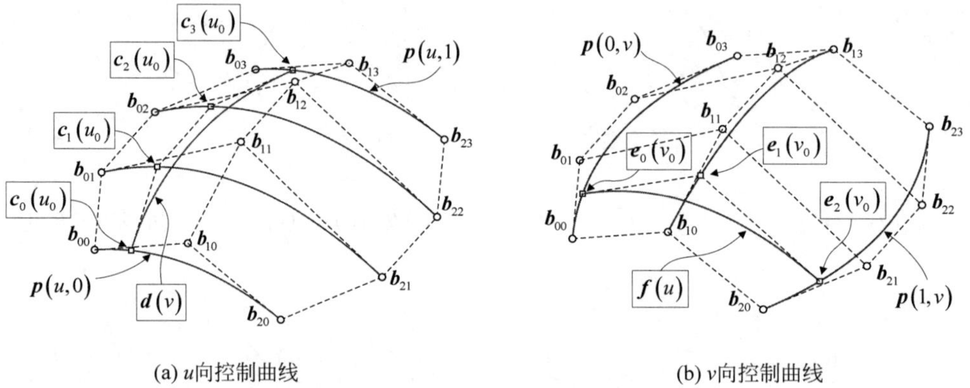

图 3.35　2×3 次贝齐尔曲面的基函数

一般而言，贝齐尔曲面上仅有 4 个拐角的控制顶点 $\boldsymbol{b}_{00}$、$\boldsymbol{b}_{n0}$、$\boldsymbol{b}_{0m}$、$\boldsymbol{b}_{nm}$ 位于曲面上，即

$$\boldsymbol{b}_{00}=\boldsymbol{p}(0,0),\quad \boldsymbol{b}_{n0}=\boldsymbol{p}(1,0),\quad \boldsymbol{b}_{0m}=\boldsymbol{p}(0,1),\quad \boldsymbol{b}_{nm}=\boldsymbol{p}(1,1), \tag{3.75}$$

位于边界的 4 条等参数线 $\boldsymbol{p}(0,v)$、$\boldsymbol{p}(1,v)$、$\boldsymbol{p}(u,0)$、$\boldsymbol{p}(u,1)$可以由相应边界控制层控制顶点定义。例如，边界曲线 $\boldsymbol{p}(0,v)$由 $m+1$ 个控制顶点 $\boldsymbol{b}_{00},\boldsymbol{b}_{01},\cdots,\boldsymbol{b}_{0n}$ 定义，边界曲线 $\boldsymbol{p}(u,1)$由 $n+1$ 个控制顶点 $\boldsymbol{b}_{0m},\boldsymbol{b}_{1m},\cdots,\boldsymbol{b}_{nm}$ 定义。以图 3.35 为例，边界曲线 $\boldsymbol{p}(0,v)$是由 $\boldsymbol{b}_{00}$、$\boldsymbol{b}_{01}$、$\boldsymbol{b}_{02}$、$\boldsymbol{b}_{03}$ 定义的一条三次贝齐尔曲线，边界曲线 $\boldsymbol{p}(u,1)$是由 $\boldsymbol{b}_{03}$、$\boldsymbol{b}_{13}$、$\boldsymbol{b}_{23}$ 定义的一条二次贝齐尔曲线。

和贝齐尔曲线类似，贝齐尔曲面也具有一系列优良性质，相比于幂基等参数曲面更适合于几何造型。这些优良性质有以下几个。

(1) 规范性：$\sum_{i=0}^{n}\sum_{j=0}^{m}B_{i,n}(u)B_{j,m}(v)=1$。

(2) 非负性：$B_{i,n}(u)B_{j,m}(v)\geqslant 0$。

（3）凸包性：曲面始终位于控制网格构成的凸包内。

（4）端点插值性：4 个角点处的控制顶点插值于曲面本身。

（5）几何不变性与仿射不变性。

（6）对称性：控制顶点次序取反，曲面形状不变，方向改变。

（7）最大影响点：移动控制顶点 $\boldsymbol{b}_{ij}$ 对曲面上参数为 $u=i/n, v=j/m$ 的点 $\boldsymbol{p}(i/n, j/m)$ 影响最大。

3.3.2　曲面点与导矢计算

类似于贝齐尔曲线点的德卡斯特里奥递推计算，贝齐尔曲面点的计算也可以基于德卡斯特里奥算法来实现，其基本思想是将曲面计算转换为曲线计算，再将曲线计算转换为线性插值。给定呈矩形拓扑阵列的控制顶点 $\boldsymbol{b}_{ij}(i=0,1,\cdots,n;\ j=0,1,\cdots,m)$，主要有两种德卡斯特里奥递推方式可以选择：第一种是先沿 u 方向递推，后沿 v 方向递推；第二种是先沿 v 方向递推，后沿 u 方向递推。下面详细阐述。

1）先沿 u 方向递推，后沿 v 方向递推

沿 u 方向对第 j 排控制顶点 $\boldsymbol{b}_{ij}(i=0,1,\cdots,n)$ 所构成的 u 向控制多边形应用曲线德卡斯特里奥算法，有

$$\boldsymbol{b}_{i,j}^{k,0}=\begin{cases}\boldsymbol{b}_{ij}, & k=0\\ (1-u)\boldsymbol{b}_{i,j}^{k-1,0}+u\boldsymbol{b}_{i+1,j}^{k-1,0}, & k=1,2,\cdots,n\end{cases}\tag{3.76}$$

对每一排控制顶点递推 n 次，可得 $m+1$ 个顶点 $\boldsymbol{b}_{0,j}^{n,0}(j=0,1,\cdots,m)$，形成沿 v 方向的控制多边形。再对这 $m+1$ 个顶点 $\boldsymbol{b}_{0,j}^{n,0}$ 沿 v 方向应用曲线德卡斯特里奥算法，有

$$\boldsymbol{b}_{0,j}^{n,l}=\begin{cases}\boldsymbol{b}_{0,j}^{n,0}, & l=0\\ (1-v)\boldsymbol{b}_{0,j}^{n,l-1}+v\boldsymbol{b}_{0,j+1}^{n,l-1}, & l=1,2,\cdots,m\end{cases}\tag{3.77}$$

递推 m 次，所得顶点 $\boldsymbol{b}_{0,0}^{n,m}$ 即为曲面点 $\boldsymbol{p}(u,v)$。递推过程如图 3.36(a)所示。递推所需要执行线性插值算法的总次数为

$$N_1=\frac{n(n+1)}{2}(m+1)+\frac{m(m+1)}{2}\tag{3.78}$$

2）先沿 v 方向递推，后沿 u 方向递推

类似于第一种方式，先沿 v 方向对第 i 排控制顶点 $\boldsymbol{b}_{ij}(j=0,1,\cdots,m)$ 所构成的 v 方向控制多边形应用曲线德卡斯特里奥算法，有

$$\boldsymbol{b}_{i,j}^{0,l}=\begin{cases}\boldsymbol{b}_{ij}, & l=0\\ (1-v)\boldsymbol{b}_{i,j}^{0,l-1}+v\boldsymbol{b}_{i,j+1}^{0,l-1}, & l=1,2,\cdots,m\end{cases}\tag{3.79}$$

对每一排控制顶点递推 m 次，可得 $n+1$ 个顶点 $\boldsymbol{b}_{i,0}^{0,m}(i=0,1,\cdots,n)$，形成沿 u 方向的控制多边形。再对这 $n+1$ 个顶点 $\boldsymbol{b}_{i,0}^{0,m}$ 沿 u 方向应用曲线德卡斯特里奥算法，有

$$\boldsymbol{b}_{i,0}^{k,m}=\begin{cases}\boldsymbol{b}_{i,0}^{0,m}, & k=0\\(1-u)\boldsymbol{b}_{i,0}^{k-1,m}+u\boldsymbol{b}_{i+1,0}^{k-1,m}, & k=1,2,\cdots,m\end{cases}\tag{3.80}$$

递推 n 次,所得顶点 $\boldsymbol{b}_{0,0}^{n;m}$ 即为曲面点 $\boldsymbol{p}(u,v)$。递推过程如图 3.36(b)所示。递推所需要执行线性插值算法的总次数为

$$N_2=\frac{m(m+1)}{2}(n+1)+\frac{n(n+1)}{2}\tag{3.81}$$

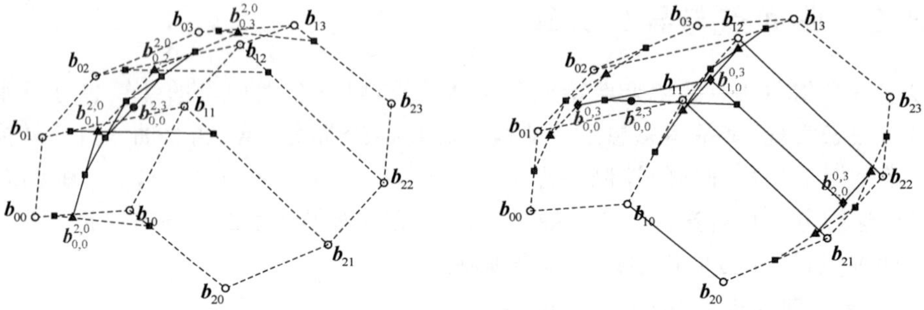

(a) 先u向，后v向　　(b) 先v向，后u向

图 3.36　贝齐尔曲面的两种德卡斯特里奥递推方法

联立式(3.78)与式(3.81),可得

$$N_1-N_2=\frac{nm}{2}(n-m)\tag{3.82}$$

因此,当 $n>m$ 时,$N_1-N_2>0$,建议采用第二种方式,即先沿 v 方向递推,再沿 u 方向递推。否则,建议采用第一种方式,以减少线性插值次数,提升计算效率。两种方式虽然计算次序不同,但是结果完全相同。

上述两种递推计算方式用图 3.37 所示的矩阵图示来描述更为清晰。

此外,还可以将上述两种递推方式进行合并得到双参数线性插值递推公式,但当贝齐尔曲面在两个方向次数不一致时,双参数线性插值不能进行到底,需要再次应用上述两种递推算法。因此,这里不再详细介绍。

在曲线的导矢计算过程中,是通过控制多边形的边矢量差分来实现的,曲面的导矢计算也可以采用类似的方式。在贝齐尔曲面的张量积形式中,不同方向的基函数之间相互独立,对曲面导矢可以表述成对相应基函数的导数,以 u 向 k 阶偏导为例,有

$$\begin{aligned}\frac{\partial^k}{\partial u^k}\boldsymbol{p}(u,v)&=\frac{\partial^k}{\partial u^k}\sum_{i=0}^{n}\sum_{j=0}^{m}\boldsymbol{b}_{ij}B_{i,n}(u)B_{j,m}(v)\\&=\sum_{j=0}^{m}\left[\frac{\partial^k}{\partial u^k}\sum_{i=0}^{n}\boldsymbol{b}_{ij}B_{i,n}(u)\right]B_{j,m}(v)\end{aligned}\tag{3.83}$$

其中,右侧方括号内为 u 向控制曲线的 k 阶导矢,代入贝齐尔曲线导矢计算式(3.40)可得

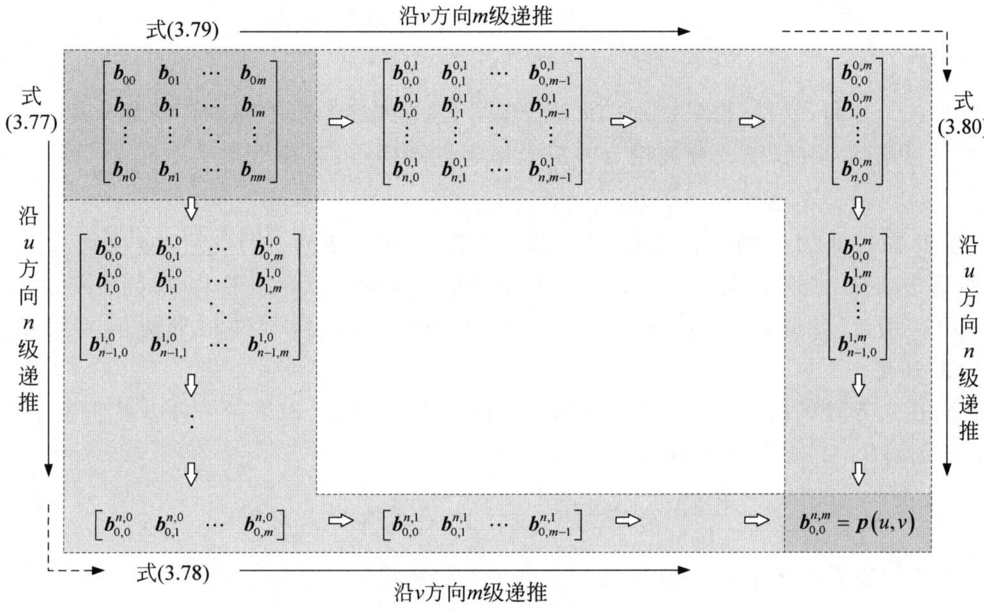

图 3.37　贝齐尔曲面的德卡斯特里奥递推算法矩阵

$$\frac{\partial^k}{\partial u^k}\boldsymbol{p}(u,v)=\frac{n!}{(n-k)!}\sum_{j=0}^{m}\left[\sum_{i=0}^{n-k}\Delta^{k,0}\boldsymbol{b}_{i,j}B_{i,n-k}(u)\right]B_{j,m}(v) \tag{3.84}$$

其中，差分矢量 $\Delta^{k,0}\boldsymbol{b}_{i,j}$ 上标中的第一位为 k，第二位为 0，表示仅对 u 向（下标第一位 i）做差分，递推公式记为

$$\begin{cases}\Delta^{1,0}\boldsymbol{b}_{i,j}=\boldsymbol{b}_{i+1,j}-\boldsymbol{b}_{i,j} & k=1\\ \Delta^{k,0}\boldsymbol{b}_{i,j}=\Delta^{k-1,0}\boldsymbol{b}_{i+1,j}-\Delta^{k-1,0}\boldsymbol{b}_{i,j} & k>1\end{cases} \tag{3.85}$$

同理，曲面沿 v 方向的 l 阶偏导矢可以表示为

$$\frac{\partial^l}{\partial v^l}\boldsymbol{p}(u,v)=\frac{m!}{(m-l)!}\sum_{i=0}^{n}\left[\sum_{j=0}^{m-l}\Delta^{0,l}\boldsymbol{b}_{i,j}B_{j,m-l}(v)\right]B_{i,n}(u) \tag{3.86}$$

其中，差分矢量 $\Delta^{0,l}\boldsymbol{b}_{i,j}$ 递推如下

$$\begin{cases}\Delta^{0,1}\boldsymbol{b}_{i,j}=\boldsymbol{b}_{i,j+1}-\boldsymbol{b}_{i,j} & l=0\\ \Delta^{0,l}\boldsymbol{b}_{i,j}=\Delta^{0,l-1}\boldsymbol{b}_{i,j+1}-\Delta^{0,l-1}\boldsymbol{b}_{i,j} & l>1\end{cases} \tag{3.87}$$

对于沿 u 方向 k 阶、沿 v 方向 l 阶的混合偏导矢，表示为

$$\frac{\partial^{k+l}}{\partial u^k\partial v^l}\boldsymbol{p}(u,v)=\frac{n!m!}{(n-k)!(m-l)!}\sum_{i=0}^{n-k}\sum_{j=0}^{m-l}\Delta^{k,l}\boldsymbol{b}_{i,j}B_{i,n-k}(u)B_{j,m-l}(v) \tag{3.88}$$

其中，差分矢量 $\Delta^{k,l}\boldsymbol{b}_{i,j}$ 递推如下

$$\Delta^{k,l}\boldsymbol{b}_{i,j}=\begin{cases}\Delta^{k-1,l}\boldsymbol{b}_{i+1,j}-\Delta^{k-1,l}\boldsymbol{b}_{i,j}\\ \Delta^{k,l-1}\boldsymbol{b}_{i,j+1}-\Delta^{k,l-1}\boldsymbol{b}_{i,j}\end{cases}\tag{3.89}$$

当 $k=l=1$ 时，式(3.88)表示二阶混合偏导矢，也称为"扭矢"，其本身为一张$(n-1)\times(m-1)$次贝齐尔曲面，以差分矢量 $\Delta^{1,1}\boldsymbol{b}_{i,j}$ 作为控制顶点，展开为

$$\Delta^{1,1}\boldsymbol{b}_{i,j}=(\boldsymbol{b}_{i+1,j+1}-\boldsymbol{b}_{i+1,j})-(\boldsymbol{b}_{i,j+1}-\boldsymbol{b}_{i,j})\tag{3.90}$$

因此，当贝齐尔曲面控制网格中任意相邻 4 个顶点 $\boldsymbol{b}_{i,j}$、$\boldsymbol{b}_{i,j+1}$、$\boldsymbol{b}_{i+1,j}$、$\boldsymbol{b}_{i+1,j+1}$ 均构成平行四边形时，曲面的扭矢消失，所形成的一类曲面称为平移曲面(translational surfaces)。图 3.38(a)为一张双三次平移贝齐尔曲面，其控制网格形成的 9 个单元均为平行四边形。

曲面在边界处的跨界导矢是构造曲面间连续性的关键。以 $u=0$ 的边界曲线 $\boldsymbol{p}(0,v)$ 为例，其沿 u 方向的 k 阶跨界导矢表示为

$$\frac{\partial^k\boldsymbol{p}(0,v)}{\partial u^k}=\frac{n!}{(n-k)!}\sum_{j=0}^{m}\Delta^{k,0}\boldsymbol{b}_{0,j}B_{j,m}(v)\tag{3.91}$$

同理，$v=0$ 的边界曲线 $\boldsymbol{p}(u,0)$，其沿 v 方向的 l 阶跨界导矢表示为

$$\frac{\partial^l\boldsymbol{p}(u,0)}{\partial v^l}=\frac{m!}{(m-l)!}\sum_{i=0}^{n}\Delta^{0,l}\boldsymbol{b}_{i,0}B_{i,n}(u)\tag{3.92}$$

其他两条边界曲线的跨界导矢类似。观察式(3.92)可以发现，边界曲线的 k 阶跨界导矢由与该边界曲线相平行的 $k+1$ 排控制顶点确定，这对施加曲面间 C^k 连续性条件至关重要。图 3.38(b)为双三次平移贝齐尔曲面的边界曲线 $\boldsymbol{p}(u,0)$沿 v 方向跨界切矢的 4 个差分矢量，对于平移贝齐尔曲面，这些差分矢量相等。

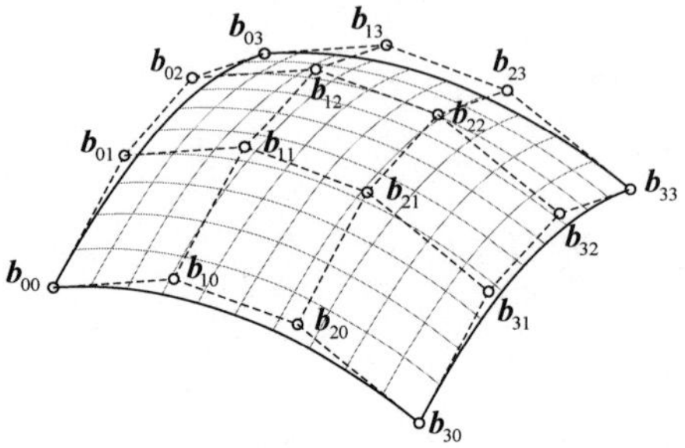

(a) 双三次平移贝齐尔曲面

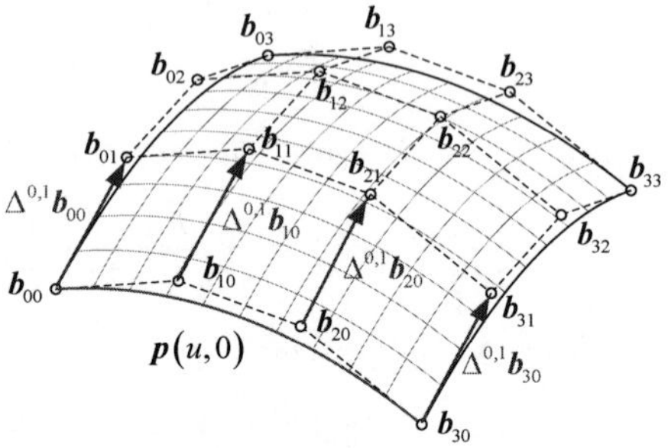

(b) 边界曲线跨界切矢的差分矢量

图 3.38 双三次平移贝齐尔曲面及其跨界切矢

曲面的导矢可以用于计算曲面法矢。给定参数点 $u=u_0$，$v=v_0$，曲面在该点处的法矢由曲面经过该点的两条等参数线 $\boldsymbol{p}(u,v_0)$与 $\boldsymbol{p}(u_0,v)$的切矢决定，即

$$\boldsymbol{n}(u_0,v_0)=\frac{\boldsymbol{p}_u(u,v_0)\times\boldsymbol{p}_v(u_0,v)}{\|\boldsymbol{p}_u(u,v_0)\times\boldsymbol{p}_v(u_0,v)\|}\tag{3.93}$$

在曲面的 4 个角点处，两条等参数线为边界曲线，偏导矢仅与边界控制顶点相关。以角点

$u=0, v=0$ 为例，其法矢计算为

$$\boldsymbol{n}(0,0)=\frac{\Delta^{1,0}\boldsymbol{b}_{0,0}\times\Delta^{0,1}\boldsymbol{b}_{0,0}}{\|\Delta^{1,0}\boldsymbol{b}_{0,0}\times\Delta^{0,1}\boldsymbol{b}_{0,0}\|}=\frac{(\boldsymbol{b}_{10}-\boldsymbol{b}_{00})\times(\boldsymbol{b}_{01}-\boldsymbol{b}_{00})}{\|(\boldsymbol{b}_{10}-\boldsymbol{b}_{00})\times(\boldsymbol{b}_{01}-\boldsymbol{b}_{00})\|} \tag{3.94}$$

可见 $\boldsymbol{n}(0,0)$仅与拐角处的 3 个顶点 $\boldsymbol{b}_{00}$、$\boldsymbol{b}_{10}$、$\boldsymbol{b}_{01}$ 相关。若差分矢量 $\Delta^{1,0}\boldsymbol{b}_{0,0}$ 与 $\Delta^{0,1}\boldsymbol{b}_{0,0}$ 线性相关，法矢 $\boldsymbol{n}(0,0)$的分子与分母为 0，此时曲面角点 $\boldsymbol{p}(0,0)$称为退化角点。图 3.39 给出了法矢公式失效的两类范例。第一类是整条边界曲线退化为一点，如图 3.39(a)所示，此时该点处法矢可能有定义，也可能没有定义。只有当退化点和与其相邻的所有 1 领域点位于同一平面时，该点处的法矢才有定义。对于图 3.39(a)所示退化点，需要所有 $\boldsymbol{b}_{i1}$ 点与退化点 c 共面。第二类是角点处的两个偏导矢相互平行，如图 3.39(b)所示。当点 $\boldsymbol{b}_{00}$、$\boldsymbol{b}_{10}$、$\boldsymbol{b}_{01}$ 共线时，根据式(3.94)无法计算法矢，此时法矢可以通过共线点 $\boldsymbol{b}_{00}$、$\boldsymbol{b}_{10}$、$\boldsymbol{b}_{01}$ 与点 $\boldsymbol{b}_{11}$ 所形成的平面决定。

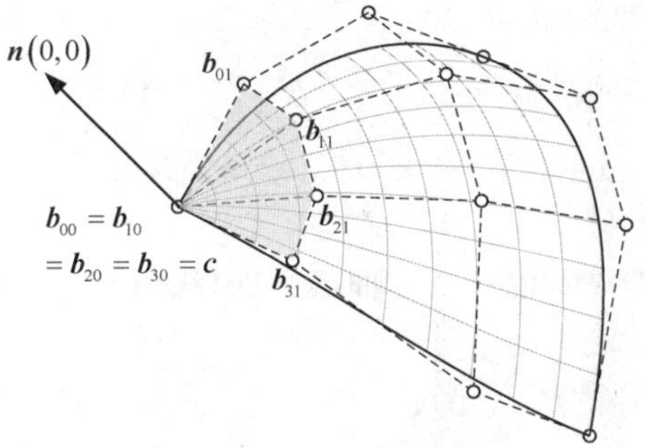

(a) 边界曲线退化情况

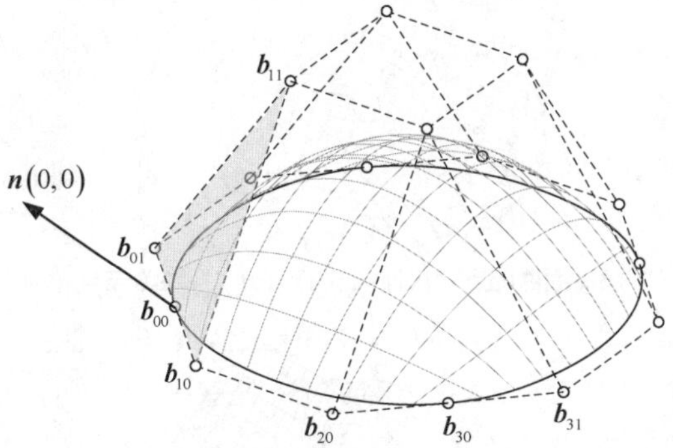

(b) 偏导矢平行情况

图 3.39　贝齐尔曲面角点处法矢特例

3.3.3　曲面分割与矩阵表达

贝齐尔曲面分割指通过等参数线将曲面分割为多张子曲面片，是贝齐尔曲线分割的推广。类似于贝齐尔曲线分割，也可以通过德卡斯特里奥算法来计算分割后的子曲面片的控制顶点。

以一张 $n\times m$ 次贝齐尔曲面为例，以参数 $u=\bar{u}$ 将曲面分割成定义为 $[0,\bar{u}]\otimes[0,1]$ 与 $[\bar{u},1]\otimes[0,1]$的两张子曲面片。可以对每一排控制顶点 $\boldsymbol{b}_{ij}$ $(i=0,1,\cdots,n)$进行德卡斯特里奥递推，所得 $n+1$ 排中间顶点 $\boldsymbol{b}_{0,j}^{0,0},\boldsymbol{b}_{0,j}^{1,0},\cdots,\boldsymbol{b}_{0,j}^{k,0},\cdots,\boldsymbol{b}_{0,j}^{n,0}$ 为第一张曲面控制顶点，另外 $n+1$ 排中间顶点 $\boldsymbol{b}_{0,j}^{n,0},\boldsymbol{b}_{1,j}^{n-1,0},\boldsymbol{b}_{2,j}^{n-2,0},\cdots,\boldsymbol{b}_{n,j}^{0,0}$ 为第二张曲面控制顶点。继续以参数 $v=\bar{v}$ 对前述所得两张子曲面片沿 v 方向进行德卡斯特里奥递推，可以获得 4 张子曲面片的控制顶点。

贝齐尔曲面方程也可以通过矩阵形式表达，式(3.71)可以采用矩阵形式重写为

$$\boldsymbol{p}(u,v)=\begin{bmatrix}B_{0,n}(u) & B_{1,n}(u) & \cdots & B_{n,n}(u)\end{bmatrix}\begin{bmatrix}\boldsymbol{b}_{00} & \boldsymbol{b}_{01} & \cdots & \boldsymbol{b}_{0m}\\ \boldsymbol{b}_{10} & \boldsymbol{b}_{11} & \cdots & \boldsymbol{b}_{1m}\\ \vdots & \vdots & \ddots & \vdots\\ \boldsymbol{b}_{n0} & \boldsymbol{b}_{n1} & \cdots & \boldsymbol{b}_{nm}\end{bmatrix}\begin{bmatrix}B_{0,m}(v)\\ B_{1,m}(v)\\ \vdots\\ B_{m,m}(v)\end{bmatrix}$$
$$=\boldsymbol{U}\boldsymbol{M}_n\boldsymbol{P}\boldsymbol{M}_m^{\mathrm{T}}\boldsymbol{V}^{\mathrm{T}} \tag{3.95}$$

其中

$$\boldsymbol{U}=\begin{bmatrix}1 & u & u^2 & \cdots & u^n\end{bmatrix}$$
$$\boldsymbol{V}=\begin{bmatrix}1 & v & v^2 & \cdots & v^m\end{bmatrix}\quad \boldsymbol{P}=\begin{bmatrix}\boldsymbol{b}_{00} & \boldsymbol{b}_{01} & \cdots & \boldsymbol{b}_{0m}\\ \boldsymbol{b}_{10} & \boldsymbol{b}_{11} & \cdots & \boldsymbol{b}_{1m}\\ \vdots & \vdots & \ddots & \vdots\\ \boldsymbol{b}_{n0} & \boldsymbol{b}_{n1} & \cdots & \boldsymbol{b}_{nm}\end{bmatrix} \tag{3.96}$$

矩阵 $\boldsymbol{M}_n$ 的维度为$(n+1)\times(n+1)$，$\boldsymbol{M}_m$ 的维度为$(m+1)\times(m+1)$，其分量表达见式(3.54)。当 $n=m$ 时，矩阵 $\boldsymbol{M}_n$ 与 $\boldsymbol{M}_m$ 相等。

贝齐尔曲面的矩阵表达可以用于曲面分割。首先考虑贝齐尔曲面上的任意分割$[a,b]\otimes[c,d]$，$(0\leqslant a,b,c,d\leqslant 1)$，即计算贝齐尔曲面定义域中的子域$[a,b]\otimes[c,d]$所对应曲面分片 $\boldsymbol{q}(s,t)$，$0\leqslant s,t\leqslant 1$ 的贝齐尔表达。参考曲线矩阵分割中的式(3.51)～(3.58)，采用重新参数化方法来计算。令 $u=(b-a)s+a$，$s\in[0,1]$，$v=(d-c)t+c$，$t\in[0,1]$，式(3.70)和式(3.71)中以 u 与 v 为变量的基函数矢量可以重新参数化为以 s 与 t 为变量的基函数矢量，有

$$\begin{aligned}\boldsymbol{U}&=\begin{bmatrix}1 & u & u^2 & \cdots & u^n\end{bmatrix}\\ &=\begin{bmatrix}1 & ((b-a)s+a) & ((b-a)s+a)^2 & \cdots & ((b-a)s+a)^n\end{bmatrix}\\ &=\begin{bmatrix}1 & s & s^2 & \cdots & s^n\end{bmatrix}\begin{bmatrix}1 & a & a^2 & \cdots & a^n\\ & (b-a) & 2a(b-a) & \cdots & \mathrm{C}_n^1a^{n-1}(b-a)\\ & & (b-a)^2 & \cdots & \mathrm{C}_n^2a^{n-2}(b-a)^2\\ & & & \ddots & \vdots\\ 0 & & & & (b-a)^n\end{bmatrix}\\ &=\boldsymbol{S}\boldsymbol{T}_n\end{aligned} \tag{3.97}$$

其中，矩阵 $\boldsymbol{T}_n$ 的维度为$(n+1)\times(n+1)$，分量 t_{ij}^n 见式(3.61)。同理，基函数矢量 $\boldsymbol{V}$ 表示为

$$V = TT_m \tag{3.98}$$

其中，$T = [1 \quad t \quad t^2 \quad \cdots \quad t^n]$，$T_m$ 的维度为$(m+1)\times(m+1)$，分量 t_{ij}^m 表示为

$$t_{ij}^m = \begin{cases} C_j^i (d-c)^i c^{j-i}, & i \leqslant j \\ 0, & i > j \end{cases} \tag{3.99}$$

将式(3.97)和式(3.98)代入式(3.95)，可得

$$q(s,t) = p\,|_{u\in[a,b],v\in[c,d]}(u,v) = ST_n M_n P M_m^{\mathrm T} T_m^{\mathrm T} T^{\mathrm T} \tag{3.100}$$

为了计算子曲面 $q(s,t)$的控制顶点，将式(3.100)表述成式(3.95)的形式，有

$$\begin{aligned} q(s,t) &= ST_n M_n P M_m^{\mathrm T} T_m^{\mathrm T} T^{\mathrm T} \\ &= S(M_n M_n^{-1}) T_n M_n P M_m^{\mathrm T} T_m^{\mathrm T} (M_m^{-\mathrm T} M_m^{\mathrm T}) T^{\mathrm T} \\ &= SM_n (M_n^{-1} T_n M_n) P (M_m^{\mathrm T} T_m^{\mathrm T} M_m^{-\mathrm T}) M_m^{\mathrm T} T^{\mathrm T} \end{aligned} \tag{3.101}$$

令

$$S_L = M_n^{-1} T_n M_n, \quad S_R = M_m^{-1} T_m M_m \tag{3.102}$$

式(3.102)可以简化为

$$q(s,t) = SM_n (S_L P S_R^{\mathrm T}) M_m^{\mathrm T} T^{\mathrm T} = SM_n Q M_m^{\mathrm T} T^{\mathrm T} \tag{3.103}$$

其中

$$Q = S_L P S_R^{\mathrm T} \tag{3.104}$$

矩阵 Q 即为初始 $n\times m$ 次贝齐尔曲面在任意参数分割$[a,b]\otimes[c,d]$上的子曲面片的贝齐尔控制顶点。图 3.40 为一张 4×3 次贝齐尔曲面对应的 3 种不同参数分割，其中深色区域表示分割后的子曲面，黑色点为子曲面的控制顶点。

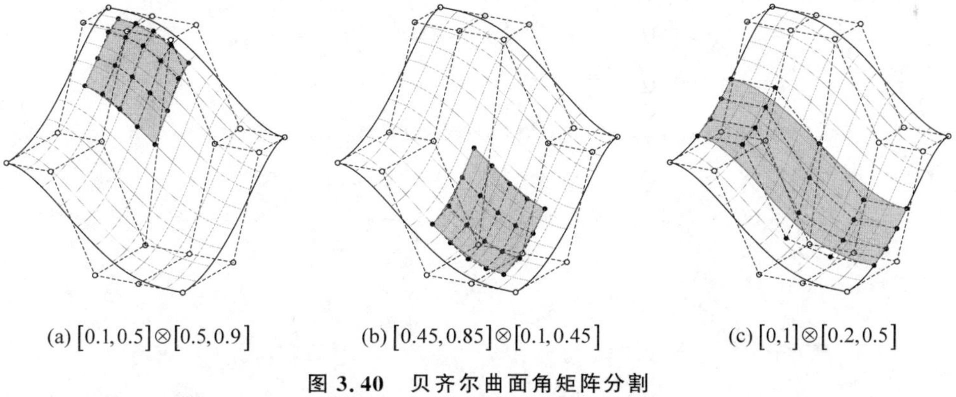

(a) $[0.1,0.5]\otimes[0.5,0.9]$　(b) $[0.45,0.85]\otimes[0.1,0.45]$　(c) $[0,1]\otimes[0.2,0.5]$

图 3.40　贝齐尔曲面角矩阵分割

双三次贝齐尔曲面在实际应用中较为普遍，沿中间参数 $\bar{u}=0.5$，$\bar{v}=0.5$ 将其一分为四的曲面分割算法在可视化、求交、分析等领域应用较多，可以看作上述算法的特例，这里对其单独分析。对于双三次贝齐尔曲面，次数 $n=m=3$，矩阵

$$\boldsymbol{M}_n=\boldsymbol{M}_m=\boldsymbol{M}=\begin{bmatrix}1 & 0 & 0 & 0\\ -3 & 3 & 0 & 0\\ 3 & -6 & 3 & 0\\ -1 & 3 & -3 & 1\end{bmatrix} \tag{3.105}$$

按中间参数 $\bar{u}=0.5,\bar{v}=0.5$ 分割，4个子曲面分别标记 $\boldsymbol{p}_{11}(u,v),\{u\in[0,0.5],v\in[0,0.5]\}$，$\boldsymbol{p}_{12}(u,v),\{u\in[0,0.5],v\in[0.5,1]\}$，$\boldsymbol{p}_{21}(u,v),\{u\in[0.5,1],v\in[0,0.5]\}$，以及 $\boldsymbol{p}_{22}(u,v),\{u\in[0.5,1],v\in[0,1]\}$。矩阵 $\boldsymbol{T}_n$ 与 $\boldsymbol{T}_m$ 仅与分割参数 a、b、c、d 以及次数有关，对于双三次贝齐尔曲面，有

$$\boldsymbol{T}_{[0,0.5]}=\begin{bmatrix}1 & 0 & 0 & 0\\ 0 & 1/2 & 0 & 0\\ 0 & 0 & 1/4 & 0\\ 0 & 0 & 0 & 1/8\end{bmatrix},\quad \boldsymbol{T}_{[0.5,1]}=\begin{bmatrix}1 & 1/2 & 1/4 & 1/8\\ 0 & 1/2 & 1/2 & 3/8\\ 0 & 0 & 1/4 & 3/8\\ 0 & 0 & 0 & 1/8\end{bmatrix} \tag{3.106}$$

因此，转换矩阵 $\boldsymbol{S}_L$ 与 $\boldsymbol{S}_R$ 仅有两种形式，与矩阵 $\boldsymbol{T}_{[0,0.5]}$ 与 $\boldsymbol{T}_{[0.5,1]}$ 对应。为了简化表达，这里令 $\boldsymbol{S}_L$ 对应于 $\boldsymbol{T}_{[0,0.5]}$，$\boldsymbol{S}_R$ 对应于 $\boldsymbol{T}_{[0.5,1]}$，即

$$\boldsymbol{S}_L=\boldsymbol{M}^{-1}\boldsymbol{T}_{[0,0.5]}\boldsymbol{M},\quad \boldsymbol{S}_R=\boldsymbol{M}^{-1}\boldsymbol{T}_{[0.5,1]}\boldsymbol{M} \tag{3.107}$$

将式(3.105)和式(3.106)代入式(3.107)，可得矩阵 $\boldsymbol{S}_L$ 与 $\boldsymbol{S}_R$ 的显式表达如下

$$\boldsymbol{S}_L=\begin{bmatrix}1 & 0 & 0 & 0\\ 1/2 & 1/2 & 0 & 0\\ 1/4 & 1/2 & 1/4 & 0\\ 1/8 & 3/8 & 3/8 & 1/8\end{bmatrix},\quad \boldsymbol{S}_R=\begin{bmatrix}1/8 & 3/8 & 3/8 & 1/8\\ 0 & 1/4 & 1/2 & 1/4\\ 0 & 0 & 1/2 & 1/2\\ 0 & 0 & 0 & 1\end{bmatrix} \tag{3.108}$$

最终，4张子曲面片对应的贝齐尔曲面控制顶点可以表示为

$$\begin{cases}\boldsymbol{p}_{11}(u,v),\boldsymbol{Q}_{11}=\boldsymbol{S}_L\boldsymbol{P}\boldsymbol{S}_L^{\mathrm{T}},0\leqslant u\leqslant 0.5,0\leqslant v\leqslant 0.5\\ \boldsymbol{p}_{12}(u,v),\boldsymbol{Q}_{12}=\boldsymbol{S}_L\boldsymbol{P}\boldsymbol{S}_R^{\mathrm{T}},0\leqslant u\leqslant 0.5,0.5\leqslant v\leqslant 1\\ \boldsymbol{p}_{21}(u,v),\boldsymbol{Q}_{21}=\boldsymbol{S}_R\boldsymbol{P}\boldsymbol{S}_L^{\mathrm{T}},0.5\leqslant u\leqslant 1,0\leqslant v\leqslant 0.5\\ \boldsymbol{p}_{22}(u,v),\boldsymbol{Q}_{22}=\boldsymbol{S}_R\boldsymbol{P}\boldsymbol{S}_R^{\mathrm{T}},0.5\leqslant u\leqslant 1,0.5\leqslant v\leqslant 1\end{cases} \tag{3.109}$$

图3.41为一张双三次贝齐尔曲面及其按中间参数分割后的4张子曲面片。

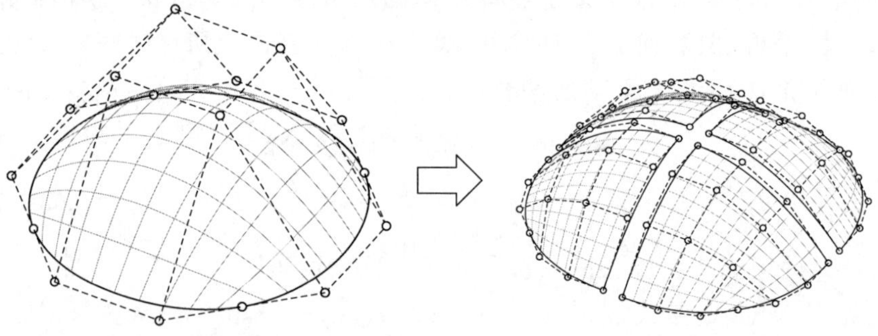

图3.41 双三次贝齐尔曲面及其按中间参数分割后的4张子曲面片

3.3.4 曲面升阶与降阶

曲面升阶可以为曲面设计提供更多的灵活性。与曲线升阶一致，一张 $n\times m$ 次贝齐尔曲面可以精确地表示为$(n+1)\times m$ 次，即

$$\boldsymbol{p}(u,v)=\sum_{i=0}^{n}\sum_{j=0}^{m}\boldsymbol{b}_{ij}B_{i,n}(u)B_{j,m}(v)=\sum_{j=0}^{m}\left[\sum_{i=0}^{n+1}\bar{\boldsymbol{b}}_{ij}B_{i,n+1}(u)\right]B_{j,m}(v) \quad (3.110)$$

其中，$\bar{\boldsymbol{b}}_{ij}$ 为升阶后的控制顶点；方括号表示对贝齐尔曲面控制网格中沿 u 方向的 $m+1$ 行控制顶点所定义的 $m+1$ 条贝齐尔曲线进行升阶。借助曲线升阶公式(3.66)，可得

$$\bar{\boldsymbol{b}}_{i,j}=\frac{i}{n+1}\boldsymbol{b}_{i-1,j}+\left(1-\frac{i}{n+1}\right)\boldsymbol{b}_{i,j},\quad \begin{cases}i=0,1,\cdots,n+1\\ j=0,1,\cdots,m\end{cases} \quad (3.111)$$

其中，$\boldsymbol{b}_{-1,j}=\boldsymbol{b}_{n+1,j}=\boldsymbol{0}$。沿 v 方向升阶可以采用同样的方式。对于在 u 向与 v 向同时进行升阶的情况中，可以先沿 u 方向升阶，再沿 v 方向升阶；也可以先沿 v 方向再沿 u 方向升阶，或者将两种升阶方式合并为一步进行

$$\bar{\boldsymbol{b}}_{i,j}=\begin{bmatrix}\dfrac{i}{n+1} & 1-\dfrac{i}{n+1}\end{bmatrix}\begin{bmatrix}\boldsymbol{b}_{i-1,j-1} & \boldsymbol{b}_{i-1,j}\\ \boldsymbol{b}_{i,j-1} & \boldsymbol{b}_{i,j}\end{bmatrix}\begin{bmatrix}\dfrac{j}{m+1}\\ 1-\dfrac{j}{m+1}\end{bmatrix},\quad \begin{cases}i=0,1,\cdots,n+1\\ j=0,1,\cdots,m+1\end{cases} \quad (3.112)$$

图 3.42 所示为一张双二次贝齐尔曲面升阶为双三次贝齐尔曲面的过程，图 3.42(b)中的三角点为沿 u 方向升阶 1 次后的 3×2 次曲面控制顶点，图 3.42(c)中的方形点为再次沿 v 方向升阶 1 次后的双三次曲面控制顶点。

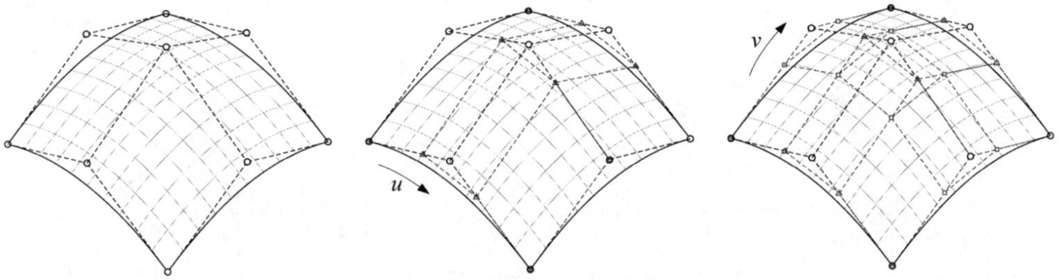

(a) 双二次贝齐尔曲面　(b) 先沿u方向升阶1次　(c) 再沿v方向升阶1次

图 3.42 双二次贝齐尔曲面升阶为双三次贝齐尔曲面的过程

一般而言，曲面的降阶是一个近似过程。可以采用最小二乘拟合的方式来计算降阶后的曲面控制顶点，与 3.2.6 节介绍的曲线降阶方法类似，也可以直接将升阶公式转成一类降阶公式。例如，令 $n\times m$ 次贝齐尔曲面沿 u 方向降阶 1 次成为$(n-1)\times m$ 次贝齐尔曲面，

$\bar{\boldsymbol{b}}_{i,j}(i=0,1,\cdots,n;\ j=0,1,\cdots,m)$表示降阶前曲面控制顶点，$\boldsymbol{b}_{i,j}(i=0,1,\cdots,n-1;\ j=0,1,\cdots,m)$表示降阶后曲面控制顶点，由升阶公式(3.111)可得

$$\boldsymbol{b}_{i,j}^{1}=\frac{n}{n-i}\bar{\boldsymbol{b}}_{i,j}-\frac{i}{n-i}\boldsymbol{b}_{i-1,j},\quad \begin{cases}i=0,1,\cdots,n-1\\ j=0,1,\cdots,m\end{cases} \tag{3.113}$$

与

$$\boldsymbol{b}_{i-1,j}^{2}=\frac{n}{i}\bar{\boldsymbol{b}}_{i,j}-\frac{n-i}{i}\boldsymbol{b}_{i,j},\quad \begin{cases}i=n,n-1,\cdots,1\\ j=0,1,\cdots,m\end{cases} \tag{3.114}$$

式(3.113)和式(3.14)均可以计算出一张$(n-1)\times m$次贝齐尔曲面的控制顶点，通过观察可以发现，式(3.113)未考虑初始曲面沿u方向的末端一排控制顶点$\bar{\boldsymbol{b}}_{n,j}$，式(3.114)未考虑初始曲面沿$u$方向的首端一排控制顶点$\bar{\boldsymbol{b}}_{0,j}$。因此，式(3.113)所得降阶曲面在$u$向末端处变差，式(3.104)所得降阶曲面在$u$向首端处变差。为了降低式(3.113)与式(3.114)在曲面沿u方向首末端处的曲面变形，对两式所得曲面控制顶点进行线性插值来提升降阶曲面的质量，取

$$\boldsymbol{b}_{i,j}=\left(1-\frac{i}{n-1}\right)\boldsymbol{b}_{i,j}^{1}+\frac{i}{n-1}\boldsymbol{b}_{i,j}^{2}\quad \begin{cases}i=0,1,\cdots,n-1\\ j=0,1,\cdots,m\end{cases} \tag{3.115}$$

图3.43所示为一张双三次贝齐尔曲面降阶为2×3次贝齐尔曲面的过程，其中图3.43(b)与图3.43(c)分别对应式(3.113)与式(3.114)的降阶结果，两张降阶曲面在u向末端和首端有较大误差。图3.43(d)为式(3.115)的降阶结果，相比于前两种降阶曲面，曲面质量得到改善。但是，所得曲面与初始曲面并不完全一致，由图可以发现降阶曲面角点处的3个控制顶点不再共线。

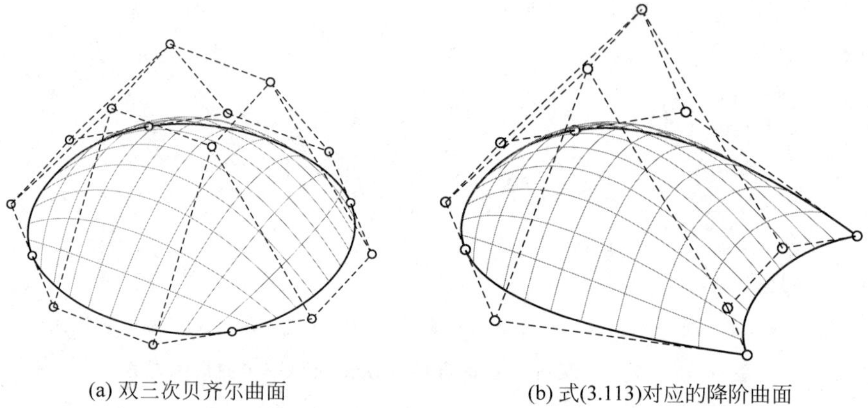

(a) 双三次贝齐尔曲面　　(b) 式(3.113)对应的降阶曲面

图3.43　双三次贝齐尔曲面降阶为2×3次贝齐尔曲面的过程

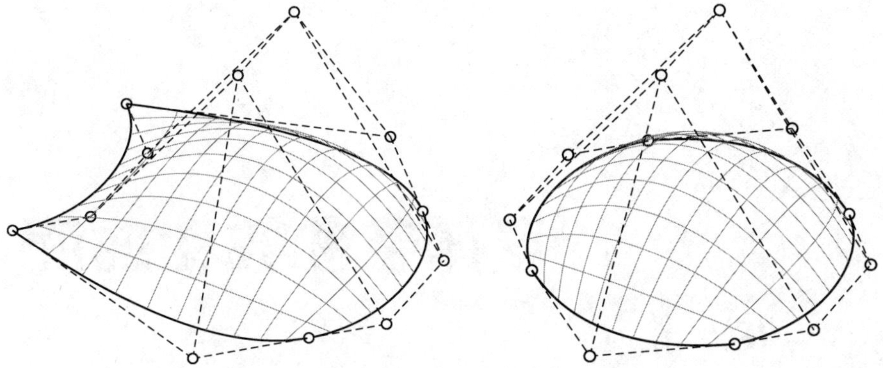

(c) 式(3.114)对应的降阶曲面　　(d) 式(3.115)对应的降阶曲面

图 3.43 （续）

第4章

B样条曲线和曲面

CHAPTER 4

贝齐尔方法具有许多优良性质，但是在局部控制和复杂几何形状表达等方面存在缺点。移动贝齐尔曲线和曲面上的任一控制顶点会影响到整条曲线或者整张曲面的形状。此外，一段贝齐尔曲线或者一张贝齐尔曲面难以表达具有复杂几何形状的曲线和曲面，采用组合曲线或者组合曲面的方式又会引入连续性控制问题。B样条方法在保留贝齐尔一系列优良性质的同时，在一定程度上克服了贝齐尔方法在局部控制和复杂几何形状表达上存在的缺陷，大幅提升了自由型曲线和曲面的设计和控制能力。

B样条方法最早由数学家舍恩伯格(Isaac Jacob Schoenberg，1903—1990年)于1946年引入用于数据光顺，并开启了现代样条逼近理论的发展。此后德布尔(de Boor)、考克斯(Cox)、戈登(Gordon)、里森费尔德(Riesenfeld)等发展并推广了B样条方法，助推其逐渐成为形状几何描述和设计的重要工具之一，并成为当今工业产品几何定义相关国际标准中的非均匀有理B样条的基础。

4.1 B样条曲线的定义与基础计算

4.1.1 B样条曲线与基函数定义

在表达形式上，B样条曲线与基于伯恩斯坦基函数的贝齐尔曲线保持一致，通过控制顶点与基函数来定义曲线。其与贝齐尔曲线定义的区别在于基函数的选取，为了能够描述复杂形状曲线和具备局部调整能力，B样条采用具有局部支撑特性的B样条基函数。一条 p 次B样条曲线可以定义为

$$\boldsymbol{p}(u)=\sum_{i=0}^{n}\boldsymbol{b}_i N_{i,p}(u),\quad a\leqslant u\leqslant b \tag{4.1}$$

其中，$\boldsymbol{b}_i$ 为控制顶点，按次序所构成的多边形称为控制多边形；n 表示控制顶点个数减1；$N_{i,p}(u)$表示第 i 个 p 次B样条基函数。在贝齐尔曲线表达式(3.4)中，伯恩斯坦基函数 $B_{j,n}(u)$的次数 n 等于控制顶点的个数减1，而B样条基函数 $N_{i,p}(u)$的次数 p 不再与控制顶点个数相关联。这意味着B样条曲线的次数不会因为控制顶点个数的增加而提高，为低阶曲线表达复杂几何形状奠定了基础。图4.1展示了分别基于单条B样条曲线表达的和平鸽轮廓与蝴蝶左侧对称轮廓。

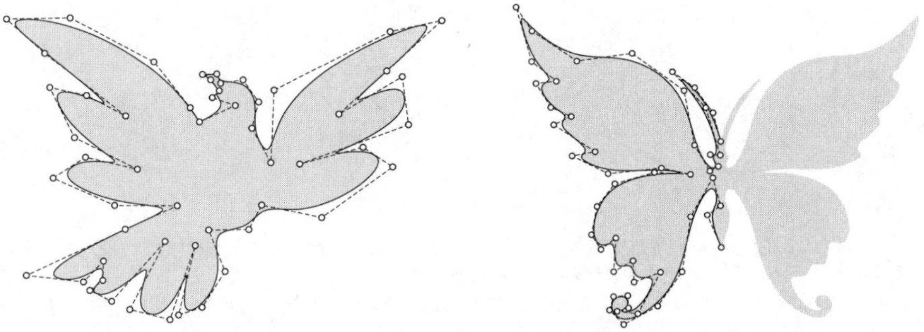

(a) 和平鸽轮廓　　(b) 蝴蝶左侧对称轮廓

图4.1 基于单条B样条曲线表达的和平鸽轮廓与蝴蝶左侧对称轮廓

B样条基函数 $N_{i,p}(u)$的定义有多种方式，其中最适用于计算机程序实现的要数德布尔、考克斯与曼森菲尔德等提出的递推定义。给定单调非递减实参数序列 $U=\{u_0,u_1,u_2,\cdots,u_{n+p+1}\}$，即 $u_i\leqslant u_{i+1}$，$i=0,1,\cdots,n+p$，在其上定义的一组B样条基函数表示为

$$N_{i,p}(u)=\frac{u-u_i}{u_{i+p}-u_i}N_{i,p-1}(u)+\frac{u_{i+p+1}-u}{u_{i+p+1}-u_{i+1}}N_{i+1,p-1}(u),\quad p\geqslant 1 \tag{4.2}$$

当 $p=0$ 时

$$N_{i,0}(u)=\begin{cases}1, & u_i \leqslant u < u_{i+1}\\ 0, & \text{其他}\end{cases} \tag{4.3}$$

参数序列 U 称为节点矢量，u_i 称为节点，$[u_i, u_{i+1})$ 称为第 i 个节点区间，并规定 $0/0=0$。

观察上述定义式可以发现：

(1) 当次数 $p=0$ 时，B 样条基函数 $N_{i,0}(u)$ 为阶梯函数，在节点区间 $[u_i, u_{i+1})$ 上值为 1，在区间外值为 0。

(2) 节点区间 $[u_i, u_{i+1})$ 的长度可以为 0，即 $u_i=u_{i+1}$。当出现连续多个节点相同的情况时，式(4.2)右侧分式可能出现 $0/0$ 的情形，此时 $0/0=0$。

(3) 式(4.2)表明一条 p 次 B 样条基函数可以表示成两条 $p-1$ 次 B 样条基函数的线性组合。

(4) 基函数的计算与节点矢量 U 和次数 p 有关，与控制顶点 $\boldsymbol{b}_i$ 无关。

下面以三次 B 样条基函数的计算为例，来演示其递推过程。

【例 4.1】 令节点矢量 $U=\{u_0=0, u_1=1, u_2=2, u_3=3, u_4=4, u_5=5, u_6=6\}$，次数 $p=3$，计算在 U 上定义的三次 B 样条基函数。

解：根据 B 样条基函数的递推关系式，可绘制图 4.2 所示的递推三角阵列。为了书写便利，基函数 $N_{i,p}(u)$ 采用 $N_{i,p}$ 表达，后文除特别声明，$N_{i,p}$ 等同于 $N_{i,p}(u)$。

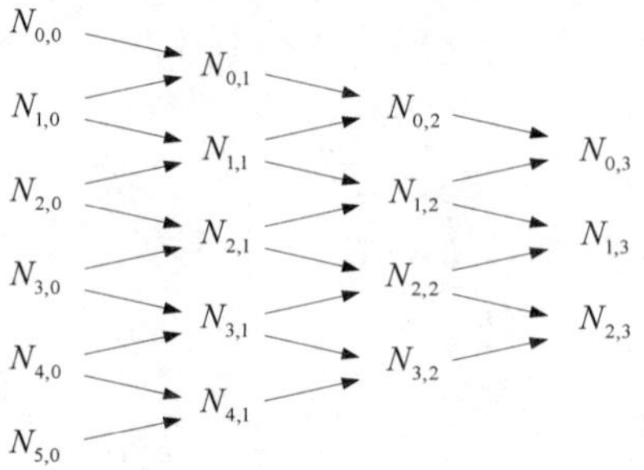

图 4.2　定义在 $U=\{u_0=0, u_1=1, u_2=2, u_3=3, u_4=4, u_5=5, u_6=6\}$ 上的三次 B 样条基函数递推阵列

当 $p=0$ 时，节点矢量 U 上可定义 6 个零次 B 样条基函数 $N_{i,0}(u)$ 如下

$$N_{0,0}(u)=\begin{cases}1, & 0\leqslant u<1\\ 0, & \text{其他}\end{cases}\quad N_{1,0}(u)=\begin{cases}1, & 1\leqslant u<2\\ 0, & \text{其他}\end{cases}\quad N_{2,0}(u)=\begin{cases}1, & 2\leqslant u<3\\ 0, & \text{其他}\end{cases}$$

$$N_{3,0}(u)=\begin{cases}1, & 3\leqslant u<4\\ 0, & \text{其他}\end{cases}\quad N_{4,0}(u)=\begin{cases}1, & 4\leqslant u<5\\ 0, & \text{其他}\end{cases}\quad N_{5,0}(u)=\begin{cases}1, & 5\leqslant u<6\\ 0, & \text{其他}\end{cases}$$

图 4.3 所示为 6 个零次 B 样条基函数的非零段曲线。

当 $p=1$ 时，节点矢量 U 上可定义 5 个一次 B 样条基函数 $N_{i,1}(u)$ 如下

$$N_{0,1}(u)=\frac{u-0}{1-0}N_{0,0}+\frac{2-u}{2-1}N_{1,0}=\begin{cases}u, & 0\leqslant u<1\\ 2-u, & 1\leqslant u<2\end{cases}$$

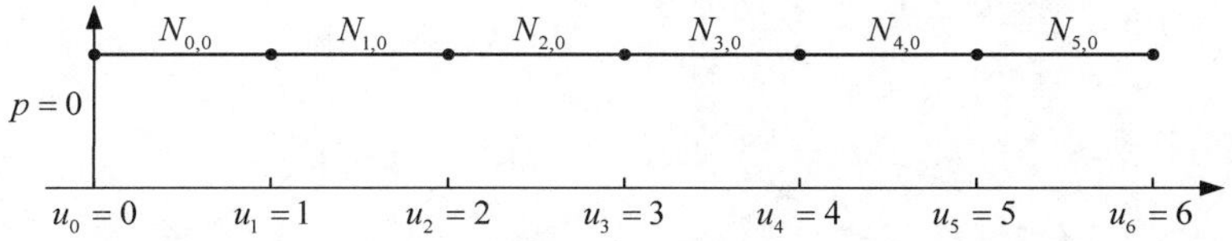

图 4.3 定义在 $U=\{u_0=0,u_1=1,u_2=2,u_3=3,u_4=4,u_5=5,u_6=6\}$ 上的零次 B 样条基函数非零段曲线

$$N_{1,1}(u)=\frac{u-1}{2-1}N_{1,0}+\frac{3-u}{3-2}N_{2,0}=\begin{cases}u-1, & 1\leqslant u<2\\ 3-u, & 2\leqslant u<3\end{cases}$$

$$N_{2,1}(u)=\frac{u-2}{3-2}N_{2,0}+\frac{4-u}{4-3}N_{3,0}=\begin{cases}u-2, & 2\leqslant u<3\\ 4-u, & 3\leqslant u<4\end{cases}$$

$$N_{3,1}(u)=\frac{u-3}{4-3}N_{3,0}+\frac{5-u}{5-4}N_{4,0}=\begin{cases}u-3, & 3\leqslant u<4\\ 5-u, & 4\leqslant u<5\end{cases}$$

$$N_{4,1}(u)=\frac{u-4}{5-4}N_{3,0}+\frac{6-u}{6-5}N_{4,0}=\begin{cases}u-4, & 4\leqslant u<5\\ 6-u, & 5\leqslant u<6\end{cases}$$

图 4.4 所示为 5 个一次 B 样条基函数的非零段曲线。

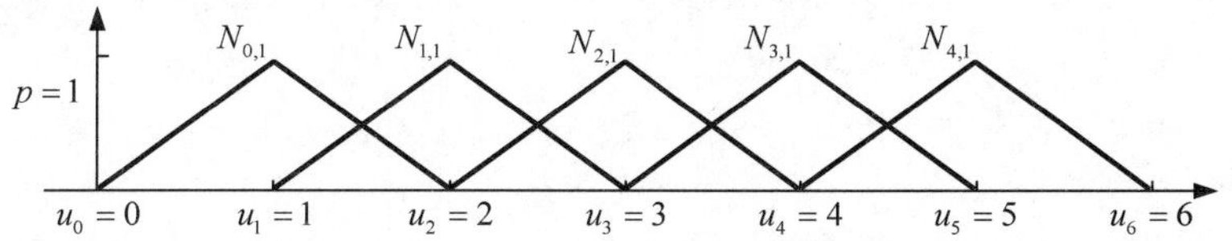

图 4.4 定义在 $U=\{u_0=0,u_1=1,u_2=2,u_3=3,u_4=4,u_5=5,u_6=6\}$ 上的一次 B 样条基函数非零段曲线

当 $p=2$ 时，节点矢量 U 上可定义 4 个二次 B 样条基函数 $N_{i,2}(u)$ 如下

$$N_{0,2}(u)=\frac{u-0}{2-0}N_{0,1}+\frac{3-u}{3-1}N_{1,1}=\begin{cases}u^2/2, & 0\leqslant u<1\\ (-2u^2+6u-3)/2, & 1\leqslant u<2\\ (u-3)^2/2, & 2\leqslant u<3\end{cases}$$

$$N_{1,2}(u)=\frac{u-1}{3-1}N_{1,1}+\frac{4-u}{4-2}N_{2,1}=\begin{cases}(u-1)^2/2, & 1\leqslant u<2\\ (-2u^2+10u-11)/2, & 2\leqslant u<3\\ (u-4)^2/2, & 3\leqslant u<4\end{cases}$$

$$N_{2,2}(u)=\frac{u-2}{4-2}N_{2,1}+\frac{5-u}{5-3}N_{3,1}=\begin{cases}(u-2)^2/2, & 2\leqslant u<3\\ (-2u^2+14u-23)/2, & 3\leqslant u<4\\ (u-5)^2/2, & 4\leqslant u<5\end{cases}$$

$$N_{3,2}(u)=\frac{u-3}{5-3}N_{3,1}+\frac{6-u}{6-4}N_{4,1}=\begin{cases}(u-3)^2/2, & 3\leqslant u<4\\ (-2u^2+18u-39)/2, & 4\leqslant u<5\\ (u-6)^2/2, & 5\leqslant u<6\end{cases}$$

图 4.5 所示为 4 个二次 B 样条基函数的非零段曲线。

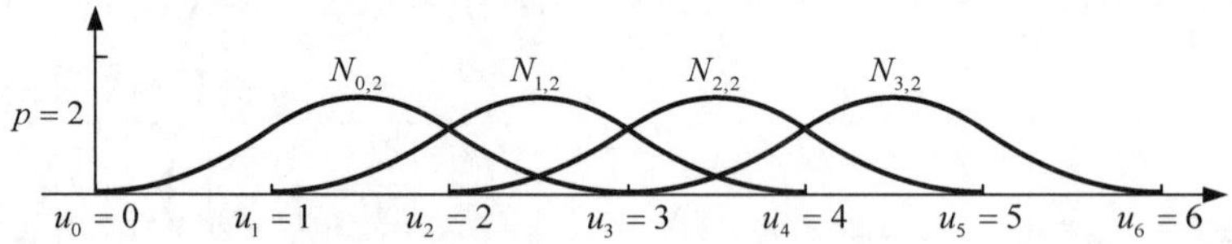

图 4.5　定义在 $U=\{u_0=0,u_1=1,u_2=2,u_3=3,u_4=4,u_5=5,u_6=6\}$ 上的二次 B 样条基函数非零段曲线

当 $p=3$ 时，节点矢量 U 上可定义 3 个三次 B 样条基函数 $N_{i,3}(u)$ 如下

$$N_{0,3}(u)=\frac{u-0}{3-0}N_{0,2}+\frac{4-u}{4-1}N_{1,2}=\begin{cases}u^3/6, & 0\leqslant u<1\\ (-3u^3+12u^2-12u+4)/6, & 1\leqslant u<2\\ (3u^3-24u^2+60u-44)/6, & 2\leqslant u<3\\ (4-u)^3/6, & 3\leqslant u<4\end{cases}$$

$$N_{1,3}(u)=\frac{u-1}{4-1}N_{1,2}+\frac{5-u}{5-2}N_{2,2}=\begin{cases}(u-1)^3/6, & 1\leqslant u<2\\ (-3u^3+21u^2-45u+31)/6, & 2\leqslant u<3\\ (3u^3-33u^2+117u-131)/6, & 3\leqslant u<4\\ (5-u)^3/6, & 4\leqslant u<5\end{cases}$$

$$N_{2,3}(u)=\frac{u-2}{5-2}N_{2,2}+\frac{6-u}{6-3}N_{3,2}=\begin{cases}(u-2)^3/6, & 2\leqslant u<3\\ (-3u^3+30u^2-96u+100)/6, & 3\leqslant u<4\\ (3u^3-42u^2+192u-284)/6, & 4\leqslant u<5\\ (6-u)^3/6, & 5\leqslant u<6\end{cases}$$

图 4.6 所示为 3 个三次 B 样条基函数的非零段曲线。

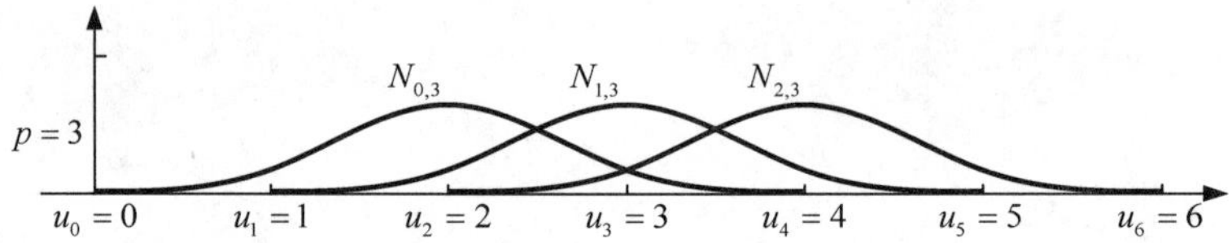

图 4.6　定义在 $U=\{u_0=0,u_1=1,u_2=2,u_3=3,u_4=4,u_5=5,u_6=6\}$ 上的三次 B 样条基函数非零段曲线

4.1.2　B 样条基函数的性质

B 样条曲线的诸多优良性质(包括局部控制与连续性等)是源自于 B 样条基函数的性质。因此，首先讨论 B 样条基函数的相关性质。B 样条基函数由节点矢量 U 和次数 p 定义，令节点矢量表示为 $U=\{u_0,u_1,\cdots,u_m\}$。

(1) 局部支撑性。

由 B 样条基函数的递推关系式(4.2)可以发现，第 i 条 p 次基函数 $N_{i,p}(u)$ 的递推计算涉

及 $u_i, u_{i+1}, \cdots, u_{i+p+1}$ 共 $p+2$ 个节点，其仅在区间 $[u_i, u_{i+p+1})$ 上为非零值，该区间称为基函数 $N_{i,p}(u)$ 的支撑区间。每个基函数的非零段曲线会跨越 $p+1$ 个节点区间。图 4.7 所示为定义在节点矢量 $U=\{u_0, u_1, u_2, u_3, u_4, u_5, u_6, u_7, u_8, u_9\}$ 上的 7 个二次 B 样条基函数和 6 个三次 B 样条基函数的非零段曲线。二次基函数 $N_{3,2}(u)$ 仅在节点区间 $[u_3, u_6)$ 上非零，跨越了 3 个节点区间。三次基函数 $N_{3,3}(u)$ 仅在节点区间 $[u_3, u_7)$ 上非零，跨越了 4 个节点区间。

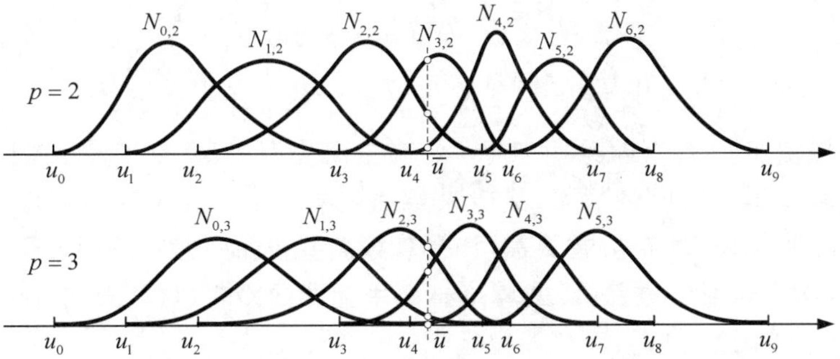

图 4.7 定义在 $U=\{u_0, u_1, u_2, u_3, u_4, u_5, u_6, u_7, u_8, u_9\}$ 上的二次和三次 B 样条基函数

给定任意节点区间 $u \in [u_i, u_{i+1})$，其上至多有 $p+1$ 个 p 次基函数 $N_{i,p}(u)$ 是非零的，分别为 $N_{i-p,p}, N_{i-p+1,p}, \cdots, N_{i,p}$。对于图 4.7 中给定的参数 $\bar{u} \in [u_4, u_5)$，仅有 3 个二次基函数 $N_{2,2}$、$N_{3,2}$、$N_{4,2}$ 非零，4 个三次基函数 $N_{1,3}$、$N_{2,3}$、$N_{3,3}$、$N_{4,3}$ 非零。

(2) 规范性。

对于任意节点区间 $[u_i, u_{i+1}) \subset [u_p, u_{n+1}]$，当 $u \in [u_i, u_{i+1})$ 时，所有非零基函数和为 1，即 $\sum\limits_{j=i-p}^{i} N_{j,p}(u)=1$。证明如下：

$$\begin{aligned}
\sum_{j=i-p}^{i} N_{j,p}(u) &= \sum_{j=i-p}^{i}\left[\frac{u-u_j}{u_{j+p}-u_j}N_{j,p-1}(u)+\frac{u_{j+p+1}-u}{u_{j+p+1}-u_{j+1}}N_{j+1,p-1}(u)\right] \\
&= \frac{u-u_{i-p}}{u_i-u_{i-p}}\underbrace{N_{i-p,p-1}(u)}_{=0}+\sum_{j=i-p+1}^{i} N_{j,p-1}(u)+\frac{u_{i+p+1}-u}{u_{i+p+1}-u_{i+1}}\underbrace{N_{i+1,p-1}(u)}_{=0} \\
&= \sum_{j=i-p+1}^{i} N_{j,p-1}(u)=\sum_{j=i-p+2}^{i} N_{j,p-2}(u)=\cdots=\sum_{j=i}^{i} N_{j,0}(u)=N_{i,0}(u)=1
\end{aligned}$$

(3) 非负性。

对于所有的 i、p、u，恒有 $N_{i,p}(u) \geqslant 0$，可通过归纳法证明。

(4) 可微性。

基函数 $N_{i,p}(u)$ 在节点区间内部满足无穷次可微，在节点 $u=u_j$ 处满足 $p-r$ 次可微，即连续性为 C^{p-r}。r 为节点重复度，表示节点矢量中与节点值 u_j 相同的节点个数。例 4.1 中

定义在节点矢量 $U=\{u_0=0,u_1=1,u_2=2,u_3=3,u_4=4,u_5=5,u_6=6\}$ 上的三次基函数 $N_{1,3}(u)$ 可以采用分段多项式显式表达为

$$N_{1,3}(u)=\begin{cases}(u-1)^3/6, & 1\leqslant u<2\\(-3u^3+21u^2-45u+31)/6, & 2\leqslant u<3\\(3u^3-33u^2+117u-131)/6, & 3\leqslant u<4\\(5-u)^3/6, & 4\leqslant u<5\end{cases}$$

其非零段曲线由 4 段三次多项式组合而成，如图 4.8 所示。当 $u=u_2=2$，节点重复度为 $r=1$，基函数在 u_2 处是 $p-r=2$ 次连续可微的，可通过其分段多项式函数验证。令定义在区间 $[1,2)$ 与 $[2,3)$ 上的分段三次多项式函数分别记为 $f_1(u)=(u-1)^3/6$ 与 $f_2(u)=(-3u^3+21u^2-45u+31)/6$，导函数计算如下

$$\begin{aligned}&f'_1(u)=(u-1)^2/2, && f'_2(u)=(-3u^2+14u-15)/2\\&f''_1(u)=u-1, && f''_2(u)=-3u+7\\&f'''_1(u)=1, && f'''_2(u)=-3\end{aligned}$$

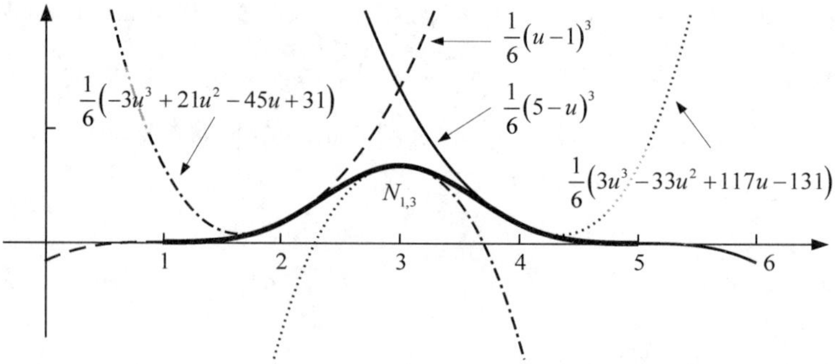

图 4.8　定义在 $U=\{u_0=0,u_1=1,u_2=2,u_3=3,u_4=4,u_5=5,u_6=6\}$ 上的基函数 $N_{1,3}$ 展开为分段多项式

当 $u=u_2=2$ 时，有 $f_1(2_-)=f_2(2_+)=1/6$，$f'_1(2_-)=f'_2(2_+)=1/2$，$f''_1(2_-)=f''_2(2_+)=1$，$f'''_1(2_-)\neq f'''_2(2_+)$。因此，基函数 $N_{1,3}(u)$ 在节点 u_2 处是二次连续可微的，即 C^2 连续。

(5) 重节点。

基函数在节点处的连续性由次数 p 和节点重复度 r 决定。增加基函数次数，可以提升基函数连续性；增加节点重复度，则会降低基函数连续性。考虑节点重复度对基函数曲线的影响，令初始节点矢量 $U=\{0,1,2,3,4,5,6\}$，其中 7 个节点的重复度均为 1，通过增加相同节点个数来提高节点重复度。图 4.8 所示为定义在初始节点矢量 U 上的二次基函数 $N_{1,2}$ 和三次基函数 $N_{1,3}$，非零段曲线分别跨越 3 个和 4 个节点区间。

图 4.10 展现了不同节点提高重复度后二次基函数 $N_{1,2}$ 的曲线形状变化。图 4.10(a)与图 4.10(d)表示将节点 u_1 的重复度增加到 2 和 3 时，基函数曲线在 $u=1$

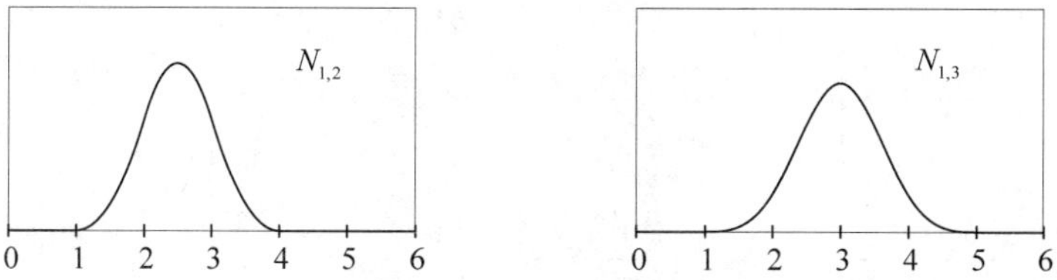

图 4.9　定义在 $U=\{0,1,2,3,4,5,6\}$ 上的二次基函数 $N_{1,2}$ 与三次基函数 $N_{1,3}$

处分别变为 C^0 连续(仅几何位置连续)和 C^{-1} 连续(不连续),非零段曲线的支撑区间变为 $[1,3)$ 与 $[1,2)$。图 4.10(a)与图 4.10(c)的非零段曲线呈现对称形态,支撑区间相同,但节点矢量不同。图 4.10(d)与图 4.10(f)的非零段曲线也呈现对称形态,且分别在 $u=1$ 与 $u=2$ 处具有三重节点,基函数曲线出现断点,不连续。图 4.10(b)与图 4.10(e)的非零段曲线本身分别关于 $u=1.5$ 与 $u=2$ 对称。图 4.10(e)在参数 $u=2$ 处有两重节点,为 C^0 连续,呈现尖点形态。

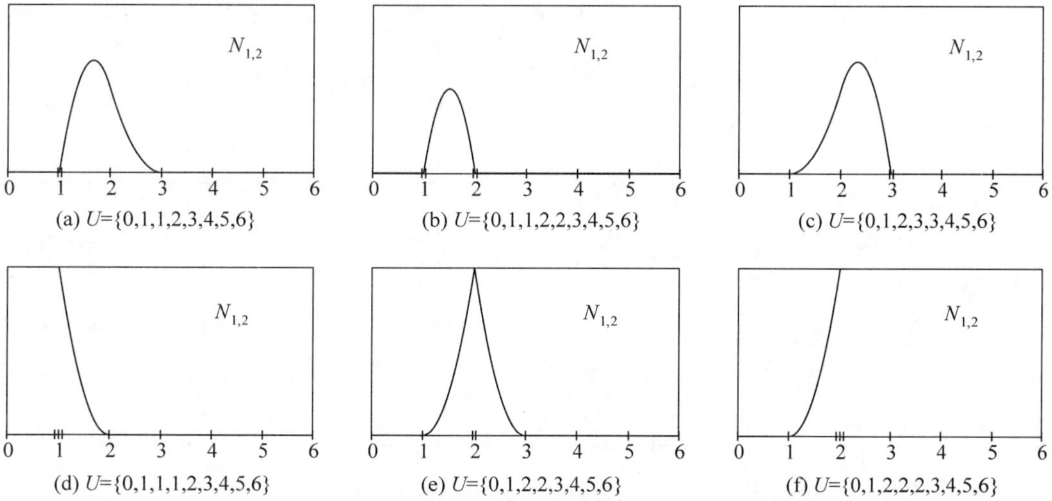

图 4.10　不同节点重复度对二次 B 样条基函数 $N_{1,2}$ 的影响

图 4.11 展示了不同节点重复度对三次基函数 $N_{1,3}(u)$ 曲线形状的影响。当两基函数对应支撑区间相同,且支撑区间内节点呈现对称分布,则两基函数曲线也将呈现对称形态,例如,图 4.11 中的(a)与(d)、(b)与(e)、(c)与(f)、(g)与(j)、(i)与(l)。当基函数在自身支撑区间内具有对称分布的节点时,基函数曲线本身关于支撑区间中点参数对称,如图 4.11 中的(h)与(k)。基函数曲线在二重节点处为 C^1 连续,如图 4.11 中(a)、(c)、(d)、(f)、(g)、(j)、(k);在三重节点处为 C^0 连续,如图 4.11 中的(b)、(e)、(g)、(h)、(j);在四重节点处不连续,如图 4.11(i)与图 4.11(l)。

(5) 伯恩斯坦基函数关系。

当节点矢量 U 包含 $2p+2$ 个节点,且前 $p+1$ 个节点值为 0,后 $p+1$ 个节点值为 1,即

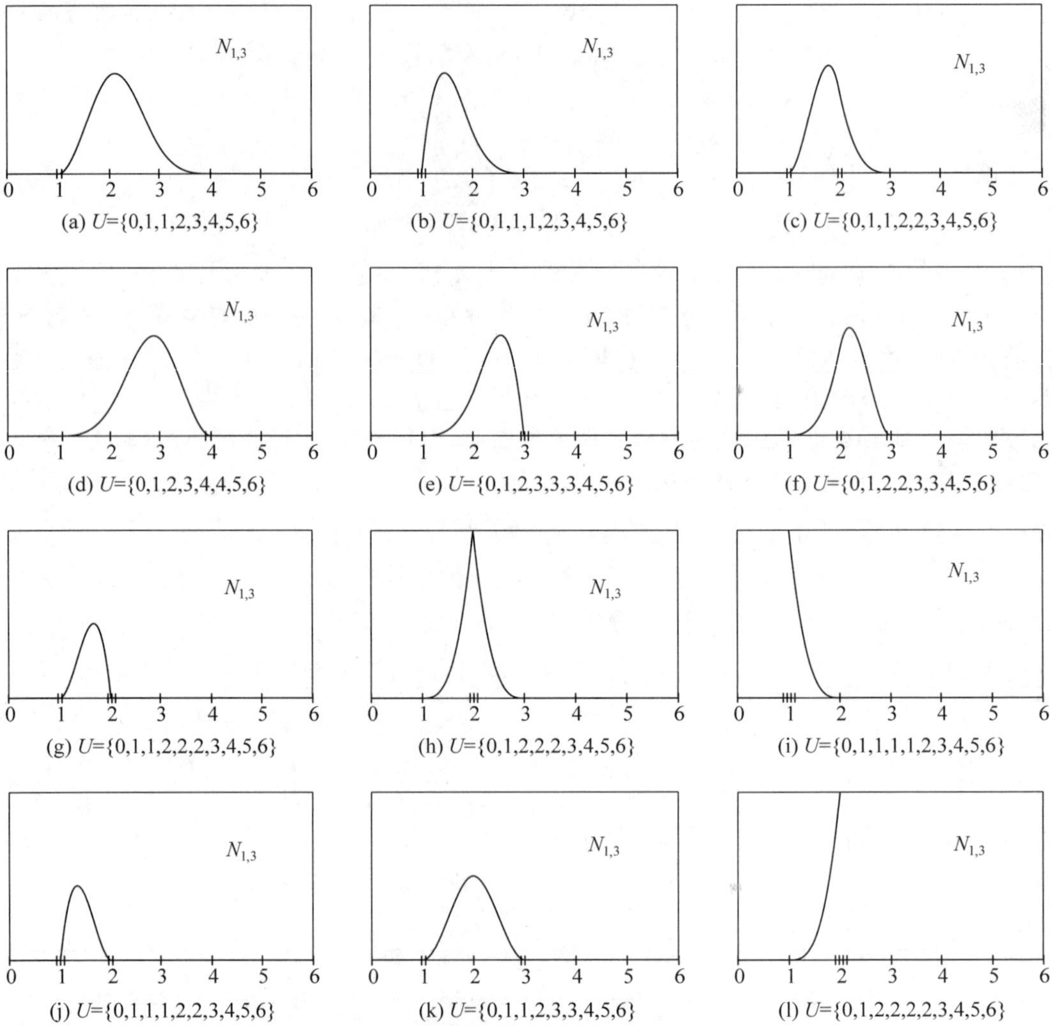

(a) U={0,1,1,2,3,4,5,6}　(b) U={0,1,1,1,2,3,4,5,6}　(c) U={0,1,1,2,2,3,4,5,6}

(d) U={0,1,2,3,4,4,5,6}　(e) U={0,1,2,3,3,3,4,5,6}　(f) U={0,1,2,2,3,3,4,5,6}

(g) U={0,1,1,2,2,2,3,4,5,6}　(h) U={0,1,2,2,2,3,4,5,6}　(i) U={0,1,1,1,1,2,3,4,5,6}

(j) U={0,1,1,1,2,2,3,4,5,6}　(k) U={0,1,1,2,3,3,4,5,6}　(l) U={0,1,2,2,2,2,3,4,5,6}

图 4.11　不同节点重复度对三次 B 样条基函数 $N_{1,3}$ 的影响

$$U=\{\underbrace{0,0,\cdots,0}_{p+1},\underbrace{1,1,\cdots,1}_{p+1}\}$$

此时定义在该节点矢量上的 $p+1$ 个 p 次 B 样条基函数即为 p 次伯恩斯坦基函数。下面以例 4.2 来验证。

【例 4.2】　令节点矢量 $U=\{u_0=0,u_1=0,u_2=0,u_3=1,u_4=1,u_5=1\}$，次数 $p=2$，计算在 U 上定义的二次 B 样条基函数。

解：当 $p=0$ 时，节点矢量 U 上可定义 5 个零次 B 样条基函数，其中仅 $N_{2,0}(u)$ 有非零值

$$N_{2,0}(u)=\begin{cases}1, & 2\leqslant u<3\\ 0, & \text{其他}\end{cases}$$

$$N_{0,0}(u)=N_{1,0}(u)=N_{3,0}(u)=N_{4,0}(u)=0,\quad \infty<u<\infty$$

当 $p=1$ 时，节点矢量 U 上可定义 4 个一次 B 样条基函数，其中仅 $N_{1,1}(u)$ 与 $N_{2,1}(u)$ 有非零值

$$N_{0,1}(u)=N_{3,1}(u)=0,\quad \infty<u<\infty$$

$$N_{1,1}(u)=\frac{u-0}{0-0}N_{1,0}+\frac{1-u}{1-0}N_{2,0}=\begin{cases}1-u, & 0\leqslant u<1\\ 0, & \text{其他}\end{cases}$$

$$N_{2,1}(u)=\frac{u-0}{1-0}N_{2,0}+\frac{1-u}{1-1}N_{3,0}=\begin{cases}u, & 0\leqslant u<1\\ 0, & \text{其他}\end{cases}$$

当 $p=2$ 时，节点矢量 U 上可定义 3 个二次 B 样条基函数 $N_{i,2}(u)$ 如下

$$N_{0,2}(u)=\frac{u-0}{0-0}N_{0,1}+\frac{1-u}{1-0}N_{1,1}=\begin{cases}(1-u)^2, & 0\leqslant u<1\\ 0, & \text{其他}\end{cases}$$

$$N_{1,2}(u)=\frac{u-0}{1-0}N_{1,1}+\frac{1-u}{1-0}N_{2,1}=\begin{cases}2u(1-u), & 0\leqslant u<1\\ 0, & \text{其他}\end{cases}$$

$$N_{2,2}(u)=\frac{u-0}{1-0}N_{2,1}+\frac{1-u}{1-1}N_{3,1}=\begin{cases}u^2, & 0\leqslant u<1\\ 0, & \text{其他}\end{cases}$$

当将参数域限定在[0,1]上时，二次 B 样条基函数 $N_{0,2}(u)$、$N_{1,2}(u)$、$N_{2,2}(u)$ 与二次伯恩斯坦基函数 $B_{0,2}(u)$、$B_{1,2}(u)$、$B_{2,2}(u)$ 相同。

4.1.3　B 样条曲线的性质

一条 p 次 B 样条曲线由 $n+1$ 个控制顶点 $\boldsymbol{b}_i(i=0,1,\cdots,n)$ 与基函数 $N_{i,p}(u)$ 共同决定。控制顶点形成控制多边形，用于引导曲线走向，控制曲线几何形状，构造尖点等局部特征。基函数则决定了曲线的性质和局部定义。下面介绍 B 样条曲线的主要性质。

(1) 节点矢量共包含 $n+p+2$ 个节点。在 B 样条曲线定义式(4.1)中，每一个控制顶点 $\boldsymbol{b}_i$ 都有对应的 B 样条基函数 $N_{i,p}(u)$，共 $n+1$ 个基函数，这些基函数由节点矢量 U 和次数 p 确定。由 B 样条基函数的局部性支撑性可知，第 i 个基函数 $N_{i,p}(u)$ 的计算涉及节点矢量 U 中的连续 $p+2$ 个节点 $u_i,u_{i+1},\cdots,u_{i+p+1}$，第 n 个基函数 $N_{n,p}(u)$ 的计算涉及 $u_n,u_{n+1},\cdots,u_{n+p+1}$。因此，一条由 $n+1$ 个控制顶点定义的 p 次 B 样条曲线的节点矢量 U 共包含 $n+p+2$ 个节点，记为 $U=\{u_0,u_1,\cdots,u_{n+p+1}\}$。

(2) 曲线定义域为 $[u_p,u_{n+1}]$。节点矢量 $U=\{u_0,u_1,\cdots,u_{n+p+1}\}$ 上包含了 $n+p+1$ 个节点区间，定义了 $n+1$ 个基函数，但并非每个节点区间都在曲线的定义域内。节点矢量的首末各 p 个节点区间不在曲线定义域内，这 $2p$ 个节点区间内的非零基函数个数至多 p 个，不满足规范性。仅位于定义域 $[u_p,u_{n+1}]$ 内的节点区间，其上非零基函数满足规范性。

(3) 分段表达。位于定义域内的每个非零节点区间对应 B 样条曲线上的一段曲线。令参数 $u\in[u_i,u_{i+1})\subset[u_p,u_{n+1}]$，则至多有 $p+1$ 个基函数 $N_{i-p,p},N_{i-p+1,p},\cdots,N_{i,p}$ 在该参数点处非零，曲线定义式可简化为

$$\boldsymbol{p}(u)=\sum_{i=0}^{n}\boldsymbol{b}_iN_{i,p}(u)=\sum_{j=i-p}^{i}\boldsymbol{b}_jN_{j,p}(u),\quad u\in[u_i,u_{i+1}) \tag{4.4}$$

与这 $p+1$ 个非零基函数对应的控制顶点为 $\boldsymbol{b}_{i-p},\boldsymbol{b}_{i-p+1},\cdots,\boldsymbol{b}_i$。因此，定义域内任意参数 $u\in[u_i,u_{i+1})$ 对应的曲线上点 $\boldsymbol{p}(u)$ 至多与 $p+1$ 个控制顶点 $\boldsymbol{b}_j(j=i-p,i-p+1,\cdots,i)$ 相关，与剩余控制顶点无关。第一段曲线由控制顶点 $\boldsymbol{b}_0,\boldsymbol{b}_1,\cdots,\boldsymbol{b}_p$ 定义，对应节点区间 $[u_p,u_{p+1})$；第二段曲线由控制顶点 $\boldsymbol{b}_1,\boldsymbol{b}_2,\cdots,\boldsymbol{b}_{p+1}$ 定义，对应节点区间 $[u_{p+1},u_{p+2})$；最后一段曲线由控制顶点 $\boldsymbol{b}_{n-p},\boldsymbol{b}_{n-p+1},\cdots,\boldsymbol{b}_n$ 定义，对应节点区间 $[u_n,u_{n+1})$。若定义域内无重节点，则共有 $n+1-p$ 个节点区间，对应 $n+1-p$ 段曲线。每增加一个无重复内节点，控制顶点增加 1 个，曲线段数增加 1 段。

图 4.12(a) 所示为定义在节点矢量 $U=\{0,1,2,3,4,5,6,7,8\}$ 上的 6 个二次 B 样条基函数，图 4.12(b) 所示为基于这 6 个基函数和 6 个控制顶点定义的一条二次 B 样条曲线。有 $p=2,n=5$，曲线定义域为 $[u_p,u_{n+1}]=[2,6]$，共包含 4 段曲线，分别由控制顶点 $\boldsymbol{b}_0$、$\boldsymbol{b}_1$、$\boldsymbol{b}_2$，$\boldsymbol{b}_1$、$\boldsymbol{b}_2$、$\boldsymbol{b}_3$，$\boldsymbol{b}_2$、$\boldsymbol{b}_3$、$\boldsymbol{b}_4$ 和 $\boldsymbol{b}_3$、$\boldsymbol{b}_4$、$\boldsymbol{b}_5$ 定义。

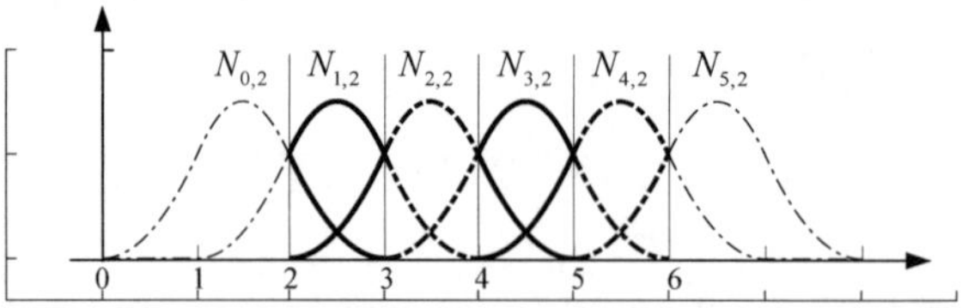

(a) 二次B样条基函数

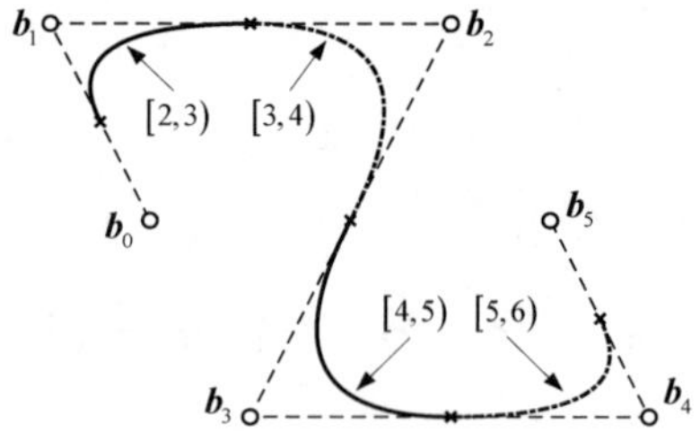

(b) 二次B样条曲线

图 4.12 定义在 $U=\{0,1,2,3,4,5,6,7,8\}$ 上的二次 B 样条基函数和对应的二次 B 样条曲线

(4) 局部修改。曲线上任一控制顶点 $\boldsymbol{b}_i$ 所对应的基函数为 $N_{i,p}$，其支撑区间为 $[u_i,u_{i+p+1})$，在此区间内任意一点基函数 $N_{i,p}$ 都有可能取非零值。支撑区间内有 $p+1$ 个节点区间，第 $k(k=0,1,\cdots,p)$ 个节点区间所对应的曲线方程可以表示为

$$\boldsymbol{p}_k(u)=\sum_{j=i+k-p}^{i+k}\boldsymbol{b}_jN_{j,p}(u),\quad u\in[u_{i+k},u_{i+k+1}),\quad k=0,1,\cdots,p \tag{4.5}$$

可见 $p+1$ 个节点区间所对应的曲线段均包含 $\boldsymbol{b}_iN_{i,p}(u)$ 项。因此，移动控制顶点 $\boldsymbol{b}_i$，将至多影响定义在区间 (u_i,u_{i+p+1}) 上的曲线分段，其他部分曲线不受影响。这与贝齐尔曲线有着较大区别，贝齐尔曲线中移动任一控制顶点都将影响整段曲线形状。

以图 4.12(b) 中的二次 B 样条曲线为例，每次单独将第 i 个控制顶点移动 $\boldsymbol{b}_i$ 到新位置 $\boldsymbol{b}_i'$，图 4.13 展示了单独移动相应控制顶点前后曲线的形状变化对比。移动下标为 0

的控制顶点 $\boldsymbol{b}_0$，仅影响支撑区间 $(u_0, u_3) = (0, 3)$ 对应的曲线分段，由于该支撑区间中仅节点区间 $[u_2, u_3) = [2, 3)$ 位于定义域内，因此，移动 $\boldsymbol{b}_0$ 只影响了第一段曲线形状，如图 4.13(a)所示。移动下标为 1 的控制顶点 $\boldsymbol{b}_1$，影响到前两段曲线，如图 4.13(b)所示。移动下标为 2 的控制顶点 $\boldsymbol{b}_2$，影响到前三段曲线，如图 4.13(c)所示。移动下标为 3 的控制顶点 $\boldsymbol{b}_3$，影响到第 2～4 段曲线，如图 4.13(d)所示。移动下标为 4 的控制顶点 $\boldsymbol{b}_4$，影响到第 3 段和第 4 段曲线，如图 4.13(e)所示。移动下标为 5 的控制顶点 $\boldsymbol{b}_5$，影响到第 4 段曲线，如图 4.13(f)所示。

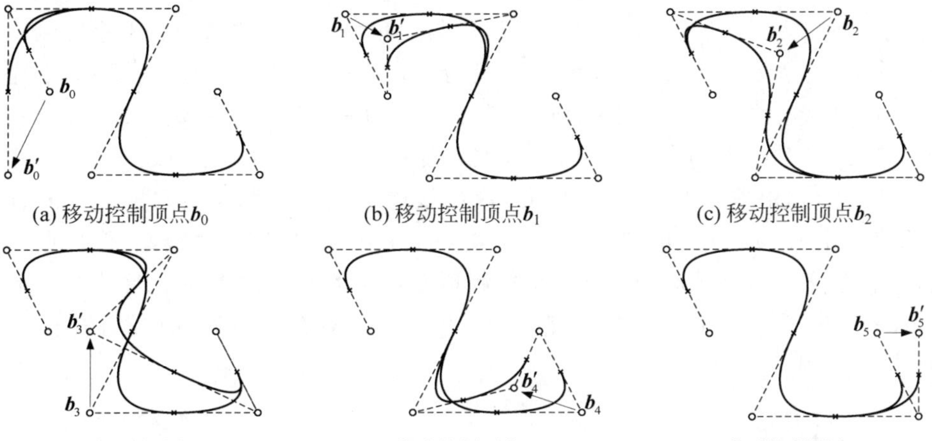

(a) 移动控制顶点 $\boldsymbol{b}_0$　(b) 移动控制顶点 $\boldsymbol{b}_1$　(c) 移动控制顶点 $\boldsymbol{b}_2$

(d) 移动控制顶点 $\boldsymbol{b}_3$　(e) 移动控制顶点 $\boldsymbol{b}_4$　(f) 移动控制顶点 $\boldsymbol{b}_5$

图 4.13　单独移动二次 B 样条曲线中的控制顶点对曲线形状的影响

(5) 强凸包性。相比于贝齐尔曲线位于其所有控制顶点构成的凸包内部，B 样条曲线定义域内每个节点区间所对应曲线段位于定义该曲线段的 $p+1$ 个控制顶点所形成的凸包内部，表现出了更强的凸包性。

图 4.14 所示为含有 4 个曲线段的二次 B 样条曲线，阴影部分表示对应曲线段的凸包，每个曲线段位于连续 3 个控制顶点形成的三角形凸包内部。图 4.15 所示为含有 3 个曲线段的三次 B 样条曲线，每个曲线段位于连续 4 个控制顶点形成的四边形凸包内部。同时，整条 B 样条曲线也始终位于由所有控制顶点构成的凸包内部。

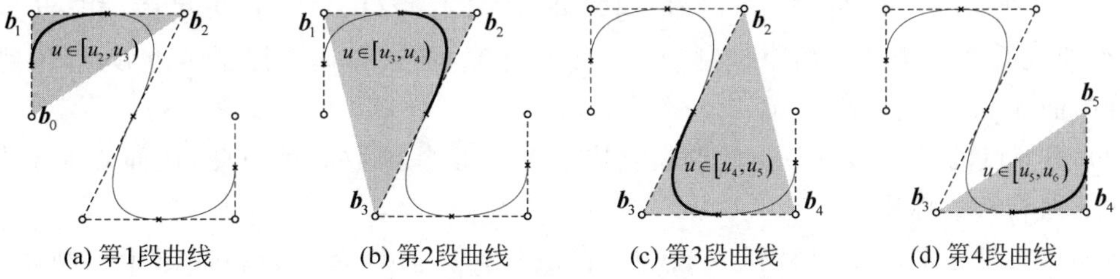

(a) 第1段曲线　(b) 第2段曲线　(c) 第3段曲线　(d) 第4段曲线

图 4.14　二次 B 样条曲线的强凸包性，节点矢量 $U=\{0,1,2,3,4,5,6,7,8\}$

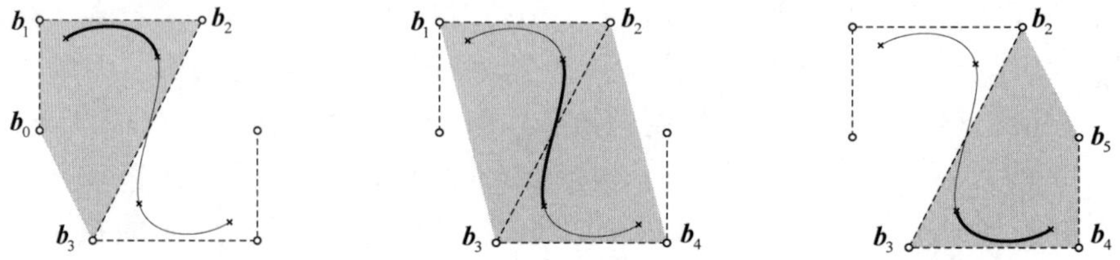

(a) 第1段曲线　(b) 第2段曲线　(c) 第3段曲线

图 4.15　三次 B 样条曲线的强凸包性，节点矢量 $U=\{0,1,2,3,4,5,6,7,8,9\}$

B 样条曲线的强凸包性有利于构造直线段与尖角特征。将顺序 $p+1$ 个控制顶点置于同一条直线上，这 $p+1$ 个点所定义的曲线段为一直线段。如图 4.16(a)所示，顺序 3 个顶点 $\boldsymbol{b}_2$、$\boldsymbol{b}_3$、$\boldsymbol{b}_4$ 共线，由这 3 个顶点定义的二次曲线段为一直线段。将顺序 $p+1$ 个控制顶点置于同一点，这 $p+1$ 个点所定义的曲线段退化为一个点。如图 4.16(b)所示，顺序 3 个顶点 $\boldsymbol{b}_2$、$\boldsymbol{b}_3$、$\boldsymbol{b}_4$ 重合，由这 3 个点所定义的二次曲线段退化为该重合点；重合点 $\boldsymbol{b}_2$、$\boldsymbol{b}_3$ 与 $\boldsymbol{b}_1$ 位于一条直线上，由 $\boldsymbol{b}_1$、$\boldsymbol{b}_2$、$\boldsymbol{b}_3$ 这 3 个控制顶点定义的曲线段为直线段；重合点 $\boldsymbol{b}_3$、$\boldsymbol{b}_4$ 与 $\boldsymbol{b}_5$ 位于一条直线上，由 $\boldsymbol{b}_3$、$\boldsymbol{b}_4$、$\boldsymbol{b}_5$ 这 3 个控制顶点定义的曲线段也为直线段。因此，5 个控制顶点 $\boldsymbol{b}_1$、$\boldsymbol{b}_2$、$\boldsymbol{b}_3$、$\boldsymbol{b}_4$、$\boldsymbol{b}_5$ 在中间重合点处构成尖角。注意在尖角处，曲线切矢消失，此时 B 样条曲线为非正则曲线。

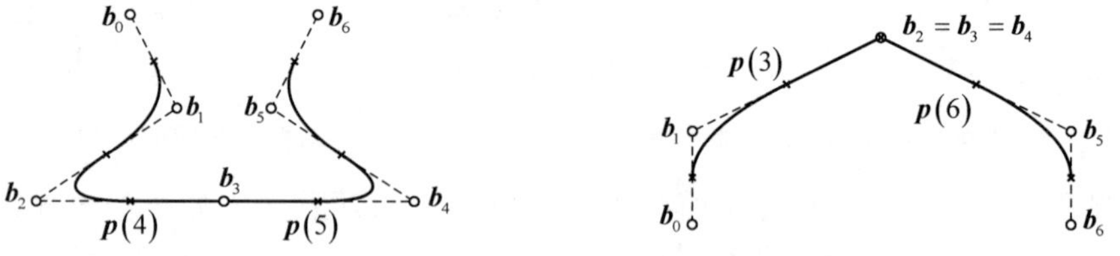

(a) 连续控制顶点$\boldsymbol{b}_2$、$\boldsymbol{b}_3$、$\boldsymbol{b}_4$共线构造直线段　(b) 连续控制顶点$\boldsymbol{b}_2$、$\boldsymbol{b}_3$、$\boldsymbol{b}_4$重合构造尖点

图 4.16　利用凸包性在二次 B 样条曲线中构造直线段与尖角特征，节点矢量 $U=\{0,1,2,3,4,5,6,7,8,9\}$

(6) 曲线次数的影响。当给定控制顶点之后，次数越高，B 样条曲线越远离控制多边形。当次数为 1 时，B 样条曲线即为控制多边形。图 4.17 所示为相同控制多边形构造的不同次数 B 样条曲线，次数越高，曲线段数越少，定义每段曲线的控制顶点个数越多。图 4.17(a)中所有 B 样条曲线节点矢量均匀分布，图 4.17(b)中节点矢量两端节点为 $p+1$ 重，所得曲线均插值于首末两个控制顶点。次数越高，曲线越远离控制多边形，形状越光滑，这也称为曲线的磨光性质。

(7) 重节点的影响。重节点的使用会影响 B 样条基函数的可微性，进而影响 B 样条曲线的连续性和相关性质。

当节点矢量中两端节点具有 $p+1$ 重复度时，p 次 B 样条曲线将插值于控制多边形中首末两个顶点，且在端点处与控制多边形的首末两条边相切。这一性质与贝齐尔曲线的端点性质保持一致。图 4.18 展示了在控制顶点保持不变的情况下增加端点重复度对二次和

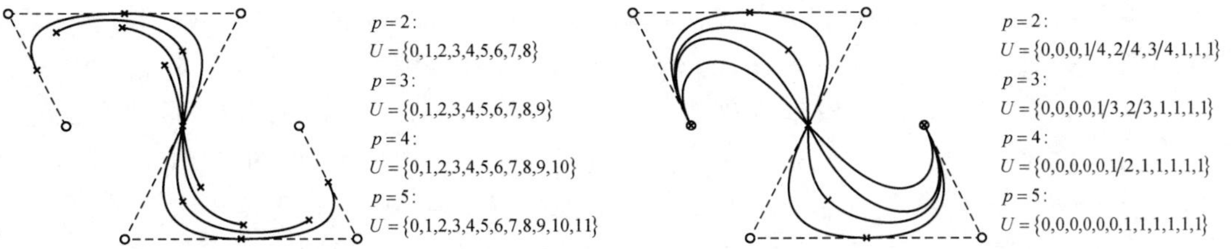

(a) 节点均匀分布　　(b) 两端节点p+1重

图 4.17　基于相同控制多边形定义的二次、三次、四次和五次 B 样条曲线

三次曲线形状的影响，其中二次和三次曲线的节点矢量定义如下

$p=2$：

$$\begin{cases} U_1=\left\{0,\frac{1}{9},\frac{2}{9},\frac{3}{9},\frac{4}{9},\frac{5}{9},\frac{6}{9},\frac{7}{9},\frac{8}{9},1\right\} \\ U_2=\left\{0,0,\frac{2}{9},\frac{3}{9},\frac{4}{9},\frac{5}{9},\frac{6}{9},\frac{7}{9},1,1\right\} \\ U_3=\left\{0,0,0,\frac{3}{9},\frac{4}{9},\frac{5}{9},\frac{6}{9},1,1,1\right\} \end{cases}$$

$p=3$：

$$\begin{cases} U_1=\left\{0,\frac{1}{10},\frac{2}{10},\frac{3}{10},\frac{4}{10},\frac{5}{10},\frac{6}{10},\frac{7}{10},\frac{8}{10},\frac{9}{10},1\right\} \\ U_2=\left\{0,0,\frac{2}{10},\frac{3}{10},\frac{4}{10},\frac{5}{10},\frac{6}{10},\frac{7}{10},\frac{8}{10},1,1\right\} \\ U_3=\left\{0,0,0,\frac{3}{10},\frac{4}{10},\frac{5}{10},\frac{6}{10},\frac{7}{10},1,1,1\right\} \\ U_4=\left\{0,0,0,0,\frac{4}{10},\frac{5}{10},\frac{6}{10},1,1,1,1\right\} \end{cases}$$

可见仅当端节点重复度为 $p+1$ 重时，曲线才会插值于首末控制顶点。

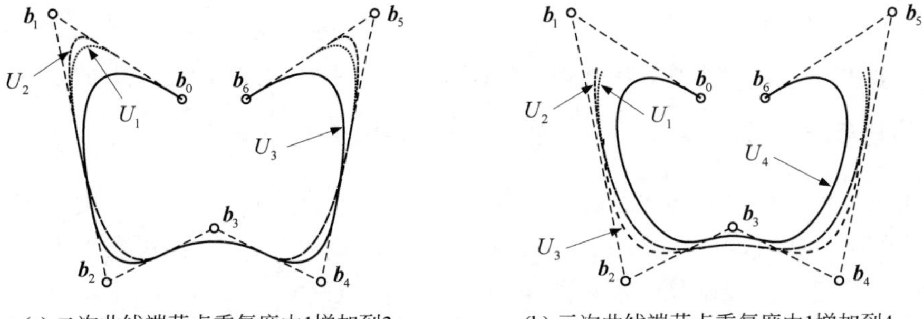

(a) 二次曲线端节点重复度由1增加到3　　(b) 三次曲线端节点重复度由1增加到4

图 4.18　端节点重复度逐渐增加对二次和三次 B 样条曲线的影响

当节点矢量定义域内部出现 p 重节点时，曲线插值于对应控制顶点。当内部节点重复度大于 p 重时，曲线出现中断。给定节点矢量 $U_1=\left\{0,\frac{1}{9},\frac{2}{9},\frac{3}{9},\frac{1}{2},\frac{1}{2},\frac{6}{9},\frac{7}{9},\frac{8}{9},1\right\}$ 与 $U_2=\left\{0,\frac{1}{9},\frac{2}{9},\frac{3}{9},\frac{1}{2},\frac{1}{2},\frac{1}{2},\frac{7}{9},\frac{8}{9},1\right\}$，以及 7 个控制顶点，构造两条二次 B 样条曲线。图 4.19(a)和图 4.19(b)分别为定义在两组节点矢量上的 7 个二次 B 样条基函数，图 4.19(c)和 4.19(d)为对应节点矢量 U_1 与 U_2 的二次 B 样条曲线。在节点矢量 U_1 中，有二重节点 $u_4=u_5=1/2$，导

致跨越零节点区间 $[u_4,u_5)$ 的基函数 $N_{3,2}$ 出现尖点，且当 $u=1/2$ 时，$N_{3,2}(1/2)=1$，因此曲线插值于基函数 $N_{3,2}$ 对应的控制顶点 $\boldsymbol{b}_3$，如图 4.19(c)所示。在节点矢量 U_2 中，有三重节点 $u_4=u_5=u_6=1/2$，导致基函数 $N_{3,2}$ 与 $N_{4,2}$ 在 $u=1/2$ 处出现断点，曲线在控制顶点 $\boldsymbol{b}_3$ 与 $\boldsymbol{b}_4$ 之间出现中断，也就是说一条曲线方程表示了两段曲线，如图 4.19(d)所示。为了避免此种情况发生，一般应在节点矢量构造中保证所有内节点的重复度不大于 p。

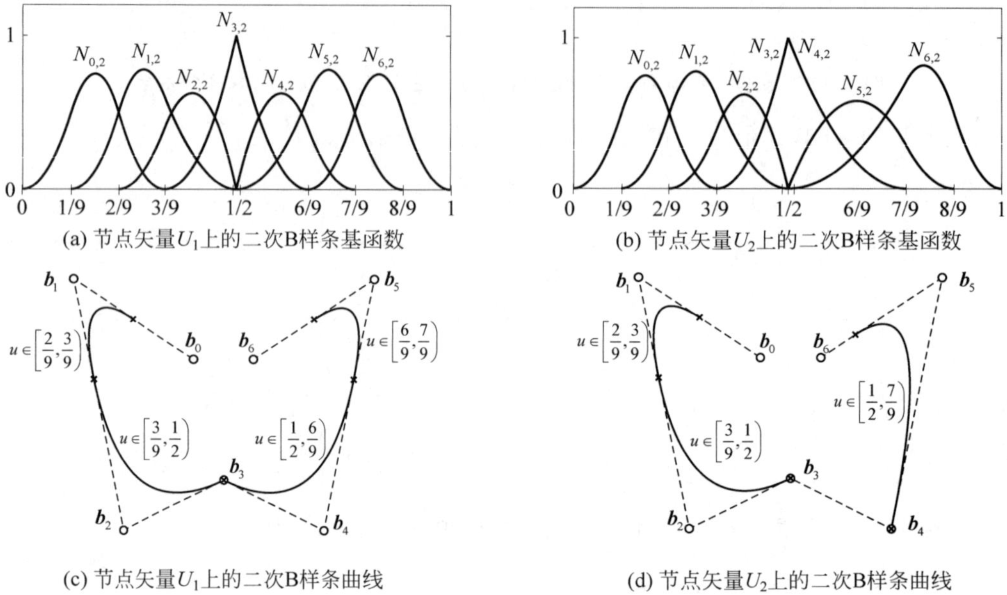

(a) 节点矢量 U_1 上的二次B样条基函数　(b) 节点矢量 U_2 上的二次B样条基函数

(c) 节点矢量 U_1 上的二次B样条曲线　(d) 节点矢量 U_2 上的二次B样条曲线

图 4.19　二次 B 样条曲线定义域内部出现二重与三重节点对曲线和基函数的影响，其中节点矢量 $U_1=\left\{0,\frac{1}{9},\frac{2}{9},\frac{3}{9},\frac{1}{2},\frac{1}{2},\frac{6}{9},\frac{7}{9},\frac{8}{9},1\right\}$，$U_2=\left\{0,\frac{1}{9},\frac{2}{9},\frac{3}{9},\frac{1}{2},\frac{1}{2},\frac{1}{2},\frac{7}{9},\frac{8}{9},1\right\}$

当曲线在端节点处具有 $p+1$ 重复度，在所有内节点处具有 p 重复度，则所定义的 p 次 B 样条曲线在定义域内每个非零节点区间上对应的曲线段均为一条 p 次贝齐尔曲线。如图 4.20 所示，给定 7 个控制顶点和两组节点矢量 $U_1=\{0,0,0,1/3,1/3,2/3,2/3,1,1,1\}$ 与 $U_2=\{0,0,0,0,1/2,1/2,1/2,1,1,1,1\}$，构造一条二次与一条三次 B 样条曲线。图 4.20(a)和图 4.20(b)分别为定义在 U_1 上的二次 B 样条基函数与定义在 U_2 上的三次 B 样条基函数，在每个非零节点区间上定义 B 样条基函数与伯恩斯坦基函数相同。图 4.20(c)为对应节点矢量 U_1 的二次 B 样条曲线，且曲线插值于首末控制点和 $\boldsymbol{b}_2$、$\boldsymbol{b}_4$。其中 $\boldsymbol{b}_0$、$\boldsymbol{b}_1$、$\boldsymbol{b}_2$，$\boldsymbol{b}_2$、$\boldsymbol{b}_3$、$\boldsymbol{b}_4$，$\boldsymbol{b}_4$、$\boldsymbol{b}_5$、$\boldsymbol{b}_6$ 所定义的 B 样条曲线分段等价于以这些控制顶点定义的二次贝齐尔曲线。图 4.20(d)为对应节点矢量 U_2 的三次 B 样条曲线，包含两个曲线分段，分别由控制顶点 $\boldsymbol{b}_0$、$\boldsymbol{b}_1$、$\boldsymbol{b}_2$、$\boldsymbol{b}_3$ 与 $\boldsymbol{b}_3$、$\boldsymbol{b}_4$、$\boldsymbol{b}_5$、$\boldsymbol{b}_6$ 定义。每个分段曲线等价于一条三次贝齐尔曲线，例如，$\boldsymbol{b}_0$、$\boldsymbol{b}_1$、$\boldsymbol{b}_2$、$\boldsymbol{b}_3$ 定义的第一段 B 样条曲线与其定义的一条三次贝齐尔曲线相同。

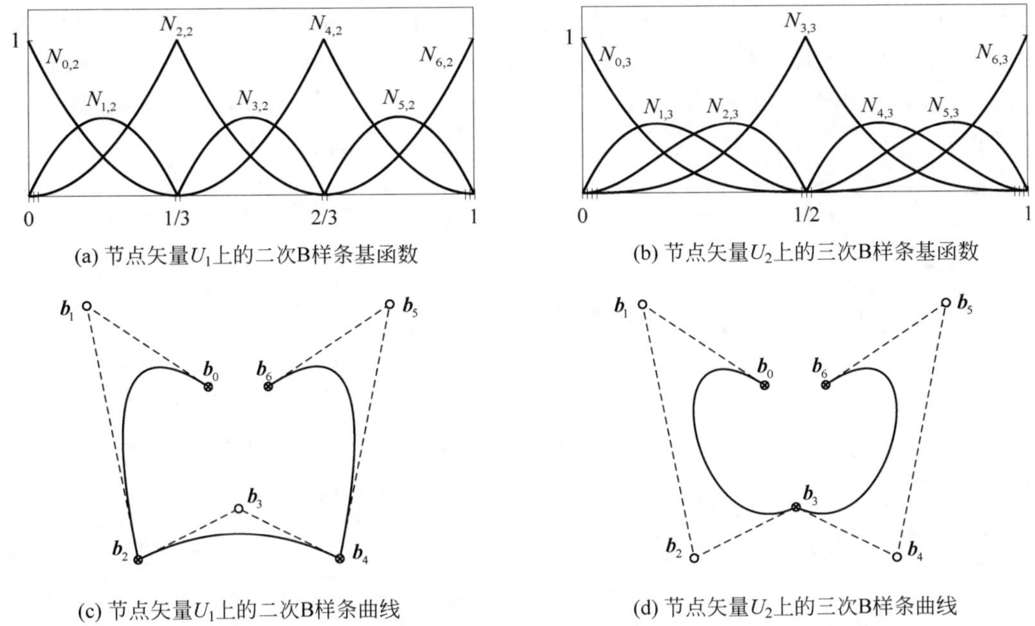

(a) 节点矢量U_1上的二次B样条基函数　(b) 节点矢量U_2上的三次B样条基函数

(c) 节点矢量U_1上的二次B样条曲线　(d) 节点矢量U_2上的三次B样条曲线

图 4.20　满足端节点 $p+1$ 重与内节点 p 重的二次和三次 B 样条曲线，其中节点矢量

$$U_1=\left\{0,0,0,\frac{1}{3},\frac{1}{3},\frac{2}{3},\frac{2}{3},1,1,1\right\},U_2=\left\{0,0,0,0,\frac{1}{2},\frac{1}{2},\frac{1}{2},1,1,1,1\right\}$$

（8）变差减少性。任一给定平面与 B 样条曲线的交点个数不多于其与控制多边形的交点个数。当曲线为二维曲线时，将“平面”替换为“直线”，变差减少性同样成立。

（9）仿射不变性和几何不变性。由 B 样条基函数的规范性决定。

4.1.4　B 样条曲线点的计算

B 样条曲线点的计算可以根据其局部控制特性转换到特定曲线段上来进行计算。根据 B 样条曲线的局部定义式(4.4)，可以将 B 样条曲线点的计算分解为三步：首先寻找给定参数 u 对应的节点区间$[u_i, u_{i+1})$，其次计算该节点区间上的所有 $p+1$ 个非零基函数 $N_{i-p,p}(u), N_{i-p+1,p}(u), \cdots, N_{i,p}(u)$的值，最后根据定义式将非零基函数与相应控制顶点 $\boldsymbol{b}_{i-p}, \boldsymbol{b}_{i-p+1}, \cdots, \boldsymbol{b}_i$ 分别相乘再求和，即可得到曲线上点，如图 4.21 所示。

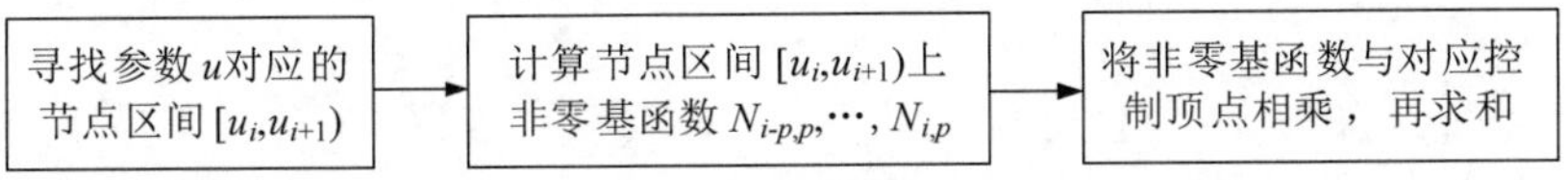

图 4.21　B 样条曲线点的定义式计算步骤

在贝齐尔曲线点计算中，有稳定高效且几何意义显著的德卡斯特里奥算法。在 B 样条曲线点计算中，除了上述采用定义式计算的方式，同样也有著名的德布尔算法，由美国数学家德布尔(Carl-Wilhelm Reinhold de Boor,1937年出生于德国)于1972年提出。下面简要给出B样条曲线上点计算的德布尔算法推导过程。令给定参数u位于B样条曲线定义域$[u_p, u_{n+1}]$内,且属于节点区间$[u_i, u_{i+1})$,即$u \in [u_i, u_{i+1}) \subset [u_p, u_{n+1}]$,将B样条基函数的递推定义式(4.2)代入B样条曲线的局部定义式(4.4),可得

$$\begin{aligned}\boldsymbol{p}(u) &= \sum_{j=i-p}^{i} \boldsymbol{b}_j N_{j,p}(u) \\ &= \sum_{j=i-p}^{i} \boldsymbol{b}_j \left[\frac{u-u_j}{u_{j+p}-u_j} N_{j,p-1}(u) + \frac{u_{j+p+1}-u}{u_{j+p+1}-u_{j+1}} N_{j+1,p-1}(u)\right] \\ &= \sum_{j=i-p}^{i} \frac{u-u_j}{u_{j+p}-u_j} \boldsymbol{b}_j N_{j,p-1}(u) + \sum_{j=i-p}^{i} \frac{u_{j+p+1}-u}{u_{j+p+1}-u_{j+1}} \boldsymbol{b}_j N_{j+1,p-1}(u)\end{aligned} \tag{4.6}$$

当$j=i-p$时,基函数$N_{i-p,p-1}(u)$在节点区间$[u_i, u_{i+1})$上值为0,等式右侧第一个分式简化为

$$\begin{aligned}&\sum_{j=i-p}^{i} \frac{u-u_j}{u_{j+p}-u_j} \boldsymbol{b}_j N_{j,p-1}(u) \\ &= \sum_{j=i-p+1}^{i} \frac{u-u_j}{u_{j+p}-u_j} \boldsymbol{b}_j N_{j,p-1}(u) + \frac{u-u_{i-p}}{u_i-u_{i-p}} \boldsymbol{b}_{i-p} \underbrace{N_{i-p,p-1}(u)}_{=0} \\ &= \sum_{j=i-p+1}^{i} \frac{u-u_j}{u_{j+p}-u_j} \boldsymbol{b}_j N_{j,p-1}(u) \overset{令:j=k+1}{=} \sum_{k=i-p}^{i-1} \frac{u-u_{k+1}}{u_{k+p+1}-u_{k+1}} \boldsymbol{b}_{k+1} N_{k+1,p-1}(u)\end{aligned} \tag{4.7}$$

当$j=i$时,基函数$N_{i+1,p-1}(u)$在节点区间$[u_i, u_{i+1})$上值为0,等式右侧第二个分式简化为

$$\begin{aligned}&\sum_{j=i-p}^{i} \frac{u_{j+p+1}-u}{u_{j+p+1}-u_{j+1}} \boldsymbol{b}_j N_{j+1,p-1}(u) \\ &= \sum_{j=i-p}^{i-1} \frac{u_{j+p+1}-u}{u_{j+p+1}-u_{j+1}} \boldsymbol{b}_j N_{j+1,p-1}(u) + \frac{u_{i+p+1}-u}{u_{i+p+1}-u_{i+1}} \boldsymbol{b}_i \underbrace{N_{i+1,p-1}(u)}_{=0} \\ &= \sum_{j=i-p}^{i-1} \frac{u_{j+p+1}-u}{u_{j+p+1}-u_{j+1}} \boldsymbol{b}_j N_{j+1,p-1}(u) \overset{令:j=k}{=} \sum_{k=i-p}^{i-1} \frac{u_{k+p+1}-u}{u_{k+p+1}-u_{k+1}} \boldsymbol{b}_k N_{k+1,p-1}(u)\end{aligned} \tag{4.8}$$

将式(4.7)与式(4.8)代入(4.6),可得

$$\begin{aligned}\boldsymbol{p}(u) &= \sum_{k=i-p}^{i-1} \frac{u-u_{k+1}}{u_{k+p+1}-u_{k+1}} \boldsymbol{b}_{k+1} N_{k+1,p-1}(u) + \sum_{k=i-p}^{i-1} \frac{u_{k+p+1}-u}{u_{k+p+1}-u_{k+1}} \boldsymbol{b}_k N_{k+1,p-1}(u) \\ &= \sum_{k=i-p}^{i-1} \left(\frac{u_{k+p+1}-u}{u_{k+p+1}-u_{k+1}} \boldsymbol{b}_k + \frac{u-u_{k+1}}{u_{k+p+1}-u_{k+1}} \boldsymbol{b}_{k+1}\right) N_{k+1,p-1}(u)\end{aligned}$$

$$= \sum_{k=i-p}^{i-1} \boldsymbol{b}_k^1 N_{k+1,p-1}(u) \tag{4.9}$$

其中

$$\begin{aligned} \boldsymbol{b}_k^1 &= (1-\alpha_k^1)\boldsymbol{b}_k + \alpha_k^1 \boldsymbol{b}_{k+1}, \\ \alpha_k^1 &= \frac{u - u_{k+1}}{u_{k+p+1} - u_{k+1}} \end{aligned} \tag{4.10}$$

重复上述过程,即可获得德布尔算法递推公式如下

$$\begin{aligned} \boldsymbol{p}(u) &= \sum_{k=i-p}^{i-1} \boldsymbol{b}_k^1 N_{k+1,p-1}(u) \\ &= \sum_{k=i-p}^{i-2} \boldsymbol{b}_k^2 N_{k+2,p-2}(u) = \cdots = \boldsymbol{b}_{i-p}^p, \quad u \in [u_i, u_{i+1}) \subset [u_p, u_{n+1}] \end{aligned} \tag{4.11}$$

其中

$$\begin{cases} \boldsymbol{b}_k^l = \begin{cases} \boldsymbol{b}_k, & l=0 \\ (1-\alpha_k^l)\boldsymbol{b}_k^{l-1} + \alpha_k^l \boldsymbol{b}_{k+1}^{l-1}, & k=i-p, i-p+1\cdots, i-l;\ l=1,2,\cdots,p \end{cases} \\ \alpha_k^l = \dfrac{u-u_{k+l}}{u_{k+p+1}-u_{k+l}} \end{cases} \tag{4.12}$$

并令 0/0=0。德布尔递推公式可以采用图 4.22 所示的三角阵列表达,最左侧一列表示计算曲线上点 $\boldsymbol{p}(u), u \in [u_i, u_{i+1})$所涉及的所有 B 样条曲线控制顶点,递推最后一级所得顶点 $\boldsymbol{b}_{i-p}^p$ 即为所求曲线上点。当参数 u 在定义域内变化时,顶点 $\boldsymbol{b}_{i-p}^p$ 扫出的一条曲线即为 B 样条曲线。德布尔算法可以看作德卡斯特里奥算法在 B 样条曲线上推广,也可以采用几何作图的方式来计算曲线上点的位置。

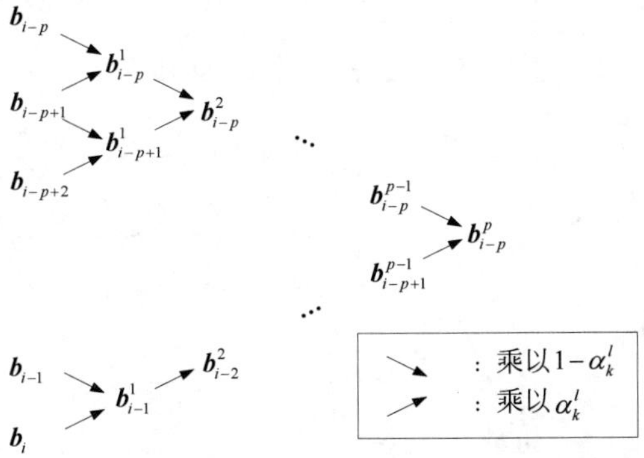

图 4.22　计算 B 样条曲线点 $\boldsymbol{p}(u), u \in [u_i, u_{i+1})$的德布尔算法递推三角阵列

下面以三次 B 样条曲线为例来说明德布尔算法的递推过程。

【例 4.3】 给定 5 个控制顶点 $\boldsymbol{b}_0=[-2,0]$，$\boldsymbol{b}_1=[-3,2]$，$\boldsymbol{b}_2=[0,4]$，$\boldsymbol{b}_3=[3,2]$，$\boldsymbol{b}_4=[2,0]$ 和两组节点矢量 $U_1=\{0,1,2,3,4,5,6,7,8\}$ 与 $U_2=\{0,0,0,0,0.5,1,1,1,1\}$，定义两条三次 B 样条曲线，分别计算曲线上点 $\boldsymbol{p}(\bar{u}=3.5)$ 与 $\boldsymbol{p}(\bar{u}=0.75)$。

解：已知 $n=4$，$p=3$，基于节点矢量 U_1 所构造三次 B 样条曲线的定义域为 $[u_p,u_{n+1}]=[u_3,u_5]$，可见参数 $\bar{u}$ 位于定义域内，且有 $\bar{u}=3.5\in[u_3,u_4)\subset[u_3,u_5]$，参数 $\bar{u}$ 所处节点区间下标 $i=3$，点 $\boldsymbol{p}(\bar{u}=3.5)$ 的计算与控制顶点 $\boldsymbol{b}_0$、$\boldsymbol{b}_1$、$\boldsymbol{b}_2$、$\boldsymbol{b}_3$ 有关。由德布尔递推公式(4.11)和式(4.12)，可计算中间顶点如下。

当 $l=1$ 时，$k=i-p,i-p+1\cdots,i-l=\{0,1,2\}$

$$k=0,\quad \alpha_0^1=\frac{\bar{u}-u_1}{u_4-u_1}=\frac{3.5-1}{4-1}=\frac{5}{6},\quad \boldsymbol{b}_0^1=(1-\alpha_0^1)\boldsymbol{b}_0+\alpha_0^1\boldsymbol{b}_1=\left[-\frac{17}{6},\frac{5}{3}\right]$$

$$k=1,\quad \alpha_1^1=\frac{\bar{u}-u_2}{u_5-u_2}=\frac{3.5-2}{5-2}=\frac{1}{2},\quad \boldsymbol{b}_1^1=(1-\alpha_1^1)\boldsymbol{b}_1+\alpha_1^1\boldsymbol{b}_2=\left[-\frac{3}{2},3\right]$$

$$k=2,\quad \alpha_2^1=\frac{\bar{u}-u_3}{u_6-u_3}=\frac{3.5-3}{6-3}=\frac{1}{6},\quad \boldsymbol{b}_2^1=(1-\alpha_2^1)\boldsymbol{b}_2+\alpha_2^1\boldsymbol{b}_3=\left[\frac{1}{2},\frac{11}{3}\right]$$

当 $l=2$ 时，$k=i-p,i-p+1\cdots,i-l=\{0,1\}$

$$k=0,\quad \alpha_0^2=\frac{\bar{u}-u_2}{u_4-u_2}=\frac{3.5-2}{4-2}=\frac{3}{4},\quad \boldsymbol{b}_0^2=(1-\alpha_0^2)\boldsymbol{b}_0^1+\alpha_0^2\boldsymbol{b}_1^1=\left[-\frac{11}{6},\frac{8}{3}\right]$$

$$k=1,\quad \alpha_1^2=\frac{\bar{u}-u_3}{u_5-u_3}=\frac{3.5-3}{5-3}=\frac{1}{4},\quad \boldsymbol{b}_1^2=(1-\alpha_1^2)\boldsymbol{b}_1^1+\alpha_1^2\boldsymbol{b}_2^1=\left[-1,\frac{19}{6}\right]$$

当 $l=3$ 时，$k=i-p,i-p+1\cdots,i-l=\{0\}$

$$k=0,\quad \alpha_0^3=\frac{\bar{u}-u_3}{u_4-u_3}=\frac{3.5-3}{4-3}=\frac{1}{2},\quad \boldsymbol{b}_0^3=(1-\alpha_0^3)\boldsymbol{b}_0^2+\alpha_0^3\boldsymbol{b}_1^2=\left[-\frac{17}{12},\frac{35}{12}\right]$$

图 4.23 给出了定义在 U_1 上的三次 B 样条曲线及其上点 $\boldsymbol{p}(\bar{u}=3.5)$ 的递推计算图解。

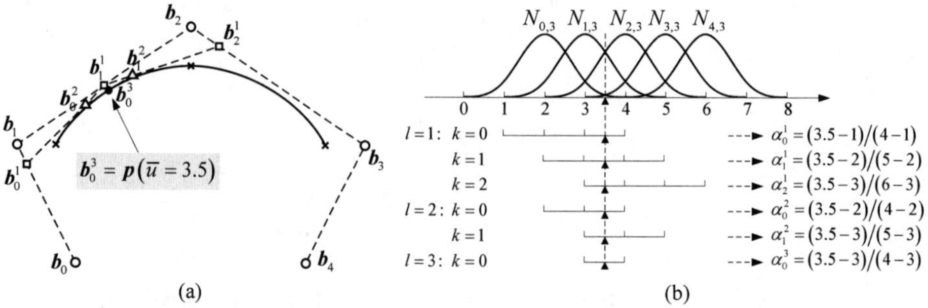

图 4.23 三次 B 样条曲线上点 $\boldsymbol{p}(\bar{u}=3.5)$ 计算的德布尔递推过程，$U_1=\{0,1,2,3,4,5,6,7,8\}$

图 4.23(b)所示为三次曲线的基函数与比例因子 α_k^l 的计算图解，图 4.23(a)所示为曲线上点的几何作图过程，黑色圆点表示最终计算所得的曲线上点 $\boldsymbol{p}(\bar{u}=3.5)$。

同理，对于节点矢量 U_2 所构造的三次 B 样条曲线，有 $\bar{u}=0.75\in[u_4,u_5)\subset[u_3,u_5]$，参数 $\bar{u}$ 所处节点区间下标 $i=4$，点 $\boldsymbol{p}(\bar{u}=0.75)$ 的计算与控制顶点 $\boldsymbol{b}_1$、$\boldsymbol{b}_2$、$\boldsymbol{b}_3$、$\boldsymbol{b}_4$ 有关。由德布尔递推公式(4.11)和式(4.12)，可计算中间顶点如下。

当 $l=1$ 时，$k=i-p,i-p+1\cdots,i-l=\{1,2,3\}$

$$k=1,\quad \alpha_1^1=\frac{\bar{u}-u_2}{u_5-u_2}=\frac{0.75-0}{1-0}=\frac{3}{4},\quad \boldsymbol{b}_1^1=(1-\alpha_1^1)\boldsymbol{b}_1+\alpha_1^1\boldsymbol{b}_2=\left[-\frac{3}{4},\frac{7}{2}\right]$$

$$k=2,\quad \alpha_1^1=\frac{\bar{u}-u_3}{u_6-u_3}=\frac{0.75-0}{1-0}=\frac{3}{4},\quad \boldsymbol{b}_2^1=(1-\alpha_2^1)\boldsymbol{b}_2+\alpha_2^1\boldsymbol{b}_3=\left[\frac{9}{4},\frac{5}{2}\right]$$

$$k=3,\quad \alpha_2^1=\frac{\bar{u}-u_4}{u_7-u_4}=\frac{0.75-0.5}{1-0.5}=\frac{1}{2},\quad \boldsymbol{b}_3^1=(1-\alpha_3^1)\boldsymbol{b}_3+\alpha_3^1\boldsymbol{b}_4=\left[\frac{5}{2},1\right]$$

当 $l=2$ 时，$k=i-p,i-p+1\cdots,i-l=\{1,2\}$

$$k=1,\quad \alpha_1^2=\frac{\bar{u}-u_3}{u_5-u_3}=\frac{0.75-0}{1-0}=\frac{3}{4},\quad \boldsymbol{b}_1^2=(1-\alpha_1^2)\boldsymbol{b}_1^1+\alpha_1^2\boldsymbol{b}_2^1=\left[\frac{3}{2},\frac{11}{4}\right]$$

$$k=2,\quad \alpha_2^2=\frac{\bar{u}-u_4}{u_6-u_4}=\frac{0.75-0.5}{1-0.5}=\frac{1}{2},\quad \boldsymbol{b}_2^2=(1-\alpha_2^2)\boldsymbol{b}_2^1+\alpha_2^2\boldsymbol{b}_3^1=\left[\frac{19}{8},\frac{7}{4}\right]$$

当 $l=3$ 时，$k=i-p,i-p+1\cdots,i-l=\{1\}$

$$k=1,\quad \alpha_1^3=\frac{\bar{u}-u_4}{u_5-u_4}=\frac{0.75-0.5}{1-0.5}=\frac{1}{2},\quad \boldsymbol{b}_1^3=(1-\alpha_1^3)\boldsymbol{b}_1^2+\alpha_1^3\boldsymbol{b}_2^2=\left[\frac{31}{16},\frac{9}{4}\right]$$

图 4.24 所示为定义在 U_2 上的三次 B 样条曲线及其上点 $\boldsymbol{p}(\bar{u}=0.75)$ 的递推计算过程，图 4.24(a)展示了几何作图过程，图 4.24(b)为比例因子图解与 B 样条基函数。

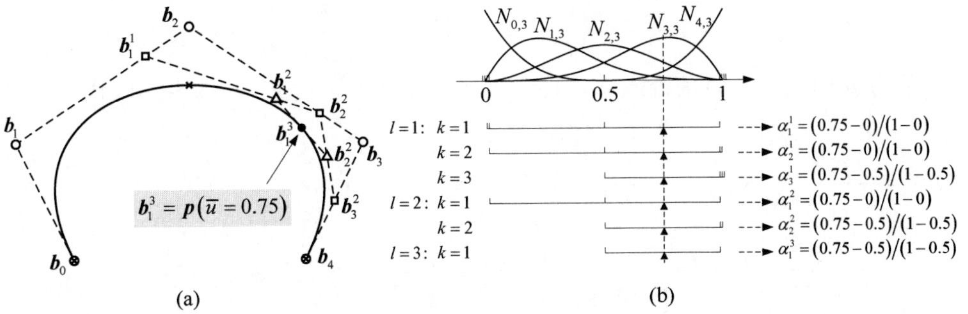

图 4.24　三次 B 样条曲线上点 $\boldsymbol{p}(\bar{u}=0.75)$ 计算的德布尔递推过程，$U_2=\{0,0,0,0,0.5,1,1,1,1\}$

4.1.5 B样条曲线导矢计算

对于B样条曲线导矢的计算，可以首先考查B样条基函数的导数计算。1978年，德布尔在*A Practical Guide to Splines*一书中给出了B样条基函数$N_{i,p}(u)$的导数计算公式如下

$$N'_{i,p}(u)=\frac{p}{u_{i+p}-u_i}N_{i,p-1}(u)-\frac{p}{u_{i+p+1}-u_{i+1}}N_{i+1,p-1}(u) \tag{4.13}$$

可见基函数$N_{i,p}(u)$的一阶导数可以表示为两个低一次基函数$N_{i,p-1}(u)$与$N_{i+1,p-1}(u)$的一种线性组合。皮格尔和蒂勒利用归纳法证明了上述导数公式。这里简要给出归纳法证明方法。

根据求导链式法则对基函数

$$N_{i,p}(u)=\frac{u-u_i}{u_{i+p}-u_i}N_{i,p-1}(u)+\frac{u_{i+p+1}-u}{u_{i+p+1}-u_{i+1}}N_{i+1,p-1}(u)$$

计算导数，可得

$$\begin{aligned}N'_{i,p}(u)=&\frac{1}{u_{i+p}-u_i}N_{i,p-1}+\frac{u-u_i}{u_{i+p}-u_i}N'_{i,p-1}-\\&\frac{1}{u_{i+p+1}-u_{i+1}}N_{i+1,p-1}+\frac{u_{i+p+1}-u}{u_{i+p+1}-u_{i+1}}N'_{i+1,p-1}\end{aligned} \tag{4.14}$$

当次数$p=1$时，基函数$N_{i,p-1}$与$N_{i+1,p-1}$等于0或者1，其导函数为0，上述公式改写为

$$N'_{i,1}(u)=\frac{1}{u_{i+1}-u_i}N_{i,0}-\frac{1}{u_{i+2}-u_{i+1}}N_{i+1,0}$$

可见当次数$p=1$时，式(4.13)成立。假设式(4.13)在次数为$p-1$时也成立，有

$$N'_{i,p-1}(u)=\frac{p-1}{u_{i+p-1}-u_i}N_{i,p-2}-\frac{p-1}{u_{i+p}-u_{i+1}}N_{i+1,p-2}$$

$$N'_{i+1,p-1}(u)=\frac{p-1}{u_{i+p}-u_{i+1}}N_{i+1,p-2}-\frac{p-1}{u_{i+p+1}-u_{i+2}}N_{i+2,p-2}$$

考查当次数为p时式(4.13)是否成立。将$N'_{i,p-1}(u)$与$N'_{i+1,p-1}(u)$的表达式代入(4.14)，可得

$$\begin{aligned}N'_{i,p}(u)=&\frac{1}{u_{i+p}-u_i}N_{i,p-1}-\frac{1}{u_{i+p+1}-u_{i+1}}N_{i+1,p-1}+\\&\frac{u-u_i}{u_{i+p}-u_i}\left(\frac{p-1}{u_{i+p-1}-u_i}N_{i,p-2}-\frac{p-1}{u_{i+p}-u_{i+1}}N_{i+1,p-2}\right)+\\&\frac{u_{i+p+1}-u}{u_{i+p+1}-u_{i+1}}\left(\frac{p-1}{u_{i+p}-u_{i+1}}N_{i+1,p-2}-\frac{p-1}{u_{i+p+1}-u_{i+2}}N_{i+2,p-2}\right)\\=&\frac{1}{u_{i+p}-u_i}N_{i,p-1}-\frac{1}{u_{i+p+1}-u_{i+1}}N_{i+1,p-1}+\frac{u-u_i}{u_{i+p}-u_i}\frac{p-1}{u_{i+p-1}-u_i}N_{i,p-2}+\end{aligned}$$

$$\left(\frac{u_{i+p+1}-u}{u_{i+p+1}-u_{i+1}}-\frac{u-u_i}{u_{i+p}-u_i}\right)\frac{p-1}{u_{i+p}-u_{i+1}}N_{i+1,p-2}-$$

$$\frac{u_{i+p+1}-u}{u_{i+p+1}-u_{i+1}}\frac{p-1}{u_{i+p+1}-u_{i+2}}N_{i+2,p-2}$$

其中

$$\frac{u_{i+p+1}-u}{u_{i+p+1}-u_{i+1}}-\frac{u-u_i}{u_{i+p}-u_i}=\frac{u_{i+p+1}-u}{u_{i+p+1}-u_{i+1}}-1+1-\frac{u-u_i}{u_{i+p}-u_i}$$

$$=-\frac{u-u_{i+1}}{u_{i+p+1}-u_{i+1}}+\frac{u_{i+p}-u}{u_{i+p}-u_i}$$

代入原式

$$\begin{aligned}N'_{i,p}(u)=&\frac{1}{u_{i+p}-u_i}N_{i,p-1}-\frac{1}{u_{i+p+1}-u_{i+1}}N_{i+1,p-1}+\\&\frac{p-1}{u_{i+p}-u_i}\left(\frac{u-u_i}{u_{i+p-1}-u_i}N_{i,p-2}+\frac{u_{i+p}-u}{u_{i+p}-u_{i+1}}N_{i+1,p-2}\right)-\\&\frac{p-1}{u_{i+p+1}-u_{i+1}}\left(\frac{u-u_{i+1}}{u_{i+p}-u_{i+1}}N_{i+1,p-2}+\frac{u_{i+p+1}-u}{u_{i+p+1}-u_{i+2}}N_{i+2,p-2}\right)\\=&\frac{1}{u_{i+p}-u_i}N_{i,p-1}-\frac{1}{u_{i+p+1}-u_{i+1}}N_{i+1,p-1}+\\&\frac{p-1}{u_{i+p}-u_i}N_{i,p-1}-\frac{p-1}{u_{i+p+1}-u_{i+1}}N_{i+1,p-1}\\=&\frac{p}{u_{i+p}-u_i}N_{i,p-1}-\frac{p}{u_{i+p+1}-u_{i+1}}N_{i+1,p-1}\end{aligned}$$

因此，当次数为 p 时式(4.13)依然成立。证毕。

图 4.25～图 4.27 给出了定义在 3 种不同节点矢量上的三次 B 样条基函数及其导数曲线图。图 4.27 中出现了多重节点，部分导函数不再连续，导函数 $N'_{6,3}$ 在 $u=3$ 时出现阶跃。

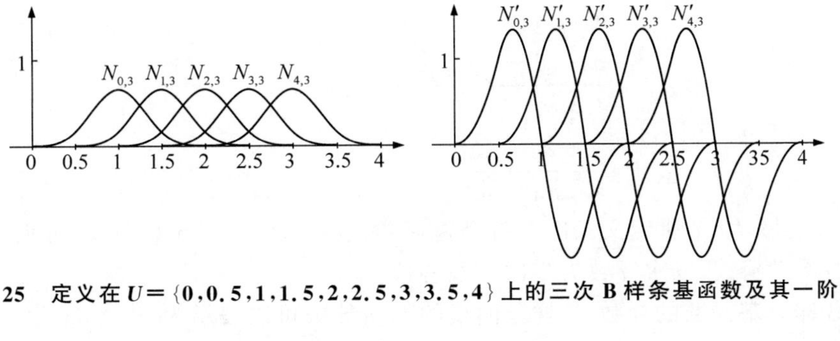

图 4.25 定义在 $U=\{0,0.5,1,1.5,2,2.5,3,3.5,4\}$ 上的三次 B 样条基函数及其一阶导数

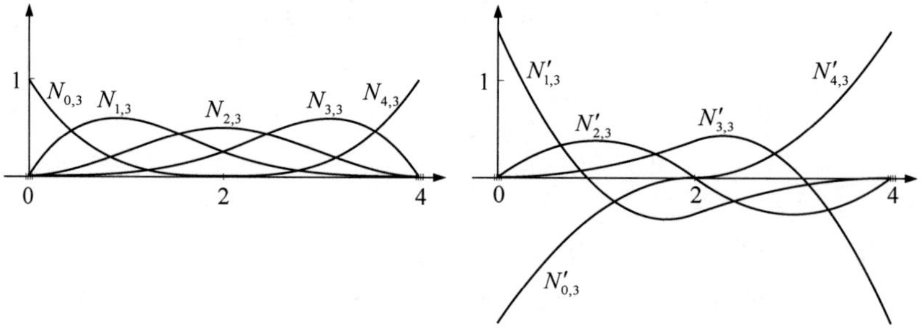

图 4.26　定义在 $U=\{0,0,0,0,2,4,4,4,4\}$ 上的三次 B 样条基函数及其一阶导数

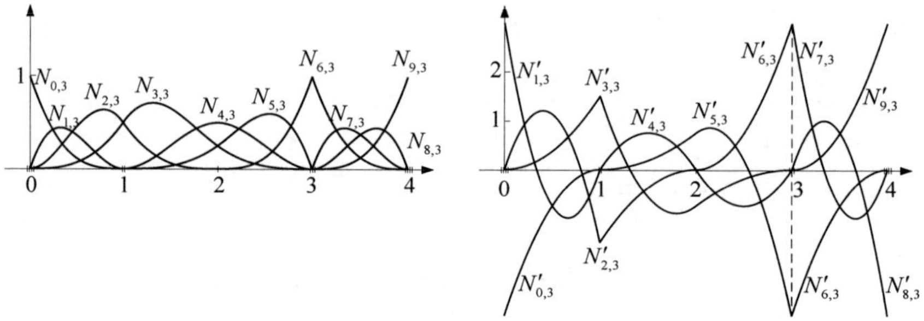

图 4.27　定义在 $U=\{0,0,0,0,1,1,2,3,3,3,4,4,4,4\}$ 上的三次 B 样条基函数及其一阶导数

对式(4.13)两侧重复求导,可得基函数 $N_{i,p}(u)$的 k 阶导数公式

$$N_{i,p}^{(k)}(u)=\frac{p}{u_{i+p}-u_i}N_{i,p-1}^{(k-1)}(u)-\frac{p}{u_{i+p+1}-u_{i+1}}N_{i+1,p-1}^{(k-1)}(u) \tag{4.15}$$

继续对$(k-1)$阶导数展开,可得下列公式

$$N_{i,p}^{(k)}(u)=\frac{p!}{(p-k)!}\sum_{j=0}^{k}a_{k,j}N_{i+j,p-k}(u) \tag{4.16}$$

其中

$$\begin{aligned}
a_{0,0}&=1\\
a_{k,0}&=\frac{a_{k-1,0}}{u_{i+p-k+1}-u_i}\\
a_{k,j}&=\frac{a_{k-1,j}-a_{k-1,j-1}}{u_{i+p+j-k+1}-u_{i+j}},\quad j=1,2,\cdots,k-1\\
a_{k,k}&=\frac{-a_{k-1,k-1}}{u_{i+p+1}-u_{i+k}}
\end{aligned} \tag{4.17}$$

图 4.28 为图 4.27 所定义三次 B 样条基函数的二阶和三阶导数曲线,可见二阶导数为一次分段多项式函数,三次导数为零次分段常数。

依据 B 样条基函数的导数,B 样条曲线的 k 阶导矢可以表示为

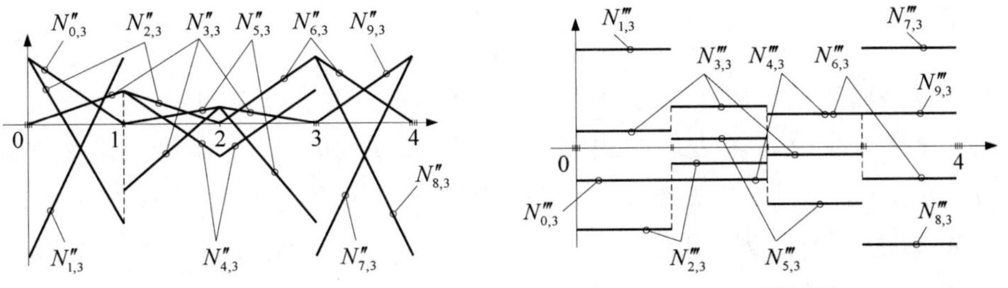

(a) 二阶导数　　(b) 三阶导数

图 4.28　定义在 $U=\{0,0,0,0,1,1,2,3,3,3,4,4,4,4\}$ 上的三次 B 样条基函数的二阶和三阶导数曲线

$$\boldsymbol{p}^{(k)}(u)=\sum_{i=0}^{n}\boldsymbol{b}_iN_{i,p}^{(k)}(u) \tag{4.18}$$

代入基函数导数公式(4.15)或式(4.16)，即可求得曲线导矢，该方法称为定义式求导。继续考查上述导矢公式中存在的几何意义，将式(4.13)代入式(4.18)，一阶导矢可展开为

$$\boldsymbol{p}'(u)=\sum_{i=0}^{n}\boldsymbol{b}_iN'_{i,p}(u)=\sum_{i=0}^{n}\boldsymbol{b}_i\left[\frac{p}{u_{i+p}-u_i}N_{i,p-1}(u)-\frac{p}{u_{i+p+1}-u_{i+1}}N_{i+1,p-1}(u)\right] \tag{4.19}$$

其中，右侧两个分式可以展开为

$$\begin{aligned}\sum_{i=0}^{n}\boldsymbol{b}_i\frac{p}{u_{i+p}-u_i}N_{i,p-1}(u)&\overset{令 i=j+1}{=}\sum_{j=-1}^{n-1}\boldsymbol{b}_{j+1}\frac{p}{u_{j+p+1}-u_{j+1}}N_{j+1,p-1}\\&=\boldsymbol{b}_0\frac{p}{u_p-u_0}N_{0,p-1}+\sum_{j=0}^{n-1}\boldsymbol{b}_{j+1}\frac{p}{u_{j+p+1}-u_{j+1}}N_{j+1,p-1}\end{aligned} \tag{4.20}$$

$$\begin{aligned}-\sum_{i=0}^{n}\boldsymbol{b}_i\frac{p}{u_{i+p+1}-u_{i+1}}N_{i+1,p-1}(u)\\=-\sum_{i=0}^{n-1}\boldsymbol{b}_i\frac{p}{u_{i+p+1}-u_{i+1}}N_{i+1,p-1}-\boldsymbol{b}_n\frac{p}{u_{n+p+1}-u_{n+1}}N_{n+1,p-1}\end{aligned} \tag{4.21}$$

曲线的定义域为$[u_p,u_{n+1}]$，式(4.20)与式(4.21)中基函数 $N_{0,p-1}(u)$与 $N_{n+1,p-1}(u)$的支撑区间处于定义域之外，值为零，将式(4.20)和式(4.21)代回式(4.19)，可得

$$\begin{aligned}\boldsymbol{p}'(u)=\sum_{i=0}^{n}\boldsymbol{b}_iN'_{i,p}(u)&=\sum_{i=0}^{n-1}\boldsymbol{b}_{i+1}\frac{p}{u_{i+p+1}-u_{i+1}}N_{i+1,p-1}-\\&\sum_{i=0}^{n-1}\boldsymbol{b}_i\frac{p}{u_{i+p+1}-u_{i+1}}N_{i+1,p-1}\\&=\sum_{i=0}^{n-1}\frac{p(\boldsymbol{b}_{i+1}-\boldsymbol{b}_i)}{u_{i+p+1}-u_{i+1}}N_{i+1,p-1}=\sum_{i=0}^{n-1}\boldsymbol{b}_i^{(1)}N_{i+1,p-1}\end{aligned} \tag{4.22}$$

其中

$$\boldsymbol{b}_i^{(1)}=\frac{p(\boldsymbol{b}_{i+1}-\boldsymbol{b}_i)}{u_{i+p+1}-u_{i+1}} \tag{4.23}$$

可见 p 次B样条曲线的一阶导矢可以表示成一条 $p-1$ 次B样条曲线，且该导矢曲线的每个控制顶点为原曲线控制多边形的边矢量乘以系数 $p/(u_{i+p+1}-u_{i+1})$。令原节点矢量 $U=\{u_0,u_1,u_2,\cdots,u_{n+p+1}\}$，则新节点矢量 $U^{(1)}$ 为原节点矢量 U 去除首末两个节点 u_0 与 u_{n+p+1} 后剩余的节点序列，即 $U^{(1)}=\{u_1,u_2,\cdots,u_{n+p}\}$。此时 $U^{(1)}$ 的端节点重复度为 p 重，通过观察可以发现定义在 U 上的基函数 $N_{i+1,p-1}$ 等同于定义在 $U^{(1)}$ 上的 $N_{i,p-1}$。因此，式(4.22)可以改写为

$$\boldsymbol{p}'(u)=\sum_{i=0}^{n-1}\boldsymbol{b}_i^{(1)}N_{i,p-1}(u) \tag{4.24}$$

其中，基函数 $N_{i,p-1}(u)$ 定义在新节点矢量 $U^{(1)}$ 上。

特殊地，当端节点满足 $p+1$ 重时，在定义域两端点处曲线导矢表示为

$$\boldsymbol{p}'(u_p)=\frac{p(\boldsymbol{b}_1-\boldsymbol{b}_0)}{u_{p+1}-u_1},\quad \boldsymbol{p}'(u_{n+1})=\frac{p(\boldsymbol{b}_n-\boldsymbol{b}_{n-1})}{u_{n+p}-u_n} \tag{4.25}$$

对式(4.22)和式(4.23)重复求导，可得 k 阶导矢公式

$$\boldsymbol{p}^{(k)}(u)=\sum_{i=0}^{n-k}\boldsymbol{b}_i^{(k)}N_{i,p-k}(u) \tag{4.26}$$

其中

$$\boldsymbol{b}_i^{(k)}=\begin{cases}\boldsymbol{b}_i, & k=0\\ \dfrac{(p-k+1)\left[\boldsymbol{b}_{i+1}^{(k-1)}-\boldsymbol{b}_i^{(k-1)}\right]}{u_{i+p+1}-u_{i+k}}, & k\geqslant 1\end{cases} \tag{4.27}$$

基函数 $N_{i,p-k}(u)$ 定义在节点矢量 $U^{(k)}=\{u_k,u_{k+1},\cdots,u_{n+p+1-k}\}$ 上。

【例 4.4】 给定5个控制顶点 $\boldsymbol{b}_0=[-1,0]$，$\boldsymbol{b}_1=[-2,1]$，$\boldsymbol{b}_2=[0,3]$，$\boldsymbol{b}_3=[2,1]$，$\boldsymbol{b}_4=[1,0]$ 和两组节点矢量 $U_1=\{0,0,0,0.3,0.6,1,1,1\}$ 与 $U_2=\{0,0,0,0,0.5,1,1,1,1\}$，分别定义一条二次和一条三次B样条曲线，计算其导矢曲线。

解：基于节点矢量 U_1，构造的曲线为二次B样条曲线，其一阶导矢为一条一次B样条曲线，相应的控制顶点记为

$$\boldsymbol{b}_0^{(1)}=\frac{2(\boldsymbol{b}_1-\boldsymbol{b}_0)}{u_3-u_1}=\frac{20}{3}(\boldsymbol{b}_1-\boldsymbol{b}_0)=\left[-\frac{20}{3},\frac{20}{3}\right]$$

$$\boldsymbol{b}_1^{(1)}=\frac{2(\boldsymbol{b}_2-\boldsymbol{b}_1)}{u_4-u_2}=\frac{10}{3}(\boldsymbol{b}_2-\boldsymbol{b}_1)=\left[\frac{20}{3},\frac{20}{3}\right]$$

$$\boldsymbol{b}_2^{(1)}=\frac{2(\boldsymbol{b}_3-\boldsymbol{b}_2)}{u_5-u_3}=\frac{20}{7}(\boldsymbol{b}_3-\boldsymbol{b}_2)=\left[\frac{40}{7},-\frac{40}{7}\right]$$

$$\boldsymbol{b}_3^{(1)}=\frac{2(\boldsymbol{b}_4-\boldsymbol{b}_3)}{u_6-u_4}=5(\boldsymbol{b}_4-\boldsymbol{b}_3)=[-5,-5]$$

由新控制顶点 $\boldsymbol{b}_0^{(1)}$、$\boldsymbol{b}_1^{(1)}$、$\boldsymbol{b}_2^{(1)}$、$\boldsymbol{b}_3^{(1)}$ 所构造的一次 B 样条导矢曲线可以表示为

$$\boldsymbol{p}'(u)=\sum_{i=0}^{3}\boldsymbol{b}_i^{(1)}N_{i,1}(u)$$

其中，基函数 $N_{i,1}(u)$ 由新节点矢量 $U_1^{(1)}=\{0,0,0.3,0.6,1,1\}$ 定义。图 4.29 为二次 B 样条曲线及其导矢曲线，其中图 4.29(a) 中的黑色圆点和箭头表示对应参数 $u=\{0.25,0.5,0.75\}$ 的曲线上点及该点处的一阶导矢(注意矢量长度经过了缩放)，图 4.29(b) 中的黑色圆点即为基于导矢曲线计算的一阶导矢。

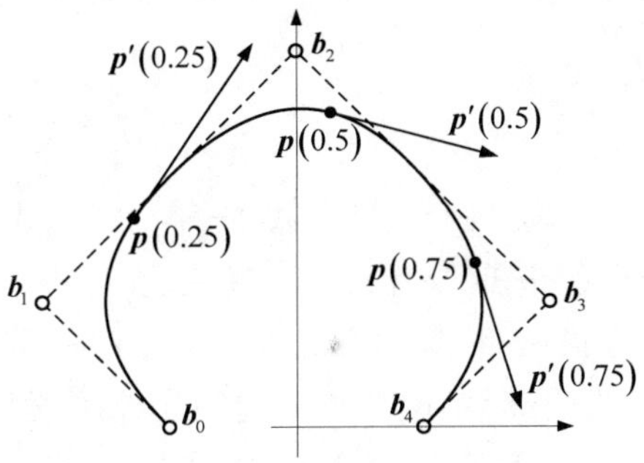

(a) 二次B样条曲线

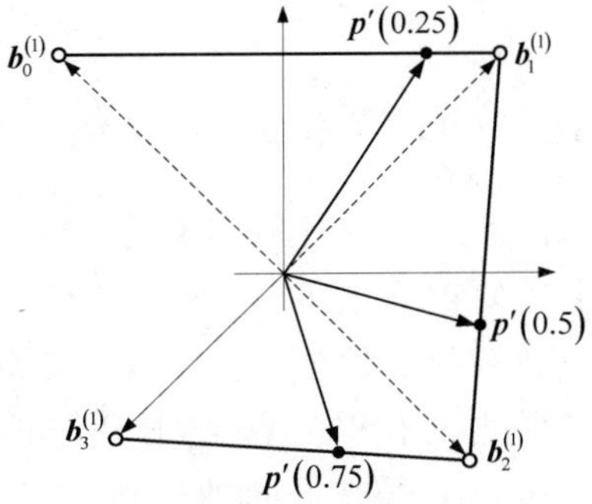

(b) 二次B样条曲线的导矢曲线

图 4.29　定义在 $U_1=\{0,0,0,0.3,0.6,1,1,1\}$ 上的二次 B 样条曲线及其导矢曲线

基于节点矢量 U_2，构造的曲线为三次 B 样条曲线，其一阶导矢为一条二次 B 样条曲线，相应的控制顶点记为

$$\boldsymbol{b}_0^{(1)}=\frac{3(\boldsymbol{b}_1-\boldsymbol{b}_0)}{u_4-u_1}=6(\boldsymbol{b}_1-\boldsymbol{b}_0)=[-6,6]$$

$$\boldsymbol{b}_1^{(1)}=\frac{3(\boldsymbol{b}_2-\boldsymbol{b}_1)}{u_5-u_2}=3(\boldsymbol{b}_2-\boldsymbol{b}_1)=[6,6]$$

$$\boldsymbol{b}_2^{(1)}=\frac{3(\boldsymbol{b}_3-\boldsymbol{b}_2)}{u_6-u_3}=3(\boldsymbol{b}_3-\boldsymbol{b}_2)=[6,-6]$$

$$\boldsymbol{b}_3^{(1)}=\frac{3(\boldsymbol{b}_4-\boldsymbol{b}_3)}{u_7-u_4}=6(\boldsymbol{b}_4-\boldsymbol{b}_3)=[-6,-6]$$

由新控制顶点 $\boldsymbol{b}_0^{(1)}$、$\boldsymbol{b}_1^{(1)}$、$\boldsymbol{b}_2^{(1)}$、$\boldsymbol{b}_3^{(1)}$ 所构造的二次 B 样条导矢曲线可以表示为

$$\boldsymbol{p}'(u)=\sum_{i=0}^{3}\boldsymbol{b}_i^{(1)}N_{i,2}(u)$$

其中，基函数 $N_{i,2}(u)$ 由新节点矢量 $U_2^{(1)}=\{0,0,0,0.5,1,1,1\}$ 定义。图 4.30 为三次 B 样条曲线及其导矢曲线。

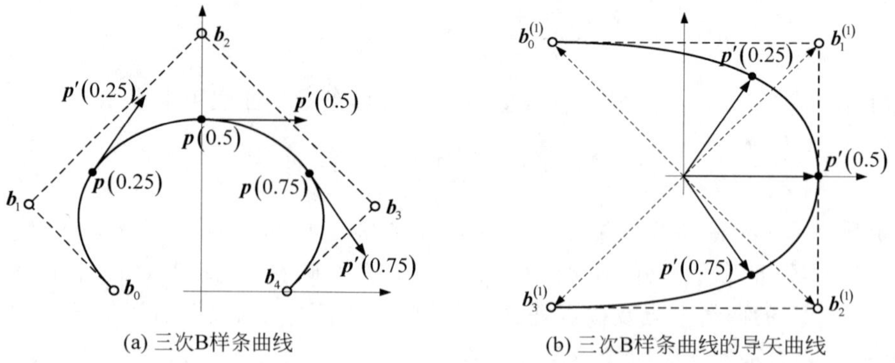

图 4.30　定义在 $U=\{0,0,0,0,0.5,1,1,1,1\}$ 上的三次 B 样条曲线及其导矢曲线

4.1.6　B 样条曲线分类

在 B 样条曲线的计算过程中，当给定次数 p 和控制顶点个数 $n+1$ 之后，节点矢量的节点个数便被确定下来，为 $n+p+2$ 个。这些节点取什么值，就决定了基于这些节点定义的基函数的性质，进一步决定了曲线的相关性质。因此，节点矢量的取值方式对 B 样条曲线具有重要意义，B 样条曲线的分类也常由节点矢量的类别来划分。但是，其分类方式和术语在不同的文献中不尽相同。戈登和里森菲尔德最早将节点矢量按照节点是否全部等距分布将基函数划分为周期性(periodic)和非周期性(nonperiodic)两类。罗杰斯根据节点矢量两端节点是否满足 $p+1$ 重将节点矢量分为开的(open)和周期性(periodic)两类，皮格尔和蒂勒则将其称为固支(clamped)和非固支(unclamped)，并根据内节点是否等距分布进一步划分为均匀(uniform)和非均匀(nonuniform)。在当前的 CAD/CAM 领域和相关文献中，术语周期性和非周期性提及较少，端节点具有 $p+1$ 重的固支或开节点矢量提及较多，许多系统也仅支持定义在固支节点矢量上的 B 样条曲线。术语固支与固支边界条件保持一致，在力学中应用较多，反映了 B 样条曲线的端点插值性质。

施法中依据 STEP(产品模型数据交互规范)国际标准相关定义将 B 样条曲线划分为均匀 B 样条、准均匀 B 样条、分段贝齐尔和非均匀 B 样条 4 类。这一分类方法较好地反映了节点矢量中的节点分布情况，同时关联了曲线性质，本书也沿用此种分类方式，具体如下。

(1) 均匀 B 样条曲线。节点矢量中的所有节点等距均匀分布，有 $\Delta u_i=u_{i+1}-u_i=$ 常数，$i=0,1,2,\cdots,n+p$。在这类节点矢量上定义的基函数为均匀 B 样条基，相应曲线称为均匀 B 样条曲线，如图 4.31(a)所示。

(2) 准均匀 B 样条曲线。节点矢量中的端节点重复度为 $p+1$，所有内节点均匀分布且重复度为 1，形式如下

$$U=\{\underbrace{u_0,u_1,\cdots,u_p}_{p+1},u_{p+1},\cdots,u_{n+1},\underbrace{u_{n+2},\cdots,u_{n+p+1}}_{p+1}\} \tag{4.28}$$

此类节点矢量称为准均匀节点矢量，基函数称为准均匀 B 样条基函数，曲线称为准均匀 B 样条曲线，如图 4.31(b)所示。

(3) 分段贝齐尔曲线。节点矢量中的端节点重复度为 $p+1$，所有内节点重复度为 p，此时定义域内每个非零节点区间上均定义了一条 p 次贝齐尔曲线，整条曲线称为分段贝齐尔曲线。可以发现在分段贝齐尔曲线中，n/p 为正整数，即控制顶点个数减 1 为次数的正整数倍，如图 4.31(c)所示。

(4) 非均匀 B 样条曲线。节点矢量中的所有节点按照非递减分布，其上定义的基函数称为非均匀 B 样条基函数，曲线称为非均匀 B 样条曲线，如图 4.31(d)所示。可见前三类曲线可以看作非均匀 B 样条曲线的特例。

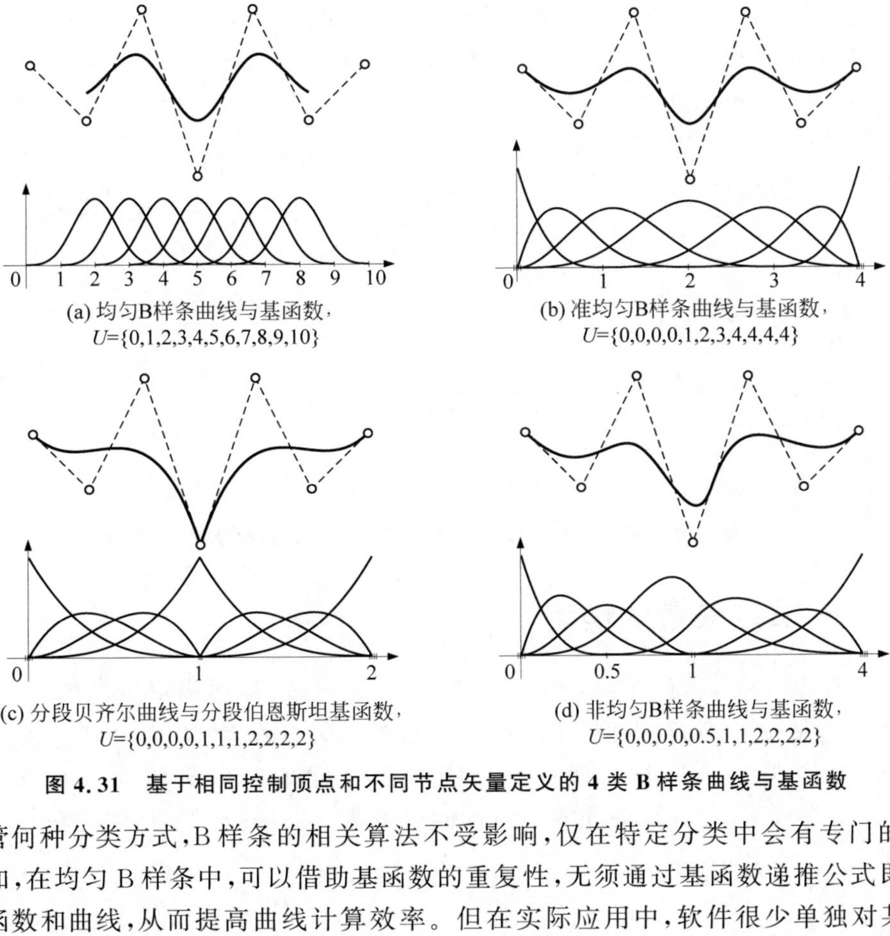

(a) 均匀B样条曲线与基函数，$U=\{0,1,2,3,4,5,6,7,8,9,10\}$

(b) 准均匀B样条曲线与基函数，$U=\{0,0,0,0,1,2,3,4,4,4,4\}$

(c) 分段贝齐尔曲线与分段伯恩斯坦基函数，$U=\{0,0,0,0,1,1,1,2,2,2,2\}$

(d) 非均匀B样条曲线与基函数，$U=\{0,0,0,0,0.5,1,1,2,2,2,2\}$

图 4.31 基于相同控制顶点和不同节点矢量定义的 4 类 B 样条曲线与基函数

不管何种分类方式，B 样条的相关算法不受影响，仅在特定分类中会有专门的快捷算法。例如，在均匀 B 样条中，可以借助基函数的重复性，无须通过基函数递推公式即可计算相关基函数和曲线，从而提高曲线计算效率。但在实际应用中，软件很少单独对某一类 B 样条曲线采用专用算法，更多的是采用统一的算法计算任意曲线。正如皮格尔和蒂勒所说，软件程序开发和维护所带来的时间成本可能要远超过算法本身。

除了以节点矢量的类型来划分，B 样条曲线还可以按照其是否封闭分为开曲线和闭曲线。此前所给的范例均为开曲线，对于闭曲线，有两种常用方式来构造满足 C^{p-1} 连续的 p 次 B 样条闭曲线。一种是修改部分控制顶点，另一种是增加部分控制顶点。下面通过一个范例简要介绍两种构造闭曲线的方式。

令初始给定控制顶点记为 $\boldsymbol{b}_0,\boldsymbol{b}_1,\boldsymbol{b}_2,\cdots,\boldsymbol{b}_7$，曲线次数为 3 次，基于均匀节点矢量构造的开曲线如图 4.32(a)所示。对于第一种方式，控制顶点总数保持不变，令节点矢量均匀分布且记为 $U=\{u_0=0,u_1=1,\cdots,\boldsymbol{u}_{n+p+1}=n+p+1\}$，将末端 p 个控制顶点移动到与首端 p 个控制顶点相同的位置，即 $\boldsymbol{b}_{n-p+1}=\boldsymbol{b}_0,\boldsymbol{b}_{n-p+2}=\boldsymbol{b}_1,\cdots,\boldsymbol{b}_n=\boldsymbol{b}_{p-1}$，所构造的闭曲线如图 4.32(b)所示。

对于第二种方式，需要在初始控制顶点序列末端顺序加上 $p+1$ 个控制顶点，且这些顶点与首端 $p+1$ 个控制顶点重合，即 $\boldsymbol{b}_{n+1}=\boldsymbol{b}_0,\boldsymbol{b}_{n+2}=\boldsymbol{b}_1,\cdots,\boldsymbol{b}_{n+p}=\boldsymbol{b}_p$。此时，控制顶点总数变为 $n+p+1$，新节点矢量中的节点个数为 $n+2p+2$，采用均匀节点矢量，可定义为 $U=\{u_0=0,u_1=1,\cdots,u_{n+2p+1}=n+2p+1\}$，所构造的闭曲线如图 4.32(c)所示。

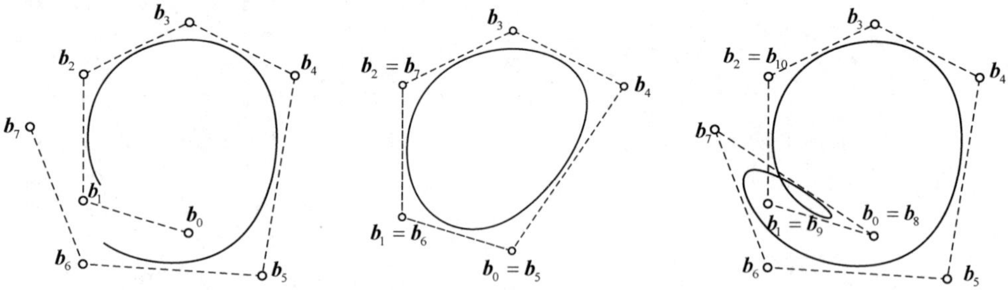

(a) 初始开曲线　　(b) 移动控制点构造闭曲线　　(c) 增加控制点构造闭曲线

图 4.32　通过移动控制点及增加控制点的方式构造闭曲线

4.1.7　节点矢量的确定

当给定控制顶点 $\boldsymbol{b}_i(i=0,1,\cdots,n)$ 和曲线次数 p 后，如何确定节点矢量 U 中各节点的值成了构造 B 样条首先要解决的问题。对于均匀 B 样条、准均匀 B 样条和分段贝齐尔曲线，节点矢量构造相对明确。令所构造 B 样条的定义域为规范参数域，即 $[u_p,u_{n+1}]=[0,1]$，定义域内非零节点区间个数为 $n+1-p$，均匀 B 样条的节点矢量可以表示为

$$U=\left\{\frac{-p}{n-p+1},\frac{-(p-1)}{n-p+1},\cdots,0,\frac{1}{n-p+1},\frac{2}{n-p+1},\cdots,1,\frac{n-p+2}{n-p+1},\cdots,\frac{n+1}{n-p+1}\right\} \tag{4.29}$$

准均匀 B 样条的节点矢量表示为

$$U=\{\underbrace{0,0,\cdots,0}_{p+1},\frac{1}{n-p+1},\frac{2}{n-p+1},\cdots,\frac{n-p}{n-p+1},\underbrace{1,1,\cdots,1}_{p+1}\} \tag{4.30}$$

分段贝齐尔曲线的节点矢量定义为

$$U=\{\underbrace{0,0,\cdots,0}_{p+1},\underbrace{\frac{p}{n},\cdots,\frac{p}{n}}_{p},\underbrace{\frac{2p}{n},\cdots,\frac{2p}{n}}_{p},\cdots,\underbrace{\frac{n-p}{n},\cdots,\frac{n-p}{n}}_{p},\underbrace{1,1,\cdots,1}_{p+1}\} \tag{4.31}$$

当采用非均匀节点矢量时，一般在首末端点处设置 $p+1$ 重节点，内部节点取值尽量能够反映控制顶点的空间位置分布。由曲线数据点参数化可知，弦长参数化相对于均匀参数化更加合理，更符合设计者意图。施法中介绍了两种非均匀 B 样条的节点矢量构造方法：里森费尔德方法与哈德利-贾德方法，均借助了弦长参数化的思想。令控制多边形各边弦长为 $L_j=|\boldsymbol{b}_j-\boldsymbol{b}_{j-1}|,(j=1,2,\cdots,n)$，弦长总和 $L=\sum_{j=1}^{n}L_j$，首端 $p+1$ 个节点值为 0，末端 $p+1$ 个节点值为 1。里森费尔德方法将中间 $n-p$ 个节点 $u_{p+i}(i=1,2,\cdots,n-p)$ 根据次数为偶次和奇次分别计算，记为

$$u_{p+i}=\begin{cases}\left(\displaystyle\sum_{j=1}^{p/2+i-1}L_j+\frac{L_{p/2+i}}{2}\right)\Big/L, & p\text{ 为偶次}\\ \left(\displaystyle\sum_{j=1}^{(p+1)/2+i-1}L_j\right)\Big/L, & p\text{ 为奇次}\end{cases} \tag{4.32}$$

对于偶次 B 样条，中间 $n-p$ 个节点对应于控制多边形上除两端各 $p/2$ 条边外其余 $n-p$ 条边的中点。对于奇次 B 样条，中间 $n-p$ 个节点对应于控制多边形上除两端各$(p+1)/2$ 个顶点外其余的 $n-p$ 个顶点。

哈德利-贾德方法则考虑了与每个节点区间相关联控制顶点的影响，对于节点区间$[u_i,u_{i+1})$，相应曲线段受影响的控制顶点包括 $\boldsymbol{b}_{i-p},\boldsymbol{b}_{i-p+1},\cdots,\boldsymbol{b}_i$，形成了 p 条边，弦长和为 $\sum_{j=i-p}^{i-1}L_j,(i=p+1,p+2,\cdots,n)$，则中间 $n-p$ 个节点可以表示为

$$u_i=u_{i-1}+\frac{\sum_{j=i-p}^{i-1}L_j}{\sum_{i=p+1}^{n+1}\sum_{j=i-p}^{i-1}L_j},\quad i=p+1,p+2,\cdots,n \tag{4.33}$$

相比于里森费尔德方法，哈德利-贾德方法不需要分奇偶次单独处理，考虑了 B 样条曲线的局部性，似乎更加合理。

图 4.33 依照哈德利与贾德给出的控制多边形范例，分别采用准均匀节点矢量以及基于里森费尔德方法与哈德利-贾德方法所计算的非均匀节点矢量构造了三次 B 样条曲线，控制网格包含 11 个控制顶点，其中有 3 个重合顶点，$\boldsymbol{b}_4=\boldsymbol{b}_5=\boldsymbol{b}_6$。曲线上符号"×"表示取 $\Delta u=$

0.02 的参数等分点对应的曲线上点，里森费尔德方法与哈德利-贾德方法所得非均匀节点矢量相对于准均匀节点矢量给出的分割点分布更加均匀。由于重控制顶点的存在，里森费尔德方法给出的节点矢量出现了三重节点。

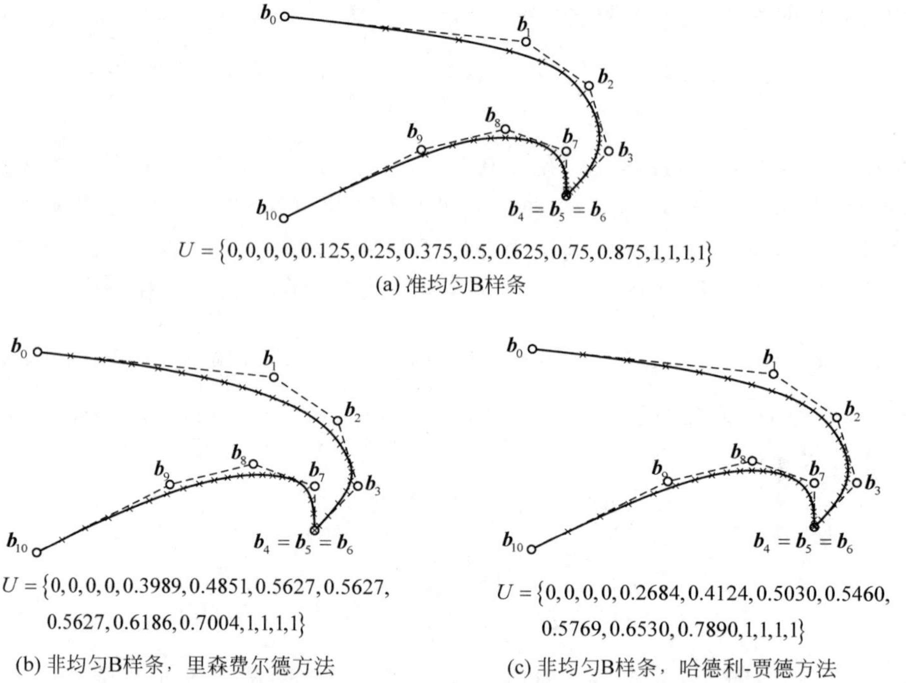

$U=\{0,0,0,0,0.125,0.25,0.375,0.5,0.625,0.75,0.875,1,1,1,1\}$

(a) 准均匀B样条

$U=\{0,0,0,0,0.3989,0.4851,0.5627,0.5627,0.5627,0.6186,0.7004,1,1,1,1\}$

(b) 非均匀B样条，里森费尔德方法

$U=\{0,0,0,0,0.2684,0.4124,0.5030,0.5460,0.5769,0.6530,0.7890,1,1,1,1\}$

(c) 非均匀B样条，哈德利-贾德方法

图 4.33　B 样条控制网格及不同节点矢量下的三次 B 样条曲线

4.2　B 样条曲线的高效几何算法

与贝齐尔曲线一样，B 样条曲线也具有一系列配套算法，这些算法几何意义鲜明、计算高效稳定、程序实现容易，为 B 样条技术的广泛应用奠定了基础。曲线节点插入与消除、升阶、降阶、贝齐尔转化等是应用较多的算法，下面详细介绍这些算法的基础原理与实现方法。

4.2.1　B 样条曲线节点插入

B 样条曲线的节点插入(knot insertion)指在不改变曲线形状的前提下，在节点矢量中增加一个或者多个新的节点。这些新插入的节点可以与已有节点相同，也可以不同。由于 B 样条曲线中节点总数与控制顶点密切相关，因此，增加新节点后会相应增加控制顶点。此外，部分已有控制顶点的位置会发生改变。节点插入算法是 B 样条曲线最基础的算法之一，在诸如蒙面法等高阶曲线和曲面造型算法中有重要应用。

给定一条 p 次 B 样条曲线 $\boldsymbol{p}(u)$，令其控制顶点记为 $\boldsymbol{b}_j(j=0,1,\cdots,n)$，节点矢量记为 $U=\{u_0,u_1,u_2,\cdots,u_{n+p+1}\}$，基函数记为 $N_{j,p}(u)$。现对曲线定义域内的节点区间$[u_i,u_{i+1})$插入新的节点 $\bar{u}$，形成新节点矢量 $\bar{U}=\{\bar{u}_0=u_0,\bar{u}_1=u_1,\cdots,\bar{u}_{i+1}=\bar{u},\bar{u}_{i+2}=u_{i+1},\cdots,\bar{u}_{n+p+2}=u_{n+p+1}\}$，其上定义的基函数记为 $\bar{N}_{j,p}(u)$，控制顶点变更为$\boldsymbol{d}_j(j=0,1,\cdots,n+1)$，则新曲线可以表示为

$$\boldsymbol{q}(\bar{u})=\sum_{j=0}^{n+1}\boldsymbol{d}_j\bar{N}_{j,p}(u) \tag{4.34}$$

当新节点矢量 $\bar{U}$ 确定后，基函数 $\bar{N}_{j,p}(u)$即可确定，新控制顶点 $\boldsymbol{d}_j$ 可通过适当选取 $n+2$ 个参数 u 代入下述方程

$$\sum_{j=0}^{n}\boldsymbol{b}_jN_{j,p}(u)=\sum_{j=0}^{n+1}\boldsymbol{d}_j\bar{N}_{j,p}(u) \tag{4.35}$$

来联立求解方程组获得。此种方法较为复杂，计算量大，下面介绍更高效的伯姆算法。

由 B 样条曲线的强凸包性可知，曲线上点 $\boldsymbol{p}(\bar{u})$仅与控制顶点 $\boldsymbol{b}_{i-p},\boldsymbol{b}_{i-p+1},\cdots,\boldsymbol{b}_i$ 有关。因此，节点插入算法也应该只涉及 $\boldsymbol{b}_{i-p},\boldsymbol{b}_{i-p+1},\cdots,\boldsymbol{b}_i$ 这 $p+1$ 控制顶点，即

$$\sum_{j=i-p}^{i}\boldsymbol{b}_jN_{j,p}(u)=\sum_{j=i-p}^{i+1}\boldsymbol{d}_j\bar{N}_{j,p}(u) \tag{4.36}$$

实际上，定义在节点矢量 U 上且在节点区间$[u_i,u_{i+1})$有非零值的基函数 $N_{j,p}(u)$，$(j=i-p,\cdots,i)$可以表示成新节点矢量$\bar{U}$ 上基函数 $\bar{N}_{j,p}(u)$的线性组合，即

$$N_{j,p}(u)=\frac{\bar{u}-\bar{u}_j}{\bar{u}_{j+p+1}-\bar{u}_j}\bar{N}_{j,p}(u)+\frac{\bar{u}_{j+p+2}-\bar{u}}{\bar{u}_{j+p+2}-\bar{u}_{j+1}}\bar{N}_{j+1,p}(u),\quad j=i-p,i-p+1,\cdots,i \tag{4.37}$$

除此之外的所有基函数 $N_{j,p}(u)=\bar{N}_{j,p}(u)$。

令节点矢量 $U=\{0,0,0,0,0.25,0.5,0.75,1,1,1,1\}$，插入新节点 $\bar{u}=0.3$ 后形成新节点矢量 $\bar{U}=\{0,0,0,0,0.25,0.3,0.5,0.75,1,1,1,1\}$，由式(4.36)可将原基函数 $N_{2,3}(u)$、$N_{3,3}(u)$分别表示成新基函数 $\bar{N}_{2,3}(u)$、$\bar{N}_{3,3}(u)$与 $\bar{N}_{3,3}(u)$、$\bar{N}_{4,3}(u)$的线性组合，且有

$$N_{2,3}(u)=\frac{3}{5}\bar{N}_{2,3}(u)+\frac{3}{5}\bar{N}_{3,3}(u),\quad N_{3,3}(u)=\frac{2}{5}\bar{N}_{3,3}(u)+\frac{14}{15}\bar{N}_{4,3}(u)$$

图 4.34 给出了基函数间的线性组合示意图。

将式(4.37)代入式(4.36)，合并同类项后可以找出控制顶点 $\boldsymbol{b}_j$ 与 $\boldsymbol{d}_j$ 之间的关系。1980 年，伯姆基于此方法给出了 B 样条节点插入的控制顶点显式计算公式

$$\boldsymbol{d}_j=\alpha_j\boldsymbol{b}_j+(1-\alpha_j)\boldsymbol{b}_{j-1} \tag{4.38}$$

其中

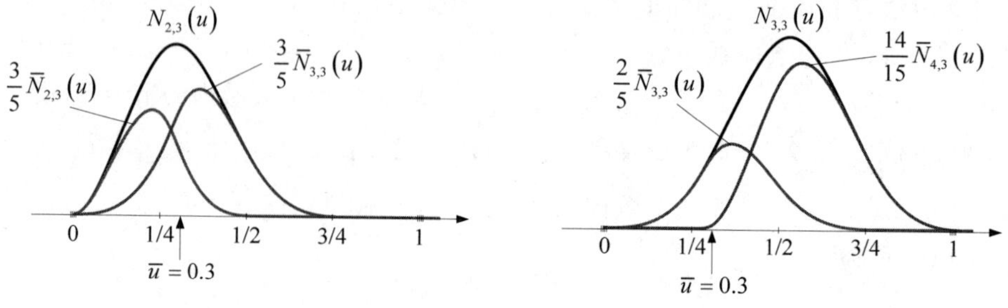

(a) 基函数$N_{2,3}=\frac{3}{5}\bar{N}_{2,3}+\frac{3}{5}\bar{N}_{3,3}$　　(b) 基函数$N_{3,3}=\frac{2}{5}\bar{N}_{3,3}+\frac{14}{15}\bar{N}_{4,3}$

图 4.34　节点矢量$U=\{0,0,0,0,0.25,0.5,0.75,1,1,1,1\}$上插入新节点$\bar{u}=0.3$后基函数的线性组合

$$\alpha_j=\begin{cases}1, & j\leqslant i-p\\ \dfrac{\bar{u}-u_j}{u_{j+p}-u_j}, & i-p+1\leqslant j\leqslant i\\ 0, & j\geqslant i+1\end{cases}\tag{4.39}$$

当$j\leqslant i-p$或者$j\geqslant i+1$时,控制顶点保持不变;当$i-p+1\leqslant j\leqslant i$时,新控制顶点$\boldsymbol{d}_j$由原控制顶点$\boldsymbol{b}_{j-1}$与$\boldsymbol{b}_j$通过比例因子$\alpha_j$线性插值得到,如图 4.35(a)所示。插入节点$\bar{u}$后,原曲线中与节点区间$[u_i,u_{i+1})$相关的$p+1$个控制顶点$\boldsymbol{b}_{i-p},\boldsymbol{b}_{i-p+1},\cdots,\boldsymbol{b}_i$的首末顶点$\boldsymbol{b}_{i-p}$、$\boldsymbol{b}_i$保持不变,中间$p-1$个控制顶点$\boldsymbol{b}_{i-p+1},\boldsymbol{b}_{i-p+2},\cdots,\boldsymbol{b}_{i-1}$替换为$p$个新控制顶点$\boldsymbol{d}_{i-p+1},\boldsymbol{d}_{i-p+2},\cdots,\boldsymbol{d}_i$,新的控制顶点序列如图 4.35(b)中虚线框所示。

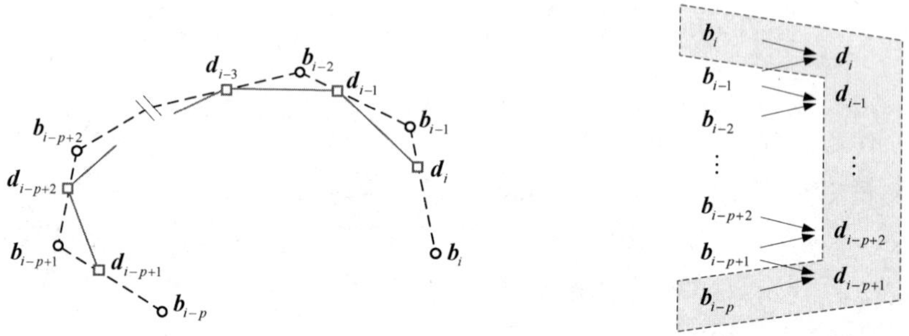

(a) 控制多边形割角　　(b) 控制顶点递推关系

图 4.35　B 样条节点插入算法新控制顶点计算示意图

对比式(4.10)给出的德布尔递推关系,可以发现伯姆节点插入算法相当于德布尔算法的第一级递推。如果新插入节点$\bar{u}=u_i$,则原节点u_i的重复度增加 1。插入节点没有改变曲线的几何形状,也同样不会改变曲线连续性。但是,插入节点后移动任意控制顶点,节点处连续性立即降为C^{p-r-1},其中r表示所插入节点处的原有节点重复度。

除了对 B 样条进行单次节点插入，进一步考虑对同一个节点进行多次重复插入的问题。当然可以通过对上述单次节点插入算法进行重复执行来实现，但是在每次执行节点插入算法后，都需要对节点矢量和控制顶点进行更新，程序会相当冗余。观察单次节点插入算法，可以发现对同一节点 $\bar{u}$ 的重复 l 次插入，相当于在节点 $\bar{u}$ 处执行 l 级德布尔递推算法。令新节点 $\bar{u}\in[u_i,u_{i+1})$ 的初始重复度为 r，将 $\bar{u}$ 重复插入 l 次（$r+l\leqslant p$），则第 $k(k=1,2,\cdots,l)$ 次节点插入后，控制顶点更新如下

$$\boldsymbol{d}_j^k=\alpha_j^k\boldsymbol{d}_j^{k-1}+(1-\alpha_j^k)\boldsymbol{d}_{j-1}^{k-1} \tag{4.40}$$

其中

$$\alpha_j^k=\begin{cases}1, & j\leqslant i-p+k-1\\ \dfrac{\bar{u}-u_j}{u_{j+p-k+1}-u_j}, & i-p+k\leqslant j\leqslant i-r\\ 0, & j\geqslant i-r+1\end{cases} \tag{4.41}$$

当时 $k=0$，有 $\boldsymbol{d}_j^0=\boldsymbol{b}_j$。图 4.36 展示了 B 样条曲线重复插入相同节点 2 次的控制顶点递推计算示意图。

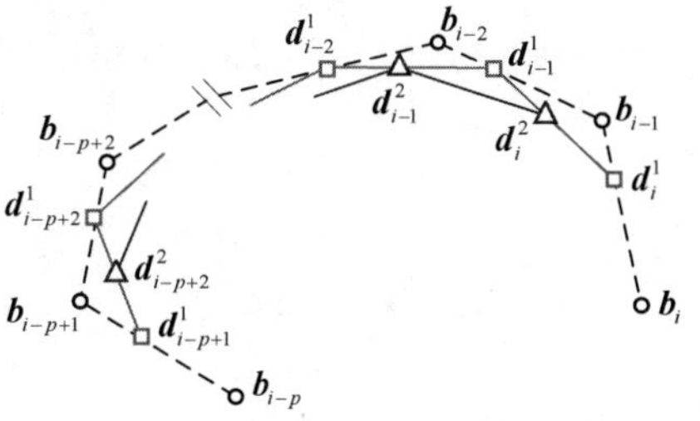

(a) 控制多边形割角

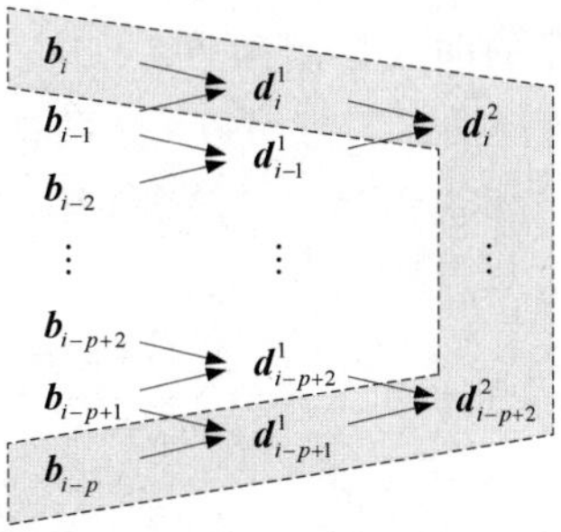

(b) 控制顶点递推关系

图 4.36　重复插入相同节点 2 次的 B 样条新控制顶点计算示意图

【例 4.5】　给定一条三次 B 样条曲线，节点矢量 $U=\{0,0,0,0,0.3,0.5,0.8,1,1,1,1\}$，控制顶点 $\boldsymbol{b}_0=[-0.5,0]$，$\boldsymbol{b}_1=[-1,1]$，$\boldsymbol{b}_2=[0,2]$，$\boldsymbol{b}_3=[1,1]$，$\boldsymbol{b}_4=[0.5,0]$，$\boldsymbol{b}_5=[2,0]$，$\boldsymbol{b}_6=[2,1.5]$，如图 4.37(a)所示。插入节点 $\bar{u}=0.2$，计算插入节点后的曲线控制顶点。

解：插入节点 $\bar{u}=0.2$，此时 $\bar{u}\in[0,0.3)$，$i=3$，与该节点区间相关的控制顶点为 $\boldsymbol{b}_0$、$\boldsymbol{b}_1$、$\boldsymbol{b}_2$、$\boldsymbol{b}_3$，根据式(4.38)和式(4.39)计算新控制顶点如下

$$j=i-p+1=1,\quad \alpha_1=\frac{\bar{u}-u_1}{u_4-u_1}=\frac{0.2-0}{0.3-0}=\frac{2}{3},\quad \boldsymbol{d}_1=\frac{2}{3}\boldsymbol{b}_1+\frac{1}{3}\boldsymbol{b}_0=\left[-\frac{5}{6},\frac{2}{3}\right]$$

$$j=i-p+2=2,\quad \alpha_2=\frac{\bar{u}-u_2}{u_5-u_2}=\frac{0.2-0}{0.5-0}=\frac{2}{5},\quad \boldsymbol{d}_2=\frac{2}{5}\boldsymbol{b}_2+\frac{3}{5}\boldsymbol{b}_1=\left[-\frac{3}{5},\frac{7}{5}\right]$$

$$j=i-p+3=i=3,\quad \alpha_3=\frac{\bar{u}-u_3}{u_6-u_3}=\frac{0.2-0}{0.8-0}=\frac{1}{4},\quad \boldsymbol{d}_3=\frac{1}{4}\boldsymbol{b}_3+\frac{3}{4}\boldsymbol{b}_2=\left[\frac{1}{4},\frac{7}{4}\right]$$

新控制顶点 $\boldsymbol{d}_1$、$\boldsymbol{d}_2$、$\boldsymbol{d}_3$ 如图 4.37(a)所示，插入节点前后的基函数如图 4.37(b)所示，其中虚线表示插入节点后的基函数。插入节点后的曲线控制顶点序列为 $\boldsymbol{b}_0$、$\boldsymbol{d}_1$、$\boldsymbol{d}_2$、$\boldsymbol{d}_3$、$\boldsymbol{b}_3$、$\boldsymbol{b}_4$、$\boldsymbol{b}_5$、$\boldsymbol{b}_6$。

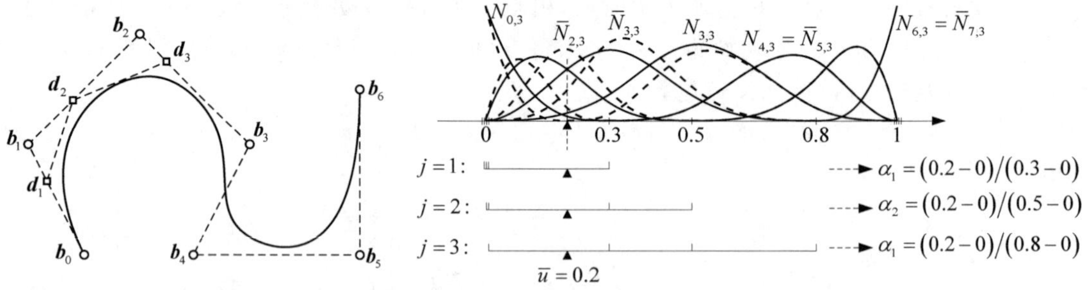

(a) 控制多边形更新　　　　(b) 基函数更新与比例因子计算

图 4.37　对定义在节点矢量 $U=\{0,0,0,0,0.3,0.5,0.8,1,1,1,1\}$ 上的三次 B 样条曲线插入新节点 $\bar{u}=0.2$

【例 4.6】 继续考虑例 4.5 中的三次 B 样条曲线，现重复插入节点 $\bar{u}=0.3$ 两次，计算插入节点后的曲线控制顶点。

解：重复插入节点 $\bar{u}=0.3$ 两次，此时 $\bar{u}\in[0.3,0.5)$，$i=4$，节点原有重复度 $r=1$，根据式(4.40)和式(4.41)计算新控制顶点如下。

第一次节点插入，$k=1$：

$$j=i-p+1=2,\quad \alpha_2^1=\frac{\bar{u}-u_2}{u_5-u_2}=\frac{0.3-0}{0.5-0}=\frac{3}{5},\quad \boldsymbol{d}_2^1=\frac{3}{5}\boldsymbol{d}_2^0+\frac{2}{5}\boldsymbol{d}_1^0=\left[-\frac{2}{5},\frac{8}{5}\right]$$

$$j=i-p+2=i-r=3,\quad \alpha_3^1=\frac{\bar{u}-u_3}{u_6-u_3}=\frac{0.3-0}{0.8-0}=\frac{3}{8},\quad \boldsymbol{d}_3^1=\frac{3}{8}\boldsymbol{d}_3^0+\frac{5}{8}\boldsymbol{d}_2^0=\left[\frac{3}{8},\frac{13}{8}\right]$$

第二次节点插入，$k=2$：

$$j=i-p+2=i-r=3,\quad \alpha_3^2=\frac{\bar{u}-u_3}{u_5-u_3}=\frac{0.3-0}{0.5-0}=\frac{3}{5},$$

$$\boldsymbol{d}_3^2=\frac{3}{5}\boldsymbol{d}_3^1+\frac{2}{5}\boldsymbol{d}_2^1=\left[\frac{13}{200},\frac{323}{200}\right]$$

图 4.38(a)给出了新控制顶点 $\boldsymbol{d}_2^1$、$\boldsymbol{d}_3^1$、$\boldsymbol{d}_3^2$ 的位置，图 4.38(b)所示为插入节点前后的基函数和比例系数计算过程，其中虚线表示插入节点后的基函数。插入节点后的曲线控制顶点序列为 $\boldsymbol{b}_0$、$\boldsymbol{b}_1$、$\boldsymbol{d}_2^1$、$\boldsymbol{d}_3^2$、$\boldsymbol{d}_3^1$、$\boldsymbol{b}_3$、$\boldsymbol{b}_4$、$\boldsymbol{b}_5$、$\boldsymbol{b}_6$。移动插入节点后曲线的任意控制顶点，曲线在参数 $u=0.3$ 处的连续性降为 C^0。

4.2.2　B 样条曲线节点细化

4.2.1 节中节点插入算法考虑的是对同一节点进行单次插入或者重复多次插入，实际

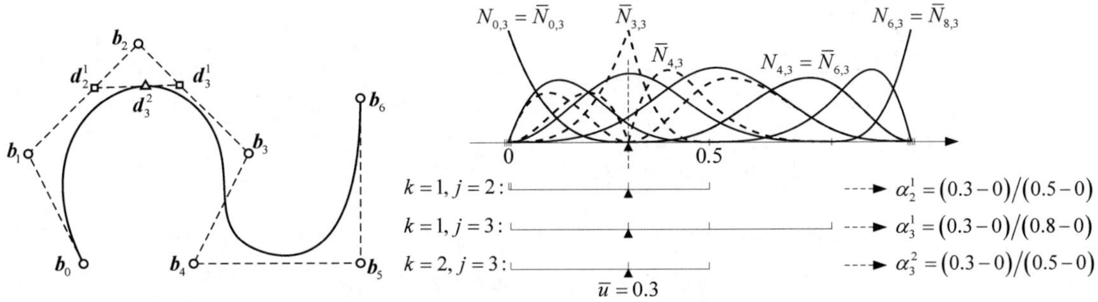

(a) 控制多边形更新　　(b) 基函数更新与比例因子计算

图 4.38　对定义在节点矢量 $U=\{0,0,0,0,0.3,0.5,0.8,1,1,1,1\}$ 上的三次 B 样条曲线插入节点 $\bar{u}=0.3$ 两次

应用中更多的是对一组节点进行一次性插入，称为节点细化(knot refinement)。1985 年，伯姆和普劳茨给出了节点细化的伪代码，皮格尔和蒂勒编写了该伪代码对应的 C 语言代码。节点细化算法的本质是对单次节点插入算法的重复应用，但执行效率更高。下面简要介绍节点细化算法的基本求解思路。

令 $\boldsymbol{p}(u)=\sum_{i=0}^{n}\boldsymbol{b}_i N_{i,p}(u)$ 是定义在节点矢量 $U=\{u_0,u_1,\cdots,u_{n+p+1}\}$ 上的一条 p 次 B 样条曲线，现对节点矢量 U 插入节点序列 $X=\{x_0,x_1,\cdots,x_r\}$。这里假定节点序列按升序排列，即 $x_i\leqslant x_{i+1}$，且所有节点均位于曲线定义域内。由节点插入算法可知，每插入一个新节点，曲线控制顶点的总数就增加一个，插入节点序列 X 中的所有节点后，曲线的控制顶点总数变为 $n+r+2$。此时节点矢量更新为 $\bar{U}=\{u_0,u_1,\cdots,u_{n+p+r+2}\}$，控制顶点记为 $\boldsymbol{d}_j(j=0,1,\cdots,n+r+1)$，节点细化即求解控制顶点 $\boldsymbol{d}_j$，基本思路如下。

(1) 找出下标 a 和 b，使得对节点序列 X 中的所有待插节点 x_i 满足 $u_a\leqslant x_i<u_b$。

(2) 由 B 样条节点插入式(4.38)和式(4.39)可知，控制顶点 $\boldsymbol{b}_0,\boldsymbol{b}_1,\cdots,\boldsymbol{b}_{a-p}$ 和 $\boldsymbol{b}_{b-1},\boldsymbol{b}_b,\cdots,\boldsymbol{b}_n$ 保持不变，剩余 $r+p+b-a-1$ 个新控制顶点需要计算。

(3) 定义新节点矢量为 $\bar{U}$，将原节点矢量 U 中两端未受影响的节点复制到 $\bar{U}$ 中。

(4) 遍历待插入节点序列 X 中的每一个节点 x_i，计算新控制顶点和新节点矢量，注意在每次插入新节点时，上一步中计算的中间控制顶点可能会被覆盖。

节点矢量的细化可以使得曲线控制多边形逐渐逼近曲线本身。图 4.39 所示为例 4.5 中三次 B 样条曲线在节点细化后的控制多边形及曲线，随着插入节点的增多，曲线控制多边形越来越逼近曲线。

节点插入算法的一个重要应用是曲线分裂，即将一条 B 样条曲线分裂为多条 B 样条曲线段。在例 4.6 中，对 B 样条曲线插入节点 $\bar{u}=0.3$ 两次，此时节点 0.3 处的节点重复度为 3，等于曲线次数。实际上曲线在 $\bar{u}=0.3$ 处分裂成了两段：第一段曲线的控制顶点序列为

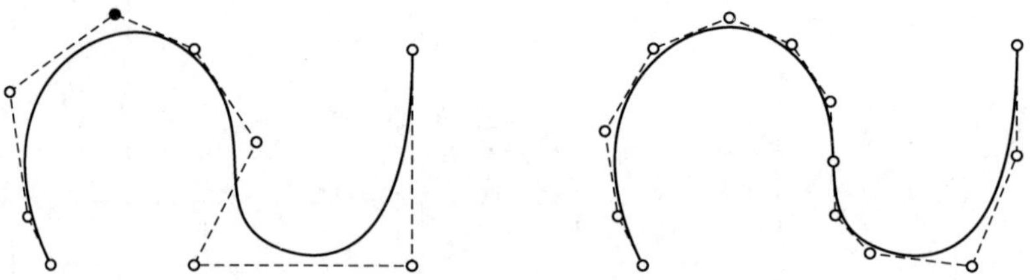

图 4.39 例 4.5 所给三次 B 样条曲线的节点细化

$\boldsymbol{b}_0$、$\boldsymbol{b}_1$、$\boldsymbol{d}_2^1$、$\boldsymbol{d}_3^2$，节点矢量为 $U_1=\{0,0,0,0,0.3,0.3,0.3,0.3\}$；第二段曲线的控制顶点为 $\boldsymbol{d}_3^2$、$\boldsymbol{d}_3^1$、$\boldsymbol{b}_3$、$\boldsymbol{b}_4$、$\boldsymbol{b}_5$、$\boldsymbol{b}_6$，节点矢量为 $U_2=\{0.3,0.3,0.3,0.3,0.5,0.8,1,1,1,1\}$。注意，在曲线分裂后，子曲线节点矢量中内节点 $u=0.3$ 变成了端节点，由 3 重修正为 $p+1=4$ 重节点。可通过规范化操作将节点矢量 U_1 与 U_2 变换到参数域[0,1]上。

若在节点矢量 U 中的每一个内节点 u_i 处，通过插入节点的方式，使其重复度提升到 p 重，则 B 样条曲线相应地转换成分段贝齐尔曲线，称为**贝齐尔分裂**(Bézier decomposition)。图 4.40(a)所示为定义在节点矢量 $U=\{0,0,0,0,1,2,3,4,4,4,4\}$ 上的三次 B 样条曲线及其基函数，图 4.40(b)所示为贝齐尔分裂得到的分段贝齐尔曲线及其伯恩斯坦基函数。

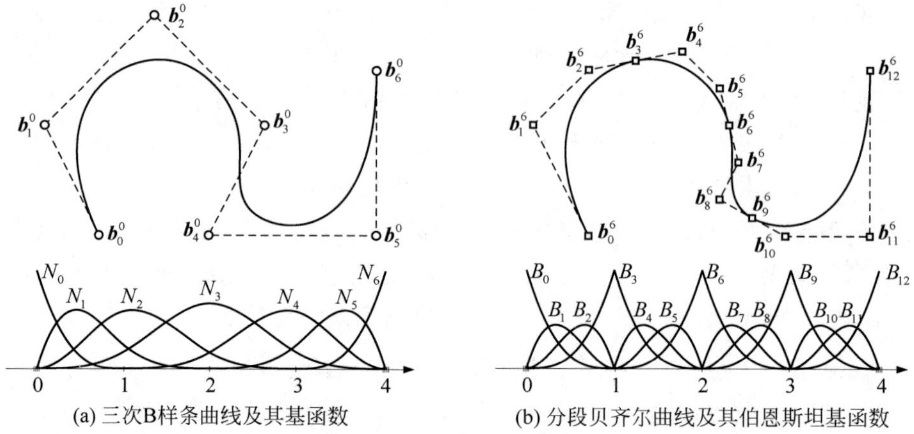

图 4.40 三次 B 样条曲线及其节点细化后的分段贝齐尔表示，节点矢量 $U=\{0,0,0,0,1,2,3,4,4,4,4\}$

相比于通用的节点细化算法，贝齐尔分裂因其节点细化的规律性，有更高效的算法。皮格尔和蒂勒给出了一种从左至右依次提取 B 样条曲线中贝齐尔曲线段的高效算法和代码，这里简要介绍贝齐尔分裂算法的独特性和规律性。假定从左至右提取贝齐尔曲线段的贝齐尔分裂算法运行到节点区间 $[u_a,u_b]$ 所对应曲线段，其中下标 a 和 b 表示对应节点的最右侧下标，此时节点 u_a 的重复度为 p(内节点)或者 $p+1$(端节点)，令节点 u_b 的重复度为

$r(1\leqslant r<p)$

$$\cdots,\underbrace{u_{a-p+1}=\cdots=u_a}_{p},\underbrace{u_{b-r+1}=\cdots=u_b}_{r},\cdots \tag{4.42}$$

对节点 u_b 重复插入 $p-r$ 次，根据式(4.41)计算比例系数 α_j^k 形成如下三角阵列

$$\begin{matrix} \alpha_{b-p+1}^1 & & & & \\ \alpha_{b-p+2}^1 & \alpha_{b-p+2}^2 & & & \\ \alpha_{b-p+3}^1 & \alpha_{b-p+3}^2 & \alpha_{b-p+3}^3 & & \\ \vdots & \vdots & \vdots & \ddots & \\ \alpha_{b-r}^1 & \alpha_{b-r}^2 & \alpha_{b-r}^3 & \cdots & \alpha_{b-r}^{p-r} \end{matrix}$$

上述三角阵列存在两个特点：①沿东南方向对角线上的比例系数相等，即 $\alpha_{b-p+i}^1=\alpha_{b-p+i+1}^2=\cdots=\alpha_{b-r}^{p-r-i+1}$，$i=1,2,\cdots,p-r$；②在依据式(4.41)计算比例系数 α_j^k 时，其分子均相等，且等于 (u_b-u_a)。

在许多应用中，偏爱采用矩阵形式来表述贝齐尔分裂，这样便于数学表达和进一步公式推导，现考查B样条曲线与其分段贝齐尔表示之间的矩阵关系。对于一条 p 次B样条曲线 $\boldsymbol{p}(u)=\sum_{i=0}^{n}\boldsymbol{b}_i^0N_{i,p}(u)$，令 $[\boldsymbol{b}]^0$ 表示控制顶点 $\boldsymbol{b}_i^0$ 按行排列所形成的矩阵，大小为 $(n+1)\times\mathrm{dim}$，其中 dim 表示控制顶点的坐标分量个数，$[\boldsymbol{b}]^0$ 的第 j 行表示控制顶点 $\boldsymbol{b}_j^0$ 各分量所形成的行矢量。根据节点矢量的内节点分布建立待插入节点序列 $X=\{x_1,x_2,\cdots,x_r\}$，顺序插入节点序列中的每一个节点，插入后的节点矢量在所有内节点处重复度均为 p。令第 k 次插入节点 x_k 后，控制顶点所形成的矩阵记为 $[\boldsymbol{b}]^k$，由节点插入式(4.38)可以构造如下转换公式

$$[\boldsymbol{b}]^k=(\boldsymbol{C}^k)^{\mathrm{T}}[\boldsymbol{b}]^{k-1} \tag{4.43}$$

其中，矩阵 $\boldsymbol{C}^k$ 的维度为 $(n+k)\times(n+k+1)$，定义如下

$$\boldsymbol{C}^k=\begin{bmatrix} \alpha_0^k & 1-\alpha_1^k & 0 & 0 & 0 & \cdots & 0 \\ 0 & \alpha_1^k & 1-\alpha_2^k & 0 & 0 & \cdots & 0 \\ 0 & 0 & \alpha_2^k & 1-\alpha_3^k & 0 & \cdots & 0 \\ \vdots & \vdots & \vdots & \vdots & \vdots & \ddots & \vdots \\ 0 & 0 & 0 & 0 & 0 & \cdots & 1-\alpha_{n+k}^k \end{bmatrix} \tag{4.44}$$

令 $[\boldsymbol{b}]^r$ 表示插入节点序列中所有节点之后形成的控制顶点矩阵，维度为 $(n+r+1)\times\mathrm{dim}$，其可以显式表示为

$$[\boldsymbol{b}]^r=(\boldsymbol{C}^r)^{\mathrm{T}}(\boldsymbol{C}^{r-1})^{\mathrm{T}}\cdots(\boldsymbol{C}^1)^{\mathrm{T}}[\boldsymbol{b}]^0=\boldsymbol{C}^{\mathrm{T}}[\boldsymbol{b}]^0 \tag{4.45}$$

其中

$$C = C^1 C^2 \cdots C^r \tag{4.46}$$

矩阵 $\boldsymbol{C}$ 维度为$(n+1)\times(n+r+1)$。由式(4.39)和式(4.44)可知矩阵 $\boldsymbol{C}$ 不依赖于控制顶点矩阵$[\boldsymbol{b}]^0$ 与$[\boldsymbol{b}]^r$。

对于任意参数 u，初始 B 样条曲线方程可以采用矩阵形式表达为

$$\boldsymbol{p}(u) = \sum_{i=0}^{n} \boldsymbol{b}_i N_{i,p}(u) = ([\boldsymbol{b}]^0)^{\mathrm{T}} [\boldsymbol{N}(u)] \tag{4.47}$$

其中，$[\boldsymbol{N}(u)] = [N_0(u), N_1(u), \cdots, N_n(u)]^{\mathrm{T}}$ 表示 B 样条曲线基函数列阵。令节点细化所得分段贝齐尔曲线的伯恩斯坦基函数列阵表示为$[\boldsymbol{B}(u)] = [B_0(u), B_1(u), \cdots, B_{n+r}(u)]^{\mathrm{T}}$，由于节点细化并不改变曲线的几何形状和参数化，因此 B 样条曲线方程 $\boldsymbol{p}(u)$可以由细化后的控制顶点和基函数定义如下

$$\boldsymbol{p}(u) = \sum_{i=0}^{n+r} \boldsymbol{b}_i^r B_{i,p}(u) = ([\boldsymbol{b}]^r)^{\mathrm{T}} [\boldsymbol{B}(u)] \tag{4.48}$$

将式(4.45)代入式(4.48)，并联立式(4.47)，可得

$$\boldsymbol{p}(u) = ([\boldsymbol{b}]^r)^{\mathrm{T}} [\boldsymbol{B}(u)] = ([\boldsymbol{b}]^0)^{\mathrm{T}} \boldsymbol{C} [\boldsymbol{B}(u)] = ([\boldsymbol{b}]^0)^{\mathrm{T}} [\boldsymbol{N}(u)] \tag{4.49}$$

由于控制顶点矩阵$[\boldsymbol{b}]^0$ 的任意性，可建立 B 样条曲线基函数列阵 $[\boldsymbol{N}(u)]$ 与对应伯恩斯坦基函数列阵 $[\boldsymbol{B}(u)]$之间的转换关系如下

$$[\boldsymbol{N}(u)] = \boldsymbol{C} [\boldsymbol{B}(u)] \tag{4.50}$$

矩阵 $\boldsymbol{C}$ 建立了 B 样条曲线基函数与其分段贝齐尔曲线伯恩斯坦基函数之间的变换关系，其值仅取决于节点矢量。因此，矩阵 $\boldsymbol{C}$ 称为贝齐尔提取矩阵，也称为贝齐尔提取算子(Bézier extraction operator)。

给定一条三次 B 样条曲线，其节点矢量定义为 $U=\{0,0,0,0,1,2,3,4,4,4,4\}$，将其转化为贝齐尔分段曲线需要插入节点序列 $X=\{1,1,2,2,3,3\}$。从左至右依次插入节点序列 $\boldsymbol{X}$ 中的节点，可得比例系数 α_j^k 如下

$$\begin{gathered}
\alpha_j^1 = \left\{1,1,\frac{1}{2},\frac{1}{3},0,0,0,0\right\}, \quad \alpha_j^2 = \left\{1,1,1,\frac{1}{2},0,0,0,0,0\right\} \\
\alpha_j^3 = \left\{1,1,1,1,1,\frac{1}{2},\frac{1}{3},0,0,0,0\right\}, \quad \alpha_j^4 = \left\{1,1,1,1,1,1,\frac{1}{2},0,0,0,0\right\} \\
\alpha_j^5 = \left\{1,1,1,1,1,1,1,1,\frac{1}{2},\frac{1}{2},0,0\right\}, \quad \alpha_j^6 = \left\{1,1,1,1,1,1,1,1,1,\frac{1}{2},0,0,0\right\}
\end{gathered} \tag{4.51}$$

将比例系数代入式(4.44)可求得变换矩阵 $\boldsymbol{C}^k$ $(k=1,2,3,4,5,6)$，将 $\boldsymbol{C}^k$ 依次相乘可得贝齐尔提取矩阵$\boldsymbol{C}$，继而可将式(4.50)显式表达为

$$\begin{bmatrix} N_0 \\ N_1 \\ N_2 \\ N_3 \\ N_4 \\ N_5 \\ N_6 \end{bmatrix} = \begin{bmatrix} 1 & 0 & 0 & 0 & 0 & 0 & 0 & 0 & 0 & 0 & 0 & 0 & 0 \\ 0 & 1 & 1/2 & 1/4 & 0 & 0 & 0 & 0 & 0 & 0 & 0 & 0 & 0 \\ 0 & 0 & 1/2 & 7/12 & 2/3 & 1/3 & 1/6 & 0 & 0 & 0 & 0 & 0 & 0 \\ 0 & 0 & 0 & 1/6 & 1/3 & 2/3 & 2/3 & 2/3 & 1/3 & 1/6 & 0 & 0 & 0 \\ 0 & 0 & 0 & 0 & 0 & 0 & 1/6 & 1/3 & 2/3 & 7/12 & 1/2 & 0 & 0 \\ 0 & 0 & 0 & 0 & 0 & 0 & 0 & 0 & 0 & 1/4 & 1/2 & 1 & 0 \\ 0 & 0 & 0 & 0 & 0 & 0 & 0 & 0 & 0 & 0 & 0 & 0 & 1 \end{bmatrix} \begin{bmatrix} B_0 \\ B_1 \\ B_2 \\ B_3 \\ B_4 \\ B_5 \\ B_6 \\ B_7 \\ B_8 \\ B_9 \\ B_{10} \\ B_{11} \\ B_{12} \end{bmatrix} \tag{4.52}$$

贝齐尔分裂之后，B 样条节点矢量上定义域内的每个非零节点区间均对应一段贝齐尔曲线段。对于定义域内的每一个非零节点区间，其上定义的 B 样条基函数均可以表示为以该区间为支撑区间的一组伯恩斯坦基函数的线性组合，而该线性组合的所有系数便包含在贝齐尔提取矩阵当中。以图 4.40 所示的三次 B 样条曲线为例，第一段非零节点区间 $[0,1)$ 涉及的 B 样条曲线基函数包括 N_0、N_1、N_2、N_3，该段曲线所对应的贝齐尔曲线段的伯恩斯坦基函数为 B_0、B_1、B_2、B_3，由式(4.52)可将两者之间的变换关系表示为

$$\begin{bmatrix} N_0 \\ N_1 \\ N_2 \\ N_3 \end{bmatrix} = \begin{bmatrix} 1 & 0 & 0 & 0 \\ 0 & 1 & 1/2 & 1/4 \\ 0 & 0 & 1/2 & 7/12 \\ 0 & 0 & 0 & 1/6 \end{bmatrix} \begin{bmatrix} B_0 \\ B_1 \\ B_2 \\ B_3 \end{bmatrix} \tag{4.53}$$

图 4.41 所示为第一段非零节点区间 $[0,1)$ 上 B 样条曲线基函数 N_0、N_1、N_2、N_3 与伯恩斯坦基函数 B_0、B_1、B_2、B_3 之间的变换关系曲线图，其中虚线表示伯恩斯坦基函数。

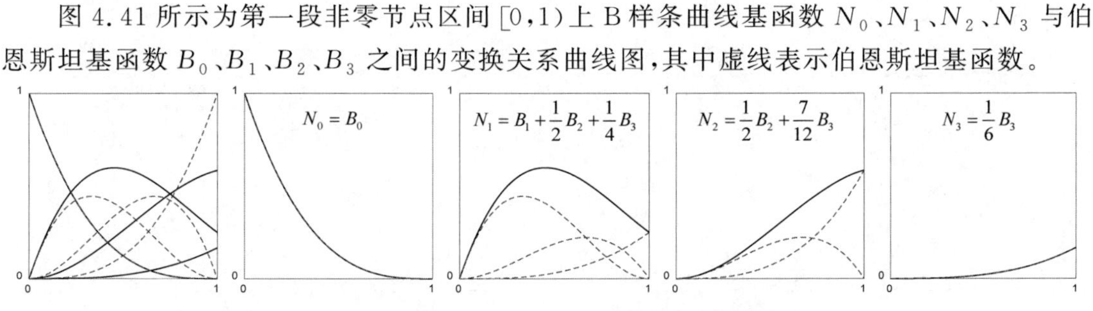

图 4.41　节点区间 $[0,1)$ 上 B 样条曲线基函数与伯恩斯坦基函数之间的线性变换，$U=\{0,0,0,0,1,2,3,4,4,4,4\}$

同理，第二段、第三段和第四段非零节点区间上的 B 样条曲线基函数和伯恩斯坦基函数之间的转换关系表示如下

$$\begin{bmatrix} N_1 \\ N_2 \\ N_3 \\ N_4 \end{bmatrix} = \begin{bmatrix} 1/4 & 0 & 0 & 0 \\ 7/12 & 2/3 & 1/3 & 1/6 \\ 1/6 & 1/3 & 2/3 & 2/3 \\ 0 & 0 & 0 & 1/6 \end{bmatrix} \begin{bmatrix} B_3 \\ B_4 \\ B_5 \\ B_6 \end{bmatrix} \tag{4.54}$$

$$\begin{bmatrix} N_2 \\ N_3 \\ N_4 \\ N_5 \end{bmatrix} = \begin{bmatrix} 1/6 & 0 & 0 & 0 \\ 2/3 & 2/3 & 1/3 & 1/6 \\ 1/6 & 1/3 & 2/3 & 7/12 \\ 0 & 0 & 0 & 1/4 \end{bmatrix} \begin{bmatrix} B_6 \\ B_7 \\ B_8 \\ B_9 \end{bmatrix} \tag{4.55}$$

$$\begin{bmatrix} N_3 \\ N_4 \\ N_5 \\ N_6 \end{bmatrix} = \begin{bmatrix} 1/6 & 0 & 0 & 0 \\ 7/12 & 1/2 & 0 & 0 \\ 1/4 & 1/2 & 1 & 0 \\ 0 & 0 & 0 & 1 \end{bmatrix} \begin{bmatrix} B_9 \\ B_{10} \\ B_{11} \\ B_{12} \end{bmatrix} \tag{4.56}$$

图 4.42 为第二段、第三段和第四段上 B 样条曲线基函数与伯恩斯坦基函数之间的变换关系曲线图。

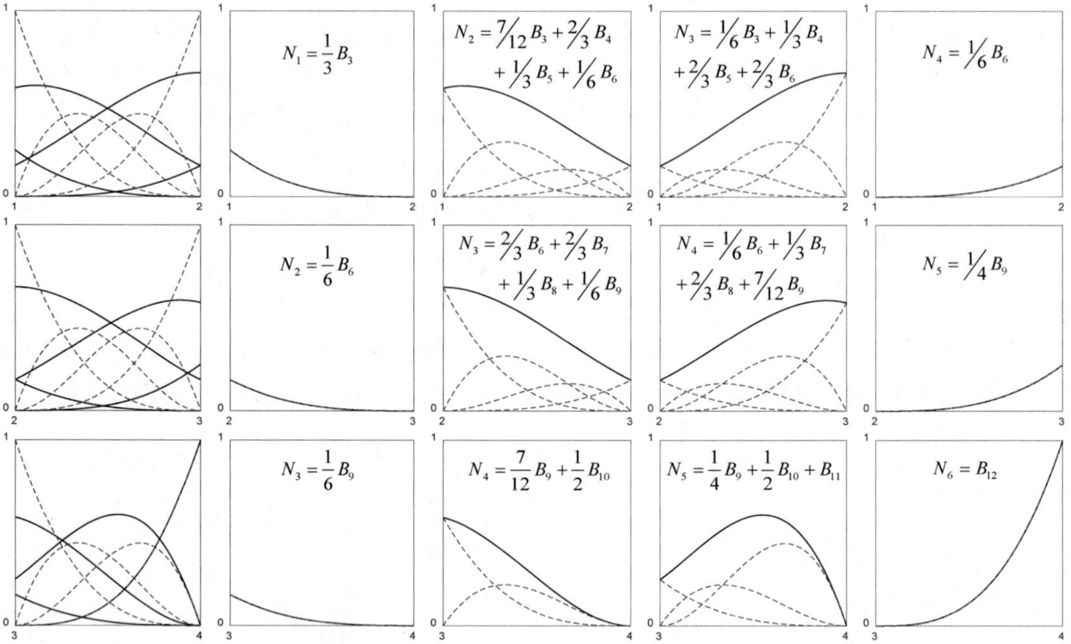

图 4.42　节点区间 [1,2)，[2,3)，[3,4) 上 B 样条曲线基函数与伯恩斯坦基函数之间的线性变换，$U=\{0,0,0,0,1,2,3,4,4,4,4\}$

因此，式(4.50)给出的B样条基函数和伯恩斯坦基函数之间的全局变换可以采用各非零节点区间上的局部变换形式来表达，即

$$[\boldsymbol{N}(u)]_l = \boldsymbol{C}_l [\boldsymbol{B}(u)]_l \tag{4.57}$$

其中，下标 l 表示第 l 段非零节点区间；$[\boldsymbol{N}(u)]_l$ 和 $[\boldsymbol{B}(u)]_l$ 分别表示该节点区间上的非零B样条曲线基函数和非零伯恩斯坦基函数构成的列阵，$\boldsymbol{C}_l$ 表示局部贝齐尔提取矩阵。实际上，式(4.46)和式(4.50)中给出的全局贝齐尔提取矩阵 $\boldsymbol{C}$ 一般不会计算，仅计算局部贝齐尔提取矩阵 $\boldsymbol{C}_l$，其可通过对皮格尔和蒂勒提出的贝齐尔分裂算法简单修改获得，伯登等给出了 $\boldsymbol{C}_l$ 计算的伪代码。

4.2.3 B样条曲线节点消去

B样条曲线的节点消去(knot removal)是节点插入的逆过程。严格意义上的节点消去是在曲线几何形状和参数连续性均不发生改变的情况下将节点从曲线节点矢量中消去，同时更新控制顶点。如果待消去节点是由节点插入算法引入的节点，则理论上该节点可被精确消去。实际应用中的曲线节点通常并非节点插入所得，因此在一些应用中也允许给定误差的节点消去，即消去特定节点后的曲线变动误差在给定误差范围内。一般而言，一条 p 次B样条曲线在重复度为 r 的节点 u_r 处仅具有 C^{p-r} 连续性。但可以通过调整控制顶点的位置来使得曲线在节点 u_r 处满足 C^{p-r+1} 连续甚至更高阶导矢连续。因此，当且仅当曲线在节点 u_r 处的连续性高于 C^{p-r} 时，节点 $u=u_r$ 方可消去。若曲线在节点 u_r 处是 C^{p-r+s} $(s\geqslant 1)$次连续，则曲线在节点 $u=u_r$ 处可消去 s 次。此时，节点消去前后的曲线可以表示为

$$\boldsymbol{p}(u) = \sum_{i=0}^{n} \boldsymbol{b}_i N_{i,p}(u) = \sum_{i=0}^{n-s} \boldsymbol{b}_i^s \overline{N}_{i,p}(u) \tag{4.58}$$

其中，$\boldsymbol{b}_i^s$ 表示消去节点 s 次后的曲线控制顶点；$\overline{N}_{i,p}(u)$为定义在节点消去后的新节点矢量上的B样条曲线基函数。

1992年，蒂勒提出了一种简洁高效的节点消去算法，下面简要介绍该算法。首先以一个范例来考查节点消去。如图4.43所示，一条三次B样条曲线由控制顶点 $\boldsymbol{b}_0^0, \boldsymbol{b}_1^0, \boldsymbol{b}_2^0, \boldsymbol{b}_3^0, \boldsymbol{b}_4^0, \boldsymbol{b}_5^0, \boldsymbol{b}_6^0$ 和节点矢量 $U=\{0,0,0,0,0.5,0.5,0.5,1,1,1,1\}$定义。曲线在节点 $u=0.5$ 处有三重节点，为 C^0 连续，考虑消去节点 $\bar{u}=0.5$。控制顶点的上标 k 表示消去节点 k 次后的曲线控制顶点。

若希望消去节点 $u=0.5$ 一次，则需要曲线在 $u=0.5$ 处至少满足 C^1 连续。由B样条曲线导矢计算公式(4.22)～式(4.24)可知，若曲线在 $u=0.5$ 处满足 C^1 连续，则控制顶点需要满足

$$\frac{p}{u_6 - u_3}(\boldsymbol{b}_3^0 - \boldsymbol{b}_2^0) = \frac{p}{u_7 - u_4}(\boldsymbol{b}_4^0 - \boldsymbol{b}_3^0) \tag{4.59}$$

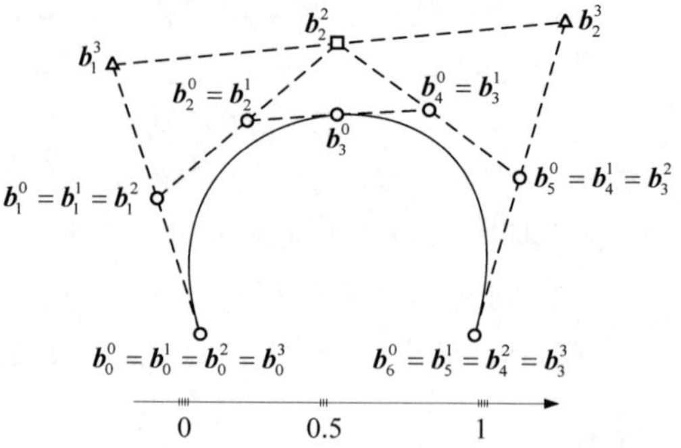

图 4.43　三次 B 样条曲线的节点消去算法示意图

由于 $\bar{u}=u_4=u_6$，式(4.59)可改写为

$$b_3^0=\frac{u_7-\bar{u}}{u_7-u_3}b_2^0+\frac{\bar{u}-u_3}{u_7-u_3}b_4^0 \tag{4.60}$$

根据 $b_2^0=b_2^1$，$b_4^0=b_3^1$ 进一步改写如下

$$b_3^0=\frac{u_7-\bar{u}}{u_7-u_3}b_2^1+\frac{\bar{u}-u_3}{u_7-u_3}b_3^1=\alpha_3 b_3^1+(1-\alpha_3)b_2^1,\quad \alpha_3=\frac{\bar{u}-u_3}{u_7-u_3} \tag{4.61}$$

可通过计算式(4.61)中左端和右端是否相等(在给定的容差范围内相等)来判断节点是否可消去，若相等，则可消去一次节点 $u=0.5$，同时消去控制顶点 b_3^0，曲线控制顶点变更为 b_0^1、b_1^1、b_2^1、b_3^1、b_4^1、b_5^1；反之则不能消去节点 $u=0.5$。

若希望消去节点 $u=0.5$ 两次，则需要曲线在 $u=0.5$ 处至少满足 C^2 连续，控制顶点 b_2^1 与 b_3^1 需满足

$$\begin{cases}b_2^1=\alpha_2 b_2^2+(1-\alpha_2)b_1^2,\\ b_3^1=\alpha_3 b_3^2+(1-\alpha_3)b_2^2,\end{cases}\quad \alpha_i=\frac{\bar{u}-u_i}{u_{i+p+2}-u_i},\quad i=2,3 \tag{4.62}$$

式(4.62)可得到 b_2^2 的两种表达

$$b_2^2=\frac{b_2^1-(1-\alpha_2)b_1^2}{\alpha_2},\quad b_2^2=\frac{b_3^1-\alpha_3 b_3^2}{(1-\alpha_3)} \tag{4.63}$$

在消去节点 $u=0.5$ 一次成功的前提下，若上面两个等式所计算的 b_2^2 在给定容差内相等，则节点 $u=0.5$ 可继续消去一次，同时将控制顶点 b_2^1 与 b_3^1 替换为 b_2^2，曲线控制顶点变更为 b_0^2、b_1^2、b_2^2、b_3^2、b_4^2。

同理，若希望消去节点 $u=0.5$ 三次，则需要曲线在 $u=0.5$ 处至少满足 C^3 连续，控制顶点 b_1^2、b_2^2 与 b_3^2 需满足

$$\begin{cases}b_1^2=\alpha_1 b_1^3+(1-\alpha_1)b_0^3,\\ b_2^2=\alpha_2 b_2^3+(1-\alpha_2)b_1^3,\\ b_3^2=\alpha_3 b_3^3+(1-\alpha_3)b_2^3,\end{cases}\quad \alpha_i=\frac{\bar{u}-u_i}{u_{i+p+3}-u_i},\quad i=1,2,3 \tag{4.64}$$

求解上述方程的第一个与第三个等式，可得

$$\boldsymbol{b}_1^3=\frac{\boldsymbol{b}_1^2-(1-\alpha_1)\boldsymbol{b}_0^3}{\alpha_1},\quad \boldsymbol{b}_2^3=\frac{\boldsymbol{b}_3^2-\alpha_3\boldsymbol{b}_3^3}{(1-\alpha_3)} \tag{4.65}$$

将所得到的 $\boldsymbol{b}_1^3$ 与 $\boldsymbol{b}_2^3$ 代入式(4.64)中第二个等式右侧，若所得结果与 $\boldsymbol{b}_2^2$ 在给定的容差范围内相等，则节点 $u=0.5$ 可再次消去，同时将控制顶点 $\boldsymbol{b}_1^2$、$\boldsymbol{b}_2^2$、$\boldsymbol{b}_3^2$ 变更为 $\boldsymbol{b}_1^3$、$\boldsymbol{b}_2^3$。

一般地，可同时从首末两个方程分别向内依次求解新控制顶点。若方程个数为偶数，如式(4.62)，最后计算的新控制顶点计算两次，判断两者是否在容差范围内相等，若相等则该节点可消去。若方程个数为奇数，如式(4.61)与式(4.64)，所有新控制顶点计算一次，然后代入中间方程，若中间方程在给定的容差范围内左右相等，则节点可消去。

将上述节点消去推广到一般情况。令参数 $\bar{u}=u_k\neq u_{k+1}$ 为重复度为 r 的节点，且有 $1\leqslant r\leqslant p$，则节点 $\bar{u}$ 消去一次后的控制顶点计算公式为

$$\begin{cases}\boldsymbol{b}_i^1=\dfrac{\boldsymbol{b}_i^0-(1-\alpha_i)\boldsymbol{b}_{i-1}^1}{\alpha_i}, & k-p\leqslant i\leqslant\dfrac{1}{2}(2k-p-r-1)\\[2ex] \boldsymbol{b}_j^1=\dfrac{\boldsymbol{b}_j^0-\alpha_j\boldsymbol{b}_{j+1}^1}{(1-\alpha_j)}, & \dfrac{1}{2}(2k-p-r+2)\leqslant j\leqslant k-r\end{cases} \tag{4.66}$$

其中

$$\alpha_i=\frac{\bar{u}-u_i}{u_{i+p+1}-u_i},\quad \alpha_j=\frac{\bar{u}-u_j}{u_{j+p+1}-u_j} \tag{4.67}$$

若希望消去 $\bar{u}=u_k$ 多次，则每消去节点一次，节点下标 k 和重复度 r 均递减，控制顶点上标递增。因此，消去节点 l 次后的新控制顶点计算公式为

$$\begin{cases}\boldsymbol{b}_i^l=\dfrac{\boldsymbol{b}_i^{l-1}-(1-\alpha_i)\boldsymbol{b}_{i-1}^l}{\alpha_i}, & k-p-l+1\leqslant i\leqslant\dfrac{1}{2}(2k-p-r-l)\\[2ex] \boldsymbol{b}_j^l=\dfrac{\boldsymbol{b}_j^{l-1}-\alpha_j\boldsymbol{b}_{j+1}^l}{(1-\alpha_j)}, & \dfrac{1}{2}(2k-p-r+l+1)\leqslant j\leqslant k-r+l-1\end{cases} \tag{4.68}$$

其中

$$\alpha_i=\frac{\bar{u}-u_i}{u_{i+p+l}-u_i},\quad \alpha_j=\frac{\bar{u}-u_{j-l+1}}{u_{j+p+1}-u_{j-l+1}} \tag{4.69}$$

在实际应用中，一个节点是否可消去以及可消去几次是事先不可知的。蒂勒在节点消去算法中，试图消去节点 $u=u_s$ 共 num 次，以一个长度为 $2p+1$ 的局部数组来管理每次节点消去生成的新控制顶点，最终返回实际成功消去节点 $u=u_s$ 的次数以及消去节点成功后所得到的新控制顶点和新节点矢量。在节点消去过程中还涉及一个重要参数，即容差参数 TOL。节点能否消去最终由两点距离是否小于给定容差 TOL 来判定，容差同时控制了节点消去后所形成的新曲线与原曲线的最大偏差，蒂勒给出了详细的误差分析。

图 4.44(a)～图 4.44(d)展示了一条三次 B 样条曲线在不同容差条件下消去尽可能多

节点后的曲线及控制顶点，其中方形点表示消去节点后的曲线控制顶点。初始曲线控制顶点所形成的与坐标轴平行的包围盒，长和宽分别为 30 和 20。图 4.44(b)～图 4.44(d)分别取容差 0.01、0.1 和 2.0，可以发现当容差取 2.0 时，曲线发生较大偏差。

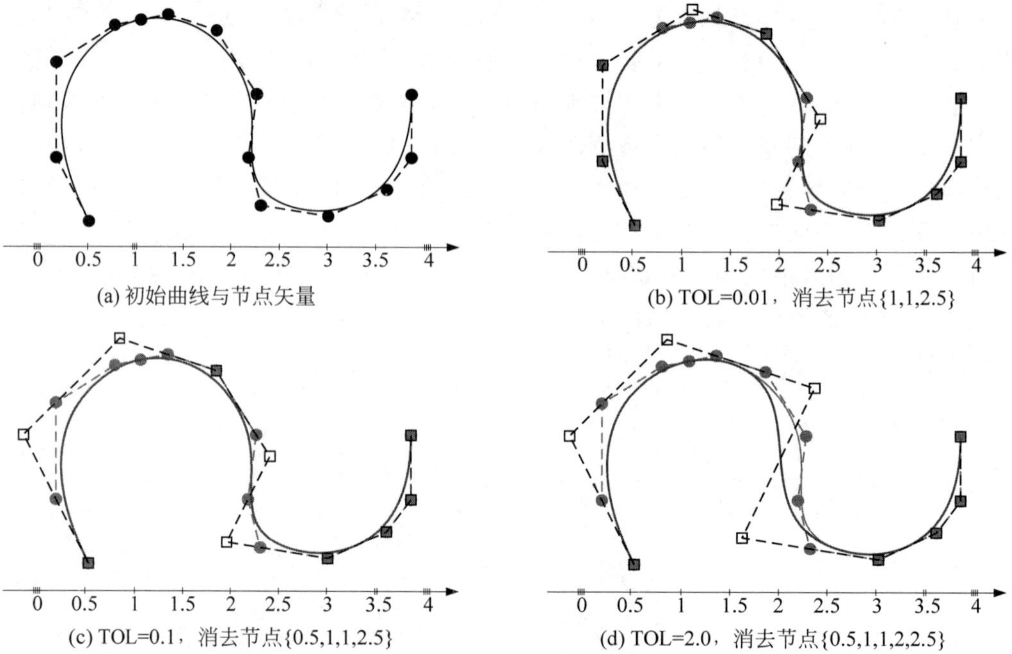

图 4.44 以容差 TOL 消去三次 B 样条曲线所有可消去的节点，节点矢量为 $U=\{0,0,0,0,0.5,1,1,1,1.5,2,2.5,3,3.5,3.5,4,4,4,4\}$

4.2.4 B 样条曲线升阶与降阶

在贝齐尔曲线中，一条 p 次曲线可以在几何形状不变的前提下升阶为 $p+1$ 次，控制顶点个数增加 1 个。贝齐尔曲线升阶增加了控制顶点，提升了曲线调控的灵活性，在构造组合贝齐尔曲线中有重要应用。B 样条曲线也有升阶算法，由于内节点的存在，相比于贝齐尔曲线升阶，B 样条曲线升阶要复杂得多。在 B 样条曲线节点插入算法中，插入节点后修改任意控制点，曲线在所插节点处的连续性会遭到降低。而曲线升阶既不会改变曲线形状，也不会改变曲线连续性，即使在曲线升阶后修改曲线控制顶点也不会改变连续性。

给定一条定义在节点矢量 $U=\{u_0,u_1,\cdots,u_{n+p+1}\}$ 上的 p 次 B 样条曲线 $\boldsymbol{p}(u)=\sum_{i=0}^{n}\boldsymbol{b}_i N_{i,p}(u)$，这里假定节点矢量两端节点的重复度为 $p+1$，即曲线插值于首末控制顶点。令节点矢量中的所有相异节点按顺序记为 t_j，重复度为 r_j，则节点矢量 U 可以表述为

$$U=\{\underbrace{t_0,\cdots,t_0}_{r_0},\underbrace{t_1,\cdots,t_1}_{r_1},\cdots,\underbrace{t_l,\cdots,t_l}_{r_l}\} \tag{4.70}$$

将曲线次数提升至 $p+1$ 次，由于升阶算法不改变曲线连续性，因此，原节点矢量中所有相异节点的重复度均增加一重，新节点矢量可以表示为

$$\overline{U}=\{\underbrace{t_0,\cdots,t_0}_{r_0+1},\underbrace{t_1,\cdots,t_1}_{r_1+1},\cdots,\underbrace{t_l,\cdots,t_l}_{r_l+1}\} \tag{4.71}$$

新节点矢量中节点总数为

$$\begin{aligned}\sum_{i=0}^{l}(r_i+1)&=l+1+\sum_{i=0}^{l}r_i=n+p+l+3\\&=(n+l)+(p+1)+2=\bar{n}+(p+1)+2\end{aligned} \tag{4.72}$$

其中，$\bar{n}=n+l$ 表示升阶一次之后的曲线控制顶点总数减去 1。升阶之后的曲线表示为

$$\boldsymbol{p}(u)=\sum_{i=0}^{n}\boldsymbol{b}_i N_{i,p}(u)=\sum_{j=0}^{n+l}\boldsymbol{d}_j N_{j,p+1}(u) \tag{4.73}$$

显然升阶之后的控制顶点 $\boldsymbol{d}_j$ 可以通过选取特定的参数来构造方程组并求解得到，但该方法较为笨拙，有更加高效的升阶算法。普劳茨、科恩、皮格尔和蒂勒等最早对 B 样条曲线升阶进行研究，并相继提出了各具特色的升阶算法。此后，刘韦恩、黄其兴、汪国昭等也提出了不同的升阶算法。下面逐一简要介绍这三类经典升阶算法。注意到升阶后曲线的节点矢量可以通过式(4.70)获得，因此曲线升阶算法仅需要计算升阶后的曲线控制顶点。

1. 普劳茨方法

1984 年，普劳茨(Prautzsch)率先提出了 B 样条升阶算法，通过将 p 次 B 样条曲线表示成 $p+1$ 条 $p+1$ 次 B 样条曲线的线性组合，来计算升阶后曲线的新控制顶点，这 $p+1$ 条 $p+1$ 次 B 样条曲线可通过原曲线变形获得。首先考虑单个 B 样条基函数的升阶，对于 B 样条曲线的第 i 个 p 次基函数 $N_{i,p}(u)$，由节点矢量 $U=\{u_0,u_1,\cdots,u_{n+p+1}\}$ 中的 u_i，$u_{i+1},\cdots,u_{i+p+1}$ 共 $i+p+2$ 个节点决定，其可以表示成 $p+2$ 个 $p+1$ 次 B 样条曲线基函数的线性组合，即

$$N_{i,p}(u)=\frac{1}{p+1}\sum_{j=i}^{i+p+1}N_{i,p+1}(u\mid X^j) \tag{4.74}$$

其中，$N_{i,p+1}(u|X^j)$表示定义在节点序列 X^j 上的 $p+1$ 次基函数，令 $X=\{u_i,u_{i+1},\cdots,u_{i+p+1}\}$，则 $X^j(j=i,i+1,\cdots,i+p+1)$表示在 X 中增加单个节点 u_j，如 $X^i=\{u_i,u_i,u_{i+1},\cdots,u_{i+p+1}\}$，$X^{i+1}=\{u_i,u_{i+1},u_{i+1},\cdots,u_{i+p+1}\}$。图 4.45 为定义在节点序列 $X=\{0,1,1,3\}$上的二次 B 样条曲线基函数，其可以表示成 4 个三次基函数的线性组合，这 4 个三次基函数分别定义在节点序列 $X^0=\{0,0,1,1,3\}$，$X^1=\{0,1,1,1,3\}$，$X^2=\{0,1,1,1,3\}$和 $X^3=\{0,1,1,3,3\}$上。注意由于节点序列 X 中有重节点，因此导致节点序

列 $X^1=X^2$。

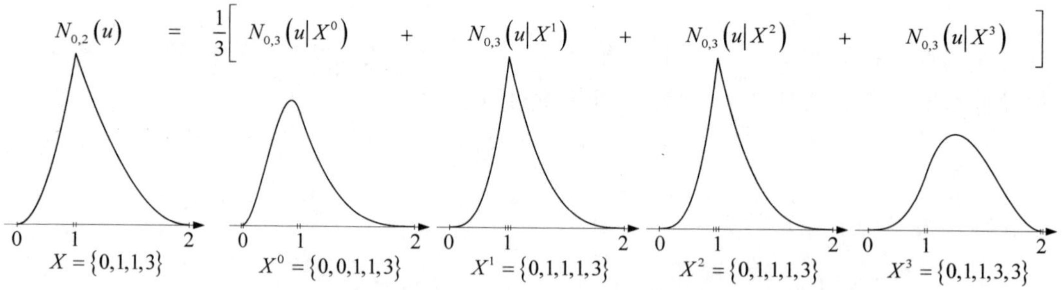

图 4.45 二次 B 样条基函数可以表示成 4 个三次 B 样条基函数的线性组合

上述单个基函数的升阶可以引入 B 样条曲线升阶过程中，将节点矢量 U 中节点下标为 j 的节点及其前后每隔 p 个位置的节点重复度均增加 1，记为节点矢量 U^j，即

$$U^j=\{u_0,u_1,\cdots,u_{j-p-1},u_{j-p-1},\cdots,u_{j-1},u_j,u_j,\cdots,u_{j+p+1},u_{j+p+1},\cdots,u_{n+p+1}\} \tag{4.75}$$

注意下标为$\cdots,j-p-1,j,j+p+1,\cdots$等的节点可能为重节点，这不影响节点矢量 U^j 的计算。对于不同的下标 j，节点矢量 U^j 所含的节点个数可能不同。节点矢量 $U^j=U^{j+p+1}$，对于任意节点矢量 U，仅可构造 $p+1$ 个相异的节点矢量 U^j。因此，在算法实现中，可以通过 $j=0,1,\cdots,p$ 等 $p+1$ 个下标来构造 U^j。将式(4.74)代入 B 样条曲线表达式，有

$$\boldsymbol{p}(u)=\sum_{i=0}^{n}\boldsymbol{b}_iN_{i,p}(u)=\frac{1}{p+1}\sum_{i=0}^{n}\boldsymbol{b}_i\left[\sum_{j=i}^{i+p+1}N_{i,p+1}(u\mid X^j)\right] \tag{4.76}$$

其中节点序列 X^j 便包含在节点矢量 U^j 中。继而可以将式(4.76)改写为 $p+1$ 条 $p+1$ 次 B 样条曲线的算术平均

$$\boldsymbol{p}(u)=\frac{1}{p+1}\sum_{j=0}^{p}\boldsymbol{p}^j(u) \tag{4.77}$$

其中，$\boldsymbol{p}^j(u)$为第 j 条 $p+1$ 次 B 样条曲线，可以表示为

$$\boldsymbol{p}^j(u)=\sum_{i=0}^{n_j}\boldsymbol{d}_i^jN_{i,p+1}(u\mid U^j),\quad j=0,1,\cdots,p \tag{4.78}$$

其控制顶点序列$\{\boldsymbol{d}_i^j\}$是将原控制顶点序列$\{\boldsymbol{b}_j\}$中下标为 j 的顶点及其前后每隔 k 个位置的顶点均复制一次得到，与节点矢量 U^j 的构造相对应。这 $p+1$ 条 B 样条曲线的控制顶点个数 n_j+1 可能不同，但是所有的节点矢量 U^j 与升阶后曲线的节点矢量 $\bar{U}$ 具有同样的相异节点，仅节点重复度可能不同，有 $U^j\subseteq\bar{U}$。根据 U^j 与 $\bar{U}$ 的差别，通过节点细化算法将 U^j 细化为 $\bar{U}$，曲线 $\boldsymbol{p}^j(u)$细化后的控制顶点记为 $\bar{\boldsymbol{d}}_i^j$。此时 $p+1$ 条 B 样条曲线 $\boldsymbol{p}^j(u)$具有相同的节点矢量 $\bar{U}$ 和同样数量的控制顶点。则升阶后曲线的控制顶点 $\boldsymbol{d}_i$ 可以表示成 $p+1$

条 B 样条曲线对应控制顶点 $\bar{\boldsymbol{d}}_i^j$ 的算术平均，即

$$\boldsymbol{d}_i = \frac{1}{p+1}\sum_{j=0}^{p}\bar{\boldsymbol{d}}_i^j,\quad i=0,1,\cdots,n+l \tag{4.79}$$

图 4.46 展示了一条二次 B 样条曲线的普劳茨升阶一次示意图。初始 B 样条曲线由控制顶点 $\boldsymbol{b}_0$、$\boldsymbol{b}_1$、$\boldsymbol{b}_2$、$\boldsymbol{b}_3$、$\boldsymbol{b}_4$ 和节点矢量 $U=\{0,0,0,1,2,3,3,3\}$ 定义。升阶一次后的节点矢量为 $\bar{U}=\{0,0,0,0,1,1,2,2,3,3,3,3\}$。首先根据节点下标 $j=0$、1、2 来构造节点矢量 U^0、U^1、U^2，有 $U^0=\{0,0,0,0,1,1,2,3,3,3,3\}$，$U^1=\{0,0,0,0,1,2,2,3,3,3,3\}$，$U^2=\{0,0,0,0,1,2,3,3,3,3\}$。对于节点矢量 U^0，构造控制顶点序列$\{\boldsymbol{d}_0^0=\boldsymbol{d}_1^0=\boldsymbol{b}_0$、$\boldsymbol{d}_2^0=\boldsymbol{b}_1$、$\boldsymbol{d}_3^0=\boldsymbol{b}_2$、$\boldsymbol{d}_4^0=\boldsymbol{d}_5^0=\boldsymbol{b}_3$、$\boldsymbol{d}_6^0=\boldsymbol{b}_4\}$，并定义一条三次 B 样条曲线 $\boldsymbol{p}^0(u)$。同理，可定义三次曲线 $\boldsymbol{p}^1(u)$ 与 $\boldsymbol{p}^2(u)$。对比节点序列 U^0、U^1、U^2 与 $\bar{U}$，获取待插节点序列，对曲线 $\boldsymbol{p}^0(u)$ 插入节点序列$\{2\}$，对曲线 $\boldsymbol{p}^1(u)$ 插入节点序列$\{1\}$，对曲线 $\boldsymbol{p}^2(u)$ 插入节点序列$\{1,2\}$，并令 $\boldsymbol{d}_i^j$ 表示曲线 $\boldsymbol{p}^j(u)$ 经过节点细化后的控制顶点。此时 3 条三次曲线 $\boldsymbol{p}^j(u)$ 的控制顶点个数均为 8，则原曲线 $\boldsymbol{p}(u)$ 升阶一次后的曲线控制顶点表示为 $\boldsymbol{d}_i=\dfrac{1}{3}\sum\limits_{j=0}^{2}\bar{\boldsymbol{d}}_i^j$，$i=0,1,\cdots,7$。

2. 科恩方法

1985 年，科恩(Cohen)、利切(Lysche)与舒马克(Schumarker)等提出了区别于普劳茨方法的升阶算法，表达更加简洁。给定一条 p 次 B 样条曲线，控制顶点记为 $\boldsymbol{b}_i(i=0,1,\cdots,n)$，升阶为 $p+1$ 次曲线后的新控制顶点 $\boldsymbol{d}_j(j=0,1,\cdots,n+l)$ 计算如下

$$\boldsymbol{d}_j = \frac{1}{p+1}\sum_{i=0}^{n}\boldsymbol{b}_i\Lambda_i^p(j),\quad j=0,1,\cdots,n+l \tag{4.80}$$

写成矩阵形式，表示为

$$\begin{bmatrix}\boldsymbol{d}_0\\ \boldsymbol{d}_1\\ \vdots\\ \boldsymbol{d}_{n+l}\end{bmatrix} = \frac{1}{p+1}\begin{bmatrix}\Lambda_0^p(0) & \Lambda_1^p(0) & \cdots & \Lambda_n^p(0)\\ \Lambda_0^p(1) & \Lambda_1^p(1) & \cdots & \Lambda_n^p(1)\\ \vdots & \vdots & \ddots & \vdots\\ \Lambda_0^p(n+l) & \Lambda_1^p(n+l) & \cdots & \Lambda_n^p(n+l)\end{bmatrix}\begin{bmatrix}\boldsymbol{b}_0\\ \boldsymbol{b}_1\\ \vdots\\ \boldsymbol{b}_n\end{bmatrix} = \boldsymbol{M}\begin{bmatrix}\boldsymbol{b}_0\\ \boldsymbol{b}_1\\ \vdots\\ \boldsymbol{b}_n\end{bmatrix} \tag{4.81}$$

其中，$\Lambda_i^p(j)$递推如下

$$\begin{cases}\Lambda_i^0(j)=\alpha_i^0(j)=\begin{cases}1, & u_i\leqslant \bar{u}_j<u_{i+1}\\ 0, & \text{其他}\end{cases}\\[2ex] \alpha_i^p(j)=\dfrac{\bar{u}_{j+p}-u_i}{u_{i+p}-u_i}\alpha_i^{p-1}(j)+\dfrac{u_{i+p+1}-\bar{u}_{j+p}}{u_{i+p+1}-u_{i+1}}\alpha_{i+1}^{p-1}(j)\\[2ex] \Lambda_i^p(j)=\dfrac{\bar{u}_{j+p+1}-u_i}{u_{i+p}-u_i}\Lambda_i^{p-1}(j)+\dfrac{u_{i+p+1}-\bar{u}_{j+p+1}}{u_{i+p+1}-u_{i+1}}\Lambda_{i+1}^{p-1}(j)+\alpha_i^p(j)\end{cases} \tag{4.82}$$

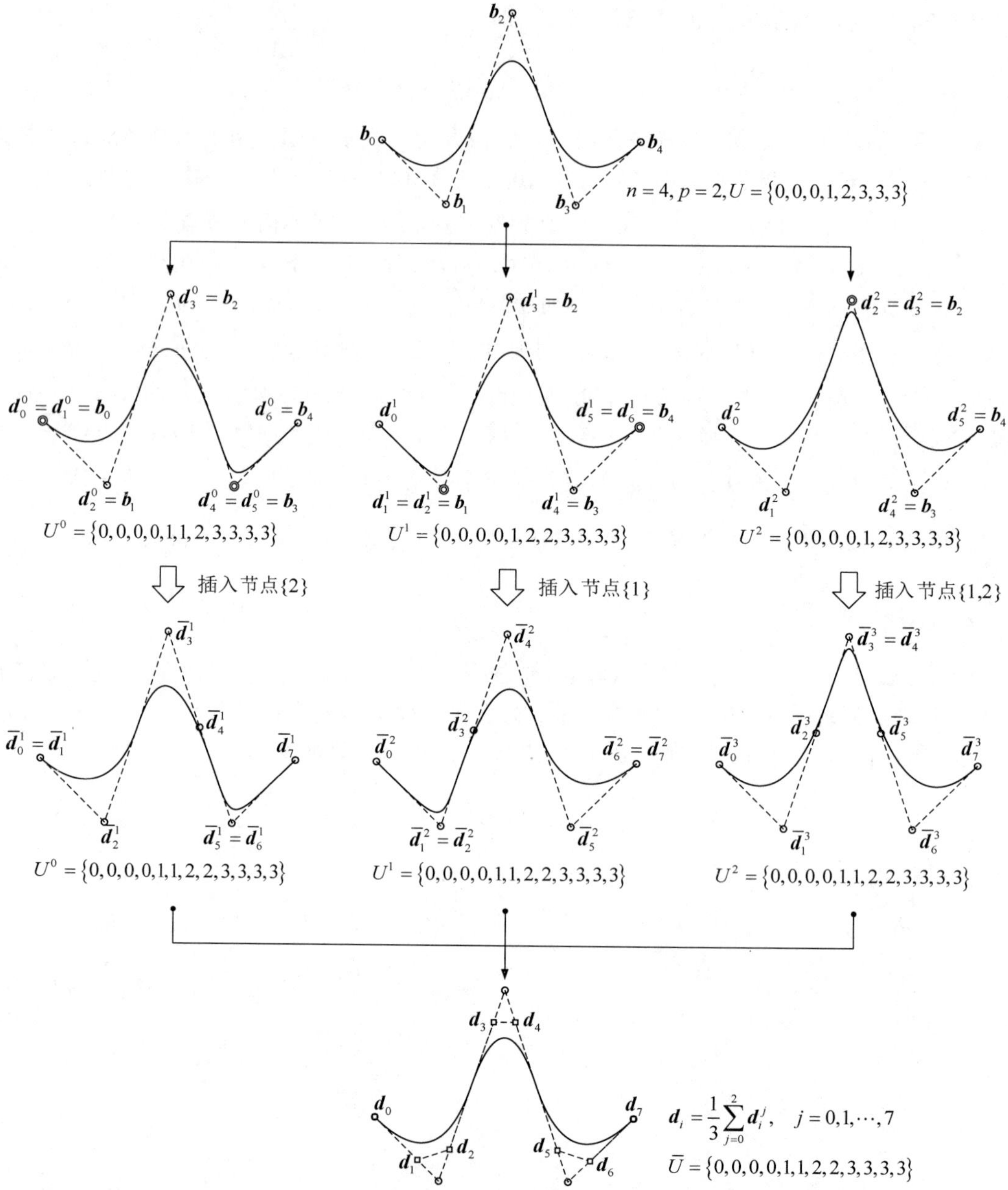

图 4.46　基于普劳茨升阶算法将二次 B 样条曲线升阶为三次曲线的计算流程

其中，u_i 与 $\bar{u}_j$ 分别表示原曲线与升阶一次后曲线的节点；$\alpha_i^p(j)$称为离散 B 样条。对于 $\Lambda_i^p(j)$与 $\alpha_i^p(j)$，有 $\sum_{i=0}^{n}\Lambda_i^p(j)=p+1$，$\sum_{i=0}^{n}\alpha_i^p(j)=1$。

以图 4.46 中给出的初始曲线为例，其节点矢量 $U=\{0,0,0,1,2,3,3,3\}$，升阶一次后节点矢量 $\overline{U}=\{0,0,0,0,1,1,2,2,3,3,3,3\}$。式(4.80)中 $\Lambda_i^p(j)$ 组成的系数矩阵 $\boldsymbol{M}$ 可根据式(4.82)计算为

$$\boldsymbol{M}=\frac{1}{p+1}\begin{bmatrix}\Lambda_0^p(0) & \Lambda_1^p(0) & \cdots & \Lambda_n^p(0)\\ \Lambda_0^p(1) & \Lambda_1^p(1) & \cdots & \Lambda_n^p(1)\\ \vdots & \vdots & \ddots & \vdots\\ \Lambda_0^p(n+l) & \Lambda_1^p(n+l) & \cdots & \Lambda_n^p(n+l)\end{bmatrix}=\frac{1}{3}\begin{bmatrix}3 & 0 & 0 & 0 & 0\\ 1 & 2 & 0 & 0 & 0\\ 0 & 2.5 & 0.5 & 0 & 0\\ 0 & 0.5 & 2.5 & 0 & 0\\ 0 & 0 & 2.5 & 0.5 & 0\\ 0 & 0 & 0.5 & 2.5 & 0\\ 0 & 0 & 0 & 2 & 1\\ 0 & 0 & 0 & 0 & 3\end{bmatrix}$$

科恩等进一步给出了上述递推公式的简化算法。对于每一个下标 $j\,(j=0,1,\cdots,n+l)$，首先计算满足 $u_r=\bar{u}_j<u_{r+1}$ 的下标 r，并令

$$\boldsymbol{b}_i^{[1]}=\boldsymbol{d}_i^{[1]}=\boldsymbol{b}_i,\quad i=r-p,r-p+1,\cdots,r \tag{4.83}$$

对于 $i=r-k+1,r-k+2,\cdots,r;k=p,p-1,\cdots,1$，中间控制顶点递推如下

$$\begin{cases}\boldsymbol{b}_i^{[p-k+2]}=\dfrac{(\bar{u}_{j+k+1}-u_i)\boldsymbol{b}_i^{[p-k+1]}+(u_{i+k}-\bar{u}_{j+k+1})\boldsymbol{b}_{i-1}^{[p-k+1]}}{u_{i+k}-u_i}\\[2ex] \boldsymbol{d}_i^{[p-k+2]}=\dfrac{(\bar{u}_{j+k}-u_i)\boldsymbol{d}_i^{[p-k+1]}+(u_{i+k}-\bar{u}_{j+k})\boldsymbol{d}_{i-1}^{[p-k+1]}}{u_{i+k}-u_i}+\boldsymbol{b}_i^{[p-k+2]}\end{cases} \tag{4.84}$$

最终，第 j 个控制顶点 $\boldsymbol{d}_j$ 计算如下

$$\boldsymbol{d}_j=\frac{1}{p+1}\boldsymbol{d}_r^{[p+1]},\quad j=0,1,\cdots,n+l \tag{4.85}$$

图 4.47 展示了式(4.83)～式(4.85)给出的曲线升阶一次后控制顶点的递推计算流程。图 4.48 给出了利用科恩升阶算法将图 4.46 所给初始曲线升阶为三次、四次和五次曲线。

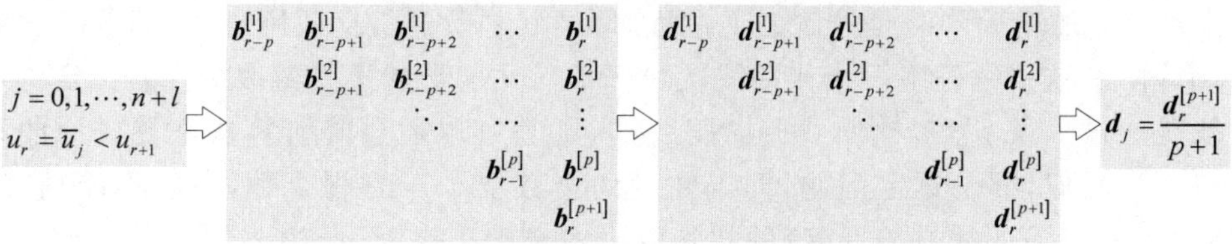

图 4.47 科恩升阶算法中控制顶点递推计算流程

3. 皮格尔方法

1994 年，皮格尔和蒂勒借助贝齐尔曲线的升阶方法，从软件工程的角度提出了一种数学上较为简单的 B 样条曲线升阶算法。主要包括以下 3 个步骤。

(1) 将 B 样条曲线分裂为分段贝齐尔曲线。

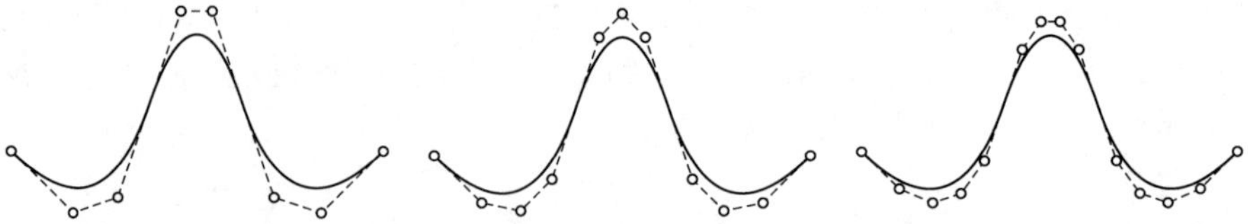

(a) 升阶为三次曲线　(b) 升阶为四次曲线　(c) 升阶为五次曲线

图 4.48　利用科恩升阶算法对图 4.46 所给初始曲线进行升阶，每次升阶一次

(2) 对每个贝齐尔曲线段进行升阶。

(3) 借助节点消去算法消去贝齐尔分段点处的节点。

算法第(3)步中虽然用到了节点消去算法，但是不需要采用 4.2.3 节介绍的容差方式来判断点是否可消去，这提升了算法的稳健性和计算效率。皮格尔和蒂勒进一步将该算法推广到升阶 t 次($t\geqslant 1$)，并给出了 C 代码。

图 4.49 展示了基于皮格尔升阶方法将图 4.46 所给二次曲线升阶为三次的算法流程。

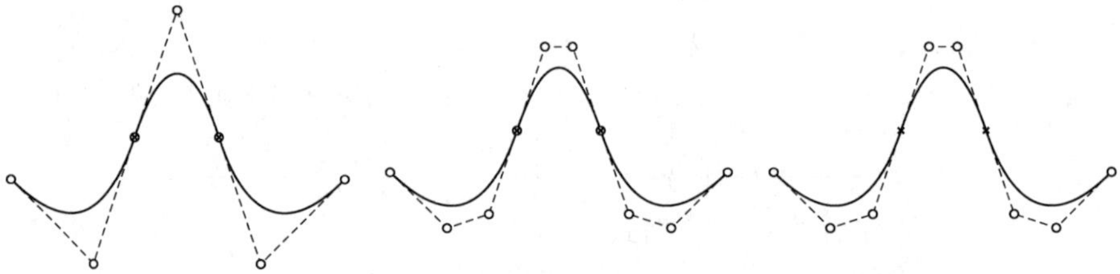

(a) 插入节点{1,2}　(b) 升阶贝齐尔曲线段　(c) 消去节点{1,2}

图 4.49　皮格尔升阶方法示意图：将二次 B 样条曲线升阶为三次

B 样条曲线的升阶在曲线和曲面造型时应用广泛。例如，通过一簇 B 样条曲线构造曲面时，通常需要将这些曲线统一到相同的次数，降阶会引入几何误差，故而常将低次曲线升阶到高次来实现次数统一。此外，在多条 B 样条曲线组合成单条曲线时，也需要通过升阶来统一不同曲线次数。

B 样条曲线的精确降阶是升阶的逆过程，但精确降阶通常比较困难，大部分时候曲线不能被精确降阶。这里精确降阶指代曲线次数降低后几何形状不发生改变。若给定的 p 次 B 样条曲线是通过一条 $p-1$ 次曲线升阶得到的，则其可以通过降阶算法恢复成原曲线。降阶和节点消去类似，都是超定问题，即未知量的个数要少于方程个数，一般不能精确求解。因此，相比于 B 样条曲线升阶，降阶的实际应用场景十分有限，最主要的应用是对执行过升阶操作的曲线进行简化。

皮格尔和蒂勒仿照他们所提的 B 样条曲线升阶算法(本节介绍的第三类升阶算法)，给出了基于贝齐尔降阶的 B 样条曲线降阶算法。主要包括三个步骤：①对 B 样条曲线执行贝齐尔分裂算法；②对每个贝齐尔曲线段执行降阶操作；③消去相邻段不必要的节点。其中第①步和第③步在升阶算法中已进行介绍，对于第②步中的贝齐尔曲线降阶，皮格尔和蒂勒采用贝齐尔升阶公式(3.66)来求解降阶控制顶点，并对奇偶次分别考虑。图 4.50 展示了一条三次 B 样条曲线降阶为二次的过程。降阶前曲线包含 16 个控制顶点，节点矢量 $U=\{0,0,0,0,1/7,1/7,2/7,2/7,3/7,3/7,4/7,4/7,5/7,5/7,6/7,6/7,1,1,1,1\}$，降阶后曲线降阶矢量变为 $U=\{0,0,0,1/7,2/7,3/7,4/7,5/7,6/7,1,1,1\}$。

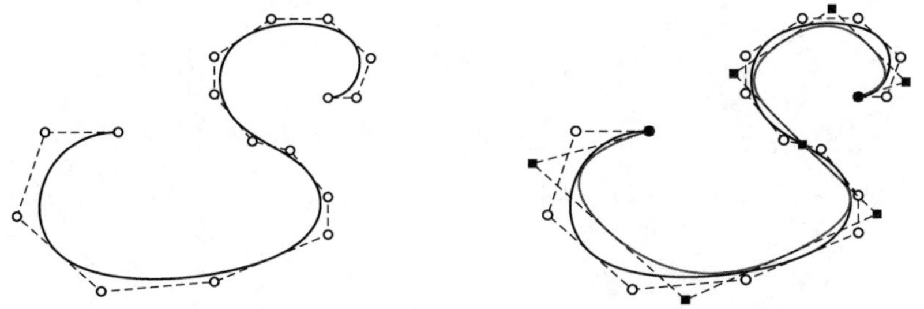

(a) 降阶前曲线，次数为三次　　(b) 降阶后曲线，次数为二次

图 4.50　B 样条曲线降阶一次

施法中提出首先对曲线进行预处理再利用科恩升阶公式(4.81)来求解降阶控制顶点。由升阶算法可知，若 p 次曲线 $\boldsymbol{p}(u)$ 由 $p-1$ 次曲线升阶得到，则该曲线节点矢量中所有内节点的重复度至少是两重。根据此特点，首先对曲线进行预处理，检查曲线是否含有单重内节点以及节点处的参数连续性。若存在单重节点且连续性为 C^{p-1}，则在该节点处插入节点使其重复度为 2；若单重节点处连续性大于 C^{p-1}，则不再插入节点，默认该节点可在降阶过程中被消去。对预处理后的曲线依据式(4.81)构建降阶方程组，其为超定方程组，可通过系数矩阵的广义逆来计算一个最小二乘解。一般情况下降阶曲线的首末控制点将不再是原曲线的首末控制点，需要施加额外约束来保持首末控制点不变。

4.3　B 样条曲面的定义与计算

4.3.1　B 样条曲面与基函数定义

在几何造型中，有一句话常说：点动成线，线动成面，面动成体。B 样条曲线可以看作初始点沿着单参数方向在空间移动得到，B 样条曲面则可看作一条 B 样条曲线沿着与曲线参数方向不同的另外一个参数方向在空间移动获得。

一张 B 样条曲面可由两个节点矢量、沿两个方向排布的控制网格、两组单变量 B 样条基函数来定义

$$\boldsymbol{p}(u,v)=\sum_{i=0}^{n}\sum_{j=0}^{m}\boldsymbol{b}_{ij}N_{i,p}(u)N_{j,q}(v),\quad u\in[u_p,u_{n+1}],v\in[v_q,v_{m+1}] \tag{4.86}$$

其中，$N_{i,p}(u)$，$N_{j,q}(v)$是以 u 和 v 为参数的两组 B 样条基函数，分别定义在节点矢量 $U=\{u_0,u_1,\cdots,u_{n+p+1}\}$和 $V=\{v_0,v_1,\cdots,v_{m+q+1}\}$上；$p$，$q$ 表示两个方向上的次数；n，m 表示两个方向上控制顶点的个数减 1；$\boldsymbol{b}_{ij}$ 表示曲面控制顶点，在空间中呈矩形拓扑阵列。曲

面定义域为 $[u_p, u_{n+1}] \otimes [v_q, v_{m+1}]$。图 4.51 展示了由 5×4 个控制顶点定义的非均匀和均匀双二次 B 样条曲面。

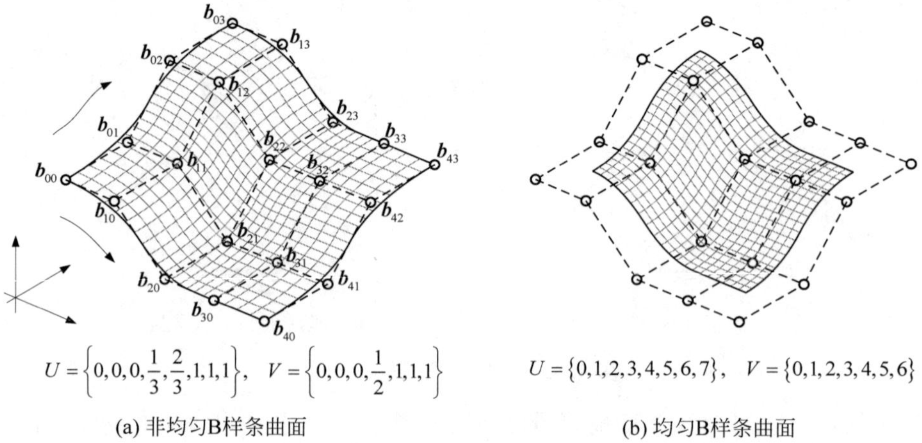

图 4.51 由 5×4 个控制顶点定义的非均匀和均匀双二次 B 样条曲面

由于两组基函数的相互独立性，式(4.86)可以写为矩阵形式如下

$$\begin{aligned}\boldsymbol{p}(u,v) &= [\boldsymbol{N}_{i,p}(u)]^{\mathrm{T}}[\boldsymbol{b}_{ij}][\boldsymbol{N}_{j,q}(v)] \\ &= \begin{bmatrix} N_{0,p} & N_{1,p} & \cdots & N_{n,p}\end{bmatrix}\begin{bmatrix}\boldsymbol{b}_{00} & \boldsymbol{b}_{01} & \cdots & \boldsymbol{b}_{0m} \\ \boldsymbol{b}_{10} & \boldsymbol{b}_{11} & \cdots & \boldsymbol{b}_{1m} \\ \vdots & \vdots & \ddots & \vdots \\ \boldsymbol{b}_{n0} & \boldsymbol{b}_{n1} & \cdots & \boldsymbol{b}_{nm}\end{bmatrix}\begin{bmatrix}N_{0,q} \\ N_{1,q} \\ \vdots \\ N_{m,q}\end{bmatrix}\end{aligned} \tag{4.87}$$

其中，$[\boldsymbol{N}_{i,p}(u)]$ 表示以 u 为参数的基函数列矢量；$[\boldsymbol{N}_{j,q}(v)]$ 表示以 v 为参数的基函数列矢量；$[\boldsymbol{b}_{ij}]$ 表示由所有控制顶点构成的矩阵。

若定义双变量基函数 $N_A(u,v)=N_{i,p}(u)N_{j,q}(v)$，式(4.86)还可以改写为

$$\begin{aligned}\boldsymbol{p}(u,v) &= \sum_{A=0}^{(n+1)(m+1)-1}\boldsymbol{b}_A N_A(u,v) = [\boldsymbol{N}_A(u,v)]^{\mathrm{T}}[\boldsymbol{b}_A] \\ &= \begin{bmatrix}\boldsymbol{N}_0 & \boldsymbol{N}_1 & \cdots & \boldsymbol{N}_{nm+n+m}\end{bmatrix}\begin{bmatrix}\boldsymbol{b}_0 \\ \boldsymbol{b}_1 \\ \vdots \\ \boldsymbol{b}_{nm+n+m}\end{bmatrix}\end{aligned} \tag{4.88}$$

其中，$[\boldsymbol{N}_A(u,v)]$ 表示由所有双变量基函数构成的列矢量；$[\boldsymbol{b}_A]$ 表示由所有控制顶点构成的列阵；下标 A 按照控制顶点先 u 向后 v 向进行编号，与式(4.86)下标 i、j 的关系为 $A=j(n+1)+i$。由式(4.88)可知，每一个控制顶点 $\boldsymbol{b}_A$ 对应一个双变量基函数 $N_A(u,v)$。

图 4.52 展示了图 4.51(a)中双二次非均匀 B 样条曲面的 20 个基函数图形。下面以这些基函数为例来说明双变量 B 样条基函数的相关特点和性质，其中许多性质与 4.1.2 节中

的单变量 B 样条基函数保持一致。

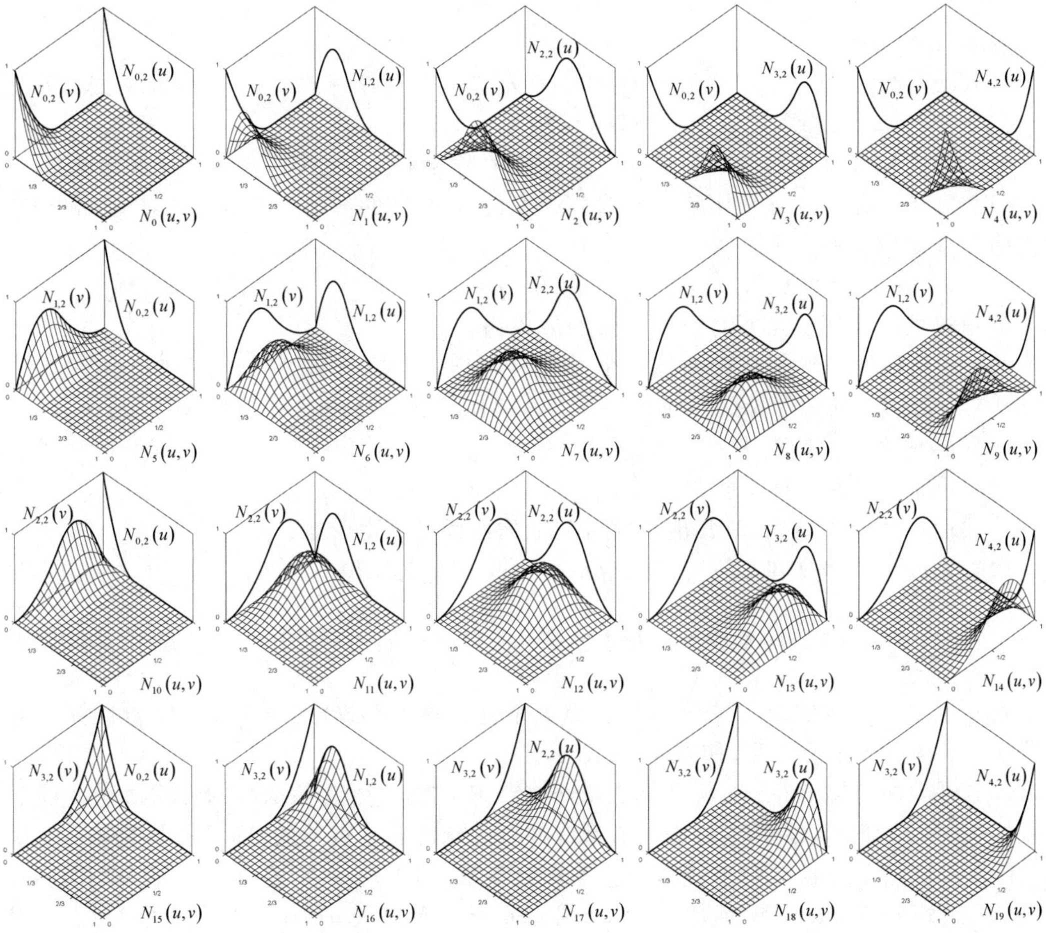

图 4.52　非均匀双二次 B 样条基函数，$U=\{0,0,0,1/3,2/3,1,1,1\}$，$V=\{0,0,0,1/2,1,1,1\}$

（1）非负性。对于任意下标 i、j 和次数 p、q，均有 $N_A(u,v)=N_{i,p}(u)N_{j,q}(v)\geqslant 0$。

（2）规范性。对于定义域内的任意参数(u,v)，满足 $\sum_{i=0}^{n}\sum_{j=0}^{m}N_{i,p}(u)N_{j,q}(v)=1$。

（3）局部支撑性。基函数 $N_{i,p}(u)N_{j,q}(v)$仅在支撑区间$[u_i,u_{i+p+1})\otimes[v_j,v_{j+q+1})$上具有非零值，在该区间外取值为零。定义域内任意非零节点区间$[u_a,u_{a+1})\otimes[v_b,v_{b+1})$上有至多$(p+1)(q+1)$个基函数 $N_{i,p}(u)N_{j,q}(v)$，$i=a-p,\cdots,a$；$j=b-q,\cdots,b$ 非零。

（4）参数连续性。基函数 $N_{i,p}(u)N_{j,q}(v)$在重复度为 r 的 u 向节点处，是关于参数 u 的 $p-r$ 阶偏导矢连续，即 C^{p-r} 连续；在重复度为 s 的 v 向节点处，是关于参数 v 的 $q-s$ 阶偏导矢连续，即 C^{q-s} 连续。

（5）与伯恩斯坦基函数的关系。若 $n=p$，$m=q$，节点矢量 $U=\{\underbrace{0,\cdots,0}_{p+1},\underbrace{1,\cdots,1}_{p+1}\}$，

$V=\{\underbrace{0,\cdots,0}_{q+1},\underbrace{1,\cdots,1}_{q+1}\}$，则基函数 $N_{i,p}(u)N_{j,q}(v)$ 退化为对应的伯恩斯坦基函数 $B_{i,n}(u)B_{j,m}(v)$。

(6) 最大值。基函数 $N_{i,p}(u)N_{j,q}(v)$ 在定义域内有唯一的最大值，且在单变量基函数 $N_{i,p}(u)$ 与 $N_{j,q}(v)$ 均取最大值的位置获得。

基函数的相关特点和性质会进一步延伸至B样条曲面，使其具有下列特点和性质。

(1) 角点插值性。当B样条曲面的节点矢量 U 和 V 的端节点重复度为次数加1时，曲面插值于控制网格的4个角点，即

$$\boldsymbol{p}(0,0)=\boldsymbol{b}_{00},\quad \boldsymbol{p}(1,0)=\boldsymbol{b}_{n0},\quad \boldsymbol{p}(0,1)=\boldsymbol{b}_{0m},\quad \boldsymbol{p}(1,1)=\boldsymbol{b}_{nm} \tag{4.89}$$

这4个角点处的控制顶点所对应基函数的值均为1。

(2) 强凸包性。与B样条曲线的强凸包性一样，定义域内非零节点区间 $[u_a,u_{a+1})\otimes[v_b,v_{b+1})$ 对应的曲面片始终位于由 $(p+1)(q+1)$ 个控制顶点 $\boldsymbol{b}_{ij}$ $(i=a-p,\cdots,a;\ j=b-q,\cdots,b)$ 所形成的凸包内。

(3) 局部控制性。移动控制顶点 $\boldsymbol{b}_{ij}$ 仅对支撑区间 $[u_i,u_{i+p+1})\otimes[v_j,v_{j+q+1})$ 上的那部分曲面形状产生影响，对其他支撑区间上的曲面不产生影响。

(4) 等价于贝齐尔曲面。令 $n=p,m=q$，若节点矢量 $U=\{\underbrace{0,\cdots,0}_{p+1},\underbrace{1,\cdots,1}_{p+1}\}$，$V=\{\underbrace{0,\cdots,0}_{q+1},\underbrace{1,\cdots,1}_{q+1}\}$，则B样条曲面退化成 $p\times q$ 次贝齐尔曲面；若节点矢量 U 和 V 除了在端节点处重复度为次数加1，且在所有内节点处重复度等于次数，则每个非零节点区间均对应一张 $p\times q$ 次贝齐尔曲面片，如图4.53所示。

(5) 可微性与连续性。B样条曲面的可微性和连续性由其基函数的性质决定。曲面在重复度为 r 的 u 向节点线上，是关于参数 u 的 $p-r$ 阶连续可导的，即沿 u 方向 C^{p-r} 次连续；在重复度为 s 的 v 方向节点线上，是关于参数 v 的 $q-s$ 阶连续可导的，即沿 v 方向 C^{q-s} 次连续。如图4.54所示，2×1次B样条曲面在节点线 $u=0.5$ 上沿 u 向为 C^0 连续。

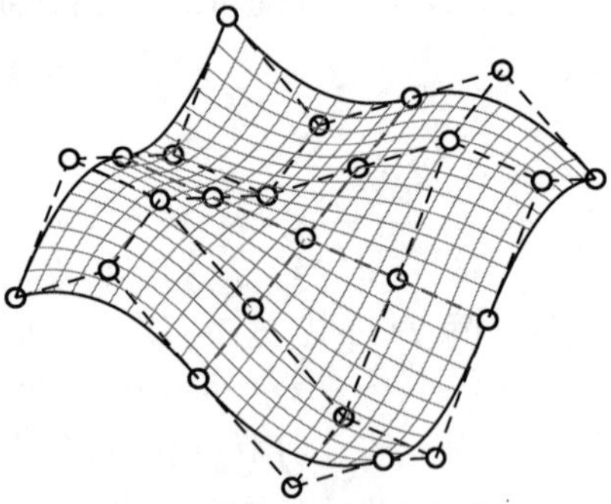

图4.53 每个非零节点区间均为一张贝齐尔曲面片的2×2次B样条曲面

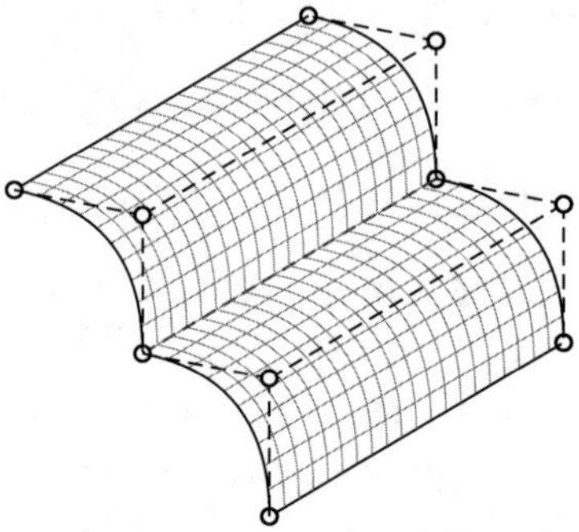

图4.54 带有褶皱的2×1次B样条曲面，曲面在节点线 $u=0.5$ 上沿 u 向 C^0 连续

4.3.2　B 样条曲面点与导矢的计算

B 样条曲面点的计算一般有两种方式：一种是直接基于 B 样条曲面定义式(4.86)～式(4.88)来计算；另一种方式是将 B 样条曲线的德布尔算法推广到曲面来计算。下面简要介绍两种计算方式。

对于第一种 B 样条曲面点的定义式计算方式，假设给定参数$(\bar{u},\bar{v})$，由 B 样条曲面的矩阵定义式(4.87)，可以将曲面上点的计算简化为单变量基函数的计算以及矩阵乘积。具体地，可以划分为以下 3 步。

(1) 由参数 $\bar{u}$ 和节点矢量 U 找出节点下标 i，使得 $\bar{u}\in[u_i,u_{i+1})$，计算所有非零基函数 $N_{i-p,p},N_{i-p+1,p},\cdots,N_{i,p}$，并构造行矢量 $[N_{i-p,p},N_{i-p+1,p},\cdots N_{i,p}]$。

(2) 由参数 $\bar{v}$ 和节点矢量 V 找出节点下标 j，使得 $\bar{v}\in[v_j,v_{j+1})$，计算所有非零基函数 $N_{j-q,q},N_{j-q+1,q},\cdots,N_{j,q}$，并构造列矢量 $[N_{j-q,q},N_{j-q+1,q},\cdots N_{j,q}]$。

(3) 找出非零基函数对应的控制顶点 $\boldsymbol{b}_{kl}$ $(k=i-p,\cdots,i;l=j-q,\cdots,j)$，遍历控制顶点的每一个分量，按照 $[\boldsymbol{N}_{k,p}][\boldsymbol{b}_{kl}][\boldsymbol{N}_{l,q}]^{\mathrm{T}}$ 计算曲面上点的每个分量。

同理，也可以借助式(4.88)中的矢量和矩阵构造来计算曲面上的点。

在 B 样条曲线上点的计算中，德布尔算法因其稳定高效、几何意义鲜明的特点得到了广泛关注。德布尔算法也同样可以推广到曲面点的计算过程。由于定义在不同节点矢量上的基函数相互独立，继而可以将 B 样条曲面的定义式(4.86)改写为

$$\boldsymbol{p}(u,v)=\sum_{i=0}^{n}\sum_{j=0}^{m}\boldsymbol{b}_{ij}N_{i,p}(u)N_{j,q}(v)=\sum_{i=0}^{n}\left[\sum_{j=0}^{m}\boldsymbol{b}_{ij}N_{j,q}(v)\right]N_{i,p}(u)=\sum_{i=0}^{n}\boldsymbol{q}_i(v)N_{i,p}(u) \tag{4.90}$$

其中

$$\boldsymbol{q}_i(v)=\sum_{j=0}^{m}\boldsymbol{b}_{ij}N_{j,q}(v),\quad i=0,1,\cdots,n \tag{4.91}$$

观察式(4.90)和式(4.91)，可以发现对于给定下标 i，$\boldsymbol{q}_i(v)$可以看作以 v 为参数、$\boldsymbol{b}_{ij}$ $(j=0,1,\cdots,m)$为控制顶点、$V=\{v_0,v_1,\cdots,v_{m+q+1}\}$为节点矢量的一条 q 次 B 样条曲线。对于任意参数 $\bar{v}$，$\boldsymbol{q}_i(\bar{v})$表现形式为 B 样条曲线 $\boldsymbol{q}_i(v)$上一点。因此，对于任意给定参数$(u=\bar{u},v=\bar{v})$，B 样条曲面上点 $\boldsymbol{p}(\bar{u},\bar{v})$的计算可以借助曲线上点的德布尔算法来实现。

(1) 遍历第 i 列控制顶点 $\boldsymbol{b}_{ij}$ $(j=0,1,\cdots,m)$，令 $\boldsymbol{q}_i(v)$表示以控制顶点 $\boldsymbol{b}_{ij}$ 和节点矢量 V 定义的一条沿 v 向 q 次 B 样条曲线，通过曲线点的德布尔递推公式(4.11)和式(4.12)计算该曲线上的点 $\boldsymbol{q}_i(\bar{v})$。

(2) 以 $n+1$ 个曲线上点 $\boldsymbol{q}_i(\bar{v})$，$(i=0,1,\cdots,n)$作为控制顶点、$U$ 为节点矢量定义一条沿 u 方向的 p 次 B 样条曲线 $\tilde{\boldsymbol{p}}(u)=\sum_{i=0}^{n}\boldsymbol{q}_i(\bar{v})N_{i,p}(u)$，通过曲线上点的德布尔递推公式

(4.11)和式(4.12)计算该曲线上的点 $\tilde{\boldsymbol{p}}(\bar{u})$。此时,点 $\tilde{\boldsymbol{p}}(\bar{u})$ 即为参数($\bar{u}$,$\bar{v}$)对应的曲面上点 $\boldsymbol{p}(\bar{u},\bar{v})$。

也可以根据控制顶点 $\boldsymbol{b}_{ij}(i=0,1,\cdots,n)$ 和节点矢量 U 先构造沿 u 方向 p 次B样条曲线 $\boldsymbol{q}_j(u)$,再以 $m+1$ 个曲线点 $\boldsymbol{q}_j(\bar{u})$ 和节点矢量 V 构造沿 v 方向 q 次B样条曲线 $\tilde{\boldsymbol{p}}(v)$。此时该曲线上点 $\tilde{\boldsymbol{p}}(\bar{v})$ 即为曲面点 $\boldsymbol{p}(\bar{u},\bar{v})$。两种次数所计算的曲线点完全一致。

对于等参数线的计算,当给定单个参数 $u=\bar{u}$ 计算B样条曲面沿 v 方向的等参数线 $\boldsymbol{p}(\bar{u},v)$ 时,可以先沿 u 方向构造 $m+1$ 条B样条曲线 $\boldsymbol{q}_j(u)$,再沿 v 方向计算等参数曲线 $\boldsymbol{p}(\bar{u},v)$。沿 u 方向等参数线 $\boldsymbol{p}(u,\bar{v})$ 计算方法类似。

图4.55(a)所示为一张双二次非均匀B样条曲面,节点矢量 $U=V=\{0,0,0,0.5,0.5,1,1,1\}$,其中用来表示曲面的每条灰色曲线均为等参数线。图4.55(b)表示对每列控制顶点 $\boldsymbol{b}_{ij}(j=0,1,2,3)$ 构造沿 v 方向B样条曲线 $\boldsymbol{q}_i(v)$ 并计算曲线上点 $\boldsymbol{q}_i(\bar{v})$,图4.55(c)表示以点 $\boldsymbol{q}_i(\bar{v})$ 作为控制顶点构造沿 u 方向B样条曲线来计算曲面上点 $\boldsymbol{p}(\bar{u},\bar{v})$。同理,也可以按不同次序,先对每行控制顶点 $\boldsymbol{b}_{ij}(i=0,1,2,3)$ 构造 u 向曲线 $\boldsymbol{q}_j(u)$,再以 $\boldsymbol{q}_j(\bar{u})$ 构造 v 向曲线来计算曲面上点 $\boldsymbol{p}(\bar{u},\bar{v})$,如图4.55(d)和图4.55(e)所示。此外,还可以同时进行,两种计算顺序所得曲面点完全相同。

B样条曲面的偏导矢计算也同样可以看作曲线导矢计算的推广。由4.1.5节介绍的B样条曲线导矢计算式(4.22)和式(4.23),可知一条 p 次B样条曲线的一阶导矢可以表示成一条 $p-1$ 次的B样条曲线。现考虑B样条曲面 $\boldsymbol{p}(u,v)$ 沿 u 方向的一阶偏导矢 $\boldsymbol{p}_u(u,v)$,由式(4.90)和式(4.91),可推导如下导矢计算式

$$\begin{aligned}\boldsymbol{p}_u(u,v)&=\sum_{i=0}^{n}\sum_{j=0}^{m}\boldsymbol{b}_{ij}N'_{i,p}(u)N_{j,q}(v)\\&=\sum_{j=0}^{m}\left[\sum_{i=0}^{n}\boldsymbol{b}_{ij}N'_{i,p}(u)\right]N_{j,q}(v)=\sum_{j=0}^{m}\boldsymbol{q}'_j(u)N_{j,q}(v)\end{aligned}\tag{4.92}$$

其中,$\boldsymbol{q}_j(u)$ 为一条 p 次B样条曲线,有

$$\boldsymbol{q}_j(u)=\sum_{i=0}^{n}\boldsymbol{b}_{ij}N_{i,p}(u),\quad j=0,1,\cdots,m\tag{4.93}$$

根据B样条曲线的导矢计算式(4.22)和式(4.23),可将曲线 $\boldsymbol{q}_j(u)$ 的一阶导矢表示为

$$\boldsymbol{q}'_j(u)=\sum_{i=0}^{n}\boldsymbol{b}_{ij}N'_{i,p}(u)=\sum_{i=0}^{n-1}\boldsymbol{b}_{ij}^{(1,0)}N_{i,p-1}(u\mid U^{(1)})\tag{4.94}$$

其中,$p-1$ 次基函数 $N_{i,p-1}(u|U^{(1)})$ 定义在节点矢量 $U^{(1)}=\{u_1,u_2,\cdots,u_{n+p}\}$ 上,控制顶点 $\boldsymbol{b}_{ij}^{(1,0)}$ 递推如下

$$\begin{cases}\boldsymbol{b}_{i,j}^{(1,0)}=\dfrac{p}{u_{i+p+1}-u_{i+1}}(\boldsymbol{b}_{i+1,j}^{(0,0)}-\boldsymbol{b}_{i,j}^{(0,0)})\\ \boldsymbol{b}_{i,j}^{(0,0)}=\boldsymbol{b}_{ij}\end{cases}\tag{4.95}$$

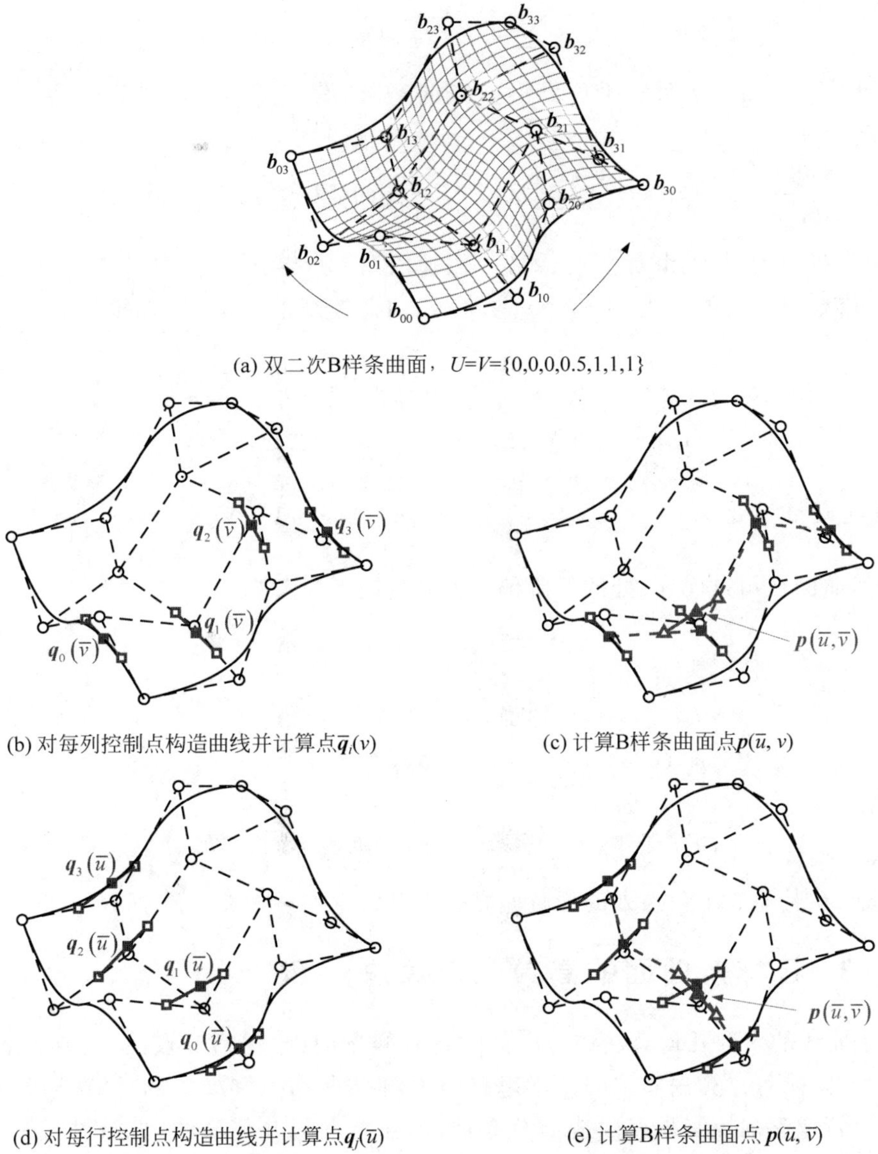

(a) 双二次B样条曲面，U=V={0,0,0,0.5,1,1,1}

(b) 对每列控制点构造曲线并计算点$\bar{q}_i(v)$

(c) 计算B样条曲面点$p(\bar{u}, v)$

(d) 对每行控制点构造曲线并计算点$q_j(\bar{u})$

(e) 计算B样条曲面点 $p(\bar{u}, \bar{v})$

图 4.55　B 样条曲面上点 $p(\bar{u}=0.3, \bar{v}=0.25)$ 的德布尔计算流程

将式(4.94)代回式(4.92)，可得

$$\boldsymbol{p}_u(u,v)=\sum_{j=0}^{m}\boldsymbol{q}'_j(u)N_{j,q}(v)=\sum_{i=0}^{n-1}\sum_{j=0}^{m}\boldsymbol{b}_{i,j}^{(1,0)}N_{i,p-1}(u)N_{j,q}(v) \tag{4.96}$$

同理，可以得到曲面沿 v 方向的一阶偏导矢 $\boldsymbol{p}_v(u,v)$为

$$\boldsymbol{p}_v(u,v)=\sum_{i=0}^{n}\sum_{j=0}^{m-1}\boldsymbol{b}_{i,j}^{(0,1)}N_{i,p}(u)N_{j,q-1}(v\,|\,V^{(1)}) \tag{4.97}$$

进一步将一阶偏导矢计算推广到沿 u 方向 k 阶、沿 v 方向 l 阶的 $k+l$ 混合偏导矢计算,可得

$$\frac{\partial^{k+l}}{\partial u^k\partial v^l}\boldsymbol{p}(u,v)=\sum_{i=0}^{n-k}\sum_{j=0}^{m-l}\boldsymbol{b}_{i,j}^{(k,l)}N_{i,p-k}(u\mid U^{(k)})N_{j,q-l}(v\,|\,V^{(l)}) \tag{4.98}$$

其中,节点矢量 $U^{(k)}$、$V^{(l)}$ 由 $U^{(k-1)}$、$V^{(l-1)}$ 去掉两端节点得到,对于端节点插值的 B 样条曲面,相当于端节点重复度降为 $p-k+1$ 与 $q-l+1$。控制顶点 $\boldsymbol{b}_{i,j}^{(k,l)}$ 递推如下

$$\begin{cases}\boldsymbol{b}_{i,j}^{(k,l)}=\dfrac{p-k+1}{u_{i+p+1}-u_{i+k}}[\boldsymbol{b}_{i+1,j}^{(k-1,l)}-\boldsymbol{b}_{i,j}^{(k-1,l)}]\\[2ex]\boldsymbol{b}_{i,j}^{(k,l)}=\dfrac{q-l+1}{v_{j+q+1}-v_{j+l}}[\boldsymbol{b}_{i,j+1}^{(k,l-1)}-\boldsymbol{b}_{i,j}^{(k,l-1)}]\end{cases} \tag{4.99}$$

当节点矢量满足 $U=\{\underbrace{0,\cdots,0}_{p+1},u_{p+1},\cdots,u_n,\underbrace{1,\cdots,1}_{p+1}\}$,$V=\{\underbrace{0,\cdots,0}_{q+1},v_{q+1},\cdots,v_m,\underbrace{1,\cdots,1}_{q+1}\}$时,曲面在角点(0,0)处的低阶偏导矢可以表示为

$$\begin{cases}\boldsymbol{p}_u(0,0)=\dfrac{p}{u_{p+1}}(\boldsymbol{b}_{10}-\boldsymbol{b}_{00})\\[2ex]\boldsymbol{p}_v(0,0)=\dfrac{q}{v_{q+1}}(\boldsymbol{b}_{01}-\boldsymbol{b}_{00})\\[2ex]\boldsymbol{p}_{uv}(0,0)=\dfrac{pq}{u_{p+1}v_{q+1}}(\boldsymbol{b}_{11}-\boldsymbol{b}_{10}-\boldsymbol{b}_{01}+\boldsymbol{b}_{00})\end{cases} \tag{4.100}$$

类似地,在其他 3 个角点处的低阶偏导矢也可以直接显式表达出来。

4.3.3 B 样条曲面的高效几何算法

B 样条曲线的多数几何算法都可以推广到 B 样条曲面,包括节点插入、节点细化、节点消去、升阶和降阶等。算法实施的基本思路与 B 样条曲面点和导矢的计算类似,对一个参数方向的整行或整列控制顶点构造 B 样条曲线,执行曲线几何算法,再沿另一个参数方向构造曲线并再次执行相关几何算法。下面主要通过一些实例来介绍 B 样条曲面的高效几何算法,涉及的曲线几何算法可以参考 4.2 节。

1. 节点插入

B 样条曲面的节点插入可以通过对每一行或者每一列控制顶点应用曲线节点插入算法得到。给定控制网格 $\boldsymbol{b}_{ij}$ $(i=0,1,\cdots,n;j=0,1,\cdots,m)$,节点矢量 U 与 V,若希望在节点矢量 U 中插入节点 $u=\bar{u}$,则可以对每一行控制顶点 $\boldsymbol{b}_{ij}$ $(j=0,1,\cdots,m)$按节点矢量 U 执行曲

线节点插入算法，新控制网格记为 $\boldsymbol{d}_{ij}$ $(i=0,1,\cdots,n+1;j=0,1,\cdots,m)$；若希望在节点矢量 V 中插入节点 $v=\bar{v}$，则可以对每一列控制顶点 $\boldsymbol{b}_{ij}$ $(i=0,1,\cdots,n)$ 按节点矢量 V 执行曲线节点插入算法得到，新控制网格记为 $\boldsymbol{d}_{ij}$ $(i=0,1,\cdots,n;j=0,1,\cdots,m+1)$。

如图 4.56(a)所示，给定一张 3×2 次 B 样条曲面，节点矢量 $U=\{0,0,0,0,0.5,1,1,1,1\}$，$V=\{0,0,0,0.5,1,1,1\}$，对曲面沿 u 方向和 v 方向分别插入节点 $\bar{u}=0.3$ 和 $\bar{v}=0.3$。首先对沿 u 方向的 4 行控制顶点按节点矢量 U 执行曲线节点插入 $\bar{u}=0.3$，新生成的控制顶点如图 4.56(b)所示，插入节点后得到的新曲面和控制网格如图 4.56(c)所示；其次对 u 向插入节点后控制网格的每一列控制顶点(共 6 列)按节点矢量 V 执行曲线节点插入 $\bar{v}=0.3$，新生成的控制顶点如图 4.56(d)所示，插入节点后得到的曲面和控制网格如图 4.56(e)所示。

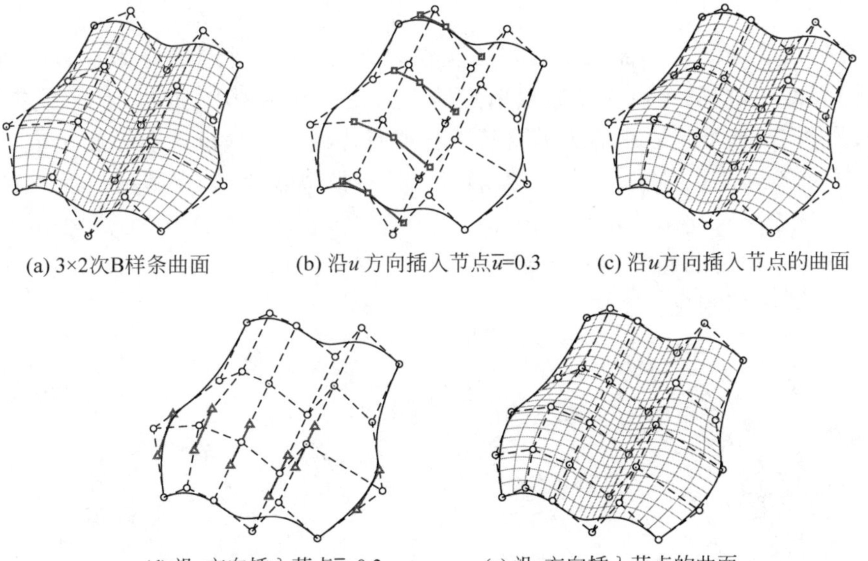

(a) 3×2次B样条曲面　(b) 沿u方向插入节点$\bar{u}$=0.3　(c) 沿u方向插入节点的曲面

(d) 沿v方向插入节点$\bar{v}$=0.3　(e) 沿v方向插入节点的曲面

图 4.56　对 3×2 次 B 样条曲面插入节点 $\{\bar{u}=0.3,\bar{v}=0.3\}$，曲面原节点矢量 $U=\{0,0,0,0,0.5,1,1,1,1\}$，$V=\{0,0,0,0.5,1,1,1\}$

2. 曲面分裂与节点细化

重复插入同一节点多次，可以实现 B 样条曲面的分裂。同时插入多个相同或不同节点，则可以实现 B 样条曲面的细化。以图 4.56(a)所示曲面为例，对节点矢量 U 重复插入节点 $\bar{u}=0.3$ 三次，可以将初始 B 样条曲面分裂为左右两张曲面，如图 4.57(a)所示；在 u 向和 v 向同时插入节点序列$\{0.1,0.2,0.3,0.4,0.6,0.7,0.8,0.9\}$，曲面控制网格逼近曲面本身，如图 4.57(b)和图 4.57(c)所示。

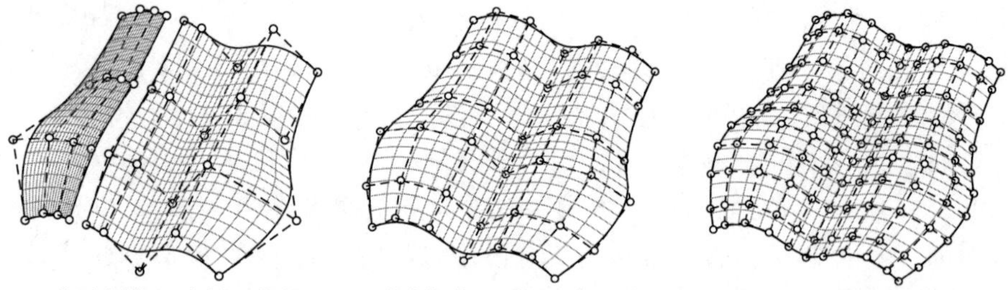

(a) 曲面分裂，u向插入节点{0.2,0.2,0.2}　(b) 节点细化，u向和v向同时中点加细1次　(c) 节点细化，u向和v向同时中点加细2次

图 4.57　B 样条曲面分裂与节点细化

3. 节点消去

B 样条曲面节点消去与曲线节点消去类似，更多的是一种逼近行为。若待消去节点是通过节点插入得到时，则可以实现精确节点消去。在一般应用中，通过给定容差来判断节点是否消去。B 样条曲面的节点消去需要每一行或每一列控制顶点均能够满足节点消去的条件时，曲面的节点才能被消去。图 4.58(a)所示是一张包含 5×5 控制顶点的双二次 B 样条曲面，节点矢量 $U=V=\{0,0,0,0.5,0.5,1,1,1\}$。给定容差 TOL=0.2，沿 u 方向成功消去节点 $u=0.5$ 一次后的新曲面和控制网格如图 4.58(b)所示。图 4.58(c)展示了节点消去前后曲面等参数线的变化。

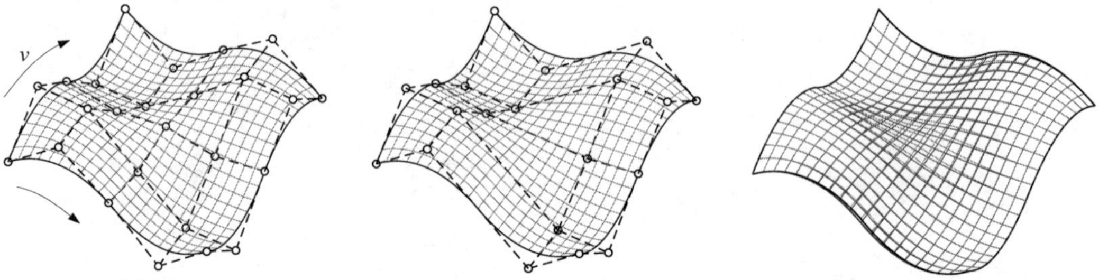

(a) 初始曲面　(b) 沿u方向消去节点0.5　(c) 节点消去前后的等参数线

图 4.58　双二次 B 样条曲面节点消去，初始节点矢量 $U=V=\{0,0,0,0.5,0.5,1,1,1\}$

4. 曲面升阶与降阶

B 样条曲面的升阶可以通过对每一行或每一列控制顶点应用曲线升阶算法来实现。4.2.4 节介绍了 3 种曲线升阶算法，包括普劳茨算法、科恩算法和皮格尔算法，都可以应用到曲面升阶中。图 4.59 展示了一张双二次 B 样条曲面升阶不同次数后的曲面控制网格，随着升阶次数的提高，曲面控制顶点的数量在不断增加。

与升阶类似，B 样条曲面降阶也是对每一行或者每一列控制顶点执行曲线降阶算法。但是 B 样条曲面降阶一般是近似过程，会引入几何误差。图 4.60(a)所示为一张双三次 B

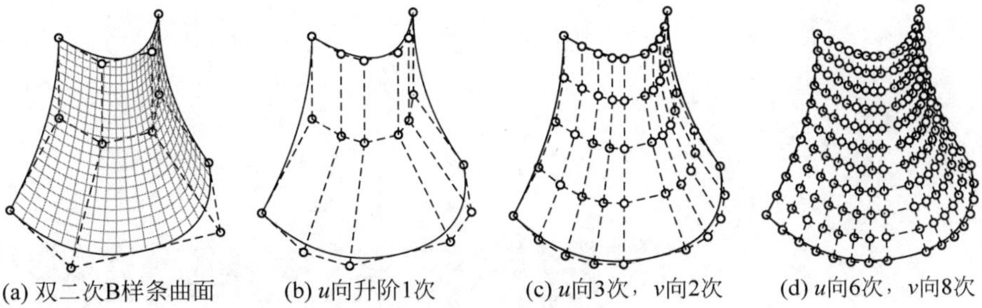

图 4.59　双二次 B 样条曲面升阶，初始节点矢量
$U=\{0,0,0,0.5,1,1,1\}$，$V=\{0,0,0,1,1,1\}$

样条曲面，节点矢量 $U=V=\{0,0,0,0,0.5,0.5,1,1,1,1\}$。沿 u 方向降阶一次成为 2×3 次 B 样条曲面，如图 4.60(b)所示。降阶后曲面 v 向节点矢量不变，u 向节点矢量变为 $\overline{U}=\{0,0,0,0.5,1,1,1\}$。图 4.60(c)展示了降阶前后曲面的等参数线变化。

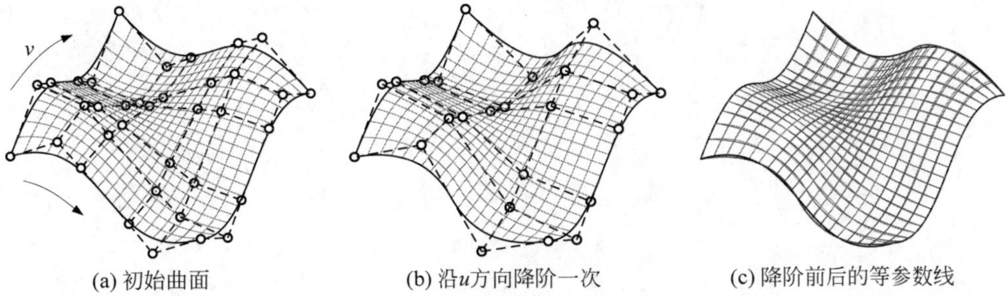

图 4.60　双三次 B 样条曲面沿 u 方向降阶一次，
初始节点矢量 $U=V=\{0,0,0,0,0.5,0.5,1,1,1,1\}$

第5章

有理B样条曲线和曲面

CHAPTER 5

贝齐尔和B样条曲线和曲面已经能够表达几何外形复杂的自由型曲线和曲面，并且具有稳定高效的配套算法。但是，贝齐尔和B样条无法精确表达圆锥(二次)曲线和曲面，如圆弧、椭圆、双曲线、柱面、球面、圆锥面等。因此，在CAD软件中就不得不采用两种形状描述方式来分别表达自由型曲线和曲面和二次曲线和曲面，这无疑会增加系统的复杂性。研究人员和开发人员更倾向于采用统一的数学描述方法来表示自由型和二次曲线和曲面，有理贝齐尔和有理B样条方法应运而生。

20世纪70年代，Versprille在其导师Steven A. Coons(CAGD的奠基人，提出了Coons曲面片)的指导下，将权因子引入B样条，使其能够通过有理函数精确表示圆锥曲线等复杂形状。Versprille在他的博士论文中系统地提出了非均匀有理B样条方法(Non-Uniform Rational B-Splines，NURBS)的概念和数学定义，其统一了自由型曲线和二次型曲线的表示方法，包括圆锥曲线、贝齐尔曲线、B样条曲线和有理曲线，成为一个通用的数学工具，并彻底改变了工业设计和计算机图形学的实践方式。Versprille的研究为NURBS成为工业标准奠定了基础。在整个20世纪70年代，诞生了一批在后来享誉世界的CAD/CAM软件，包括CATIA和UG等软件。发展至今，NURBS已经成为包括

IGES、STEP 等国际标准中描述曲线和曲面的标准方法,在曲线和曲面造型领域占据着主流位置。

从数学形式上看,贝齐尔方法可以看作 B 样条方法的特例,而有理贝齐尔可以看作 NURBS 的特例。贝齐尔和 B 样条的很多算法都可以推广到有理形式中。本章不再将有理贝齐尔和 NURBS 分割开来,而是以统一的方式来介绍 NURBS 方法。为了加以区别,本章提及的贝齐尔与 B 样条均指非有理贝齐尔与非有理 B 样条。并将有理贝齐尔视作 NURBS 的子集。5.3 节提及了基于有理二次和三次贝齐尔来表示圆弧曲线,是为了指明曲线的具体形式。

🔑 5.1　NURBS 曲线的定义和计算

5.1.1　NURBS 曲线的三种定义与性质

1. NURBS 曲线的三种定义

1) 参数有理分式表示

在经典数学中,参数有理函数可以用来表示二次曲线,形如

$$x(u) = \frac{X(u)}{W(u)}, \quad y(u) = \frac{Y(u)}{W(u)} \tag{5.1}$$

其中,$X(u)$、$Y(u)$、$W(u)$ 均为多项式。图 5.1 展示了 1/4 圆弧与椭圆弧以及它们的参数有理函数。

$$\boldsymbol{p}(u) = \left[\frac{1-u^2}{1+u^2}, \frac{2u}{1+u^2}\right], \quad u \in [0,1] \qquad \boldsymbol{p}(u) = \left[\frac{1-u^2}{1+u^2}, \frac{u}{1+u^2}\right], \quad u \in [0,1]$$

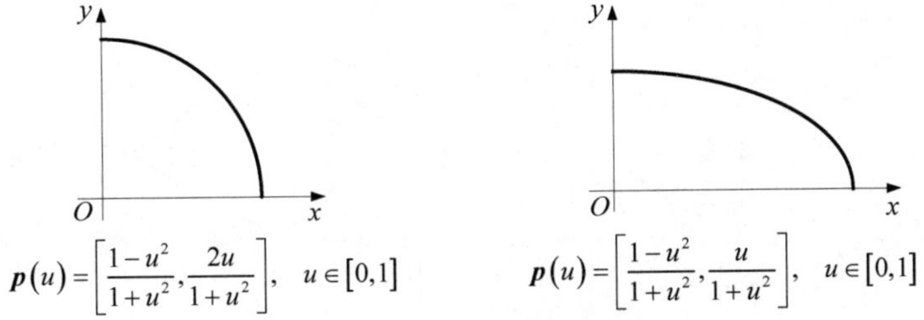

图 5.1　1/4 圆弧和椭圆弧的参数有理形式

与式(5.1)形式类似,一条 p 次 NURBS 曲线可以表示为参数有理分式的形式,如下

$$\boldsymbol{p}(u) = \frac{\sum_{i=0}^{n} \boldsymbol{b}_i w_i N_{i,p}(u)}{\sum_{j=0}^{n} w_j N_{j,p}(u)}, \quad u \in [a,b] \tag{5.2}$$

其中，$\boldsymbol{b}_i$ 与 $N_{i,p}(u)$ 表示控制顶点与定义在节点矢量 U 上的 p 次 B 样条基函数；w_i 称为权因子，与控制顶点 $\boldsymbol{b}_i$ 形成一一对应关系，一般建议权因子 $w_i>0$，后文会介绍权因子对曲线几何形状的影响。NURBS 曲线的节点矢量与 B 样条保持一致，有如下形式

$$U=\{u_0,\cdots,u_p,u_{p+1},\cdots,u_n,u_{n+1},\cdots,u_{n+p+1}\} \tag{5.3}$$

在大部分应用中，只考虑节点矢量首末端节点满足 $p+1$ 重的开曲线(非周期曲线)，使得曲线插值于首末控制顶点，这样选择易于造型控制。若端节点取值 a 和 b，则有 $u_0=u_1=\cdots=u_p=a$，$u_{n+1}=u_{n+2}=\cdots=u_{n+p+1}=b$。当端节点满足 $p+1$ 重且 U 中没有内节点时，p 次 NURBS 曲线即表示 p 次有理贝齐尔曲线。

2) 有理基函数表示

将式(5.2)的分母与分子中的权重以及 B 样条基函数结合起来，可以将 NURBS 曲线方程等价改写为

$$\boldsymbol{p}(u)=\sum_{i=0}^{n}\boldsymbol{b}_iR_{i,p}(u),\quad u\in[a,b] \tag{5.4}$$

其中

$$R_{i,p}(u)=\frac{w_iN_{i,p}(u)}{\sum\limits_{j=0}^{n}w_jN_{j,p}(u)} \tag{5.5}$$

称为 p 次 NURBS 曲线的有理基函数，是定义在$[a,b]$上的分段有理函数。图 5.2(a)展示了二次 NURBS 曲线(实线)和二次 B 样条曲线(点线)。对于 NURBS 曲线，控制顶点 $\boldsymbol{b}_1$ 的权因子为 2，其他顶点权重均为 1。图 5.2(b)为对应的有理基函数和非有理基函数曲线。可以发现有理 NURBS 基函数与非有理 B 样条基函数相比，在形状上发生了改变。

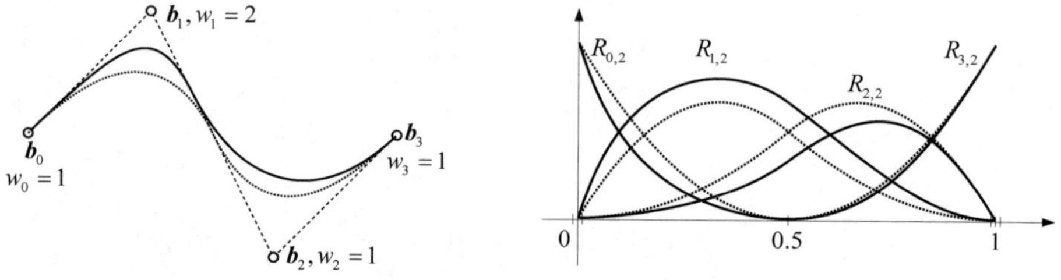

(a) 二次NURBS和二次B样条曲线　　(b) 有理基函数和非有理基函数

图 5.2　二次 NURBS 和二次 B 样条曲线，$U=\{0,0,0,0.5,1,1,1\}$

观察式(5.5)，有理基函数 $R_{i,p}(u)$ 仅与权因子 w_i 和 B 样条基函数 $N_{i,p}(u)$ 相关。因此，$R_{i,p}(u)$ 的相关性质可以从相应的 B 样条基函数 $N_{i,p}(u)$ 中得到，令所有权因子均大于零，这些性质主要包括以下几个。

(1) 非负性。对所有的 i,p 和 $u\in[a,b]$，有 $R_{i,p}(u)\geqslant 0$。

(2) 规范性。当 $u\in[a,b]$，所有有理基函数的和为1，即 $\sum_{i=0}^{n}R_{i,p}(u)=1$。有理B样条基函数 $R_{i,p}(u)$ 在分子中表现为对应非有理基函数 $N_{i,p}(u)$ 与权重 w_i 的乘积，其分母是对分子 $w_iN_{i,p}(u)$ 的规范化。

(3) 局部支撑性。有理基函数 $R_{i,p}(u)$ 的支撑区间与非有理基函数 $N_{i,p}(u)$ 保持一致，仅在支撑区间 $[u_i,u_{i+p+1})$ 上有非零值。对于每个非零节点区间 $[u_i,u_{i+1})$，其上至多有 $p+1$ 个有理基函数 $R_{i-p,p},\cdots,R_{i,p}$ 非零。

(4) 端点插值性。端节点满足 $p+1$ 重时，首尾有理基函数满足 $R_{0,p}(a)=1$，$R_{n,p}(b)=1$。

(5) 可微性。若有理基函数 $R_{i,p}(u)$ 分母不为零，则其在非零节点区间内部是任意次连续可微，在重复度为 r 的内节点处是 $p-r$ 次连续可微。

(6) 权因子影响。若 $w_i=0$，则 $R_{i,p}(u)=0$；若 $w_i\to\infty$，则 $R_{i,p}(u)\to1$，$R_{j(j\neq i),p}(u)\to0$；若所有的权因子相等且不为0，则 $R_{i,p}(u)=N_{i,p}(u)$。

3) 齐次坐标表示

式(5.1)中的有理分式形式与齐次坐标表达较为类似，都具有相同的分母，这也构成了NURBS曲线的第三种表达形式，即齐次坐标表示形式。其核心思想是将dim维的多项式曲线表示为dim+1维的有理曲线。对于三维空间的任意坐标点 $\boldsymbol{b}=(x,y,z)$，其在四维空间的齐次坐标表示为 $\boldsymbol{b}^w=(xw,yw,zw,w)=(X,Y,Z,W)$。同理，二维平面上的任意坐标点 $\boldsymbol{b}=(x,y)$，在三维空间的齐次坐标表示为 $\boldsymbol{b}^w=(xw,yw,w)=(X,Y,W)$。这里点 $\boldsymbol{b}$ 其实就是齐次空间点 $\boldsymbol{b}^w$ 在超平面 $\boldsymbol{W}=1$ 上的透视投影点，即从齐次空间原点 O 出发将点 $\boldsymbol{b}^w$ 投影到超平面 $W=1$ 上所得的映射点为 $\boldsymbol{b}$。令该投影变换记为 H，则有

$$H\{\boldsymbol{b}^w\}=H\{(X,Y,Z,W)\}=\begin{cases}\left(\dfrac{X}{W},\dfrac{Y}{W},\dfrac{Z}{W}\right)=(x,y,z), & W\neq0\\ \text{方向}(X,Y,Z), & W=0\end{cases}\tag{5.6}$$

当 $W=0$ 时，表示由原点出发经过点 (X,Y,Z) 的无穷远点；当 $W=1$ 时，齐次点 (X,Y,Z,W) 与空间点 (X,Y,Z) 重合。对于同一空间点 (x,y,z)，其对应的齐次点 (xw,yw,zw,w) 有无数个，给定不同的权因子，即有不同的齐次点。

给定一组三维空间下控制顶点 $\boldsymbol{b}_i=(x_i,y_i,z_i)$，$(i=0,1,\cdots,n)$ 和节点矢量 $U=\{u_0,u_1,\cdots,u_{n+p+1}\}$，构造齐次空间中的控制顶点 $\boldsymbol{b}_i^w=(x_iw_i,y_iw_i,z_iw_i,w_i)$，继而可以定义一条齐次空间中的非有理B样条曲线如下

$$\boldsymbol{p}^w(u)=\sum_{i=0}^{n}\boldsymbol{b}_i^wN_{i,p}(u)\tag{5.7}$$

对式(5.7)应用式(5.6)定义的投影变换 H，可以得到对应齐次曲线 $\boldsymbol{p}^w(u)$ 的一条三维空间中的NURBS曲线 $\boldsymbol{p}(u)$。具体地，式(5.7)中定义的非有理B样条曲线上点的各个分量可以表示为

$$\boldsymbol{p}^w(u)=[X,Y,Z,W]$$

$$= \left[\sum_{i=0}^{n} x_i w_i N_{i,p}(u), \sum_{i=0}^{n} y_i w_i N_{i,p}(u), \sum_{i=0}^{n} z_i w_i N_{i,p}(u), \sum_{i=0}^{n} w_i N_{i,p}(u)\right] \quad (5.8)$$

应用投影变换 H，可得

$$H\{\boldsymbol{p}^w(u)\} = \boldsymbol{p}(u) = \left[\frac{X}{W}, \frac{Y}{W}, \frac{Z}{W}\right]$$

$$= \left[\frac{\sum_{i=0}^{n} x_i w_i N_{i,p}(u)}{\sum_{i=0}^{n} w_i N_{i,p}(u)}, \frac{\sum_{i=0}^{n} y_i w_i N_{i,p}(u)}{\sum_{i=0}^{n} w_i N_{i,p}(u)}, \frac{\sum_{i=0}^{n} z_i w_i N_{i,p}(u)}{\sum_{i=0}^{n} w_i N_{i,p}(u)}\right] = \sum_{i=0}^{n} \boldsymbol{b}_i R_{i,p}(u)$$

(5.9)

因此，式(5.7)所定义的齐次空间中的非有理 B 样条曲线可以用来表示三维空间中的 NURBS 曲线，此即 NURBS 曲线的第三种定义形式。

图 5.3 展示了定义在三维齐次空间中的二次非有理 B 样条曲线，及其在超平面 $W=1$ 上投影所得到的二维 NURBS 曲线。其中图 5.3(b)中齐次空间的两个不同位置的控制顶点 $\boldsymbol{b}_1^w$ 与 $\boldsymbol{b}_2^w$ 在超平面 $W=1$ 上投影至同一位置，即 $\boldsymbol{b}_1=\boldsymbol{b}_2$，形成尖点特征。

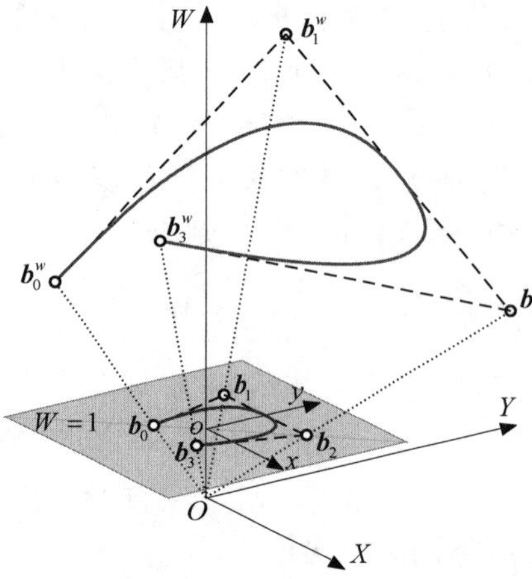

(a) $U=\{0,0,0,0.5,1,1,1\}$

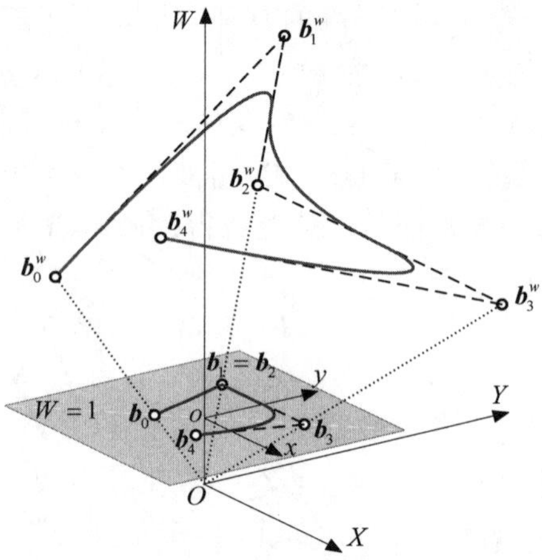

(b) $U=\{0,0,0,1/3,2/3,1,1,1\}$

图 5.3　齐次空间中定义的非有理 B 样条曲线及其在 $W=1$ 平面上投影得到的 NURBS 曲线

NURBS 曲线的上述三种定义都表示同一条曲线，但其含义却相差甚远。第一种有理表示形式是对非有理 B 样条方法的推广，分式形式表示有理的由来。当所有控制顶点的权因子相等时，NURBS 曲线等价于非有理 B 样条曲线。因此，可以认为权因子导致了有理的发生。第二种有理基函数表示形式中，将权因子与非有理 B 样条基函数结合形成有理基函数，得到了与非有理 B 样条曲线的一致表达。通过有理基函数的性质可以推断 NURBS 曲线的相关性质。对于不需要了解 NURBS 曲线构造机理的下游应用，该形式提供了一种很友好的途径，曲线方程简洁。第三种齐次坐标表示形式给出了 NURBS 曲线生成的几何原理，是由高一维齐次空间中定义的非有理 B 样条曲线在超平面 $W=1$ 上的投影。因此，NURBS 曲线的几何运算可以通过齐次空间中的非有理 B 样条曲线执行相应的几何运算来实现，继而可以借助 B 样条的高效配套算法。

2. NURBS 曲线的相关性质

由 NURBS 曲线的有理基函数定义和齐次坐标定义两种形式，可以得到 NURBS 曲线的一系列相关性质与几何特点。给定一条由控制顶点 $\boldsymbol{b}_i(i=0,1,\cdots,n)$ 和节点矢量 U 定义的 p 次 NURBS 曲线，节点矢量 U 的定义如式(5.3)所示，令所有权因子均大于零，其相关性质和特点如下。

(1) 局部修改性质。节点矢量 U 中非零节点区间 $[u_i,u_{i+1})$ 所对应的曲线段至多与 $p+1$ 个控制顶点 $\boldsymbol{b}_{i-p},\boldsymbol{b}_{i-p+1},\cdots,\boldsymbol{b}_i$ 及其权因子 $w_{i-p},w_{i-p+1},\cdots,w_i$ 有关，与其他控制顶点与权因子无关。移动第 j 个控制顶点 $\boldsymbol{b}_j$ 或其权因子 w_j，仅影响定义在支撑区间 $[u_j,u_{j+p+1})$ 上的曲线段。

如图 5.4 所示，给定一条三次 NURBS 曲线，节点矢量 $U=\{0,0,0,0,1/3,2/3,1,1,1,1\}$。移动控制顶点 $\boldsymbol{b}_1$ 至 $\bar{\boldsymbol{b}}_1$，仅影响定义在 $[u_1,u_5)=[0,2/3)$ 上的曲线段，即前两段曲线，如图 5.4(a)所示。同理，改变权因子 w_1 的值，也仅影响前两段曲线，如图 5.4(b)所示。随着权因子 w_1 的增大，曲线越加靠近控制顶点 $\boldsymbol{b}_1$，表明控制顶点 $\boldsymbol{b}_1$ 对曲线的影响越大。

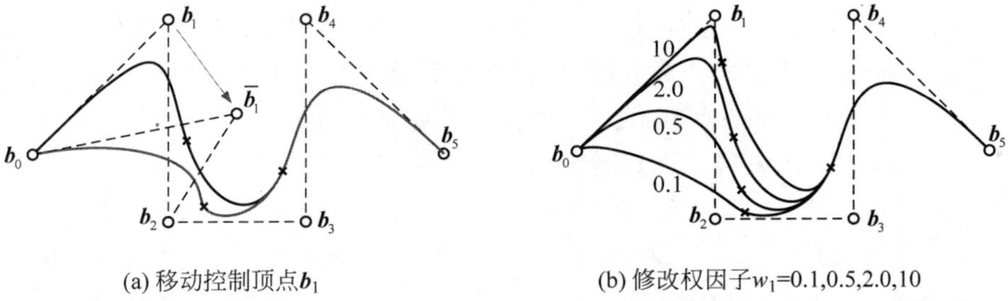

图 5.4　移动控制顶点和权因子对三次 NURBS 曲线的影响，$U=\{0,0,0,0,1/3,2/3,1,1,1,1\}$

(2) 强凸包性。非零节点区间 $[u_i,u_{i+1})$ 对应的曲线段始终包含于由 $p+1$ 个控制顶点 $\boldsymbol{b}_{i-p},\boldsymbol{b}_{i-p+1},\cdots,\boldsymbol{b}_i$ 所构成的凸包内。如图 5.5 所示，三次 NURBS 曲线中 $[0,1/3)$ 对应的曲线段包含于由 $\boldsymbol{b}_0$、$\boldsymbol{b}_1$、$\boldsymbol{b}_2$、$\boldsymbol{b}_3$ 所构成的凸包内；$[1/3,2/3)$ 对应曲线段包含于由 $\boldsymbol{b}_1$、$\boldsymbol{b}_2$、$\boldsymbol{b}_3$、$\boldsymbol{b}_4$ 所构成的凸包内。

(3) 变差减少性。对于三维空间 NURBS 曲线，任何一个平面与曲线的交点个数不多于该平面和曲线控制多边形的交点个数；对于平面 NURBS 曲线，任何一条直线与曲线的交点个数不多于该直线和曲线控制多边形的交点个数。

(4) 仿射不变性和透视投影不变性。NURBS 曲线经过仿射变换或者透视投影变换后仍然是一条 NURBS 曲线。变换后的曲线可以通过对原曲线控制顶点进行仿射或透视投影

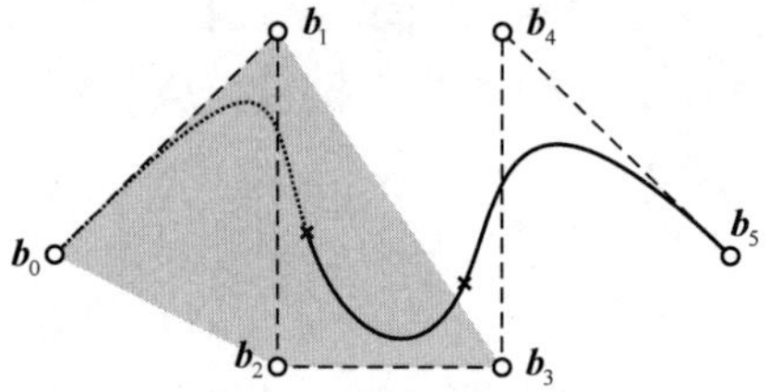

(a) 第一段曲线及其凸包

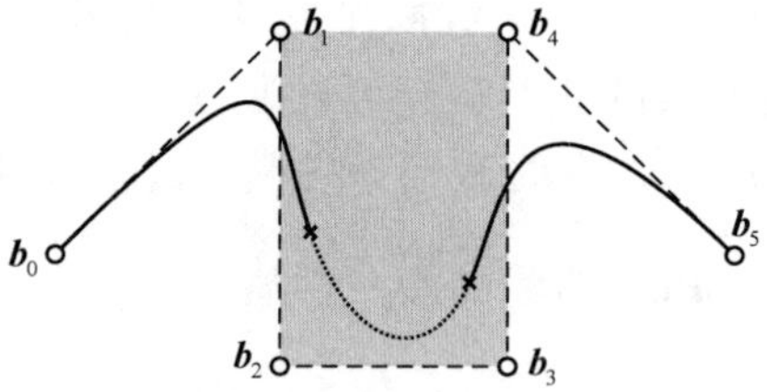

(b) 第二段曲线及其凸包

图 5.5　三次 NURBS 曲线的凸包性，$U=\{0,0,0,0,1/3,2/3,1,1,1,1\}$

变换后得到的新控制顶点来定义。这在计算机图形学中至关重要，可视化设备需要将三维几何变换成二维图像输出。

（5）可微性。NURBS 曲线 $\boldsymbol{p}(u)$ 在节点区间内部为无限次连续可微，在 r 重内节点处为 $p-r$ 次连续可微。

5.1.2　NURBS 曲线点和导矢计算

点和导矢计算是 CAGD 数据处理中的基础算法，在离散、求交和渲染等场景中大量应用。首先来看 NURBS 曲线上点的计算。根据 NURBS 曲线的不同定义方式，可以设计不同的 NURBS 曲线点的计算方法。对于第一种有理分式表示形式和第二种有理基函数表示形式，一般根据定义式来计算。而对于第三种齐次坐标表示形式，则可以借助非有理 B 样条方法中的德布尔递推算法来计算齐次点，再投影到低一维空间。因此，第三种齐次坐标定义形式为 NURBS 曲线点的计算提供了一种高效稳定的算法。

下面以一个具体范例来展示 NURBS 曲线上点的计算。

【例 5.1】　给定一条二维二次 NURBS 曲线，令控制顶点 $\boldsymbol{b}_0=[0,0]$，$\boldsymbol{b}_1=[1,1]$，$\boldsymbol{b}_2=[2,-1]$，$\boldsymbol{b}_3=[3,1]$，$\boldsymbol{b}_4=[4,0]$，权因子 $\{w_i\}=\{1,5,1,1,1\}$，节点矢量 $U=\{0,0,0,1,2,3,3,3\}$，计算参数 $\bar{u}=1$ 的曲线上点。

解：首先搜索参数 $\bar{u}=1$ 所在节点区间，有 $\bar{u}=1\in[1,2)=[u_3,u_4)$，节点区间对应下标 $i=3$。由 B 样条的局部支撑性，非零节点区间 $[u_i,u_{i+1})$ 上至多有 $p+1$ 个非零基函数，它们分别为 $N_{i-p,p}(u),\cdots,N_{i,p}(u)$。因此，定义在节点矢量 U 上的 B 样条基函数 $N_{1,2}(u)$，$N_{2,2}(u)$，$N_{3,2}(u)$ 可能非零，代入参数 $\bar{u}=1$，可得

$$N_{1,2}(\bar{u})=\frac{1}{2},\quad N_{2,2}(\bar{u})=\frac{1}{2},\quad N_{3,2}(\bar{u})=0$$

节点矢量 U 上的 B 样条基函数曲线如图 5.6(a)所示。

根据式(5.2)给出的 NURBS 曲线的第一种有理分式定义，曲线上点 $\boldsymbol{p}(\bar{u}=1)$ 可计算如下

$$\boldsymbol{p}(\bar{u})=\frac{\boldsymbol{b}_1 w_1 N_{1,2}(\bar{u})+\boldsymbol{b}_2 w_2 N_{2,2}(\bar{u})+\boldsymbol{b}_3 w_3 N_{3,2}(\bar{u})}{w_1 N_{1,2}(\bar{u})+w_2 N_{2,2}(\bar{u})+w_3 N_{3,2}(\bar{u})}=\frac{\frac{5}{2}\boldsymbol{b}_1+\frac{1}{2}\boldsymbol{b}_2}{\frac{5}{2}+\frac{1}{2}}=\left[\frac{7}{6},\frac{2}{3}\right]$$

根据式(5.4)和式(5.5)给出的 NURBS 曲线的第二种有理基函数定义，非零有理基函数 $R_{1,2}(u)$、$R_{2,2}(u)$、$R_{3,2}(u)$计算如下

$$R_{1,2}(\bar{u})=\frac{w_1 N_{1,2}(\bar{u})}{w_1 N_{1,2}(\bar{u})+w_2 N_{2,2}(\bar{u})+w_3 N_{3,2}(\bar{u})}=\frac{5}{6},\quad R_{2,2}(\bar{u})=\frac{1}{6},\quad R_{3,2}(\bar{u})=0$$

节点矢量 U 上的所有有理基函数 $R_{i,2}(u)$的曲线如图 5.6(b)所示。相应地，可得曲线上点

$$\boldsymbol{p}(\bar{u})=\boldsymbol{b}_1 R_{1,2}(\bar{u})+\boldsymbol{b}_2 R_{2,2}(\bar{u})+\boldsymbol{b}_3 R_{3,2}(\bar{u})=\frac{5}{6}\boldsymbol{b}_1+\frac{1}{6}\boldsymbol{b}_2=\left[\frac{7}{6},\frac{2}{3}\right]$$

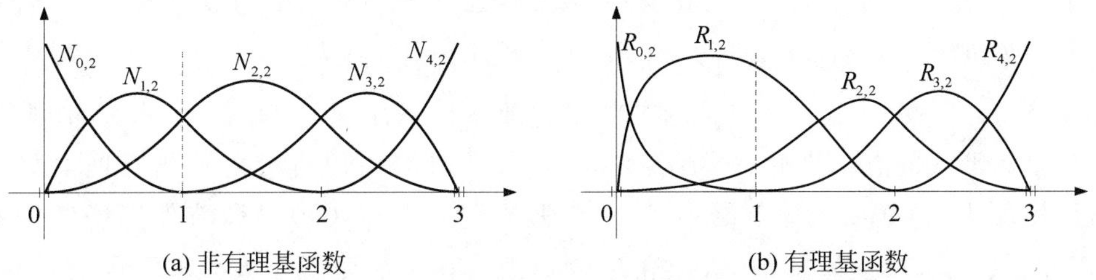

图 5.6　二次 NURBS 曲线定义中的非有理基函数与有理基函数曲线，$U=\{0,0,0,1,2,3,3,3\}$

针对 NURBS 曲线的第三种齐次坐标定义方式，通过德布尔算法计算曲线上点。首先将二维控制顶点变换为三维齐次控制顶点

$$\boldsymbol{b}_1^w=[5,5,5],\quad \boldsymbol{b}_2^w=[2,-1,1],\quad \boldsymbol{b}_3^w=[3,1,1]$$

根据德布尔递推公式，有

$$\alpha_1^1=\frac{1}{2}\rightarrow \boldsymbol{b}_1^{1,w}=(1-\alpha_1^1)\boldsymbol{b}_1^{0,w}+\alpha_1^1\boldsymbol{b}_2^{0,w}=\frac{1}{2}\boldsymbol{b}_1^w+\frac{1}{2}\boldsymbol{b}_2^w=\left[\frac{7}{2},2,3\right]$$

$$\alpha_2^1=0\rightarrow \boldsymbol{b}_2^{1,w}=(1-\alpha_2^1)\boldsymbol{b}_2^{0,w}+\alpha_2^1\boldsymbol{b}_3^{0,w}=\boldsymbol{b}_2^w=[2,-1,1]$$

$$\alpha_1^2=0\rightarrow \boldsymbol{b}_1^{2,w}=(1-\alpha_1^2)\boldsymbol{b}_1^{1,w}+\alpha_1^2\boldsymbol{b}_2^{1,w}=\boldsymbol{b}_1^{1,w}=\left[\frac{7}{2},2,3\right]$$

因此，曲线上点 $\boldsymbol{p}(\bar{u}=1)$在三维齐次空间中的坐标为$[7/2,2,3]$，该点的权因子 $w=3$，将其投影回二维空间，可得曲线上点为

$$\boldsymbol{p}(\bar{u}=1)=\frac{\boldsymbol{p}^w(\bar{u}=1)}{w}=\frac{[7/2,2,3]}{3}=\left[\frac{7}{6},\frac{2}{3},1\right]$$

由计算结果可知，根据 NURBS 三种定义方式所计算的曲线上点完全相同。图 5.7 展示了本例中的二次 NURBS 曲线。

NURBS 曲线的导矢计算相对复杂，不能像计算曲线点一样在齐次空间计算导矢再投影回低一维空间得到，但是可以借助非有理 B 样条的导矢计算公式和算法。下面给出导矢

计算的递推公式。

首先由 NURBS 曲线的有理分式定义，令分母和分子分别记为 $\boldsymbol{A}(u)$ 与 $W(u)$，有

$$\boldsymbol{p}(u)=\frac{\sum_{i=0}^{n}\boldsymbol{b}_i w_i N_{i,p}(u)}{\sum_{j=0}^{n} w_j N_{j,p}(u)}=\frac{\boldsymbol{A}(u)}{W(u)} \tag{5.10}$$

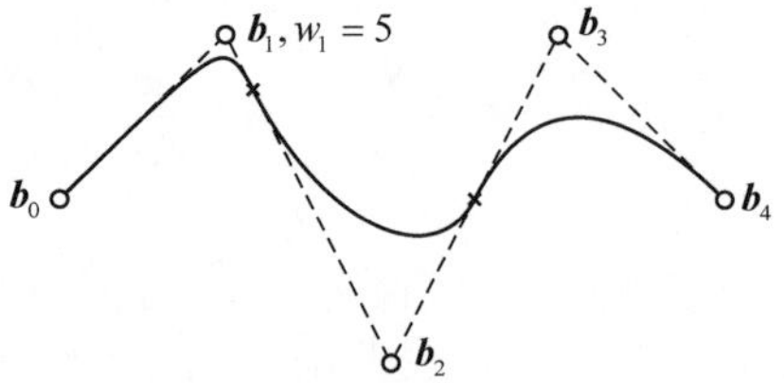

图 5.7　例 5.1 的二次 NURBS 曲线

其中，$\boldsymbol{A}(u)$为矢函数；$W(u)$为标量函数。对曲线 $\boldsymbol{p}(u)$计算一阶导矢，可得

$$\boldsymbol{p}'(u)=\left[\frac{\boldsymbol{A}(u)}{W(u)}\right]'=\frac{\boldsymbol{A}'(u)W(u)-\boldsymbol{A}(u)W'(u)}{W^2(u)}=\frac{\boldsymbol{A}'(u)-\boldsymbol{p}(u)W'(u)}{W(u)} \tag{5.11}$$

令 $\boldsymbol{p}^w(u)$表示三维空间下的 NURBS 曲线在四维齐次空间中的非有理 B 样条曲线，其控制顶点记为 $\boldsymbol{b}_i^w=(x_i w_i, y_i w_i, z_i w_i, w_i)$。可以发现矢函数 $\boldsymbol{A}(u)$表示一条以三维控制顶点 $\bar{\boldsymbol{b}}_i=(x_i w_i, y_i w_i, z_i w_i)$定义的三维非有理 B 样条曲线，这里 $\bar{\boldsymbol{b}}_i$ 为齐次控制顶点 $\boldsymbol{b}_i^w$ 的前三维坐标形成的点。因此，矢函数 $\boldsymbol{A}(u)$的导矢计算可以直接采用非有理 B 样条曲线的导矢计算公式，参考 4.1.5 节的内容。同理，标量函数 $W(u)$可以看作以一维控制顶点 $\bar{\boldsymbol{b}}_i=(w_i)$定义的一维非有理 B 样条，也可以采用 B 样条的导矢计算公式。事实上，$\boldsymbol{A}(u)$与 $W(u)$的控制顶点坐标组合成了齐次曲线 $\boldsymbol{p}^w(u)$的控制顶点坐标。

继续对导矢函数 $\boldsymbol{p}'(u)$求一阶导，可以得到曲线的二阶导矢公式

$$\boldsymbol{p}''(u)=\frac{\boldsymbol{A}''(u)-2W'(u)\boldsymbol{p}'(u)-W''(u)\boldsymbol{p}(u)}{W(u)} \tag{5.12}$$

进一步计算曲线 $\boldsymbol{p}(u)$的 k 阶导矢，可得

$$\boldsymbol{p}^{(k)}(u)=\frac{\boldsymbol{A}^{(k)}(u)-\sum_{j=1}^{k}\mathrm{C}_k^j W^{(j)}(u)\boldsymbol{p}^{(k-j)}(u)}{W(u)} \tag{5.13}$$

其中，C_k^j 表示组合数。借助 B 样条方法中的 $1\sim k$ 阶导矢计算公式，可以得到 NURBS 曲线的 k 阶导矢。

基于上述导矢公式考查 NURBS 曲线在端节点处的导矢。令端节点 $u_0=u_1=\cdots=u_p=a, u_{n+1}=u_{n+2}=\cdots=u_{n+p+1}=b$，由 B 样条导矢计算公式(4.25)可得 $\boldsymbol{A}(u)$与 $W(u)$的导矢如下

$$\begin{aligned}\boldsymbol{A}'(a)&=\frac{p}{u_{p+1}-a}(w_1\boldsymbol{b}_1-w_0\boldsymbol{b}_0),\quad W'(a)=\frac{p}{u_{p+1}-a}(w_1-w_0)\\ \boldsymbol{A}'(b)&=\frac{p}{b-u_n}(w_n\boldsymbol{b}_n-w_{n-1}\boldsymbol{b}_{n-1}),\quad W'(b)=\frac{p}{b-u_n}(w_n-w_{n-1})\end{aligned} \tag{5.14}$$

代入式(5.11)可得 NURBS 曲线端点处导矢为

$$\begin{aligned} \boldsymbol{p}'(a) &= \frac{\boldsymbol{A}'(a) - \boldsymbol{p}(a)W'(a)}{W(a)} = \frac{p w_1 (\boldsymbol{b}_1 - \boldsymbol{b}_0)}{(u_{p+1} - a) w_0} \\ \boldsymbol{p}'(b) &= \frac{\boldsymbol{A}'(b) - \boldsymbol{p}(b)W'(b)}{W(b)} = \frac{p w_{n-1} (\boldsymbol{b}_n - \boldsymbol{b}_{n-1})}{(b - u_n) w_n} \end{aligned} \tag{5.15}$$

利用式(5.15)计算例 5.1 所给二次 NURBS 曲线的端点导矢 $\boldsymbol{p}'(0)$与 $\boldsymbol{p}'(3)$，可得

$$\boldsymbol{p}'(0) = 10(\boldsymbol{b}_1 - \boldsymbol{b}_0) = [10, 10], \quad \boldsymbol{p}'(3) = 2(\boldsymbol{b}_n - \boldsymbol{b}_{n-1}) = [2, -2]$$

可见，NURBS 曲线的端点导矢与控制多边形的首末边平行，但是导矢模长与构成首末边的控制顶点的权因子相关。

在 5.1.1 节的 B 样条方法中介绍了 B 样条的一系列配套算法，包括节点插入、节点细化、节点去除、升阶、降阶等，这些算法稳定高效，为 B 样条的广泛应用奠定了基础。由于 NURBS 曲线可以通过齐次空间的 B 样条曲线来定义，B 样条的这些配套算法同样适用于 NURBS。在应用 B 样条方法中的这些高效算法时，需要首先将 NURBS 曲线变换为齐次空间的非有理 B 样条曲线，再对齐次曲线应用 B 样条算法，最后投影回低一维空间。

5.1.3　权因子的几何意义与影响

根据 NURBS 曲线有理基函数表示的定义，曲线和基函数可以分别表示为

$$\boldsymbol{p}(u) = \sum_{i=0}^{n} \boldsymbol{b}_i R_{i,p}(u), \quad R_{i,p}(u) = \frac{w_i N_{i,p}(u)}{\sum_{j=0}^{n} w_j N_{j,p}(u)}$$

观察上式中有理基函数 $R_{i,p}(u)$的形式，可知增大或者减少权因子 w_i 的值，会相应增大或者减少有理基函数 $R_{i,p}(u)$的值，进而使得曲线靠近或者远离控制顶点 $\boldsymbol{b}_i$。当权因子 $w_i \to \infty$ 时，曲线经过控制顶点 $\boldsymbol{b}_i$；当权因子 $w_i = 0$ 时，控制顶点 $\boldsymbol{b}_i$ 对曲线形状不产生影响。权因子 w_i 的改变仅影响定义在节点区间 $[u_i, u_{i+p+1})$上的那段曲线，改变 w_i 的值，会相应改变曲线段的形状。

当给定参数 $u = \bar{u}$ 时，考查权因子 w_i 的改变对曲线上点 $\boldsymbol{p}(\bar{u})$的影响。给定一条三次 NURBS 曲线，控制顶点记为 $\boldsymbol{b}_0$、$\boldsymbol{b}_1$、$\boldsymbol{b}_2$、$\boldsymbol{b}_3$、$\boldsymbol{b}_4$、$\boldsymbol{b}_5$，节点矢量 $U = \{0,0,0,0,1/3,2/3,1,1,1,1\}$。现将控制顶点 $\boldsymbol{b}_2$ 对应的权因子 w_2 分别取值$\{0,0.1,0.3,0.6,1,2,5,10,100\}$，其他控制顶点的权因子全部置为 1，所得 9 条曲线如图 5.8 所示。权因子 w_2 的改变对定义在节点区间 $[u_2, u_6) = [0,1)$上的曲线有影响，因此整条曲线的形状随着 w_2 的改变都会发生改变。给定参数 $\bar{u} = \{1/3, 2/5, 3/5\}$，计算不同权因子 w_2 对曲线上点 $\boldsymbol{p}(\bar{u})$的位置影响。由图 5.8 可以发现，对于参数 $\bar{u}$，权因子 w_2 取不同值所对应的一簇曲线上点 $\boldsymbol{p}(\bar{u})$始终位于同一条直线上。也就是说，固定参数 u，改变权因子 w_i 的值，NURBS 曲线方程退化为以权因子 w_i 为变量的一条直线方程，即权因子 w_i 对应的一簇 NURBS 曲线，其上参数 u 取值相同的点位于同一条直线上。

上述结论可以通过以下公式进行简要证明。将第 i 个控制顶点的权因子 w_i 作为变量，

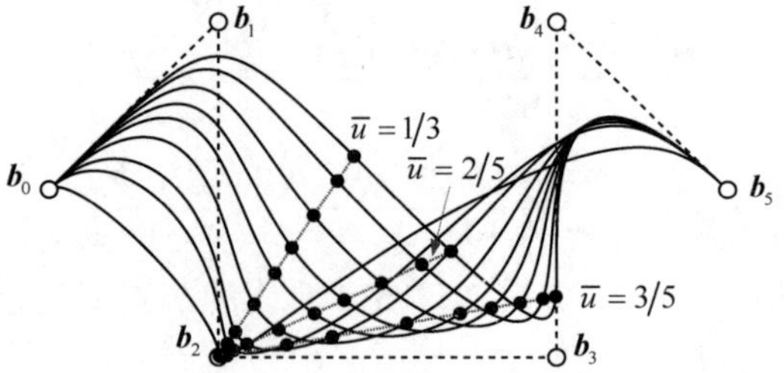

图 5.8　权因子的改变对曲线上点的影响，$w_2=\{0,0.1,0.3,0.6,1,2,5,10,100\}$

则 NURBS 曲线方程可以重新整理为

$$\boldsymbol{p}(u)=\frac{\sum_{i=0}^{n}\boldsymbol{b}_i w_i N_{i,p}(u)}{\sum_{j=0}^{n}w_j N_{j,p}(u)}=\frac{\left[\boldsymbol{b}_i w_i N_{i,p}(u)+\sum_{\substack{j=0\\ j\neq i}}^{n}\boldsymbol{b}_j w_j N_{j,p}(u)\right]}{w_i N_{i,p}(u)+\sum_{\substack{k=0\\ k\neq i}}^{n}w_k N_{k,p}(u)} \tag{5.16}$$

令

$$A=w_i N_{i,p}(u),\quad B=\sum_{\substack{k=0\\ k\neq i}}^{n}w_k N_{k,p}(u),\quad \boldsymbol{X}=\sum_{\substack{j=0\\ j\neq i}}^{n}\boldsymbol{b}_j w_j N_{j,p}(u) \tag{5.17}$$

将式(5.17)代入式(5.16)可得

$$\boldsymbol{p}(u)=\frac{A\boldsymbol{b}_i+\boldsymbol{X}}{A+B} \tag{5.18}$$

当 $w_i=0$ 时，由式(5.17)可知 $A=0$。此时式(5.18)可简化为

$$\boldsymbol{p}(u)=\frac{\boldsymbol{X}}{B}=\boldsymbol{p}_0 \tag{5.19}$$

当 $w_i\neq 0$ 时，有

$$\boldsymbol{p}(u)=\frac{A\boldsymbol{b}_i+\boldsymbol{X}}{A+B}=\frac{A}{A+B}\boldsymbol{b}_i+\frac{B}{A+B}\frac{\boldsymbol{X}}{B}=\frac{A}{A+B}\boldsymbol{b}_i+\frac{B}{A+B}\boldsymbol{p}_0 \tag{5.20}$$

令 $t=A/(A+B)$，式(5.20)可以进一步改写为

$$\boldsymbol{p}(t)=(1-t)\boldsymbol{p}_0+t\boldsymbol{b}_i \tag{5.21}$$

表示一条以 t 为参数对点 $\boldsymbol{p}_0$ 和点 $\boldsymbol{b}_i$ 的线性插值方程。对于任意参数 $u\in[u_i,u_{i+p+1})$，当 $w_i\to\infty$ 时，有 $A\to\infty$，$t=1$，$\boldsymbol{p}(t)=\boldsymbol{b}_i$；当 $w_i=0$ 时，有 $A=0$，$t=0$，$\boldsymbol{p}(t)=\boldsymbol{p}_0$。当 $0<w_i<\infty$ 时，点 $\boldsymbol{p}(t)$ 位于点 $\boldsymbol{p}_0$ 和点 $\boldsymbol{b}_i$ 所形成的线段上。

进一步地，考查权因子 $w_i\neq 0,\infty$ 时点 $\boldsymbol{p}(t)$ 在直线段上的具体位置。

当 $w_i=0,\infty$ 时，曲线上点为 $\boldsymbol{p}_0$ 和 $\boldsymbol{b}_i$。当 $w_i=1$ 时，令曲线上点记为 $\boldsymbol{p}_1$，有

$$A_1=N_{i,p}(u),\quad t_1=\frac{A_1}{A_1+B},\quad \boldsymbol{p}_1=(1-t_1)\boldsymbol{p}_0+t_1\boldsymbol{b}_i \tag{5.22}$$

则点 $\boldsymbol{p}_1$ 将线段 $\overline{\boldsymbol{p}_0\boldsymbol{b}_i}$ 分割为 $\overline{\boldsymbol{p}_0\boldsymbol{p}_1}$ 与 $\overline{\boldsymbol{p}_1\boldsymbol{b}_i}$，两分段长度之比为

$$\frac{\overline{\boldsymbol{p}_0\boldsymbol{p}_1}}{\overline{\boldsymbol{p}_1\boldsymbol{b}_i}}=\frac{t_1}{1-t_1} \tag{5.23}$$

当 w_i 取任意参数时，即 $w_i\neq 0,1,\infty$，令

$$A_i=w_iN_{i,p}(u),\quad t_i=\frac{A_i}{A_i+B},\quad \boldsymbol{p}_i=(1-t_i)\boldsymbol{p}_0+t_i\boldsymbol{b}_i \tag{5.24}$$

此时，点 $\boldsymbol{p}_i$ 将线段 $\overline{\boldsymbol{p}_0\boldsymbol{b}_i}$ 分割为 $\overline{\boldsymbol{p}_0\boldsymbol{p}_i}$ 与 $\overline{\boldsymbol{p}_i\boldsymbol{b}_i}$，两分段长度之比为

$$\frac{\overline{\boldsymbol{p}_0\boldsymbol{p}_i}}{\overline{\boldsymbol{p}_i\boldsymbol{b}_i}}=\frac{t_i}{1-t_i} \tag{5.25}$$

联立式(5.22)和式(5.24)，计算式(5.25)线段比值与式(5.23)线段比值之比，可得

$$\frac{\overline{\boldsymbol{p}_0\boldsymbol{p}_i}}{\overline{\boldsymbol{p}_i\boldsymbol{b}_i}}\bigg/\frac{\overline{\boldsymbol{p}_0\boldsymbol{p}_1}}{\overline{\boldsymbol{p}_1\boldsymbol{b}_i}}=\frac{t_i}{1-t_i}\bigg/\frac{t_1}{1-t_1}=\frac{A_i}{A_1}=w_i \tag{5.26}$$

上述两个线段长度比值之比也称为直线上4点 $\boldsymbol{p}_0$、$\boldsymbol{p}_i$、$\boldsymbol{p}_1$、$\boldsymbol{b}_i$ 的交比。

由此可见，给定一条 NURBS 曲线，对于曲线上点 $\boldsymbol{p}(\bar{u})$，$\bar{u}\in[u_i,u_{i+p+1})\subset[u_p,u_{n+1}]$，当修改控制顶点 $\boldsymbol{b}_i$ 的权因子 w_i 时，点 $\boldsymbol{p}(\bar{u})$ 的轨迹为一条直线；并且，权因子 w_i 的值即为直线上具有权因子 $w_i=0,1,+\infty$ 和 $w_i\neq 0,1,+\infty$ 的4点 $\boldsymbol{p}_0$、$\boldsymbol{p}_1$、$\boldsymbol{b}_i$、$\boldsymbol{p}_i$ 的交比。对于任意参数 $\bar{u}\in[u_i,u_{i+p+1})$，点 $\boldsymbol{p}(\bar{u})$ 所形成的直线不同，但该比值相同，均为权因子 w_i。因此，控制顶点 $\boldsymbol{b}_i$ 已知，若再知晓 $\boldsymbol{p}_0$、$\boldsymbol{p}_1$ 的空间位置，则任意权因子 w_i 对应的空间点 $\boldsymbol{p}_i$ 可直接通过式(5.26)计算获得。

如图5.9所示，固定参数 $\bar{u}=1/3$，4个黑色圆点 $\boldsymbol{p}_0$、$\boldsymbol{p}_1$、$\boldsymbol{p}_i$，$\boldsymbol{b}_2$ 分别为权因子 $w_i=0,1,2,+\infty$ 时所对应曲线上的点 $\boldsymbol{p}(\bar{u})$。此时，四点 $\boldsymbol{p}_0$、$\boldsymbol{p}_1$、$\boldsymbol{p}_i$，$\boldsymbol{b}_2$ 形成的交比等于权因子 w_2 的值，即

$$\frac{\overline{\boldsymbol{p}_0\boldsymbol{p}_i}}{\overline{\boldsymbol{p}_i\boldsymbol{b}_i}}\bigg/\frac{\overline{\boldsymbol{p}_0\boldsymbol{p}_1}}{\overline{\boldsymbol{p}_1\boldsymbol{b}_i}}=w_2=2 \tag{5.27}$$

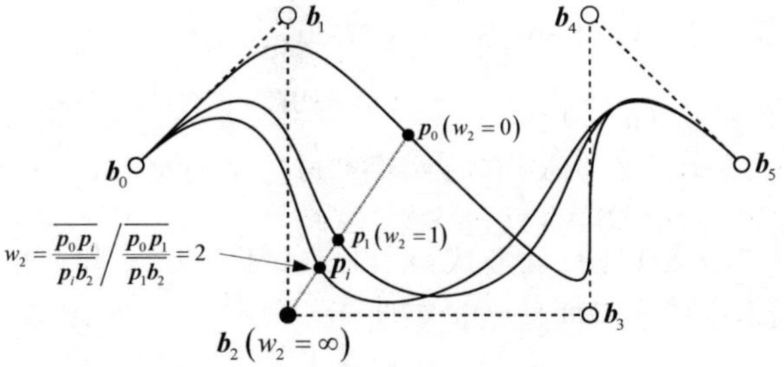

图5.9 权因子 w_2 的几何意义

5.2 NURBS 曲面的定义和计算

5.2.1 NURBS 曲面的定义和性质

NURBS 曲面的定义与曲线类似也有三种定义方式：有理分式形式、有理基函数形式和齐次坐标形式。给定呈矩形拓扑阵列的控制顶点 $\boldsymbol{b}_{i,j}$ $(i=0,1,\cdots,n;j=0,1,\cdots,m)$，其权因子记为 $w_{i,j}$，沿 u 和 v 两个参数方向的次数分别为 p 和 q，节点矢量表示为

$$\begin{aligned}U&=\{u_0,\cdots,u_p,u_{p+1},\cdots,u_n,u_{n+1},\cdots,u_{n+p+1}\}\\V&=\{v_0,\cdots,v_q,v_{q+1},\cdots,v_m,v_{m+1},\cdots,v_{m+q+1}\}\end{aligned}\tag{5.28}$$

$N_{i,p}(u)$和 $N_{j,q}(v)$分别表示定义在节点矢量 U 和 V 上的 B 样条基函数。下面基于 3 种方式来分别表示由上述控制顶点、次数和节点矢量定义的 NURBS 曲面。

1. 参数有理分式表示

基于参数有理分式形式的 NURBS 曲面可以表示为

$$\boldsymbol{p}(u,v)=\frac{\sum_{i=0}^{n}\sum_{j=0}^{m}\boldsymbol{b}_{i,j}w_{i,j}N_{i,p}(u)N_{j,q}(v)}{\sum_{k=0}^{n}\sum_{l=0}^{m}w_{k,l}N_{k,p}(u)N_{l,q}(v)},\quad u\in[a,b],v\in[c,d]\tag{5.29}$$

2. 有理基函数表示

基于有理基函数的 NURBS 曲面表示为

$$\boldsymbol{p}(u,v)=\sum_{i=0}^{n}\sum_{j=0}^{m}\boldsymbol{b}_{i,j}R_{i,j}^{p,q}(u,v),\quad u\in[a,b],v\in[c,d]\tag{5.30}$$

其中，$R_{i,j}^{p,q}(u,v)$为双变量分段有理基函数，表示为

$$R_{i,j}^{p,q}(u,v)=\frac{w_{i,j}N_{i,p}(u)N_{j,q}(v)}{\sum_{k=0}^{n}\sum_{l=0}^{m}w_{k,l}N_{k,p}(u)N_{l,q}(v)}\tag{5.31}$$

这里需要注意 $R_{i,j}^{p,q}(u,v)$是有理形式，不再是关于参数 u 和 v 的一元基函数的直接乘积。因此，NRUBS 曲面一般也不再是张量积曲面。

3. 齐次坐标表示

将三维空间的控制顶点 $\boldsymbol{b}_{i,j}$ 通过齐次变换表示为齐次坐标形式 $\boldsymbol{b}_{i,j}^{w}=(x_iw_i,y_iw_i,$

$z_i w_i$)，则 NURBS 曲面的齐次坐标形式写为

$$\boldsymbol{p}^w(u,v)=\sum_{i=0}^{n}\sum_{j=0}^{m}\boldsymbol{b}_{i,j}^{w}N_{i,p}(u)N_{j,q}(v)=\sum_{i=0}^{n}\sum_{j=0}^{m}\boldsymbol{b}_{i,j}^{w}N_{i,j}^{p,q}(u,v),\quad u\in[a,b],v\in[c,d] \tag{5.32}$$

其中，$N_{i,j}^{p,q}(u,v)$为非有理 B 样条基函数。曲面 $\boldsymbol{p}^w(u,v)$为齐次空间中的张量积曲面。图 5.10 展示了一张由 5×5 个控制顶点定义的双二次 NURBS 曲面，中间控制顶点的权因子 $w_{2,2}=5$，其余权因子均为 1。

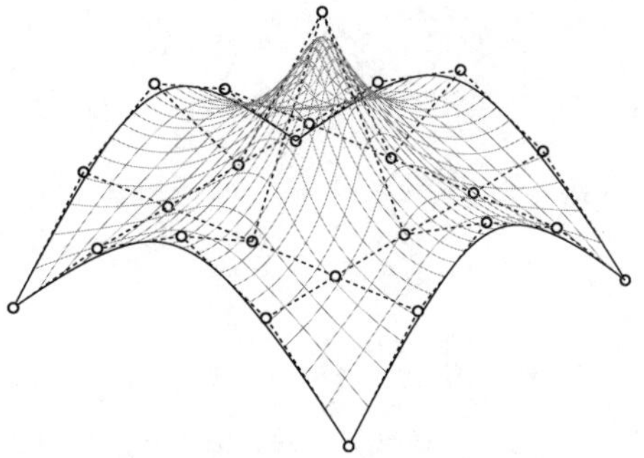

图 5.10　由 5×5 个控制顶点定义一张双二次 NURBS 曲面，$U=V=\{0,0,0,1,2,3,3,3\}$

NURBS 曲面有理基函数 $R_{i,j}^{p,q}(u,v)$与权因子 $w_{i,j}$ 以及 B 样条基函数 $N_{i,j}^{p,q}(u,v)$有关，令所有权因子均大于零，其表现出来的性质也与 $N_{i,j}^{p,q}(u,v)$类似，总结如下。

(1) 非负性。对所有的 i、j、p、q 和 $u\in[a,b]$，$v\in[c,d]$，有 $R_{i,j}^{p,q}(u,v)\geqslant 0$。

(2) 规范性。当 $u\in[a,b]$，$v\in[c,d]$时，基函数的和为 1，即 $\sum\limits_{i=0}^{n}\sum\limits_{j=0}^{m}R_{i,j}^{p,q}(u,v)=1$。

(3) 局部支撑性。基函数 $R_{i,j}^{p,q}(u,v)$的支撑区间与非有理基函数 $N_{i,j}^{p,q}(u,v)$一致，仅在支撑区间$[u_i,u_{i+p+1})\otimes[v_j,v_{j+q+1})$上有非零值。对于每个非零节点区间$[u_i,u_{i+1})\otimes[v_j,v_{j+1})$，其上至多有$(p+1)(q+1)$个基函数非零，这些基函数可以记为 $R_{k,l}^{p,q}$，($k=i-p,\cdots,i$；$l=j-q,\cdots,j$)。

(4) 端点插值性。当节点矢量 $U(V)$满足端节点 $p+1(q+1)$重时，则角点处的 4 个有理基函数满足 $R_{0,0}^{p,q}(a,c)=R_{n,0}^{p,q}(b,c)=R_{0,m}^{p,q}(a,d)=R_{n,m}^{p,q}(c,d)=1$。

(5) 可微性。若有理基函数 $R_{i,j}^{p,q}(u,v)$分母不为零，则其在非零节点区间内部是任意次连续可微，在沿 u 方向重复度为 r 的内节点处是关于 u 的 $p-r$ 次连续可微，v 方向同理。

(6) 权因子影响。若 $w_{i,j}=0$，则 $R_{i,j}^{p,q}(u,v)=0$；若 $w_{i,j}\to\infty$，则 $R_{i,j}^{p,g}\to 1$，$R_{k(k\neq i),l(l\neq j)}^{p,q}(u,v)\to 0$；若所有的权因子相等且不为 0，则 $R_{i,j}^{p,q}(u,v)=N_{i,j}^{p,q}(u,v)$。

图 5.11 展示了定义在节点矢量 $U=V=\{0,0,0,1/3,2/3,1,1,1\}$上的 3 张二次 NURBS 基函数 $R_{2,1}^{2,2}$、$R_{2,2}^{2,2}$ 与 $R_{1,3}^{2,2}$。对比 NURBS 基函数与坐标平面上的单变量 B 样条基函数，可以发现基函数的形状发生了较大改变。此外，图 5.11(a)和图 5.11(c)表现出了明显的局部性质。

由上述基函数的性质，可以推导出 NURBS 曲面的相关性质如下。

(1) 局部修改性质。移动控制顶点 $\boldsymbol{b}_{i,j}$，或改变权因子 $w_{i,j}$，仅对支撑区间$[u_i,u_{i+p+1})\otimes[v_j,v_{j+q+1})$上定义的曲面片产生影响。非零节点区间$[u_i,u_{i+1})\otimes$

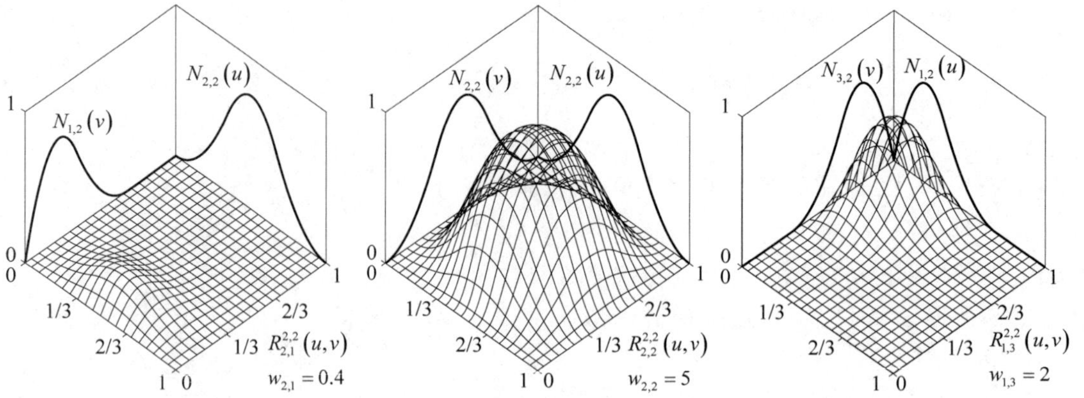

(a) $R_{2,1}^{2,2}, w_{2,1}=0.4$　　(b) $R_{2,2}^{2,2}, w_{2,2}=5$　　(c) $R_{1,3}^{2,2}, w_{1,3}=2$

图 5.11　定义在 $U=V=\{0,0,0,1/3,2/3,1,1,1\}$ 上的 3 个 NURBS 基函数

$[v_j, v_{j+1})$上定义的曲面片至多与$(p+1)(q+1)$个控制顶点 $\boldsymbol{b}_{k,l}(k=i-p,\cdots,i;l=j-q,\cdots,j)$及其权因子 $w_{k,l}$ 有关。

(2) 角点插值性。当 NURBS 曲面的节点矢量 U 满足端节点 $p+1$ 重,节点矢量 V 满足端节点 $q+1$ 重,则曲面插值于 4 个角点处的控制顶点,即 $\boldsymbol{b}_{0,0}=\boldsymbol{p}(a,c)$,$\boldsymbol{b}_{n,0}=\boldsymbol{p}(b,c)$,$\boldsymbol{b}_{0,m}=\boldsymbol{p}(a,d)$,$\boldsymbol{b}_{n,m}=\boldsymbol{p}(b,d)$。

(3) 强凸包性。假定所有的权因子均满足 $w_{k,l}\geqslant 0$,则非零节点区间$[u_i, u_{i+1})\otimes[v_j, v_{j+1})$对应的曲线段始终包含于由$(p+1)(q+1)$个控制顶点 $\boldsymbol{b}_{k,l}(k=i-p,\cdots,i;\ l=j-q,\cdots,j)$所构成的凸包内。

(4) 仿射和透视不变性。NURBS 曲面经过仿射和透视变换后依然是 NURBS 曲面,变换后的 NURBS 曲面控制顶点可以通过对初始曲面控制顶点进行仿射或透视变换得到。

(5) 可微性。NURBS 曲面在定义域内重复度为 r 的 u 向节点处是关于 u 的 C^{p-r} 参数连续的;在重复度为 s 的 v 向节点处是关于 v 的 C^{q-s} 参数连续的。

(6)不具有变差减少性。NURBS 曲面不具有变差减少性。

(7) NURBS 曲面是非有理和有理贝齐尔曲面以及非有理 B 样条曲面的推广,通过选取适当的节点矢量和权因子,NURBS 曲面可以退变为贝齐尔曲面或者 B 样条曲面。

(8) 权因子影响曲面形状。给定参数 $\bar{u}\in[u_i, u_{i+p+1})$,$\bar{v}\in[v_j, v_{j+q+1})$,当修改权因子 $w_{i,j}$ 时,曲面上点 $\boldsymbol{p}(\bar{u},\bar{v})$沿一条直线运动。当权因子 $w_{i,j}\to+\infty$时,$\boldsymbol{p}(\bar{u},\bar{v})\to\boldsymbol{b}_{i,j}$;当权因子 $w_{i,j}=0$ 时,控制顶点 $\boldsymbol{b}_{i,j}$ 对曲面不产生影响。令 $w_{i,j}=0$ 时的曲面点 $\boldsymbol{p}(\bar{u},\bar{v})$记为 $\boldsymbol{p}_0$,令 $w_{i,j}=1$ 时的曲面点 $\boldsymbol{p}(\bar{u},\bar{v})$记为 $\boldsymbol{p}_1$,则当 $w_{i,j}\neq 0,1,+\infty$时,曲面点 $\boldsymbol{p}(\bar{u},\bar{v})=\boldsymbol{p}_i$ 与权因子 $w_{i,j}$ 之间满足关系成立:

$$\frac{\overline{\boldsymbol{p}_0\boldsymbol{p}_i}}{\overline{\boldsymbol{p}_i\boldsymbol{b}_{i,j}}}\Bigg/\frac{\overline{\boldsymbol{p}_0\boldsymbol{p}_1}}{\overline{\boldsymbol{p}_1\boldsymbol{b}_{i,j}}}=w_{i,j} \tag{5.33}$$

其证明可以参考 5.1.3 节曲线权因子的相关公式推导。当权因子 $w_{i,j}$ 由 0 逐渐增大时，曲面点 $\boldsymbol{p}(\bar{u},\bar{v})$ 从点 $\boldsymbol{p}_0$ 向点 $\boldsymbol{b}_{i,j}$ 作直线移动。

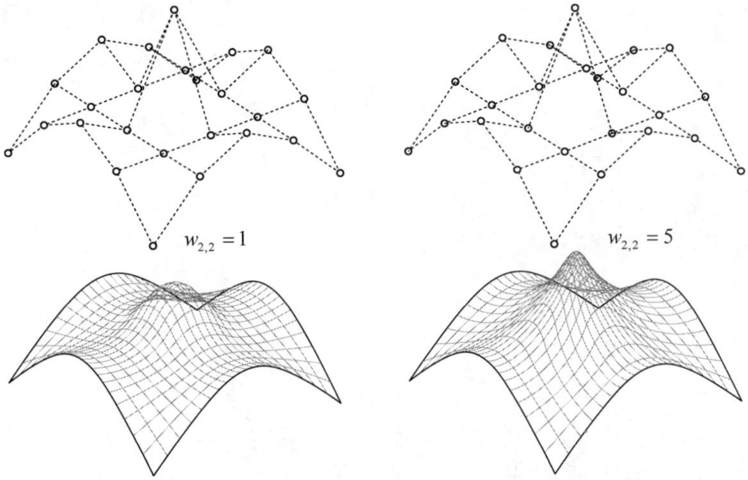

(a) 中间控制顶点权因子$w_{2,2}$=1　　(b) 中间控制顶点权因子$w_{2,2}$=5

图 5.12　NURBS 曲面权因子的修改对曲面形状的影响

5.2.2　NURBS 曲面的点与导矢计算

NURBS 曲面点的计算可以直接采用 5.2.1 节的 3 种定义方式来求解。对于第三种齐次定义形式，还可以借助 B 样条曲面的德布尔算法来计算 NURBS 曲面在齐次空间的点，再投影到低一维空间得到。NURBS 曲面在齐次空间对应的非有理 B 样条曲面的相关算法(包括节点插入、升阶等)可以采用第 4 章介绍的 B 样条曲面的计算方式。下面以一个范例来说明 NURBS 曲面点的计算。

【例 5.2】　令 $\boldsymbol{p}(u,v)$是定义在节点矢量 $U=V=\{0,0,0,1,2,3,3,3\}$ 上的一张双二次 NURBS 曲面，试计算参数点$(\bar{u},\bar{v})=(0.5,1)$时曲面上对应的点。

解：首先确定参数$(\bar{u},\bar{v})=(0.5,1)$所在节点区间，有 $\bar{u}=0.5\in[0,1)=[u_2,u_3)$，$\bar{v}=1.0\in[1,2)\in[u_3,u_4)$，与该参数点相关的基函数为

$$N_{0,2}(\bar{u}\,|\,U)=\frac{1}{4},\quad N_{1,2}(\bar{u}\,|\,U)=\frac{5}{8},N_{2,2}(\bar{u}\,|\,U)=\frac{1}{8}$$

$$N_{1,2}(\bar{v}\,|\,V)=\frac{1}{2},\quad N_{2,2}(\bar{v}\,|\,V)=\frac{1}{2},N_{3,2}(\bar{v}\,|\,V)=0$$

假定与非零基函数相对应的齐次控制顶点坐标为

$$[\boldsymbol{b}_{i,j}^{w}]=\left\{\begin{matrix}[1,-2,1,1] & [1,-1,1,1] & [1,0,1,1]\\ [0,-2,1.5,1] & [1,-1,1,1] & [0,0,15,5]\\ [-1,-2,1,1] & [-1,-1,1,1] & [-1,0,1,1]\end{matrix}\right\},\quad i=1,2,3;\ j=2,3,4$$

则齐次空间中参数$(\bar{u},\bar{v})$所对应曲面点计算如下

$$\boldsymbol{p}^{w}(0.5,1)=\begin{bmatrix}\frac{1}{4} & \frac{5}{8} & \frac{1}{8}\end{bmatrix}\times\begin{Bmatrix}[1,-2,1,1] & [1,-1,1,1] & [1,0,1,1]\\ [0,-2,1.5,1] & [1,-1,1,1] & [0,0,15,5]\\ [-1,-2,1,1] & [-1,-1,1,1] & [-1,0,1,1]\end{Bmatrix}\times\begin{bmatrix}\frac{1}{2} & \frac{1}{2} & 0\end{bmatrix}^{\mathrm{T}}=\left[\frac{1}{2},-\frac{9}{8},\frac{31}{16},\frac{5}{4}\right]$$

将齐次点投影到三维空间，有

$$\boldsymbol{p}(0.5,1)=\frac{\boldsymbol{p}^{w}(0.5,1)}{w}=\frac{\left[\frac{1}{2},-\frac{9}{8},\frac{31}{16},\frac{5}{4}\right]}{\frac{5}{4}}=\left[\frac{2}{5},-\frac{9}{10},\frac{31}{20},1\right]$$

因此，参数$(\bar{u},\bar{v})=(0.5,1)$对应的曲面点坐标为$[0.4,-0.9,1.55]$。图5.13展示了双二次NURBS曲线及其上一点$\boldsymbol{p}(0.5,1.0)$。

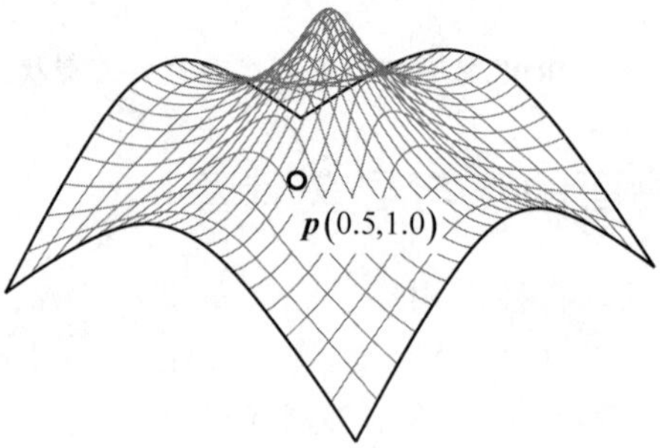

图5.13　例5.2中NURBS曲面及其上一点$\boldsymbol{p}(0.5,1.0)$

NURBS曲面导矢计算涉及有理分式的求导，虽然不能直接采用齐次非有理B样条的导矢，但是可以借助NURBS曲面的齐次形式来实现。

根据式(5.29)给出的NURBS曲面的有理分式形式，令

$$\begin{aligned}\boldsymbol{A}(u,v)&=\sum_{i=0}^{n}\sum_{j=0}^{m}\boldsymbol{b}_{i,j}w_{i,j}N_{i,p}(u)N_{j,q}(v)\\ w(u,v)&=\sum_{i=0}^{n}\sum_{j=0}^{m}w_{i,j}N_{i,p}(u)N_{j,q}(v)\end{aligned}\tag{5.34}$$

则NURBS曲面可以重写为

$$\boldsymbol{p}(u,v)=\frac{\boldsymbol{A}(u,v)}{w(u,v)}\tag{5.35}$$

矢函数$\boldsymbol{A}(u,v)$可以看作以$\boldsymbol{b}_{i,j}w_{i,j}$为控制顶点定义的一张$p\times q$次非有理B样条曲面，$\boldsymbol{b}_{i,j}w_{i,j}$也表示齐次曲面$\boldsymbol{p}^{w}(u,v)$控制顶点的前三维坐标(假定$\boldsymbol{b}_{i,j}$为三维控制顶

点)。标量函数 $w(u,v)$ 可以看作以权因子 $w_{i,j}$ 为控制顶点的一维 $p\times q$ 次非有理 B 样条曲面。因此,$\boldsymbol{A}(u,v)$ 与 $w(u,v)$ 的导矢计算可以参考非有理 B 样条曲面的相关算法。实际上,$\boldsymbol{A}(u,v)$ 与 $w(u,v)$ 构成了齐次曲面 $\boldsymbol{p}^{w}(u,v)$。

由式(5.35)可以推导 NURBS 曲面 $\boldsymbol{p}(u,v)$ 沿 u 方向的一阶偏导矢为

$$\boldsymbol{p}_u(u,v)=\frac{\boldsymbol{A}_u(u,v)-w_u(u,v)\boldsymbol{p}(u,v)}{w(u,v)} \tag{5.36}$$

同理,$\boldsymbol{p}(u,v)$ 沿 v 方向的一阶偏导矢为

$$\boldsymbol{p}_v(u,v)=\frac{\boldsymbol{A}_v(u,v)-w_v(u,v)\boldsymbol{p}(u,v)}{w(u,v)} \tag{5.37}$$

对于 NURBS 曲面的任意高阶导矢计算,皮格尔和蒂勒给出了便于程序实现的导矢递推公式。由式(5.35),可以将矢函数 $\boldsymbol{A}(u,v)$ 改写为

$$\boldsymbol{A}(u,v)=w(u,v)\boldsymbol{p}(u,v) \tag{5.38}$$

根据链式法则可计算 $\boldsymbol{A}(u,v)$ 的 (k,l) 阶偏导矢如下

$$\begin{aligned}
\boldsymbol{A}^{(k,l)}(u,v)&=\{[w(u,v)\boldsymbol{p}(u,v)]^{(k)}\}^{(l)}=\left\{\sum_{i=0}^{k}\mathrm{C}_k^i w^{(i,0)}(u,v)\boldsymbol{p}^{(k-i,0)}(u,v)\right\}^{(l)}\\
&=\sum_{i=0}^{k}\sum_{j=0}^{l}\mathrm{C}_k^i\mathrm{C}_l^j w^{(i,j)}(u,v)\boldsymbol{p}^{(k-i,l-j)}(u,v)\\
&=w^{(0,0)}(u,v)\boldsymbol{p}^{(k,l)}(u,v)+\sum_{i=1}^{k}\mathrm{C}_k^i w^{(i,0)}(u,v)\boldsymbol{p}^{(k-i,l)}(u,v)+\\
&\quad\sum_{j=1}^{l}\mathrm{C}_l^j w^{(0,j)}(u,v)\boldsymbol{p}^{(k,l-j)}(u,v)+\\
&\quad\sum_{i=1}^{k}\sum_{j=1}^{l}\mathrm{C}_k^i\mathrm{C}_l^j w^{(i,j)}(u,v)\boldsymbol{p}^{(k-i,l-j)}(u,v)
\end{aligned} \tag{5.39}$$

将等式右侧的 (k,l) 阶偏导矢 $\boldsymbol{p}^{(k,l)}(u,v)$ 独立出来,可得

$$\begin{aligned}
\boldsymbol{p}^{(k,l)}(u,v)=&\frac{1}{w(u,v)}\Big[\boldsymbol{A}^{(k,l)}(u,v)-\sum_{i=1}^{k}\mathrm{C}_k^i w^{(i,0)}(u,v)\boldsymbol{p}^{(k-i,l)}(u,v)-\\
&\sum_{j=1}^{l}\mathrm{C}_l^j w^{(0,j)}(u,v)\boldsymbol{p}^{(k,l-j)}(u,v)-\sum_{i=1}^{k}\sum_{j=1}^{l}\mathrm{C}_k^i\mathrm{C}_l^j w^{(i,j)}(u,v)\boldsymbol{p}^{(k-i,l-j)}(u,v)\Big]
\end{aligned} \tag{5.40}$$

$\boldsymbol{A}(u,v)$ 与 $w(u,v)$ 的高阶偏导矢可以通过 B 样条导矢公式计算。因此,高阶偏导矢 $\boldsymbol{p}^{(k,l)}(u,v)$ 可以通过低阶偏导矢递推得到。

对于二阶混合偏导矢,由式(5.40)可得

$$\boldsymbol{p}_{uu}=\frac{A_{uu}-2w_u\boldsymbol{p}_u-w_{uu}\boldsymbol{p}}{w}$$

$$
\begin{aligned}
\boldsymbol{p}_{vv} &= \frac{A_{vv} - 2w_v\boldsymbol{p}_v - w_{vv}\boldsymbol{p}}{w} \\
\boldsymbol{p}_{uv} &= \frac{A_{uv} - w_u\boldsymbol{p}_v - w_v\boldsymbol{p}_u - w_{uv}\boldsymbol{p}}{w}
\end{aligned}
\tag{5.41}
$$

其中各函数表达均省略参数(u,v)。

5.3 圆锥曲线的 NURBS 构造

相较于B样条，NURBS最大的优势在于对圆锥曲线和曲面的精确表达。圆锥曲线和曲面通常可以采用二次函数表示，因此也称为二次曲线和曲面。在几何造型中，圆锥曲面一般可以通过圆锥曲线的平移、旋转等操作得到。本节仅介绍圆锥曲线的NURBS构造，圆锥曲面的构造方法将在第8章中介绍。

5.3.1 有理二次贝齐尔曲线与圆锥曲线

有理二次贝齐尔曲线是能够描述曲线形状的最低阶NURBS曲线，也是表示圆锥曲线的常用方法。根据NURBS曲线的参数有理分式形式，可以给出有理二次贝齐尔曲线表达如下

$$
\boldsymbol{p}(u) = \frac{\boldsymbol{b}_0 w_0 B_{0,2}(u) + \boldsymbol{b}_1 w_1 B_{1,2}(u) + \boldsymbol{b}_2 w_2 B_{2,2}(u)}{w_0 B_{0,2}(u) + w_1 B_{1,2}(u) + w_2 B_{2,2}(u)} \tag{5.42}
$$

其中，$\boldsymbol{b}_0$、$\boldsymbol{b}_1$、$\boldsymbol{b}_2$ 为曲线的3个控制顶点；w_0、w_1、w_2 为权因子；$B_{0,2}(u)$、$B_{1,2}(u)$、$B_{2,2}(u)$为二次伯恩斯坦基函数。根据伯恩斯坦基函数的数学表达，可以将式(5.42)进一步显式表示为

$$
\begin{aligned}
\boldsymbol{p}(u) &= \frac{(1-u)^2 w_0 \boldsymbol{b}_0 + 2u(1-u)w_1\boldsymbol{b}_1 + u^2 w_2 \boldsymbol{b}_2}{(1-u)^2 w_0 + 2u(1-u)w_1 + u^2 w_2} \\
&= R_{0,2}(u)\boldsymbol{b}_0 + R_{1,2}(u)\boldsymbol{b}_1 + R_{2,2}(u)\boldsymbol{b}_2
\end{aligned}
\tag{5.43}
$$

其中，$R_{0,2}(u)$、$R_{1,2}(u)$和 $R_{2,2}(u)$为有理伯恩斯坦基函数，分别表示为

$$
\begin{gathered}
R_{0,2}(u) = \frac{(1-u)^2 w_0}{w(u)}, \quad R_{1,2}(u) = \frac{2u(1-u)w_1}{w(u)}, \quad R_{2,2}(u) = \frac{u^2 w_2}{w(u)} \\
w(u) = (1-u)^2 w_0 + 2u(1-u)w_1 + u^2 w_2
\end{gathered}
\tag{5.44}
$$

给定三个权因子和控制顶点即可确定一条二次有理贝齐尔曲线。显然，人们希望知道上述有理二次贝齐尔曲线方程是否表示一条圆锥曲线，以及表示何种圆锥曲线。

圆锥曲线是由圆锥表面与平面相交而形成的曲线(见图5.14)，一般包括4类：圆、椭圆、抛物线和双曲线。在解析几何中，圆锥曲线可以采用二元二次隐式方程表示为

$$
Ax^2 + Bxy + Cy^2 + Dx + Ey + F = 0 \tag{5.45}
$$

其中,6 个系数 A、B、C、D、E、F 均为实数,且 A、B、C 不全为零。若 $F=0$,则式(5.45)有 5 个独立系数;若 $F\neq 0$,则可以将等式两侧同时除以 F,式(5.45)依旧有 5 个独立系数。因此,需要 5 个独立条件来求解式(5.45)给出的圆锥曲线方程。

式(5.45)给出的隐式方程缺乏几何意义,可将其变换为基于直线方程的定义形式。如图 5.15 所示,给定两条相交于点 $\boldsymbol{B}$ 的直线 l_1 与 l_2,直线 l_3 与直线 l_1 和 l_2 分别交于点 $\boldsymbol{A}$ 和 $\boldsymbol{C}$。则通过这 3 条曲线可以定义一簇与直线 l_1 和 l_2 相切于点 $\boldsymbol{A}$ 和 $\boldsymbol{C}$ 的圆锥曲线,隐式方程表示为

$$(1-\lambda)l_1l_2+\lambda l_3l_3=0 \tag{5.46}$$

其中,l_1、l_2、l_3 表示一次直线方程。给定曲线上一点 $\boldsymbol{D}$,即可确定圆锥曲线的参数 λ。当 $\boldsymbol{D}$ 位于边 $\boldsymbol{AB}$ 中点和边 $\boldsymbol{BC}$ 中点连线的中点时,该圆锥曲线为抛物线;当 $\boldsymbol{D}$ 位于抛物线与边 $\boldsymbol{AC}$ 之间时,曲线表示椭圆;其他位置所得曲线为双曲线。将直线方程 l_1、l_2、l_3 和参数 λ 代入式(5.46),整理可以得到式(5.45)的形式。相对于式(5.45),式(5.46)的几何意义更加明确。如果二次有理贝齐尔曲线可以表示圆锥曲线,则式(5.43)应该可以表示成式(5.45)或者式(5.46)的形式。

如图 5.16 所示,给定由控制顶点 $\boldsymbol{b}_0$、$\boldsymbol{b}_1$、$\boldsymbol{b}_2$ 和权因子 w_0、w_1、w_2 定义的一条有理二次贝齐尔曲线。以 $\boldsymbol{b}_1$ 为原点、以边 $\overrightarrow{\boldsymbol{b}_1\boldsymbol{b}_0}$ 和 $\overrightarrow{\boldsymbol{b}_1\boldsymbol{b}_2}$ 为两条坐标轴构建一个斜坐标系,则贝齐尔曲线上点 $\boldsymbol{p}$ 在此斜坐标系中可以表示为

$$\begin{aligned}\boldsymbol{p}&=\boldsymbol{b}_1+\alpha(u)(\boldsymbol{b}_0-\boldsymbol{b}_1)+\beta(u)(\boldsymbol{b}_2-\boldsymbol{b}_1)\\&=\alpha(u)\boldsymbol{b}_0+[1-\alpha(u)-\beta(u)]\boldsymbol{b}_1+\beta(u)\boldsymbol{b}_2\end{aligned} \tag{5.47}$$

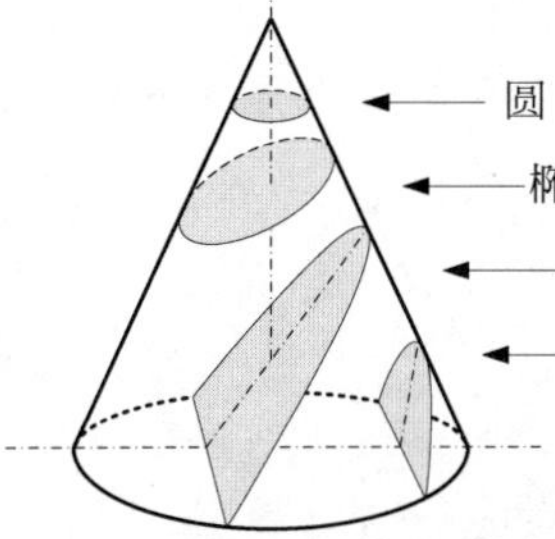

图 5.14　平面与圆锥面沿不同角度相交形成圆、椭圆、抛物线与双曲线

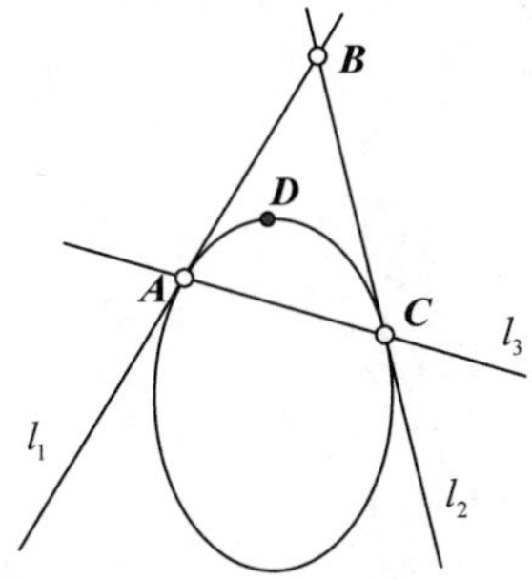

图 5.15　两切线及其内一点定义一条圆锥曲线

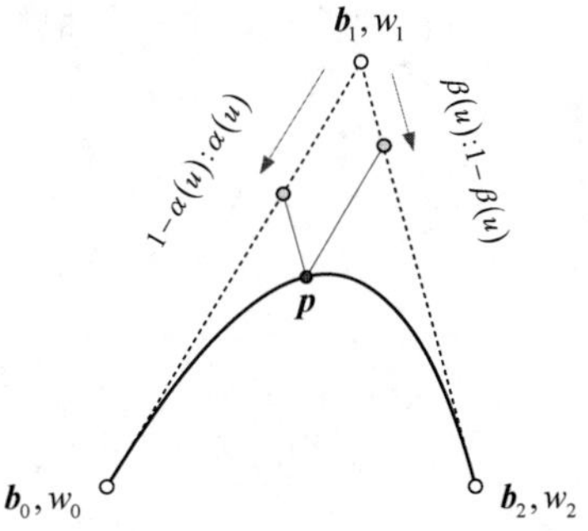

图 5.16　斜坐标系中的有理二次贝齐尔曲线

对比式(5.43),可得

$$\alpha(u)=R_{0,2}(u),\quad 1-\alpha(u)-\beta(u)=R_{1,2}(u),\quad \beta(u)=R_{2,2}(u) \tag{5.48}$$

进一步观察比例系数 $\alpha(u)$ 与 $\beta(u)$ 的代数关系,有

$$\alpha(u)\beta(u)=R_{0,2}(u)R_{2,2}(u)=\frac{(1-u)^2u^2w_0w_2}{w^2(u)}=\frac{1}{4}\frac{w_0w_2}{w_1^2}R_{1,2}^2(u) \tag{5.49}$$

令

$$k=\frac{w_0 w_2}{w_1^2} \tag{5.50}$$

并将式(5.48)代入式(5.49)，可得

$$\alpha(u)\beta(u)=\frac{1}{4}k\,[1-\alpha(u)-\beta(u)]^2 \tag{5.51}$$

因此，有理二次贝齐尔曲线上的点 $\boldsymbol{p}$ 在其控制多边形构成的斜坐标系下满足式(5.51)所列关系。对比式(5.46)与式(5.51)，可以发现式(5.51)即表示形如式(5.46)的圆锥曲线隐式方程，且参数 λ 与系数 k 满足如下关系

$$\lambda=\frac{k}{k-4} \tag{5.52}$$

当 k 给定时，可确定参数 λ，继而确定一条圆锥曲线。因此，系数 k 确定了圆锥曲线的形状。由式(5.50)知系数 k 由3个权因子决定，其中任意两个可以作为独立变量，并通过改变剩余权因子的值来维持系数 k 不变，继而保持曲线形状不变。系数 k 也称为形状因子，在维持 k 不变的情况下改变权因子的取值，虽然曲线形状不变，但其参数化发生了改变。因此，有理二次贝齐尔曲线方程(5.43)与圆锥曲线隐式方程(5.45)或式(5.46)之间没有一一对应关系。根据有理二次贝齐尔曲线方程可以推导出圆锥曲线的隐式方程，但是圆锥曲线隐式方程对应一簇形状相同的有理二次贝齐尔曲线。

当有理二次贝齐尔曲线的首末权因子取值1，即 $w_0=w_2=1$ 时，曲线称为标准型有理二次贝齐尔曲线。对于标准型有理二次贝齐尔曲线，其对应的圆锥曲线的类型可以根据式(5.44)中分母 $w(u)$ 的根来判定。具体形状分类如下

$$w_1:\begin{cases}=+\infty, & \text{控制多边形}\\ =\pm 1, & \text{抛物线}\\ =0, & \text{连接 } \boldsymbol{b}_0 \text{ 与 } \boldsymbol{b}_1 \text{ 直线段}\\ \in(-1,0)\cup(0,1), & \text{椭圆}\\ \in(-\infty,-1)\cup(1,+\infty), & \text{双曲线}\end{cases} \tag{5.53}$$

相应地，以形状因子 k 来划分，有

$$k=\frac{w_0 w_2}{w_1^2}=\frac{1}{w_1^2}:\begin{cases}=+\infty, & \text{连接 } \boldsymbol{b}_0 \text{ 与 } \boldsymbol{b}_1 \text{ 直线段}\\ \in(1,+\infty), & \text{椭圆}\\ =1, & \text{抛物线}\\ \in(0,1), & \text{双曲线}\\ =0, & \text{控制多边形}\end{cases} \tag{5.54}$$

注意，当权因子 w_1 取负值时所生成的曲线弧为其正值 $|w_1|$ 对应曲线弧的补弧。图5.17展示了权因子 w_1 取不同值时所对应的曲线弧。当 $w_1=\pm 1/3$ 时，两段曲线弧构成了一条完整的椭圆曲线；当 $w_1=\pm 1$ 时，两段曲线弧构成了一条抛物线；当 $w_1=0$ 时，曲线弧表示

一条从 $\boldsymbol{b}_0$ 到 $\boldsymbol{b}_1$ 的直线段；当 $w_1=2$ 时，曲线弧表示双曲线中的一条；当 $w_1\to+\infty$ 时，曲线弧表示 $\boldsymbol{b}_0\boldsymbol{b}_1$ 和 $\boldsymbol{b}_1\boldsymbol{b}_2$ 两直线段。

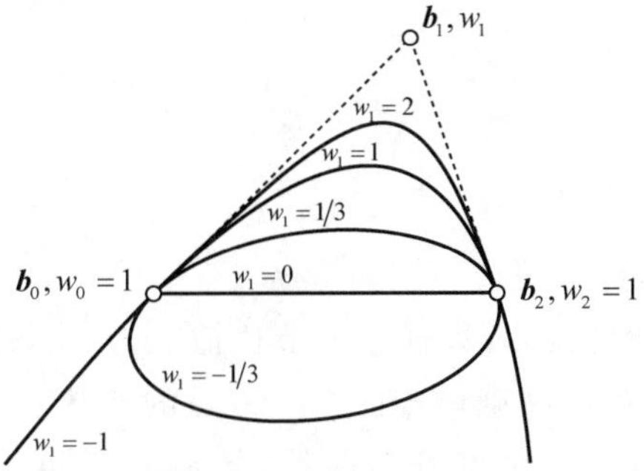

图 5.17　权因子 w_1 取不同值时的圆锥曲线，$w_1=-1,-1/3,0,1/3,1,2$

5.3.2　有理二次贝齐尔曲线的参数化

给定 3 个控制顶点和 3 个权因子，即可确定一条有理二次贝齐尔曲线，包括其几何形状和参数化。在维持形状因子 $k=w_0w_2/w_1^2$ 不变的前提下，可以通过改变 3 个权因子的取值，来使曲线上的点具有不同参数值。如图 5.18 所示，给定 3 个控制顶点，图 5.18(a)中的两组权因子对应形状因子 $k=4$，图 5.18(b)中的两组权因子对应形状因子 $k=0.25$。取 $\Delta u=0.05$ 等分参数域[0,1]，方形点和星形点分别表示两条曲线上的参数等分点。观察等分点在曲线上的分布，可以发现权因子越大，等分点越向对应控制顶点聚集。下面考查曲线上点的参数与权因子之间的确切关系。

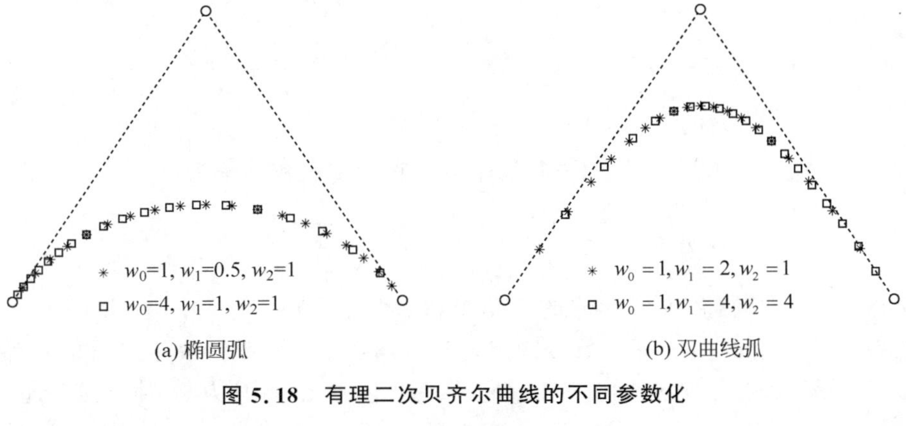

图 5.18　有理二次贝齐尔曲线的不同参数化

当给定有理二次贝齐尔曲线的 3 个控制顶点后，可确定 4 个已知条件，包括首末点插值和在首末点处与首末边相切 4 个条件。因此，再给定曲线上一点 $\boldsymbol{p}$ 即可确定一条圆锥曲线。对于曲线上一点 $\boldsymbol{p}$，假定对应参数 $\bar{u}$，通过几何关系可以计算其在 3 个控制顶点所构成斜坐标系中的坐标 $\alpha(\bar{u})$ 与 $\beta(\bar{u})$。由式(5.48)可得

$$\frac{\alpha(\bar{u})}{\beta(\bar{u})}=\frac{R_{0,2}(\bar{u})}{R_{2,2}(\bar{u})}=\frac{(1-\bar{u})^2 w_0}{\bar{u}^2 w_2} \tag{5.55}$$

继而可以将参数 $\bar{u}$ 表示为

$$\bar{u}=\frac{1}{1+\sqrt{\frac{\alpha(\bar{u})}{\beta(\bar{u})}\frac{w_2}{w_0}}} \tag{5.56}$$

因此，当点 $\boldsymbol{p}$ 的位置确定后(可计算出斜坐标 $\alpha(\bar{u})$ 与 $\beta(\bar{u})$)，其参数值取决于首末点权因子的比值 w_2/w_0。这也就是说，可以通过调节比值 w_2/w_0 来精确控制点 $\boldsymbol{p}$ 的参数。

下面通过例 5.3 来说明如何精确调整曲线上一点的参数。

【例 5.3】 给定一条有理二次贝齐尔曲线，控制顶点 $\boldsymbol{b}_0=[0,0]$，$\boldsymbol{b}_1=[1,1]$，$\boldsymbol{b}_2=[2,0]$，权因子 $w_0=w_1=w_2=1$。该曲线表示一段抛物线，由曲线方程可计算曲线上参数 $u=0.5$ 的点为 $\boldsymbol{p}=[1,0.5]$。试通过修改权因子，使得点 $\boldsymbol{p}$ 处的参数值由 0.5 变更为 0.1。

解：由初始权因子可计算曲线的形状因子为

$$k=\frac{w_0 w_2}{w_1^2}=1$$

如图 5.18 所示，根据点 $\boldsymbol{p}=[1,0.5]$ 和控制顶点 $\boldsymbol{b}_0=[0,0]$，$\boldsymbol{b}_1=[1,1]$，$\boldsymbol{b}_2=[2,0]$ 的相对位置，可计算点 $\boldsymbol{p}$ 在斜坐标系下的坐标 $[\alpha(u),\beta(u)]$ 为

$$\alpha(u)=\beta(u)=\frac{1}{4}$$

假定控制顶点的新权因子记为 $\bar{w}_0$、$\bar{w}_1$、$\bar{w}_2$，如果点 $\boldsymbol{p}$ 的新参数值为 0.9，根据式(5.56)可得

$$\bar{u}=\frac{1}{1+\sqrt{\frac{\alpha(\bar{u})}{\beta(\bar{u})}\frac{\bar{w}_2}{\bar{w}_0}}}\rightarrow\frac{\bar{w}_2}{\bar{w}_0}=\left(\frac{1}{\bar{u}}-1\right)^2\frac{\beta(\bar{u})}{\alpha(\bar{u})}=\left(\frac{1}{0.1}-1\right)^2=81$$

令 $\bar{w}_0=1$，则 $\bar{w}_2=81$。再根据形状因子可计算中间点权因子为

$$k=\frac{\bar{w}_0\bar{w}_2}{\bar{w}_1^2}=1\rightarrow\bar{w}_1=\sqrt{\bar{w}_0\bar{w}_2}=9$$

由于点 $\boldsymbol{p}$ 位于控制多边形形成的三角形内，舍去根 $\bar{w}_1=-9$。图 5.19 中的星形点表示重新参数化之前的曲线等参数分割点，方形点则表示重新参数化之后的等参数分割点。可以发现等参数分割点明显向点 $\boldsymbol{b}_2$ 靠近，这主要是因为权因子 $\bar{w}_2$ 远大于 $\bar{w}_0$ 和 $\bar{w}_1$。

通过权因子来控制曲线形状在造型设计中并不方便，设计人员更倾向于直观简洁且几何意义明显的曲线设计方式。下面介绍一种更加便捷的圆锥曲线形状设计工具。

如图 5.20 所示，给定 3 个控制顶点 $\boldsymbol{b}_0$、$\boldsymbol{b}_1$、$\boldsymbol{b}_2$ 来定义一条标准型有理二次贝齐尔曲线，

首末控制点的权因子 $w_0=w_2=1$。在 NURBS 曲线中，对于给定参数 $\bar{u}$，修改特定权因子，则曲线上点 $\boldsymbol{p}(\bar{u})$ 沿着直线移动。有理二次贝齐尔曲线作为 NURBS 的特例，自然也具备该性质。这里假定参数 $\bar{u}=0.5$，当权因子 $w_1=0$ 时，有理二次贝齐尔曲线表示从 $\boldsymbol{b}_0$ 到 $\boldsymbol{b}_2$ 的直线段。此时，曲线上点 $\boldsymbol{p}(\bar{u}=0.5)$ 即为直线段 $\boldsymbol{b}_0\boldsymbol{b}_2$ 的中点 $\boldsymbol{m}$。当权因子 $w_1\to+\infty$ 时，点 $\boldsymbol{p}(\bar{u}=0.5)=\boldsymbol{b}_1$。因此，权因子 w_1 取其他值时，点 $\boldsymbol{p}(\bar{u}=0.5)$ 在直线段 $\boldsymbol{m}\boldsymbol{b}_1$ 上移动，点 $\boldsymbol{p}(\bar{u}=0.5)$ 也称为圆锥曲线的肩点(shoulderpoint)。

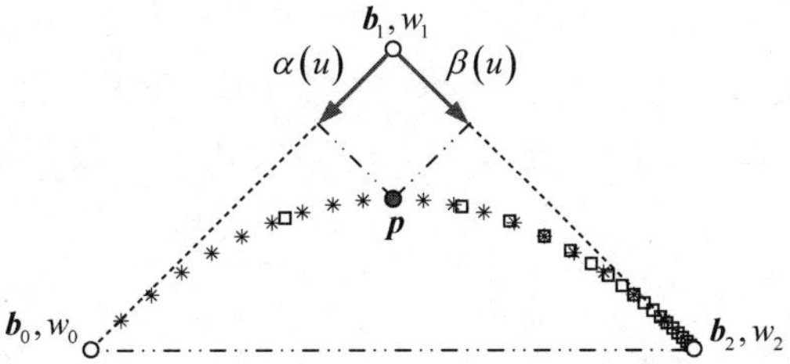

图 5.19 有理二次贝齐尔曲线上点的参数调整

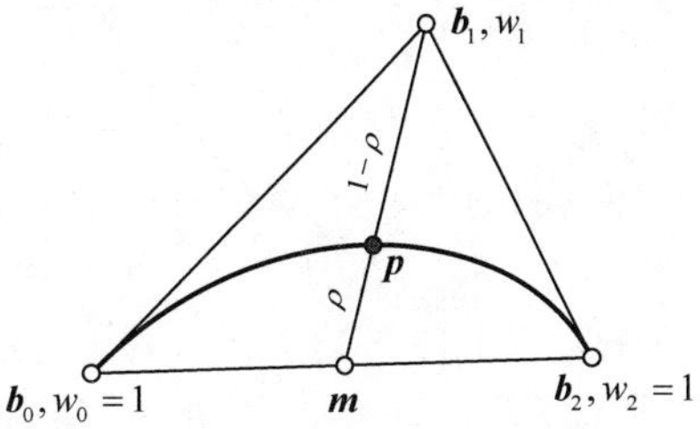

图 5.20 有理二次贝齐尔曲线上点的参数调整

假定存在参数 ρ，使得点 $\boldsymbol{p}(\bar{u}=0.5)$ 成为直线段 $\boldsymbol{m}\boldsymbol{b}_1$ 上的线性插值点，即

$$\boldsymbol{p}(\bar{u}=0.5)=(1-\rho)\boldsymbol{m}+\rho\boldsymbol{b}_1 \tag{5.57}$$

此外，将参数 $\bar{u}=0.5$ 代入有理二次贝齐尔曲线方程(5.43)，可得

$$\boldsymbol{p}(\bar{u}=0.5)=\frac{0.5\boldsymbol{b}_0+w_1\boldsymbol{b}_1+0.5\boldsymbol{b}_2}{1+w_1}=\frac{\boldsymbol{m}+w_1\boldsymbol{b}_1}{1+w_1}=\frac{1}{1+w_1}\boldsymbol{m}+\frac{w_1}{1+w_1}\boldsymbol{b}_1 \tag{5.58}$$

对比式(5.57)与式(5.58)，有如下关系成立

$$\rho=\frac{w_1}{1+w_1},\quad w_1=\frac{\rho}{1-\rho} \tag{5.59}$$

参数 ρ 较为直观地给出了肩点的位置，通过调整 ρ 的大小，可以实现圆锥曲线的形状调整。根据式(5.53)和式(5.59)，可将参数 ρ 的取值与圆锥曲线类别的关系表示为

$$\rho:\begin{cases}=1, & \text{控制多边形}\\ =1/2, & \text{抛物线}\\ =0, & \text{连接 } \boldsymbol{b}_0 \text{ 与 } \boldsymbol{b}_1 \text{ 直线段}\\ \in(0,1/2), & \text{椭圆}\\ \in(1/2,1), & \text{双曲线}\end{cases} \tag{5.60}$$

由式(5.60)可知，当参数 ρ 从 0 变化到 1 时，圆锥曲线依次表示直线段、椭圆、抛物线、双曲线和控制多边形。

5.3.3 圆弧和整圆的 NURBS 表达

通过 5.3.1 节和 5.3.2 节可知通过调整权因子 w_1、形状因子 k 或参数 ρ，可以得到不同类别的圆锥曲线,参见式(5.53)、式(5.54)和式(5.60)。这些分类将圆和椭圆统一考虑,并未给出圆弧和整圆的NURBS或者有理贝齐尔表示。圆弧和整圆是最为经典和常用的圆锥曲线之一,在几何设计中占据着重要地位,本节将介绍圆弧和整圆的NURBS表示。NURBS曲线中部分控制顶点的权因子取负值也可以用于表示圆弧或者整圆,但是曲线会失去凸包性质,不利于造型设计和曲线控制。因此,在圆弧和整圆的NURBS或贝齐尔表示中,假定权因子均取正值。

1.圆弧的有理二次贝齐尔表示

考查基于有理二次贝齐尔曲线来表示圆弧。由于有理二次贝齐尔曲线的两条控制边相交且与曲线相切,可以想象一条有理二次贝齐尔曲线在权因子均为有限大正值时仅可表示圆心角小于180°的圆弧。

如图5.21所示,给定圆心为O、圆心角为θ($\theta<180°$)、半径为r、两端点为$\boldsymbol{b}_0$和$\boldsymbol{b}_2$的一段圆弧,考虑采用一条标准型有理二次贝齐尔曲线来表示该圆弧,即$w_0=w_2=1$。由贝齐尔曲线的性质可知,控制多边形的边$\boldsymbol{b}_0\boldsymbol{b}_1$、$\boldsymbol{b}_1\boldsymbol{b}_2$分别与圆弧相切于点$\boldsymbol{b}_0$与$\boldsymbol{b}_2$,有$\boldsymbol{b}_0\boldsymbol{b}_1\perp O\boldsymbol{b}_0$,$\boldsymbol{b}_1\boldsymbol{b}_2\perp O\boldsymbol{b}_2$。因此,由圆弧两端点$\boldsymbol{b}_0$与$\boldsymbol{b}_2$、圆心角$\theta$以及半径$r$即可计算出有理二次贝齐尔曲线中间控制顶点$\boldsymbol{b}_1$的坐标。此时,还剩权因子$w_1$未知。

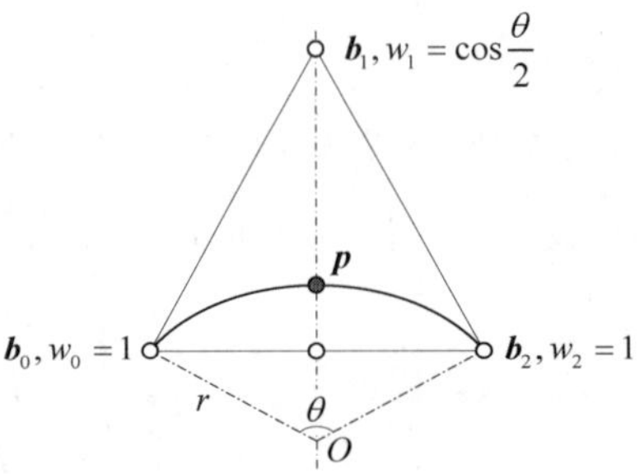

图5.21 圆弧的有理二次贝齐尔表示

令点$\boldsymbol{m}$为线段$\boldsymbol{b}_0\boldsymbol{b}_2$的中点,点$\boldsymbol{p}$为线段$\boldsymbol{m}\boldsymbol{b}_1$与圆弧的交点。根据几何关系,可得

$$|\boldsymbol{mp}|=r-r\cos\frac{\theta}{2},\quad |\boldsymbol{pb}_1|=\frac{r}{\cos\frac{\theta}{2}}-r \tag{5.61}$$

由式(5.59)中参数ρ的定义及其与权因子w_1的关系,有

$$\frac{|\boldsymbol{mp}|}{|\boldsymbol{pb}_1|}=\frac{r-r\cos\frac{\theta}{2}}{\frac{r}{\cos\frac{\theta}{2}}-r}=\cos\frac{\theta}{2}=\frac{\rho}{1-\rho}=w_1 \tag{5.62}$$

因此,有理二次贝齐尔曲线中间控制顶点$\boldsymbol{b}_1$的权因子取值为$\cos(\theta/2)$。对于非标准型有理二次贝齐尔曲线,可以通过形状因子$k=1/\cos^2(\theta/2)$来调整3个权因子。

当圆心角$\theta<180°$时,可以采用一条有理二次贝齐尔曲线来表示圆弧。但是随着角度增大,曲线的参数化和凸包性都会变差,特别是当角度接近180°时。因此,有理二次贝齐尔曲线通常用来表示圆心角$\theta\leqslant 90°$的圆弧。当圆心角$\theta>90°$时,可以采用含有内节点的NURBS曲线来表示,也可以基于高阶有理贝齐尔曲线来表示。

2. 圆弧的 NURBS 表示

有理二次贝齐尔曲线可以看作没有内节点的二次 NURBS 曲线。因此，可以通过节点插入的方式来增加曲线控制变量。尝试对图 5.20 中的有理二次贝齐尔曲线进行节点插入，假定 3 个控制坐标采用行矢量表示，则它们的齐次坐标表示为

$$\boldsymbol{b}_0^w=[\boldsymbol{b}_0,1],\quad \boldsymbol{b}_1^w=\left[\boldsymbol{b}_1\cos\left(\frac{\theta}{2}\right),\cos\left(\frac{\theta}{2}\right)\right],\quad \boldsymbol{b}_2^w=[\boldsymbol{b}_2,1] \tag{5.63}$$

由于 NURBS 曲线在齐次空间的曲线为非有理 B 样条曲线，可以采用 B 样条的节点插入算法来计算新控制顶点。如图 5.21(a)所示，插入节点 $\bar{u}=0.5$，利用伯姆节点插入算法可得

$$\begin{aligned}
&\alpha_1^1=0.5,\quad \boldsymbol{b}_1^{1w}=\alpha_1^1\boldsymbol{b}_1^w+(1-\alpha_1^1)\boldsymbol{b}_0^w=\left[\frac{1}{2}(\boldsymbol{b}_0+\boldsymbol{b}_1\cos(\theta/2)),\frac{1}{2}(1+\cos(\theta/2))\right]\\
&\alpha_2^1=0.5,\quad \boldsymbol{b}_2^{1w}=\alpha_2^1\boldsymbol{b}_2^w+(1-\alpha_2^1)\boldsymbol{b}_1^w=\left[\frac{1}{2}(\boldsymbol{b}_2+\boldsymbol{b}_1\cos(\theta/2)),\frac{1}{2}(1+\cos(\theta/2))\right]
\end{aligned} \tag{5.64}$$

将齐次坐标投影回低一维空间，插入节点后的 4 个新控制顶点可以表示为

$$\bar{\boldsymbol{b}}_0=\boldsymbol{b}_0,\quad \bar{\boldsymbol{b}}_1=\frac{\boldsymbol{b}_0+\boldsymbol{b}_1\cos(\theta/2)}{1+\cos(\theta/2)},\quad \bar{\boldsymbol{b}}_2=\frac{\boldsymbol{b}_2+\boldsymbol{b}_1\cos(\theta/2)}{1+\cos(\theta/2)},\quad \bar{\boldsymbol{b}}_3=\boldsymbol{b}_3 \tag{5.65}$$

相应地，权因子表示为

$$w_0=w_3=1,\quad w_1=w_2=\frac{1}{2}(1+\cos(\theta/2))=\cos^2(\theta/4) \tag{5.66}$$

对应的 NURBS 曲线的节点矢量为

$$U=\{0,0,0,0.5,1,1,1\} \tag{5.67}$$

也可以将曲线等分为两段，采用分段有理贝齐尔曲线来表示，如图 5.21(b)所示。此时曲线含有 5 个控制顶点，其权因子和节点矢量如下

$$w_0=w_2=w_4=1,\quad w_1=w_3=\cos(\theta/4),\quad U=\{0,0,0,0.5,0.5,1,1,1\} \tag{5.68}$$

注意，图 5.22(b)给出的分段有理贝齐尔曲线并不是通过对图 5.22(a)中的 NURBS 曲线进行插入节点 $\bar{u}=0.5$ 得到。图 5.22(a)和图 5.22(b)具有不同的参数化，其中分段有理贝齐尔表现出更好的参数化，但是在表达上多了一个控制顶点和一个内节点，在内节点处的参数连续性也降低一阶。取 $\Delta u=0.05$ 对曲线进行等分，图 5.23 展示了两种参数化下等分点的位置。

当圆心角 $90°<\theta\leqslant180°$ 时，建议采用图 5.22 所给出的两种方法来表示圆弧。相比于采用没有内节点的有理二次贝齐尔曲线，可以获得更好的凸包性。如果不希望出现内节点，则可以继续采用有理二次贝齐尔曲线。

当圆心角 $180°<\theta\leqslant270°$ 或 $270°<\theta\leqslant360°$ 时，可以将圆心角进行三等分或者四等分，并根据相切和对称关系来计算控制顶点。图 5.24 给出了圆心角 $\theta=240°$ 的圆弧所对应的两种

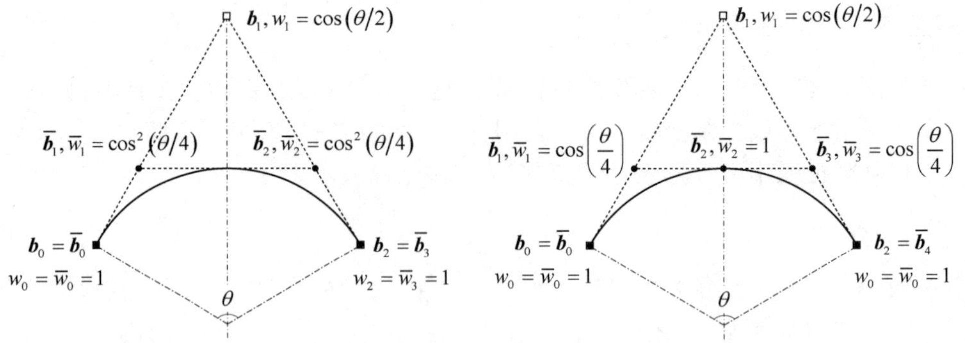

(a) 4个控制顶点，$U=\{0,0,0,0.5,1,1,1\}$　　(b) 5个控制顶点，$U=\{0,0,0,0.5,0.5,1,1,1\}$

图 5.22　圆弧的两种 NURBS 表示

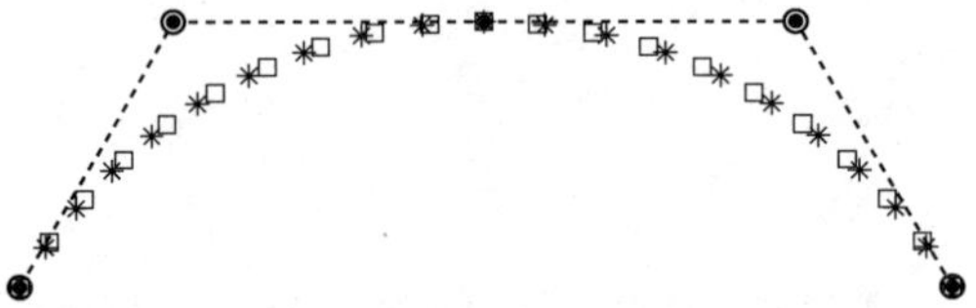

图 5.23　NURBS 表示和分段有理贝齐尔表示的参数化不同

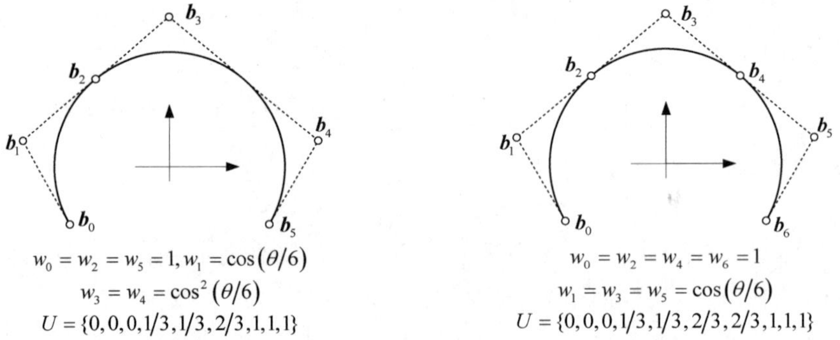

图 5.24　圆心角 $\theta=240°$（$180°<\theta\leqslant 270°$）圆弧的两种 NURBS 表示方法

NURBS 表示形式，均包含 3 个非零节点区间，其中右侧曲线为分段有理贝齐尔曲线，比左侧曲线多了 1 个控制顶点和 1 个内节点。图 5.25 给出了圆心角 $\theta=300°$的圆弧所对应的两种 NURBS 表示形式，均包含 4 个非零节点区间，右侧曲线同样为分段有理贝齐尔曲线，比左侧曲线多了 2 个控制顶点和 2 个内节点。

3. 圆弧的有理三次贝齐尔表示

通过对有理二次贝齐尔曲线进行升阶，可以得到三次或者更高次数的有理贝齐尔曲线。高次有理贝齐尔曲线具有更多的控制顶点，可以表示圆心角 $\theta>90°$的圆弧曲线，同时提升曲线连续性。

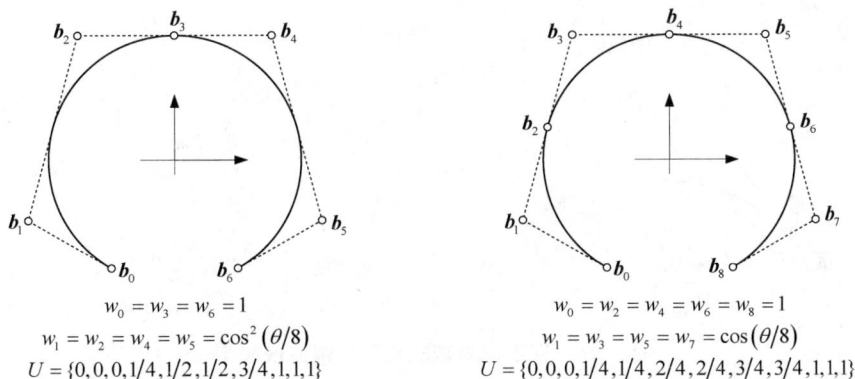

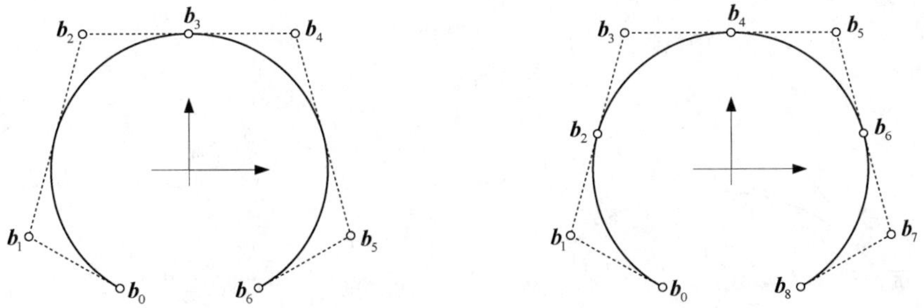

$w_0 = w_3 = w_6 = 1$

$w_1 = w_2 = w_4 = w_5 = \cos^2(\theta/8)$

$U = \{0,0,0,1/4,1/2,1/2,3/4,1,1,1\}$

$w_0 = w_2 = w_4 = w_6 = w_8 = 1$

$w_1 = w_3 = w_5 = w_7 = \cos(\theta/8)$

$U = \{0,0,0,1/4,1/4,2/4,2/4,3/4,3/4,1,1,1\}$

图 5.25　圆心角 $\theta=300°$（$270°<\theta\leqslant 320°$）圆弧的两种 NURBS 表示方法

采用贝齐尔升阶算法对齐次空间的二次贝齐尔曲线进行升阶一次，根据式(5.63)给出的齐次控制顶点，可得有理三次贝齐尔曲线的 4 个齐次控制顶点 $\bar{\boldsymbol{b}}_i^w(i=0,1,2,3)$分别为

$$
\begin{aligned}
\bar{\boldsymbol{b}}_0^w &= \boldsymbol{b}_0^w \\
\bar{\boldsymbol{b}}_1^w &= \frac{1}{3}\boldsymbol{b}_0^w + \frac{2}{3}\boldsymbol{b}_1^w = \left[\frac{\boldsymbol{b}_0 + 2\boldsymbol{b}_1\cos(\theta/2)}{3}, \frac{1+2\cos(\theta/2)}{3}\right] \\
\bar{\boldsymbol{b}}_2^w &= \frac{2}{3}\boldsymbol{b}_1^w + \frac{1}{3}\boldsymbol{b}_2^w = \left[\frac{\boldsymbol{b}_2 + 2\boldsymbol{b}_1\cos(\theta/2)}{3}, \frac{1+2\cos(\theta/2)}{3}\right] \\
\bar{\boldsymbol{b}}_3^w &= \boldsymbol{b}_2^w
\end{aligned}
\tag{5.69}
$$

将其投影到低一维空间，有

$$
\bar{\boldsymbol{b}}_0 = \boldsymbol{b}_0,\quad \bar{\boldsymbol{b}}_1 = \frac{\boldsymbol{b}_0 + 2\boldsymbol{b}_1\cos(\theta/2)}{1+2\cos(\theta/2)},\quad \bar{\boldsymbol{b}}_2 = \frac{\boldsymbol{b}_2 + 2\boldsymbol{b}_1\cos(\theta/2)}{1+2\cos(\theta/2)},\quad \bar{\boldsymbol{b}}_3 = \boldsymbol{b}_2 \tag{5.70}
$$

对应的权因子取值为

$$
\bar{w}_0 = \bar{w}_3 = 1,\quad \bar{w}_1 = \bar{w}_2 = \frac{1+2\cos(\theta/2)}{3} \tag{5.71}
$$

若要求权因子保持非负性，根据式(5.71)可知，圆心角需满足 $0°<\theta<240°$。图 5.26(a)展示了圆心角 $\theta=120°$圆弧的有理三次贝齐尔曲线表达，黑色实心点为有理三次贝齐尔曲线的控制顶点，空心点为有理二次贝齐尔曲线的控制顶点。

注意到，当圆心角 $180°<\theta<240°$时，有理二次贝齐尔曲线采用正权因子无法实现。可以首先采用负权因子构造不满足凸包性质的有理二次贝齐尔曲线圆弧，再对其升阶构造满足凸包性质的有理三次贝齐尔曲线圆弧。采用负权因子构造圆心角 $180°<\theta<240°$的圆弧时，依旧选取圆弧的首末点作为控制顶点 $\boldsymbol{b}_0$ 与 $\boldsymbol{b}_2$，将两端点处切线的交点作为中间控制顶点 $\boldsymbol{b}_1$，权因子依旧取值 $w_0=w_1=1, w_2=\cos(\theta/2)$。此时，权因子 $w_2<0$，圆弧不再位于控制顶点 $\boldsymbol{b}_0$、$\boldsymbol{b}_1$ 与 $\boldsymbol{b}_2$ 构成的凸包内部，如图 5.26(b)所示。对曲线进行升阶得到有理三次贝齐尔曲线，得到控制顶点 $\bar{\boldsymbol{b}}_0$、$\bar{\boldsymbol{b}}_1$、$\bar{\boldsymbol{b}}_2$ 与 $\bar{\boldsymbol{b}}_3$，可以发现圆弧位于三次曲线控制顶点所构成的

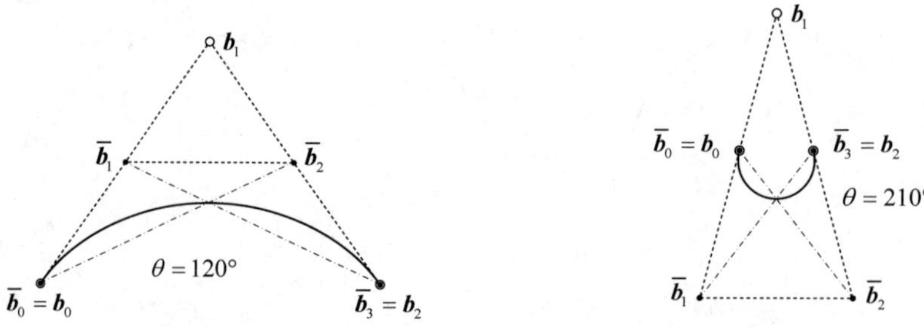

(a) θ=120°　　(b) θ=210°

图 5.26　圆弧的有理三次贝齐尔曲线表示

凸包内。

通过此种方式构造的有理三次贝齐尔曲线，具有两个特点：①控制多边形三条边的长度相等；②控制顶点所形成四边形的对角线的交点为圆弧的中点。

4. 半圆的有理贝齐尔和 NURBS 表示

对于半圆，其圆弧端点切线并不相交。从某种意义上，也可以认为其相交于无穷远处。根据齐次坐标定义，对于无穷远处的点可以认为其权因子为 0。因此，半圆可以采用两个端点 $\boldsymbol{b}_0$、$\boldsymbol{b}_2$ 和一个表示无穷远点的方向矢量 $\vec{\boldsymbol{b}}_1$ 来定义。方向矢量 $\vec{\boldsymbol{b}}_1$ 垂直于 $\overline{\boldsymbol{b}_0\boldsymbol{b}_2}$，且模长等于圆弧的半径 r。如图 5.27 所示，以半圆的圆心作为坐标原点，并令半圆位于 x-y 平面上，则该半圆的 3 个控制顶点的齐次坐标可表示为

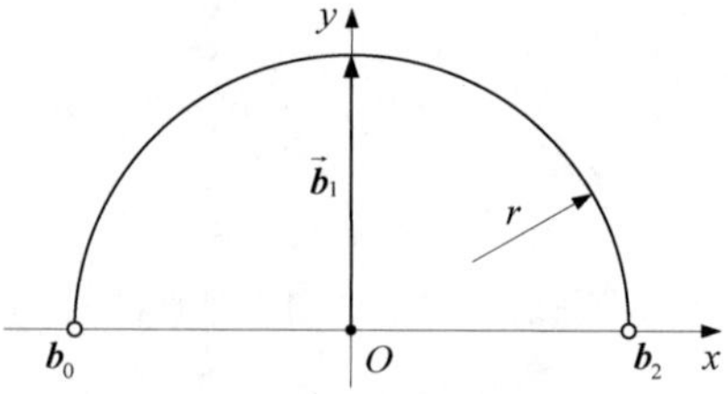

图 5.27　含一个无穷远控制顶点的半圆定义

$$\boldsymbol{b}_0^w = [-r,0,1],\quad \boldsymbol{b}_1^w = [0,r,0],\quad \boldsymbol{b}_2^w = [r,0,1] \tag{5.72}$$

其中第三维坐标表示权因子。将上述坐标代入有理二次贝齐尔曲线方程(5.43)，可得

$$\begin{aligned}\boldsymbol{p}^w(u) &= \sum_{i=0}^{n}\boldsymbol{b}_i^w N_{i,p}(u) =(1-u)^2\boldsymbol{b}_0^w + 2u(1-u)\boldsymbol{b}_1^w + u^2\boldsymbol{b}_2^w \\ &= [r(2u-1),2ru(1-u),(1-u)^2+u^2],\quad u\in[0,1]\end{aligned} \tag{5.73}$$

将其投影到二维空间，可得曲线上点的 x 和 y 坐标

$$x(u) = \frac{r(2u-1)}{(1-u)^2+u^2},\quad y(u) = \frac{2ru(1-u)}{(1-u)^2+u^2} \tag{5.74}$$

可以发现式(5.74)满足

$$[x(u)]^2 + [y(u)]^2 = r^2 \tag{5.75}$$

这也验证了式(5.72)和式(5.73)确实表示半径为 r 的半圆。

对表示半圆的有理二次贝齐尔曲线插入节点 $u=0.5$，可得如图 5.28(a)所示含单个内

节点的 NURBS 曲线。曲线恢复凸包特性，控制顶点、节点矢量和权因子表示为

$$\begin{cases} \boldsymbol{b}_0 = [-r,0], \quad \boldsymbol{b}_1 = [-r,r], \quad \boldsymbol{b}_2 = [r,r], \quad \boldsymbol{b}_3 = [r,0] \\ w_0 = w_3 = 1, w_1 = w_2 = 1/2 \\ U = \{0,0,0,0.5,1,1,1\} \end{cases} \tag{5.76}$$

对表示半圆的有理二次贝齐尔曲线升阶一次，可得如图 5.28(b)所示有理三次贝齐尔曲线。曲线的控制顶点、节点矢量和权因子表示为

$$\begin{cases} \boldsymbol{b}_0 = [-r,0], \quad \boldsymbol{b}_1 = [-r,2r], \quad \boldsymbol{b}_2 = [r,2r], \quad \boldsymbol{b}_3 = [r,0] \\ w_0 = w_3 = 1, w_1 = w_2 = 1/3 \end{cases} \tag{5.77}$$

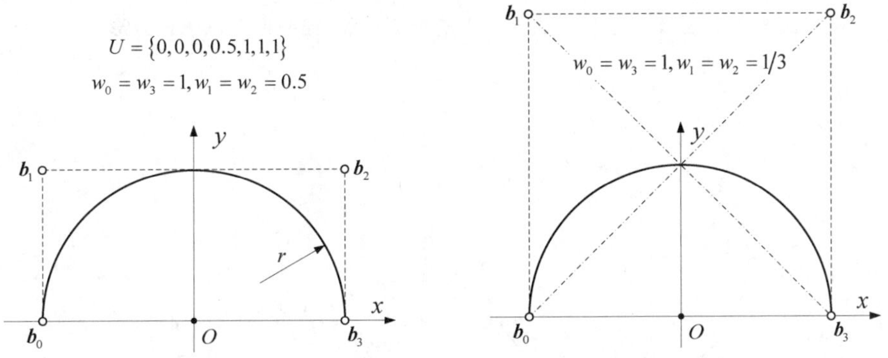

(a) NURBS表示　　(b) 有理三次贝齐尔表示

图 5.28　半圆的 NURBS 表示和有理三次贝齐尔表示

5. 整圆的有理贝齐尔和 NURBS 表示

整圆相当于圆心角为 360°的圆弧，参考大角度圆弧的 NURBS 表达形式，可以采用含内节点的 NURBS 曲线来表示。下面介绍 3 种整圆表示方法。

整圆最经典的构造方法是基于 9 个控制顶点的分段有理二次贝齐尔曲线，如图 5.29 所示。整圆曲线相当于 4 段圆心角为 90°的圆弧拼接而成。此时，整圆的控制顶点全部位于整圆的外切正方形上，且位于该正方形的 4 个角点和 4 条边的中点。插值于整圆的控制顶点拥有权因子 $w=1$，不插值于整圆的控制顶点的权因子 $w=\sqrt{2}/2$。

也可以将整圆视作两个半圆的组合。由图 5.28(a)给出的 NURBS 半圆曲线，可以采用 7 个控制顶点来表示整圆，如图 5.30 所示。相比于图 5.29 给出的 9 控制顶点表示方法，7 控制顶点表示方法减少了 2 个控制顶点和 2 个内节点，但是曲线参数化不如 9 控制顶点整圆曲线。

减少整圆的分段贝齐尔的数量，还采用含 3 个非零节点区间的分段有理二次贝齐尔曲线来定义整圆，如图 5.31 所示，整圆共包含 7 个控制顶点。每个分段曲线的圆心角为 120°。控制顶点位于整圆的外切等边三角形上，且位于三角形的角点和边的中点。

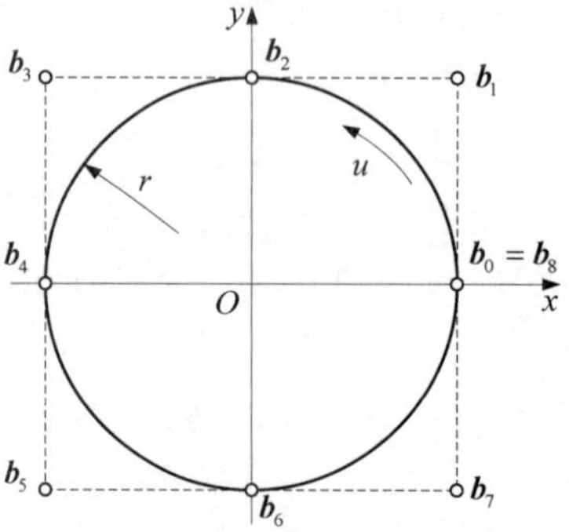

$$\begin{cases} \boldsymbol{b}_0=[r,0], & \boldsymbol{b}_1=[r,r], & \boldsymbol{b}_2=[0,r] \\ \boldsymbol{b}_3=[-r,r], & \boldsymbol{b}_4=[-r,0], & \boldsymbol{b}_5=[-r,-r] \\ \boldsymbol{b}_6=[0,-r], & \boldsymbol{b}_7=[r,-r], & \boldsymbol{b}_8=[r,0] \end{cases}$$

$$w_i=\left\{1,\frac{\sqrt{2}}{2},1,\frac{\sqrt{2}}{2},1,\frac{\sqrt{2}}{2},1,\frac{\sqrt{2}}{2},1\right\}$$

$$U=\left\{0,0,0,\frac{1}{4},\frac{1}{4},\frac{2}{4},\frac{2}{4},\frac{3}{4},\frac{3}{4},1,1,1\right\}$$

图 5.29　基于 9 个控制顶点定义的整圆曲线，控制顶点位于正方形上

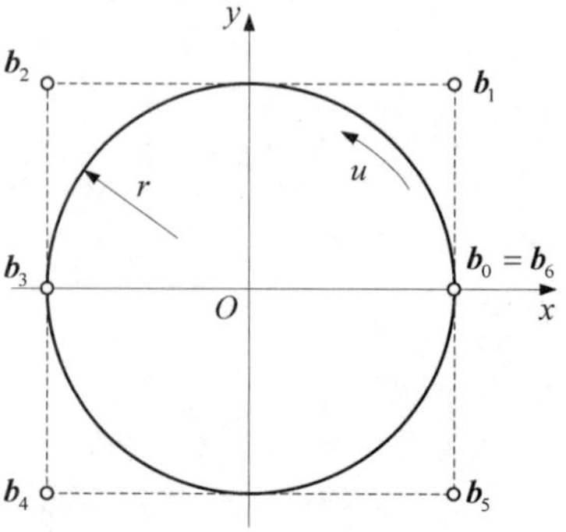

$$w_i=\left\{1,\frac{1}{2},\frac{1}{2},1,\frac{1}{2},\frac{1}{2},1\right\}$$

$$U=\left\{0,0,0,\frac{1}{4},\frac{2}{4},\frac{2}{4},\frac{3}{4},1,1,1\right\}$$

图 5.30　基于 7 个控制顶点定义的整圆曲线，控制顶点位于正方形上

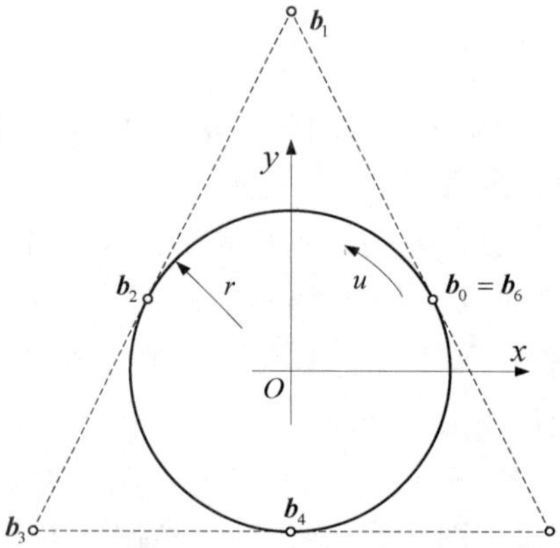

$$\begin{cases} \boldsymbol{b}_0=\left[\frac{\sqrt{3}}{2}r,\frac{1}{2}r\right], & \boldsymbol{b}_1=[0,2r], & \boldsymbol{b}_2=\left[-\frac{\sqrt{3}}{2}r,\frac{1}{2}r\right] \\ \boldsymbol{b}_3=[-\sqrt{3}r,-r], & \boldsymbol{b}_4=[0,-r], & \boldsymbol{b}_5=[\sqrt{3}r,-r] \\ \boldsymbol{b}_6=\left[\frac{\sqrt{3}}{2}r,\frac{1}{2}r\right], & & \end{cases}$$

$$w_i=\left\{1,\frac{1}{2},1,\frac{1}{2},1,\frac{1}{2},1\right\}$$

$$U=\left\{0,0,0,\frac{1}{3},\frac{1}{3},\frac{2}{3},\frac{2}{3},1,1,1\right\}$$

图 5.31　基于 7 个控制顶点定义的整圆曲线，控制顶点位于三角形上

上述三种整圆表示方法都以 x 轴上点作为起始点，实际应用中并没有此限制。可以采用整圆上的任意一点作为起始点，控制多边形根据起始点的位置进行相应旋转即可。

第6章

T样条曲面

CHAPTER 6

自20世纪70年代开始，NURBS技术得到了广泛关注和大面积推广，应用于各个CAD/CAM软件和国际标准，在曲线和曲面建模领域占据了统治地位，一直延续至今。然而，NURBS技术也有着自身缺陷，并且随着技术的发展，其负面影响逐渐得到关注。例如，矩形拓扑结构限制了单张NURBS曲面的几何表达能力、不支持局部细分、裁剪难以精确表达、数据冗余等。因此，学术界和工业界都在不断寻找新的曲线和曲面表达方法。细分曲面便是其中一种重要的曲面表达形式，在20世纪70年代至90年代得到了大范围研究，但因其精确表达困难等原因，在CAD/CAM软件中并没有得到很好的应用。

在张量积曲面中，样条基函数在参数域中的排列是非常“整齐”的。也就是说，可以明确地指出某一个基函数位于第几行第几列，如图6.1(a)所示。这种结构的一个优势在于能够简化曲面问题的处理，将曲面问题分解为一系列曲线问题，从而形成简洁、高效和稳定的曲面处理算法。这使得张量积样条方法在处理经典的四边域自由曲面几何对象时具有非常出色的表现。NURBS曲面虽然不是张量积曲面，但也拥有规则的矩形拓扑结构，控制顶点和基函数均排列“整齐”。

(a) 张量积曲面的基函数

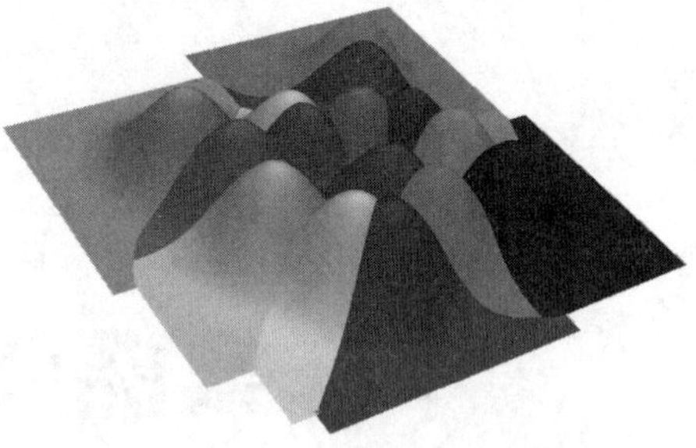

(b) PB样条曲面的基函数

图 6.1 基函数在参数域中的排列

那么样条曲面的控制顶点和基函数是否必须具备这样"整齐"的排列形式呢？是否可以让基函数如图 6.1(b)所示，自由地分布在曲面参数域之中？理论上，在这种形式下，若为每一个基函数编号，并赋予其控制顶点，按照一般样条曲面的定义(基函数乘以控制顶点再求和的方式)，在合理的定义域区间内也能够给出曲面的表达式。以这种形式构造的样条曲面被称为 PB 样条(point based spline)曲面。

PB 样条是对张量积 B 样条理论的推广，这种方法丰富了曲面基函数的组成形式。不过稍加分析后可以发现，想要探究这种曲面的性质是很有挑战的。如果不施加任何约束，则一组任意"摆放"的双变量 B 样条函数并不一定是线性独立的，也就有可能无法组成一组基函数。除此以外，如何确定这种曲面的定义域、如何高效地存储及记录这样的曲面数据，也都是 PB 样条在摆脱了控制网格的束缚后所引发的问题。

相比于张量积样条方法严格的控制网格结构，以及 PB 样条方法过于自由的基函数形式，2003 年，Sederberg 和郑建民等提出的 T 样条(T-spline)理论采用了一种相对折中的策略，以一种称为 T 网格(T-mesh)的结构来定义曲面的基函数及其几何形状。与张量积方法相比，T 样条曲面的处理相对更加灵活，可以实现局部节点插入/简化等操作。而与 PB 样条方法相比，T 样条混合函数的性质更加稳定，可以通过 T 网格的拓扑关系实现有效的约束和控制。因此，T 样条理论一经提出便得到了学术界的广泛关注，并且很快就形成了商业化的 CAD 曲面造型应用。本章将会对这一类曲面的基础理论和处理方法进行介绍。由于三次 T 样条曲面在构造上相对简洁，相关基础理论较为完善，并且能够满足工业上的绝大多数需求，因此本章只考虑三次 T 样条。对于任意次数的 T 样条，读者可查阅相关资料自行了解。

6.1　T 样条曲面基础

6.1.1　参数域 T 网格

参数域 T 网格(也被称为 T 网格原像，pre-image of a T-mesh)是一种定义在参数域上的控制网格结构。如图 6.2 所示，一张参数域 T 网格由很多平行于 u 向或 v 向的参数线(节点线)组成。一般称这些参数线段为 T 网格的边，边的端点为参数域 T 网格的节点。与张量积曲面不同的是，参数域 T 网格允许 T 型节点(简称为 T 点，如图 6.2 中所示的五角星点)的存在，因此在图 6.2 中可以发现两条不贯穿整个参数域的参数线。

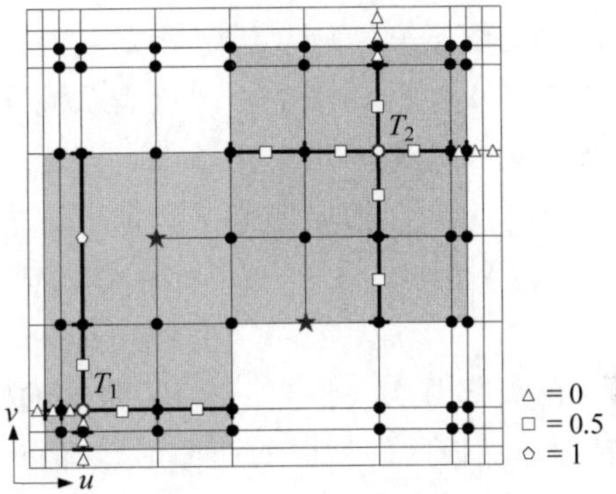

图 6.2　参数域 T 网格

本章使用符号$\mathcal{T}$来表示一张参数域 T 网格。在定义$\mathcal{T}$时，一般不会直接给出每一个节点的参数坐标，而是给定节点与边之间的连接关系(在本章中也称为网格的拓扑关系)以及每条边所对应的**节点距**(knot interval)。这里，节点距是一个大于或等于 0 的实数，代表了一条边所对应的参数线段长度。例如，图 6.2 中使用三角、方块、五边形分别标识了节点距等于 0、0.5 和 1 的边。

之所以使用节点距这个概念，是为了便于计算控制顶点所对应混合函数的影响区间。同时，服务于后文有关非结构化 T 样条的定义，有利于将经典的参数域节点结构推广至非结构化 T 网格。由于**奇异点**(extraordinary point)的存在，非结构化 T 样条的控制网格无法完整地绘制在一个全局参数坐标系中，因此难以明确地给出每一个节点的参数坐标。此时，采用节点距这种形式，可以在控制网格的任意位置建立局部参数坐标系，进而完成局部的基函数和曲面构造，也更符合实际应用需求。除此以外，在考虑周期性 T 样条(periodic T-splines)曲面时，采用节点距的形式来定义 T 网格相对于直接给出节点参数坐标的形式也更有优势，因为封闭的控制网格结构可能会使一个节点对应于多个参数坐标。

6.1.2　T 样条混合函数

T 样条与 B 样条的定义相似，也采用控制顶点和混合函数相乘的方式。单个 T 样条**混合函数**(blending function)的表达式与双三次 B 样条基函数相同，可以写为

$$T_i(u,v)=N[U_i](u)N[V_i](v), \tag{6.1}$$

其中，$U_i=\{u_{i0},u_{i1},\cdots,u_{i4}\}$ 和 $V_i=\{v_{i0},V_{i1},\cdots,v_{i4}\}$ 表示第 i 个混合函数所对应的沿 u 方向和 v 方向的局部节点矢量。这里倾向于将其称为“局部节点矢量”，是因为其计算具有

局部性，与 B 样条有较大差异。

T 样条的局部节点矢量并不是根据基函数的编号从全局节点矢量中顺序截取得到的，而是要采用一种“射线-求交”方法在参数域 T 网格中搜索得到。具体方法如下。

(1) 由混合函数的中心节点向 4 个参数方向(u 正、u 负、v 正、v 负)发出 4 条射线，每条射线的终止条件为：与节点或与垂直于该射线的边相交 2 次。

(2) u 方向上的 2 条射线通过 2 次相交可以得到 4 个交点。将中心节点与这 4 个交点的 u 向坐标分量按非递减顺序排列，即可得到混合函数的 u 向局部节点矢量 U_i。

(3) 仿照第(2)步，利用 v 方向上的射线交点可以得到 v 方向局部节点矢量 V_i。

图 6.2 中的两个空心圆点表示混合函数 T_1 与 T_2 的中心节点，从空心圆点处向两个方向发射射线直至满足终止条件。假定混合函数 T_1 与 T_2 的中心节点分别记为 (u_1, v_1) 和 (u_2, v_2)，则 T_1 的局部节点矢量表示为

$$\begin{aligned} U_1 &= \{u_1, u_1, u_1, u_1 + 0.5, u_1 + 1.0\} \\ V_1 &= \{v_1, v_1, v_1, v_1 + 0.5, v_1 + 1.5\} \end{aligned} \tag{6.2}$$

由局部节点矢量 U_1 与 V_1 张成的矩形区域(阴影区域)即为混合函数 T_1 的定义域(影响区间)。该区间对应的曲面形状都将受到混合函数 T_1 所对应控制顶点的影响。同理，T_2 的局部节点矢量表示为

$$\begin{aligned} U_2 &= \{u_2 - 1.0, u_2 - 0.5, u_2, u_2 + 0.5, u_2 + 0.5\} \\ V_2 &= \{v_2 - 1.0, v_2 - 0.5, v_2, v_2 + 0.5, v_2 + 0.5\} \end{aligned} \tag{6.3}$$

图 6.3 展示了按照上述“射线-求交”方法在图 6.2 中搜索得到的两个 T 样条混合函数 T_1 和 T_2 的空间形状。

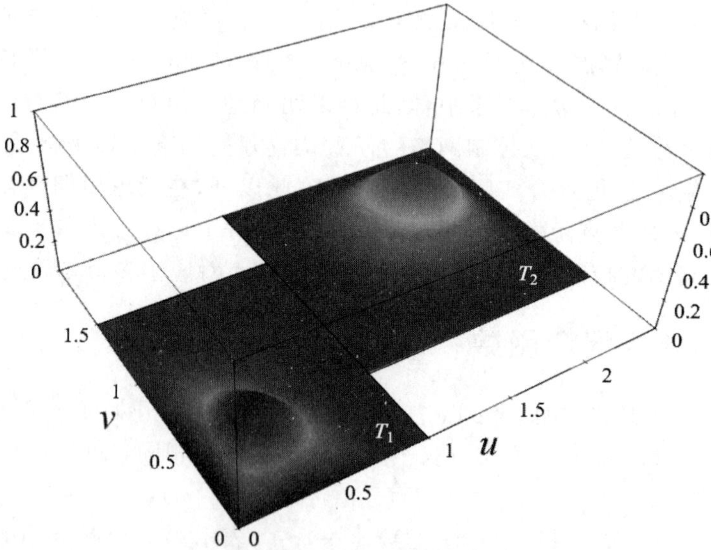

图 6.3 图 6.2 中参数域 T 网格确定的两个 T 样条混合函数

注意，为了确保上述搜索过程可以顺利完成，要求参数域 T 网格$\mathcal{T}$满足以下两条规则。

规则 1：$\mathcal{T}$中任意一个面的对边节点距之和必须相等。

规则 2：如果$\mathcal{T}$中的某个 T 点可以在不违反规则 1 的前提下与对边的 T 点相连接，则该条连接边必须被添加到$\mathcal{T}$中。

规则 1 可通过要求每个面都必须为平行四边形来保证。规则 2 则是为了避免零节点距(重节点)引起的歧义问题。

6.1.3　T 样条曲面表达

给定一张参数域 T 网格$\mathcal{T}$，并为定义在$\mathcal{T}$上的每一个 T 样条混合函数 T_i 赋予一个控制顶点 $\boldsymbol{b}_i$ 和权重 w_i，则类似于 NURBS 的有理分式定义形式，T 样条曲面可以表示为

$$\boldsymbol{p}(u,v)=\frac{\sum_{i=0}^{n-1}\boldsymbol{b}_i w_i T_i(u,v)}{\sum_{j=0}^{n-1}w_j T_j(u,v)} \tag{6.4}$$

也可以将式(6.4)写成如下有理混合函数的形式

$$\boldsymbol{p}(u,v)=\sum_{i=0}^{n-1}\boldsymbol{b}_i R_i(u,v),\quad R_i(u,v)=\frac{w_i T_i(u,v)}{\sum_{j=0}^{n-1}w_j T_j(u,v)} \tag{6.5}$$

此外，若使用齐次控制顶点 $\boldsymbol{b}_i^w=[w_i x_i, w_i y_i, w_i z_i, w_i]$，还可以将 T 样条曲面表示为齐次空间中的非有理形式

$$\boldsymbol{p}^w(u,v)=\sum_{i=0}^{n-1}\boldsymbol{b}_i T_i(u,v) \tag{6.6}$$

按照混合函数中心节点在参数域 T 网格上的连接关系，对曲面控制顶点进行连接，可以得到 T 样条曲面的控制网格，称为**物理域 T 网格**，如图 6.4 所示。由于它的拓扑结构与参数域 T 网格具有非常一致的对应关系，因此在很多讨论中不会对其进行区分，都简称为 T 网格。

理论上，参数域 T 网格中的节点数多于物理域 T 网格中的控制顶点数，因为参数域 T 网格最外侧两层节点无法作为混合函数的中心节点，因此不对应控制顶点。如图 6.4(a)所示，每个空心圆点对应一个控制顶点，这些空心圆点全部位于参数线的交点上，但是最外围两圈参数线的交点没有附加控制顶点。一般情况下，默认 T 样条曲面满足贝齐尔端点条件，即参数域边界处节点重复度等于次数+1。因此，为了作图方便，在很多情况下会省略掉参数域 T 网格外侧的两层重节点。

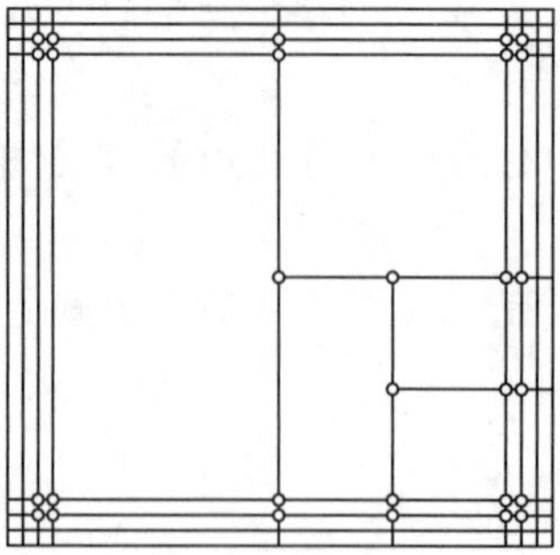

(a) 参数域T网格

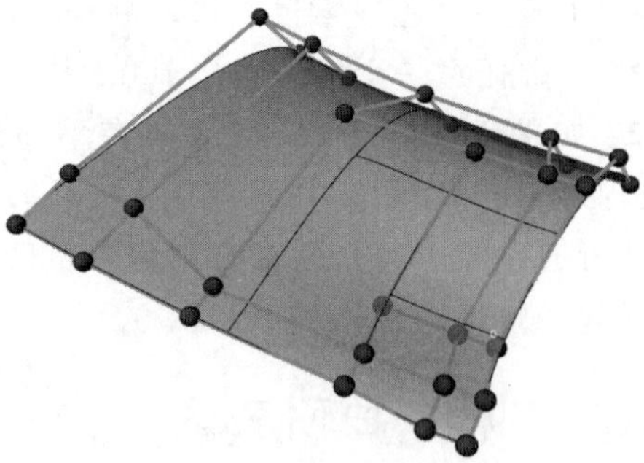

(b) 物理域T网格及T样条曲面

图 6.4 T样条曲面实例

6.2 局部细分与简化

曲面的局部细分与简化能力是T样条理论最重要的特征之一。张量积曲面只能整行或整列地添加或消去控制顶点,而T样条曲面由于允许T点的出现,因此可以在局部(非整行整列地)添加或消去控制顶点。利用这一性质,可以在曲面局部增加造型特征,同时还能够减少模型中冗余控制顶点的数量。不过,与B样条的节点插入与消去算法类似,T样条的细分与简化过程并不是简单地添加或消去控制顶点,还需要对相关控制顶点坐标进行精确的调整才能够确保曲面的几何形状在细分与简化前后保持不变。并且,比传统理论更加复杂的是,在T样条理论中修改单个节点所产生的影响与T网格的局部控制网格结构相关。在有些情况下需要多次递归迭代才能完成整个修改过程。由于节点消去可以看作节点插入的逆过程,因此本节首先讨论曲面局部细分的相关基础理论与算法,然后再拓展到曲面简化问题。

6.2.1 混合函数的细分

首先回顾B样条基函数的一个性质。给定一个 p 次B样条基函数 $N[U_i]$,如果在节点矢量 $U_i=\{u_i,u_{i+1}\cdots,u_{i+p+1}\}$ 内部插入一个节点 $u_j\in[u_i,u_{i+p+1}]$,则可以得到新的节点矢量 $\overline{U}=\{\overline{u}_i,\overline{u}_{i+1}\cdots,\overline{u}_{i+p+2}\}$。以 $\overline{U}$ 作为全局节点矢量可以构造两个新的 p 次B样条基函数 $N[\overline{U}_i]$ 与 $N[\overline{U}_{i+1}]$,其中 $\overline{U}_i=\{\overline{u}_i,\overline{u}_{i+1}\cdots,\overline{u}_{i+p+1}\}$、$\overline{U}_{i+1}=\{\overline{u}_{i+1},\overline{u}_{i+2},\cdots,\overline{u}_{i+p+2}\}$。此时,$N[U_i]$ 与 $N[\overline{U}_i]$、$N[\overline{U}_{i+1}]$ 之间存在以下关系

$$N[U_i](u)=cN[\overline{U}_i](u)+dN[\overline{U}_{i+1}](u) \tag{6.7}$$

其中

$$c=\frac{\min(u_j-\bar{u}_i,\bar{u}_{i+p+1}-\bar{u}_i)}{\bar{u}_{i+p+1}-\bar{u}_i},\quad d=\frac{\min(\bar{u}_{i+p+2}-u_j,\bar{u}_{i+p+2}-\bar{u}_{i+1})}{\bar{u}_{i+p+2}-\bar{u}_{i+1}} \tag{6.8}$$

可以看到，式(6.7)给出了相同次数、不同节点矢量的单变量B样条基函数之间的线性关系。在Cox-de Boor递归形式下，这一关系的证明相对复杂。感兴趣的读者可参考Boehm在其论文中给出的差商形式下的证明。

将式(6.7)代入式(6.1)，则可以将一个T样条混合函数$T_i(u,v)$在u方向上拆分为两个混合函数的线性组合

$$T_i=N[U_i]N[V_i]=cN[\bar{U}_i]N[V_i]+dN[\bar{U}_{i+1}]N[V_i]=cT_i^1+dT_{i+1}^1 \tag{6.9}$$

类似地，T_i在v方向上也可以进行拆分。这种拆分过程被称为T样条混合函数的细分。

6.2.2　T样条空间及细分矩阵

为了便于下文的讨论，本节首先引入一些基础概念和符号，并从一个相对宏观的角度分析T样条细分过程。

首先，把具有相同参数域T网格（相同的网格拓扑结构、相同的节点距）的所有T样条曲面组成的空间，称为一个**T样条空间**。并使用符号$\mathbb{T}$来表示一个T样条空间。上述定义可以理解为：给定一张$\mathcal{T}$就能够得到一个$\mathbb{T}$。按照经典的集合理论，在两个T样条空间$\mathbb{T}^1$和$\mathbb{T}^2$之间可以定义关系$\mathbb{T}^1\subseteq\mathbb{T}^2$，即$\mathbb{T}^1$是$\mathbb{T}^2$的子空间。而在两个参数域T网格$\mathcal{T}^1$和$\mathcal{T}^2$之间也可以定义关系$\mathcal{T}^1\subseteq\mathcal{T}^2$，这意味着$\mathcal{T}^2$是通过在$\mathcal{T}^1$中插入节点和边得到的。

若$\mathbb{T}^1\subseteq\mathbb{T}^2$，则$\mathbb{T}^1$中的任意一个基函数$T_i^1\in\mathbb{T}^1$都可以表达为$\mathbb{T}^2$中基函数$T_j^2\in\mathbb{T}^2$的线性组合，即

$$T_i^1=\sum_{j=1}^{n_2}m_{i,j}T_j^2,\quad i=1,2,\cdots,n_1 \tag{6.10}$$

其中，n_1和n_2分别表示$\mathbb{T}^1$和$\mathbb{T}^2$的基函数个数，系数$m_{i,j}$可以借助6.2.1节介绍的混合函数细分算法计算得到。若写为矩阵形式，则有

$$\boldsymbol{T}^1=\boldsymbol{M}\boldsymbol{T}^2 \tag{6.11}$$

其中，$\boldsymbol{T}^1=[T_1^1,T_2^1,\cdots,T_{n_1}^1]^{\mathrm{T}}$；$\boldsymbol{T}^2=[T_1^2,T_2^2,\cdots,T_{n_2}^2]^{\mathrm{T}}$，$\boldsymbol{M}$是一个由$m_{i,j}$组成的大小为$n_1\times n_2$的系数矩阵，称这个矩阵为T样条细分矩阵。

设$\boldsymbol{p}_1$与$\boldsymbol{p}_2$分别为建立在$\mathcal{T}^1$与$\mathcal{T}^2$上的两张T样条曲面，且它们的齐次控制顶点矩阵分别为$\boldsymbol{b}^{1w}$（大小为$n_1\times4$）和$\boldsymbol{b}^{2w}$（大小为$n_2\times4$），则为了确保$\boldsymbol{p}_1\equiv\boldsymbol{p}_2$，它们的控制顶点应满足

$$\boldsymbol{M}^{\mathrm{T}}\boldsymbol{b}^{1w}=\boldsymbol{b}^{2w} \tag{6.12}$$

可以发现，若$\boldsymbol{p}_2$是细分后的目标曲面，即$\mathcal{T}^1\subseteq\mathcal{T}^2$，那么式(6.12)就给出了一种细分后控制顶点坐标的计算方法。这说明，在T样条曲面细分过程中，只需借助混合函数之间的细分关系构造出细分矩阵，便可以准确计算出能够保持曲面形状与参数化都不发生改变的

新控制顶点坐标。

上述公式能够使用的前提条件是$\mathbb{T}^1\subseteq\mathbb{T}^2$。然而对于 T 样条曲面而言，一个非常关键的问题在于$\mathcal{T}^1\subseteq\mathcal{T}^2$并不能直接推出$\mathbb{T}^1\subseteq\mathbb{T}^2$。例如图 6.5 所示的两个 T 网格，其中$\mathcal{T}^2$是通过在$\mathcal{T}^1$中插入 $\boldsymbol{b}_e^2$ 得到的，因此$\mathcal{T}^1\subseteq\mathcal{T}^2$。然而，$\mathbb{T}^1\subseteq\mathbb{T}^2$却不成立。因为按照 6.2.1 节给出的细分关系，$\boldsymbol{b}_b^1$ 所对应的混合函数是无法使用$\mathcal{T}^2$中的混合函数线性组合得到的。此时，无法使用$\mathcal{T}^2$来完成对于$\mathcal{T}^1$的精确细分。因此，在 T 样条曲面细分算法中，除要构造细分矩阵 $\boldsymbol{M}$ 以外，更为关键的一个问题就是要找到一个合理的参数域 T 网格结构$\mathcal{T}^2$，使得$\mathcal{T}^1\subseteq\mathcal{T}^2$ 且$\mathbb{T}^1\subseteq\mathbb{T}^2$。

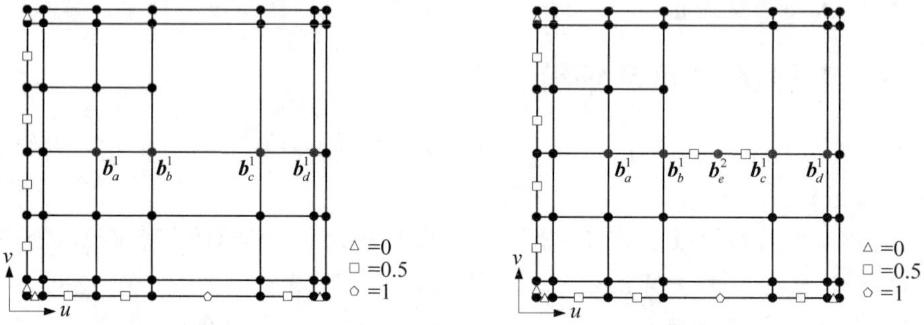

(a) $\mathcal{T}^1$　　(b) $\mathcal{T}^2$

图 6.5　初始 T 网络$\mathcal{T}^1$和插入节点后 T 网络$\mathcal{T}^2$

6.2.3　T 样条曲面的局部细分

在前面章节相关讨论的基础之上，本节介绍一种 T 样条曲面的局部细分算法。这个算法的输入是一张待细分的 T 样条曲面 $\boldsymbol{p}_1$，它的参数域 T 网格为$\mathcal{T}^1$，齐次控制顶点为 $\boldsymbol{b}_i^{1w}$，$i=1,2,\cdots,n_1$，待插入的节点集合为 $\hat{U}$。算法的输出为细分矩阵 $\boldsymbol{M}$ 以及细分后的 T 样条曲面 $\boldsymbol{p}_2$，它的参数域 T 网格为$\mathcal{T}^2$，齐次控制顶点为 $\boldsymbol{b}_i^{2w}$，$i=1,2,\cdots,n_2$。要求$\mathcal{T}^1\subseteq\mathcal{T}^2$，并且在曲面的任意参数位置都有 $\boldsymbol{p}_1=\boldsymbol{p}_2$。

本节算法的总体思路与 Sederberg 等提出的经典算法相同，即不断迭代判断 T 网格是否存在以下两种冲突。

冲突 1：在当前的参数域 T 网格中存在一个节点，这个节点在某个待细分混合函数的射线路径内(参考 6.1.2 节的“射线-求交”方法)，然而这个节点却没有被包含在该混合函数的局部节点矢量中。

冲突 2：一个待细分混合函数的局部节点矢量中包含了一个节点，而这个节点在当前的参数域 T 网格中却不存在。

在每一轮迭代中，算法都会借助混合函数的细分以及 T 网格中的节点、边插入来处理发现的冲突，直到最终不再出现任何冲突，便获得了一个合理的参数域 T 网格结构。与经典算法不同的是，本节给出的算法会显式地构造细分矩阵 $\boldsymbol{M}$，进而计算最终的控制顶点坐标，而经典算法会把控制顶点的计算隐含在每一轮迭代过程之中。本节之所以采用这一形式，是因为在实践中发现，很多应用场景都希望能够显式地获取细分矩阵 $\boldsymbol{M}$。借助 $\boldsymbol{M}$ 可以更加便捷地实现细分前后几何、物理信息的传递。T 样条曲面局部细分算法的伪代码如表 6.1 所示。

表 6.1　T 样条曲面局部细分算法的伪代码

输入：待细分曲面 $\boldsymbol{p}_1(\mathcal{T}^1, \boldsymbol{b}_i^{1w})$、待插入节点 $\hat{U}$

输出：细分曲面 $\boldsymbol{p}_2(\mathcal{T}^2, \boldsymbol{b}_i^{2w})$、细分矩阵 $\boldsymbol{M}$

$\mathcal{T}^2 = \mathcal{T}^1$、待细分集合 $\mathcal{R} = \varnothing$、待插入集合 $\mathcal{F} = \varnothing$；

初始化 $\mathcal{T}^2$ 中每一个混合函数 T_i^2 的提取矢量 $\boldsymbol{c}_i^2$。令 $\boldsymbol{c}_i^2$ 为一个 n_1 维单位矢量，且第 i 个分量等于 1.0、其余分量等于 0.0；

Do

　　$\mathcal{R} = \mathcal{F}$；

　　将 $\mathcal{T}^2$ 中所有的混合函数与相应的提取矢量 $< T_i^2, \boldsymbol{c}_i^2 >$ 添加到 $\mathcal{R}$ 中；

　　将 $\hat{U}$ 中的所有节点依次插入 $\mathcal{T}^2$ 中。若插入的节点能够与其他边上的节点连接，则同时插入这些连接边；

　　$\hat{U} = \varnothing$；

　　使用 6.1.2 节给出的“射线-求交”方法，生成此时 $\mathcal{T}^2$ 上的所有混合函数 T_i^2，并初始化其提取矢量 $\boldsymbol{c}_i^2$ 为长度 n_1 的零矢量。

　　While($\mathcal{R} \neq \varnothing$)

　　　　从 $\mathcal{R}$ 中取出一个<混合函数，提取矢量>组合 $< T_j, \boldsymbol{c}_j >$；

　　　　If （存在一个 T_i^2 与 T_j 完全相同）

　　　　　　$\boldsymbol{c}_i^2 = \boldsymbol{c}_i^2 + \boldsymbol{c}_j$；

　　　　Else if(T_j 的射线路径被新插入的某个节点或边所影响)

　　　　　　按照式(6.9)细分 $T_j = cT_{j,1} + dT_{j,2}$；

　　　　　　将 $< T_{j,1}, c\boldsymbol{c}_j >$ 和 $< T_{j,2}, d\boldsymbol{c}_j >$ 添加到 $\mathcal{R}$ 中；

　　　　Else if(T_j 的局部节点矢量中包含了一些节点，且这些节点在 $\mathcal{T}^2$ 中不存在)

　　　　　　在 $\hat{U}$ 中添加这些缺失的节点；

　　　　　　将 $< T_j, \boldsymbol{c}_j >$ 添加到 $\mathcal{F}$ 中；

While($\hat{U} \neq \varnothing$ OR $\mathcal{F} \neq \varnothing$)

将 $\mathcal{T}^2$ 中所有混合函数的提取矢量按顺序排列，组合成提取矩阵 $\boldsymbol{M}$；

利用式(6.12)计算细分后的控制顶点坐标 $\boldsymbol{b}^{2w} = \boldsymbol{M}^{\mathrm{T}} \boldsymbol{b}^{1w}$；

针对表 6.1 给出几点解释。

(1) 算法定义了两个容器：待细分集合 $\mathcal{R}$ 和待插入集合 $\mathcal{F}$。这两个容器中的基本元素都是二元组<混合函数，提取矢量>。在整个算法流程中，每个混合函数 T_i 都会匹配一个提取矢量 $\boldsymbol{c}_i$。这种关系就如同混合函数与控制顶点的对应关系。事实上，借助 $\boldsymbol{c}_i$ 和初始控制顶点 $\boldsymbol{b}^{1w}$ 可以直接得到此时 T_i 所对应的控制顶点坐标 $\boldsymbol{b}_i^w$，即 $\boldsymbol{b}_i^w = \boldsymbol{c}_i^{\mathrm{T}} \boldsymbol{b}^{1w}$。在每一轮迭代中，经过算法第 4、5 行处理后，由 $\mathcal{R}$ 中所有基函数和提取矢量构成的曲面表达式 $\sum_i \boldsymbol{c}_i^{\mathrm{T}}\boldsymbol{b}^{1w}T_i(u,v)$ 都与初始曲面 $\boldsymbol{p}_1$ 具有完全相同的形状。而在每一轮迭代结束时，$\mathcal{F}$包含的是所有与本轮的参数域 T 网格结构不相容的混合函数。

(2) 算法第 11 行，判断两个混合函数是否完全相同的方法，是通过对比它们在两个参数方向上的局部节点矢量是否完全一致来实现。

(3) 算法第 13 行是对冲突 1 的判断，而算法第 16 行是对冲突 2 的判断。

以图 6.5 中的节点插入问题为例，在第一轮迭代中，有 4 个混合函数出现了冲突 1，即 $\boldsymbol{b}_a^1$、$\boldsymbol{b}_b^1$、$\boldsymbol{b}_c^1$ 和 $\boldsymbol{b}_d^1$ 所对应的混合函数。对这 4 个混合函数的细分可以得到 6 个不同的混合函数，其中图 6.6(a) 中粗实线标出的混合函数(它是从 $\boldsymbol{b}_b^1$ 中细分出来的)出现了冲突 2，T 网格中缺失了 $\boldsymbol{b}_f^2$ 所对应的节点(见图 6.6(b))，因此将这个节点添加到 $\hat{U}$ 中(算法第 17 行)。

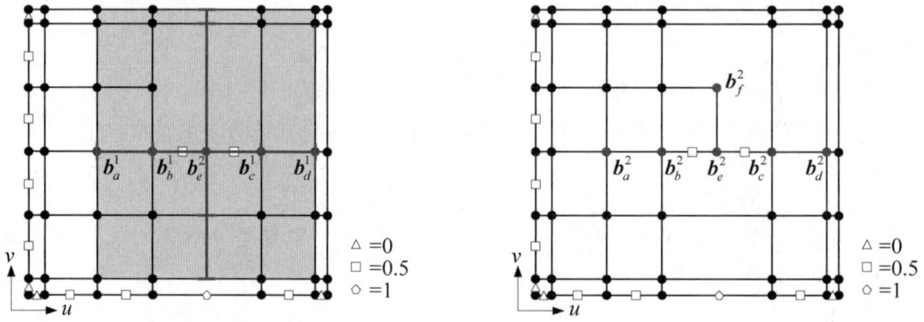

(a) 产生冲突2的混合函数　　(b) 第二轮插入节点

图 6.6　局部细分算法流程示意图

在第二轮迭代中，插入 $\boldsymbol{b}_f^2$ 所对应的节点。由于它可以与相邻的两个节点相连，因此同时还会插入两条连接边。遍历这一轮待细分的混合函数后会发现，有 3 个混合函数出现了冲突 1(除了与 $\boldsymbol{b}_f^2$ 水平的 2 个混合函数以外，还有 1 个是上一轮从 $\boldsymbol{b}_c^1$ 中细分出来的混合函数)。而对它们进行细分后会发现，此时的混合函数中不再出现冲突，因此得到了一个合理的参数域 T 网格结构。利用算法过程中构造的细分矩阵，便可计算此时 T 样条曲面的所有控制顶点坐标，从而完成了 T 样条曲面的局部细分过程。

最后，讨论一下这个经典算法在实际应用中存在的局限性以及可能的完善方法。当 T 网格结构比较复杂(包含很多的 T 点)时，为了增加一个节点可能需要添加大量的辅助节点。而在有些情况下，不同的节点添加顺序(算法第 6 行)，可能会产生不同的 T 网格结构，进而导致辅助节点的数量也不同。在理论上，我们希望辅助节点的数量越少越好。然而在实际算法中，寻找最少的节点结构会是一个 NP 困难问题。针对这个问题，Scott 等提出了一种贪心算法策略，可以近似地寻找节点最少的结构。除此以外，李新和 Sederberg 还针对这个问题提出了一种新的曲面表达形式——S 样条(S-splines)。这种曲面可以较为便捷地完成局部节点插入操作，无须插入辅助的控制顶点。

6.2.4　T 样条曲面的简化

T 样条曲面的节点简化是曲面局部细分的逆过程。简化操作可以用来减少冗余的控制顶点、降低模型的数据量。不过，与 NURBS 的节点消去算法类似，T 样条曲面的节点简化在很多情况下无法精确完成，曲面形状会发生改变。

经典的 T 样条曲面简化算法由 Sederberg 等在 2004 年提出，可以称为一种全局简化算法。它的核心思路是：从一个粗网格开始，不断向 T 网格中插入节点并进行最小二乘逼近，直到与给定曲面之间的误差达到阈值范围以内，便得到了一个相对简化的 T 样条曲面。给定的误差范围越宽，则简化的效果越明显。

具体来说，对于给定的 T 样条曲面 $\boldsymbol{p}_n$，参数域 T 网格为 $\mathcal{T}^n$，构造的初始粗网格满足 $\mathcal{T}^1 \subset \mathcal{T}^n$。算法过程中会通过节点插入构造一系列 T 网格 $\mathcal{T}^i$，使得它们所对应的 T 样条空间满足 $\mathbb{T}^1 \subset \mathbb{T}^2 \subset \mathbb{T}^3 \subset \cdots \subset \mathbb{T}^n$。对于每一个 $\mathcal{T}^i$，都会利用 $\mathbb{T}^i$ 中的基函数对曲面 $\boldsymbol{p}_n$ 进行最小二乘逼近，得到曲面控制顶点矩阵 $\boldsymbol{b}^{iw}$。为了判断此时的曲面与给定曲面的误差，首先构造 $\mathbb{T}^i$ 与 $\mathbb{T}^n$ 之间的细分矩阵 $\boldsymbol{M}_{i,n}$（参考 6.2.2 节），然后计算曲面控制顶点之间的距离 $\boldsymbol{D}_{i,n} = \boldsymbol{M}_{i,n}^{\mathrm{T}} \boldsymbol{b}^{iw} - \boldsymbol{b}^{nw}$。如果 $\boldsymbol{D}_{i,n}$ 中某一行矢量的长度超过了给定的阈值，则在该控制顶点所在的 T 网格面片区域内增加节点，从而构造 $\mathcal{T}^{i+1}$。不断重复这一过程，直到 $\boldsymbol{D}_{i,n}$ 的每一行都满足要求。

可以发现，上述算法适合于一次性简化大量控制顶点的情况。而对于单个、局部节点的简化问题却不太适用。于是，2006 年，Wang Yimin 和郑建民又提出了另外一种简化算法，可称为局部简化算法，利用了一种称为“反向混合函数变换”的形式。这个形式是式(6.7)中基函数细分的逆过程。仿照 6.2.3 节的节点插入算法，T 样条曲面的局部简化算法也需要不断迭代判断 T 网格中是否存在冲突。同时还增加了一个额外的曲面余项(residue)判断。如果最终的余项为零，则指定控制顶点的消去不会对曲面的形状产生影响；如果余项非零，则消去会产生曲面误差。

6.3　适分析的 T 样条曲面

与张量积曲面相比，灵活的控制网格结构使 T 样条曲面能够支持更加自由的局部造型操作。不过这同时也引发了一些问题，例如，Buffa 等发现，在特定的 T 网格结构下会出现线性相关的 T 样条混合函数。然而，线性独立性是将 T 样条理论应用于曲面拟合、等几何分析等领域的重要基础。

针对这个问题，王爱增和赵罡给出了一种 T 样条混合函数线性无关性分析方法。这个方法利用了 6.2 节介绍的局部细化算法。对于一张任意给定的 T 网格 $\mathcal{T}^1$，一定可以通过有限次节点插入(将所有 T 点延伸至边界)将其变换为一张 B 样条曲面的控制网格，记此时的

T 网格为T^n。由细分算法的定义可知，T^1与T^n上的混合函数之间存在线性变换关系 $\boldsymbol{T}^1=\boldsymbol{M}_{1,n}\boldsymbol{T}^n$。由于 $\boldsymbol{T}^n$ 此时等价于 B 样条基函数，因此一定是线性独立的。于是，$\boldsymbol{T}^1$ 中混合函数线性无关的充要条件是矩阵 $\boldsymbol{M}_{1,n}$ 行满秩。利用上面这个充要条件可以非常严谨地判断一张 T 样条曲面是否满足线性独立性。该方法在实际应用中构造细分矩阵 $\boldsymbol{M}_{1,n}$ 的计算代价较大。

2012 年，李新和郑建民等提出了**适分析 T 样条**(analysis-suitable T-spline，AST 样条)方法，给出了一种可以确保 T 样条混合函数线性独立的充分条件，相对来说更容易识别和控制。具体而言，这个充分条件约束了 T 网格的拓扑结构。为了描述这个约束，需要引入一个概念——**T 点延伸**(T-junction extension)。一个 T 点延伸包含了两部分：面延伸(face extension)和边延伸(edge extension)。面延伸指由 T 点出发，沿着缺失边的方向行进直到与垂直边相遇两次得到的线段(图 6.7(b)中的粗虚线箭头线段)。边延伸指由 T 点出发，沿着与面延伸相反的方向行进直到与一条垂直边相遇得到的线段(图 6.7(b)中的粗实线箭头线段)。

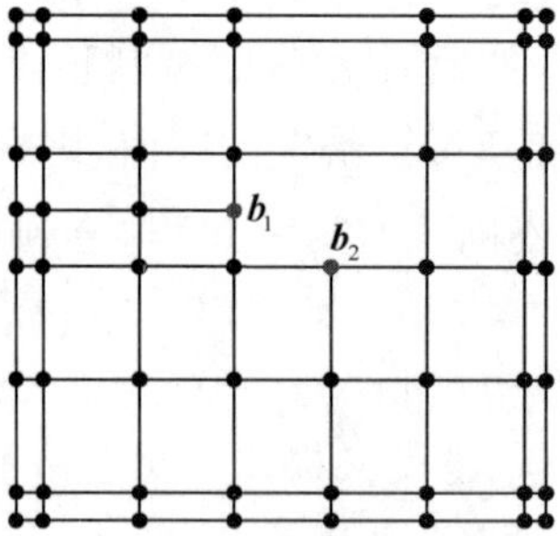

(a) 一张T网格

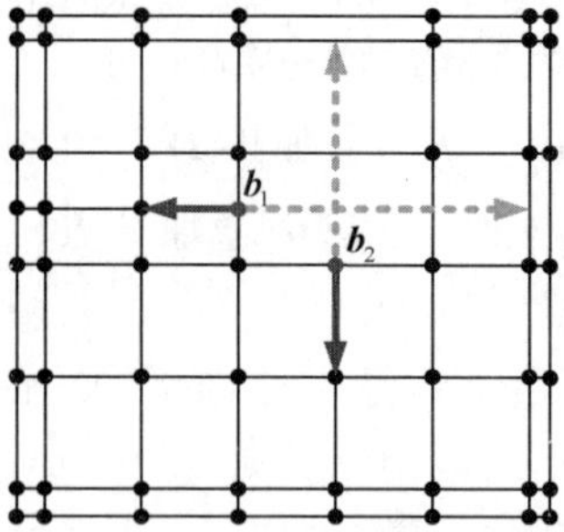

(b) T网格上的T点延伸

图 6.7　T 点延伸示意图

AST 样条所使用的拓扑约束条件为：相互垂直的 T 点延伸不相交。李新和郑建民等证明了满足这一拓扑条件的 T 网格一定具有线性独立的混合函数。这个方法被广泛应用于 T 样条曲面的相关研究中，为 T 样条方法的推广奠定了一个坚实的理论基础。不过需要注意的是，AST 样条方法排除了理论研究中有时会出现的低价点(见图 6.8)，只允许经典的 T 型节点。并且在实际应用中发现这个拓扑条件相对严格，很多违反条件的曲面仍然具有线性独立性。因此，有时还会使用一些辅助的判断条件，例如，不包含内部重节点的 T 网格一定是线性独立的。另外，李新等后续还提出了 AS＋＋T 样条，可以在一定程度上放松这一拓扑约束条件，扩充了适分析 T 样条的范围。

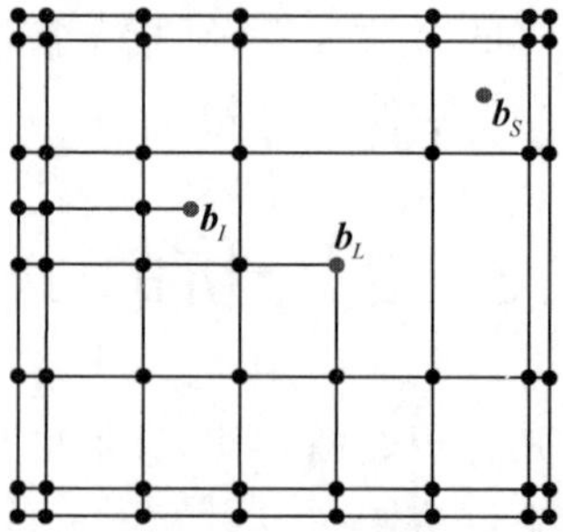

图 6.8　T 样条曲面中的低价点，其中 p_I 为 I 型点，p_L 为 L 型点，p_s 为孤点

6.4 非结构化 T 样条曲面

T 样条理论研究的一个非常重要的发展方向是在 T 网格中加入奇异点。这类方法被称为非结构化 T 样条方法。T 网格中外接边数不等于 4 的内部点或者外接边数不等于 3 的边界点称为奇异点。通过引入奇异点,单张 T 网格可以表达更为复杂的拓扑结构,从而为高亏格模型的构造提供了可能。Sederberg 与郑建民等在提出经典 T 样条理论的同时其实也给出了一种允许奇异点存在的构造形式,即 T-NURCCs。不过由于该方法是细分曲面方法,在有关 T 样条等几何分析的研究中并未得到较多关注。直到 2013 年 Scott 等提出了一种基于贝齐尔提取的处理形式,才正式确立了非结构化 T 样条理论。

非结构化 T 样条曲面与张量积曲面、经典 T 样条曲面最大的区别在于,不再使用全局的二维参数域定义曲面,而是在每个单元的局部参数域 $\bar{\Omega}^e$(也称单元参数域)上定义样条函数 $R_i^e:\bar{\Omega}^e\rightarrow\mathbb{R}$ 。因此,想要计算非结构化 T 样条曲面 $\boldsymbol{p}$ 上的一点,不但需要给定局部参数域下的参数坐标(u,v),还需给定所在的单元编号 e,即

$$\boldsymbol{p}(e,u,v):=\boldsymbol{p}^e(u,v)=\sum_{i=0}^{n_{cp}^e-1}\boldsymbol{b}_i^e R_i^e(u,v),\quad (u,v)\in\bar{\Omega}^e \tag{6.13}$$

在实际应用中一般直接给定的是曲面全局控制顶点 $\boldsymbol{b}_A,\boldsymbol{A}=0,1,\cdots,n_{cp}-1$,因此一般还会建立一个单元控制顶点局部索引$(e,i)$到全局索引 A 之间的映射。

类似的曲面表达方法还出现在经典的细分曲面理论之中。之所以采用单元表达形式,是由于奇异点的存在使得无法在一个统一的二维直角坐标系下把曲面上所有的局部参数域拼接为一个完整的参数域。这种单元形式使单张曲面可以具有更加复杂的拓扑结构,同时还与等几何分析的计算框架非常贴合,因此对于 CAD/CAE 一体化技术的研究来说具有重要意义。不过,完整描述这类控制网格要比经典的 T 样条曲面更为烦琐,在实际的程序代码中常会借助网格领域经典的半边数据结构来实现。

为了便于描述非结构化 T 样条的相关性质,首先引入一些基本概念。

非结构化 T 网格中的基本元素包括顶点(vertex)、边(edge)、面(face,有时也称为单元)。每个顶点对应一个三维控制顶点,每条边则对应一个非负实数作为节点距。默认网格边界满足贝齐尔端点条件。并且要求每个面所对应的参数域都为四边拓扑结构,不能为三角形或多边形。引入以下几种基本元素集合(参考图 6.9 中给出的示意图)。

(1) 某顶点的 **n-环面**集合:当 $n=0$ 时,集合为空;当 $n=1$ 时,集合由所有与该顶点接触的面片组成;当 $n\geqslant2$ 时,集合由所有与该顶点$(n-1)$-环面接触而又不属于$(n-2)$-环面的面片组成。

(2) 某顶点的 **n-盘面**集合:该顶点 0-环面、1-环面、…、n-环面的并集。

(3) 某顶点的 **n-环点**集合:当 $n=0$ 时,集合只包含该顶点;当 $n\geqslant1$ 时,集合由所有在

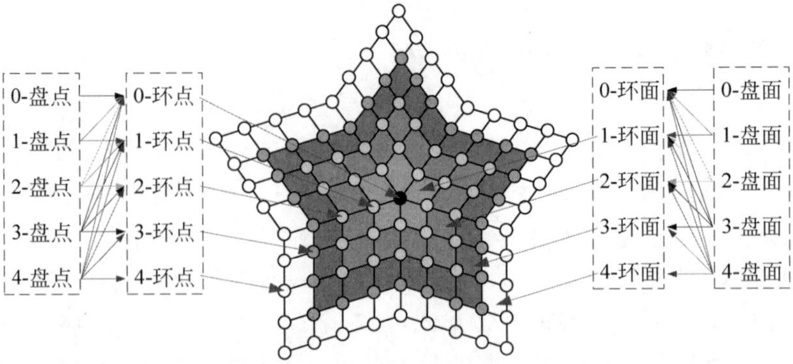

图 6.9　非结构化 T 网格中一个顶点的 *n*-环/盘点和 *n*-环/盘面集合

该顶点 n-环面上而又不属于 $(n-1)$-环点的顶点组成。

(4) 某顶点的 ***n*-盘点**集合：该顶点 0-环点、1-环点、…、n-环点的并集。

基于上述基本概念，便可进行非结构化 T 样条曲面的构造。

首先，对于奇异点 1-盘点以外的顶点，可以使用 6.1.2 节介绍的"射线-求交"方法确定其局部节点矢量。对于奇异点 1-环点，需要对"射线-求交"过程稍加改动，要求射线遇到奇异点后直接终止，后续节点距设定为 0(这个节点距其实可以任意选取，不会对曲面产生影响)。而对于奇异点则不构造局部节点矢量。

此时，对于奇异点 2-盘面以外的所有面片，都可通过周围顶点的局部节点距矢量判断对其有影响的混合函数与控制顶点，从而得到式(6.13)中的单元表达形式。而对于奇异点 2-盘面，采用四边形网格的贝齐尔提取算法来构造每个单元的表达式。具体来说，为了对四边形网格进行贝齐尔提取，首先对面片局部坐标系下的贝齐尔控制顶点进行顺序编号，如图 6.10(a)所示。这里，16 个索引标号不仅对应了 16 个贝齐尔控制顶点 $\boldsymbol{b}_{ij}^{e}$ $(0 \leqslant i, j \leqslant 3)$，也对应了 16 个双三次伯恩斯坦基函数 B_{ij} $(0 \leqslant i, j \leqslant 3)$。图中的空心圆点称为**面点**、空心正方形点称为**边点**、空心三角形点称为**角点**。

如图 6.10(b)所示，给定非结构化 T 网格中单元 e(或面 e)的 4 个角点 $\boldsymbol{b}_A$、$\boldsymbol{b}_B$、$\boldsymbol{b}_C$、$\boldsymbol{b}_D$，可构造单元 e 对应贝齐尔曲面的 4 个面点 $\boldsymbol{b}_6^e$、$\boldsymbol{b}_7^e$、$\boldsymbol{b}_{10}^e$、$\boldsymbol{b}_{11}^e$，计算公式为

$$\boldsymbol{b}_6^e = \frac{(b+c)(f+g)\boldsymbol{b}_A + (b+c)d\boldsymbol{b}_B + a(f+g)\boldsymbol{b}_C + ad\boldsymbol{b}_D}{(a+b+c)(d+f+g)} \tag{6.14}$$

$$\boldsymbol{b}_7^e = \frac{(b+c)g\boldsymbol{b}_A + (b+c)(d+f)\boldsymbol{b}_B + ag\boldsymbol{b}_C + a(d+f)\boldsymbol{b}_D}{(a+b+c)(d+f+g)} \tag{6.15}$$

$$\boldsymbol{b}_{10}^e = \frac{c(f+g)\boldsymbol{b}_A + cd\boldsymbol{b}_B + (a+b)(f+g)\boldsymbol{b}_C + (a+b)d\boldsymbol{b}_D}{(a+b+c)(d+f+g)} \tag{6.16}$$

$$\boldsymbol{b}_{11}^e = \frac{cgp_A + c(d+f)\boldsymbol{b}_B + (a+b)g\boldsymbol{b}_C + (a+b)(d+f)\boldsymbol{b}_D}{(a+b+c)(d+f+g)} \tag{6.17}$$

其中，$a, b, \cdots, g$ 表示图中每条边所对应的节点距长度。

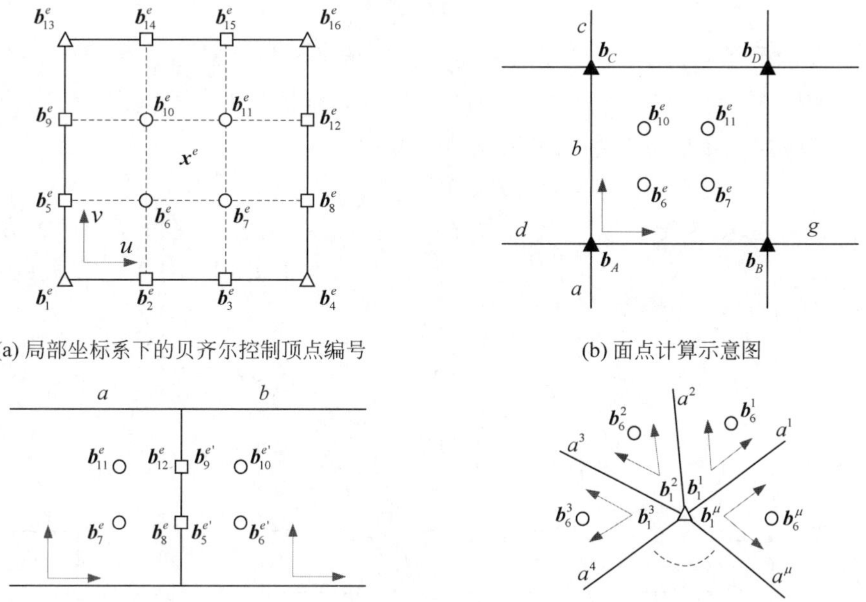

(a) 局部坐标系下的贝齐尔控制顶点编号　(b) 面点计算示意图

(c) 边点计算示意图　(d) 角点计算示意图

图 6.10　非结构化 T 网格中四边形单元的贝齐尔提取示意图

两相邻单元 e 与 e' 中公共边上的边点可由两单元的面点通过线性插值得到。如图 6.10(c)所示，单元 e 右边界上的边点 $\boldsymbol{b}_8^e$ 与单元 e' 左边界上的边点 $\boldsymbol{b}_5^{e'}$ 为同一点，可通过与其相邻的面点 $\boldsymbol{b}_7^e$ 和 $\boldsymbol{b}^{e'}_6$ 计算

$$\boldsymbol{b}_8^e = \boldsymbol{b}_5^{e'} = \frac{b}{a+b}\boldsymbol{b}_7^e + \frac{a}{a+b}\boldsymbol{b}^{e'}_6 \tag{6.18}$$

同理，边点 $\boldsymbol{b}_{12}^e$ 与 $\boldsymbol{b}_9^{e'}$ 可通过面点 $\boldsymbol{b}_{11}^e$ 与 $\boldsymbol{b}_{10}^{e'}$ 计算

$$\boldsymbol{b}_{12}^e = \boldsymbol{b}_9^{e'} = \frac{b}{a+b}\boldsymbol{b}_{11}^e + \frac{a}{a+b}\boldsymbol{b}_{10}^{e'} \tag{6.19}$$

进一步可将上述边点计算方式推广到单元 e 与 e' 的其他 3 条边上的所有边点。

角点的计算可以通过单元角点所有 1-领域的面点计算。如图 6.10(d)所示，当单元角点为奇异点时，该角点对应的贝齐尔控制顶点取角点 1-领域所有面点的算术平均；当角点为非奇异点时，可通过标准单元的贝齐尔提取算法计算，具体计算方法如下

$$\boldsymbol{b}_1^1 = \boldsymbol{b}_1^2 = \cdots = \boldsymbol{b}_1^\mu = \begin{cases} \dfrac{1}{\mu}\displaystyle\sum_{j=1}^{\mu}\boldsymbol{b}_6^j, & \mu \neq 4 \\ \displaystyle\sum_{j=1}^{\mu}\dfrac{a^{j+2}a^{j-1}}{(a^{j+2}+a^j)(a^{j-1}+a^{j+1})}\boldsymbol{b}_6^j, & \mu = 4 \end{cases} \tag{6.20}$$

此时，利用式(6.14)～式(6.20)，可以建立非结构化 T 网格上任意单元的 16 个贝齐尔控制顶点与非结构化 T 网格控制顶点之间的线性关系

$$\boldsymbol{b}^{e}_{\text{bezier}} = (\boldsymbol{M}^{e})^{\mathrm{T}} \boldsymbol{b}^{e}_{\text{utspline}} \tag{6.21}$$

其中，$\boldsymbol{b}^{e}_{\text{bezier}}$ 表示单元 e 的 16 个贝齐尔控制顶点组成的矩阵；$\boldsymbol{b}^{e}_{\text{utspline}}$ 是对单元 e 有影响的非结构化 T 样条控制顶点组成的矩阵；$\boldsymbol{M}^{e}$ 为贝齐尔提取矩阵。参考式(6.11)可知，此时在面片 e 局部参数域上的混合函数可以表达为

$$\boldsymbol{T} = \boldsymbol{M}^{e} [B_{ij}] \tag{6.22}$$

需要注意的是，如果奇异点 2-盘面中存在边界面片，则会发现边界上的贝齐尔控制顶点无法使用式(6.18)～式(6.20)来构造，需要进行特殊的处理。对于边界上的边点，参考图 6.11(a)，使用以下公式计算

$$\boldsymbol{b}^{e}_{2} = \frac{b+c}{a+b+c}\boldsymbol{b}_{A} + \frac{a}{a+b+c}\boldsymbol{b}_{B} \tag{6.23}$$

$$\boldsymbol{b}^{e}_{3} = \frac{c}{a+b+c}\boldsymbol{b}_{A} + \frac{a+b}{a+b+c}\boldsymbol{b}_{B} \tag{6.24}$$

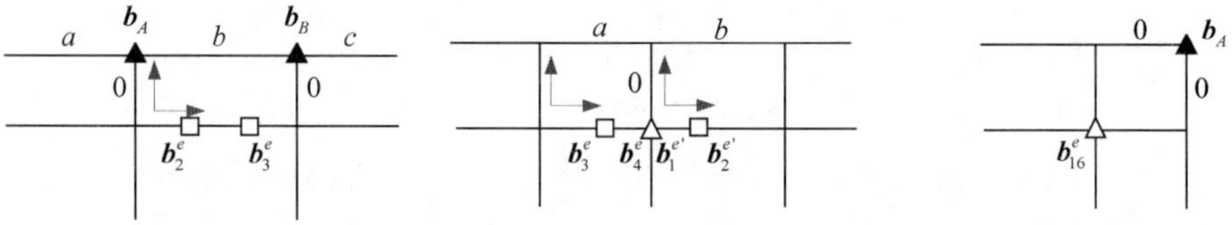

(a) 边界边点　(b)边界角点类型1　(c) 边界角点类型2

图 6.11　非结构化 T 网格边界上的贝齐尔提取

对于边界上的角点，如图 6.11(b)所示，按照以下公式计算

$$\boldsymbol{b}^{e}_{4} = \boldsymbol{b}^{e'}_{1} = \frac{b}{a+b}\boldsymbol{b}^{e}_{3} + \frac{a}{a+b}\boldsymbol{b}^{e'}_{2} \tag{6.25}$$

如果该角点正好对应于 T 网格的边界二价角点，如图 6.11(c)所示，则直接令

$$\boldsymbol{b}^{e}_{16} = \boldsymbol{b}_{A} \tag{6.26}$$

需要得注意的是，由边点与角点的计算过程可知，为了得到奇异点 2-盘面上的贝齐尔提取矩阵，不仅需要计算奇异点 2-盘面上的变换关系，还需计算奇异点 3-环面上的面点变换，因此一般要求非结构化 T 网格中所有单跨度面延伸都不会分割奇异点邻域 3-盘面，从而确保它们都能使用单张贝齐尔面片来表达。

除此之外，如果在不包含奇异点的网格区域进行上述贝齐尔提取过程，会发现其构造结果与通过经典的节点插入算法得到的提取矩阵完全相同。因此上述算法在规则区域上构造的基函数其实就是双三次 B 样条基函数。然而，在奇异点周围它所得到的基函数并不具备 B 样条基函数那样优秀的性质。例如，在奇异点辐射边上仅能达到 C^0 连续，这不符合许多曲面造型场景的需求。因此，提升奇异点的连续性是非结构化 T 样条相关研究中的一个热点方向。

6.5　T 样条技术的应用

T 样条曲面可以看作带有 T 型节点的非均匀有理 B 样条，T 型节点的出现使得曲面的控制网格线不必完全贯穿曲面的两个参数方向，传统 B 样条曲面的矩形拓扑结构限制条件也不必得到满足，这个性质使得 T 样条曲面拥有了以下几个显著优点。

(1) 无缝拼接。在复杂几何建模时，通常需要多张 NURBS 曲面来进行拼接，而简单的拼接会产生间隙和重叠。如果想要拼接之后得到无缝的几何曲面模型且适合分析，则需要两张曲面沿交界方向具有完全一致的节点矢量和控制顶点。这样便要利用 NURBS 的插入节点算法或者升阶算法，这又会带来大量的冗余控制顶点。T 样条曲面允许 T 型节点的存在，可以在两张曲面之间引入 T 型节点，将两张曲面合并为单张无缝 T 样条曲面，较好地解决了 NURBS 曲面拼接的问题，简化了设计人员的设计过程与分析人员的计算。图 6.12 展示了两个 T 样条的无缝拼接范例。

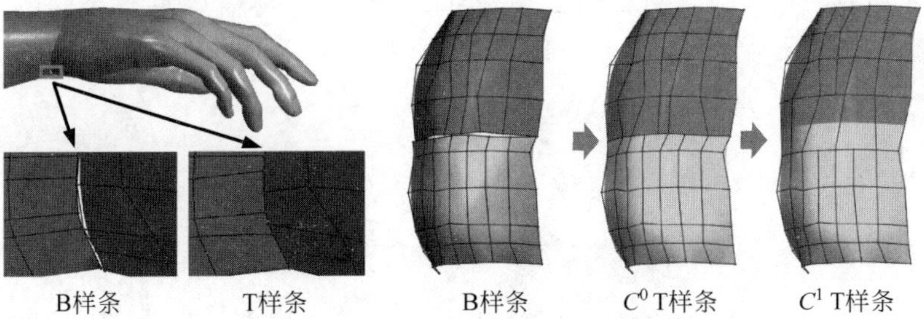

图 6.12　T 样条的无缝拼接

(2) 局部细化。对于张量积 B 样条曲面来说，如果想在控制网格中插入一个控制顶点，则需要插入一整行或者一整列的控制顶点。如果是三变量的 NURBS 实体，则可能需要插入一个拓扑面的控制顶点，这显然不是设计人员所需要的，也不是真正意义上的局部细化。而对于 T 样条曲面或者实体，可以只插入单个控制顶点或少数控制顶点而不改变几何形状。这个特点使得设计者能够更加便捷地对几何模型局部结构进行添加和修改。图 6.13 展示了基于 T 样条局部细分构造几何模型的局部细节特征。

(3) 数据压缩。NURBS 的矩形拓扑结构使得设计时产生大量的冗余控制顶点，T 样条简化方法可以通过去除大部分多余控制点而将 NURBS 曲面简化为 T 样条曲面，这种方法要比使用 B 样条小波分解方法去除更多的控制顶点。在不改变几何形状的情况下，使得曲面数据得到压缩和简化。

T 样条技术以其独特优势引起了学术界的广泛关注，在 CAD/CAE/CAM 领域都得到了相关研究和应用。

在 CAD 领域，T 样条首先被应用于包括蒙皮、过渡、拟合等各类建模功能中。

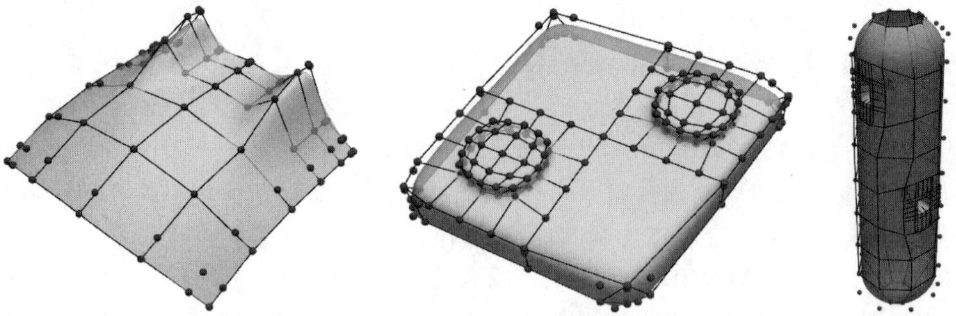

图 6.13 基于 T 样条局部细分构造局部细节特征

曲面蒙皮造型也称为曲面放样，是 CAD 软件中的一项基础建模方法，通过给定一簇截面曲线来构造一张精确经过这些曲线的曲面，广泛应用于机翼、机身、叶片等结构建模。在 NURBS 蒙皮造型时，需要对所有曲线进行节点插入和升阶操作来构造具有公共节点矢量和次数的特征。T 样条蒙皮则不需要构造截面曲线的节点兼容性，并且避免了控制点的冗余。如图 6.14 所示，在 T 网格蒙皮曲面中，相邻截面线不再需要具有相同的节点矢量，控制网格更加稀疏。

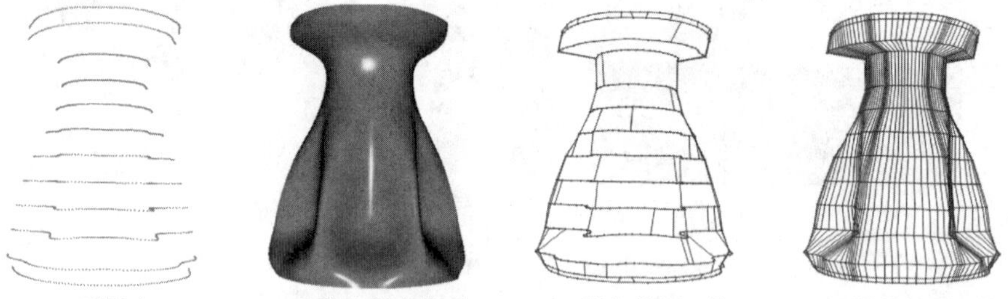

(a) 采样点　(b) T样条蒙皮曲面　(c) T样条控制网格　(d) B样条控制网格

图 6.14 基于 T 样条的蒙皮曲面造型

数据点的重新参数化一直以来都是几何建模领域研究的重要话题之一。在采用 NURBS 技术来构造拟合曲面时，常采用两种方式来控制拟合精度：一种是给定较密的初始控制网格，另一种则是对误差较大区域进行全局细化。这两种方法通常都会导致控制网格过度细化，引入大量冗余的控制点。T 样条的局部细分特性可以较好地弥补这一缺陷，对误差较大区域进行局部细分来提升拟合精度，可以大幅减少全局细化所引入的冗余点。但是，采用 T 样条对数据点进行拟合面临的一个严峻问题是其拟合速度较慢，这主要源自 T 样条局部细分时需要不断查找和判断细分区域。因此，对 T 样条拟合问题的研究主要集中在如何提升拟合算法的效率。为了解决大数据量的 T 样条拟合存在的矩阵块结构丢失、速度慢等问题，蔺宏伟等学者曾提出一种渐进式 T 样条数据拟合算法，对大型数据集的适用性更强。图 6.15 展示了一张人脸三角网格模型的 T 样条自适应拟合过程。

除了蒙皮和拟合算法，T 样条在过渡曲面造型中的应用也得到了关注，基于 T 样条的

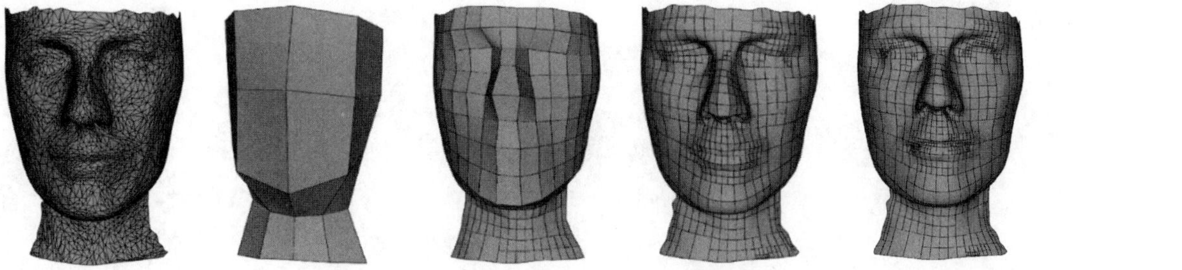

图 6.15　三角网格曲面的 T 样条自适应拟合

过渡曲面可以与基曲面保持 C^2 连续，同时过渡曲面可以与两张基曲面融合为单张 T 样条曲面。

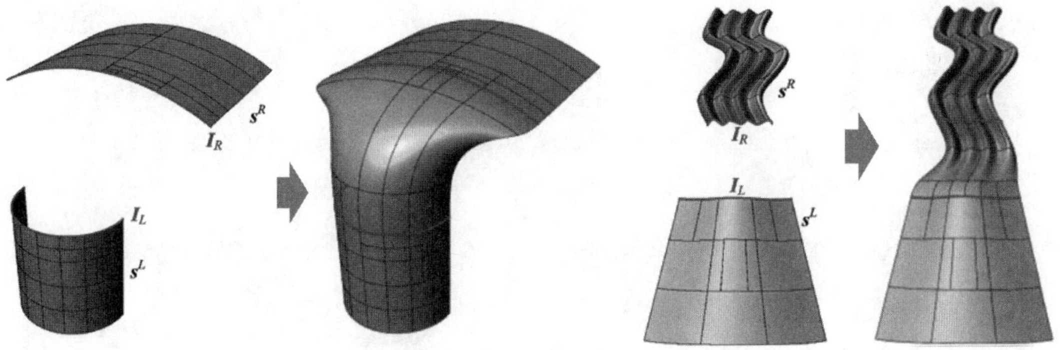

图 6.16　T 样条过渡曲面造型

在 CAE 领域，T 样条主要被应用于等几何分析中。基于 NURBS 的几何建模经常采用拼接和裁剪操作，导致了 CAD 设计模型中存在大量的缝隙和重叠缺陷。在有限元分析的网格剖分中，花费了大量时间来处理这些缺陷。等几何分析虽然可以直接采用 NURBS 基函数来进行数值计算，但同样面临着如何处理这些几何缺陷的问题。近年来也发展了一些新方法（如弱耦合方法）可以从分析计算角度来绕过对几何缺陷的直接处理，但相关方法在计算稳定性、效率、收敛性方面都有待进一步验证。如果能从几何建模阶段便采用 T 样条技术，避免建模过程中的多片拼接和裁剪操作，则可以大幅减少甚至消除缝隙和重叠等缺陷对仿真计算的影响。此外，T 样条的局部细分特性有利于提升等几何分析的收敛速度、局部精度和效率。近年来随着设计、分析和优化的一体化发展，基于 T 样条的等几何形状和拓扑优化也得到了较多关注。图 6.17 展示了基于 T 样条设计的两种几何模型及其等几何分析结果。

T 样条造型技术除了在学术界得到广泛研究，在工业界也得到了诸多关注。Sederberg 等在提出 T 样条后，成立了 T 样条公司，将 T 样条技术从实验室转换为工业应用，并申请了 T 样条专利 US7274364B2。该专利在 2007 获得批准，并于 2024 年 3 月 26 日到期。T 样条公司在早期曾为商用 CAD 软件产品犀牛（Rhino）开发了 T 样条插件，以支持复杂拓扑

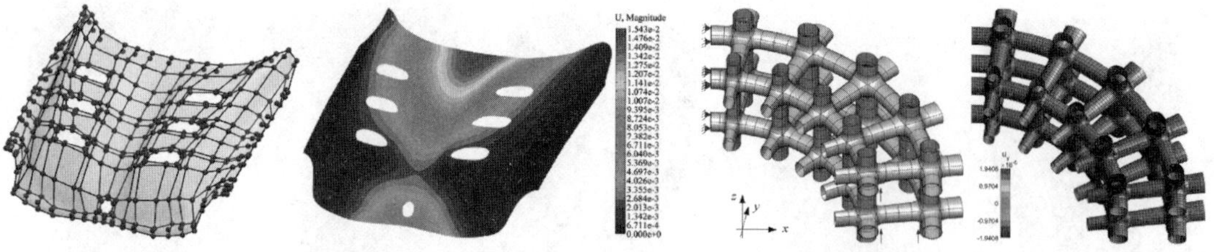

图 6.17　基于 T 样条的几何建模与等几何分析

曲面建模和局部细化。2011 年，T 样条公司被 Autodesk 收购，自此 Autodesk 旗下的 Fusion360 成为了 T 样条技术的主要发展平台。2017 年 1 月，Autodesk 宣布停止对 Rhino 软件中 T 样条插件的支持。此后，犀牛 V5 以上版本不再支持 T 样条插件。

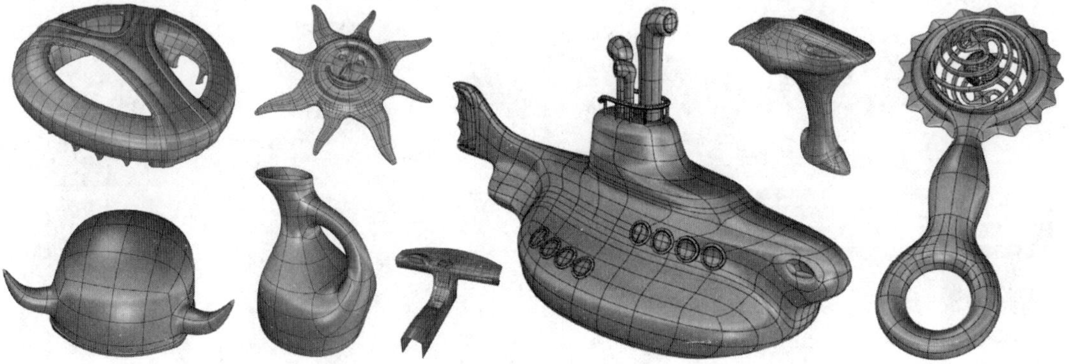

图 6.18　犀牛软件 T 样条插件构造的 T 样条模型

第7章

点的投影与拟合

CHAPTER 7

本章主要介绍 NURBS 曲线和曲面中的两类关键几何计算问题：点到曲线和曲面的投影以及数据点的曲线和曲面重构。点到曲线和曲面的投影指计算点在 NURBS 曲线或曲面上的最近点的坐标及参数，其本质是一个优化问题，利用解析方法计算困难，因此一般采用迭代方法求解。数据点(点云)的曲线和曲面重构是逆向工程的核心算法之一，旨在寻找合适的参数曲线或曲面来拟合给定点云数据。拟合的方式有两种：插值和逼近。插值适用于少量数据点的情形，曲线和曲面精确穿过数据点，强调对细节的精准描述。而逼近则适用于大数据量的情形，曲线和曲面不要求精确穿过数据点，更关注对数据点整体走向的描述。在实际应用中，可能还需要考虑带约束条件的拟合，例如，给定边界切矢条件的曲线和曲面拟合。

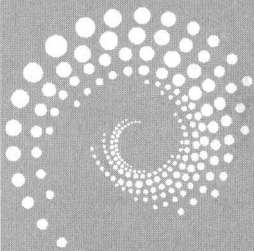

7.1 点到曲线和曲面的投影

点到曲线和曲面的投影是 NURBS 曲线和曲面交互式设计中的常见问题。例如，用户在一组曲线/曲面中选取某一曲线/曲面，可以根据鼠标点与这组曲线/曲面的最小距离来判断所选择的曲线/曲面。此外，曲线和曲面拟合中也经常需要将数据点投影到所拟合的曲线和曲面上来计算拟合误差。注意点到曲线和曲面的法向投影与点到曲线和曲面的最近投影点并不相同，点在曲线和曲面上一定有最近投影点，但可能没有法向投影点，也可能有多个法向投影点。当法向投影距离小于点到曲线端点或者点到曲面边界之间的距离时，法向投影即为最近点投影。本节所述点到曲线和曲面的投影指代点到曲线和曲面的最近点投影。

给定数据点 $\boldsymbol{q}$ 和一条 NURBS 曲线 $\boldsymbol{p}(u)$ 或一张 NURBS 曲面 $\boldsymbol{p}(u,v)$，点 $\boldsymbol{q}$ 到曲线或曲面上的最近点投影从数学上可以描述为：寻找参数曲线或曲面参数域中的 $\bar{u}$ 或者 $(\bar{u},\bar{v})$，使得点 $\boldsymbol{q}$ 到曲线或曲面的距离达到最小，即

$$\|\boldsymbol{p}(\bar{u})-\boldsymbol{q}\| = \min\{\|\boldsymbol{p}(u)-\boldsymbol{q}\|\} \tag{7.1}$$

或

$$\|\boldsymbol{p}(\bar{u},\bar{v})-\boldsymbol{q}\| = \min\{\|\boldsymbol{p}(u,v)-\boldsymbol{q}\|\} \tag{7.2}$$

这一问题又可以变换成一个多项式寻根问题：

$$[\boldsymbol{p}(\bar{u})-\boldsymbol{q}]\cdot\boldsymbol{p}'(\bar{u})=\boldsymbol{0} \tag{7.3}$$

或

$$\begin{cases}[\boldsymbol{p}(\bar{u},\bar{v})-\boldsymbol{q}]\cdot\boldsymbol{p}_u(\bar{u},\bar{v})=\boldsymbol{0}\\ [\boldsymbol{p}(\bar{u},\bar{v})-\boldsymbol{q}]\cdot\boldsymbol{p}_v(\bar{u},\bar{v})=\boldsymbol{0}\end{cases} \tag{7.4}$$

其中，$\boldsymbol{p}'(\bar{u})$表示曲线在点 $\boldsymbol{p}(\bar{u})$处的切矢，$\boldsymbol{p}_u(\bar{u},\bar{v})$与 $\boldsymbol{p}_v(\bar{u},\bar{v})$表示曲面在点 $\boldsymbol{p}(\bar{u},\bar{v})$处的 u 向和 v 向偏导矢，如图 7.1 所示。通过求解方程(7.3)和方程(7.4)，找到所有满足方程

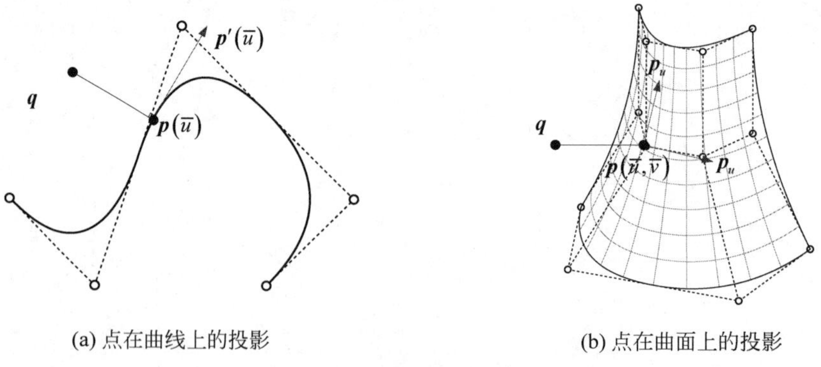

(a) 点在曲线上的投影　　(b) 点在曲面上的投影

图 7.1　点到曲线和曲面上的投影示意图

的根，即参数 $\bar{u}$ 或 $(\bar{u},\bar{v})$，再通过计算这些参数对应的曲线和曲面点与数据点 $\boldsymbol{q}$ 之间的距离来寻找距离最短的参数点。

方程(7.3)和方程(7.4)的求解过程一般包括两个步骤：①去除不包含根的节点区间；②在所有可能包含根的节点区间计算极值点。其中第 1 步对计算效率影响较大，一个好的算法可以最大限度避免“伪最近点”的计算；第 1 步得到的节点区间和参数可以作为第 2 步的输入，并采用数值方法（如牛顿迭代法）来提高计算精度。在已有的文献和算法中，第 2 步的极值点计算方法基本一致，多采用牛顿迭代算法。第 1 步的算法则各有不同，但大多从几何角度来剔除无最近投影点的节点区间。因此，可以将第 1 步称为几何处理算法，第 2 步称为牛顿迭代算法。几何处理算法的功能是在全局范围内相对粗糙地搜索最近投影点位置，牛顿迭代算法则在局部范围计算精准的最近投影点。因牛顿迭代算法的普适性，下面首先介绍牛顿迭代算法。

7.1.1　牛顿迭代算法

牛顿迭代算法是求解点到曲线和曲面的一种经典方法，Piegl 和 Tiller 给出了一套详细的基于牛顿迭代法求解点到曲线和曲面投影的算法。

点到曲线的投影可以转换为式(7.3)中的方程，并基于牛顿迭代法来求解方程的根。由方程(7.3)定义标量函数 $f(u)$ 如下

$$f(u)=[\boldsymbol{p}(u)-\boldsymbol{q}]\cdot\boldsymbol{p}'(u) \tag{7.5}$$

当 $[\boldsymbol{p}(u)-\boldsymbol{q}]\perp\boldsymbol{p}'(u)$ 或者 $\boldsymbol{p}(u)=\boldsymbol{q}$ 时，函数 $f(u)=0$。前者表明点 $\boldsymbol{q}$ 与曲线上点 $\boldsymbol{p}(u)$ 满足投影关系，后者表明点 $\boldsymbol{q}$ 在曲线上且与曲线上点 $\boldsymbol{p}(u)$ 重合。由函数 $f(u)=0$，可列出参数 u 的牛顿迭代公式

$$u_{i+1}=u_i-\frac{f(u_i)}{f'(u_i)}=u_i-\frac{[\boldsymbol{p}(u_i)-\boldsymbol{q}]\cdot\boldsymbol{p}'(u_i)}{[\boldsymbol{p}'(u_i)]^2+[\boldsymbol{p}(u_i)-\boldsymbol{q}]\cdot\boldsymbol{p}''(u_i)} \tag{7.6}$$

给定初值 u_0，由迭代公式即可得到参数 u 的迭代序列。

Piegl 和 Tiller 给出了两个容差 ε_1 与 ε_2 来判断迭代公式(7.6)是否收敛，其中 ε_1 表示欧氏空间距离是否为零，ε_2 表示余弦值是否为零。收敛准则表示为

$$\begin{cases}\text{准则一：}\ |\boldsymbol{p}(u_i)-\boldsymbol{q}|\leqslant\varepsilon_1\\[2mm] \text{准则二：}\ \dfrac{|[\boldsymbol{p}(u_i)-\boldsymbol{q}]\cdot\boldsymbol{p}'(u_i)|}{|\boldsymbol{p}'(u_i)|\,|\boldsymbol{p}(u_i)-\boldsymbol{q}|}\leqslant\varepsilon_2\\[2mm] \text{准则三：}\ |(u_{i+1}-u_i)\boldsymbol{p}'(u_i)|\leqslant\varepsilon_1\end{cases} \tag{7.7}$$

其中，准则一和准则二用于判断点 $\boldsymbol{q}$ 是否在曲线上以及是否满足垂直投影条件；准则三用于处理参数变化不明显的情形，例如最近点位于曲线端点时。

对于点到曲面的投影，根据曲面的两个偏导矢可以列出矢量函数

$$\boldsymbol{F}(\boldsymbol{u})=\boldsymbol{F}(u,v)=\begin{Bmatrix}f_1(u,v)\\ f_2(u,v)\end{Bmatrix}=\begin{Bmatrix}[\boldsymbol{p}(u,v)-\boldsymbol{q}]\cdot\boldsymbol{p}_u(u,v)\\ [\boldsymbol{p}(u,v)-\boldsymbol{q}]\cdot\boldsymbol{p}_v(u,v)\end{Bmatrix} \tag{7.8}$$

根据牛顿迭代法，令 $\boldsymbol{F}(\boldsymbol{u})=\boldsymbol{0}$，可推导下列迭代公式

$$\boldsymbol{J}(\boldsymbol{u}_i)(\boldsymbol{u}_{i+1}-\boldsymbol{u}_i)=-\boldsymbol{F}(\boldsymbol{u}_i) \tag{7.9}$$

其中，

$$\boldsymbol{F}(\boldsymbol{u}_i)=\begin{Bmatrix} f_1(u_i,v_i) \\ f_2(u_i,v_i) \end{Bmatrix}=\begin{Bmatrix} [\boldsymbol{p}(u_i,v_i)-\boldsymbol{q}]\cdot\boldsymbol{p}_u(u_i,v_i) \\ [\boldsymbol{p}(u_i,v_i)-\boldsymbol{q}]\cdot\boldsymbol{p}_v(u_i,v_i) \end{Bmatrix},\quad \boldsymbol{u}_i=\begin{Bmatrix} u_i \\ v_i \end{Bmatrix} \tag{7.10}$$

$$\boldsymbol{J}(\boldsymbol{u}_i)=\begin{Bmatrix} \dfrac{\partial f_1}{\partial u} & \dfrac{\partial f_1}{\partial v} \\ \dfrac{\partial f_2}{\partial u} & \dfrac{\partial f_2}{\partial v} \end{Bmatrix}=\begin{Bmatrix} \boldsymbol{p}_u^2+(\boldsymbol{p}-\boldsymbol{q})\cdot\boldsymbol{p}_{uu} & \boldsymbol{p}_u\cdot\boldsymbol{p}_v+(\boldsymbol{p}-\boldsymbol{q})\cdot\boldsymbol{p}_{uv} \\ \boldsymbol{p}_u\cdot\boldsymbol{p}_v+(\boldsymbol{p}-\boldsymbol{q})\cdot\boldsymbol{p}_{vu} & \boldsymbol{p}_v^2+(\boldsymbol{p}-\boldsymbol{q})\cdot\boldsymbol{p}_{vv} \end{Bmatrix} \tag{7.11}$$

为了简化表述，式(7.11)中函数表达省略了参数(u_i,v_i)。类似于式(7.7)给出的收敛判定准则，点到曲面的收敛准则可以表示为

$$\begin{cases} \text{准则一：}\ |\boldsymbol{p}(u_i,v_i)-\boldsymbol{q}|\leqslant\varepsilon_1 \\ \text{准则二：}\ \dfrac{|[\boldsymbol{p}(u_i,v_i)-\boldsymbol{q}]\cdot\boldsymbol{p}_u(u_i,v_i)|}{|\boldsymbol{p}_u(u_i,v_i)|\,|\boldsymbol{p}(u_i,v_i)-\boldsymbol{q}|}\leqslant\varepsilon_2 \\ \text{准则三：}\ \dfrac{|[\boldsymbol{p}(u_i,v_i)-\boldsymbol{q}]\cdot\boldsymbol{p}_v(u_i,v_i)|}{|\boldsymbol{p}_v(u_i,v_i)|\,|\boldsymbol{p}(u_i,v_i)-\boldsymbol{q}|}\leqslant\varepsilon_2 \\ \text{准则四：}\ |(u_{i+1}-u_i)\boldsymbol{p}_u(u_i,v_i)+(v_{i+1}-v_i)\boldsymbol{p}_v(u_i,v_i)|\leqslant\varepsilon_1 \end{cases} \tag{7.12}$$

其中，准则一用于判断点是否在曲面上；准则二和准则三用于判断是否满足投影条件；准则四用于判断参数的变化是否不明显。给定初值点$[u_0,v_0]$，根据式(7.9)～式(7.12)即可迭代计算最近曲面投影点位置。

图7.2展示了基于牛顿迭代法计算点在曲线和曲面上的投影，数据点选取一条直线上均匀分布的21个点，其中容差设置为$\varepsilon_1=\varepsilon_2=10^{-6}$。为了获得牛顿迭代的初始点，对于曲线，将参数域等分为20段，取其中距离数据点最近的参数作为初值；对于曲面，将每个参数方向等分为20段，取距离数据点最近的矩形格点参数作为初值。由图7.2可知所有的投影均迭代到了准确解。

虽然图7.2给出了正确的点到曲线和曲面上的投影计算，但结果并非总是如此。首先，牛顿迭代算法对初值的选择非常敏感，选取一个合适的初值较为困难。其次，当点投影到曲线自交点附近时，牛顿迭代法可能会给出错误结果。此外，当点位于曲线和曲面边界附近时，牛顿迭代法也经常失败。为了避免牛顿迭代算法存在的缺陷，研究人员提出了几何迭代算法，其核心思想是采用一系列基准几何来局部逼近初始曲线和曲面，将曲线和曲面投影问题转换到对基准几何的投影。图7.3(a)和图7.3(b)展示了两个点在曲线上最近投影错误的案例。图7.3(a)中初始点选择的是靠近数据点的边界点(参数$u_0=0$)，但牛顿迭代法在满足式(7.7)中的收敛准则二时终止迭代，此时投影点并非最近点。图7.3(b)中数据点位于曲线自交点附近，在该点附近满足收敛准则二的投影点有多个，牛顿迭代法并未能找到最近的投影点。

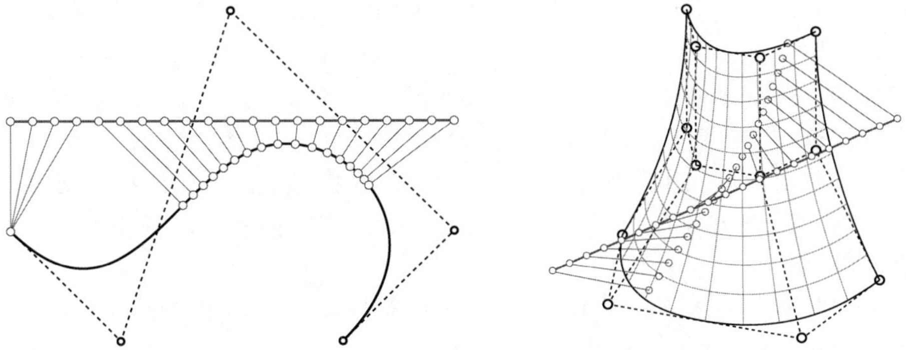

(a) 点在曲线上的投影　　(b) 点在曲面上的投影

图 7.2　基于牛顿迭代法计算点在 NURBS 曲线和曲面上的投影

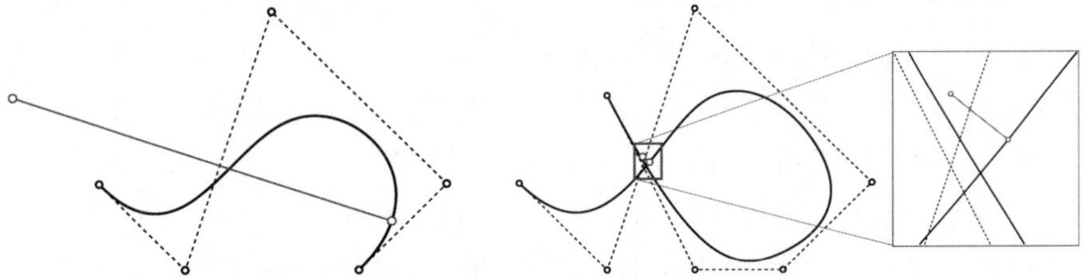

(a) 点在曲线边界附近最近投影错误　　(b) 点在曲线自交点附近最近投影错误

图 7.3　基于牛顿迭代法计算投影点错误案例

直接采用牛顿迭代法来计算数据点到曲线和曲面的最近投影并不总能获得准确解。分析图 7.3 出现错误计算的原因，可以发现主要是因为牛顿迭代在满足正交投影准则时终止迭代，此时法向投影点并不是最近投影点。

7.1.2　几何处理算法

几何处理算法有许多种，基本思路主要是对曲线和曲面进行细分并通过不同方法来剔除不满足最近投影点的区域，这里介绍几何处理算法的主要发展历程和几类经典的几何处理算法。

Piegl 和 Tiller 在构造拟合曲面时，提出通过将点投影到所构造的拟合曲面上来获取散乱点的参数化，其中点的投影包含 3 个步骤：①使用相对几何容差将曲面离散为一系列四边形面片。四边形单元的离散可以采用自适应细分方式进行，通过判断四边形单元是否足够"平坦"来指导细分。②将点投影到最近的四边形单元上，构造"最大面积平面"，并将数据点映射到该平面上，通过二维平面的搜索来提升最近单元搜索的速度。③根据最近四边形单元的角点参数计算点的投影参数。

Ma 和 Hewitt 指出 Piegl 和 Tiller 的方法在四边形单元离散和最近四边形单元搜索方

面代价高昂,并提出了一种新方法计算点的投影和反求问题。算法主要包括 3 个步骤:①将 NURBS 曲线或曲面离散为一系列贝齐尔曲线或贝齐尔曲面片;②根据数据点与贝齐尔曲线控制多边形或贝齐尔曲面控制网格的关系,提取候选贝齐尔曲线或曲面;③计算数据点在候选贝齐尔曲线或曲面上的近似投影点,对比距离来获取最近点,通过在候选贝齐尔曲线和曲面上使用牛顿迭代法,可以极大地避免牛顿迭代法在全局范围内使用所存在的缺陷。后来,Chen 等列出了一个反例来说明 Ma 和 Hewitt 所提方法在判定最近点时会存在误判。

Selimovic 同样给出了一种点到曲线和曲面投影的改进算法,在细分过程中采用新的排除策略来提升算法的稳定性和计算效率。具体算法流程包括:①对曲线和曲面进行递归细分来缩小解的范围。在每个细分步,从内部节点处将曲线或曲面分割为两部分,如果没有内部节点,则在中间参数处分割。②每次细分后,通过分析数据点与控制多边形之间的关系来排除不包含解的区间。这部分对算法效率的影响至关重要,算法效率取决于排除不包含解的区间的能力。③当细分的曲线段或曲面片满足"平面度"条件时,停止细分。通过曲线段或曲面片的控制顶点与逼近直线段或逼近平面片的距离来判断是否满足容差要求,再通过牛顿迭代来计算精确的投影点。为了避免过多的无效细分过程,Selimovic 提出了两个策略来分辨点的曲线或曲面的最近投影点为曲线端点或曲面角点的情形。对于 NURBS 曲线,当$(\boldsymbol{b}_i-\boldsymbol{b}_0)\cdot(\boldsymbol{b}_0-\boldsymbol{q})>0$ 对于所有的控制顶点 $\boldsymbol{b}_i(i=1,2,\cdots,n)$ 均成立时,端点 $\boldsymbol{b}_0$ 即为最近投影点。如图 7.4(a)所示,连接点 $\boldsymbol{q}$ 与端点 $\boldsymbol{b}_0$,判定准则表明曲线所有控制顶点均位于垂直于线段$\overline{\boldsymbol{b}_0\boldsymbol{q}}$ 且经过点 $\boldsymbol{b}_0$ 的直线 $\boldsymbol{t}$ 的右侧,且存在锥形阴影区域使得所有位于该区域的数据点在曲线的最近投影点都是端点 $\boldsymbol{b}_0$。锥形阴影区域可以通过端点 $\boldsymbol{b}_0$ 与其他所有控制顶点 $\boldsymbol{b}_i$ 连线的垂线构成。对于 NURBS 曲面,当$(\boldsymbol{b}_{i,j}-\boldsymbol{b}_{0,0})\cdot(\boldsymbol{b}_{0,0}-\boldsymbol{q})>0$ 对于所有控制顶点 $\boldsymbol{b}_{i,j}(i=1,2,\cdots,n;j=1,2,\cdots,m)$ 均成立时,端点 $\boldsymbol{b}_{0,0}$ 即为最近投影点。如图 7.4(b)所示,连接点 $\boldsymbol{q}$ 与端点 $\boldsymbol{b}_{0,0}$,判定准则表明曲面所有控制顶点均位于垂直于线段 $\overline{\boldsymbol{b}_{0,0}\boldsymbol{q}}$ 且经过点 $\boldsymbol{b}_{0,0}$ 的平面 $\boldsymbol{T}$ 的右侧,且存在楔形体区域使得所有位于该区域的数据点在曲面的最近投影点都是端点 $\boldsymbol{b}_{0,0}$。

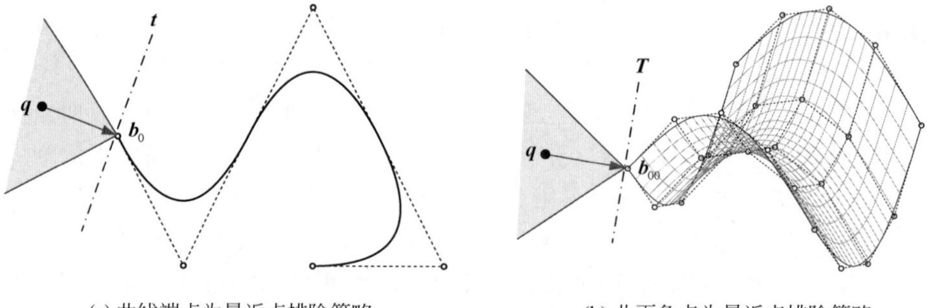

(a) 曲线端点为最近点排除策略　　(b) 曲面角点为最近点排除策略

图 7.4　点到曲线和曲面的最近投影点为曲线端点和曲面角点的判断准则

Chen 等提出一种圆形裁剪策略来计算数据点到 NURBS 曲线的最近点投影。具体地，该算法首先将 p 次 NURBS 曲线抽取为多段贝齐尔曲线，然后计算数据点 $\boldsymbol{q}$ 与每条贝齐尔分段曲线 $\boldsymbol{p}(u)$之间的平方距离函数 $f(u)$如下

$$f(u)=[\boldsymbol{p}(u)-\boldsymbol{q}]^2=\frac{\sum_{i=0}^{2p}B_{i,2p}(u)\hat{w}_i\tau_i}{\sum_{i=0}^{2p}B_{i,2p}(u)\hat{w}_i} \tag{7.13}$$

其中，$f(u)$为标量函数，可以看作一条次数为 $2p$ 的一维有理贝齐尔曲线；τ_i 为控制顶点(标量实数)；$\hat{w}_i$ 为权因子。定义一个以数据点 $\boldsymbol{q}$ 为圆心、以数据点 $\boldsymbol{q}$ 到曲线上点 $\boldsymbol{p}(u)$的距离为半径的裁剪圆，并记为 $\boldsymbol{C}(\boldsymbol{q},\|\boldsymbol{qp}(u)\|)$，最近投影点一定包含在裁剪圆内。对于裁剪圆外部的贝齐尔曲线段则可以直接排除掉。该算法的关键是如何高效地判断曲线段是否位于裁剪圆外部。Chen 等根据式(7.13)中一维贝齐尔曲线的凸包性质和变差减少性质，给出下列两个性质和来辅助判断。

性质 1：给定 $\alpha\in\mathbb{R}^+$，如果 $\tau_i\geqslant\alpha$，对于 $\forall u\in[0,1]$有 $f(u)\geqslant\alpha$。此时贝齐尔曲线段位于裁剪圆 $\boldsymbol{C}(\boldsymbol{q},\|\boldsymbol{qp}(u)\|)$的外部。

性质 2：如果存在一个整数 $k\in[1,2p-1]$，使得对 $\forall i<k$ 有 $\tau_i>\tau_{i+1}$，并且对 $\forall i\geqslant k$ 有 $\tau_i<\tau_{i+1}$，则函数 $f(u)$具有唯一最小值。

在性质 1 中，参数 α 表示数据点与曲线段 $\boldsymbol{p}(u)$的最小平方距离。在算法实现中，将 α 作为全局变量来维护。对于第 j 段贝齐尔曲线，可以计算 $\alpha_j=\min\{\|\boldsymbol{qb}_0\|^2,\|\boldsymbol{qb}_p\|^2\}$，并令 α 的初值为 $\alpha=\min\{\alpha_j\}$。如果一段贝齐尔曲线对应的平方距离函数中的所有 τ_i 都大于 α，则表明该段曲线始终位于以 $\boldsymbol{q}$ 圆心、以$\sqrt{\alpha}$为半径的裁剪圆外，可以将该段曲线排除掉。在性质 2 中，对于每一段贝齐尔曲线构建的实数序列$\{\tau_{i+1}-\tau_i\}$，$(i=0,1,\cdots,2p-1)$，如果该序列中实数符号的变化次数小于或等于 1，则表明该段贝齐尔曲线内含有局部最近投影点。当计算出所有的候选贝齐尔曲线段时，通过二进制搜索和牛顿迭代法来计算精确投影点，并对比各投影点来获取最近投影点。此后，这一方法也被推广至曲面的最近点投影。

Oh 等认为基于裁剪圆的投影策略相对于之前已有方法从几何上来说是最优的，但是通过平方距离函数来判定裁剪圆与曲线的位置关系代价较大，特别是对于高次的有理曲线和曲面。他们使用切线或切平面来排除不包含最近投影点的贝齐尔曲线段或曲面片，以避免构造式(7.13)中的平方距离函数。

7.2　曲线和曲面插值

曲线和曲面插值是应用数学理论中的一个重要分支，也是几何建模与计算图形学中不可避免的一个话题。在第 2 章中介绍了基于一般参数多项式和埃尔米特基等函数的插值曲

线和曲面的构造方法。多项式插值的曲线次数与插值点相关,次数越高,曲线出现扭摆的程度越大。分段或分片参数样条插值又面临连续性的控制问题。本节将介绍基于B样条的曲线和曲面插值算法,可以实现对复杂数据点构造光顺的插值曲线和曲面,同时保持曲线和曲面的低阶性。

7.2.1 给定数据点的曲线插值

在参数多项式插值构造中,数据点的个数要与多项式的待求系数保持一致。给定一组数据点$\{\boldsymbol{Q}_k\}, k=0,1,\cdots,n$及其对应参数$\bar{u}_k$,考查用一条由$n+1$个控制顶点定义的$p$次B样条曲线插值于这组数据点。因此,有以下$n+1$个条件满足

$$\boldsymbol{p}(\bar{u}_k)=\boldsymbol{Q}_k, \quad k=0,1,\cdots,n \tag{7.14}$$

假定B样条曲线的控制顶点记为$\boldsymbol{b}_0,\boldsymbol{b}_1,\cdots,\boldsymbol{b}_n$,由B样条曲线表达式可列出下列方程

$$\boldsymbol{p}(\bar{u}_k)=\sum_{i=0}^{n}\boldsymbol{b}_i N_{i,p}(\bar{u}_k)=\boldsymbol{Q}_k, \quad k=0,1,\cdots,n \tag{7.15}$$

将式(7.15)写成矩阵形式,有

$$\begin{bmatrix}\boldsymbol{Q}_0\\ \boldsymbol{Q}_1\\ \vdots\\ \boldsymbol{Q}_n\end{bmatrix}=\begin{bmatrix}N_{0,p}(\bar{u}_0) & N_{1,p}(\bar{u}_0) & \cdots & N_{n,p}(\bar{u}_0)\\ N_{0,p}(\bar{u}_1) & N_{1,p}(\bar{u}_1) & \cdots & N_{n,p}(\bar{u}_1)\\ \vdots & \vdots & \ddots & \vdots\\ N_{0,p}(\bar{u}_n) & N_{1,p}(\bar{u}_n) & \cdots & N_{n,p}(\bar{u}_n)\end{bmatrix}\begin{bmatrix}\boldsymbol{b}_0\\ \boldsymbol{b}_1\\ \vdots\\ \boldsymbol{b}_n\end{bmatrix}\rightarrow \boldsymbol{Q}=\boldsymbol{N}\boldsymbol{b} \tag{7.16}$$

通过求解$\boldsymbol{b}=\boldsymbol{N}^{-1}\boldsymbol{Q}$可得B样条曲线控制顶点。由于数据点矢量$\boldsymbol{Q}$已知,控制顶点矢量$\boldsymbol{b}$取决于由B样条基函数构成的系数矩阵$\boldsymbol{N}$,继而取决于节点参数$\bar{u}_k$和节点矢量$U$。由B样条基函数的局部性质,对于每一个参数$\bar{u}_k$,至多有$p+1$个基函数非零。因此,当选取适当的数据点参数化方法和节点矢量后,式(7.16)中的系数矩阵可能会形成一个$(n+1)\times(n+1)$的带状矩阵。此外,取首末参数$\bar{u}_0=0$与$\bar{u}_n=1$,系数矩阵的第一行和最后一行都只包含一个非零值,且值为1。例如,以7个控制顶点构造的二次B样条插值曲线方程可以表示为

$$\begin{bmatrix}\boldsymbol{Q}_0\\ \boldsymbol{Q}_1\\ \boldsymbol{Q}_2\\ \boldsymbol{Q}_3\\ \boldsymbol{Q}_4\\ \boldsymbol{Q}_5\\ \boldsymbol{Q}_6\end{bmatrix}=\begin{bmatrix}1 & & & & & & \\ \bigstar & \bigstar & \bigstar & & & & \\ & \bigstar & \bigstar & \bigstar & & & \\ & & \bigstar & \bigstar & \bigstar & & \\ & & & \bigstar & \bigstar & \bigstar & \\ & & & & \bigstar & \bigstar & \bigstar\\ & & & & & & 1\end{bmatrix}\begin{bmatrix}\boldsymbol{b}_0\\ \boldsymbol{b}_1\\ \boldsymbol{b}_2\\ \boldsymbol{b}_3\\ \boldsymbol{b}_4\\ \boldsymbol{b}_5\\ \boldsymbol{b}_6\end{bmatrix} \tag{7.17}$$

其中,★表示二次B样条基函数$N_{i,2}(u_k)$。

数据点$\{\boldsymbol{Q}_k\}, k=0,1,\cdots,n$对应参数$\bar{u}_k$的选择,可以参考第2章中介绍的3类数据点

参数化方法：平均参数化、弦长参数化和向心参数化。基本计算公式如下

- 均匀参数化：$\bar{u}_0=0,\bar{u}_n=1,\bar{u}_k=\dfrac{k}{n},\quad k=1,2,\cdots,n-1$
- 弦长参数化：$\bar{u}_0=0,\bar{u}_n=1,\bar{u}_k=\bar{u}_{k-1}+\dfrac{|\boldsymbol{Q}_k-\boldsymbol{Q}_{k-1}|}{\sum\limits_{k=1}^{n}|\boldsymbol{Q}_k-\boldsymbol{Q}_{k-1}|},\quad k=1,2,\cdots,n-1$ (7.18)
- 向心参数化：$\bar{u}_0=0,\bar{u}_n=1,\bar{u}_k=\bar{u}_{k-1}+\dfrac{\sqrt{|\boldsymbol{Q}_k-\boldsymbol{Q}_{k-1}|}}{\sum\limits_{k=1}^{n}\sqrt{|\boldsymbol{Q}_k-\boldsymbol{Q}_{k-1}|}},\quad k=1,2,\cdots,n-1$

图 7.5 展示了基于 3 种参数化方法对给定数据集构造的二次、三次和四次插值曲线。由图可见，次数越高，数据点间的曲线段一般越远离弦线。

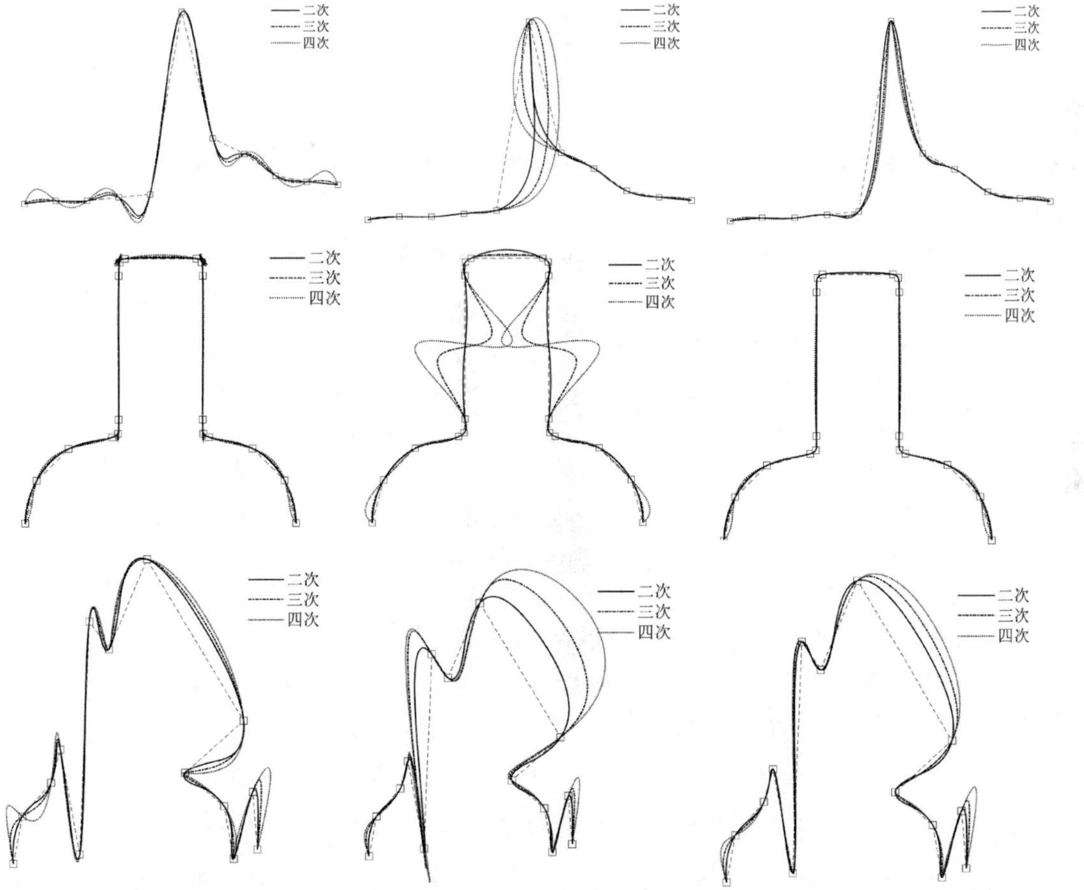

(a) 均匀参数化　(b) 弦长参数化　(c) 向心参数化

图 7.5　使用不同参数化方法生成插值曲线

除上述 3 类经典参数化方法外，Lim 提出了一种通用参数化(universal parametrization)方法，考虑到 B 样条基函数的特征，将 B 样条基函数最大值处的参数值配置给相应数据点。Park 提出了一种移位方法(shifting method)，将封闭曲线插值的数据点参数化转换为对封闭数据点多边形的计算。由于数据点分布的复杂性使得某一类数据点参数化方法难以适用于所有的情形，还有许多方法被相继提出用以提升曲线插值的质量，这里不再详细介绍。一般情况下，弦长参数化和向心参数化即可满足大部分曲线插值的需要。

在数据点参数化确定后，可以通过数据点的参数来构造 B 样条插值曲线的节点矢量，这一过程也称为节点配置。构造的基本原则是节点矢量要尽可能反映参数 $\bar{u}_k$ 的分布情况，为了避免系数矩阵出现奇异的情况，Piegl 和 Tiller 提议采用参数 $\bar{u}_k$ 的一种平均技术来计算节点矢量。

$$\begin{cases} u_0 = u_1 = \cdots = u_p = 0, \quad u_{n+1} = u_{n+2} = \cdots = u_{n+p+1} = 1 \\ u_{j+p} = \dfrac{1}{p} \displaystyle\sum_{i=j}^{j+p-1} \bar{u}_i, \quad j = 1, 2, \cdots, n-p \end{cases} \tag{7.19}$$

这一方法可以保证系数矩阵的正定性，也是当前 B 样条曲线插值应用最为广泛的一种节点配置方法。

总体来说，B 样条曲线插值可以划分为以下 3 个步骤。

(1) 数据点参数化。计算数据点 $\{\boldsymbol{Q}_k\}$，$k=0,1,\cdots,n$ 对应的参数 $\bar{u}_k$，见式(7.18)。

(2) 节点配置。计算插值曲线的节点矢量，见式(7.19)。

(3) 组装方程并求解。计算 B 样条基函数的值，组建方程并求解，见式(7.16)。

下面以一个实例来说明 B 样条曲线插值的计算过程。

【例 7.1】 如图 7.6(a)所示，给定 9 个数据点 $\boldsymbol{Q}_0=[0,9]$，$\boldsymbol{Q}_1=[-12,0]$，$\boldsymbol{Q}_2=[-6,0]$，$\boldsymbol{Q}_3=[-3,4]$，$\boldsymbol{Q}_4=[0,0]$，$\boldsymbol{Q}_5=[3,4]$，$\boldsymbol{Q}_6=[6,0]$，$\boldsymbol{Q}_7=[12,0]$，$\boldsymbol{Q}_8=[0,9]$，试基于弦长参数化构造三次 B 样条曲线插值这些数据点。

解：依据 B 样条曲线插值的 3 个步骤来计算插值曲线。

(1) 数据点参数化。

由各数据点坐标，计算相邻数据点的弦长以及总弦长

$$|\boldsymbol{Q}_1-\boldsymbol{Q}_0| = |\boldsymbol{Q}_8-\boldsymbol{Q}_7| = 15$$
$$|\boldsymbol{Q}_2-\boldsymbol{Q}_1| = |\boldsymbol{Q}_7-\boldsymbol{Q}_6| = 6$$
$$|\boldsymbol{Q}_3-\boldsymbol{Q}_2| = |\boldsymbol{Q}_4-\boldsymbol{Q}_3| = |\boldsymbol{Q}_5-\boldsymbol{Q}_4| = |\boldsymbol{Q}_6-\boldsymbol{Q}_5| = 5$$

则总弦长 $d=\sum_{i=0}^{8}|\boldsymbol{Q}_{i+1}-\boldsymbol{Q}_i|=62$，基于弦长参数化方法计算数据点对应参数 $\bar{u}_k$

$$\bar{u}_k = \left\{0, \frac{15}{62}, \frac{21}{62}, \frac{26}{62}, \frac{31}{62}, \frac{36}{62}, \frac{41}{62}, \frac{47}{62}, 1\right\}$$

(2) 节点配置。

控制顶点数量等于数据点个数，即 $n=8$，次数 $p=3$，则基于弦长参数化计算节点矢量中各节点值如下

$$\begin{cases} u_0=u_1=u_2=u_3=0, & u_9=u_{10}=u_{11}=u_{12}=1 \\ u_4=\dfrac{1}{3}(\bar{u}_1+\bar{u}_2+\bar{u}_3)=\dfrac{1}{3}, & u_5=\dfrac{1}{3}(\bar{u}_2+\bar{u}_3+\bar{u}_4)=\dfrac{13}{31} \\ u_6=\dfrac{1}{3}(\bar{u}_3+\bar{u}_4+\bar{u}_5)=\dfrac{1}{2}, & u_7=\dfrac{1}{3}(\bar{u}_4+\bar{u}_5+\bar{u}_6)=\dfrac{18}{31} \\ u_8=\dfrac{1}{3}(\bar{u}_5+\bar{u}_6+\bar{u}_7)=\dfrac{2}{3} \end{cases}$$

继而节点矢量可以表示为

$$U=\left\{0,0,0,0,\frac{1}{3},\frac{13}{31},\frac{1}{2},\frac{18}{31},\frac{2}{3},1,1,1,1\right\}$$

(3) 组装方程并求解。

根据数据点节点序列 $\bar{u}_k$ 和节点矢量，计算每个参数处的非零基函数，并组建成系数矩阵

$$\boldsymbol{N}=\begin{bmatrix} 1 & 0 & 0 & 0 & 0 & 0 & 0 & 0 & 0 \\ N_{0,3}(\bar{u}_1) & N_{1,3}(\bar{u}_1) & N_{2,3}(\bar{u}_1) & N_{3,3}(\bar{u}_1) & 0 & 0 & 0 & 0 & 0 \\ 0 & N_{1,3}(\bar{u}_2) & N_{2,3}(\bar{u}_2) & N_{3,3}(\bar{u}_2) & N_{4,3}(\bar{u}_2) & 0 & 0 & 0 & 0 \\ 0 & 0 & N_{2,3}(\bar{u}_3) & N_{3,3}(\bar{u}_3) & N_{4,3}(\bar{u}_3) & N_{5,3}(\bar{u}_3) & 0 & 0 & 0 \\ 0 & 0 & 0 & N_{3,3}(\bar{u}_4) & N_{4,3}(\bar{u}_4) & N_{5,3}(\bar{u}_4) & N_{6,3}(\bar{u}_4) & 0 & 0 \\ 0 & 0 & 0 & 0 & N_{4,3}(\bar{u}_5) & N_{5,3}(\bar{u}_5) & N_{6,3}(\bar{u}_5) & N_{7,3}(\bar{u}_5) & 0 \\ 0 & 0 & 0 & 0 & N_{4,3}(\bar{u}_6) & N_{5,3}(\bar{u}_6) & N_{6,3}(\bar{u}_6) & N_{7,3}(\bar{u}_6) & 0 \\ 0 & 0 & 0 & 0 & 0 & N_{5,3}(\bar{u}_7) & N_{6,3}(\bar{u}_7) & N_{7,3}(\bar{u}_7) & N_{8,3}(\bar{u}_7) \\ 0 & 0 & 0 & 0 & 0 & 0 & 0 & 0 & 1 \end{bmatrix}$$

将数据点序列 $\boldsymbol{Q}_i$ 组装成矩阵 $\boldsymbol{Q}$，求解下列方程组

$$\boldsymbol{b}=\boldsymbol{N}^{-1}\boldsymbol{Q}$$

即可得到 B 样条插值曲线的控制顶点(仅保留两位小数)

$$\begin{aligned} &\boldsymbol{b}_0=\boldsymbol{b}_8=[0,9], \quad \boldsymbol{b}_1=[-27.08,15.29], \\ &\boldsymbol{b}_2=[-8.02,-11.43], \quad \boldsymbol{b}_3=[-3.20,7.46] \\ &\boldsymbol{b}_4=[0,-3.61], \quad \boldsymbol{b}_5=[3.20,7.46], \\ &\boldsymbol{b}_6=[8.02,-11.43], \quad \boldsymbol{b}_7=[27.08,15.29] \end{aligned}$$

图 7.6(b)展示了所构造的 B 样条插值曲线及其控制多边形。

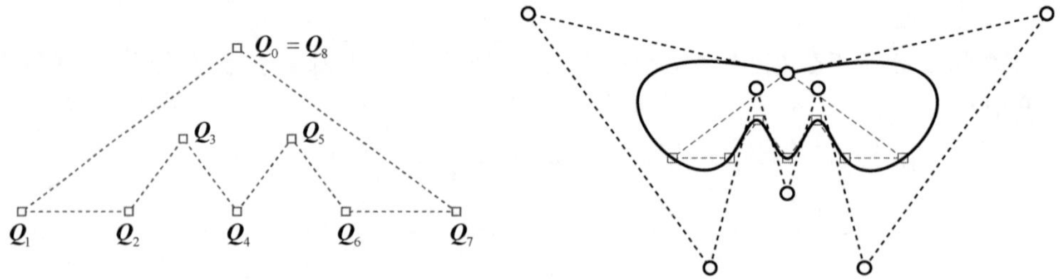

(a) 给定数据点　　(b) 插值曲线及控制多边形

图 7.6　基于弦长参数化的三次 *B* 样条曲线插值

7.2.2　指定导矢的曲线插值

在一些情况下，构造插值曲线时除了需要曲线精确通过给定数据点，还会需要曲线在某些数据点处的导矢等于指定导矢。最常见的约束条件是给定两端点处一阶导矢，此时可以通过在式(7.16)给出的插值方程组中增加两个方程来求解。

令$\{\boldsymbol{Q}_k\}, k=0,1,\cdots,n$ 表示预先给定的待插值数据点，首末数据点处的一阶导矢指定为 $\boldsymbol{T}_0$ 与 $\boldsymbol{T}_n$，构造一条 p 次 B 样条曲线同时插值所有数据点与首末数据点一阶导矢。相对于式(7.15)，多了两个切矢方程，B 样条曲线的控制顶点个数也相应增加两个。此时，数据点插值条件可以表示为

$$\boldsymbol{p}(\bar{u}_k)=\sum_{i=0}^{n+2}\boldsymbol{b}_i N_{i,p}(\bar{u}_k)=\boldsymbol{Q}_k,\quad k=0,1,\cdots,n \tag{7.20}$$

端点切矢插值条件可以写为

$$\boldsymbol{p}(\bar{u}_0)=\frac{p(\boldsymbol{b}_1-\boldsymbol{b}_0)}{u_{p+1}-u_1}=\boldsymbol{T}_0,\quad \boldsymbol{p}(\bar{u}_n)=\frac{p(\boldsymbol{b}_{n+2}-\boldsymbol{b}_{n+1})}{u_{n+p+2}-u_{n+2}}=\boldsymbol{T}_n \tag{7.21}$$

指定的切矢条件对数据点参数化并不产生影响，节点矢量依然从数据点对应的节点序列$\{\bar{u}_k\}$中恢复

$$\begin{cases}u_0=u_1=\cdots=u_p=0,\quad u_{n+3}=u_{n+4}=\cdots=u_{n+p+3}=1\\ u_{j+p+1}=\dfrac{1}{p}\displaystyle\sum_{i=j}^{j+p-1}\bar{u}_i,\quad j=0,1,2,\cdots,n-p+1\end{cases} \tag{7.22}$$

相对于式(7.19)只针对数据点插值的节点矢量构造，这里增加了两个内节点值。式(7.21)中给出的切矢条件可以改写为

$$\boldsymbol{b}_1-\boldsymbol{b}_0=\frac{u_{p+1}}{p}\boldsymbol{T}_0,\quad \boldsymbol{b}_{n+2}-\boldsymbol{b}_{n+1}=\frac{1-u_{n+2}}{p}\boldsymbol{T}_n \tag{7.23}$$

将式(7.20)与式(7.23)合并，并构造如下方程组

$$\begin{bmatrix} N_{0,p}(\bar{u}_0) & N_{1,p}(\bar{u}_0) & N_{2,p}(\bar{u}_0) & \cdots & N_{n+1,p}(\bar{u}_0) & N_{n+2,p}(\bar{u}_0) \\ -1 & 1 & 0 & \cdots & 0 & 0 \\ N_{0,p}(\bar{u}_1) & N_{1,p}(\bar{u}_1) & N_{2,p}(\bar{u}_1) & \cdots & N_{n+1,p}(\bar{u}_1) & N_{n+2,p}(\bar{u}_1) \\ \vdots & \vdots & \vdots & \ddots & \vdots & \vdots \\ N_{0,p}(\bar{u}_{n-1}) & N_{1,p}(\bar{u}_{n-1}) & N_{2,p}(\bar{u}_{n-1}) & \cdots & N_{n+1,p}(\bar{u}_{n-1}) & N_{n+2,p}(\bar{u}_{n-1}) \\ 0 & 0 & 0 & \cdots & -1 & 1 \\ N_{0,p}(\bar{u}_n) & N_{1,p}(\bar{u}_n) & N_{2,p}(\bar{u}_n) & \cdots & N_{n+1,p}(\bar{u}_n) & N_{n+2,p}(\bar{u}_n) \end{bmatrix} \begin{bmatrix} \boldsymbol{b}_0 \\ \boldsymbol{b}_1 \\ \boldsymbol{b}_2 \\ \vdots \\ \boldsymbol{b}_n \\ \boldsymbol{b}_{n+1} \\ \boldsymbol{b}_{n+2} \end{bmatrix} = \begin{bmatrix} \boldsymbol{Q}_0 \\ u_{p+1}\boldsymbol{T}_0/p \\ \boldsymbol{Q}_1 \\ \vdots \\ \boldsymbol{Q}_{n-1} \\ (1-u_{n+2})\boldsymbol{T}_n/p \\ \boldsymbol{Q}_n \end{bmatrix} \tag{7.24}$$

注意这里将两个切矢方程分别放置在方程组的第二个和导数第二个，这样可以保持系数矩阵的带状特征，此时系数矩阵是一个$(n+3)\times(n+3)$的带状矩阵。

在例 7.1 给定的首末数据点处增加切矢条件 $\boldsymbol{T}_0=\boldsymbol{T}_n=(-50,0)$，所构造三次 B 样条插值曲线如图 7.7(a)所示。通过设置切矢条件，可以使得首末重合点处保持切矢连续，相对于图 7.6(b)，插值曲线更加平滑。修改切矢的方向和模长，插值曲线形状会发生显著变化，如图 7.7(b)所示。

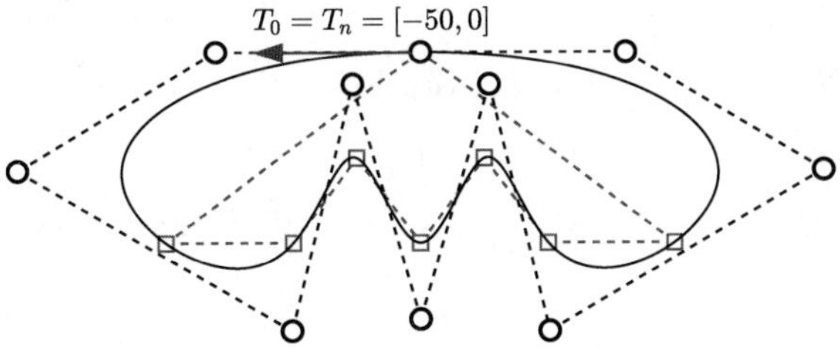

(a) 端点切矢约束曲线插值

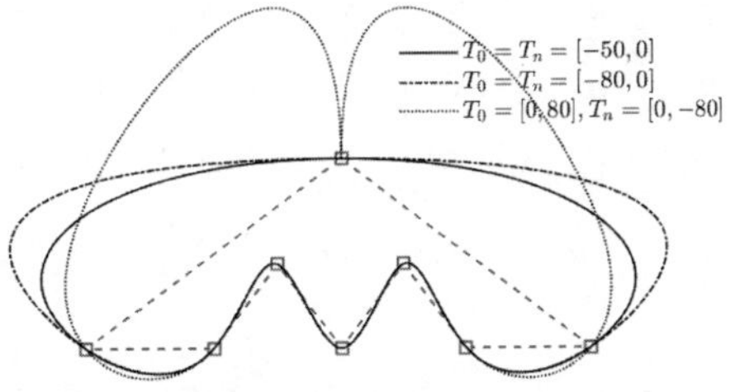

(b) 端点切矢变化

图 7.7　给定数据点和端点切矢的三次 B 样条曲线插值

除在端点处指定一阶导矢外，也可以为每一个数据点指定相应的一阶导矢。给定数据点$\{\boldsymbol{Q}_k\}$，$k=0,1,\cdots,n$ 及其一阶导矢 $\boldsymbol{T}_k$，构造一条 p 次 B 样条曲线 $\boldsymbol{p}(u)$同时插值数据点及其导矢，此时有 $2(n+1)$个约束方程

$$\boldsymbol{p}(\bar{u}_k)=\boldsymbol{Q}_k,\quad \boldsymbol{p}'(\bar{u}_k)=\boldsymbol{T}_k,\quad k=0,1,\cdots,n \tag{7.25}$$

Piegl 和 Tiller 建议使用 $2(n+1)$个控制顶点来定义 B 样条插值曲线，以使得未知量个数等于已知条件个数。由 B 样条曲线的表达式，可以将式(7.25)改写为

$$\begin{cases} \boldsymbol{p}(\bar{u}_k)=\sum\limits_{i=0}^{2n+1}\boldsymbol{b}_i N_{i,p}(\bar{u}_k)=\boldsymbol{Q}_k \\ \boldsymbol{p}'(\bar{u}_k)=\sum\limits_{i=0}^{2n+1}\boldsymbol{b}_i N'_{i,p}(\bar{u}_k)=\boldsymbol{T}_k \end{cases} \tag{7.26}$$

数据点的参数化即$\{\bar{u}_k\}$的构造，依旧参照已有方法，见式(7.18)。节点矢量的构造则需要进行相应调整以适应 $2(n+1)$个控制顶点。当次数取 $p=2$ 和 $p=3$ 时，节点矢量可以按如下方式构造

$$p=2\text{：}U=\left\{0,0,0,\frac{\bar{u}_1}{2},\bar{u}_1,\frac{\bar{u}_1+\bar{u}_2}{2},\bar{u}_2,\cdots,\bar{u}_{n-1},\frac{\bar{u}_{n-1}+1}{2},1,1,1\right\} \tag{7.27}$$

$$p=3\text{：}U=\left\{0,0,0,0,\frac{\bar{u}_1}{2},\frac{2\bar{u}_1+\bar{u}_2}{3},\frac{\bar{u}_1+2\bar{u}_2}{3},\cdots,\frac{\bar{u}_{n-2}+2\bar{u}_{n-1}}{3},\frac{\bar{u}_{n-1}+1}{2},1,1,1,1\right\} \tag{7.28}$$

将式(7.26)给出的 $2(n+1)$个方程按照先数据点插值方程再导矢插值方程的顺序交替排布，形成以下方程组

$$\begin{bmatrix} N_{0,p}(\bar{u}_0) & N_{1,p}(\bar{u}_0) & N_{2,p}(\bar{u}_0) & \cdots & N_{2n,p}(\bar{u}_0) & N_{2n+1,p}(\bar{u}_0) \\ N'_{0,p}(\bar{u}_0) & N'_{1,p}(\bar{u}_0) & N'_{2,p}(\bar{u}_0) & \cdots & N'_{2n,p}(\bar{u}_0) & N'_{2n+1,p}(\bar{u}_0) \\ N_{0,p}(\bar{u}_1) & N_{1,p}(\bar{u}_1) & N_{2,p}(\bar{u}_1) & \cdots & N_{2n,p}(\bar{u}_1) & N_{2n+1,p}(\bar{u}_1) \\ N'_{0,p}(\bar{u}_1) & N'_{1,p}(\bar{u}_1) & N'_{2,p}(\bar{u}_1) & \cdots & N'_{2n,p}(\bar{u}_1) & N'_{2n+1,p}(\bar{u}_1) \\ \vdots & \vdots & \vdots & \ddots & \vdots & \vdots \\ N_{0,p}(\bar{u}_{n-1}) & N_{1,p}(\bar{u}_{n-1}) & N_{2,p}(\bar{u}_{n-1}) & \cdots & N_{2n,p}(\bar{u}_{n-1}) & N_{2n+1,p}(\bar{u}_{n-1}) \\ N'_{0,p}(\bar{u}_{n-1}) & N'_{1,p}(\bar{u}_{n-1}) & N'_{2,p}(\bar{u}_{n-1}) & \cdots & N'_{2n,p}(\bar{u}_{n-1}) & N'_{2n+1,p}(\bar{u}_{n-1}) \\ N'_{0,p}(\bar{u}_n) & N'_{1,p}(\bar{u}_n) & N'_{2,p}(\bar{u}_n) & \cdots & N'_{2n,p}(\bar{u}_n) & N'_{2n+1,p}(\bar{u}_n) \\ N_{0,p}(\bar{u}_n) & N_{1,p}(\bar{u}_n) & N_{2,p}(\bar{u}_n) & \cdots & N_{2n,p}(\bar{u}_n) & N_{2n+1,p}(\bar{u}_n) \end{bmatrix} \begin{bmatrix} \boldsymbol{b}_0 \\ \boldsymbol{b}_1 \\ \boldsymbol{b}_2 \\ \boldsymbol{b}_3 \\ \vdots \\ \boldsymbol{b}_{2n-2} \\ \boldsymbol{b}_{2n-1} \\ \boldsymbol{b}_{2n} \\ \boldsymbol{b}_{2n+1} \end{bmatrix} = \begin{bmatrix} \boldsymbol{Q}_0 \\ \boldsymbol{T}_0 \\ \boldsymbol{Q}_1 \\ \boldsymbol{T}_1 \\ \vdots \\ \boldsymbol{Q}_{n-} \\ \boldsymbol{T}_{n-1} \\ \boldsymbol{T}_n \\ \boldsymbol{Q}_n \end{bmatrix} \tag{7.29}$$

由 B 样条基函数的局部性，上述方程组的系数矩阵为带状矩阵。方程组最后两个方程的顺序被颠倒，以构造更好的带状矩阵。

给定一条海星曲线，其参数方程表示为

$$\begin{cases} x(u)=\left[1+\dfrac{1}{5}\cos(5u)\right]\cos(u) \\ y(u)=\left[1+\dfrac{1}{5}\cos(5u)\right]\sin(u) \end{cases}$$

取其参数 $u=\pi i/5, i=0,1,\cdots,10$ 处的 11 个数据点和 11 个切矢作为插值曲线的输入，首末数据点和切矢重合，如图 7.8(a)所示。构造同时插值数据点和切矢的三次 B 样条曲线，如图 7.8(b)所示，可以发现插值曲线与初始海星曲线有较大差别，即使在这 11 个点处的切矢和点均相等。将每个数据点处的切矢保持方向不变，模长增大为原先的 5 倍，继续构造三次 B 样条曲线如图 7.8(c)所示。此时，插值曲线在数据点处更加饱满，也更接近海星曲线。

在实际应用中，数据点处的切矢难以全部指定，可以仅指定首末数据点处的切矢，内部数据点处的切矢通过第 2 章中介绍的三切矢连续性方程来自动计算。除插值于数据点处的

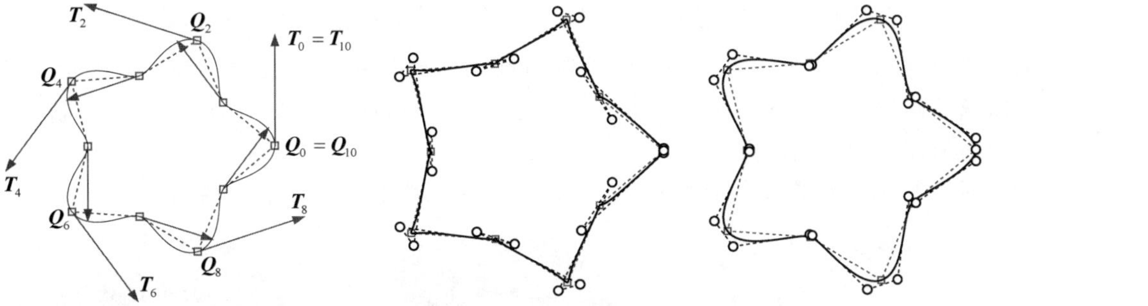

(a) 数据点及一阶导矢　　(b) 三次B样条曲线　　(c) 导矢变为原先5倍

图 7.8　同时插值于数据点及其导矢的三次 B 样条曲线

切矢外，近年来研究人员还探索了对数据点处法矢、曲率等的插值构造方法。

7.2.3　给定数据点的曲面插值

给定呈矩形拓扑阵列的一组数据点 $\boldsymbol{Q}_{ij}$，$i=0,1,\cdots,n$；$j=0,1,\cdots,m$，曲面插值即构造一张 $p\times q$ 次 B 样条曲面经过这组数据点。假定曲面的控制顶点个数等于数据点个数，且与数据点有相同的排布结构，记为 $\boldsymbol{b}_{ij}$，$i=0,1,\cdots,n$；$j=0,1,\cdots,m$，曲面方程表示为

$$\boldsymbol{p}(u,v)=\sum_{i=0}^{n}\sum_{j=0}^{m}N_{i,p}(u)N_{j,q}(v)\boldsymbol{b}_{ij} \tag{7.30}$$

显然可以根据曲线插值来类推曲面插值，将数据点对应的参数代入曲面方程来构造方程组，共有$(n+1)\times(m+1)$个方程。这种方式虽然可行，但是所构造的方程组较为庞大，求解代价较高。如果将插值曲面看作张量积曲面计算的逆过程，则可以大幅简化计算。

首先采用平均方法对曲面数据点进行参数化。对于沿 u 方向的每一排数据点 $\boldsymbol{b}_{ij}$（$i=0,1,\cdots,n$），根据曲线数据点参数化方法对其参数化得到 $\bar{u}_{i,j}$，取平均值

$$\bar{u}_i=\frac{1}{m+1}\sum_{j=0}^{m}\bar{u}_{i,j},\quad i=0,1,\cdots,n \tag{7.31}$$

同理，可以计算沿 v 方向的数据点参数化 $\bar{v}_j$（$j=0,1,\cdots,m$）。将参数（$\bar{u}_i,\bar{v}_j$）作为数据点 $\boldsymbol{Q}_{ij}$ 在曲面 $\boldsymbol{p}(u,v)$中的对应参数。曲面 $\boldsymbol{p}(u,v)$的节点矢量 U 与 V 可以通过节点配置方法分别从节点序列$\{\bar{u}_i\}$（$i=0,1,\cdots,n$）与$\{\bar{v}_j\}$（$j=0,1,\cdots,m$）中恢复。

当数据点参数$\{\bar{u}_i\}$与$\{\bar{v}_j\}$、节点矢量 U 与 V 均已知后，B 样条曲面的控制顶点 $\boldsymbol{b}_{ij}$ 可以按以下步骤计算。

(1) 以节点矢量 U 和数据点参数$\{\bar{u}_i\}$对每一行数据点 $\boldsymbol{Q}_{ij}$，$i=0,1,\cdots,n$ 进行曲线插值（共 $m+1$ 行）。第 j 行数据点记为 $\boldsymbol{Q}_{0j}$，$\boldsymbol{Q}_{1j}$，$\cdots$，$\boldsymbol{Q}_{nj}$，由这 $n+1$ 个数据点计算得到曲线控制顶点记为 $\bar{\boldsymbol{b}}_{0j}$，$\bar{\boldsymbol{b}}_{1j}$，$\cdots$，$\bar{\boldsymbol{b}}_{nj}$。

(2) 以节点矢量 V 和数据点参数 $\{\bar{v}_j\}$ 对每一列曲线控制顶点 $\bar{\boldsymbol{b}}_{ij}$, $j=0,1,\cdots,m$ 进行曲线插值(共 $n+1$ 列)。第 i 列曲线控制顶点 $\bar{\boldsymbol{b}}_{i0},\bar{\boldsymbol{b}}_{i1},\cdots,\bar{\boldsymbol{b}}_{im}$,由这 $m+1$ 个数据点计算得到曲线控制顶点记为 $\boldsymbol{b}_{i0},\boldsymbol{b}_{i1},\cdots,\boldsymbol{b}_{im}$。遍历每一列控制顶点,得到的所有曲线控制顶点 $\boldsymbol{b}_{ij}$ 即为插值曲面的控制顶点。

图 7.9 展示了基于上述方法构造的双二次和双三次 B 样条插值曲面。

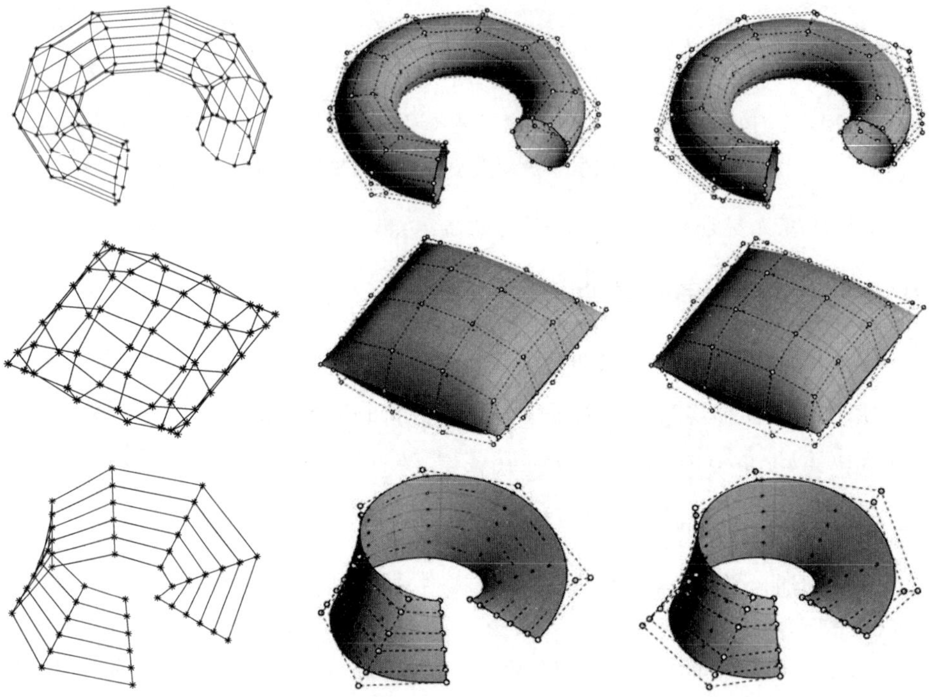

(a) 曲面数据点　　(b) 双二次B样条插值曲面　　(c) 双三次B样条插值曲面

图 7.9　给定数据点的双二次和双三次 B 样条曲面插值

7.2.4　几何迭代法构造插值曲线和曲面

除上述基于方程求解的方式来构造插值曲线和曲面外,近年来一种具有鲜明几何意义的几何迭代方法得了广泛关注。几何迭代法,又称渐近迭代逼近(progressive-iterative approximation,PIA),通过不断迭代更新曲线和曲面的控制顶点,所生成的极限曲线和曲面插值于给定数据点。下面介绍基于几何迭代法构造插值曲线和曲面的基本思路。

给定一组数据点 $\{\boldsymbol{Q}_i, i=0,1,\cdots,n\}$,通过数据点参数化和节点配置后的参数序列和节点矢量分别记为 $\{\bar{u}_i\}$ 与 $U=\{u_0,u_1,\cdots,u_{n+p+1}\}$。以数据点 $\{\boldsymbol{Q}_i, i=0,1,\cdots,n\}$ 作为控制顶点构造一条 p 次初始 B 样条曲线如下

$$\boldsymbol{p}^{(0)}(u)=\sum_{i=0}^{n}N_{i,p}(u)\boldsymbol{b}_i^{(0)},\quad \boldsymbol{b}_i^{(0)}=\boldsymbol{Q}_i \tag{7.32}$$

根据参数序列$\{\bar{u}_i\}$计算数据点$\boldsymbol{Q}_i$与曲线点$\boldsymbol{p}^{(0)}(\bar{u}_i)$之间的差矢量$\boldsymbol{\Delta}_i^{(0)}$，记为

$$\boldsymbol{\Delta}_i^{(0)}=\boldsymbol{Q}_i-\boldsymbol{p}^{(0)}(\bar{u}_i),\quad i=0,1,\cdots,n \tag{7.33}$$

将差矢量$\boldsymbol{\Delta}_i^{(0)}$叠加到控制顶点$\boldsymbol{b}_i^{(0)}$上，得到新控制顶点$\boldsymbol{b}_i^{(1)}$，并生成新曲线$\boldsymbol{p}^{(1)}(u)$

$$\boldsymbol{p}^{(1)}(u)=\sum_{i=0}^{n}N_{i,p}(u)\boldsymbol{b}_i^{(1)},\quad \boldsymbol{b}_i^{(1)}=\boldsymbol{b}_i^{(0)}+\boldsymbol{\Delta}_i^{(0)} \tag{7.34}$$

重复上述过程，可构造 B 样条曲线的迭代序列。假定第 k 次迭代后的新曲线记为

$$\boldsymbol{p}^{(k)}(u)=\sum_{i=0}^{n}N_{i,p}(u)\boldsymbol{b}_i^{(k)} \tag{7.35}$$

由$\boldsymbol{p}^{(k)}(u)$计算差矢量$\boldsymbol{\Delta}_i^{(k)}=\boldsymbol{Q}_i-\boldsymbol{p}^{(k)}(\bar{u}_i)$，并叠加到控制顶点$\boldsymbol{b}_i^{(k)}$，生成的第 $k+1$ 条曲线表示为

$$\boldsymbol{p}^{(k+1)}(u)=\sum_{i=0}^{n}N_{i,p}(u)\boldsymbol{b}_i^{(k+1)} \tag{7.36}$$

其中，

$$\boldsymbol{\Delta}_i^{(k)}=\boldsymbol{Q}_i-\boldsymbol{p}^{(k)}(\bar{u}_i),\quad \boldsymbol{b}_i^{(k+1)}=\boldsymbol{b}_i^{(k)}+\boldsymbol{\Delta}_i^{(k)},\quad \boldsymbol{b}_i^{(0)}=\boldsymbol{Q}_i,\quad i=0,1,\cdots,n \tag{7.37}$$

式(7.36)和式(7.37)即为几何迭代法构造 B 样条插值曲线的迭代计算形式。

整个几何迭代过程会产生一个曲线序列$\{\boldsymbol{p}^{(k)}(u),k=0,1,\cdots\}$，且该曲线序列会收敛到插值于给定数据点的曲线，即

$$\lim_{k\to\infty}\boldsymbol{p}^{(k)}(\bar{u}_i)=\boldsymbol{Q}_i,\quad i=0,1,\cdots,n \tag{7.38}$$

将第 k 个迭代步的差矢量写成矩阵形式

$$\boldsymbol{\Delta}^{(k)}=[\boldsymbol{\Delta}_0^{(k)},\boldsymbol{\Delta}_1^{(k)},\boldsymbol{\Delta}_2^{(k)},\cdots,\boldsymbol{\Delta}_n^{(k)}]^{\mathrm{T}} \tag{7.39}$$

结合式(7.36)和式(7.37)，可得差矢量矩阵形式的递推公式

$$\boldsymbol{\Delta}^{(k+1)}=(\boldsymbol{I}-\boldsymbol{N})\boldsymbol{\Delta}^{(k)} \tag{7.40}$$

其中，$\boldsymbol{I}$ 为单位矩阵；$\boldsymbol{N}$ 为基函数配置矩阵。

$$\boldsymbol{N}=\begin{bmatrix} N_{0,p}(\bar{u}_0) & N_{1,p}(\bar{u}_0) & \cdots & N_{n,p}(\bar{u}_0) \\ N_{0,p}(\bar{u}_1) & N_{1,p}(\bar{u}_1) & \cdots & N_{n,p}(\bar{u}_1) \\ \vdots & \vdots & \ddots & \vdots \\ N_{0,p}(\bar{u}_n) & N_{1,p}(\bar{u}_n) & \cdots & N_{n,p}(\bar{u}_n) \end{bmatrix} \tag{7.41}$$

图 7.10 展示了基于几何迭代方法和三次 B 样条插值例 7.1 中平面数据点的迭代过程。取第 k 个迭代步的拟合误差为

$$E_k=\max\{\|\boldsymbol{\Delta}_i^{(k)}\|,i=0,1,\cdots,n\} \tag{7.42}$$

图 7.10(a)为初始曲线，拟合误差为 5.2154；图 7.10(b)～图 7.10(f)分别为迭代 5 次、10 次、15 次、20 次和 40 次后的曲线，曲线逐渐逼近给定数据点，拟合误差分别为 1.7560、

1.0506、0.4765、0.2015、0.0059。给定拟合误差为 1×10^{-8}，曲线在迭代 116 次后停止，此时误差为 8.5517×10^{-9}。

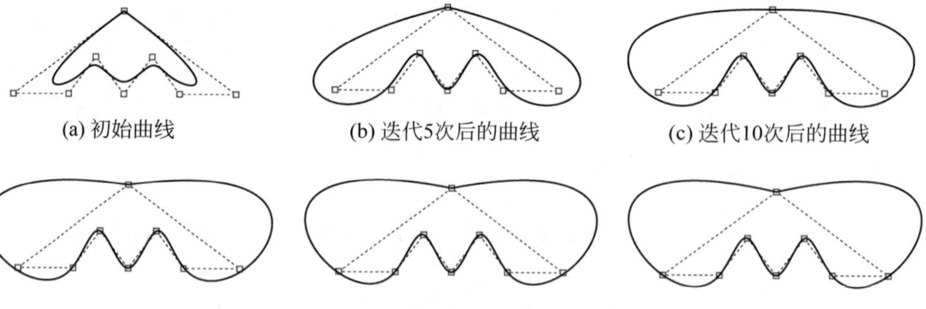

(a) 初始曲线　(b) 迭代5次后的曲线　(c) 迭代10次后的曲线

(d) 迭代15次后的曲线　(e) 迭代20次后的曲线　(f) 迭代40次后的曲线

图 7.10　基于几何迭代法和三次 B 样条曲线拟合例 7.1 中的数据点

图 7.11 展示了基于几何迭代方法和三次 B 样条插值空间数据点的迭代过程。数据点取自三叶结曲线，其方程表示为

$$\begin{cases}x(u)=\sin(u)+2\sin(2u)\\y(u)=\cos(u)-2\cos(2u)\\z(u)=-\sin(3u)\end{cases}$$

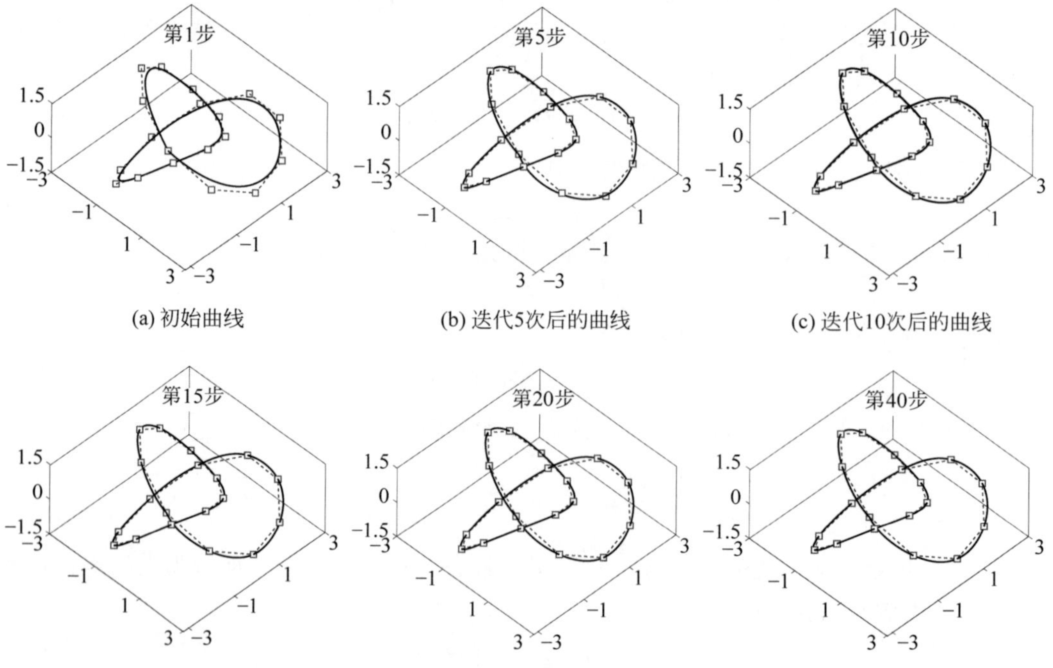

(a) 初始曲线　(b) 迭代5次后的曲线　(c) 迭代10次后的曲线

(d) 迭代15次后的曲线　(e) 迭代20次后的曲线　(f) 迭代40次后的曲线

图 7.11　基于几何迭代法和三次 *B* 样条曲线拟合三叶结曲线上均匀分布的 20 个数据点

取参数域 $u\in[0,2\pi]$ 上均匀分布的 20 个数据点，图 7.11(a)所示为初始曲线，图 7.10(b)～图 7.10(f)分别为迭代 5 次、10 次、15 次、20 次和 40 次后的曲线。初始曲线误差和迭代曲线误差依次为 0.6023、0.069、0.0149、0.0034、7.9569×10^{-4}、2.3519×10^{-6}。

对于曲面数据点的拟合，几何迭代法同样适用。给定呈矩形拓扑阵列的数据点 $\boldsymbol{Q}_{ij}$ ($i=0,1,\cdots,n;j=0,1,\cdots,m$)，假定数据点对应的参数序列 $\{\bar{u}_i\}$ 与 $\{\bar{v}_i\}$ 以及两个方向的节点矢量 U 与 V 均已知，构造第 0 步的 $p\times q$ 次初始插值曲面如下

$$\boldsymbol{p}^{(0)}(u,v)=\sum_{i=0}^{n}\sum_{j=0}^{m}N_{i,p}(u)N_{j,q}(v)\boldsymbol{b}_{ij}^{(0)} \tag{7.43}$$

其中，

$$\boldsymbol{b}_{ij}^{(0)}=\boldsymbol{Q}_{ij},\quad i=0,1,\cdots,n;\ j=0,1,\cdots,m \tag{7.44}$$

由初始曲面构造差矢量

$$\boldsymbol{\Delta}_{ij}^{(0)}=\boldsymbol{Q}_{ij}-\boldsymbol{p}^{(0)}(\bar{u}_i,\bar{v}_j) \tag{7.45}$$

将差矢量 $\boldsymbol{\Delta}_{ij}^{(0)}$ 叠加到控制顶点 $\boldsymbol{b}_{ij}^{(0)}$ 可得到第 1 步的插值曲面控制顶点 $\boldsymbol{b}_{ij}^{(1)}$，继而生成第 1 步的插值曲面。假定第 k 步的插值曲面 $\boldsymbol{p}^{(k)}(u,v)$ 已知，基于几何迭代法的第 $k+1$ 步插值曲面构造过程可以表示为

$$\begin{cases}\boldsymbol{\Delta}_{ij}^{(k)}=\boldsymbol{Q}_{ij}-\boldsymbol{p}^{(k)}(\bar{u}_i,\bar{v}_j)\\ \boldsymbol{b}_{ij}^{(k+1)}=\boldsymbol{b}_{ij}^{(k)}+\boldsymbol{\Delta}_{ij}^{(k)}\\ \boldsymbol{p}^{(k+1)}(u,v)=\displaystyle\sum_{i=0}^{n}\sum_{j=0}^{m}N_{i,p}(u)N_{j,q}(v)\boldsymbol{b}_{ij}^{(k+1)}\end{cases} \tag{7.46}$$

与曲线插值过程一样，曲面插值也可以得到一个曲面序列 $\{\boldsymbol{p}^{(k)}(u,v),k=0,1,\cdots\}$，且该曲面序列的极限曲面插值于给定数据点。

将差矢量按顺序排列成矩阵形式

$$\boldsymbol{\Delta}^{(k)}=[\boldsymbol{\Delta}_{00}^{(k)},\boldsymbol{\Delta}_{01}^{(k)},\cdots,\boldsymbol{\Delta}_{0m}^{(k)},\boldsymbol{\Delta}_{10}^{(k)},\boldsymbol{\Delta}_{11}^{(k)},\cdots,\boldsymbol{\Delta}_{1m}^{(k)},\cdots,\boldsymbol{\Delta}_{n0}^{(k)},\boldsymbol{\Delta}_{n1}^{(k)},\cdots,\boldsymbol{\Delta}_{nm}^{(k)}]^{\mathrm{T}} \tag{7.47}$$

基于 B 样条的差矢量矩阵迭代形式可以表示为

$$\boldsymbol{\Delta}^{(k+1)}=(\boldsymbol{I}-\boldsymbol{N})\boldsymbol{\Delta}^{(k)},\quad k=0,1,\cdots \tag{7.48}$$

其中基函数配置矩阵 $\boldsymbol{N}$ 表示为(⊗为 Kronecker 乘积)

$$\boldsymbol{N}=\boldsymbol{N}_u\otimes\boldsymbol{N}_v \tag{7.49}$$

$$\boldsymbol{N}_u=\begin{bmatrix}N_{0,p}(\bar{u}_0) & N_{1,p}(\bar{u}_0) & \cdots & N_{n,p}(\bar{u}_0)\\ N_{0,p}(\bar{u}_1) & N_{1,p}(\bar{u}_1) & \cdots & N_{n,p}(\bar{u}_1)\\ \vdots & \vdots & \ddots & \vdots\\ N_{0,p}(\bar{u}_n) & N_{1,p}(\bar{u}_n) & \cdots & N_{n,p}(\bar{u}_n)\end{bmatrix},\quad \boldsymbol{N}_v=\begin{bmatrix}N_{0,q}(\bar{v}_0) & N_{1,q}(\bar{v}_0) & \cdots & N_{m,q}(\bar{v}_0)\\ N_{0,q}(\bar{v}_1) & N_{1,q}(\bar{v}_1) & \cdots & N_{m,q}(\bar{v}_1)\\ \vdots & \vdots & \ddots & \vdots\\ N_{0,q}(\bar{v}_m) & N_{1,q}(\bar{v}_m) & \cdots & N_{m,q}(\bar{v}_m)\end{bmatrix} \tag{7.50}$$

图 7.12 展示了基于几何迭代法和双三次 B 样条曲面拟合圆环面上均匀分布的 9×11

个数据点。图 7.12(a)为初始曲面,图 7.12(b)～图 7.12(f)分别为迭代 1 次、2 次、3 次、4 次和 20 次后的曲面。取每个迭代步差矢量的最大模长作为迭代误差,即

$$E_k = \max\{\|\boldsymbol{\Delta}_{ij}^{(k)}\|, i=0,1,\cdots,n;\ j=0,1,\cdots,m\} \tag{7.51}$$

初始曲面误差和迭代曲面误差依次为 0.8177、0.2709、0.1112、0.0604、0.0411、4.2761×10^{-4}。

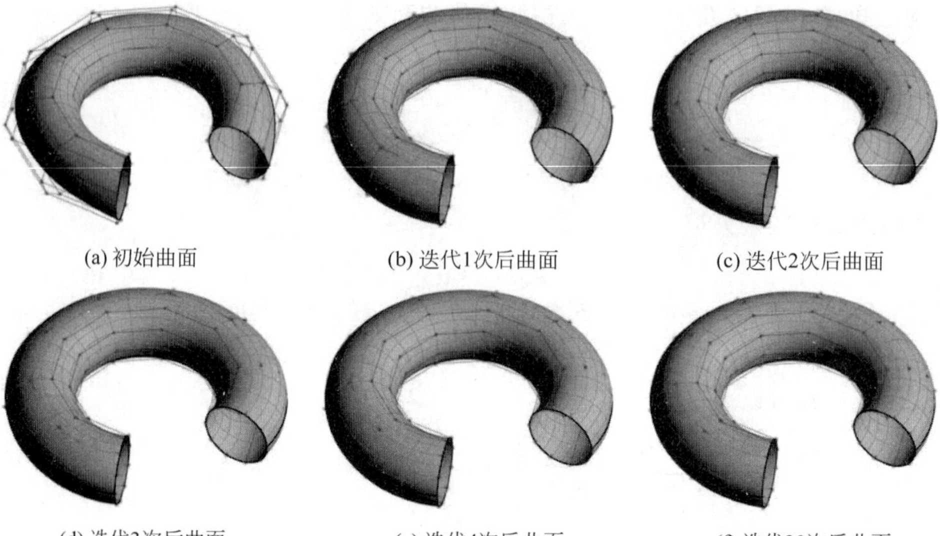

(a) 初始曲面　(b) 迭代1次后曲面　(c) 迭代2次后曲面

(d) 迭代3次后曲面　(e) 迭代4次后曲面　(f) 迭代20次后曲面

图 7.12　基于几何迭代法和双三次 B 样条曲面拟合圆环面上均匀分布的 9×11 个数据点

7.3　曲线和曲面逼近

曲线和曲面插值旨在寻求对数据点的精确描述,而曲线和曲面逼近则寻求对数据点整体形态的近似描述。在实际应用中,对数据点的精确插值有时并不可取,例如,当数据点存在噪声点时,插值曲线和曲面易出现局部波动,逼近则可以较好地克服曲线和曲面的波动问题,且所需控制顶点数相对更少。在逆向工程中,通过数据采集设备获取物体表面的点云数据,进行去噪、补缺等处理后,再将点云数据转换为几何模型,曲线和曲面逼近是逆向工程中几何模型重建的核心技术之一。随着先进制造、数字孪生和全生命周期管理等技术的发展,对制造模型的数字化建模成为高精密装配、监测、运维和再制造等场景的重要环节,曲线和曲面逼近是数字化模型重建不可或缺的技术。

7.3.1　最小二乘曲线和曲面逼近

最小二乘方法是曲线和曲面逼近中的一种经典方法,用于从数据点中构造光滑曲线或

曲面，并在最小二乘定义下使得数据点与逼近几何的误差达到最小。

首先考查基于 B 样条曲线的最小二乘逼近。给定一组数据点 $\boldsymbol{Q}_i, i=0,1,\cdots,m$，尝试以控制顶点 $\boldsymbol{b}_i, i=0,1,\cdots,n(n<m)$ 和节点矢量 U 的定义的一条 p 次非有理 B 样条曲线 $\boldsymbol{p}(u)$ 来逼近这组数据点，有

$$\boldsymbol{p}(u)=\sum_{i=0}^{n}N_{i,p}(u)\boldsymbol{b}_i,\quad u\in[0,1] \tag{7.52}$$

令曲线的首末端点与首尾数据点重合，即 $\boldsymbol{p}(0)=\boldsymbol{b}_0=\boldsymbol{Q}_0, \boldsymbol{p}(1)=\boldsymbol{b}_n=\boldsymbol{Q}_m$。假定数据点 $\boldsymbol{Q}_i$ 在曲线参数域中均有顺序对应的参数 $\bar{u}_i$，定义数据点 $\boldsymbol{Q}_i$ 与曲线上点 $\boldsymbol{p}(\bar{u}_i)$ 之间距离的平方和为最小二乘逼近的误差函数

$$f=\sum_{k=0}^{m}\|\boldsymbol{Q}_k-\boldsymbol{p}(\bar{u}_k)\|^2=\sum_{k=1}^{m-1}\|\boldsymbol{Q}_k-\boldsymbol{p}(\bar{u}_k)\|^2=\sum_{k=1}^{m-1}\left\|\boldsymbol{Q}_k-\sum_{i=0}^{n}N_{i,p}(\bar{u}_k)\boldsymbol{b}_i\right\|^2 \tag{7.53}$$

令

$$\boldsymbol{R}_k=\boldsymbol{Q}_k-N_{0,p}(\bar{u}_k)\boldsymbol{b}_0-N_{n,p}(\bar{u}_k)\boldsymbol{b}_n \tag{7.54}$$

代入式(7.53)可得

$$f=\sum_{k=1}^{m-1}\left\|\boldsymbol{Q}_k-\sum_{i=0}^{n}N_{i,p}(\bar{u}_k)\boldsymbol{b}_i\right\|^2=\sum_{k=1}^{m-1}\left\|\boldsymbol{R}_k-\sum_{i=1}^{n-1}N_{i,p}(\bar{u}_k)\boldsymbol{b}_i\right\|^2 \tag{7.55}$$

其中，仅控制顶点 $\boldsymbol{b}_i(i=0,1,\cdots,n)$ 是未知量；误差函数 f 是矢量控制顶点 $\boldsymbol{b}_i$ 的标量函数。函数 f 在对控制顶点 $\boldsymbol{b}_j$ 的一阶导数为零矢量的情形下取得最小值，计算导函数

$$\frac{\partial f}{\partial \boldsymbol{b}_j}=2\sum_{k=1}^{m-1}\left\{-N_{j,p}(\bar{u}_k)\boldsymbol{R}_k+N_{j,p}(\bar{u}_k)\sum_{i=1}^{n-1}N_{i,p}(\bar{u}_k)\boldsymbol{b}_i\right\},\quad j=1,2,\cdots,n-1 \tag{7.56}$$

令导函数 $\partial f/\partial \boldsymbol{b}_j=\boldsymbol{0}$，可得

$$\sum_{k=1}^{m-1}\sum_{i=1}^{n-1}N_{j,p}(\bar{u}_k)N_{i,p}(\bar{u}_k)\boldsymbol{b}_i=\sum_{k=1}^{m-1}N_{j,p}(\bar{u}_k)\boldsymbol{R}_k \tag{7.57}$$

取 $j=1,2,\cdots,n-1$，可将式(7.57)整理为如下矩阵形式

$$(\mathbf{N}^{\mathrm{T}}\mathbf{N})\boldsymbol{b}=\mathbf{N}^{\mathrm{T}}\boldsymbol{R} \tag{7.58}$$

其中，

$$\underset{(m-1)\times(n-1)}{\mathbf{N}}=\begin{bmatrix} N_{1,p}(\bar{u}_1) & N_{2,p}(\bar{u}_1) & \cdots & N_{n-1,p}(\bar{u}_1) \\ N_{1,p}(\bar{u}_2) & N_{2,p}(\bar{u}_2) & \cdots & N_{n-1,p}(\bar{u}_1) \\ \vdots & \vdots & \ddots & \vdots \\ N_{1,p}(\bar{u}_{m-1}) & N_{2,p}(\bar{u}_{m-1}) & \cdots & N_{n-1,p}(\bar{u}_{m-1}) \end{bmatrix} \tag{7.59}$$

$$\boldsymbol{b}=[\boldsymbol{b}_1\quad \boldsymbol{b}_2\quad \cdots\quad \boldsymbol{b}_{n-1}]^{\mathrm{T}},\quad \boldsymbol{R}=[\boldsymbol{R}_1\quad \boldsymbol{R}_2\quad \cdots\quad \boldsymbol{R}_{m-1}]^{\mathrm{T}} \tag{7.60}$$

若数据点对应的参数序列 $\{\bar{u}_i\}$ 和逼近曲线节点矢量 U 已知，则矩阵 $\mathbf{N}$ 已知，此时求解

式(7.58)可得控制顶点 $\boldsymbol{b}_j(j=1,2,\cdots,n-1)$。图7.13展示了基于三次B样条构造的逼近曲线，随着控制顶点个数的增加，曲线对数据点的逼近效果更好。

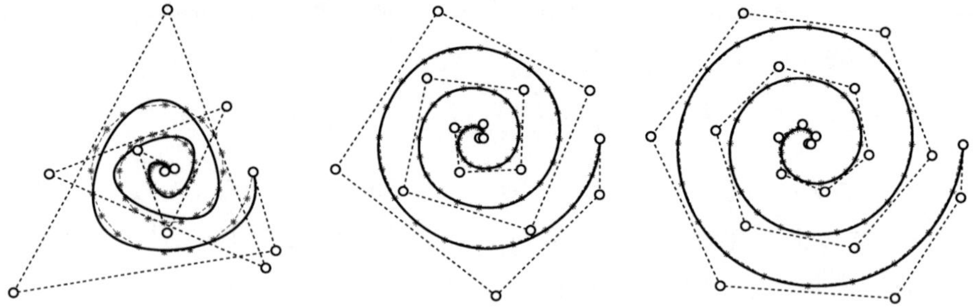

(a) $p=3, m=60, n=10$ (b) $p=3, m=60, n=15$ (c) $p=3, m=60, n=20$

图7.13 三次B样条逼近曲线

参数序列 $\{\bar{u}_i\}$ 可以通过数据点参数化方法获取，如均匀参数化、弦长参数化和向心参数化等。因为控制顶点个数 $n+1$ 与数据点个数 $m+1$ 不相关，节点配置方法与曲线插值有较大差别。一种经典的方法(knot placement technique，KPT)是取连续数个参数 $\{\bar{u}_i\}$ 的平均来配置节点矢量。

$$\begin{cases} u_{p+j}=(1-\alpha)\bar{u}_{i-1}+\alpha\bar{u}_i, & j=1,2,\cdots,n-p \\ d=\dfrac{m+1}{n-p+1}, \quad i=\operatorname{int}(jd), & \alpha=jd-i \end{cases} \tag{7.61}$$

其中，$\operatorname{int}(\tau)$ 表示小于或等于 τ 的最大整数。这种节点配置方法可以保证每个节点区间内包含至少一个参数 $\bar{u}_k$，且系数矩阵 $(\boldsymbol{N}^{\mathrm{T}}\boldsymbol{N})$ 满足正定性，条件数较好，采用不选主元的高斯消去法即可求解。但是这种方法与曲线插值中节点配置的形式不相同，因此在构造拟合曲线时需要根据控制顶点个数与数据点个数之间的关系划分为 $n<m$ 和 $n=m$ 两种情况进行分别考虑。此外，当逼近曲线控制顶点个数接近数据点个数时，曲线会发生局部波动。

Piegl 和 Tiller 提出了可以与插值曲线节点配置方法一致的另一种逼近曲线节点配置新方法(new knot placement technique，NKPT)，将参数序列分为 $(m+1)/(n+1)$ 个连续数组，然后取 $n+1$ 个平均值 γ_i，再对连续 p 个平均值 γ_i 进行平均来获取节点矢量，公式形式表达如下

$$\begin{cases} u_{p+j}=\dfrac{1}{p}\sum\limits_{i=j}^{j+p-1}\gamma_i, & j=1,2,\cdots,n-p \\ \gamma_i=\dfrac{1}{\alpha_i-\beta_i+1}\sum\limits_{k=\beta_i}^{\alpha_i}\bar{u}_k, & i=0,1,\cdots,n \end{cases} \tag{7.62}$$

其中，

$$d_i=\frac{(i+1)(m+1)}{n+1}-1, \quad \alpha_i=\operatorname{int}(d_i+0.5), \quad \beta_i=\alpha_{i-1}+1, \quad \beta_0=0 \tag{7.63}$$

施法中指出上述方法没有考虑到数据点的对称性，即数据点满足对称时，逼近曲线可能不满足对称性。提议将式(7.61)中常数 d 的分子由 $m+1$ 变更为 $m+2$，其他保持不变，称此方法为修正的节点配置技术(modified knot placement technique，MKPT)，此时在数据点具有对称性的情形下所构造的逼近曲线也具有对称性。针对插值曲线与逼近曲线节点配置方法不统一的问题，施法中进一步提出了一种统一均匀化方法(united averaging technique，UAVG)

$$\begin{cases} u_j=0, \quad u_{n+j+1}=1, & j=0,1,\cdots,p \\ u_{p+j}=\dfrac{1}{m-n+p}\displaystyle\sum_{i=j}^{m-n+p-1+j}\bar{u}_i, & j=1,2,\cdots,n-p \end{cases} \tag{7.64}$$

此方法既解决了逼近曲线的对称性问题，也实现了曲线插值和逼近两种问题中节点配置方法不统一的问题。但是该方法在特定参数化方法下可能会引起系数矩阵的奇异，继而导致逼近曲线异常。

图 7.14 展示了控制顶点数与数据点数接近时基于 4 种节点配置方法的一个曲线逼近实例。数据点个数为 11，控制顶点个数取 10，次数取 3 次，由图 7.14 可见 MKPT 和 UAVG 方法实现了逼近曲线的对称性，但 UAVG 方法产生了较大的波动。

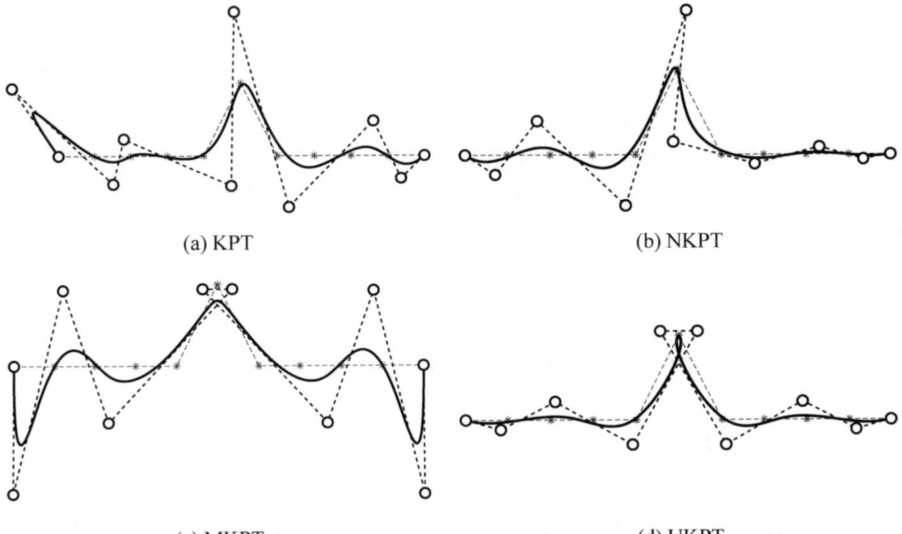

(a) KPT (b) NKPT

(c) MKPT (d) UKPT

图 7.14 控制顶点数与数据点数接近时样条曲线拟合，$p=3$，$m=10$，$n=9$

图 7.15 展示了控制顶点数与数据点数相差较大时基于 4 种节点配置方法的一个曲线逼近实例。数据点个数为 201，控制顶点个数取 11，次数取 3 次，KPT、NKPT 和 MKPT 方法均实现了较好的逼近效果，但 UAVG 方法产生了巨大偏差，部分控制顶点超出了屏幕显示范围。

一般而言，NKPT 方法能满足大部分曲线逼近的需要，是一种较为合适的初始节点配

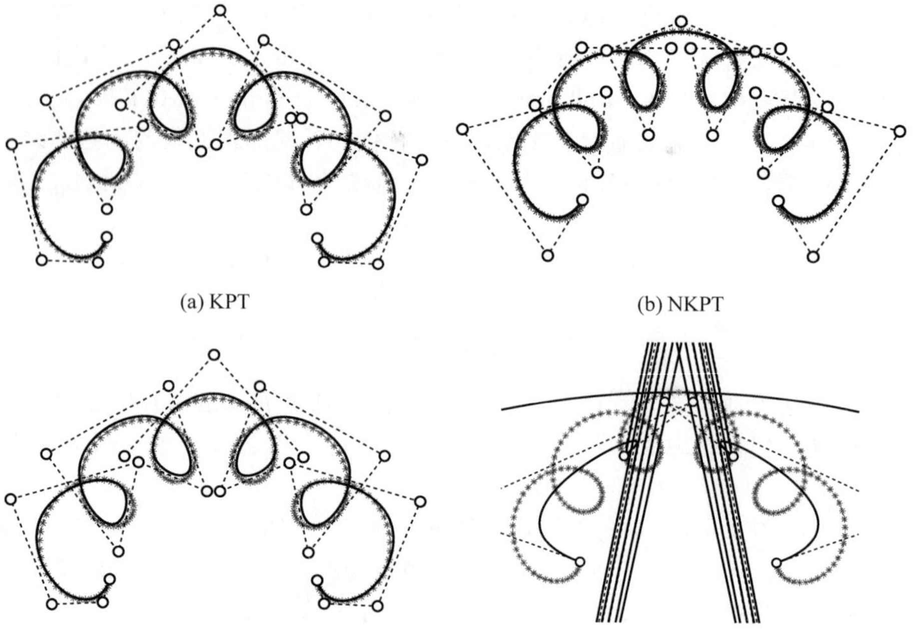

(a) KPT　(b) NKPT　(c) MKPT　(d) UAVG

图 7.15　控制顶点数与数据点数相差较大时的 B 样条曲线拟合，$p=3$，$m=200$，$n=20$

置方法。当控制顶点数接近数据点个数时，不会发生较大局部振荡。且在控制顶点数等于数据点数时，与曲线插值中节点配置结果保持一致。

对于曲面的最小二乘逼近，可以类似曲面插值的方式，循环借助曲线最小二乘逼近来实现。给定呈矩形拓扑阵列的$(r+1)\times(s+1)$个数据点 $\boldsymbol{Q}_{kl}(k=0,1,\cdots r,l=0,1,\cdots s)$，采用一张由$(n+1)\times(m+1)$个控制顶点 $\boldsymbol{b}_{ij}(i=0,1,\cdots n,j=0,1,\cdots m)$定义的 u 向为 p 次、v 向为 q 次的 B 样条曲面来逼近这组数据点，基本思路如下。

(1) 对曲面数据点进行双向参数化，得到参数序列$\{u_k,k=0,1,\cdots r\}$与$\{v_l,l=0,1,\cdots s\}$。

(2) 由节点配置方法依据参数序列$\{u_k\}$与$\{v_l\}$确定节点矢量 U 和 V。

(3) 沿 u 方向对每排 $r+1$ 数据点使用 $n+1$ 个控制顶点定义的 p 次 B 样条曲线进行逼近，这里沿 u 方向的矩阵 $\boldsymbol{N}$ 和 $\boldsymbol{N}^{\mathrm{T}}\boldsymbol{N}$ 仅需计算一次，共生成$(n+1)\times(s+1)$个控制顶点 $\bar{\boldsymbol{b}}_{ij}(i=0,1,\cdots n,j=0,1,\cdots s)$。

(4) 将第(3)步生成的控制顶点 $\bar{\boldsymbol{b}}_{ij}$ 作为数据点，沿 v 方向依次对每排点使用 $m+1$ 个控制顶点定义的 q 次 B 样条曲线进行逼近，同样沿 v 方向矩阵 $\boldsymbol{N}$ 和 $\boldsymbol{N}^{\mathrm{T}}\boldsymbol{N}$ 仅需计算一次，共生成$(n+1)\times(m+1)$个控制顶点$\{\boldsymbol{b}_{ij}\}(i=0,1,\cdots n,j=0,1,\cdots m)$，即为拟合曲面的控制顶点。

图 7.16(a)展示了给定的 21×21 个呈台阶状的数据点阵，图 7.16(b)和图 7.16(c)分别

为基于 7×7 和 13×13 个控制顶点构造的双三次 B 样条逼近曲面。图 7.16(b)给出的逼近曲面未能描绘出曲面的台阶状，而图 7.16(c)的逼近曲面则较好地表示了数据点的台阶状。

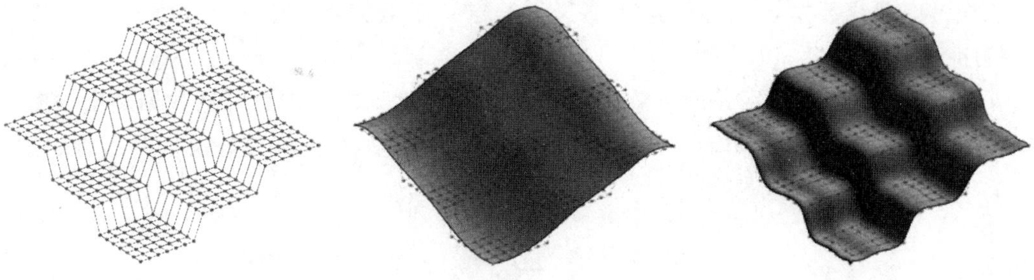

(a) 给定数据点，$r=s=20$　(b) 逼近曲面，$n=m=6$　(c) 逼近曲面，$n=m=12$

图 7.16　双三次 B 样条逼近曲面

在实际应用中经常需要逼近曲线和曲面满足给定偏差，最小二乘逼近的偏差受控制顶点个数的影响较大。一般可以从相对较少的控制顶点个数开始构造逼近曲线和曲面，检查偏差，若不满足则增加控制顶点的数量。也可以从相对较多的控制顶点数开始，若偏差远小于给定偏差，则减少控制顶点的个数。偏差的定义有两种方式

$$E_{\mathrm{crv}}=\max_{0\leqslant i\leqslant n}\|\boldsymbol{Q}_i-\boldsymbol{p}(\bar{u}_i)\|,\quad E_{\mathrm{srf}}=\max_{0\leqslant i\leqslant n,0\leqslant j\leqslant m}\|\boldsymbol{Q}_{ij}-\boldsymbol{p}(\bar{u}_i,\bar{v}_i)\| \tag{7.65}$$

或者

$$\begin{aligned}E_{\mathrm{crv}}&=\max_{0\leqslant i\leqslant n}\left(\min_{0\leqslant u\leqslant 1}(\|\boldsymbol{Q}_i-\boldsymbol{p}(u)\|)\right),\\E_{\mathrm{srf}}&=\max_{0\leqslant i\leqslant n,0\leqslant j\leqslant m}\left(\min_{0\leqslant u\leqslant 1,0\leqslant v\leqslant 1}(\|\boldsymbol{Q}_{ij}-\boldsymbol{p}(u,v)\|)\right)\end{aligned} \tag{7.66}$$

第一种方式(式(7.65))是将数据点到其参数对应的曲线和曲面点的距离最大值作为偏差，第二种方式(式(7.66))则是计算每个数据点到曲线和曲面的最近投影点距离，将最大距离作为偏差。第一种方式的计算效率最高，第二种方式的偏差计算更精确，且最终生成的满足给定偏差的逼近曲线和曲面可能具有更少控制顶点，但是计算成本高昂。可以根据应用场景来具体选择，如果对控制顶点数量的要求较严苛，可以选用第二种方式，否则应用第一种方式即可满足大部分需求。

在上述最小二乘曲线和曲面的构造过程中，一般先确定数据点参数化，再确定节点矢量，最后根据参数化和节点矢量来构造逼近曲线和曲面。为了更加准确地构造逼近曲线和曲面，也可以将数据点参数化、节点矢量和控制顶点全部或者部分视为未知量来寻找最小二乘解。此时，最小二乘拟合问题变成一个高度非线性问题，直接导致求解困难。近些年一系列自适应方法和智能优化算法等相继被提出来求解该问题，且在特定场景表现出了更好的逼近效果。

7.3.2　几何迭代法构造逼近曲线和曲面

几何迭代法避免了方程组的求解，以迭代形式来拟合曲线和曲面。除了插值，在曲线和

曲面逼近中也同样适用。此时，控制顶点个数与数据点个数不再一致，差矢量的构造需要对数据点进行分组计算。

首先考虑曲线数据点的几何迭代逼近。给定一组数据点$\{\boldsymbol{Q}_j, j=0,1,\cdots,m\}$，其对应的参数序列记为$\{\bar{u}_j\}$，以一条由$n+1(n<m)$个控制顶点$\{\boldsymbol{b}_i, i=0,1,\cdots,n\}$和节点矢量$U=\{u_0,u_1,\cdots,u_{n+p+1}\}$定义的$p$次B样条曲线来逼近该组数据点。从数据点中顺序选取$n+1$个点作为初始控制顶点$\boldsymbol{b}_i^{(0)}=\boldsymbol{Q}_{f(i)}$，$\boldsymbol{b}_i^{(0)}$的选取方式不影响该算法的收敛性，构造曲线如下

$$\boldsymbol{p}^{(0)}(u)=\sum_{i=0}^{n}N_{i,p}(u)\boldsymbol{b}_i^{(0)} \tag{7.67}$$

当初始曲线给定后，首先根据数据点及其参数构造数据点差矢量$\boldsymbol{\delta}_j^{(0)}$，有

$$\boldsymbol{\delta}_j^{(0)}=\boldsymbol{Q}_j-\boldsymbol{p}^{(0)}(\bar{u}_j),\quad j=0,1,\cdots,m \tag{7.68}$$

其次，将所有的数据点差矢量$\boldsymbol{\delta}_j^{(0)}$分为$n+1$组。分组策略为：对于第$i$个B样条基函数$N_{i,p}(u)$，如果参数$\bar{u}_j$使得$N_{i,p}(\bar{u}_j)$不等于零，则将数据点差矢量$\boldsymbol{\delta}_j^{(0)}$归为第$i$组，并将所有使得$N_{i,p}(\bar{u}_j)\neq 0$的下标$j$放入数组$I_i$。随后，根据$I_i$中下标对应的所有数据点差矢量$\boldsymbol{\delta}_j^{(0)}$，计算控制顶点$\boldsymbol{b}_i^{(0)}$对应的控制顶点差矢量$\boldsymbol{\Delta}_i^{(0)}$，有

$$\boldsymbol{\Delta}_i^{(0)}=\frac{\sum\limits_{j\in I_i}\boldsymbol{\delta}_j^{(0)}N_{i,p}(\bar{u}_j)}{\sum\limits_{j\in I_i}N_{i,p}(\bar{u}_j)},\quad i=0,1,\cdots,n \tag{7.69}$$

将控制顶点差矢量$\boldsymbol{\Delta}_i^{(0)}$加到控制顶点$\boldsymbol{b}_i^{(0)}$上，得到新的控制顶点$\boldsymbol{b}_i^{(1)}$，有

$$\boldsymbol{b}_i^{(1)}=\boldsymbol{b}_i^{(0)}+\boldsymbol{\Delta}_i^{(0)},\quad i=0,1,\cdots,n \tag{7.70}$$

最后，由新控制顶点$\boldsymbol{b}_i^{(1)}$构造一条新的B样条曲线$\boldsymbol{p}^{(1)}(u)$，有

$$\boldsymbol{p}^{(1)}(u)=\sum_{i=0}^{n}N_{i,p}(u)\boldsymbol{b}_i^{(1)} \tag{7.71}$$

将曲线$\boldsymbol{p}^{(0)}(u)$更新为$\boldsymbol{p}^{(1)}(u)$的过程推广至第k条曲线$\boldsymbol{p}^{(k)}(u)$更新为第$k+1$条曲线$\boldsymbol{p}^{(k+1)}(u)$，可得迭代更新公式如下

$$\begin{cases}\boldsymbol{p}^{(k+1)}(u)=\sum\limits_{i=0}^{n}N_{i,p}(u)\boldsymbol{b}_i^{(k+1)}, & u\in[u_p,u_{n+1}]\\ \boldsymbol{b}_i^{(k+1)}=\boldsymbol{b}_i^{(k)}+\boldsymbol{\Delta}_i^{(k)}, & i=0,1,\cdots,n\\ \boldsymbol{\Delta}_i^{(k)}=\sum\limits_{j\in I_i}\boldsymbol{\delta}_j^{(k)}N_{i,p}(\bar{u}_j)\Big/\sum\limits_{j\in I_i}N_{i,p}(\bar{u}_j), & i=0,1,\cdots,n\\ \boldsymbol{\delta}_j^{(k)}=\boldsymbol{Q}_j-\boldsymbol{p}^{(k)}(\bar{u}_j), & j=0,1,\cdots,m\end{cases} \tag{7.72}$$

因此，逼近过程可以得到一个曲线序列$\{\boldsymbol{p}^{(k)}(u), k=0,1,\cdots\}$，其极限曲线即为数据点$\{\boldsymbol{Q}_j, j=0,1,\cdots,m\}$对应的最小二乘曲线，该几何迭代法也称为最小二乘渐近迭代逼近。

为了使得逼近曲线插值于数据点的两个端点，可以在每个迭代步令差矢量$\boldsymbol{\Delta}_0^{(k)}=\boldsymbol{\Delta}_n^{(k)}=\boldsymbol{0}$。对于初始曲面控制顶点的选择，可以令$\boldsymbol{b}_i^{(0)}=\boldsymbol{Q}_{f(i)}, f(i)=\lfloor (m+1)i/n \rfloor$，其中符号$\lfloor a \rfloor$表示小于或等于$a$的整数。

图 7.17 展示了基于几何迭代法的三次 B 样条逼近 101 个数据点的迭代过程，第一行用了 11 个控制顶点，第二行用了 21 个控制顶点。

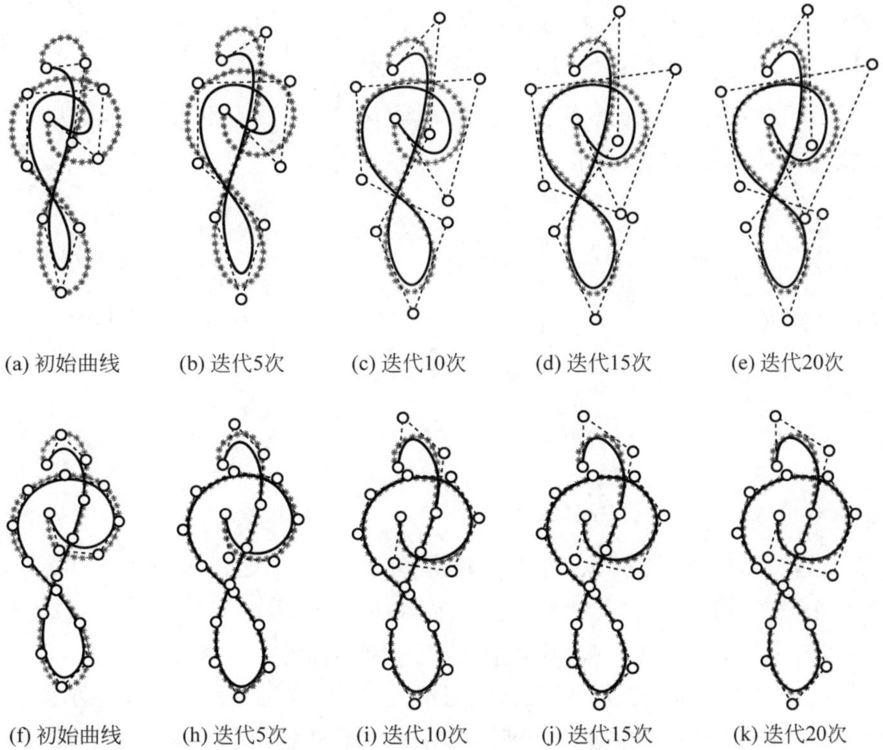

图 7.17　基于几何迭代法的三次 B 样条逼近曲线，第一行控制顶点数 $n=10$，第二行控制顶点 $n=20$

对于曲面数据点的最小二乘渐近迭代逼近，与曲线方法类似。给定一组呈矩形拓扑阵列的数据点$\{\boldsymbol{Q}_{rs}, r=0,1,\cdots,g;\ s=0,1,\cdots,h\}$，进行数据点参数化后的参数序列记为$\{\bar{u}_r, \bar{v}_s\}$。采用一张由$(n+1)\times(m+1)$个控制顶点$\{\boldsymbol{b}_{ij}, i=0,1,\cdots n, j=0,1,\cdots m\}$定义的$u$向为$p$次、$v$向为$q$次的 B 样条曲面来逼近这组数据点，令初始逼近曲面的控制顶点$\boldsymbol{b}_{ij}^{(0)}$由数据点中选取，则初始曲面可以表示为

$$\boldsymbol{p}^{(0)}(u,v)=\sum_{i=0}^{n}\sum_{j=0}^{m}N_{i,p}(u)N_{j,q}(v)\boldsymbol{b}_{ij}^{(0)} \tag{7.73}$$

根据数据点及其参数，计算数据点差矢量

$$\boldsymbol{\delta}_{rs}^{(0)}=\boldsymbol{Q}_{rs}-\boldsymbol{p}^{(0)}(\bar{u}_r,\bar{v}_s) \tag{7.74}$$

将数据点差矢量$\boldsymbol{\delta}_{rs}^{(0)}$按照张量积函数$N_{i,p}(\bar{u}_r)N_{j,q}(\bar{v}_s)$是否为零来分组。对于第$(i,j)$个控制顶点，将所有满足$N_{i,p}(\bar{u}_r)N_{j,q}(\bar{v}_s)\neq 0$的下标对记入集合$I_{ij}$，则控制顶点$\boldsymbol{b}_{ij}^{(0)}$对应的差矢量表示为

$$\boldsymbol{\Delta}_{ij}^{(0)}=\frac{\sum\limits_{(r,s)\in I_{ij}} N_{i,p}(\bar{u}_r)N_{j,q}(\bar{v}_s)\boldsymbol{\delta}_{rs}^{(0)}}{\sum\limits_{(r,s)\in I_{ij}} N_{i,p}(\bar{u}_r)N_{j,q}(\bar{v}_s)} \tag{7.75}$$

基于控制顶点差矢量更新控制顶点坐标

$$\boldsymbol{b}_{ij}^{(1)}=\boldsymbol{b}_{ij}^{(0)}+\boldsymbol{\Delta}_{ij}^{(0)} \tag{7.76}$$

基于新控制顶点$\boldsymbol{b}_{ij}^{(1)}$可构造第 1 次迭代曲面$\boldsymbol{p}^{(1)}(u,v)$。假定第$k$次迭代曲面已知，则第$k+1$次迭代曲面$\boldsymbol{p}^{(k+1)}(u,v)$可以按如下公式更新

$$\begin{cases}\boldsymbol{p}^{(k+1)}(u)=\sum\limits_{i=0}^{n}\sum\limits_{j=0}^{m}N_{i,p}(u)N_{j,q}(v)\boldsymbol{b}_{ij}^{(k+1)}, & u\in[u_p,u_{n+1}],v\in[v_q,v_{m+1}]\\ \boldsymbol{b}_{ij}^{(k+1)}=\boldsymbol{b}_{ij}^{(k)}+\boldsymbol{\Delta}_{ij}^{(k)}, & i=0,1,\cdots,n;\ j=0,1,\cdots,m\\ \boldsymbol{\Delta}_{ij}^{(k)}=\dfrac{\sum\limits_{(r,s)\in I_{ij}}\boldsymbol{\delta}_{rs}^{(k)}N_{i,p}(\bar{u}_r)N_{j,q}(\bar{v}_s)}{\sum\limits_{(r,s)\in I_{ij}}N_{i,p}(\bar{u}_r)N_{j,q}(\bar{v}_s)}, & i=0,1,\cdots,n;\ j=0,1,\cdots,m\\ \boldsymbol{\delta}_{rs}^{(k)}=\boldsymbol{Q}_{rs}-\boldsymbol{p}^{(k)}(\bar{u}_r,\bar{v}_s), & r=0,1,\cdots,g;\ s=0,1,\cdots,h\end{cases} \tag{7.77}$$

为了使逼近曲面插值于数据点的 4 个角点，可以在每个迭代步令差矢量$\boldsymbol{\Delta}_{00}^{(k)}=\boldsymbol{\Delta}_{n0}^{(k)}=\boldsymbol{\Delta}_{0m}^{(k)}=\boldsymbol{\Delta}_{nm}^{(k)}=\boldsymbol{0}$。基于上述迭代公式得到的曲面序列$\{\boldsymbol{p}^{(k)}(u,v),k=0,1,\cdots\}$收敛于以数据点$\{\boldsymbol{Q}_{rs},r=0,1,\cdots,g;s=0,1,\cdots,h\}$构造的最小二乘曲面。

图 7.18 所示为基于最小二乘渐近迭代逼近方法构造一张由 9×9 个控制顶点定义的双三次 B 样条曲面来逼近 30×30 个数据点。图 7.18(a)展示了初始数据点排布，图 7.18(b)为初始逼近曲面，图 7.18(c)为迭代 10 次之后的逼近曲面。

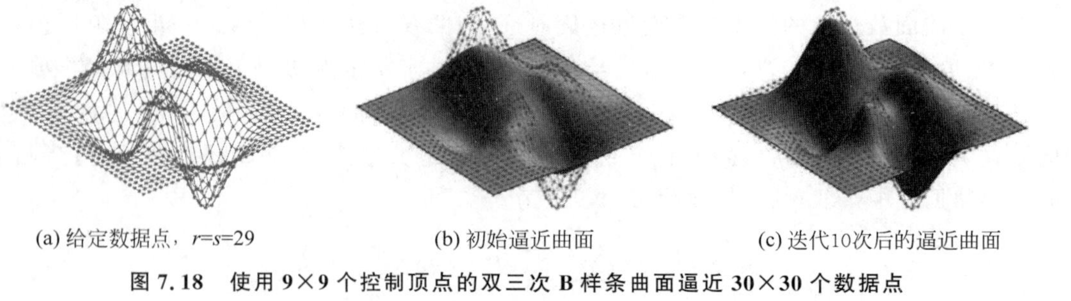

(a) 给定数据点，$r=s=29$　　(b) 初始逼近曲面　　(c) 迭代10次后的逼近曲面

图 7.18　使用 9×9 个控制顶点的双三次 B 样条曲面逼近 30×30 个数据点

基于最小二乘渐近迭代逼近方法构造逼近几何时，相比于经典的最小二乘方法有两个突出优势：大规模数据适用性和迭代过程中的节点矢量可调整。由于不需要存储矩阵元素和方程组，因此最小二乘渐近迭代逼近可以用于大规模数据的逼近。此外，当给定的控制顶点个数所构造的逼近曲线不满足误差要求时，可以通过节点插入的方式来修改控制点的个数和节点矢量，并基于细化后的曲线继续进行迭代。

第8章

NURBS曲面造型方法

CHAPTER 8

在前面的章节中介绍了 CAGD 领域主流 NURBS 样条技术的基本理论与核心算法，这些理论和算法构成 CAD 系统中曲线和曲面几何造型的核心要素。在实际应用中，设计人员对样条技术的 NURBS 相关理论和算法可能并非十分了解，但依然可以使用各类建模功能来完成曲线和曲面相关产品的设计。这些建模功能实现了对 NURBS 底层算法的封装，将简单的建模操作转换为符合设计者意图的曲线和曲面。本章将介绍 CAD 系统中常用的一些曲面建模功能及其背后的实现原理，包括直纹面、拉伸曲面、旋转曲面、蒙皮曲面、扫掠曲面、覆盖曲面和偏置曲面等。

8.1 直纹面造型

直纹面(ruled surface)是由一簇直线生成的曲面，每条直线均位于该曲面上，这簇直线称为直纹面的母线。直纹面造型一般指通过对两条曲线进行线性插值得到直纹面的过程，这两条曲线称为直纹面的准线。常见的直纹面有圆锥面、圆柱面、双曲抛物面等。下面考查基于 NURBS 表示的直纹面构造方法。

给定两条沿 u 方向的 NURBS 曲线

$$\boldsymbol{q}_k(u)=\sum_{i=0}^{n_k}\boldsymbol{b}_i^k R_{i,\boldsymbol{p}_k}(u),\quad k=1,2 \tag{8.1}$$

其中，n_k 表示第 k 条曲线的控制顶点个数减 1；$\boldsymbol{p}_k$ 表示第 k 条曲线的次数；$\boldsymbol{b}_i^k$ 表示第 k 条曲线的控制顶点。两条曲线的节点矢量记为 $U_k=\{u_0^k,u_1^k,\cdots,u_{n_k+\boldsymbol{p}_k+1}^k\}$，权因子记为 w_i^k。对这两条曲线进行线性插值，并作为沿 u 方向的两条边界曲线，构造沿 v 方向为 1 次的 NURBS 曲面如下

$$\boldsymbol{p}(u,v)=\sum_{i=0}^{n}\sum_{j=0}^{1}\boldsymbol{b}_{i,j}R_{i,j}^{p,1}(u,v) \tag{8.2}$$

其中，$\boldsymbol{b}_{i,j}$ 表示曲面控制顶点；$R_{i,j}^{p,1}$ 表示 $p\times 1$ 次二元 NURBS 有理基函数。显然，v 向的节点矢量为 $V=\{0,0,1,1\}$。为了显式地表达该 NURBS 曲面，还需要确定控制顶点 $\boldsymbol{b}_{i,j}$、权因子 $w_{i,j}$ 以及 u 向节点矢量 U。

对于 NURBS 曲面，其控制顶点沿 u 方向每一排个数相等，且具有统一的节点矢量。因此，需要对两条曲线 $\boldsymbol{q}_k(u)$ 在不改变形状和参数化的前提下进行相容性改造。基本思路如下。

(1) 参数域规范化。对两条曲线的节点矢量 U_1 与 U_2 进行规范化处理，使其满足 $u_0^1=u_0^2$，$u_{n_1+p_1+1}^1=u_{n_2+p_2+1}^2$。一般情况下，可将其规范化到定义域[0,1]。

(2) 统一次数。将两条曲线中次数较低的一条升阶到与另一条曲线保持一致，使得两条曲线的次数满足 $p_1=p_2=p$。

(3) 统一节点矢量。将节点矢量 U_1 与 U_2 统一到同一个节点矢量 U，若节点 $\bar{u}$ 在 U_1 或 U_2 中，则 $\bar{u}$ 也在 U 中；若 U_1 与 U_2 同时包含节点 $\bar{u}$，则取节点重复度最大值作为 U 中节点 $\bar{u}$ 的重复度。根据 U_1、U_2 与 U 的差异，对两条曲线进行节点细化，使得节点细化后两条曲线的节点矢量均为 U。

(4) 计算曲面控制顶点和权因子。假定通过第(2)步升阶和第(3)步节点细化后，两条曲线的控制顶点分别记为 $\bar{\boldsymbol{b}}_i^1$ 与 $\bar{\boldsymbol{b}}_i^2$，权因子记为 $\bar{w}_i^1$ 与 $\bar{w}_i^2$，则 NURBS 曲面的控制顶点可以表示为

$$\boldsymbol{b}_{i,0}=\bar{\boldsymbol{b}}_i^1,\quad \boldsymbol{b}_{i,1}=\bar{\boldsymbol{b}}_i^2,\quad w_{i,0}=\bar{w}_i^1,\quad w_{i,1}=\bar{w}_i^2 \tag{8.3}$$

至此，式(8.2)中 NURBS 直纹面方程的信息全部已知。为了简化计算，常采用 NURBS 的齐次坐标形式来构造直纹面。

下面以例 8.1 来说明 NURBS 直纹面的构造。

【例 8.1】 给定两条 NURBS 曲线 $\boldsymbol{q}_1(u)$ 与 $\boldsymbol{q}_2(u)$，基本信息如下

$$\boldsymbol{q}_1(u): U_1=\{0,0,0,1,2,3,3,3\},\quad \boldsymbol{p}_1=2,\quad \boldsymbol{b}_i^1=\left\{\begin{bmatrix}0\\0\\0\\1\end{bmatrix},\begin{bmatrix}0\\1\\1\\1\end{bmatrix},\begin{bmatrix}0\\4\\-2\\2\end{bmatrix},\begin{bmatrix}0\\3\\1\\1\end{bmatrix},\begin{bmatrix}0\\4\\0\\1\end{bmatrix}\right\}$$

$$\boldsymbol{q}_2(u): U_2=\{0,0,1,1\},\quad p_2=1,\quad \boldsymbol{b}_i^2=\{[4,1,0,1]^{\mathrm{T}},[4,3,0,1]^{\mathrm{T}}\}$$

对两条曲线进行线性插值构造一张 NURBS 直纹面。

解：

第 1 步：将两条曲线的节点矢量规范化到[0,1]上。此时曲线 $\boldsymbol{q}_1(u)$ 的节点矢量变更为

$$U_1=\{0,0,0,1/3,2/3,1,1,1\}$$

第 2 步：将曲线 $\boldsymbol{q}_2(u)$ 升阶到 2 次，节点矢量和控制顶点分别为

$$U_2=\{0,0,0,1,1,1\},\quad \bar{\boldsymbol{b}}_i^2=\{[4,1,0,1]^{\mathrm{T}},[4,2,0,1]^{\mathrm{T}},[4,3,0,1]^{\mathrm{T}}\}$$

第 3 步：统一两条曲线的节点矢量，由于 $U_2\subseteq U_1$，直接将 U_2 作为统一后的节点矢量 U。根据 U_1 与 U 的差异，对曲线 $\boldsymbol{q}_2(u)$ 进行节点细化，插入节点 $\bar{u}=\{1/3,2/3\}$，此时，节点矢量和控制顶点变更为

$$U_2=\{0,0,0,1/3,2/3,1,1,1\},\quad \bar{\boldsymbol{b}}_i^2=\left\{\begin{bmatrix}4\\1\\0\\1\end{bmatrix},\begin{bmatrix}4\\4/3\\0\\1\end{bmatrix},\begin{bmatrix}4\\2\\0\\1\end{bmatrix},\begin{bmatrix}4\\8/3\\0\\1\end{bmatrix},\begin{bmatrix}4\\3\\0\\1\end{bmatrix}\right\}$$

第 4 步：根据两条曲线的节点矢量、控制顶点和权因子计算直纹面的相关信息。

图 8.1 展示了上述 4 个步骤的示意图。

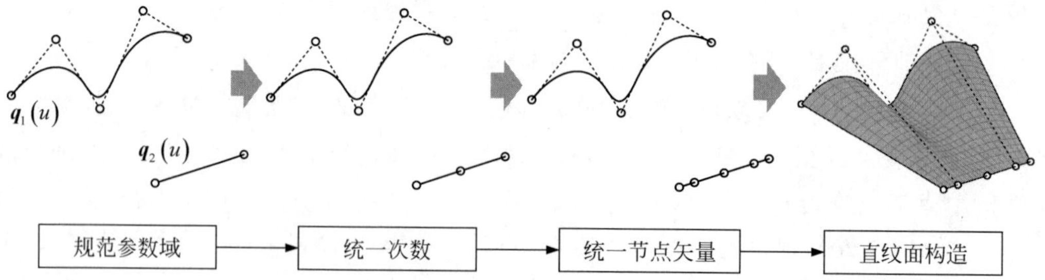

图 8.1　例 8.1 中 NURBS 直纹面的构造过程

通过设计不同的曲线形状，可以构造各类形状优美的 NURBS 直纹面。若两条 NURBS 曲线均为一次直线，则所构造的直纹面为双线性曲面，如图 8.2(a)所示；如果一条曲线所有控制顶点退化为一点，另一条曲线为圆弧，则所构造直纹面为圆锥面，如图 8.2(b)所示。图 8.2(c)和图 8.2(d)则展示了两条曲线分别为直线和圆弧、圆弧和圆弧构造的直纹面。图 8.3 展示了直纹面造型在建筑中的应用。

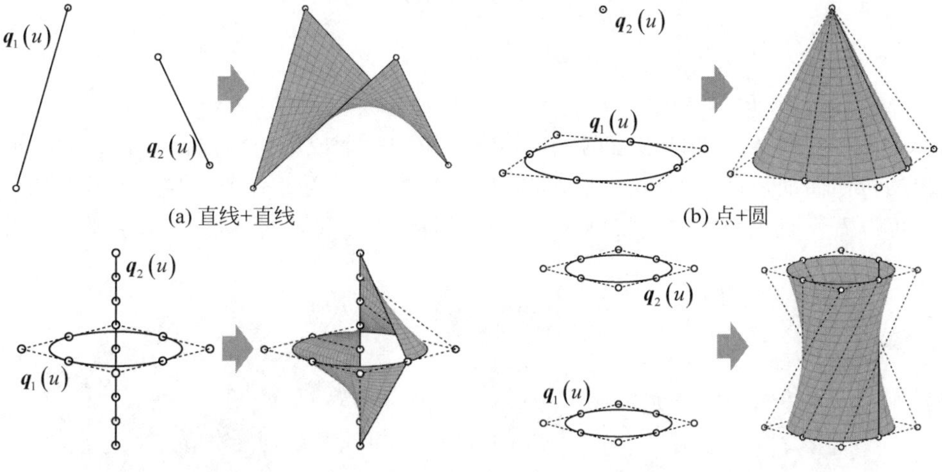

(a) 直线+直线　　(b) 点+圆

(c) 直线+圆弧　　(d) 圆弧+圆弧

图 8.2　由点、直线、圆弧构造的 NURBS 直纹面

(a) 波兰切哈努夫水塔及建模　　(b) 广州星海音乐厅及建模

图 8.3　直纹面造型在建筑中的应用

8.2　拉伸曲面造型

拉伸曲面(extruded surface)造型是通过对一条曲线沿某一方向平行拉伸一定距离得到曲面的过程。拉伸曲面造型是构造柱面的一种有效方法。

给定一条节点矢量为 U、控制顶点为 $\bar{\boldsymbol{b}}_i$、权因子为 $\bar{w}_i$ 的 p 次 NURBS 曲线 $\boldsymbol{q}(u)$，将其沿 $\boldsymbol{t}$ 矢量方向平行拉伸距离 d，曲线移动过程所生成的曲面可以表示为

$$\boldsymbol{p}(u,v)=\boldsymbol{q}(u)+v d\boldsymbol{t}, \quad v \in [0,1] \tag{8.4}$$

考查将上述曲面表示成一张 NURBS 曲面。曲线 $\boldsymbol{q}(u)$沿 v 方向是平行拉伸,因此曲面在 v 向可以采用一次,并令节点矢量 $V=\{0,0,1,1\}$。曲面沿 u 方向的节点矢量直接采用曲线 $\boldsymbol{q}(u)$的节点矢量即可。此时,基于 NURBS 的拉伸曲面可以表示为

$$\boldsymbol{p}(u,v)=\sum_{i=0}^{n}\sum_{j=0}^{1}\boldsymbol{b}_{i,j}R_{i,j}^{p,1}(u,v) \tag{8.5}$$

其中,控制顶点 $\boldsymbol{b}_{i,j}$ 和权因子 $w_{i,j}$ 分别计算如下

$$\boldsymbol{b}_{i,0}=\bar{\boldsymbol{b}}_i, \quad \boldsymbol{b}_{i,1}=\bar{\boldsymbol{b}}_i+d\boldsymbol{t}, \quad w_{i,0}=w_{i,1}=\bar{w}_i \tag{8.6}$$

图 8.4(a)展示了半圆曲线沿着两个不同方向拉伸所形成的拉伸曲面,图 8.4(b)所示为一条闭曲线的拉伸曲面造型。可以发现拉伸曲面沿拉伸方向的每一个等参数线均为直线,因此拉伸曲面可以看作直纹面的一类特例。当对整圆曲线进行拉伸时,可以得到完整的圆柱曲面。

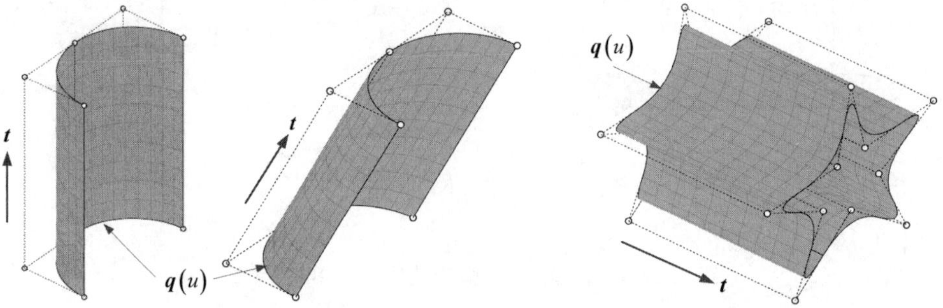

(a) 半圆曲线沿两个方向拉伸　　(b) 闭曲线拉伸

图 8.4　开曲线与闭曲线的拉伸曲面造型

拉伸曲面造型是 CAD 设计软件中的一类基本造型功能,通过对草图中的设计曲线进行拉伸来获得复杂曲面,也用于构造局部特征和细节,如孔、槽、凸台等。图 8.5 展示了 U 型管几何模型的构造方法,首先在草图中或者基准面上创建轮廓曲线,再沿垂直于轮廓曲线的方向拉伸形成三维曲面,最后对曲面的上下底面填充形成封闭的基于边界表示(B-rep)的三维 U 型管几何模型。

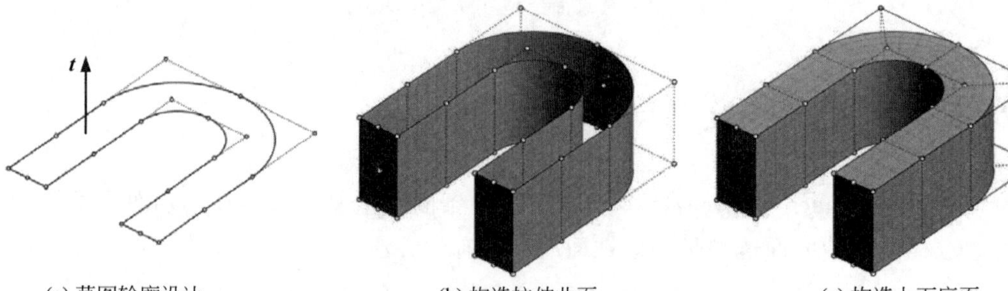

(a) 草图轮廓设计　　(b) 构造拉伸曲面　　(c) 构造上下底面

图 8.5　U 型管的 B-rep 模型构造

8.3 旋转曲面造型

旋转曲面(revolved surface)造型是将截面曲线绕特定轴旋转来构造曲面的过程，通常用于具有旋转特征的曲面造型中，例如，花瓶、茶壶、吊灯、轴类零件等。实际上，对于圆柱面、圆锥面等具有旋转特征的直纹面，除采用两条准线进行线性插值来构造外，也可以通过对直母线的旋转来获得。

首先考虑将截面曲线旋转 360°的情形。如图 8.6(a)所示，给定 x-z 平面上的截面曲线 $\boldsymbol{q}_1(u)$，表示成由控制顶点 $\boldsymbol{b}_0=[2,0,0]^{\mathrm{T}}$，$\boldsymbol{b}_1=[1,0,2]^{\mathrm{T}}$，$\boldsymbol{b}_2=[2,0,4]^{\mathrm{T}}$、权因子 $w_0=1$，$w_1=2$，$w_2=1$ 与节点矢量 $U=\{0,0,0,1,1,1\}$ 定义的一条二次 NURBS 曲线，将该曲线绕 z 轴旋转 360°构造旋转曲面 $\boldsymbol{p}(u,v)$。由旋转的特点可知，对于任意参数 $\bar{u}$，曲面上点 $\boldsymbol{p}(\bar{u},v)$ 构成一条整圆曲线 $\boldsymbol{q}_2(v)$，且该曲线所在平面平行于 x-y 平面。如图 8.6(b)所示，定义在 x-y 平面上的一条以原点为圆心、以 r 为半径的整圆曲线可以采用 9 个控制顶点的 NURBS 曲线表示如下

$$\boldsymbol{q}_2(v)=\sum_{j=0}^{8}\boldsymbol{d}_j R_{j,2}(v) \tag{8.7}$$

整圆曲线所对应的控制顶点、权因子和节点矢量可以表示为

$$\begin{aligned}
\{\boldsymbol{d}_j\}&=\left\{\begin{bmatrix}r\\0\\0\end{bmatrix},\begin{bmatrix}r\\r\\0\end{bmatrix},\begin{bmatrix}0\\r\\0\end{bmatrix},\begin{bmatrix}-r\\r\\0\end{bmatrix},\begin{bmatrix}-r\\0\\0\end{bmatrix},\begin{bmatrix}-r\\-r\\0\end{bmatrix},\begin{bmatrix}0\\-r\\0\end{bmatrix},\begin{bmatrix}r\\-r\\0\end{bmatrix},\begin{bmatrix}r\\0\\0\end{bmatrix}\right\}\\
\{w_j\}&=\left\{1,\frac{\sqrt{2}}{2},1,\frac{\sqrt{2}}{2},1,\frac{\sqrt{2}}{2},1,\frac{\sqrt{2}}{2},1\right\}\\
V&=\left\{0,0,0,\frac{1}{4},\frac{1}{4},\frac{2}{4},\frac{2}{4},\frac{3}{4},\frac{3}{4},1,1,1\right\}
\end{aligned} \tag{8.8}$$

则旋转后的曲面可以表示成一张定义在节点矢量 U 和 V 上的双二次 NURBS 曲面

$$\boldsymbol{p}(u,v)=\sum_{i=0}^{2}\sum_{j=0}^{8}\boldsymbol{b}_{i,j}R_{i,j}^{2,2}(u,v) \tag{8.9}$$

令截面曲线 $\boldsymbol{q}_1(u)$ 的控制顶点和权因子记为 $\boldsymbol{b}_i=[x_i,0,z_i]^{\mathrm{T}}$ 与 w_i，则曲面 $\boldsymbol{p}(u,v)$ 的控制顶点 $\boldsymbol{b}_{i,j}$ 和权因子 $w_{i,j}$ 可按如下三个步骤构造。

步骤 1：对于每一个 $i\,(i=0,1,2)$，控制顶点 $\boldsymbol{b}_{i,j}\,(j=0,1,\cdots,8)$ 位于 $z=z_i$ 平面上以 z 轴为中心、以 $2x_i$ 为边长的正方形上。且 $\boldsymbol{b}_{i,j}$ 的位置与如图 8.6(b)中 $\boldsymbol{d}_j$ 保持一致，坐标具体位置可以令式(8.8)中的 $r=x_i$ 得到。

步骤 2：控制顶点 $\boldsymbol{b}_{i,j}$ 对应的权因子 $w_{i,j}=w_i\cdot w_j$，其中 w_i 表示截面曲线 $\boldsymbol{q}_1(u)$ 的第 i 个权因子，w_j 表示圆周曲线 $\boldsymbol{q}_2(v)$ 的第 j 个权因子。

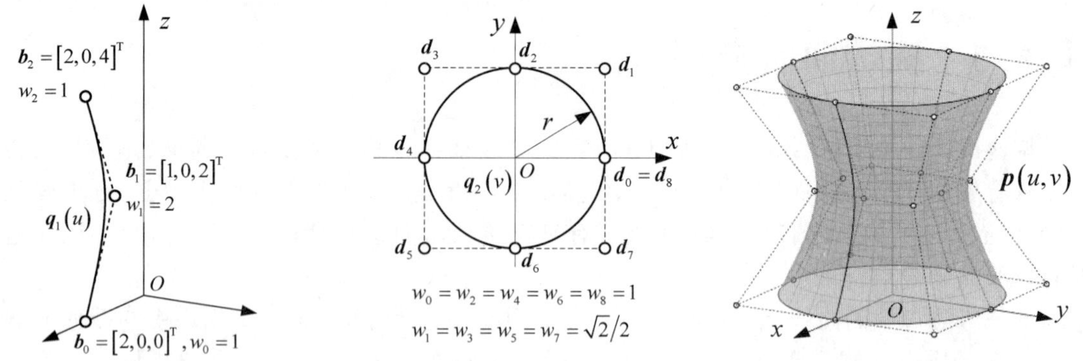

(a) x-z平面截面曲线　　(b) 旋转截面线　　(c) 旋转曲面

图 8.6　旋转曲面构造示意图

步骤 3：曲面沿 u 方向的节点矢量与截面曲线 $\boldsymbol{q}_1(u)$的节点矢量保持一致，曲面沿 v 方向的节点矢量与圆周曲线 $\boldsymbol{q}_2(v)$的节点矢量保持一致。

图 8.6(c)展示了由 8.6(a)所示截面曲线 $\boldsymbol{q}_1(u)$旋转 360°后得到的旋转曲面 $\boldsymbol{p}(u,v)$，共包含 27 个控制顶点。令截面曲线的控制顶点个数为 $n+1$ 个，则旋转曲面的控制顶点总数为 $9(n+1)$。若圆周曲线的表达采用 5.3.3 节中的其他类型时，例如，采用控制顶点数为 7 的圆周曲线，则曲面的控制顶点总数相应地变为 $7(n+1)$。注意截面曲线的形状和次数不影响上述旋转曲面的构造方式。在编程实现时，可以通过遍历截面曲线的每一个控制顶点，构造与之相对应的圆周曲线的控制顶点来作为曲面的一排控制顶点。

通过设计适当的截面曲线，可以构造形态优美的工艺品和零件。图 8.7 给出了国际象棋 Pawn 和 Rook 棋子的旋转曲面建模。

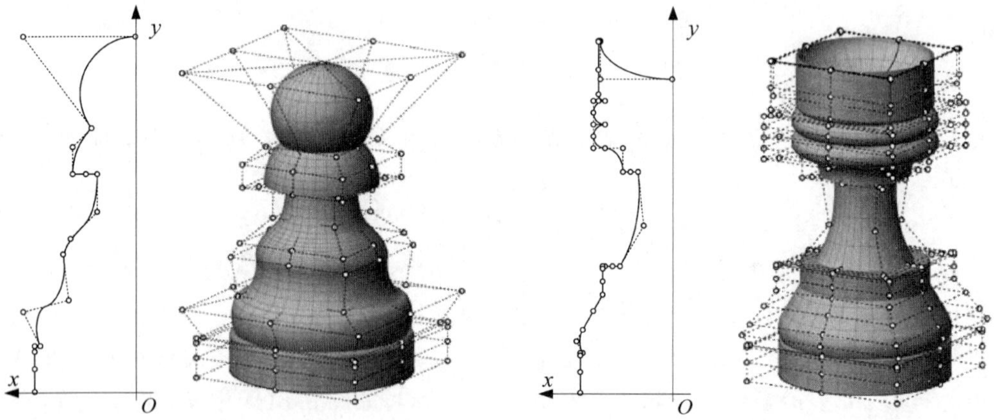

(a) Pawn轮廓线与旋转曲面　　(b) Rook轮廓线与旋转曲面

图 8.7　国际象棋 Pawn 和 Rook 棋子的旋转曲面建模

进一步考虑任意空间曲线绕 z 轴旋转 360°的情形。如图 8.8 所示，对于截面曲线上的控制顶点 $\boldsymbol{b}_i=[x_i,y_i,z_i]^{\mathrm{T}}$，在 $z=z_i$ 平面上以 z 轴为圆心、以 $r=\sqrt{x_i^2+y_i^2}$ 为半径构造 9 控制顶点圆周曲线，并旋转圆周曲线使其首末控制顶点与 $\boldsymbol{b}_i$ 重合，如图 8.8(b)所示，则曲面控制顶点 $\boldsymbol{b}_{i,j}=\boldsymbol{d}_j$。图 8.8(c)所示旋转曲面为图 8.8(a)的截面曲线绕 z 轴旋转得到。

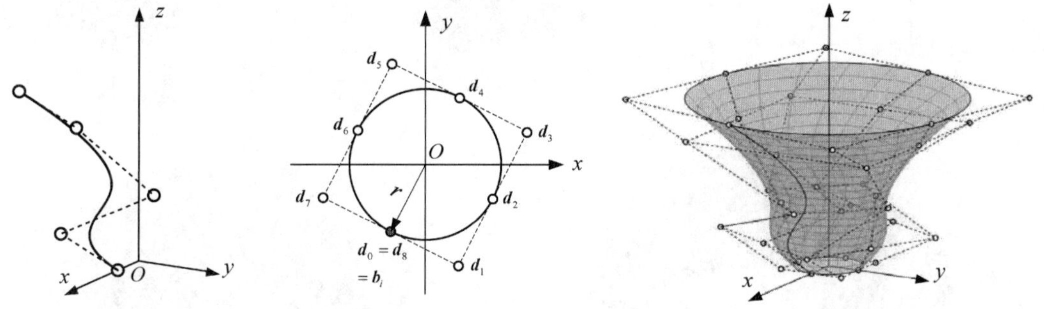

(a) 空间截面曲线　(b) 旋转截面线　(c) 旋转曲面

图 8.8　空间截面曲线绕 z 轴旋转构造旋转曲面

对于旋转任意角度 θ 的情况，根据旋转的角度来构造圆周曲线。当角度 $0°<\theta\leqslant 90°$时，建议采用 3 控制顶点的二次圆弧表示方法，节点矢量 $V=\{0,0,0,1,1,1\}$；当角度 $90°<\theta\leqslant 180°$时，建议采用 5 控制顶点的二次圆弧表示方法，节点矢量 $V=\{0,0,0,1/2,1/2,1,1,1\}$；当角度 $180°<\theta\leqslant 270°$时，建议采用 7 控制顶点的圆弧表示方法，节点矢量 $V=\{0,0,0,1/3,1/3,2/3,2/3,1,1,1\}$；当角度 $270°<\theta\leqslant 360°$时，建议采用 9 控制顶点的圆弧表示方法，节点矢量 $V=\{0,0,0,1/4,1/4,2/4,2/4,3/4,3/4,1,1,1\}$。图 8.9 展示了一种轴类零件的封闭截面曲线绕 z 轴旋转 $\theta=60°$、120°、240°、360°后生成的旋转曲面。

旋转曲面造型也可用于经典二次曲面的构造。圆球面可以通过半圆曲线绕轴旋转得到，如图 8.10(a)所示，球面共有 45 个控制顶点。由于旋转特性，圆球面在上下极点处各有 9 个控制顶点，这 9 个控制顶点虽然在三维空间重合，但是具有不同的权因子。此外，由于重顶点导致球面在这两个极点处沿旋转方向的偏导矢为 $\mathbf{0}$，但是法矢存在，与旋转轴平行。此时法矢不能通过沿两个方向偏导矢的叉积确定。图 8.10(b)展示了圆环面的旋转构造方法，通过将整圆曲线绕轴旋转得到，共包含 81 个控制顶点。

对于空间截面曲线绕任意旋转轴 I 的旋转，一般有两种方法。第一种是直接旋转构造，遍历截面曲线上的每一个控制顶点 $\boldsymbol{b}_i$，确定过该点且垂直于旋转轴 I 的平面，在该平面上以旋转轴 I 为中心构造以 $\boldsymbol{b}_i$ 为第一个控制顶点的圆周曲线，该圆周曲线的控制顶点即为旋转曲面的第 i 排控制顶点。第二种是以旋转轴 I 为 z 轴来建立局部坐标系，根据局部坐标系和全局坐标系的位置关系定义平移矩阵 $\boldsymbol{T}_t$ 和旋转矩阵 $\boldsymbol{T}_r$，将局部坐标系下的空间截面曲线通过平移和旋转矩阵变换到全局坐标系下，对变换后的空间截面曲线绕 z 轴旋转，并将得到的旋转曲面通过平移和旋转矩阵变换回局部坐标系。

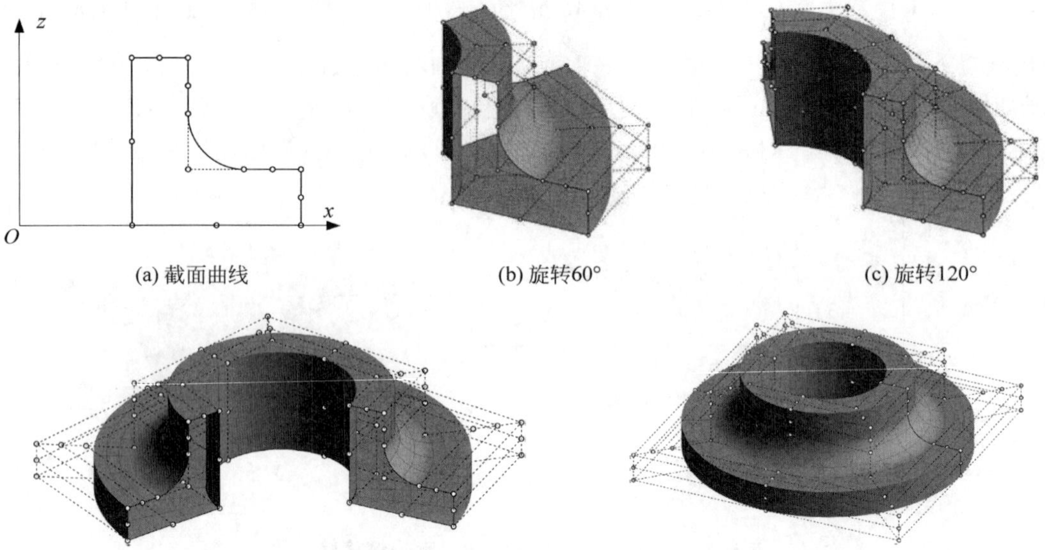

(a) 截面曲线　(b) 旋转60°　(c) 旋转120°

(d) 旋转240°　(e) 旋转360°

图 8.9　截面曲线绕 z 轴旋转 $\theta=60°$、120°、240°、360°构造旋转曲面

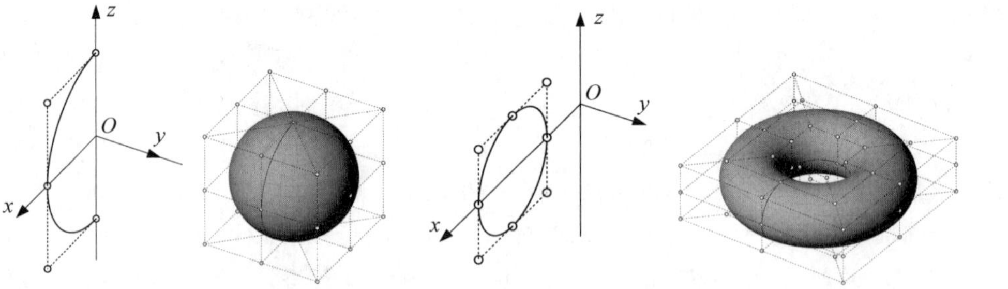

(a) 圆球面　(b) 圆环面

图 8.10　圆球面和圆环面的旋转曲面构造

8.4　蒙皮曲面造型

蒙皮曲面(skinned surface)造型，也称为蒙面法，是通过对一簇截面曲线进行插值或逼近，来生成连续光滑曲面的过程，广泛应用于汽车外形、飞机机翼机身、发动机叶片、船体、人体器官等复杂外形表面建模。截面曲线由设计人员预先指定，用于控制蒙皮曲面的整体形状和轮廓。蒙皮是放样(lofting)的新名词，在许多 CAD 系统中不再区分二者的差异。其实放样的概念要远早于蒙皮，最早指代给定引导线或路径下的蒙皮曲面造型，现今多作为蒙皮造型中的一类特例存在。此外，蒙皮曲面造型在很多 CAD 中舍弃了逼近的使用，仅指定对截面曲线的插值。

给定一簇三维空间下的 NURBS 截面曲线，定义如下

$$\boldsymbol{q}_k(u)=\sum_{j=0}^{n_k}\boldsymbol{d}_j^k R_{j,\boldsymbol{p}_k}(u),\quad k=0,1,\cdots,M \tag{8.10}$$

其中，n_k、$\boldsymbol{p}_k$、$\boldsymbol{d}_j^k$ 分别表示第 k 条截面曲线的控制顶点个数减 1、次数和控制顶点坐标。令 $\boldsymbol{p}(u,v)$表示由这簇曲线构造的蒙皮曲面，其中曲面的 u 向与截面曲线保持一致，基础蒙皮曲面的构造可以按照以下步骤进行。

步骤 1：给 $M+1$ 条截面曲线排序，确定截面曲线插值次序，同时调整所有截面曲线到统一方向。

步骤 2：将截面曲线表示成齐次坐标形式，并确定控制顶点的齐次坐标 $\boldsymbol{d}_j^{k,w}$。

步骤 3：统一截面曲线次数，获取所有截面曲线的最大次数 $p=\max\{p_k\}$，将所有次数低于 p 次的曲线升阶到次数 p。

步骤 4：统一节点矢量，构造相容节点矢量 U，使得 U 包含所有截面曲线的节点矢量 U_k。若节点 $\bar{u}$ 位于任一 U_k 中，则 $\bar{u}$ 也包含在 U 中；若节点 $\bar{u}$ 同时包含在多个 U_k 中，则取重复度最大值作为相容节点矢量 U 中 $\bar{u}$ 的重复度。并根据相容节点矢量 U，对不满足 $U_k=U$ 条件的截面曲线进行节点细化，使其节点矢量满足 $U_k=U$。节点细化后所有截面曲线具有相同的节点矢量 U、次数 p 和控制顶点个数 $n+1$，令第 k 条截面曲线的控制顶点记为 $\bar{\boldsymbol{d}}_j^{k,w}(j=0,1,\cdots,n)$。

步骤 5：根据拟构造蒙皮曲面的形状特点，确定沿 v 方向的次数 q 和节点矢量 V。次数 q 可以任意选定，3 次一般是构造光滑蒙皮曲面的一个较为合适的次数。由于截面曲线是蒙皮曲面中的 u 向等参数线，因此每条截面线在节点矢量 V 中对应一个参数 $\bar{v}_k(k=0,1,\cdots,m)$，可以通过弦长参数化方法来确定。

$$\begin{cases}\bar{v}_0=0,\quad \bar{v}_M=1\\[2mm] \bar{v}_k=\bar{v}_{k-1}+\dfrac{1}{n+1}\displaystyle\sum_{j=0}^{n}\dfrac{|\bar{\boldsymbol{d}}_j^{k,w}-\bar{\boldsymbol{d}}_j^{k-1,w}|}{\bar{d}_j^w},\quad k=0,1,\cdots,M\end{cases} \tag{8.11}$$

其中，$\bar{d}_j^w$ 表示齐次控制顶点 $\bar{\boldsymbol{d}}_j^{0,w},\bar{\boldsymbol{d}}_j^{1,w},\bar{\boldsymbol{d}}_j^{2,w},\cdots,\bar{\boldsymbol{d}}_j^{M,w}$ 所形成多边形的总弦长。由参数值 $\bar{v}_k(k=0,1,\cdots,m)$可以计算节点矢量 V。

步骤 6：将所有截面曲线的第 j 个齐次控制顶点 $\bar{\boldsymbol{d}}_j^{0,w},\bar{\boldsymbol{d}}_j^{1,w},\bar{\boldsymbol{d}}_j^{2,w},\cdots,\bar{\boldsymbol{d}}_j^{M,w}$ 取出作为数据点，根据节点矢量 V、次数 q 构造插值于这些齐次控制顶点的 v 向曲线，并将该曲线的控制顶点 $\boldsymbol{b}_{i,j}^w(i=0,1,\cdots,M)$作为蒙皮曲面的齐次控制顶点。

图 8.11 展示了 4 条相异截面曲线构造蒙皮曲面的示意图，其中图 8.11(a)的 4 条截面曲线定义如下

$$\boldsymbol{q}_0(u):U_0=\{0,0,1,1\},\quad p_0=1,\quad \{\boldsymbol{d}_j^{0,w}\}=\{[5,-2,0,1]^{\mathrm{T}},[5,2,0,1]^{\mathrm{T}}\}$$

$$\boldsymbol{q}_1(u):\begin{cases}U_1=\{0,0,0,0.5,0.5,1,1,1\}, \quad p_1=2, \quad \{w_j^1\}=\{1,\sqrt{2}/2,1,\sqrt{2}/2,1\}\\ \{\boldsymbol{d}_j^1\}=\{[2,-2,0,1]^{\mathrm{T}},[2,-2,2,1]^{\mathrm{T}},[2,0,2,1]^{\mathrm{T}},[2,2,2,1]^{\mathrm{T}},[2,2,0,1]^{\mathrm{T}}\}\end{cases}$$

$$\boldsymbol{q}_2(u):\begin{cases}U_2=\{0,0,0,0,1,2,2,2,2\}, \quad p_2=3, \quad \{w_j^2\}=\{1,1,0.5,1,1\}\\ \{\boldsymbol{d}_j^2\}=\{[-1,-3,0,1]^{\mathrm{T}},[-1,-1,2,1]^{\mathrm{T}},[-1,0,-2,1]^{\mathrm{T}},[-1,1,2,1]^{\mathrm{T}},[-1,3,0,1]^{\mathrm{T}}\}\end{cases}$$

$$\boldsymbol{q}_3(u):\begin{cases}U_3=\{0,0,0,1,1,1\}, \quad p_3=2, \quad \{w_j^3\}=\{1,1,1\}\\ \{\boldsymbol{d}_j^3\}=\{[-4,-2,0,1]^{\mathrm{T}},[-4,0,2,1]^{\mathrm{T}},[-4,2,0,1]^{\mathrm{T}}\}\end{cases}$$

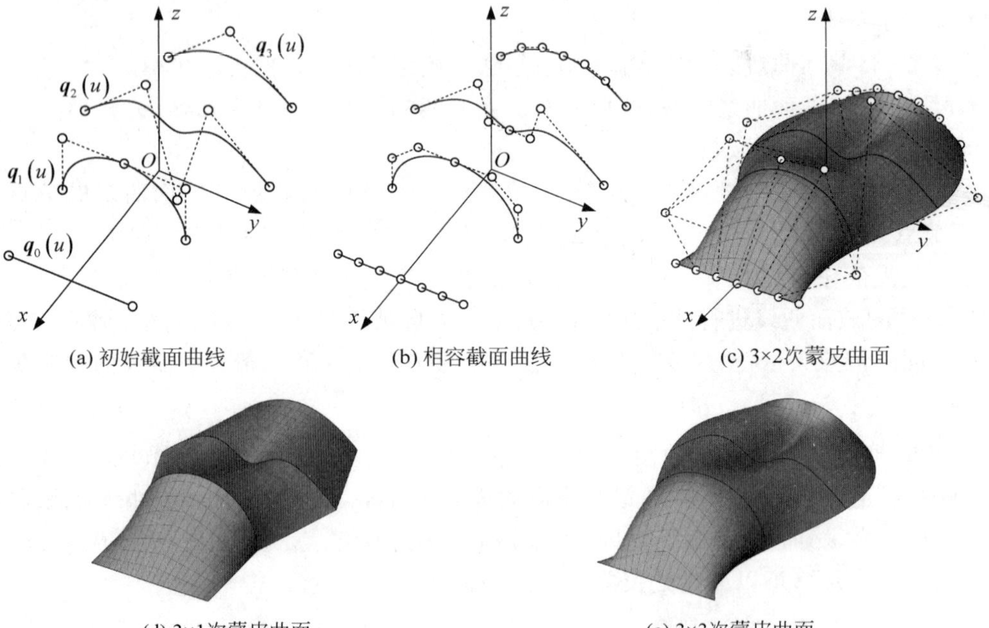

(a) 初始截面曲线　(b) 相容截面曲线　(c) 3×2次蒙皮曲面

(d) 3×1次蒙皮曲面　(e) 3×3次蒙皮曲面

图 8.11　由 4 条截面曲线构造蒙皮曲面

可见 4 条曲线的最高次数为 3，因此第 1、2、4 条截面曲线需要升阶为 3 次。此外，第 3 条曲线的参数域为[0,2]，需要变换到[0,1]上。经过升阶和节点细化后，每条截面曲线的次数为 3 次，控制顶点的个数为 7，节点矢量 U 为

$$U=\{0,0,0,0,0.5,0.5,0.5,1,1,1,1\}$$

经过升阶和节点细化后的 4 条截面曲线如图 8.11(b)所示。令蒙皮曲面沿 v 方向为 2 次，对截面曲线的控制顶点按照式(8.11)进行参数化，可得 v 方向节点矢量为

$$V=\{0,0,0,0.5,1,1,1\}$$

最后对截面曲线插值得到一张 3×2 次蒙皮曲面，如图 8.11(c)所示，蒙皮曲面精确穿过 4 条截面曲线。图 8.11(d)和(e)展示了 v 方向次数取 1 和 3 时所得的蒙皮曲面。当 v 方向次数为 1 时，蒙皮曲面在相邻两个截面曲线之间表现为直纹面。因此，直纹面可以看作通过

两条截面曲线进行蒙皮构造得到。

在蒙皮曲面造型中，截面曲线类似于骨架，形成了对曲面的整体支撑，同时单个截面曲线的变形可以实现对曲面局部形状的调控。通过对少数截面曲线的适当设计，可以构造出形状复杂且满足光滑性要求的几何模型。图 8.12 展示了一个变截面挂钩模型的蒙皮曲面造型。

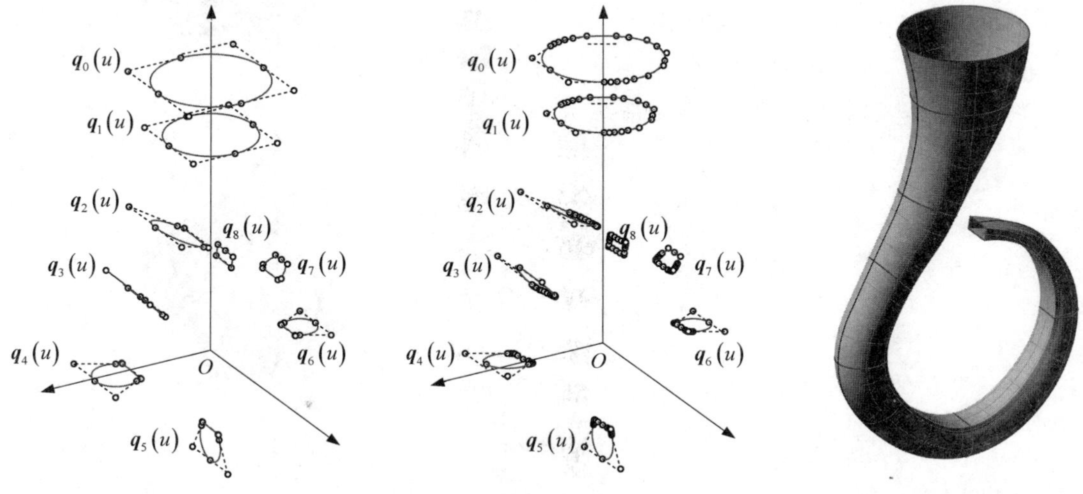

(a) 初始截面曲线　(b) 相容截面曲线　(c) 挂钩蒙皮曲面

图 8.12　基于蒙皮曲面造型方法设计的挂钩模型

截面曲线的起始点和参数化对蒙皮曲面外形和参数化有较大影响。特别当截面曲线是闭合曲线时，即使起始点的位置对截面曲线的形状可能不产生影响，但起始点的选取也需要格外仔细。图 8.13 给出了不同参数化蒙皮曲线的影响示例。蒙皮曲面由 3 条截面线构造，中间一条为一次准均匀 B 样条曲线表示的正方形，其余两条为二次 NURBS 曲线表示的整圆曲线，当 3 条曲线在 v 方向的起始点位置存在错位时，会导致所生成的蒙皮曲面出现明显扭曲现象，如图 8.13(a)～图 8.13(c)所示，此时中间正方形曲线是由 5 个控制点定义的一次 B 样条曲线，首末点重合且置于角点。调整中间正方形曲线的起始位置，使其起点与上下圆形曲线的起点保持一致，此时正方形曲线由 6 个控制顶点定义的一次准均匀 B 样条表示。图 8.13(f)所示蒙皮曲面相对于图 8.13(c)在扭曲现象上有了较大改善，但依然存在扭曲。进一步改变中间正方形曲线的参数化，采用 9 个控制顶点且等距分布的一次准均匀 B 样条表示，图 8.13(f)所示蒙皮曲面的扭曲现象基本得到消除。

蒙皮曲面造型还可以用于曲面数据点的重新参数化。给定下列函数

$$z(x,y)=(1-x)^2\mathrm{e}^{-x^2-(y+1)^2}-\frac{10}{3}\left(\frac{x}{5}-x^3-y^5\right)\mathrm{e}^{-x^2-y^2}-\frac{1}{9}\mathrm{e}^{-(x+1)^2-y^2},\quad x,y\in[-3,3]$$

函数方程对应空间曲面如图 8.14(a)所示。沿该曲面 x 向取等距分布的 N 条曲线离散点，并采用全局拟合方法对这些离散点构造 N 条 B 样条曲线作为蒙皮曲面的截面线，

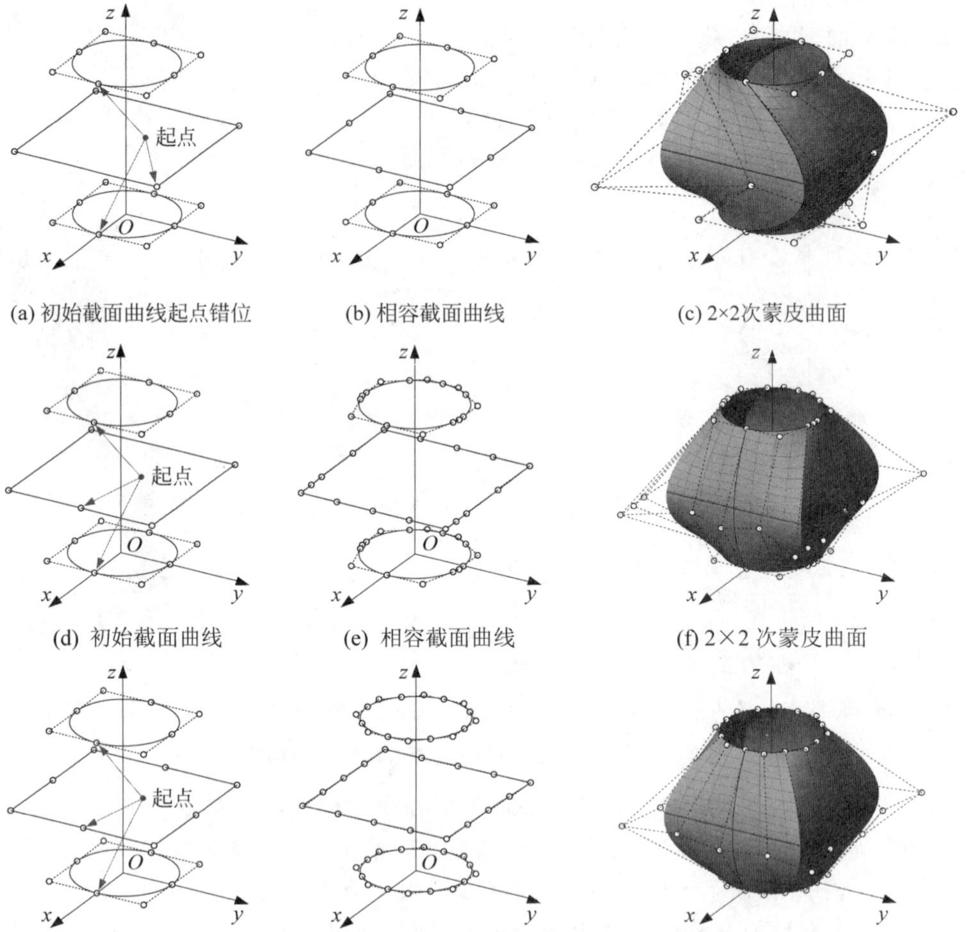
z
x
y
O
起点
(a) 初始截面曲线起点错位
(b) 相容截面曲线
(c) 2×2次蒙皮曲面
(d) 初始截面曲线
(e) 相容截面曲线
(f) 2×2 次蒙皮曲面
(g) 初始截面曲线
(h) 相容截面曲线
(i) 2×2 次蒙皮曲面

图 8.13　截面曲线起始点和参数化对蒙皮曲面的影响

图 8.14(b)~图 8.14(f)展示了 $N=5$、10、15、20、25 时所生成的蒙皮曲面。从图 8.14 中可以发现，当 $N\geqslant 15$ 时，蒙皮曲面与初始函数曲面已经能够达到较高的一致性，视觉上几乎看不出差异。这种构造方式可以进一步推广至无序离散点的曲面重构，采用截面的方式从无序离散点中找出用于拟合截面曲线的离散点，继而构造截面曲线并建立蒙皮曲面。

除基础蒙皮曲面造型外，为了更好地反映设计人员的设计意图，CAD 几何造型内核中还衍生出了一系列约束蒙皮曲面造型，包括带引导线的蒙皮曲面、带拔模角度的蒙皮曲面、切矢/法矢约束的蒙皮曲面、带路径的蒙皮曲面等。蒙皮曲面造型适用于在不同形状截面线之间构造光滑曲面，在汽车、航空、船舶等领域应用广泛。

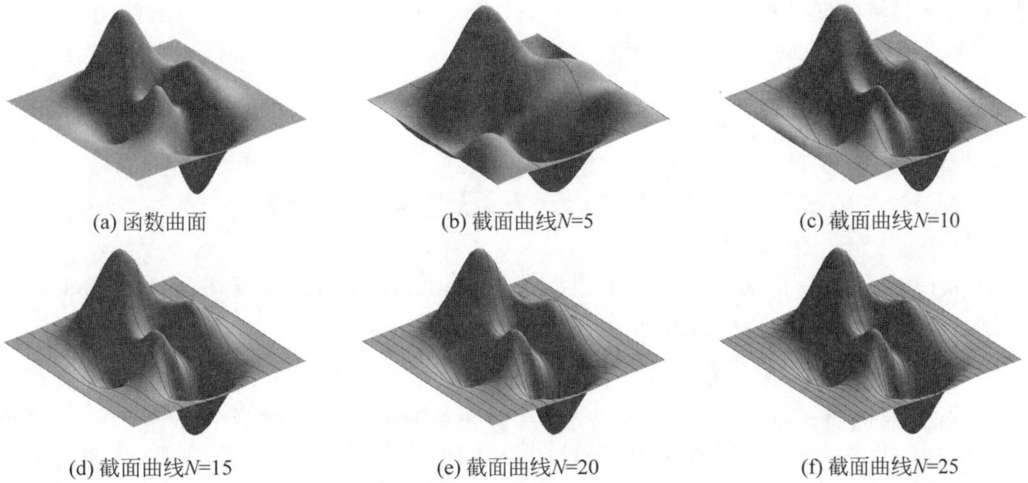

图 8.14　函数方程的蒙皮曲面重构

8.5　扫掠曲面造型

扫掠曲面(swept surface)造型指通过轮廓曲线(profile curve)沿着指定轨迹曲线(trajectory curve)在空间移动来构造曲面的过程,其中轮廓曲线在移动过程中可进行旋转和缩放来获得复杂型面。扫掠曲面的造型一般可以划分为两类:平移扫掠造型和变换扫掠造型。在平移扫掠造型中,轮廓曲线沿轨迹曲线平行移动,截面曲线本身不发生旋转和缩放变形,所构造的扫掠曲面可以采用 NURBS 精确表达。在变换扫掠造型中,轮廓曲线沿轨迹曲线移动的同时发生旋转变换和缩放变换,所构造的扫掠曲面一般不能采用 NURBS 精确表示。

给定基于 NURBS 表示的轮廓曲线 $\boldsymbol{q}^1(\boldsymbol{u})$与轨迹曲线 $\boldsymbol{q}^2(v)$,定义如下

$$\boldsymbol{q}^1(u)=\sum_{i=0}^{n}\boldsymbol{d}_i^1 R_{i,p}(u),\quad \boldsymbol{q}^2(v)=\sum_{j=0}^{m}\boldsymbol{d}_j^2 R_{j,q}(v) \tag{8.12}$$

其中,$\boldsymbol{d}_i^1$ 与 $\boldsymbol{d}_j^2$ 为控制顶点;$R_{j,q}(v)$与 $R_{i,p}(u)$表示 NURBS 基函数,权因子分别记为 w_i^1 与 w_j^2。Pigel 和 Tiller 给出了扫掠曲面造型的一般表示形式如下

$$\boldsymbol{p}(u,v)=\boldsymbol{q}^2(v)+\boldsymbol{M}(v)\boldsymbol{q}^1(u) \tag{8.13}$$

其中,$\boldsymbol{M}(v)$为 3×3 的变换矩阵,是轨迹曲线参数 v 的函数,用于实现对轮廓曲线的旋转和缩放。CAD 系统中的扫掠曲面造型主要考查曲面 $\boldsymbol{p}(u,v)$的 NURBS 表示。

当变换矩阵 $\boldsymbol{M}(v)$为单位矩阵时,式(8.13)表示平移扫掠,此时扫掠曲面可以直接表示为

$$\boldsymbol{p}(u,v)=\boldsymbol{q}^1(v)+\boldsymbol{q}^2(u) \tag{8.14}$$

将轮廓曲线和轨迹曲线的表达式(8.12)代入式(8.14),可以将平移扫掠曲面精确表示为

$$\boldsymbol{p}(u,v)=\sum_{i=0}^{n}\sum_{j=0}^{m}\boldsymbol{b}_{i,j}R_{i,j}^{p,q}(u,v) \tag{8.15}$$

其中,控制顶点 $\boldsymbol{b}_{i,j}$ 及其权因子 $w_{i,j}$ 可显式计算如下

$$\begin{cases}\boldsymbol{b}_{i,j}=\boldsymbol{d}_i^1+\boldsymbol{d}_j^2, \\ w_{i,j}=w_i^1 w_j^2,\end{cases} \quad i=0,1,\cdots,n;\ j=0,1,\cdots,m \tag{8.16}$$

图 8.15 展示了一个平移扫掠曲面造型范例,曲面的形状受到轮廓曲线和轨迹曲线的共同控制。由图 8.15 可以发现轮廓曲线插值于扫掠曲面,而轨迹曲线并不插值于扫掠曲面,这是由轨迹曲线过全局坐标系的坐标原点引起的。若轮廓曲线过坐标原点,扫掠曲面会插值于轨迹曲线。若轨迹曲线过坐标原点,扫掠曲面会插值于轮廓曲线。因此,为了更好地控制扫掠曲面的位置,可以在扫掠构造进行前将轮廓曲线与轨迹曲线的起始点移动到全局坐标原点处。

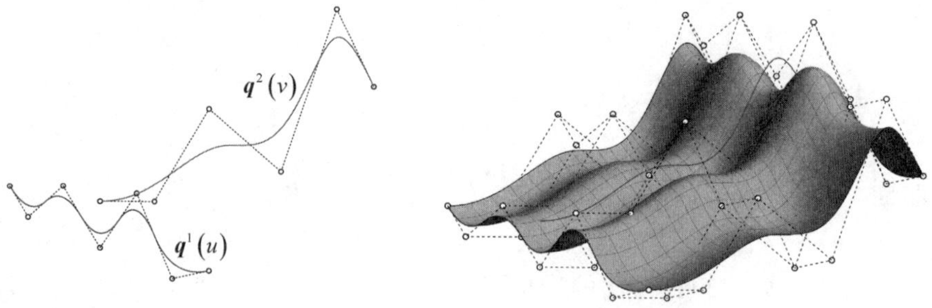

(a) 轮廓曲线与轨迹曲线 (b) 扫掠曲面

图 8.15 平移扫掠曲面构造

当轨迹曲线为直线时,扫掠曲面造型与拉伸曲面造型的功能相同,所构造的扫掠曲面为直纹面。平移扫掠曲面虽然构造简单并且曲面可以精确表达,但在轨迹曲线形状变化大的情况下,所构造的扫掠曲面通常形状较差,易出现曲面自交、扭曲等缺陷。如图 8.16 所示,轮廓曲线为 9 个控制顶点定义的整圆曲线,轨迹曲线为空间曲线,设计者希望构造一张沿轨迹曲线走向的圆管模型。当采用平移扫掠造型后,得到的扫掠曲面出现了自交缺陷,并且扫掠曲面的形状较差,管径在不同位置的差异较大,显然不符合设计者的意图。在实际应用中,平移扫掠造型的应用场景有限,应用更多的是变换扫掠造型。

当变换矩阵 $\boldsymbol{M}(v)$ 不是单位矩阵时,式(8.13)表示变换扫掠造型。此时,轮廓曲线沿着轨迹曲线移动的同时会根据轨迹曲线的局部性质进行几何变换。以轨迹曲线上一点 $\boldsymbol{q}_2(v)$ 为原点 $\boldsymbol{o}(v)$,构建局部坐标系 $o\text{-}xyz$,其中 3 个坐标轴 $x(v)$、$y(v)$、$z(v)$ 均为参数 v 的函数。假定轨迹曲线和轮廓曲线定义在全局坐标系 $O\text{-}XYZ$ 中,令 $\boldsymbol{T}_{rt}(v)$ 表示局部坐标系到全局坐标系的变换矩阵,$\boldsymbol{T}_s(v)$ 表示对角元素为 $\{s_x(v),s_y(v),s_z(v)\}$ 的对角缩放矩阵。

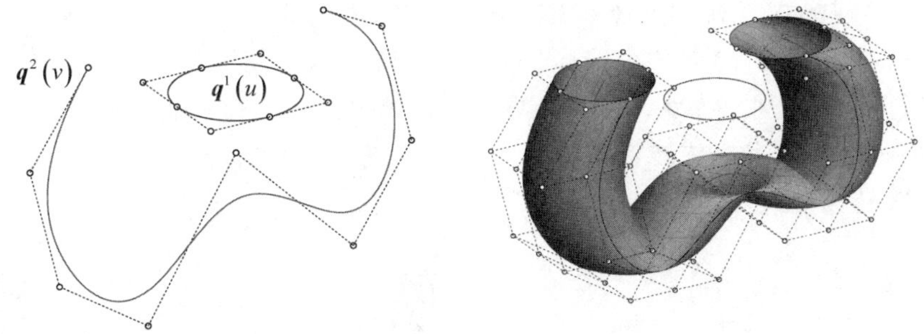

(a) 轮廓曲线与轨迹曲线　　　(b) 扫掠曲面

图 8.16　平移扫掠曲面出现自交缺陷

则式(8.13)可以改写为

$$\boldsymbol{p}(u,v)=\boldsymbol{q}_2(v)+\boldsymbol{T}_{rt}(v)\boldsymbol{T}_s(v)\boldsymbol{q}_1(u) \tag{8.17}$$

所得变换扫掠曲面通常不能精确表示成 NURBS 曲面，一般仅构造一张逼近 NURBS 曲面作为替代。构造逼近曲面的方法有多种，最为常用的一种是采用蒙皮造型方法来构造。基本思路是在轨迹曲线上选取一定数量的点 $\boldsymbol{q}_2(v)$ 并构造局部坐标系 $o\text{-}xyz$，计算变换矩阵 $\boldsymbol{T}_s(v)$ 与 $\boldsymbol{T}_{rt}(v)$，将轮廓曲线 $\boldsymbol{q}_1(u)$ 通过变换矩阵 $\boldsymbol{T}_s(v)$ 与 $\boldsymbol{T}_{rt}(v)$ 变换到轨迹曲线上各点处作为截面曲线，最后通过蒙皮曲面造型方法构造插值于这些截面曲线的蒙皮曲面作为扫掠曲面。随着截面曲线数量的增加，扫掠曲面逼近精确解。图 8.17 展示了 4 种变换扫掠曲面构造实例。

(a) 机械钻头扫掠曲面　　　(b) 叶结线扫掠曲面

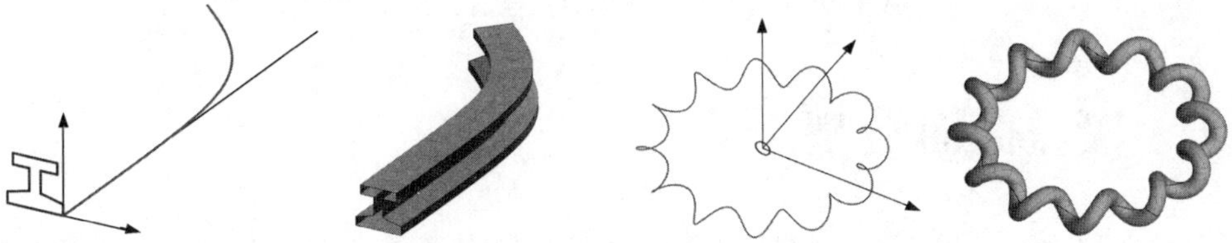

(c) 轨道扫掠曲面　　　(d) 弹簧圈扫掠曲面

图 8.17　变换扫掠曲面构造实例

在上述变换扫掠造型中，涉及的一个关键要素是局部坐标系 $o\text{-}xyz$ 的构建，最自然的方式是通过微分几何中的弗朗内特标架来构造。但是弗朗内特标架对于 C^1 曲线是不连续的，此外在 C^2 曲线的拐点处会出现标架翻转的现象，进而导致扫掠曲面的翻转自交。研究人员提出了不同方法来避免弗朗内特标架的使用问题，如法线投影法等。除了弗朗内特标架，其他类型标架，如最小旋转标架、广义旋转标架等也被用于扫掠曲面造型。图 8.18 展示了基于弗朗内特标架和最小旋转标架构造的扫掠曲面，其中弗朗内特标架扫掠曲面出现曲面自交，最小旋转标架避免了该问题。

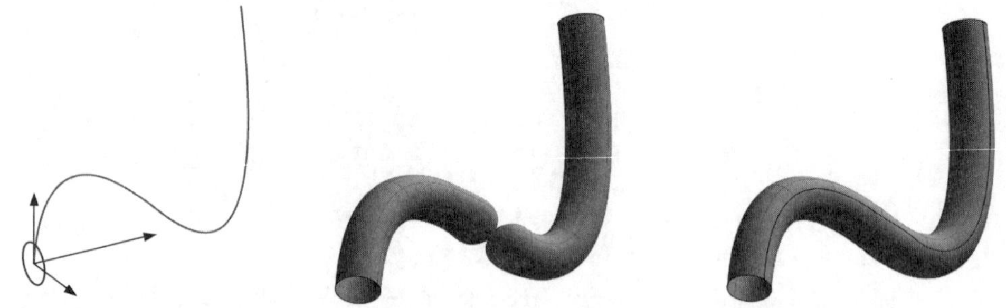

(a) 轮廓曲线与引导曲线　(b) 弗朗内特标架扫掠　(c) 最小旋转标架扫掠

图 8.18　基于弗朗内特标架的扫掠曲面出现自交

在实际应用中，扫掠曲面造型还衍生出双引导线扫掠。截面曲线的构造需要同时考虑两条引导线的影响，两条引导线的几何关系决定了轮廓曲线的几何变换矩阵。图 8.19 展示了基于双引导线构造的耳机扫掠曲面和带孔半球扫掠曲面。

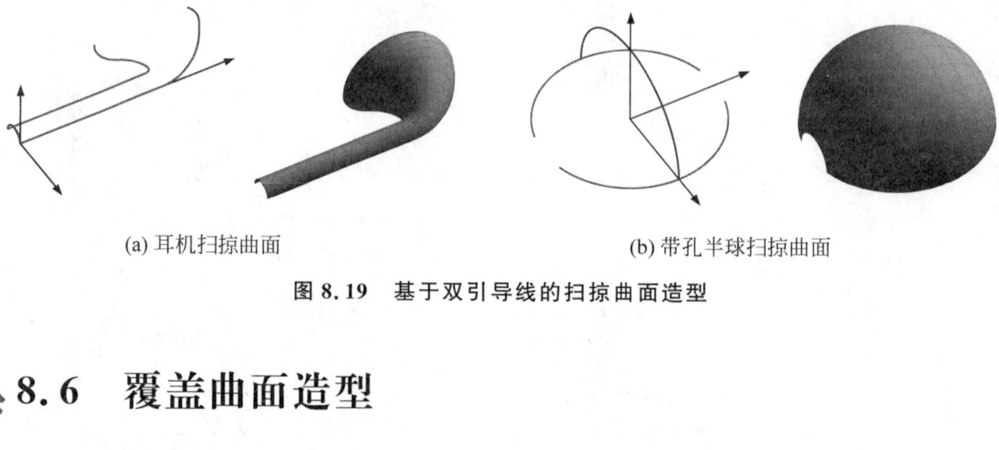

(a) 耳机扫掠曲面　(b) 带孔半球扫掠曲面

图 8.19　基于双引导线的扫掠曲面造型

8.6　覆盖曲面造型

覆盖曲面(covering surface)造型指在单条或多条曲线组合而成的封闭边界上构造覆盖面的过程，覆盖面的边界由封闭边界确定。覆盖曲面造型一般可以划分为两类：一类是对没有关联面的封闭线框进行覆盖造型；另一类是对由关联曲面(基曲面)形成的孔洞进行覆盖造型。与旋转、扫掠、蒙皮等曲面造型不同的是，覆盖曲面的内部形状没有明确定义，完全由覆盖算法来决定与封闭边界的融合过渡方式。

若封闭边界曲线是无关联曲面的平面曲线时，覆盖曲面造型通常与二维布尔运算相结合，采用裁剪曲面定义的方式来构造覆盖面。裁剪曲面由初始曲面和内外裁剪边界共同定义，外裁剪边界一般只有一个，内裁剪边界可以有多个。裁剪曲线形成封闭环，裁剪曲线方向的左侧通常被定义为保留区域，右侧被定义为被裁剪区域。因此，外裁剪边界沿逆时针方向，内裁剪边界沿顺时针方向。如图 8.20 所示，一个外裁剪边界和两个内裁剪边界共同定义了裁剪区域，在构造覆盖面时，可以首先构建矩形 NURBS 曲面，使得外裁剪边界曲线的所有控制顶点均包含在该 NURBS 曲面内，再分别定义裁剪曲面的内外边界，即可得到由裁剪曲面定义的覆盖面(见图 8.20 中的阴影区域)。实际上，裁剪曲面中的有效区域并不会被重新参数化为完整的 NURBS 曲面。在可视化等应用场景中，仅对有效区域进行网格离散，从而在视觉上达到“裁剪”效果。

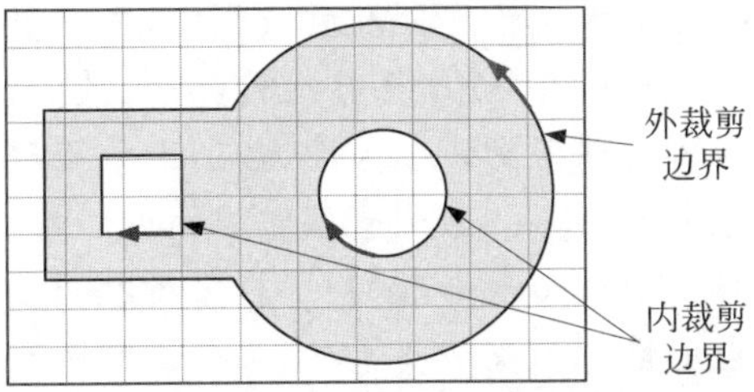

图 8.20　平面封闭边界曲线的覆盖面创建

在 CAD 系统中，覆盖曲面造型的一个典型应用是 N 边域孔洞填充。几何造型中的顶点过渡、曲面过渡、孔洞填补等均可以归纳为 N 边域孔洞填充问题，图 8.21 展示了 N 边域孔洞填充造型的几类典型应用场景。由于 N 边域孔洞填充问题的复杂性，曾经一度成为计算机辅助几何设计领域的一个重要研究方向。长期以来学术界提出了诸多方法来对多边域进行曲面建模，许多方法已经在 CAD 系统中得到了成功应用和验证。其核心问题在于如何构造一张符合设计者意图的光顺过渡曲面，既满足光滑性要求，又能保持与多边域所有边界曲面的高阶连续。国内外学者对这一问题进行了深入探讨，思路可以大体分为两种：细分曲面填充造型和参数曲面填充造型。

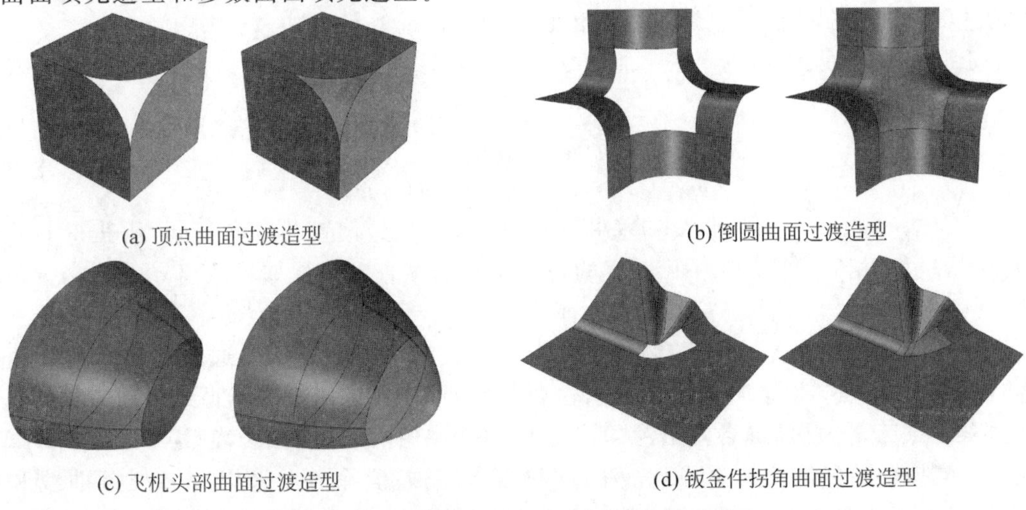

(a) 顶点曲面过渡造型　(b) 倒圆曲面过渡造型　(c) 飞机头部曲面过渡造型　(d) 钣金件拐角曲面过渡造型

图 8.21　覆盖曲面造型中的 N 边域孔洞填充

在曲面建模早期发展过程中，由于参数曲面造型在复杂拓扑几何模型构造方面存在局限性，细分曲面凭借拓扑结构灵活、数值计算稳定、程序实现容易等优点在计算机辅助建模与应用方面得到较多关注，各类细分策略被相继提出并应用到 N 边域孔洞填充造型上。基于细分曲面方法来构造填充曲面可以实现基曲面与填充曲面的统一表达，计算简洁，但是当前各类数据交换标准和CAD系统在自由曲面造型方面都采用NURBS表达，因此细分曲面在兼容性方面存在不足，工业场景应用有限。

相比于细分曲面方法，利用参数曲面来进行 N 边域填充得到了更多的关注和应用。在参数曲面的构造方面，主要有三类方法。第一类是将 N 边域孔洞分割为若干子域，在每个子域构造一张完整参数曲面（B样条或者NURBS曲面等）并组合成填充曲面。Pigel和Tiller通过 N 边域孔洞的边界中点和孔洞的中心点将其划分为若干四边形子域，在每个子域上构造可以表示成NURBS形式的双三次混合孔斯曲面片，所构造的多片拼接的填充曲面能够插值于边界曲线且逼近跨界导矢。杨义军等进一步将该方法扩展到边界曲线及跨界导矢是有理形式的情形。第二类是采用一张完整参数曲面来表示填充曲面。例如，施侃乐等采用单张周期B样条来填充 N 边域孔洞。第三类是以 N 边域孔洞的边界条件作为约束，采用能量优化等方式来构造以孔洞边界为裁剪曲线的单个裁剪曲面填充孔洞。

8.7 曲线和曲面偏置造型

曲线和曲面偏置（offset，也称等距）造型指将给定曲线或曲面沿其法向偏置一定距离生成一组新曲线或曲面的操作，在数控加工刀轨计算、机器人路径规划、模具型腔型芯设计、薄壁结构建模等方面具有广泛应用。除少数曲线和曲面外，如圆、直线和圆柱面等，偏置后的新曲线和曲面一般不能采用其初始曲线和曲面（也称基曲线和曲面）形式给出。因此，通过偏置构造的新曲线和曲面一般是基曲线和曲面的一种近似。

给定一条基曲线 $\boldsymbol{q}(u)$ 或一张基曲面 $\boldsymbol{q}(u,v)$，沿法向偏置距离 d 后的新曲线 $\boldsymbol{p}(u)$ 或新曲面 $\boldsymbol{p}(u,v)$ 可以表示为

$$\begin{aligned}\boldsymbol{p}(u)&=\boldsymbol{q}(u)+d\boldsymbol{n}(u)\\ \boldsymbol{p}(u,v)&=\boldsymbol{q}(u,v)+d\boldsymbol{n}(u,v)\end{aligned}\tag{8.18}$$

其中，$\boldsymbol{n}(u)$ 与 $\boldsymbol{n}(u,v)$ 表示基曲线和基曲面的法矢。注意，偏置的方向不同，所获得的曲线和曲面一般也不相同，可以利用距离 d 的正负来控制偏置方向。如果距离 d 是参数 u 和 v 的函数，则可以构造非等距偏置曲线和曲面。

参数曲线和曲面偏置的算法有很多，其中一种较为经典的算法是通过基曲线和曲面的离散点（也称采样点）偏置再重构来实现，主要包括两个步骤：①在给定误差下，基曲线或基曲面的离散点计算；②将离散点沿法向偏置，并采用B样条方法拟合离散点。第②步属于曲线和曲面拟合的标准算法，可以先插值再按给定偏差消除节点来构造B样条曲线和曲面，也可以以给定偏差来拟合曲线和曲面，这里不再赘述，仅考虑第①步中的离散点计算。

曲线和曲面的离散点计算在可视化渲染、网格生成、3D 打印等场景均有应用。最简单的方法是对曲线和曲面的参数域进行等距细分，再映射到空间曲线和曲面来实现离散点计算、网格划分等。这种方式仅需要给定离散点的个数即可，关键问题在于离散误差如何控制。

令 $\boldsymbol{r}(u)$表示一条由控制顶点 $\boldsymbol{b}_i(i=0,1,\cdots,n)$定义的 C^2 连续 n 次贝齐尔曲线，写为

$$\boldsymbol{r}(u)=\sum_{i=0}^{n}\boldsymbol{b}_iB_{i,n}(u),\quad u\in[0,1] \tag{8.19}$$

给定参数 $0\leqslant u_1<u_2\leqslant 1$，曲线上两点 $\boldsymbol{r}(u_1)$与 $\boldsymbol{r}(u_2)$构成的线段记为 $\boldsymbol{L}(u)$。当 $u\in[u_1,u_2]$时，曲线 $\boldsymbol{r}(u)$与线段 $\boldsymbol{L}(u)$的最大偏差可以表示为

$$\max_{u_1\leqslant u\leqslant u_2}\|\boldsymbol{r}(u)-\boldsymbol{L}(u)\|\leqslant\frac{1}{8}(u_2-u_1)^2\max_{u_1\leqslant u\leqslant u_2}\|\boldsymbol{r}''(u)\| \tag{8.20}$$

假定将贝齐尔曲线 $\boldsymbol{r}(u)$的参数域$[0,1]$等分为 n_u 段，每段长度为 $\delta=1/n_u$，参数等分点所对应的曲线上点构成一条逼近贝齐尔曲线的折线段。令折线段与曲线之间的最大容许偏差为 ε，由式(8.20)可得

$$\delta\leqslant\sqrt{\frac{8\varepsilon}{M_0}}\ \rightarrow n_u\geqslant\sqrt{\frac{M_0}{8\varepsilon}}=\sqrt{\frac{1}{\varepsilon}}\sqrt{\frac{M_0}{8}} \tag{8.21}$$

其中，$M_0=\max\limits_{u_1\leqslant u\leqslant u_2}\|\boldsymbol{r}''(u)\|$表示贝齐尔曲线 $\boldsymbol{r}(u)$二阶导矢的最大模长。式(8.21)表明，如果将参数域等分为 $n_u=\sqrt{M_0/(8\varepsilon)}$段，则曲线上参数等分点所构成的折线段与贝齐尔曲线之间的最大偏差不大于 ε。对于贝齐尔曲线，M_0 的最大值可以通过其控制顶点计算如下

$$M_0=\max_{u_1\leqslant u\leqslant u_2}\|\boldsymbol{r}''(u)\|\leqslant n(n-1)\max_{0\leqslant i\leqslant n-2}\|\boldsymbol{b}_{i+2}-2\boldsymbol{b}_{i+1}+\boldsymbol{b}_i\| \tag{8.22}$$

给定一张 C^2 连续的 $n\times m$ 次贝齐尔曲面 $\boldsymbol{r}(u,v)$，有如下定义形式

$$\boldsymbol{r}(u,v)=\sum_{i=0}^{n}\sum_{j=0}^{m}\boldsymbol{b}_{ij}B_{i,n}(u)B_{j,m}(v),\quad u,v\in[0,1] \tag{8.23}$$

参数域内矩形区域$[u_1,u_2]\times[v_1,v_2]$在曲面上对应一张 4 边曲面片，其 4 个角点分别表示为 $A=\boldsymbol{r}(u_1,v_1)$，$B=\boldsymbol{r}(u_2,v_1)$，$C=\boldsymbol{r}(u_2,v_2)$，$D=\boldsymbol{r}(u_1,v_2)$。这 4 个角点构成了两个平面三角形 ABD 与 BCD，令 $\boldsymbol{L}(u,v)$为定义在这两个三角形上的线性矢函数，则有

$$\max_{u_1\leqslant u\leqslant u_2,v_1\leqslant v\leqslant v_2}\|\boldsymbol{r}(u,v)-\boldsymbol{L}(u,v)\|\leqslant\frac{1}{8}(\delta_u^2M_1+2\delta_u\delta_vM_2+\delta_v^2M_3) \tag{8.24}$$

其中，δ_u、δ_v 为两个方向的参数步长，M_1、M_2、M_3 为二阶导矢的最大模长，定义如下

$$\begin{cases}\delta_u=u_2-u_1,\\ \delta_v=v_2-v_1,\end{cases}\quad \begin{cases}M_1=\max\limits_{u_1\leqslant u\leqslant u_2,v_1\leqslant v\leqslant v_2}\|\boldsymbol{r}''_{uu}(u,v)\|\\ M_2=\max\limits_{u_1\leqslant u\leqslant u_2,v_1\leqslant v\leqslant v_2}\|\boldsymbol{r}''_{uv}(u,v)\|\\ M_3=\max\limits_{u_1\leqslant u\leqslant u_2,v_1\leqslant v\leqslant v_2}\|\boldsymbol{r}''_{vv}(u,v)\|\end{cases} \tag{8.25}$$

将贝齐尔曲面沿两个参数方向分别等分为 $n_u=1/\delta_u$ 与 $n_v=1/\delta_v$ 段，可将曲面离散为

$2n_u n_v$ 个三角形。假定贝齐尔离散的最大偏差为 ε，则分段数 n_u 与 n_v 需要满足

$$\frac{1}{n_u^2}M_1 + \frac{2}{n_u n_v}M_2 + \frac{1}{n_v^2}M_3 \leqslant 8\varepsilon \tag{8.26}$$

根据 M_1 与 M_3 是否为 0，将式(8.26)分为 4 种情况考虑。

(1) 若 $M_1=0, M_3>0$，则表示曲面沿 u 方向为线性。分段数 n_u 与 n_v 取值为

$$n_u = 1,\quad n_v = \frac{1}{8\varepsilon}\left(M_2 + \sqrt{M_2^2 + 8\varepsilon M_3}\right) \tag{8.27}$$

(2) 若 $M_3=0, M_1>0$，则表示曲面沿 v 方向为线性。分段数 n_u 与 n_v 取值为

$$n_v = 1,\quad n_u = \frac{1}{8\varepsilon}\left(M_2 + \sqrt{M_2^2 + 8\varepsilon M_1}\right) \tag{8.28}$$

(3) 若 $M_1>0, M_3>0$，则分段数 n_u 与 n_v 均为未知数。令 $k=M_1/M_3$，$n_u=kn_v$，代入式(8.26)可得

$$n_v = \sqrt{\frac{1}{8k^2\varepsilon}(M_1 + 2kM_2 + k^2M_3)},\quad n_u = kn_v \tag{8.29}$$

(4) 若 $M_1=M_3=0$，则分段数 n_u 与 n_v 取值为

$$n_u = n_v = \sqrt{\frac{M_2}{4\varepsilon}} \tag{8.30}$$

对于式(8.23)中给出的贝齐尔曲面，二阶导矢 M_1、M_2 与 M_3 的模长计算如下

$$\begin{aligned}
M_1 &\leqslant m(m-1)\max_{0\leqslant i\leqslant m-2,0\leqslant j\leqslant n}\|\boldsymbol{b}_{i+2,j} - 2\boldsymbol{b}_{i+1,j} + \boldsymbol{b}_{i,j}\| \\
M_2 &\leqslant mn\max_{0\leqslant i\leqslant m-1,0\leqslant j\leqslant n-1}\|\boldsymbol{b}_{i+1,j+1} - \boldsymbol{b}_{i+1,j} - \boldsymbol{b}_{i,j+1} + \boldsymbol{b}_{i,j}\| \\
M_1 &\leqslant n(n-1)\max_{0\leqslant i\leqslant m,0\leqslant j\leqslant n-2}\|\boldsymbol{b}_{i,j+2} - 2\boldsymbol{b}_{i,j+1} + \boldsymbol{b}_{i,j}\|
\end{aligned} \tag{8.31}$$

基于以上离散点个数估算，可以将基于贝齐尔表示的基曲线或基曲面在给定偏差范围内离散为多边形或三角网格。对于 B 样条曲线，首先将其转换为分段贝齐尔，再利用上述公式计算分段点个数。对于 NURBS 曲线和曲面，也可以利用上述公式，但是 NURBS 曲线和曲面的二阶导矢函数的上下界计算异常困难，也就是 M_0、M_1、M_2、M_3 不再能够通过式(8.22)与式(8.31)计算。

图 8.22 展示了一条由 5 个控制顶点定义二次 B 样条曲线的偏置。图 8.22(a)和图 8.22(d)分别采用偏差 $\varepsilon=0.01$ 与 $\varepsilon=0.001$ 对曲线进行离散并沿法向偏置，可以发现随着容许偏差的减少，离散点急剧增多。图 8.22(b)和图 8.22(e)对离散点进行三次 B 样条曲线插值。图 8.22(c)和图 8.22(f)对插值曲线按照给定偏差进行节点消除。图 8.23 给出了一个 B 样条曲面的偏置实例。

Pigel 和 Tiller 建议直接采用离散点处二阶导矢的模长来估算 M_0、M_1、M_2、M_3。对于 p 次非有理贝齐尔曲线，将其参数域等分为 $p+1$ 段，取这些点处二阶导矢模长的最大值作为 M_0；对于 p 次有理贝齐尔曲线，则等分为 $2(p+1)$ 段计算 M_0。对于 $p\times q$ 次非有理贝齐尔曲

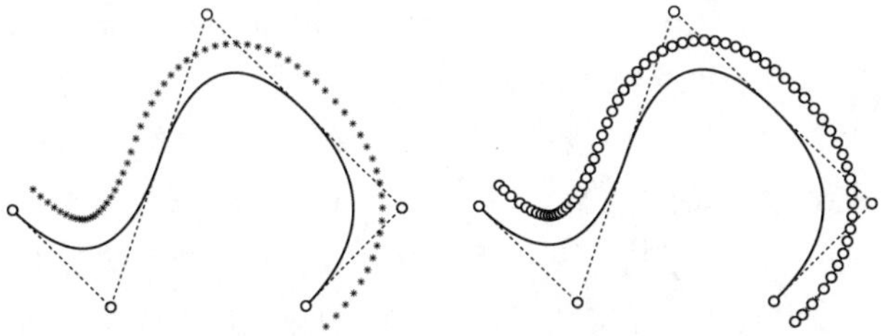

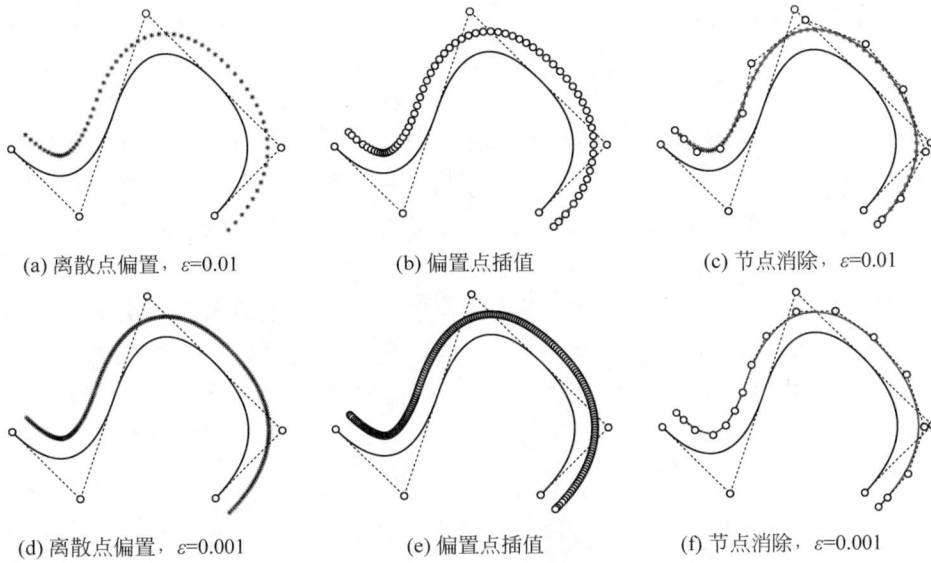

(a) 离散点偏置，ε=0.01　　(b) 偏置点插值　　(c) 节点消除，ε=0.01

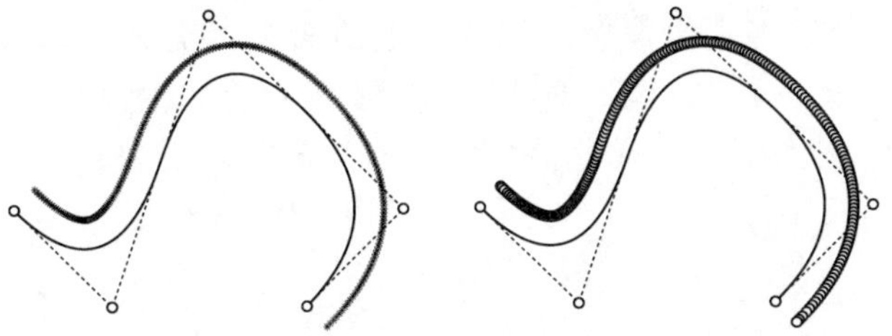

(d) 离散点偏置，ε=0.001　　(e) 偏置点插值　　(f) 节点消除，ε=0.001

图 8.22　B 样条曲线偏置

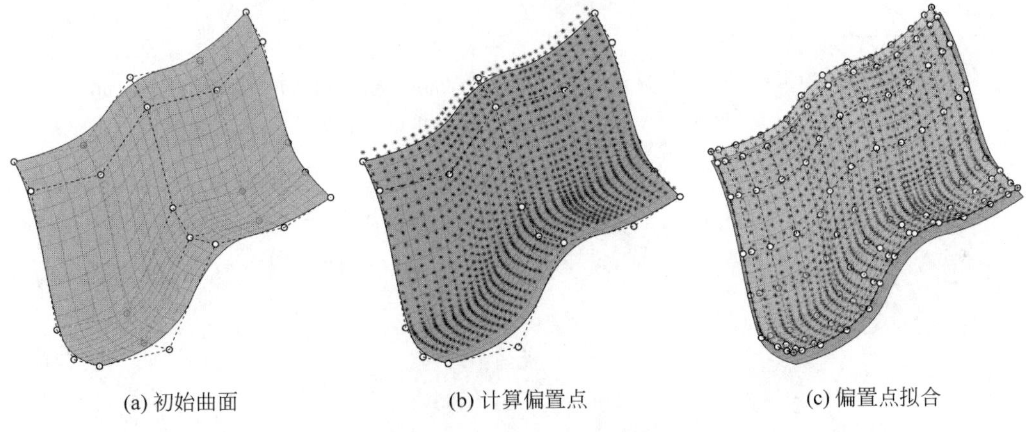

(a) 初始曲面　　(b) 计算偏置点　　(c) 偏置点拟合

图 8.23　B 样条曲面偏置

面，将其参数域等分为$(p+1)(q+1)$个子矩形域，取所有子矩形域角点处的二阶导矢模长的最大值作为M_1、M_2、M_3；对于$p\times q$次有理贝齐尔曲面，将参数域等分为$4(p+1)(q+1)$个子矩形域来计算M_1、M_2、M_3。此外，Pigel 和 Tiller 还建议缩减离散点，采用如下公式计算分段数

$$
\begin{aligned}
n_u &= \left(\frac{1}{\varepsilon}\right)^{\mathrm{pow}} \sqrt{\frac{M_0}{8}} \\
n_u = n_v &= \left(\frac{1}{\varepsilon}\right)^{\mathrm{pow}} \sqrt{\frac{1}{8}(M_1 + 2M_2 + M_3)}
\end{aligned}
\tag{8.32}
$$

其中，

$$\text{pow}=\begin{cases}0.5, & \text{线性逼近}\\ 0.34, & \text{非线性逼近}\end{cases} \tag{8.33}$$

在实际应用中，曲线和曲面的偏置计算要远比概念本身复杂得多，除误差控制外，还涉及各类异常处理和偏置曲线和曲面的光顺等问题。断裂和自交是曲线和曲面偏置时经常发生的现象，图 8.24 所示为曲线偏置出现断裂和自交的案例。偏置曲线和曲面发生断裂的主要原因是基曲线和基曲面上存在一阶导矢不连续点，该点处法矢不唯一，曲线和曲面在该点处的偏置出现奇异。断裂问题可以通过将延伸偏置曲线或偏置曲面至相交再裁剪来修补，也可通过圆弧或者球面来实现断裂处的过渡。偏置曲线和曲面出现自交的主要原因是曲线和曲面上部分点的曲率半径小于偏置距离，一般采用直接裁剪自交部分来处理。

(a) 偏置曲线断裂

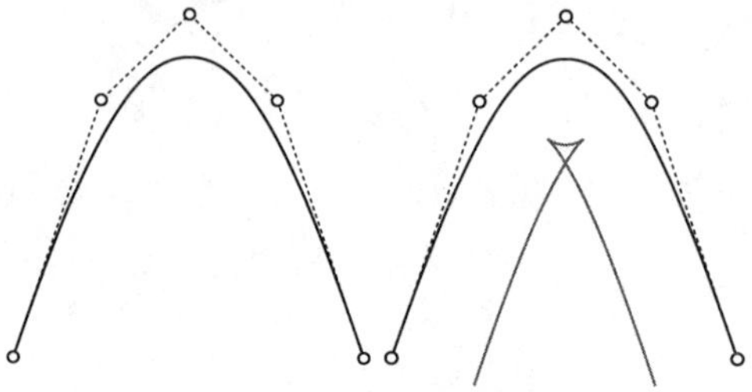

(b) 偏置曲线自交

图 8.24　曲线偏置出现断裂和自交现象

第9章

等几何分析及应用

CHAPTER 9

在工业产品的设计、制造和维护过程中，CAD设计软件与CAE分析软件作为工业软件中的两个典型范例一直在其中扮演着重要角色。自20世纪70年代以来，随着NURBS在CAD软件中的广泛使用，复杂产品的几何表示大多基于NURBS来描述。而在CAE技术中，则一直沿用离散网格来表示几何模型。二者在各自发展的历史进程中具有一定的独立性，CAD模型如果用于CAE系统进行仿真分析就需要首先进行模型转换操作。根据美国Sandia国家实验室数据，用于设计的CAD模型向用于分析的CAE模型的转换耗去了产品整体分析时间的80%。模型转换带来的精度降低、时间浪费等问题制约了工业界对高精度和高效率的追求。统一CAD系统和CAE系统中的模型表达也自然成了学术界探索和研究的方向之一。2005年，Hughes等提出的等几何分析(iso-geometric analysis，IGA)概念，为CAD和CAE领域真正意义上的无缝集成描绘了一幅宏伟蓝图。

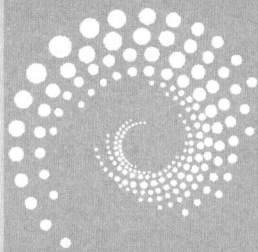

在经典有限元分析中，工程设计中的结构或者连续体需要离散为有限个网格单元，通过在每个网格单元内假定近似函数来分片求解全局域内的未知场变量。首先，离散从一开始便引入了不可逆的几何逼近误差，用来分析的模型始终只是离散逼近的模型而非精确几何模型；其次，对于复杂几何模型的加密需要在精确几何模型上进行，基于

初始网格模型的加密会再次引入几何逼近误差。等几何分析希望从根本上改变这一现状，直接将用于设计的CAD模型当作分析模型(使用CAD模型中样条基函数作为分析中CAE模型的形函数)，从而节省模型转换中消耗的大量人力物力，同时消除模型转换带来的几何逼近误差以提高CAE系统分析计算的精度。这使得等几何分析在提出之后便迅速引起了学术界和工业界的高度重视，并发展为近年来的研究热点，可以说等几何分析是近年来NURBS技术在CAD领域之外的最重要应用之一。当前等几何分析已经成功应用于振动、板壳、接触碰撞、断裂力学、电磁、流固耦合、结构优化等众多领域，并且在计算精度和效率等方面展现出了诸多优势。本章将着重介绍等几何分析在固体力学范畴，特别是结构线弹性静力学方面的基本方法、求解思路与应用案例等，涉及的单元类型包括二维平面应力单元、三维实体单元和壳单元。

9.1 等几何分析的基本方法

从数学形式上看，等几何分析方法可以认为是经典有限元方法的一种特例。与经典有限元方法从计算角度来看二者的区别在于分析形函数的不同，经典有限元多采用拉格朗日函数作为分析形函数，而等几何分析方法采用的是样条基函数作为分析形函数。因此，本书前面章节中介绍的伯恩斯坦基函数、B样条基函数、NUBRS基函数、T样条基函数等都可以作为形函数用于等几何仿真计算。虽然从数学形式上来看等几何分析与经典有限元仅仅是形函数的差异，但是这一改变在算法实现、软件架构、系统集成等各环节都带来了巨大变化。下面首先介绍等几何分析中涉及的一些基本概念、理论公式、边界条件和积分方法等。

9.1.1 空间与单元概念

在等几何分析中，通常会涉及4种空间概念，分别是索引空间、参数空间、物理空间和基准空间。这里以一张2×3次NURBS曲面作为范例来介绍这4种空间。如图9.1所示，NURBS曲面在两个参数方向上的节点矢量分别记为$\boldsymbol{\xi}=\{0,0,0,0.5,1,1,1\}$与$\boldsymbol{\eta}=\{0,0,0,0,1,1,1,1\}$。由于两个方向节点矢量在端节点处的重复度均为次数加1，由NURBS的性质可以知道曲面在两个参数方向均满足边界插值性，即边界控制顶点定义的曲线即为曲面的边界曲线。此外，曲面严格插值于4个拐角处的控制顶点。

按照节点矢量中节点的排序，为每个节点赋予一个单独序号。对于图9.1中的曲面，节点矢量$\boldsymbol{\xi}=\{0,0,0,0.5,1,1,1\}$共包含7个节点值，分别记为$\xi_i(i=0,1,\cdots,6)$；节点矢量$\boldsymbol{\eta}=\{0,0,0,0,1,1,1,1\}$共包含8个节点值，分别记为$\eta_j(j=0,1,\cdots,7)$。此时，这两组索

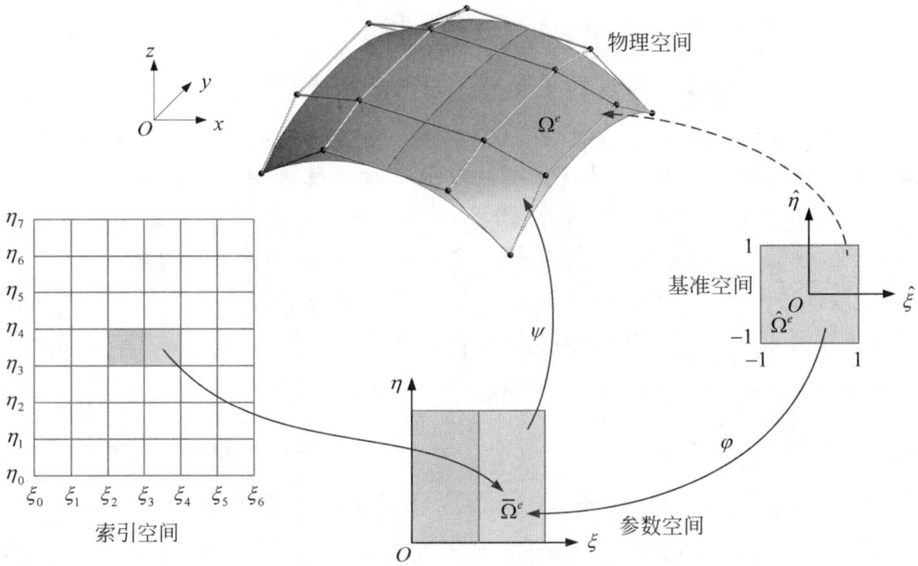

图 9.1　等几何分析中的基本空间概念与单元映射

引序号 $\{i=0,1,\cdots,6\}$ 与 $\{j=0,1,\cdots,7\}$ 便构成了索引空间(index space)，索引序号与节点值无关，仅标记节点值在节点矢量中的排序。索引空间的主要作用是建立基函数的索引序号与其定义区间之间的关联关系。由 NURBS 基函数的局部支撑性，一元 p 次 NURBS 基函数跨越 $p+1$ 个节点区间。因此，定义在节点矢量 $\boldsymbol{\xi}$ 上的第 i 个 NURBS 基函数 $N_{i,p}(\xi)$，其定义区间可通过索引空间标记为 $[\xi_i,\xi_{i+3})$；定义在节点矢量 $\boldsymbol{\eta}$ 上的第 j 个 NURBS 基函数 $N_{j,3}(\boldsymbol{\eta})$，其定义区间可以通过索引空间标记为 $[\eta_j,\eta_{j+4})$。图 9.2(a)和图 9.2(b)分别展示了定义在 $\boldsymbol{\xi}$ 和 $\boldsymbol{\eta}$ 上的 4 个基函数。

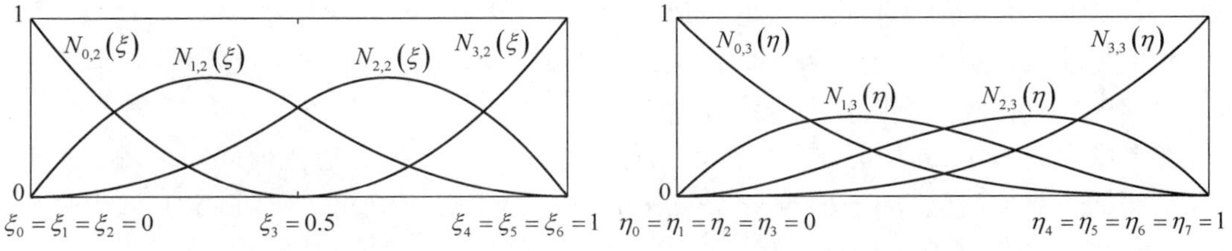

(a) 定义在 $\boldsymbol{\xi}$ 上的基函数　　(b) 定义在 η 上的基函数

图 9.2　定义在节点矢量 ξ 和 η 上的一元二次 NURBS 基函数

对于一维 NURBS 曲线，控制顶点、权因子以及基函数的排序直接按照控制顶点的次序进行即可。对于二维 NURBS 曲面和三维 NURBS 实体，相关参数的索引序号一般成对出现，例如，曲面控制顶点和基函数一般记为 $\boldsymbol{b}_{ij}$、$R_{ij}(\xi,\eta)$，实体控制顶点一般记为 $\boldsymbol{b}_{ijk}$、$R_{ijk}(\xi,\eta,\zeta)$。在程序实现中，这种成对出现的二维和三维标记会转换为一维标记，且默认以先 ξ 向、后 η 向、再 ζ 向的顺序。以一维序号 A 来标记曲面控制顶点 $\boldsymbol{b}_{ij}$ 和实体控制顶点 $\boldsymbol{b}_{ijk}$，

分别有

$$\text{曲面}: A = j(n+1) + i \tag{9.1}$$

$$\text{实体}: A = k(n+1)(m+1) + j(n+1) + i \tag{9.2}$$

其中,n、m、l 表示曲面和实体在各参数方向的控制顶点个数减 1。因此,每个索引对(i,j)或(i,j,k)都会对应唯一的序号 A,继而明确了曲面和实体控制顶点的一维编号。

参数空间由几何模型的定义域构成,与参数值有关。节点矢量$\boldsymbol{\xi}$ 和 η 的定义域分别为$[0,1]$和$[0,1]$,因此曲面的定义域为$[0,1]\otimes[0,1]$。节点矢量$\boldsymbol{\xi}$ 中包含两个非零节点区间,分别为 $[0,0.5)$和$[0.5,1]$;节点矢量 η 中包含一个非零节点区间$[0,1]$。这些非零节点区间在参数空间中构成了两个矩形参数块 $[0,0.5)\otimes[0,1]$与$[0.5,1]\otimes[0,1]$,称为参数单元,记为 $\bar{\Omega}_0^e$ 与 $\bar{\Omega}_1^e$。由节点矢量以及控制顶点等信息可以计算 NURBS 曲面上点的空间位置,这些空间点则构成了物理空间。参数单元 $\bar{\Omega}^e$ 在物理空间中的映射称为物理单元,记为 Ω^e。此外,在等几何积分计算时,高斯积分点是定义在基准单元 $\hat{\Omega}^e$ 上的,基准单元所在空间称为基准空间。基准单元的定义区间可以表示为 $\hat{\Omega}^e=[-1,1]^d$,其中 d 表示单元的维度,对于曲线、曲面和实体,$d=1,2,3$。

9.1.2 强形式与弱形式

对于一般结构力学问题,其数学模型可以描述成适当的偏微分方程。强形式(strong form)和弱形式(weak form)是有限元分析中求解偏微分方程时的两种不同数学形式。强形式指给定边界条件的原始偏微分方程形式,直接反映了物理系统的基本守恒定律,要求定义域内的每个点处偏微分方程都能得到满足。强形式通常包含高阶导数,因此对解的光滑性要求高。在实际应用中,由于几何结构不规则和边界条件复杂等原因,使直接求解强形式困难。有限元的核心思想是将强形式转换为弱形式,放宽了对高阶导数的要求,使复杂偏微分方程可以通过数值方法来求解。弱形式仅要求解在积分意义下满足方程,且通常要求属于索伯列夫(Sobolev)空间,如 H^1 空间。

在有限元分析中,结构力学的求解可以通过平衡方程转换为边界值问题。对于一般线弹性结构的边界值问题(boundary value problems,BVP),如图 9.3 所示,定义域内任意一点 $\boldsymbol{x}\in\Omega$ 的强形式可以描述如下

$$\begin{aligned} \nabla\cdot\overset{\frown}{\boldsymbol{\sigma}}(\boldsymbol{u})+\boldsymbol{f}=\boldsymbol{0}, &\quad \text{在 } \Omega \\ \boldsymbol{u}=\bar{\boldsymbol{u}}, &\quad \text{在 } \Gamma_D \\ \overset{\frown}{\boldsymbol{\sigma}}(\boldsymbol{u})\cdot\boldsymbol{n}=\bar{\boldsymbol{t}}, &\quad \text{在 } \Gamma_N \end{aligned} \tag{9.3}$$

其中,$\boldsymbol{f}$ 表示体积力;$\bar{\boldsymbol{u}}$ 和 $\bar{\boldsymbol{t}}$ 分别表示狄利克雷(Dirichlet)边界 Γ_D 和诺依曼(Neumann)边界 Γ_N 上的初始给定值;$\boldsymbol{n}$ 为边界 Γ_N 上的单位外法矢;$\boldsymbol{u}$ 表示位移;$\overset{\frown}{\boldsymbol{\sigma}}(\boldsymbol{u})$表示应力张量,是位移 $\boldsymbol{u}$ 的函数。这里以符号正上方加圆弧的形式来表述张量。

狄利克雷边界条件也称为第一类边界条件，用于指定边界上已知的解。例如，结构变形仿真时部分边界被预先固定(见式(9.3)中的第二个等式)，或者热传导时部分边界的温度被预先给定。诺依曼边界条件也称为第二类边界条件，用于指定边界上解的导数值。例如，结构变形仿真中指定部分边界上的外力(见式(9.3)中的第三个等式)，热传导中指定部分边界上的热通量。此外，还有第三类边界条件，罗宾(Robin)边界条件，结合了第一类和第二类边界条件，通常可以用来描述热传导和摩擦等问题。边界值问题的目标即求解满足方程(9.3)的位移解 $\boldsymbol{u}$。

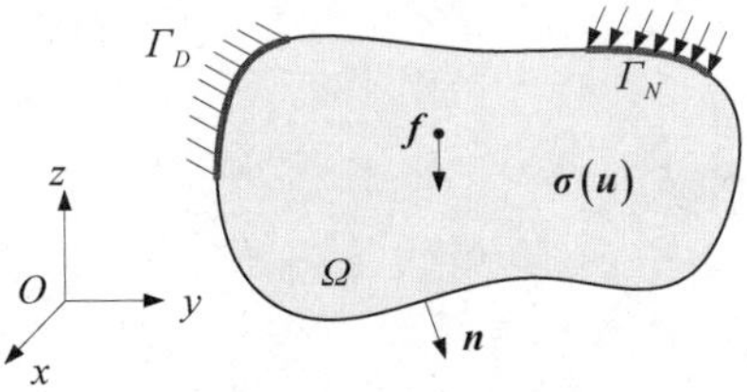

图 9.3　边界值问题示意图

为了得到式(9.3)所给强形式的弱形式表达，选取适当的试验函数(test function)来加权偏微分方程，并在定义域中进行积分计算。依据伽辽金(Galerkin)法的核心思想，定义位于同一有限维函数空间 $H^1(\Omega)$中的解函数 $\boldsymbol{u}$ 与试验函数$\boldsymbol{v}$，有

$$\mathcal{S}=\{\boldsymbol{u}\mid \boldsymbol{u}\in H^1(\Omega),\boldsymbol{u}\mid_{\Gamma_D}=\bar{\boldsymbol{u}}\}\tag{9.4}$$

$$\mathcal{V}=\{\boldsymbol{v}\mid \boldsymbol{v}\in H^1(\Omega),\boldsymbol{v}\mid_{\Gamma_D}=\boldsymbol{0}\}\tag{9.5}$$

将式(9.3)中的偏微分方程乘以试验函数$\boldsymbol{v}$，并在定义域上积分可得

$$\int_\Omega \boldsymbol{v}\cdot[\nabla\cdot\hat{\boldsymbol{\sigma}}(\boldsymbol{u})]\,\mathrm{d}\Omega+\int_\Omega \boldsymbol{v}\cdot \boldsymbol{f}\,\mathrm{d}\Omega=\boldsymbol{0},\quad \forall\ \boldsymbol{v}\in\mathcal{V}\tag{9.6}$$

若积分方程(9.6)对于任意的试验函数$\boldsymbol{v}\in\mathcal{V}$都满足，则认为偏微分方程(9.3)自然成立。根据散度定理，将式(9.6)左侧第一项转换为对边界积分，有

$$-\int_\Omega[\nabla\boldsymbol{v}:\hat{\boldsymbol{\sigma}}(\boldsymbol{u})]\,\mathrm{d}\Omega+\int_{\Gamma_N}\boldsymbol{v}\cdot[\hat{\boldsymbol{\sigma}}(\boldsymbol{u})\cdot\boldsymbol{n}]\,\mathrm{d}\Gamma+\int_\Omega\boldsymbol{v}\cdot\boldsymbol{f}\,\mathrm{d}\Omega=\boldsymbol{0},\quad\forall\ \boldsymbol{v}\in\mathcal{V}\tag{9.7}$$

对于线弹性问题，应力 $\hat{\boldsymbol{\sigma}}(\boldsymbol{u})$(二阶张量)可以表示为弹性模量 $\hat{\boldsymbol{D}}$(四阶张量)与应变 $\boldsymbol{\varepsilon}(u)$(二阶张量)的乘积，即

$$\hat{\boldsymbol{\sigma}}(\boldsymbol{u})=\hat{\boldsymbol{D}}:\boldsymbol{\varepsilon}(\boldsymbol{u}),\quad \sigma_{ij}=D_{ijkl}\varepsilon_{kl}\tag{9.8}$$

应变 $\boldsymbol{\varepsilon}(\boldsymbol{u})$是解函数 $\boldsymbol{u}$ 的一阶导数。将式(9.3)和式(9.8)代入式(9.7)可得

$$\int_\Omega[\nabla\boldsymbol{v}:\hat{\boldsymbol{D}}:\boldsymbol{\varepsilon}(\boldsymbol{u})]\,\mathrm{d}\Omega=\int_\Omega\boldsymbol{v}\cdot\boldsymbol{f}\,\mathrm{d}\Omega+\int_{\Gamma_N}\boldsymbol{v}\cdot\bar{\boldsymbol{t}}\,\mathrm{d}\Gamma,\quad\forall\ \boldsymbol{v}\in\mathcal{V}\tag{9.9}$$

式(9.9)即为强形式方程(9.3)对应的弱形式表达。对比式(9.3)和式(9.9)，可以发现式(9.3)需要解函数 $\boldsymbol{u}$ 具有二阶导函数(包含在$\nabla\cdot\hat{\boldsymbol{\sigma}}(\boldsymbol{u})$中)，而式(9.9)仅需要试验函数和解函数的一阶导数(包含在$\nabla\cdot\boldsymbol{v}$ 和 $\boldsymbol{\varepsilon}(\boldsymbol{u})$中)，弱形式弱化了对解空间的连续性要求。由于试验函数$\boldsymbol{v}$ 与解函数 $\boldsymbol{u}$ 定义在同一函数空间，试验函数的梯度可以表示为应变形式，即$\nabla\cdot\boldsymbol{v}=\boldsymbol{\varepsilon}(\boldsymbol{v})$。进而可以将式(9.9)改写为

$$\int_\Omega[\boldsymbol{\varepsilon}(\boldsymbol{v}):\hat{\boldsymbol{D}}:\boldsymbol{\varepsilon}(\boldsymbol{u})]\,\mathrm{d}\Omega=\int_\Omega\boldsymbol{v}\cdot\boldsymbol{f}\,\mathrm{d}\Omega+\int_{\Gamma_N}\boldsymbol{v}\cdot\bar{\boldsymbol{t}}\,\mathrm{d}\Gamma,\quad\forall\ \boldsymbol{v}\in\mathcal{V}\tag{9.10}$$

式(9.10)具有非常明确的力学含义，等式左侧表示内力做功，右侧表示外力做功。使用能量

项 $a(\boldsymbol{u},\boldsymbol{v})$ 和载荷项 $L(\boldsymbol{v})$ 来表述式(9.10),有

$$a(\boldsymbol{u},\boldsymbol{v})=L(\boldsymbol{v}),\quad \forall\ \boldsymbol{v}\in\mathcal{V} \tag{9.11}$$

其中,

$$\begin{cases}a(\boldsymbol{u},\boldsymbol{v})=\int_{\Omega}\left[\boldsymbol{\varepsilon}(\boldsymbol{v}):\hat{\boldsymbol{D}}:\boldsymbol{\varepsilon}(\boldsymbol{u})\right]\mathrm{d}\Omega\\ L(\boldsymbol{v})=\int_{\Omega}\boldsymbol{v}\cdot\boldsymbol{f}\,\mathrm{d}\Omega+\int_{\Gamma_N}\boldsymbol{v}\cdot\bar{\boldsymbol{t}}\,\mathrm{d}\Gamma\end{cases} \tag{9.12}$$

在伽辽金方法中,试验函数 $\boldsymbol{v}$ 和解函数 $\boldsymbol{u}$ 采用同一组有限个形状函数(简称形函数)来描述,代入式(9.11)~式(9.12),可得弱形式的离散表达

$$a^h(\boldsymbol{u}^h,\boldsymbol{v}^h)=L^h(\boldsymbol{v}^h),\quad \forall\ \boldsymbol{v}^h\in\mathcal{V}^h \tag{9.13}$$

其中,$\mathcal{V}^h\subset\mathcal{V}$。因此,离散形式下的能量项 $a^h(\boldsymbol{u}^h,\boldsymbol{v}^h)$ 满足对称性,即 $a^h(\boldsymbol{u}^h,\boldsymbol{v}^h)=a^h(\boldsymbol{v}^h,\boldsymbol{u}^h)$,也称为双线性项,描述结构在外力作用下的内部响应。线性项 $L(\boldsymbol{v}^h)$ 只包含单个函数,用于描述结构的外力贡献。在有限元中,通常采用拉格朗日基函数作为形函数来逼近试验函数和解函数,等几何分析中则直接采用描述几何的样条基函数作为形函数。

假定式(9.3)中边界值问题定义的几何体采用 NURBS 描述,基函数序列表示为 $N_A(\boldsymbol{\xi}),A=0,1,\cdots,n_{cp}$,其中 n_{cp} 表示几何体的控制顶点个数减 1,$\boldsymbol{\xi}$ 表示参数空间中的参数值,维度由几何体的维度决定。令基于 NURBS 表达的几何体的控制顶点 $\boldsymbol{b}_A$ 对应的解记为 $\bar{\boldsymbol{u}}_A$,则几何体上任意点处的解可以表示为

$$\boldsymbol{u}^h(\boldsymbol{\xi})=\sum_{A=0}^{n_{cp}}N_A(\boldsymbol{\xi})\bar{\boldsymbol{u}}_A \tag{9.14}$$

同理,采用同一组基函数 $N_A(\boldsymbol{\xi})$ 对试验函数进行离散,有

$$\boldsymbol{v}^h(\boldsymbol{\xi})=\sum_{A=0}^{n_{cp}}N_A(\boldsymbol{\xi})\bar{\boldsymbol{v}}_A \tag{9.15}$$

将式(9.14)和式(9.15)以矩阵形式表达并代入式(9.13),整理可得如下矩阵方程

$$\bar{\boldsymbol{v}}^{\mathrm{T}}\boldsymbol{K}\bar{\boldsymbol{u}}=\bar{\boldsymbol{v}}^{\mathrm{T}}F \tag{9.16}$$

由于试验解 $\bar{\boldsymbol{v}}^{\mathrm{T}}$ 的任意性,式(9.16)等价于

$$\boldsymbol{K}\bar{\boldsymbol{u}}=\boldsymbol{F} \tag{9.17}$$

其中,$\boldsymbol{K}$ 称为刚度矩阵;$\bar{\boldsymbol{u}}$ 为待求解矢量;$\boldsymbol{F}$ 为外部载荷矢量,求解式(9.17)可得所有控制顶点处的解。这里试验解 $\bar{\boldsymbol{v}}^{\mathrm{T}}$ 与虚位移、位移的变分等概念有相似的含义,将 $\bar{\boldsymbol{v}}^{\mathrm{T}}$ 当作虚位移,则能量项 $a^h(\boldsymbol{u}^h,\boldsymbol{v}^h)$ 表示内力虚功。与有限元节点全部插值于物理单元不同,等几何的控制顶点通常不插值于物理单元。因此,物理单元内部任意点处的解需要根据控制顶点处的解与相应的基函数插值计算得到。

9.1.3 单元映射与数值积分

积分方法是影响数值计算精度和效率的一个重要因素。在经典有限元中可以直接将

基准单元中的积分点映射到空间物理单元上，但在等几何分析中，基准单元需要先映射到参数单元，再映射到空间物理单元。对于样条模型，参数单元指节点矢量中的非零区间，物理单元则是参数单元在物理空间中的映射。令 $\bar{\Omega}^e$ 表示参数空间 $\bar{\Omega}$ 中的参数单元，物理空间 Ω 中的对应单元 Ω^e 可以通过几何映射关系 $\psi: \bar{\Omega}^e \rightarrow \Omega^e$ 得到，并且映射函数 ψ 是可逆的。对于 NURBS 样条模型，映射函数 ψ 为模型的计算函数。此外，从基准单元 $\hat{\Omega}^e$ 到参数单元 $\bar{\Omega}^e$ 的映射称为参数映射 $\varphi: \hat{\Omega}^e \rightarrow \bar{\Omega}^e$。从基准单元映射到参数单元，再从参数单元映射到物理单元，均有明确的函数表达。因此，对物理单元的积分可以转换到对基准单元的积分。

高斯积分(Gaussian quadrature)是有限元中的一种常用数值积分方法，通过一组采样点处函数值的累加方式来逼近积分计算的值，避免了对复杂单元和函数的显式积分计算。给定基准区间[−1,1]，对于定义在该区间上的一元函数 $f(\hat{\xi})$ 进行高斯积分，有

$$\int_{-1}^{1} f(\hat{\xi}) \mathrm{d}\hat{\xi} \simeq \sum_{i=1}^{n} W_i f(\hat{\xi}_i) \tag{9.18}$$

其中，n 是积分点的个数；$\hat{\xi}_i$ 是积分区间[−1,1]上的积分点(也称采样点)；W_i 是积分点 $\hat{\xi}_i$ 对应的权重。式(9.18)的高斯积分指的是高斯-勒让德(Gauss-Legendre)型高斯积分。积分点 $\hat{\xi}_i$ 是勒让德多项式 $P_n(\hat{\xi})$ 的根，权重 W_i 可以根据积分点 $\hat{\xi}_i$ 以及积分点处的勒让德多项式的导数 $P'_n(\hat{\xi}_i)$ 来计算。对于基准区间[−1,1]，积分点 $\hat{\xi}_i$ 和权重 W_i 的值是确定的，在程序实现时可以预先计算好，直接调用。表 9.1 展示了 1～6 个积分点对应的一维高斯积分点位置和权重的数值。

表 9.1　一维高斯积分点的位置与权重

积分点个数(n)	积分点位置 $\hat{\xi}_i$	积分点权重 W_i
1	0.000000000000000	2.000000000000000
2	±0.577350269189626	1.000000000000000
3	±0.774596669241483 0.000000000000000	0.555555555555556 0.888888888888889
4	±0.861136311594053 ±0.339981043584856	0.347854845137454 0.652145154862546
5	±0.906179845938664 ±0.538469310105683 0.000000000000000	0.236926885056189 0.478628670499366 0.568888888888889
6	±0.932469514203152 ±0.661209386466265 ±0.238619186083197	0.171324492379170 0.360761573048139 0.467913934572691

如果被积函数 $f(\hat{\xi})$ 是次数不超过 $2n-1$ 的多项式，则采用式(9.18)中高斯积分方法用 n 个积分点可以得到精确积分值。因此，积分点的个数与函数的次数有关。在有限元和等几何中，刚度矩阵和质量矩阵等在参与积分计算时通常涉及形函数及其导数的乘积，对于 p 次形函数（等几何中指代样条基函数），一般需要选择 $n \geqslant p+1$ 个积分点来保证积分精度。对于二维和三维问题，每个参数方向都需要选择至少次数+1 个积分点。图 9.4 展示了不同次数下二维面单元和三维体单元的高斯积分点在基准单元中的位置。等几何分析中单元在不同的参数方向允许不同的次数，相应的积分点个数也不相同。例如，图 9.4(b)所示为一个 2×3 次面单元，采用了 3×4 个积分点；图 9.4(e)所示为一个 $1\times2\times4$ 次体单元，采用了 $2\times3\times5$ 个积分点。对于 $p\times q$ 次面单元，一般采用 $(p+1)\times(q+1)$ 个高斯积分点；对于 $p\times q\times r$ 次体单元，一般采用 $(p+1)\times(q+1)\times(r+1)$ 个高斯积分点。二维和三维单元积分点的对应权重可以表示为各方向一维权重的乘积。

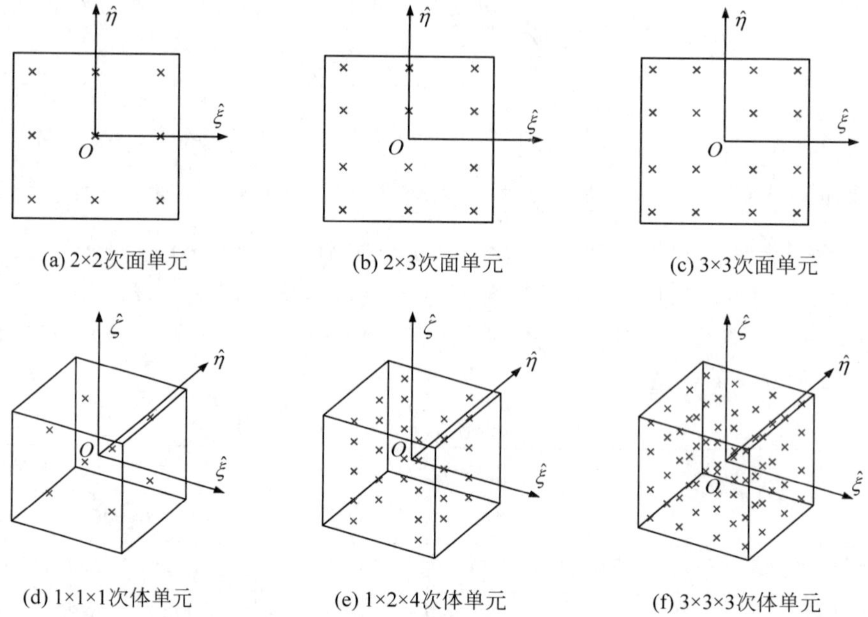

图 9.4　不同次数下二维面单元和三维体单元的基准单元高斯积分点位置

在等几何分析中，变量和函数通常定义在物理空间，需要首先建立基准单元与参数单元、参数单元与物理单元之间的映射关系。采用高斯积分法来进行积分计算时，不同空间之间的单元映射会在高斯积分公式中引入雅可比矩阵 $\boldsymbol{J}$ 的行列式，这可以理解为对高斯积分点权重的修正，因为不同空间下积分单元的面积不同。

对于三维 NURBS 实体模型，令 $\boldsymbol{\psi}(x,y,z)$ 是定义在物理单元 Ω^e 上的函数，其对参数坐标 (ξ,η,ζ) 的导数为

$$\begin{cases}\dfrac{\partial \boldsymbol{\psi}}{\partial \xi}=\dfrac{\partial \boldsymbol{\psi}}{\partial x}\dfrac{\partial \boldsymbol{x}}{\partial \xi}+\dfrac{\partial \boldsymbol{\psi}}{\partial y}\dfrac{\partial \boldsymbol{y}}{\partial \xi}+\dfrac{\partial \boldsymbol{\psi}}{\partial z}\dfrac{\partial \boldsymbol{z}}{\partial \xi}\\ \dfrac{\partial \boldsymbol{\psi}}{\partial \eta}=\dfrac{\partial \boldsymbol{\psi}}{\partial x}\dfrac{\partial \boldsymbol{x}}{\partial \eta}+\dfrac{\partial \boldsymbol{\psi}}{\partial y}\dfrac{\partial \boldsymbol{y}}{\partial \eta}+\dfrac{\partial \boldsymbol{\psi}}{\partial z}\dfrac{\partial \boldsymbol{z}}{\partial \eta}\\ \dfrac{\partial \boldsymbol{\psi}}{\partial \zeta}=\dfrac{\partial \boldsymbol{\psi}}{\partial x}\dfrac{\partial \boldsymbol{x}}{\partial \zeta}+\dfrac{\partial \boldsymbol{\psi}}{\partial y}\dfrac{\partial \boldsymbol{y}}{\partial \zeta}+\dfrac{\partial \boldsymbol{\psi}}{\partial z}\dfrac{\partial \boldsymbol{z}}{\partial \zeta}\end{cases} \tag{9.19}$$

写成矩阵形式有

$$\begin{bmatrix}\dfrac{\partial \boldsymbol{\psi}}{\partial \xi}\\ \dfrac{\partial \boldsymbol{\psi}}{\partial \eta}\\ \dfrac{\partial \boldsymbol{\psi}}{\partial \zeta}\end{bmatrix}=\begin{bmatrix}\dfrac{\partial x}{\partial \xi} & \dfrac{\partial y}{\partial \xi} & \dfrac{\partial z}{\partial \xi}\\ \dfrac{\partial x}{\partial \eta} & \dfrac{\partial y}{\partial \eta} & \dfrac{\partial z}{\partial \eta}\\ \dfrac{\partial x}{\partial \zeta} & \dfrac{\partial y}{\partial \zeta} & \dfrac{\partial z}{\partial \zeta}\end{bmatrix}\begin{bmatrix}\dfrac{\partial \boldsymbol{\psi}}{\partial x}\\ \dfrac{\partial \boldsymbol{\psi}}{\partial y}\\ \dfrac{\partial \boldsymbol{\psi}}{\partial z}\end{bmatrix}=\boldsymbol{J}_{\psi}\begin{bmatrix}\dfrac{\partial \boldsymbol{\psi}}{\partial x}\\ \dfrac{\partial \boldsymbol{\psi}}{\partial y}\\ \dfrac{\partial \boldsymbol{\psi}}{\partial z}\end{bmatrix} \tag{9.20}$$

其中，$\boldsymbol{J}_{\psi}$ 表示物理单元 Ω^e 与参数单元 $\bar{\Omega}^e$ 之间映射的雅可比矩阵。对于 NURBS 模型，函数$\boldsymbol{\psi}(x,y,z)$即为三维几何体的 NURBS 方程式，采用有理基函数 $R_A(\xi,\eta,\zeta)$可表示为

$$\boldsymbol{\psi}(x,y,z)=\sum_{A=0}^{n_{cp}}\boldsymbol{b}_A R_A(\xi,\eta,\zeta) \tag{9.21}$$

其中，$\boldsymbol{b}_A$ 表示 NURBS 实体的三维控制顶点，下标 A 的编号参考式(9.2)。将式(9.21)代入式(9.20)，可将雅可比矩阵显式表示为

$$\boldsymbol{J}_{\psi}=\begin{bmatrix}\dfrac{\partial x}{\partial \xi} & \dfrac{\partial y}{\partial \xi} & \dfrac{\partial z}{\partial \xi}\\ \dfrac{\partial x}{\partial \eta} & \dfrac{\partial y}{\partial \eta} & \dfrac{\partial z}{\partial \eta}\\ \dfrac{\partial x}{\partial \zeta} & \dfrac{\partial y}{\partial \zeta} & \dfrac{\partial z}{\partial \zeta}\end{bmatrix}=\begin{bmatrix}\sum\limits_{A=0}^{n_{cp}}b_A^x\dfrac{\partial R_A}{\partial \xi} & \sum\limits_{A=0}^{n_{cp}}b_A^y\dfrac{\partial R_A}{\partial \xi} & \sum\limits_{A=0}^{n_{cp}}b_A^z\dfrac{\partial R_A}{\partial \xi}\\ \sum\limits_{A=0}^{n_{cp}}b_A^x\dfrac{\partial R_A}{\partial \eta} & \sum\limits_{A=0}^{n_{cp}}b_A^y\dfrac{\partial R_A}{\partial \eta} & \sum\limits_{A=0}^{n_{cp}}b_A^z\dfrac{\partial R_A}{\partial \eta}\\ \sum\limits_{A=0}^{n_{cp}}b_A^x\dfrac{\partial R_A}{\partial \zeta} & \sum\limits_{A=0}^{n_{cp}}b_A^y\dfrac{\partial R_A}{\partial \zeta} & \sum\limits_{A=0}^{n_{cp}}b_A^z\dfrac{\partial R_A}{\partial \zeta}\end{bmatrix} \tag{9.22}$$

其中，b_A^x、b_A^y、b_A^z 表示控制顶点 $\boldsymbol{b}_A$ 的坐标分量。

同理，令$\boldsymbol{\varphi}(\xi,\eta,\zeta)$是定义在参数单元 $\bar{\Omega}^e$ 上的函数，则参数单元 $\bar{\Omega}^e$ 与基准单元 $\hat{\Omega}^e$ 之间的雅可比矩阵 $\boldsymbol{J}_{\varphi}$ 定义为

$$\boldsymbol{J}_{\varphi}=\begin{bmatrix}\dfrac{\partial \xi}{\partial \hat{\xi}} & \dfrac{\partial \eta}{\partial \hat{\xi}} & \dfrac{\partial \zeta}{\partial \hat{\xi}}\\ \dfrac{\partial \xi}{\partial \hat{\eta}} & \dfrac{\partial \eta}{\partial \hat{\eta}} & \dfrac{\partial \zeta}{\partial \hat{\eta}}\\ \dfrac{\partial \xi}{\partial \hat{\zeta}} & \dfrac{\partial \eta}{\partial \hat{\zeta}} & \dfrac{\partial \zeta}{\partial \hat{\zeta}}\end{bmatrix} \tag{9.23}$$

由于参数坐标(ξ,η,ζ)与基准坐标$(\hat{\xi},\hat{\eta},\hat{\zeta})$之间是线性映射的，假定参数单元记为$\bar{\Omega}^e=[\xi_i,\xi_{i+1}]\otimes[\eta_j,\eta_{j+1}]\otimes[\zeta_k,\zeta_{k+1}]$，则参数单元与基准单元的映射关系可以显式表示为

$$\boldsymbol{\varphi}:\begin{cases}\xi=\dfrac{\xi_{i+1}-\xi_i}{2}\hat{\xi}+\dfrac{\xi_{i+1}+\xi_i}{2}\\ \eta=\dfrac{\eta_{j+1}-\eta_j}{2}\hat{\eta}+\dfrac{\eta_{j+1}+\eta_j}{2}\\ \zeta=\dfrac{\zeta_{k+1}-\zeta_k}{2}\hat{\zeta}+\dfrac{\zeta_{k+1}+\zeta_k}{2}\end{cases}\tag{9.24}$$

将式(9.24)代入式(9.23)，可将雅可比矩阵$\boldsymbol{J}_\varphi$化简为

$$\boldsymbol{J}_\varphi=\begin{bmatrix}(\xi_{i+1}-\xi_i)/2 & 0 & 0\\ 0 & (\eta_{j+1}-\eta_j)/2 & 0\\ 0 & 0 & (\zeta_{k+1}-\zeta_k)/2\end{bmatrix}\tag{9.25}$$

借助雅可比矩阵$\boldsymbol{J}_\psi$与$\boldsymbol{J}_\varphi$，可将物理单元Ω^e上的积分转换为对基准单元$\hat{\Omega}^e$的积分，继而借助高斯积分点进行积分计算

$$\begin{aligned}\int_{\Omega^e}f(x,y,z)\mathrm{d}\Omega&=\int_{\bar{\Omega}^e}f(\boldsymbol{\psi}(\xi,\eta,\zeta))\,|J_\psi|\,\mathrm{d}\bar{\Omega}\\&=\int_{\hat{\Omega}^e}f(\boldsymbol{\psi}(\boldsymbol{\varphi}(\hat{\xi},\hat{\eta},\hat{\zeta})))\,|J_\psi|\,|J_\varphi|\,\mathrm{d}\hat{\Omega}\\&\simeq\sum_{a=1}^{p+1}\sum_{b=1}^{q+1}\sum_{c=1}^{r+1}W_aW_bW_cf(\boldsymbol{\psi}(\boldsymbol{\varphi}(\hat{\xi}_a,\hat{\eta}_b,\hat{\zeta}_c)))\,|J_\psi^{abc}|\,|J_\varphi^{abc}|\end{aligned}\tag{9.26}$$

其中，$(\hat{\xi}_a,\hat{\eta}_b,\hat{\zeta}_c)$，$(W_a,W_b,W_c)$表示一维高斯积分点的位置和权重。$(\xi_a,\eta_b,\zeta_c)$表示积分点$(\hat{\xi}_a,\hat{\eta}_b,\hat{\zeta}_c)$在参数单元中的映射点，可以通过式(9.24)进行计算。$|J_\psi^{abc}|$为参数点(ξ_a,η_b,ζ_c)处的雅可比矩阵行列式，$|J_\varphi^{abc}|$表示积分点$(\hat{\xi}_a,\hat{\eta}_b,\hat{\zeta}_c)$处的雅可比矩阵行列式。

对于二维 NURBS 几何模型，由平面单元构成，雅可比矩阵$\boldsymbol{J}_\psi$与$\boldsymbol{J}_\varphi$表示为

$$\boldsymbol{J}_\psi=\begin{bmatrix}\dfrac{\partial x}{\partial\xi} & \dfrac{\partial y}{\partial\xi}\\ \dfrac{\partial x}{\partial\eta} & \dfrac{\partial y}{\partial\eta}\end{bmatrix}=\begin{bmatrix}\sum\limits_{A=0}^{n_{cp}}b_A^x\dfrac{\partial R_A}{\partial\xi} & \sum\limits_{A=0}^{n_{cp}}b_A^y\dfrac{\partial R_A}{\partial\xi}\\ \sum\limits_{A=0}^{n_{cp}}b_A^x\dfrac{\partial R_A}{\partial\eta} & \sum\limits_{A=0}^{n_{cp}}b_A^y\dfrac{\partial R_A}{\partial\eta}\end{bmatrix},\quad\boldsymbol{J}_\varphi=\begin{bmatrix}\dfrac{(\xi_{i+1}-\xi_i)}{2} & 0\\ 0 & \dfrac{(\eta_{j+1}-\eta_j)}{2}\end{bmatrix}\tag{9.27}$$

对物理单元的高斯积分可以写为

$$\int_{\Omega^e}f(x,y)\mathrm{d}\Omega\simeq\sum_{i=1}^{p+1}\sum_{j=1}^{q+1}W_iW_jf(\boldsymbol{\psi}(\boldsymbol{\varphi}(\hat{\xi}_i,\hat{\eta}_j)))\,|J_\psi^{ij}|\,|J_\varphi^{ij}|\tag{9.28}$$

除二维平面单元外，这里还有一类特殊单元，即曲面单元，广泛应用于壳结构计算中。壳结构的物理单元定义在三维空间，而参数单元定义在二维空间。按照式(9.27)来表示雅可比矩阵 $\boldsymbol{J}_\psi$，有

$$\boldsymbol{J}_\psi=\begin{bmatrix}\dfrac{\partial x}{\partial \xi} & \dfrac{\partial y}{\partial \xi} & \dfrac{\partial z}{\partial \xi}\\ \dfrac{\partial x}{\partial \eta} & \dfrac{\partial y}{\partial \eta} & \dfrac{\partial z}{\partial \eta}\end{bmatrix}=\begin{bmatrix}\sum\limits_{A=0}^{n_{cp}} b_A^x \dfrac{\partial R_A}{\partial \xi} & \sum\limits_{A=0}^{n_{cp}} b_A^y \dfrac{\partial R_A}{\partial \xi} & \sum\limits_{A=0}^{n_{cp}} b_A^z \dfrac{\partial R_A}{\partial \xi}\\ \sum\limits_{A=0}^{n_{cp}} b_A^x \dfrac{\partial R_A}{\partial \eta} & \sum\limits_{A=0}^{n_{cp}} b_A^y \dfrac{\partial R_A}{\partial \eta} & \sum\limits_{A=0}^{n_{cp}} b_A^z \dfrac{\partial R_A}{\partial \eta}\end{bmatrix} \tag{9.29}$$

此时雅可比矩阵 $\boldsymbol{J}_\psi$ 是一个维度为 2×3 的矩阵，没有行列式定义，但依然可以采用式(9.28)来计算积分。令 $\boldsymbol{J}_{\psi_\xi}$、$\boldsymbol{J}_{\psi_\eta}$ 表示曲面沿两个参数方向的一阶偏导矢，有

$$\boldsymbol{J}_{\psi_\xi}=\begin{bmatrix}\dfrac{\partial x}{\partial \xi} & \dfrac{\partial y}{\partial \xi} & \dfrac{\partial z}{\partial \xi}\end{bmatrix},\quad \boldsymbol{J}_{\psi_\eta}=\begin{bmatrix}\dfrac{\partial x}{\partial \eta} & \dfrac{\partial y}{\partial \eta} & \dfrac{\partial z}{\partial \eta}\end{bmatrix} \tag{9.30}$$

式(9.28)中雅可比矩阵的行列式可表示为两个一阶偏导矢叉积的模，即

$$|\boldsymbol{J}_\psi|=|\boldsymbol{J}_{\psi_\xi}\times \boldsymbol{J}_{\psi_\eta}| \tag{9.31}$$

对于一维线单元，假定其物理单元定义在三维空间，参数单元定义在一维空间，则雅可比矩阵 $\boldsymbol{J}_\psi$ 与 J_φ 分别表示为

$$\boldsymbol{J}_\psi=\begin{bmatrix}\dfrac{\partial x}{\partial \xi} & \dfrac{\partial y}{\partial \xi} & \dfrac{\partial z}{\partial \xi}\end{bmatrix}=\begin{bmatrix}\sum\limits_{A=0}^{n_{cp}} b_A^x \dfrac{\partial R_A}{\partial \xi} & \sum\limits_{A=0}^{n_{cp}} b_A^y \dfrac{\partial R_A}{\partial \xi} & \sum\limits_{A=0}^{n_{cp}} b_A^z \dfrac{\partial R_A}{\partial \xi}\end{bmatrix},\quad J_\varphi=\frac{(\xi_{i+1}-\xi_i)}{2} \tag{9.32}$$

雅可比矩阵 $\boldsymbol{J}_\psi$ 表示线单元沿参数方向的切矢，雅可比矩阵 J_φ 表现为标量形式。因此，$\boldsymbol{J}_\psi$ 的行列式即为切矢的模长，J_φ 的行列式为其本身。对物理单元的高斯积分可以写为

$$\int_{\Omega^e} f(x,y,z)\mathrm{d}\Omega \simeq \sum_{i=1}^{p+1} W_i f(\boldsymbol{\psi}(\varphi(\hat{\xi}_i)))\,|J_\psi^i|\,|J_\varphi^i| \tag{9.33}$$

在等几何数值计算过程中，需要遍历每个单元的每个积分点，在积分点处对相关函数进行积分计算，然后组装成单元刚度矩阵和整体刚度矩阵。因此，积分点的个数直接影响了计算效率，有限元中通过各类缩减积分方法来减少积分点的数量，等几何中也有相关方法，这里不再介绍。

9.2 二维和三维线弹性结构等几何分析

线弹性假设是有限元结构力学中的基本理论之一，用于简化材料和结构中复杂力学行为的数学描述。其应用的前提条件包括：①连续性、均匀性和各向同性，假定材料在整个结构中连续且均匀分布，每个位置点的材料属性相同，不考虑孔隙、杂质等的影响，同一位置每个方向上的材料性质也相同；②材料线性，在加载范围内应力、应变呈线性关系，卸载后材

料可以恢复到变形前状态；③小变形，结构的变形量非常小，远小于其几何尺寸，几何非线性效应可以忽略不计。本节首先介绍线弹性基本公式，随后介绍等几何框架下二维平面单元和三维实体单元的矩阵计算方法。

9.2.1 线弹性基本公式

线弹性基本公式一般基于位移、应变、应力、本构关系等物理量来描述。在真实世界中，物体呈现三维形态，相关的物理量也定义在三维空间中，二维问题通常是对三维问题的简化。因此，下面从三维空间介绍位移、应变、应力等场变量的表达和含义。

位移是描述物体变形过程中质点从初始未变形状态到最终变形状态的场变量。在欧氏空间中，位移矢量 $\boldsymbol{u}$ 可以分解为沿 x、y、z 三个方向上的位移分量 u、v、w 随时间 t 变化，数学形式表示为

$$\boldsymbol{u}(x,y,z,t)=\begin{Bmatrix} u(x,y,z,t) \\ v(x,y,z,t) \\ w(x,y,z,t) \end{Bmatrix} \tag{9.34}$$

物质点的位移一般采用列矢量表示，为了简化书写，省略参数(x,y,z,t)，有

$$\boldsymbol{u}=[u \quad v \quad w]^{\mathrm{T}} \tag{9.35}$$

应变是描述材料因变形而产生的相对位移变化，数学形式上表现为位移对坐标的导数。在小变形假设下，应变通过位移计算如下

$$\varepsilon_{ij}=\frac{1}{2}\left(\frac{\partial u_i}{\partial x_j}+\frac{\partial u_j}{\partial x_i}\right), \quad i,j=1,2,3 \tag{9.36}$$

其中，$\varepsilon_{ij}\,(i=j)$称为正应变；$\varepsilon_{ij}\,(i\neq j)$称为剪切应变。应变写成二阶张量形式有

$$\hat{\boldsymbol{\varepsilon}}=\begin{bmatrix} \varepsilon_{11} & \varepsilon_{12} & \varepsilon_{13} \\ \varepsilon_{21} & \varepsilon_{22} & \varepsilon_{23} \\ \varepsilon_{31} & \varepsilon_{32} & \varepsilon_{33} \end{bmatrix} \tag{9.37}$$

由定义式(9.36)可知应变张量满足对称性，即 $\varepsilon_{ij}=\varepsilon_{ji}$。因此，式(9.37)中的 9 个分量可以采用 6 个分量 ε_{11}、ε_{22}、ε_{33}、ε_{12}、ε_{23}、ε_{13} 来描述。此外，为了简化表达，一般采用工程应变分量 γ_{12}、γ_{23}、γ_{13} 来代替剪切应变 ε_{12}、ε_{23}、ε_{13} 分量，有

$$\gamma_{ij}=\varepsilon_{ij}+\varepsilon_{ji}=2\varepsilon_{ij}, \quad i\neq j \tag{9.38}$$

在 Voigt 形式下，应变张量可以表示成含有 6 个分量的矢量形式

$$\boldsymbol{\varepsilon}=[\varepsilon_{11} \quad \varepsilon_{22} \quad \varepsilon_{33} \quad \gamma_{12} \quad \gamma_{23} \quad \gamma_{13}]^{\mathrm{T}} \tag{9.39}$$

将式(9.36)中应变分量与位移的关系代入式(9.39)，可得应变-位移方程如下

$$\boldsymbol{\varepsilon}=\mathcal{B}\boldsymbol{u} \tag{9.40}$$

其中，$\mathcal{B}$称为应变算子，有

$$\mathcal{B}=\begin{bmatrix}\partial/\partial x & 0 & 0 & \partial/\partial y & 0 & \partial/\partial z\\ 0 & \partial/\partial y & 0 & \partial/\partial x & \partial/\partial z & 0\\ 0 & 0 & \partial/\partial z & 0 & \partial/\partial y & \partial/\partial x\end{bmatrix}^{\mathrm{T}} \tag{9.41}$$

应力指材料内部因受力而产生的内力分布，定义为单位面积上的内力。如图 9.5 所示，应力张量包含 9 个分量，表示为

$$\hat{\boldsymbol{\sigma}}=\begin{bmatrix}\sigma_{11} & \tau_{12} & \tau_{13}\\ \tau_{21} & \sigma_{22} & \tau_{23}\\ \tau_{31} & \tau_{32} & \sigma_{33}\end{bmatrix} \tag{9.42}$$

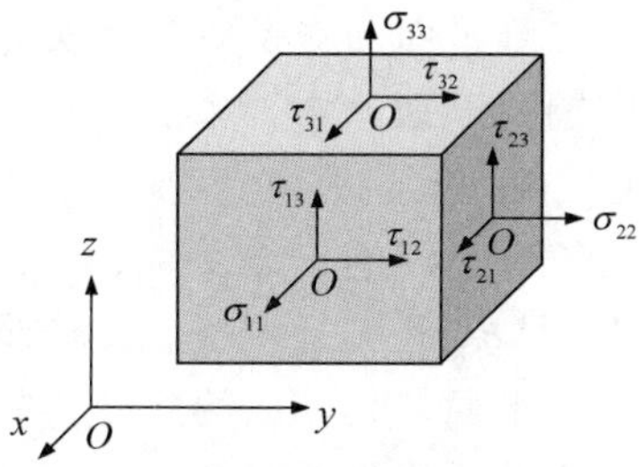

图 9.5　三维空间中的应力分量

其中，σ_{11}、σ_{22}、σ_{33} 称为正应力，τ_{12}、τ_{21}、τ_{23}、τ_{32}、τ_{13}、τ_{31} 称为剪切应力，且剪切应力分量满足对称性，即 $\tau_{ij}=\tau_{ji}$。

类似于应变张量的矢量表达，应力张量也可以写成包含 6 个分量的矢量形式，即

$$\boldsymbol{\sigma}=\begin{bmatrix}\sigma_{11} & \sigma_{22} & \sigma_{33} & \tau_{12} & \tau_{23} & \tau_{13}\end{bmatrix}^{\mathrm{T}} \tag{9.43}$$

应力一般通过应力-应变关系计算。根据广义胡克定律，线弹性假设下的应力-应变关系可以采用矩阵形式表述为

$$\boldsymbol{\sigma}=\boldsymbol{D}\,\boldsymbol{\varepsilon} \tag{9.44}$$

其中，$\boldsymbol{D}$ 称为弹性矩阵，与杨氏模量 E 和泊松比 ν 有关，定义如下

$$\boldsymbol{D}=\frac{E}{(1+\nu)(1-2\nu)}\begin{bmatrix}1-\nu & \nu & \nu & 0 & 0 & 0\\ \nu & 1-\nu & \nu & 0 & 0 & 0\\ \nu & \nu & 1-\nu & 0 & 0 & 0\\ 0 & 0 & 0 & (1-2\nu)/2 & 0 & 0\\ 0 & 0 & 0 & 0 & (1-2\nu)/2 & 0\\ 0 & 0 & 0 & 0 & 0 & (1-2\nu)/2\end{bmatrix} \tag{9.45}$$

由图 9.5 列出的应力分布，可将空间中任意点的力的平衡方程写为

$$\begin{cases}\dfrac{\partial\sigma_{11}}{\partial x}+\dfrac{\partial\tau_{21}}{\partial y}+\dfrac{\partial\tau_{31}}{\partial z}+f_1=0\\[2ex] \dfrac{\partial\tau_{12}}{\partial x}+\dfrac{\partial\sigma_{22}}{\partial y}+\dfrac{\partial\tau_{32}}{\partial z}+f_2=0\\[2ex] \dfrac{\partial\tau_{13}}{\partial x}+\dfrac{\partial\tau_{23}}{\partial y}+\dfrac{\partial\sigma_{33}}{\partial z}+f_3=0\end{cases} \tag{9.46}$$

其中，f_1、f_2、f_3 为体积力 $\boldsymbol{f}$ 的 3 个分量。采用 Voigt 形式，可将式(9.46)写成矩阵形式的平衡方程如下

$$\mathcal{B}^{\mathrm{T}}\boldsymbol{\sigma}+\boldsymbol{f}=\boldsymbol{0} \tag{9.47}$$

通过应变-位移关系、应力-应变关系和适当离散，可将上述平衡方程转换为求解未知场

变量 $\boldsymbol{u}$ 的离散方程。

9.2.2 二维平面单元等几何计算

二维平面问题是对三维实体问题的适当简化。根据初始三维实体模型的几何形态，平面问题可以划分为 3 类：平面应力问题、平面应变问题和轴对称问题。与之相对应的有 3 类平面单元：平面应力单元、平面应变单元和轴对称单元。为便于书写，假定平面单元定义在三维空间的 x-y 平面内。平面应力单元假设材料在垂直于平面单元方向的应力分量为零，即 $\sigma_{33}=0$，适用于在 z 方向材料较薄的物体，如薄板模型。平面应变单元假设材料在垂直于平面单元方向的应变为零，即 $\varepsilon_{33}=0$，适用于在 z 方向材料较厚的物体，如地基模型。轴对称单元假设材料几何形状和载荷条件相对于某一轴完全对称，场变量仅与径向和轴向坐标有关，适用于几何与载荷均满足轴对称的物体，如厚壁筒形件，在弹性矩阵表达上与平面应变单元相似。这三类单元在单元离散、矩阵表达等方面具有较高的一致性，这里仅介绍平面应力单元的等几何计算。

假定二维平面问题的几何模型由 $p\times q$ 次 NURBS 方法描述，控制顶点的总数为 $n_{cp}+1$，控制顶点记为 $\boldsymbol{b}_A(A=0,1,\cdots,n_{cp})$，则平面几何模型的数学形式可以表示为

$$\boldsymbol{p}(\xi,\eta)=\sum_{A=0}^{n_{cp}}R_A(\xi,\eta)\boldsymbol{b}_A \tag{9.48}$$

为定义几何模型上任意点处的位移矢量，首先假设几何模型在控制顶点 $\boldsymbol{b}_A$ 处的位移矢量记为 $\bar{\boldsymbol{u}}_A=[u_A\quad v_A]^{\mathrm{T}}$，并采用与几何模型表达一致的 NURBS 基函数 $R_A(\xi,\eta)$ 来插值控制顶点处的位移矢量，继而可得平面几何模型上点 $\boldsymbol{p}(\xi,\eta)$ 处的位移矢量

$$\boldsymbol{u}(\xi,\eta)=\begin{Bmatrix}u\\v\end{Bmatrix}=\sum_{A=0}^{n_{cp}}R_A(\xi,\eta)\bar{\boldsymbol{u}}_A=\boldsymbol{R}\bar{\boldsymbol{u}} \tag{9.49}$$

其中，$\boldsymbol{R}$ 和 $\bar{\boldsymbol{u}}$ 分别表示形函数矩阵和节点位移矢量，展开表达为

$$\boldsymbol{R}=\begin{bmatrix}R_0 & 0 & R_1 & 0 & \cdots & R_{n_{cp}} & 0\\ 0 & R_0 & 0 & R_1 & \cdots & 0 & R_{n_{cp}}\end{bmatrix} \tag{9.50}$$

$$\bar{\boldsymbol{u}}=\begin{bmatrix}\bar{u}_0 & \bar{v}_0 & \bar{u}_1 & \bar{v}_1 & \cdots & \bar{u}_{n_{cp}} & \bar{v}_{n_{cp}}\end{bmatrix}^{\mathrm{T}} \tag{9.51}$$

其中，R_A 表示基函数 $R_A(\xi,\eta)$。节点位移矢量是将每个节点处的位移分量按照控制顶点的次序重新排列而成。

对于平面单元，应有 3 个面内应变，即 ε_{11}、ε_{22}、γ_{12}。根据应变位移关系，将 3 个面内应变写为矢量形式，有

$$\boldsymbol{\varepsilon}=\begin{Bmatrix}\varepsilon_{11}\\ \varepsilon_{22}\\ \gamma_{12}\end{Bmatrix}=\begin{bmatrix}\partial/\partial x & 0\\ 0 & \partial/\partial y\\ \partial/\partial y & \partial/\partial x\end{bmatrix}\begin{Bmatrix}u\\v\end{Bmatrix}=\mathcal{B}\boldsymbol{u} \tag{9.52}$$

将式(9.49)中位移矢量的离散形式代入式(9.52)，可得

$$\boldsymbol{\varepsilon}=\mathcal{B}\boldsymbol{u}=\mathcal{B}\boldsymbol{R}\bar{\boldsymbol{u}}=\boldsymbol{B}\bar{\boldsymbol{u}} \tag{9.53}$$

其中，$\boldsymbol{B}$ 称为应变位移矩阵，展开有

$$\boldsymbol{B}=\begin{bmatrix} R_{0,x} & 0 & R_{1,x} & 0 & \cdots & R_{n_{cp},x} & 0 \\ 0 & R_{0,y} & 0 & R_{1,y} & \cdots & 0 & R_{n_{cp},y} \\ R_{0,y} & R_{0,x} & R_{1,y} & R_{1,x} & \cdots & R_{n_{cp},y} & R_{n_{cp},x} \end{bmatrix} \tag{9.54}$$

其中，$R_{A,x}$、$R_{A,y}$ 表示基函数 $R_A(\xi,\eta)$ 对物理坐标 (x,y) 的导数，可通过雅可比矩阵和基函数对参数坐标 (ξ,η) 的导数来计算，有

$$\begin{Bmatrix} \dfrac{\partial R_A}{\partial \xi} \\ \dfrac{\partial R_A}{\partial \eta} \end{Bmatrix}=\begin{bmatrix} \dfrac{\partial x}{\partial \xi} & \dfrac{\partial y}{\partial \xi} \\ \dfrac{\partial x}{\partial \eta} & \dfrac{\partial y}{\partial \eta} \end{bmatrix}\begin{Bmatrix} \dfrac{\partial R_A}{\partial x} \\ \dfrac{\partial R_A}{\partial y} \end{Bmatrix}=\boldsymbol{J}\begin{Bmatrix} \dfrac{\partial R_A}{\partial x} \\ \dfrac{\partial R_A}{\partial y} \end{Bmatrix}\rightarrow\begin{Bmatrix} \dfrac{\partial R_A}{\partial x} \\ \dfrac{\partial R_A}{\partial y} \end{Bmatrix}=\boldsymbol{J}^{-1}\begin{Bmatrix} \dfrac{\partial R_A}{\partial \xi} \\ \dfrac{\partial R_A}{\partial \eta} \end{Bmatrix} \tag{9.55}$$

其中，雅可比矩阵 $\boldsymbol{J}$ 根据式(9.27)计算。

由于只考虑 3 个应变分量，假定垂直于平面单元的所有应力分量为 0，即 $\sigma_{33}=\sigma_{23}=\sigma_{13}=0$。将该条件代入式(9.44)和式(9.45)，可将弹性矩阵 $\boldsymbol{D}$ 简化为 3×3 的矩阵

$$\boldsymbol{D}=\frac{E}{1-\nu^2}\begin{bmatrix} 1 & \nu & 0 \\ \nu & 1 & 0 \\ 0 & 0 & (1-\nu)/2 \end{bmatrix} \tag{9.56}$$

联立式(9.44)和式(9.53)，可将应力矢量表示为

$$\boldsymbol{\sigma}=\begin{bmatrix}\sigma_{11} & \sigma_{22} & \tau_{12}\end{bmatrix}^{\mathrm{T}}=\boldsymbol{D}\boldsymbol{\varepsilon}=\boldsymbol{D}\boldsymbol{B}\bar{\boldsymbol{u}} \tag{9.57}$$

对平衡方程(9.47)进行积分，转换为式(9.12)所列能量项和载荷项，有

$$a(\boldsymbol{u},\boldsymbol{v})=\int_{\Omega}\boldsymbol{\varepsilon}(\boldsymbol{v}):\hat{\boldsymbol{D}}:\boldsymbol{\varepsilon}(\boldsymbol{u})\,\mathrm{d}\Omega=\int_{\Omega}\boldsymbol{\varepsilon}^{\mathrm{T}}(\boldsymbol{v})\boldsymbol{D}\boldsymbol{\varepsilon}(\boldsymbol{u})\,\mathrm{d}\Omega=\bar{\boldsymbol{v}}^{\mathrm{T}}\left[\int_{\Omega}\boldsymbol{B}^{\mathrm{T}}\boldsymbol{D}\boldsymbol{B}\,\mathrm{d}\Omega\right]\bar{\boldsymbol{u}} \tag{9.58}$$

$$L(\boldsymbol{v})=\int_{\Omega}\boldsymbol{v}\cdot\boldsymbol{f}\,\mathrm{d}\Omega+\int_{\Gamma_N}\boldsymbol{v}\cdot\bar{\boldsymbol{t}}\,\mathrm{d}\Gamma=\bar{\boldsymbol{v}}^{\mathrm{T}}\left[\int_{\Omega}\boldsymbol{R}^{\mathrm{T}}\boldsymbol{f}\,\mathrm{d}\Omega+\int_{\Gamma_N}\boldsymbol{R}^{\mathrm{T}}\bar{\boldsymbol{t}}\,\mathrm{d}\Gamma\right] \tag{9.59}$$

令能量项与载荷项相等，可得下列矩阵方程

$$\boldsymbol{K}\bar{\boldsymbol{u}}=\boldsymbol{F} \tag{9.60}$$

其中，$\boldsymbol{K}$ 和 $\boldsymbol{F}$ 分别为全局刚度矩阵和全局外力矢量，表示为

$$\boldsymbol{K}=\int_{\Omega}\boldsymbol{B}^{\mathrm{T}}\boldsymbol{D}\boldsymbol{B}\,\mathrm{d}\Omega \tag{9.61}$$

$$\boldsymbol{F}=\int_{\Omega}\boldsymbol{R}^{\mathrm{T}}\boldsymbol{f}\,\mathrm{d}\Omega+\int_{\Gamma_N}\boldsymbol{R}^{\mathrm{T}}\bar{\boldsymbol{t}}\,\mathrm{d}\Gamma \tag{9.62}$$

求解上述方程即可得所有控制顶点处的位移解，再根据式(9.49)可计算几何平面上任意参数点处的位移解，由位移解可继续计算应变解和应力解。式(9.61)与式(9.62)的积分计算可以转换为单元积分，继而通过积分点处的值累加获得。假定几何模型的单元个数为

n_e，全局刚度矩阵和外力矢量可以进一步表示为

$$\boldsymbol{K}=\int_{\Omega}\boldsymbol{B}^{\mathrm{T}}\boldsymbol{D}\boldsymbol{B}\,\mathrm{d}\Omega=\sum_{e=1}^{n_e}\int_{\Omega^e}\boldsymbol{B}_e^{\mathrm{T}}\boldsymbol{D}\boldsymbol{B}_e\,\mathrm{d}\Omega=\sum_{e=1}^{n_e}\int_{-1}^{1}\int_{-1}^{1}\boldsymbol{B}_e^{\mathrm{T}}\boldsymbol{D}\boldsymbol{B}_e\,|\boldsymbol{J}_\psi|\,|\boldsymbol{J}_\varphi|\,\mathrm{d}\hat{\xi}\mathrm{d}\hat{\eta}$$

$$=\sum_{e=1}^{n_e}\sum_{i=1}^{p+1}\sum_{j=1}^{q+1}\boldsymbol{B}_e^{\mathrm{T}}\boldsymbol{D}\boldsymbol{B}_e\,|\boldsymbol{J}_\psi|\,|\boldsymbol{J}_\varphi|\,W_iW_j \tag{9.63}$$

$$\boldsymbol{F}=\int_{\Omega}\boldsymbol{R}^{\mathrm{T}}\boldsymbol{f}\,\mathrm{d}\Omega+\int_{\Gamma_N}\boldsymbol{R}^{\mathrm{T}}\bar{\boldsymbol{t}}\,\mathrm{d}\Gamma=\sum_{e=1}^{n_e}\int_{\Omega^e}\boldsymbol{R}_e^{\mathrm{T}}\boldsymbol{f}\,\mathrm{d}\Omega+\sum_{e=1}^{\bar{n}_e}\int_{\Gamma_{N^e}}\boldsymbol{R}_e^{\mathrm{T}}\bar{\boldsymbol{t}}\,\mathrm{d}\Gamma \tag{9.64}$$

$$=\sum_{e=1}^{n_e}\int_{-1}^{1}\int_{-1}^{1}\boldsymbol{R}_e^{\mathrm{T}}\boldsymbol{f}\,|\boldsymbol{J}_\psi|\,|\boldsymbol{J}_\varphi|\,\mathrm{d}\hat{\xi}\mathrm{d}\hat{\eta}+\sum_{e=1}^{\bar{n}_e}\int_{-1}^{1}\boldsymbol{R}_e^{\mathrm{T}}\bar{\boldsymbol{t}}\,|\bar{\boldsymbol{J}}_\psi|\,|\bar{\boldsymbol{J}}_\varphi|\,\mathrm{d}\hat{\xi}$$

$$=\sum_{e=1}^{n_e}\sum_{i=1}^{p+1}\sum_{j=1}^{q+1}\boldsymbol{R}_e^{\mathrm{T}}\boldsymbol{f}\,|\boldsymbol{J}_\psi|\,|\boldsymbol{J}_\varphi|\,W_iW_j+\sum_{e=1}^{\bar{n}_e}\sum_{i=1}^{p+1}\boldsymbol{R}_e^{\mathrm{T}}\bar{\boldsymbol{t}}\,|\bar{\boldsymbol{J}}_\psi|\,|\bar{\boldsymbol{J}}_\varphi|\,W_i$$

这里假定牵引力 $\bar{\boldsymbol{t}}$ 作用在沿 ξ 方向的边界上；$|\boldsymbol{J}_\psi|$ 和 $|\boldsymbol{J}_\varphi|$ 为平面单元的两个雅可比矩阵；$|\bar{\boldsymbol{J}}_\psi|$ 和 $|\bar{\boldsymbol{J}}_\varphi|$ 为边界线单元的两个雅可比矩阵。

9.2.3 三维实体单元等几何计算

基于一元 NURBS 基函数可以构造曲线，基于二元 NURBS 基函数可以构造曲面，基于三元 NURBS 基函数则可以构造具有内部表达的实体。与经典 B-rep 实体模型采用边界曲面表示实体方法不同，三变量 NURBS 实体内部具有参数表达，也就是内部每个点均有参数对应。假定三维实体模型采用一个 $p\times q\times r$ 次三变量 NURBS 体块表示

$$\boldsymbol{p}(\xi,\eta,\zeta)=\sum_{A=0}^{n_{cp}}\boldsymbol{b}_A R_A(\xi,\eta,\zeta) \tag{9.65}$$

其中，$\boldsymbol{b}_A$ 表示控制顶点，总数为 $n_{cp}+1$。

令控制顶点 $\boldsymbol{b}_A$ 在三维空间的位移记为 $\boldsymbol{u}_A=[\bar{u}_A,\bar{v}_A,\bar{w}_A]^{\mathrm{T}}$，则 NURBS 实体中任意参数点处的位移矢量可以表示为

$$\boldsymbol{u}(\xi,\eta,\zeta)=\sum_{A=0}^{n_{cp}}R_A(\xi,\eta,\zeta)\bar{\boldsymbol{u}}_A=\boldsymbol{R}\bar{\boldsymbol{u}} \tag{9.66}$$

其中，形函数矩阵 $\boldsymbol{R}$ 和节点位移矢量 $\bar{\boldsymbol{u}}$ 展开表示为

$$\boldsymbol{R}=\begin{bmatrix}R_0 & 0 & 0 & R_1 & 0 & 0 & \cdots & R_{n_{cp}} & 0 & 0\\ 0 & R_0 & 0 & 0 & R_1 & 0 & \cdots & 0 & R_{n_{cp}} & 0\\ 0 & 0 & R_0 & 0 & 0 & R_1 & \cdots & 0 & 0 & R_{n_{cp}}\end{bmatrix} \tag{9.67}$$

$$\bar{\boldsymbol{u}}=\begin{bmatrix}\bar{u}_0 & \bar{v}_0 & \bar{w}_0 & \bar{u}_1 & \bar{v}_1 & \bar{w}_1 & \cdots & \bar{u}_{n_{cp}} & \bar{v}_{n_{cp}} & \bar{w}_{n_{cp}}\end{bmatrix}^{\mathrm{T}} \tag{9.68}$$

根据式(9.39)～式(9.41)以及式(9.66),可将应变矢量写为

$$\boldsymbol{\varepsilon}=\begin{bmatrix}\varepsilon_{11} & \varepsilon_{22} & \varepsilon_{33} & \gamma_{12} & \gamma_{23} & \gamma_{13}\end{bmatrix}^{\mathrm{T}}=\mathcal{B}\boldsymbol{u}=\sum_{A=0}^{n_{cp}}\boldsymbol{B}_A\bar{\boldsymbol{u}}_A=\boldsymbol{B}\bar{\boldsymbol{u}} \tag{9.69}$$

其中,$\boldsymbol{B}_A$ 为应变位移矩阵 $\boldsymbol{B}$ 的子块,表示为

$$\boldsymbol{B}_A=\begin{bmatrix}R_{A,x} & 0 & 0\\ 0 & R_{A,y} & 0\\ 0 & 0 & R_{A,z}\\ R_{A,y} & R_{A,x} & 0\\ 0 & R_{A,z} & R_{A,y}\\ R_{A,z} & 0 & R_{A,x}\end{bmatrix} \tag{9.70}$$

基函数对物理空间的导数可以通过雅可比矩阵转换为对参数空间的导数,即

$$\begin{Bmatrix}R_{A,\xi}\\ R_{A,\eta}\\ R_{A,\zeta}\end{Bmatrix}=\begin{bmatrix}x_{,\xi} & y_{,\xi} & z_{,\xi}\\ x_{,\eta} & y_{,\eta} & z_{,\eta}\\ x_{,\zeta} & y_{,\zeta} & z_{,\zeta}\end{bmatrix}\begin{Bmatrix}R_{A,x}\\ R_{A,y}\\ R_{A,z}\end{Bmatrix}=\boldsymbol{J}_\psi\begin{Bmatrix}R_{A,x}\\ R_{A,y}\\ R_{A,z}\end{Bmatrix}\rightarrow\begin{Bmatrix}R_{A,x}\\ R_{A,y}\\ R_{A,z}\end{Bmatrix}=\boldsymbol{J}_\psi^{-1}\begin{Bmatrix}R_{A,\xi}\\ R_{A,\eta}\\ R_{A,\zeta}\end{Bmatrix} \tag{9.71}$$

应力矢量通过弹性矩阵和应变矢量表示为

$$\boldsymbol{\sigma}=\begin{bmatrix}\sigma_{11} & \sigma_{22} & \sigma_{33} & \tau_{12} & \tau_{23} & \tau_{13}\end{bmatrix}^{\mathrm{T}}=\boldsymbol{D}\boldsymbol{\varepsilon}=\boldsymbol{D}\boldsymbol{B}\bar{\boldsymbol{u}} \tag{9.72}$$

其中,弹性矩阵 $\boldsymbol{D}$ 是 6×6 的矩阵,见式(9.45)。

刚度矩阵和外力矢量与二维情形类似,表示为

$$\begin{aligned}\boldsymbol{K}&=\int_\Omega\boldsymbol{B}^{\mathrm{T}}\boldsymbol{D}\boldsymbol{B}\,\mathrm{d}\Omega=\sum_{e=1}^{n_e}\int_{\Omega^e}\boldsymbol{B}_e^{\mathrm{T}}\boldsymbol{D}\boldsymbol{B}_e\,\mathrm{d}\Omega\\&=\sum_{e=1}^{n_e}\sum_{i=1}^{p+1}\sum_{j=1}^{q+1}\sum_{k=0}^{r+1}\boldsymbol{B}_e^{\mathrm{T}}\boldsymbol{D}\boldsymbol{B}_e\,|\boldsymbol{J}_\psi|\,|\boldsymbol{J}_\varphi|\,W_iW_jW_k\end{aligned} \tag{9.73}$$

$$\begin{aligned}\boldsymbol{F}&=\int_\Omega\boldsymbol{R}^{\mathrm{T}}\boldsymbol{f}\,\mathrm{d}\Omega+\int_{\Gamma_N}\boldsymbol{R}^{\mathrm{T}}\bar{\boldsymbol{t}}\,\mathrm{d}\Gamma=\sum_{e=1}^{n_e}\int_{\Omega^e}\boldsymbol{R}_e^{\mathrm{T}}\boldsymbol{f}\,\mathrm{d}\Omega+\sum_{e=1}^{\bar{n}_e}\int_{\Gamma_{N^e}}\boldsymbol{R}_e^{\mathrm{T}}\bar{\boldsymbol{t}}\,\mathrm{d}\Gamma\\&=\sum_{e=1}^{n_e}\sum_{i=1}^{p+1}\sum_{j=1}^{q+1}\sum_{k=1}^{r+1}\boldsymbol{R}_e^{\mathrm{T}}\boldsymbol{f}\,|\boldsymbol{J}_\psi|\,|\boldsymbol{J}_\varphi|\,W_iW_jW_k+\sum_{e=1}^{\bar{n}_e}\sum_{i=1}^{p+1}\sum_{j=1}^{q+1}\boldsymbol{R}_e^{\mathrm{T}}\bar{\boldsymbol{t}}\,|\bar{\boldsymbol{J}}_\psi|\,|\bar{\boldsymbol{J}}_\varphi|\,W_iW_j\end{aligned} \tag{9.74}$$

这里假定牵引力 $\bar{\boldsymbol{t}}$ 作用在 $\xi-\eta$ 边界曲面上；$|\bar{\boldsymbol{J}}_\psi|$ 与 $|\bar{\boldsymbol{J}}_\varphi|$ 为曲面映射时的雅可比矩阵。

9.2.4　算例详解

本节以一个受剪切力的二维圆弧梁算例来详细介绍二维平面单元等几何分析的具体计算流程,该问题具有解析解,Zienkiewicz 等通过有限元方法求解了该算例。

如图 9.6(a)所示,圆弧梁左边界受简支约束,沿 x 方向位移为 0,下边界承受均匀

剪切力 P。圆弧梁内径 $a=5$，外径 $b=10$。为了限制圆弧梁沿 y 方向作刚体运动，固定左边界的下端点。圆弧梁的变形满足平面应力假设，杨氏模量 $E=10000$，泊松比 $\nu=0.25$。

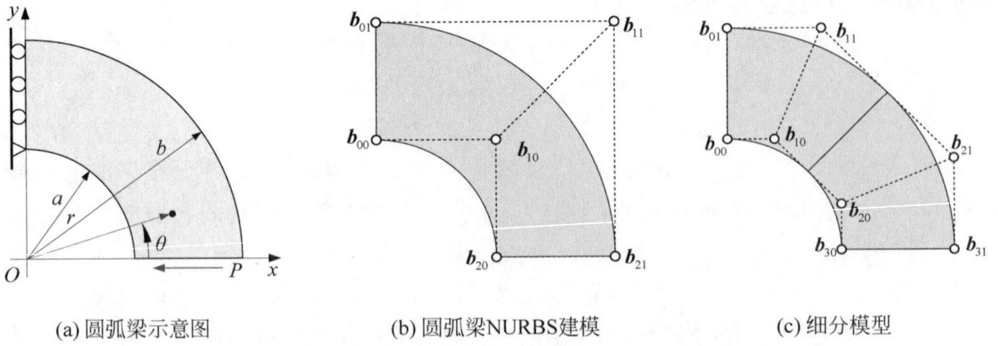

图 9.6　末端承受剪切力的圆弧梁问题示意图和 NURBS 几何建模

以 r 和 θ 作为径向和周向坐标，该圆弧梁在极坐标形式下的应力解析解为

$$\sigma_r=\frac{P}{N}\left(r+\frac{a^2b^2}{r^3}-\frac{a^2+b^2}{r}\right)\sin\theta$$

$$\sigma_\theta=\frac{P}{N}\left(3r-\frac{a^2b^2}{r^3}-\frac{a^2+b^2}{r}\right)\sin\theta$$

$$\tau_{r\theta}=-\frac{P}{N}\left(r+\frac{a^2b^2}{r^3}-\frac{a^2+b^2}{r}\right)\cos\theta$$

其中，

$$N=(a^2-b^2)+(a^2+b^2)\frac{\ln b}{a}$$

径向和周向位移解析解为

$$u_r=\frac{P}{NE}\left\{\left[\frac{1}{2}(1-3\nu)r^2-\frac{a^2b^2(1+\nu)}{2r^2}-(a^2+b^2)(1-\nu)\ln r\right]\sin\theta+\right.$$
$$\left.(a^2+b^2)(2\theta-\pi)\cos\theta\right\}-K\sin\theta$$

$$u_\theta=-\frac{P}{NE}\left\{\left[\frac{1}{2}(5+\nu)r^2-\frac{a^2b^2(1+\nu)}{2r^2}+(a^2+b^2)\left[(1-\nu)\ln r+(1+\nu)\right]\right]\cos\theta+\right.$$
$$\left.(a^2+b^2)(2\theta-\pi)\sin\theta\right\}-K\cos\theta$$

令左边界的下端点径向位移为零，即 $u_r(a,\pi/2)=0$，可得

$$K=\frac{P}{NE}\left[\frac{1}{2}(1-3\nu)a^2-\frac{b^2(1+\nu)}{2}-(a^2+b^2)(1-\nu)\ln a\right]$$

根据径向位移 u_r 的表达式，可知当 $\theta=0$ 时(对应圆弧梁下边界)径向位移为常数，即

$$u_r(r,0)=-\frac{\pi P}{NE}(a^2+b^2)=u_0$$

当 $\theta=0$ 时，极坐标下的径向位移与笛卡儿坐标下的 x 向位移保持一致。因此，令下边界的 x 向位移在变形后为常数 $u_0=-0.01$，并以此位移边界条件替代剪切力边界条件。

采用 NURBS 方法对圆弧梁进行几何建模，如图 9.6(b)所示，这是一种控制顶点个数最少的建模方式。此时，圆弧梁由一张次数为 2×1、控制顶点数为 3×2 的 NURBS 平面表示，仅含有一个单元。在 ξ 向插入节点 $\xi=0.5$，构造含两个单元的细分模型，如图 9.6(c)所示。曲面在两个方向的节点矢量分别为 $\boldsymbol{\xi}=\{0,0,0,0.5,1,1,1\}$ 与 $\boldsymbol{\eta}=\{0,0,1,1\}$。表 9.2 给出了节点插入之后 NURBS 模型的控制顶点编号、坐标和权因子信息，表中 i 和 j 表示控制顶点的二维全局编号，A 表示一维全局编号。编号 A 用于索引控制顶点在刚度矩阵中的位置，编号 i 和 j 用于索引控制顶点所对应的两个参数方向上的 B 样条基函数。

表 9.2　圆弧梁 NURBS 模型编号、控制顶点与权因子信息

i	j	A	$\boldsymbol{b}_A\ (\boldsymbol{b}_{ij})$	$w_A\ (w_{ij})$	i	j	A	$\boldsymbol{b}_A\ (\boldsymbol{b}_{ij})$	$w_A\ (w_{ij})$
0	0	0	$(0,a)$	1	0	1	4	$(0,b)$	1
1	0	1	$(a\tan\pi/8,a)$	$\cos^2(\pi/8)$	1	1	5	$(b\tan\pi/8,b)$	$\cos^2(\pi/8)$
2	0	2	$(a,a\tan\pi/8)$	$\cos^2(\pi/8)$	2	1	6	$(b,b\tan\pi/8)$	$\cos^2(\pi/8)$
3	0	3	$(a,0)$	1	3	1	7	$(b,0)$	1

在执行数值计算之前，首先构建 NURBS 模型的单元、控制顶点、节点区间之间的关联矩阵。如图 9.7 所示，首先按照一维全局序号对控制顶点和单元编号。单元①对应的控制顶点序号为 $\{0,1,2,4,5,6\}$，在两个方向的定义域为 $\xi\in[0,0.5]$，$\eta\in[0,1]$。单元②对应的控制顶点序号为 $\{1,2,3,5,6,7\}$，在两个方向的定义域为 $\xi\in[0.5,1]$，$\eta\in[0,1]$。

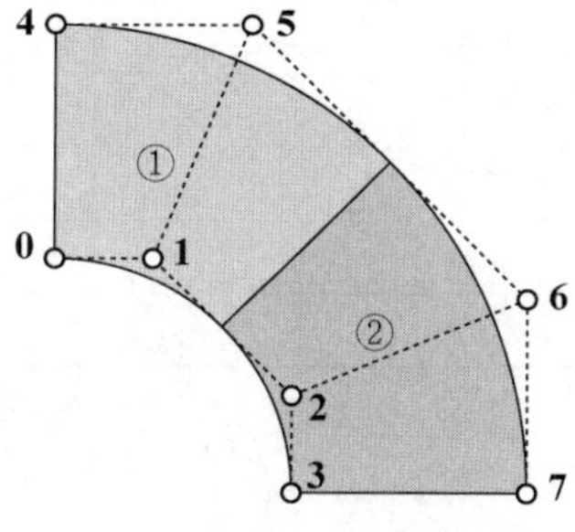

单元序号	关联控制顶点下标	ξ向节点区间	η向节点区间
①	$\{0,1,2,4,5,6\}$	$[0,0.5]$	$[0,1]$
②	$\{1,2,3,5,6,7\}$	$[0.5,1]$	$[0,1]$

图 9.7　圆弧梁 NURBS 几何建模单元-控制顶点-节点区间关联信息创建

由刚度矩阵的积分计算公式(9.63)可知，所有的积分计算需要在积分点处完成。圆弧梁的两个单元均为 2×1 次，需要至少 3×2 个积分点。图 9.8 展示了积分点从基准单元映射到参数单元，再映射到物理单元的计算过程。在映射过程中会产生两类雅可比矩阵。

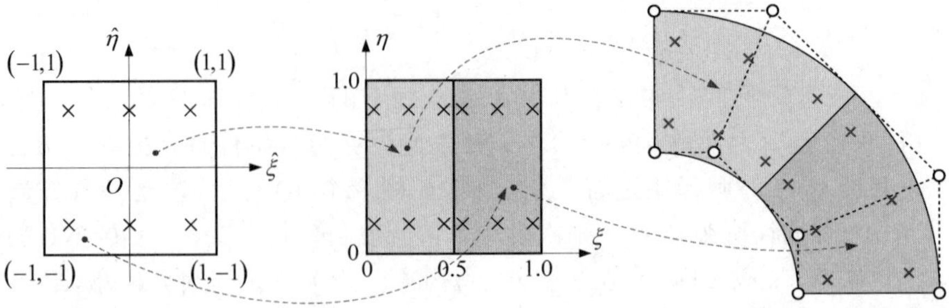

图 9.8 高斯积分点从基准单元映射到参数单元，再映射到物理单元的计算过程

查阅高斯积分点位置和权重表格，记录基准单元积分点和权重信息，如表格 9.3 所示。对于第一个积分点 gp_1，其在基准单元中的坐标位置为(−0.7746,−0.5774)，权重 $W=W_iW_j=0.5556$。将该积分点映射到单元①中，可得参数坐标(ξ,η)如下

$$\xi=\frac{\xi_{i+1}-\xi_i}{2}\hat{\xi}+\frac{\xi_{i+1}+\xi_i}{2}=\frac{0.5-0}{2}\times(-0.7746)+\frac{0.5+0}{2}=0.0564$$

$$\eta=\frac{\eta_{j+1}-\eta_j}{2}\hat{\eta}+\frac{\eta_{j+1}+\eta_j}{2}=\frac{1-0}{2}\times(-0.5774)+\frac{1+0}{2}=0.2113$$

积分点 gp_1 从基准单元向参数单元映射的雅可比矩阵为

$$\boldsymbol{J}_\varphi=\begin{bmatrix}(\xi_{i+1}-\xi_i)/2 & 0\\ 0 & (\eta_{j+1}-\eta_j)/2\end{bmatrix}=\begin{bmatrix}0.25 & 0\\ 0 & 0.5\end{bmatrix},\quad |\boldsymbol{J}_\varphi|=0.125$$

表 9.3 积分点位置和权重信息(为便于书写，仅保留 4 位小数)

积分点序号	积分点位置 $\hat{\xi}_i$	积分点位置 $\hat{\eta}_j$	权重 W_i	权重 W_j
1	−0.7746	−0.5774	0.5556	1
2	0	−0.5774	0.8889	1
3	0.7746	−0.5774	0.5556	1
4	−0.7746	0.5774	0.5556	1
5	0	0.5774	0.8889	1
6	0.7746	0.5774	0.5556	1

对单元①有影响的控制顶点序号为{0,1,2,4,5,6}，可构建维度为 2×12 的形函数矩阵，并将参数坐标代入$(\xi,\eta)=(0.0564,0.2113)$，计算控制顶点序列{0,1,2,4,5,6}对应的基函数对参数坐标的导数，并列成矩阵形式 $\boldsymbol{R}_{\{A\},\xi}$

$$\boldsymbol{R}_{\{A\},\xi}=\begin{Bmatrix}\boldsymbol{R}_{A,\xi}\\ \boldsymbol{R}_{A,\eta}\end{Bmatrix}=\begin{bmatrix}R_{0,\xi} & R_{1,\xi} & R_{2,\xi} & R_{4,\xi} & R_{5,\xi} & R_{6,\xi}\\ R_{0,\eta} & R_{1,\eta} & R_{2,\eta} & R_{4,\eta} & R_{5,\eta} & R_{6,\eta}\end{bmatrix}$$

$$=\begin{bmatrix}-2.5453 & 2.3864 & 0.1590 & -0.6820 & 0.6394 & 0.0426\\ -0.8126 & -0.1818 & -0.0056 & 0.8126 & 0.1818 & 0.0056\end{bmatrix}$$

将控制顶点序列按次序写成矩阵形式 $\boldsymbol{b}_{\{A\}}$

$$\boldsymbol{b}_{\{A\}}=\begin{bmatrix} b_0^x & b_1^x & b_2^x & b_4^x & b_5^x & b_6^x \\ b_0^y & b_1^y & b_2^y & b_4^y & b_5^y & b_6^y \end{bmatrix}^{\mathrm{T}}=\begin{bmatrix} 0 & 2.0711 & 5 & 0 & 4.1421 & 10 \\ 5 & 5 & 2.0711 & 10 & 10 & 4.1421 \end{bmatrix}^{\mathrm{T}}$$

由基函数参数导数矩阵 $\boldsymbol{R}_{\{A\},\xi}$ 和控制顶点坐标矩阵 $\boldsymbol{b}_{\{A\}}$ 计算雅可比矩阵 $\boldsymbol{J}_{\psi}$

$$\boldsymbol{J}_{\psi}=\begin{bmatrix} \dfrac{\partial x}{\partial \xi} & \dfrac{\partial y}{\partial \xi} \\ \dfrac{\partial x}{\partial \eta} & \dfrac{\partial y}{\partial \eta} \end{bmatrix}=\begin{bmatrix} \sum\limits_{A=0}^{n_{cp}} b_A^x \dfrac{\partial R_A}{\partial \xi} & \sum\limits_{A=0}^{n_{cp}} b_A^y \dfrac{\partial R_A}{\partial \xi} \\ \sum\limits_{A=0}^{n_{cp}} b_A^x \dfrac{\partial R_A}{\partial \eta} & \sum\limits_{A=0}^{n_{cp}} b_A^y \dfrac{\partial R_A}{\partial \eta} \end{bmatrix}=\boldsymbol{R}_{\{A\},\xi}\boldsymbol{b}_{\{A\}}=\begin{bmatrix} 8.8118 & -0.7152 \\ 0.4045 & 4.9836 \end{bmatrix}$$

其行列式 $|\boldsymbol{J}_{\psi}|=44.2037$。根据雅可比矩阵 $\boldsymbol{J}_{\psi}$ 和基函数参数导数矩阵 $\boldsymbol{R}_{\{A\},\xi}$ 计算基函数对物理坐标 (x,y) 的导数矩阵 $\boldsymbol{R}_{\{A\},x}$，有

$$\boldsymbol{R}_{\{A\},x}=\begin{Bmatrix} \boldsymbol{R}_{A,x} \\ \boldsymbol{R}_{A,y} \end{Bmatrix}=\begin{bmatrix} R_{0,x} & R_{1,x} & R_{2,x} & R_{4,x} & R_{5,x} & R_{6,x} \\ R_{0,y} & R_{1,y} & R_{2,y} & R_{4,y} & R_{5,y} & R_{6,y} \end{bmatrix}=\boldsymbol{J}_{\psi}^{-1}\boldsymbol{R}_{\{A\},\xi}$$

$$=\begin{bmatrix} -0.3001 & 0.2661 & 0.0178 & -0.0637 & 0.0750 & 0.0049 \\ -0.1387 & -0.0581 & -0.0026 & 0.1682 & 0.0304 & 0.0007 \end{bmatrix}$$

由基函数物理导数矩阵 $\boldsymbol{R}_{\{A\},x}$ 构造单元应变位移矩阵 $\boldsymbol{B}_e$ 如下

$$\boldsymbol{B}_e=\begin{bmatrix} R_{0,x} & 0 & R_{1,x} & 0 & R_{2,x} & 0 & R_{4,x} & 0 & R_{5,x} & 0 & R_{6,x} & 0 \\ 0 & R_{0,y} & 0 & R_{1,y} & 0 & R_{2,y} & 0 & R_{4,y} & 0 & R_{5,y} & 0 & R_{6,y} \\ R_{0,y} & R_{0,x} & R_{1,y} & R_{1,x} & R_{2,y} & R_{2,x} & R_{4,y} & R_{4,x} & R_{5,y} & R_{5,x} & R_{6,y} & R_{6,x} \end{bmatrix}$$

$$=\left[\begin{matrix} -0.3001 & 0 & 0.2661 & 0 & 0.0178 & 0 \\ 0 & -0.1387 & 0 & -0.0581 & 0 & -0.0026 \\ -0.1387 & -0.3001 & -0.0581 & 0.2661 & -0.0026 & 0.0178 \end{matrix}\right.$$
$$\left.\begin{matrix} -0.0637 & 0 & 0.0750 & 0 & 0.0049 & 0 \\ 0 & 0.1682 & 0 & 0.0304 & 0 & 0.0007 \\ 0.1682 & -0.0637 & 0.0304 & 0.0750 & 0.0007 & 0.0049 \end{matrix}\right]$$

根据杨氏模量 E 和泊松比 ν，平面应力弹性矩阵计算如下

$$\boldsymbol{D}=\frac{E}{1-\nu^2}\begin{bmatrix} 1 & \nu & 0 \\ \nu & 1 & 0 \\ 0 & 0 & (1-\nu)/2 \end{bmatrix}=\begin{bmatrix} 1.0667 & 0.2667 & 0 \\ 0.2667 & 1.0667 & 0 \\ 0 & 0 & 0.4 \end{bmatrix}\times 10^4$$

至此，单元①中第一个积分点处单元刚度矩阵计算所涉及的应变位移矩阵 $\boldsymbol{B}_e$、弹性矩阵 $\boldsymbol{D}$、行列式 $|\boldsymbol{J}_{\psi}|$ 与 $|\boldsymbol{J}_{\varphi}|$ 均已知，可计算对应刚度矩阵

$$
\boldsymbol{K}_{e_1}^{gp_1} = \boldsymbol{B}_e^{\mathrm{T}}\boldsymbol{D}\boldsymbol{B}_e\,|\boldsymbol{J}_{\psi}|\,|\boldsymbol{J}_{\varphi}|\,W_iW_j
$$

$$
= \begin{bmatrix}
3185.3 & 851.85 & -2516.0 & -310.51 & -170.86 & -24.057 & 339.90 & -304.73 & -789.06 & -202.44 & -49.320 & -10.116 \\
851.85 & 1735.8 & -88.111 & -716.84 & -10.777 & -54.045 & -547.56 & -529.11 & -197.17 & -414.50 & -8.2293 & -21.327 \\
-2516.0 & -88.111 & 2360.0 & -316.26 & 157.22 & -18.315 & -675.38 & 411.91 & 632.08 & 12.690 & 42.118 & -1.9089 \\
-310.51 & -716.84 & -316.26 & 979.89 & -16.876 & 63.156 & 579.98 & -528.19 & 63.622 & 187.37 & 0.0444 & 14.608 \\
-170.86 & -10.777 & 157.21 & -16.876 & 10.495 & -0.9380 & -42.531 & 26.570 & 42.853 & 2.0684 & 2.8344 & -0.0485 \\
-24.057 & -54.045 & -18.315 & 63.156 & -0.9380 & 4.1213 & 38.179 & -28.116 & 5.0758 & 13.872 & 0.0559 & 1.0104 \\
339.90 & -547.56 & -675.38 & 579.98 & -42.531 & 38.179 & 480.56 & -219.46 & -93.834 & 139.13 & -8.7145 & 9.7292 \\
-304.73 & -529.11 & 411.91 & -528.19 & 26.570 & -28.116 & -219.46 & 976.58 & 79.540 & 108.67 & 6.1706 & 0.1666 \\
-789.06 & -197.17 & 632.08 & 63.622 & 42.854 & 5.0758 & -93.834 & 79.540 & 195.67 & 46.661 & 12.292 & 2.2715 \\
-202.44 & -414.50 & 12.690 & 187.37 & 2.0684 & 13.872 & 139.13 & 108.67 & 46.661 & 99.363 & 1.8857 & 5.2300 \\
-49.320 & -8.2293 & 42.118 & 0.0444 & 2.8344 & 0.0559 & -8.7145 & 6.1706 & 12.292 & 1.8857 & 0.7905 & 0.0727 \\
-10.116 & -21.327 & -1.9089 & 14.608 & -0.0485 & 1.0104 & 9.7292 & 0.1667 & 2.2715 & 5.2300 & 0.0727 & 0.3112
\end{bmatrix}
$$

遍历单元①上的 6 个积分点，将所获得的刚度矩阵累加即可得到单元刚度矩阵 $\boldsymbol{K}_{e_1}$。同理可计算单元的刚度矩阵 $\boldsymbol{K}_{e_2}$，将两个单元刚度矩阵按照控制顶点次序组装形成整体刚度矩阵

$$
\boldsymbol{K} = \boldsymbol{K}_{e_1} + \boldsymbol{K}_{e_2}
$$

圆弧梁左边界对应控制顶点序号 $\{0,4\}$，自由度序列为 $\{0,1,8,9\}$，下边界对应控制顶点序号 $\{3,7\}$，自由度序列为 $\{6,7,14,15\}$。由于左边界 x 向位移为零和左边界下端点（对应第一个控制顶点）固定，因此有

$$
\tilde{u}_0 = \tilde{u}_1 = \tilde{u}_8 = 0
$$

由于下边界 x 向位移为 $u_0 = -0.01$，因此有

$$
\tilde{u}_6 = \tilde{u}_{14} = -0.01
$$

为了将这些已知位移解 $\{\tilde{u}_i, i = 0,1,6,8,14\}$ 置入刚度方程 $\boldsymbol{K}\bar{\boldsymbol{u}} = \boldsymbol{F}$，采用置“1”法修正刚度矩阵 $\boldsymbol{K}$ 和外力矢量 $\boldsymbol{F}$。具体地，对于下标 $i\,(i = 0,1,6,8,14)$，将刚度矩阵 $\boldsymbol{K}$ 第 i（从 0 记起）行的第 i 个元素置 1，其余元素置 0，即

$$
K_{ij} = \begin{cases} 1, & j = i, \\ 0, & j \neq i, \end{cases} \quad i = 0,1,6,8,14
$$

此外，令外力矢量第 i 行元素等于已知位移解，即 $F_i = \tilde{u}_i$。此时，对于刚度方程的第 i 行，展开有

$$
\underset{j \neq i}{K_{ij}\bar{u}_j} + \underset{j = i}{K_{ii}\bar{u}_i} = F_i \rightarrow K_{ii}\bar{u}_i = \tilde{u}_i \rightarrow \bar{u}_i = \tilde{u}_i
$$

因此，置“1”法相当于将已知位移边界条件置入了平衡方程。通过该方法得到圆弧梁问题的外力矢量表示为

$$
\boldsymbol{F} = [0,0,0,0,0,0,-0.01,0,0,0,0,0,0,0,-0.01,0]^{\mathrm{T}}
$$

求解刚度方程可得位移解

$$\bar{\boldsymbol{u}}=[0,0,-1.32\times10^{-3},-3.05\times10^{-4},-6.11\times10^{-3},-2.73\times10^{-3},\\ -0.01,-2.75\times10^{-3},0,-3.11\times10^{-4},2.45\times10^{-3},-8.43\times10^{-4},\\ -2.55\times10^{-3},-1.02\times10^{-2},-0.01,-1.07\times10^{-2}]^{\mathrm{T}}$$

在本例中，位移和应力的解析解采用极坐标形式表示，而几何建模和等几何计算采用了笛卡儿坐标系。因此，为了验证等几何结果的正确性，需要建立位移和应力在两个坐标系之间的转换关系。位移的变换关系如下

$$\begin{Bmatrix} u_x \\ u_y \end{Bmatrix}=\begin{bmatrix} \cos\theta & -\sin\theta \\ \sin\theta & \cos\theta \end{bmatrix}\begin{Bmatrix} u_r \\ u_\theta \end{Bmatrix},\quad \begin{Bmatrix} u_r \\ u_\theta \end{Bmatrix}=\begin{bmatrix} \cos\theta & \sin\theta \\ -\sin\theta & \cos\theta \end{bmatrix}\begin{Bmatrix} u_x \\ u_y \end{Bmatrix} \tag{9.75}$$

应力的变化关系为

$$\begin{Bmatrix} \sigma_{xx} \\ \sigma_{yy} \\ \tau_{xy} \end{Bmatrix}=\begin{bmatrix} \cos^2\theta & \sin^2\theta & -\sin2\theta \\ \sin^2\theta & \cos^2\theta & \sin2\theta \\ \sin\theta\cos\theta & -\sin\theta\cos\theta & \cos2\theta \end{bmatrix}\begin{Bmatrix} \sigma_{rr} \\ \sigma_{\theta\theta} \\ \tau_{r\theta} \end{Bmatrix} \tag{9.76}$$

$$\begin{Bmatrix} \sigma_{rr} \\ \sigma_{\theta\theta} \\ \tau_{r\theta} \end{Bmatrix}=\begin{bmatrix} \cos^2\theta & \sin^2\theta & \sin2\theta \\ \sin^2\theta & \cos^2\theta & -\sin2\theta \\ -\sin\theta\cos\theta & \sin\theta\cos\theta & \cos2\theta \end{bmatrix}\begin{Bmatrix} \sigma_{xx} \\ \sigma_{yy} \\ \tau_{xy} \end{Bmatrix} \tag{9.77}$$

图 9.9 展示了圆弧梁内径($a=5$)边界上径向位移、轴向位移、x 向应力和 y 向应力的等几何解与解析解的对比。可以发现，位移解展现出了较高的一致性，即便仅使用了两个 2×1 次的 NURBS 单元。但是应力差别较大，等几何解在 $\theta=45°$ 处出现了明显的尖点，这是由于此处位于单元边界上，NURBS 基函数仅满足 C^0 连续。对初始圆弧梁几何模型按先升阶再沿 ξ 方向插入一个节点的方式进行建模，分别构造包含 2×1 个单元的双三次圆弧梁和双五次圆弧梁，继续考查内径上的应力解，如图 9.10 所示。可以发现提高次数可以明显提升应力解的精确性，消除低阶单元带来的应力尖点问题。当采用两个双五次单元时，等几何解与解析解呈现了高度一致性。

图 9.11(a)展示了基于等几何方法计算的笛卡儿坐标系下的位移和应力云图，图 9.11(b)所示为对应的解析解云图。位移分布高度一致，应力分布差别较大。在等几何方法中，可以通过对几何模型进行升阶和细分两种方式来提升计算精度。图 9.12 展示了两种方式对等几何应力解的影响。图 9.12(a)和图 9.12(b)依然采用两个单元，但此时单元次数升阶为双三次，应力分布相比于低阶单元得到明显改善，分布更加光滑。图 9.12(c)和图 9.12(d)采用了 10×5 个 2×1 次 NURBS 单元，单元数增加了 25 倍，应力图上各位置应力解接近精确解，但是应力分布不光滑。因此，在应力计算等场景中，一般建议采用高阶单元进行等几何仿真。此外，还需注意单元间的连续性，单元细分时建议采用 k 型细分策略以保持单元间的高阶连续性。

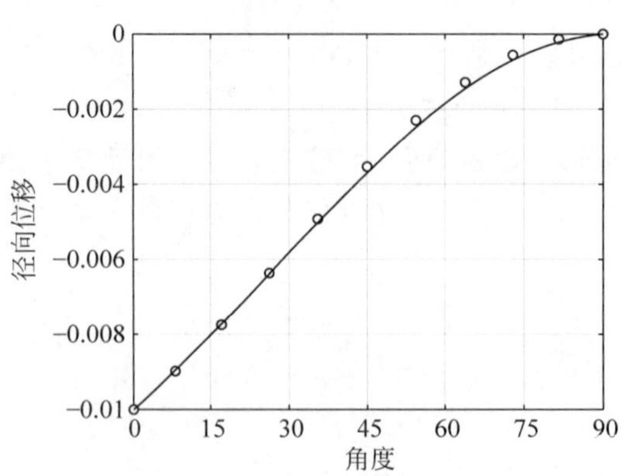

(a) 径向位移u_r对比

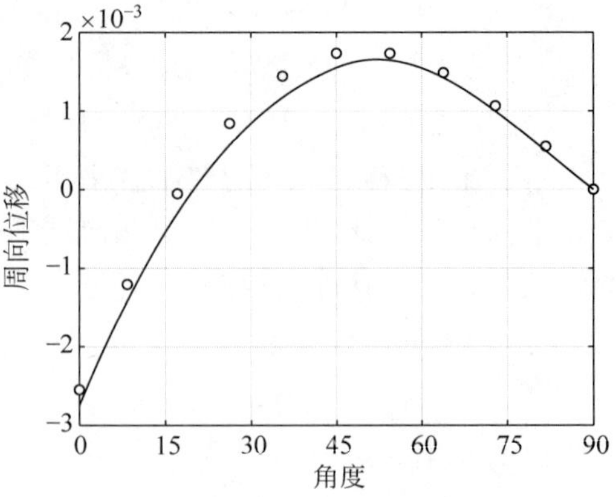

(b) 周向位移u_θ对比

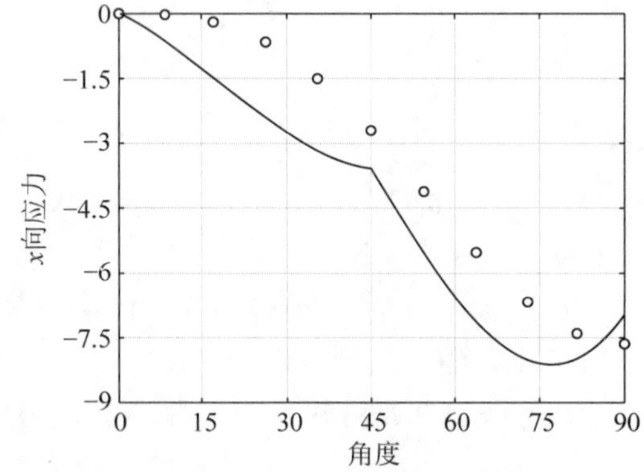

(c) x向应力$\sigma_{xx}(\sigma_{11})$对比

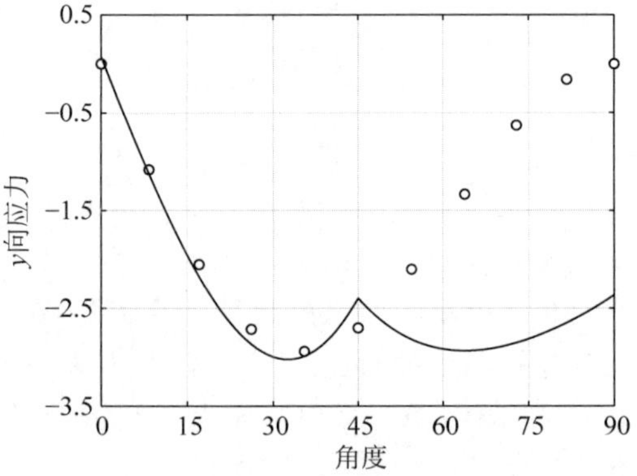

(d) y向应力$\sigma_{yy}(\sigma_{22})$对比

图 9.9　圆弧梁内径边界上的等几何解（曲线）与精确解（原点）对比

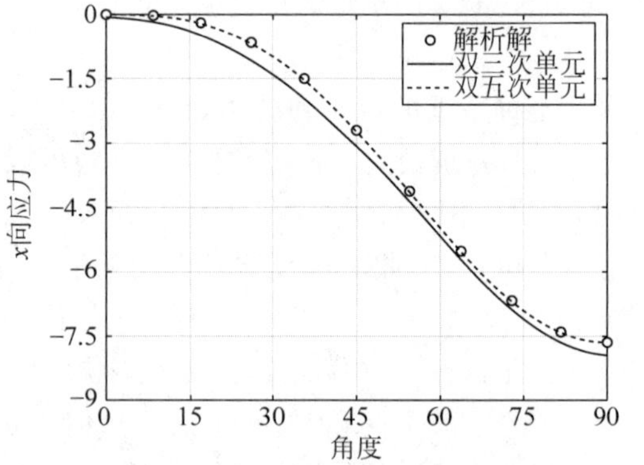

(a) x向应力$\sigma_{xx}(\sigma_{11})$对比

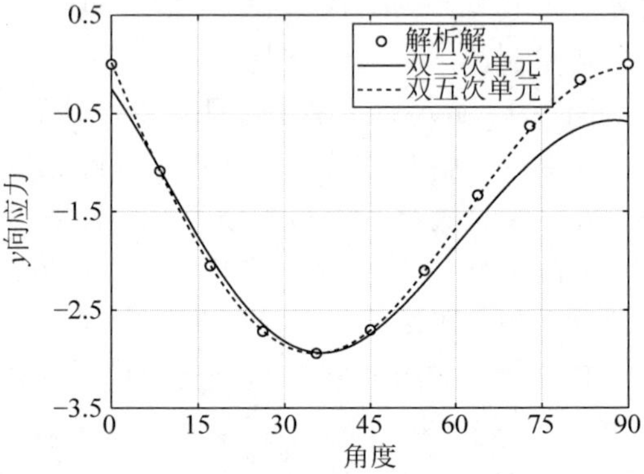

(b) y向应力$\sigma_{yy}(\sigma_{22})$对比

图 9.10　单元次数对圆弧梁内径边界上的等几何计算的影响

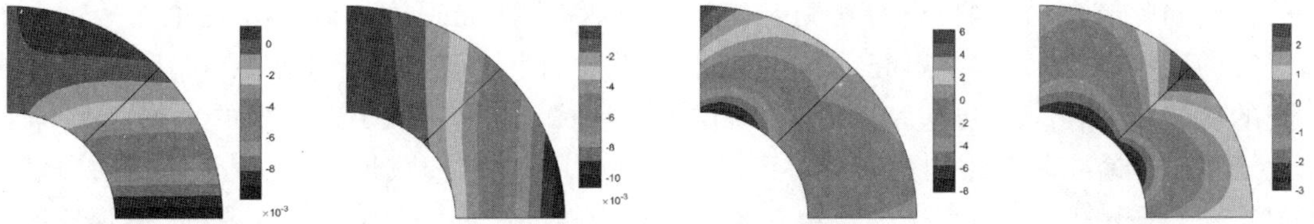

(a) 等几何位移u_x　(b) 等几何位移u_y　(c) 等几何应力σ_{xx}　(d) 等几何应力σ_{yy}

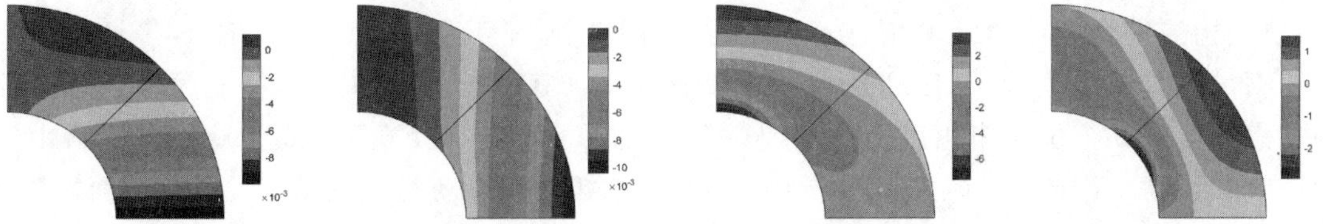

(e) 解析解位移u_x　(f) 解析解位移u_y　(g) 解析解应力σ_{xx}　(h) 解析解应力σ_{yy}

图 9.11　圆弧梁问题位移和应力云图,等几何采用两个 2×1 次 NURBS 单元

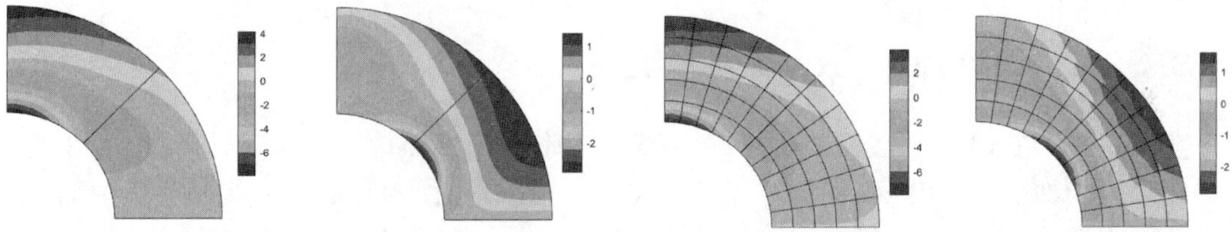

(a) 应力σ_{xx}，升阶　(b) 应力σ_{yy}，升阶　(c) 应力σ_{xx}，细分　(d) 应力σ_{yy}，细分

图 9.12　通过单元升阶和细分方式提升圆弧梁等几何应力解的计算精度

9.3　壳结构等几何分析

壳结构在工程领域应用广泛,如航天航空、汽车、船舶和土木等。由于厚度方向尺寸远小于其他两个方向,在有限元中为了提高计算效率,壳结构通常被简化为双参数曲面模型来处理。在几何设计阶段,曲面壳结构一般通过自由曲面构造,采用经典有限元方法需进行网格剖分,不仅会引入较大离散误差,还会破坏曲面的高阶连续性。此外,基于离散模型的仿真分析结果恢复成曲面表达较为困难。因此,在这类结构中采用等几何方法来进行仿真分析无疑是个很好的选择,不仅保留了初始几何曲面的精确性和高阶连续性,同时高阶基函数的使用可以大幅弱化经典有限元壳结构计算中的"自锁"现象,是当前等几何分析技术的一个重要研究方向。

在壳结构仿真分析中,Reissner-Mindlin(缩写为 RM)和 Kirchhoff-Love(缩写为 KL)两种理论占据了重要地位,在学术界和工业界都得到了广泛关注和研究。KL 理论最早被提出用于解决薄板问题,其发展要比 RM 理论早了一个世纪左右。一般认为 KL 理论仅考虑弯曲应变和膜应变的影响，只对薄壳结构有效，也称为薄壳理论。而 RM 理论还考虑了剪切应变的影响，对薄壳和中厚壳结构均有效，因此也称为厚壳理论。通常意义下，薄壳和中厚壳的区分以结构跨度与壁厚比值为 20 作为分界标准。随着 CAE 技术的发展，RM 理论相比于 KL 理论在薄壁结构仿真中得到了更多的应用，如冲压成形仿真、汽车碰撞动力学等工程应用多采用 RM 理论，主要缘由在于其仅要求单元之间满足 C^0 连续即可。KL 理论则需要单元之间至少满足 C^1 连续，这实现起来较为困难，即使在一些情形下可以实现 C^1 连续，单元构造也会变得异常复杂且不利于仿真计算。在等几何分析中，NURBS 等样条单元天然满足高阶连续性，对 KL 理论自然也更为友好。KL 壳单元的其中一个优势是每个控制顶点只含有 3 个位移自由度，无旋转自由度，相比于经典 RM 壳单元的 5 个或 6 个自由度计算效率更高。因此，在等几何分析中，KL 理论相对来说获得了更多关注。值得注意的是，在复杂工程壳结构中，经常含有 C^0 特征，如尖锐折痕、加强筋等，此时 RM 理论具有更好的适应性。除这两类经典壳单元外，实体壳单元也得到了诸多关注。下面仅介绍 KL 和 RM 两类壳单元的等几何计算，并且假定材料变形属于线弹性小变形范畴。

9.3.1 Kirchhoff-Love 壳单元

在 KL 理论中，假定垂直于中面的直法线在变形后依然保持直线状态，因此应变在厚度方向假设为线性变化。此外，还假定壳结构在变形前后，中面的直法线始终垂直于中面。从力学角度来看，这意味着无须考虑剪切应变的影响；从几何角度来看，这意味着壳结构实体可以通过中面来描述，非中面上的点可以通过中面点和中面法矢来表达。图 9.13 展示了壳结构变形的几何描述示意图，阴影区域表示壳体中面。变形前后分别作为参考构型和当前构型。相关参数在参考构型中采用大写字母表示，在当前构型中采用小写字母表示。

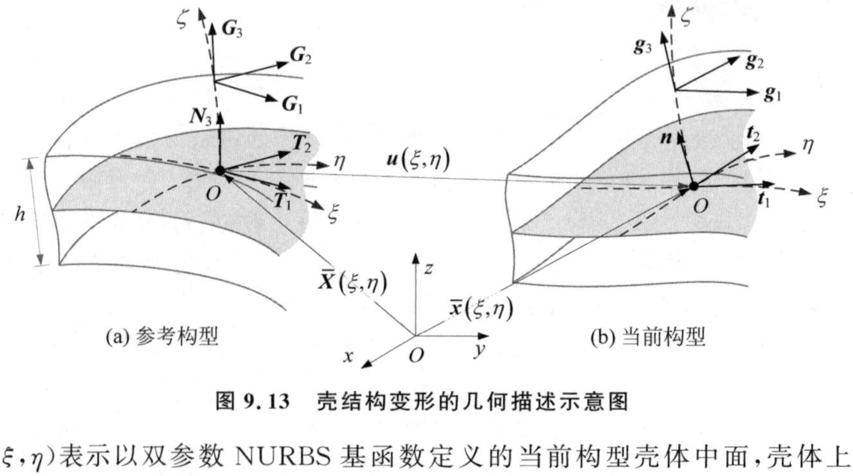

图 9.13 壳结构变形的几何描述示意图

令 $\bar{\boldsymbol{x}}(\xi,\eta)$表示以双参数 NURBS 基函数定义的当前构型壳体中面，壳体上任意一点 $\boldsymbol{x}(\xi,\eta,\zeta)$可以表示为

$$\boldsymbol{x}(\xi,\eta,\zeta)=\bar{\boldsymbol{x}}(\xi,\eta)+\zeta\boldsymbol{n}(\xi,\eta) \tag{9.78}$$

其中，$\boldsymbol{n}(\xi,\eta)$表示中面的单位法矢；$\zeta\in[-0.5h,0.5h]$表示壳体厚度方向的参数；h 为壳体厚度。令 $\boldsymbol{t}_1(\xi,\eta)$与 $\boldsymbol{t}_2(\xi,\eta)$表示中面一点处的两个切矢量，即 $\boldsymbol{t}_1(\xi,\eta)=\bar{\boldsymbol{x}}_{,\xi}(\xi,\eta)$，$\boldsymbol{t}_2(\xi,\eta)=\bar{\boldsymbol{x}}_{,\eta}(\xi,\eta)$。单位法矢 $\boldsymbol{n}(\xi,\eta)$可以通过 $\boldsymbol{t}_1(\xi,\eta)$与 $\boldsymbol{t}_2(\xi,\eta)$计算如下

$$\boldsymbol{n}(\xi,\eta)=\frac{\boldsymbol{t}_1(\xi,\eta)\times\boldsymbol{t}_2(\xi,\eta)}{\|\boldsymbol{t}_1(\xi,\eta)\times\boldsymbol{t}_2(\xi,\eta)\|} \tag{9.79}$$

为了简化书写，下面将参数坐标(ξ,η)省略。KL 壳单元的推导可以借助张量分析中协变基 $\boldsymbol{g}_i(i=1,2,3)$和逆变基 $\boldsymbol{g}^i$ 的概念。壳体中任意一点 $x(\xi,\eta,\zeta)$处的协变基矢量可以定义为

$$\boldsymbol{g}_\alpha=\boldsymbol{x}_{,\alpha}=\boldsymbol{t}_\alpha+\zeta\boldsymbol{n}_{,\alpha},\quad \boldsymbol{g}_3=\boldsymbol{n} \tag{9.80}$$

希腊字母与中面参数(ξ,η)对应，取值 1 和 2。协变度量系数 g_{ij} 定义为协变基矢量间的点积，即 $g_{ij}=\boldsymbol{g}_i\cdot\boldsymbol{g}_j$。联立式(9.80)可得

$$g_{\alpha\beta}=\boldsymbol{g}_\alpha\cdot\boldsymbol{g}_\beta=\boldsymbol{t}_\alpha\cdot\boldsymbol{t}_\beta+\zeta(\boldsymbol{t}_\alpha\cdot\boldsymbol{n}_{,\beta}+\boldsymbol{t}_\beta\cdot\boldsymbol{n}_{,\alpha})+\zeta^2\boldsymbol{n}_{,\alpha}\cdot\boldsymbol{n}_{,\beta} \tag{9.81}$$

由于单位法矢垂直于两个切矢量，即 $\boldsymbol{t}_\alpha\cdot\boldsymbol{n}=0$，两边同时求导可得

$$\boldsymbol{t}_{\alpha,\beta}\cdot\boldsymbol{n}+\boldsymbol{t}_\alpha\cdot\boldsymbol{n}_{,\beta}=0\rightarrow\boldsymbol{t}_\alpha\cdot\boldsymbol{n}_{,\beta}=-\boldsymbol{t}_{\alpha,\beta}\cdot\boldsymbol{n} \tag{9.82}$$

同理可得 $\boldsymbol{t}_\beta\cdot\boldsymbol{n}_{,\alpha}=-\boldsymbol{t}_{\beta,\alpha}\cdot\boldsymbol{n}=-\boldsymbol{t}_{\alpha,\beta}\cdot\boldsymbol{n}$。因此，式(9.81)可以化简为

$$g_{\alpha\beta}=\boldsymbol{g}_\alpha\cdot\boldsymbol{g}_\beta=\boldsymbol{t}_\alpha\cdot\boldsymbol{t}_\beta-2\zeta\boldsymbol{t}_{\alpha,\beta}\cdot\boldsymbol{n}+\zeta^2\boldsymbol{n}_{,\alpha}\cdot\boldsymbol{n}_{,\beta} \tag{9.83}$$

此外

$$g_{\alpha 3}=g_{3\alpha}=\boldsymbol{g}_\alpha\cdot\boldsymbol{n}=\boldsymbol{t}_\alpha\cdot\boldsymbol{n}+\zeta\boldsymbol{n}_{,\alpha}\cdot\boldsymbol{n}=0,\quad g_{33}=\boldsymbol{n}\cdot\boldsymbol{n}=1 \tag{9.84}$$

其中，$\boldsymbol{n}_{,\alpha}\cdot\boldsymbol{n}=0$ 可以通过对等式 $\boldsymbol{n}\cdot\boldsymbol{n}=0$ 两侧同时计算偏导矢得到。由于 KL 理论假定应变沿厚度方向呈线性变化，式(9.83)中的二次项 $\zeta^2\boldsymbol{n}_{,\alpha}\cdot\boldsymbol{n}_{,\beta}$ 可以忽略不计。逆变度量系数 g^{ij} 可以通过协变度量系数 g_{ij} 构成的矩阵求逆得到，即

$$[g^{ij}]=[g_{ij}]^{-1},\quad [g_{ij}]=\begin{bmatrix}g_{11} & g_{12} & 0\\ g_{21} & g_{22} & 0\\ 0 & 0 & 1\end{bmatrix} \tag{9.85}$$

借助逆变度量系数可以进一步得到逆变基矢量

$$\boldsymbol{g}^\alpha=g^{\alpha\beta}\boldsymbol{g}_\beta,\quad \boldsymbol{g}^3=\boldsymbol{g}_3 \tag{9.86}$$

式(9.86)使用了有限元中常用的指标表示法，α 为自由指标，β 为哑指标。同理可以计算参考构型中的协变基 $\boldsymbol{G}_i$ 和逆变基 $\boldsymbol{G}^j$。

应变和应力的度量分别使用格林-拉格朗日应变张量 $\hat{\boldsymbol{E}}$ 和第二 Piola-Kirchhoff 应力张量 $\hat{\boldsymbol{S}}$ 表示。应变张量 $\hat{\boldsymbol{E}}$ 可以由参考构型中逆变基表示，并基于协变度量系数计算

$$\hat{\boldsymbol{E}}=\frac{1}{2}(\hat{\boldsymbol{F}}^{\mathrm{T}}\hat{\boldsymbol{F}}-\hat{\boldsymbol{I}})=E_{ij}\boldsymbol{G}^i\otimes\boldsymbol{G}^j,\quad E_{ij}=\frac{1}{2}(g_{ij}-\boldsymbol{G}_{ij}) \tag{9.87}$$

其中，$\hat{\boldsymbol{F}}$ 为变形梯度张量；$\hat{\boldsymbol{I}}$ 为单位张量。应力与应变之间的关系可以表示为

$$S^{ij}=C^{ijkl}E_{kl},\quad \hat{\boldsymbol{S}}=S^{ij}\boldsymbol{G}_i\otimes\boldsymbol{G}_j \tag{9.88}$$

由于 KL 理论忽略了横向剪切应变，即应变分量 $E_{\alpha 3}=0$，式(9.87)可以简化为

$$\widehat{\boldsymbol{E}}=E_{\alpha\beta}\boldsymbol{G}^{\alpha}\otimes\boldsymbol{G}^{\beta},\quad E_{\alpha\beta}=\frac{1}{2}(g_{\alpha\beta}-G_{\alpha\beta}) \tag{9.89}$$

将式(9.83)代入式(9.89)，可将应变分量 $E_{\alpha\beta}$ 分为膜应变 $\varepsilon_{\alpha\beta}$ 和弯曲应变 $\kappa_{\alpha\beta}$，有

$$E_{\alpha\beta}=\frac{1}{2}(g_{\alpha\beta}-G_{\alpha\beta})=\varepsilon_{\alpha\beta}+\zeta\kappa_{\alpha\beta} \tag{9.90}$$

其中，

$$\varepsilon_{\alpha\beta}=\frac{1}{2}(\boldsymbol{t}_{\alpha}\cdot\boldsymbol{t}_{\beta}-\boldsymbol{T}_{\alpha}\cdot\boldsymbol{T}_{\beta}) \tag{9.91}$$

$$\kappa_{\alpha\beta}=\boldsymbol{T}_{\alpha,\beta}\cdot\boldsymbol{N}-\boldsymbol{t}_{\alpha,\beta}\cdot\boldsymbol{n} \tag{9.92}$$

式(9.88)给出的三维空间中的应力应变关系可以相应地简化为面内关系

$$S^{\alpha\beta}=C^{\alpha\beta\gamma\delta}E_{\gamma\delta} \tag{9.93}$$

基于应力和应变定义的整个壳体上的内力虚功可以表示为

$$\delta W=\int_V S^{\alpha\beta}\delta E_{\alpha\beta}\,\mathrm{d}V=\int_{\Omega}\left[\int_{-h/2}^{h/2}(S^{\alpha\beta}\delta\varepsilon_{\alpha\beta}+S^{\alpha\beta}\zeta\delta\kappa_{\alpha\beta})\,\mathrm{d}\zeta\right]\mathrm{d}\Omega \tag{9.94}$$

与膜应变 $\varepsilon_{\alpha\beta}$ 和弯曲应变 $\kappa_{\alpha\beta}$ 对应，将应力也可分为膜应力 $\mathcal{N}^{\alpha\beta}$ 和弯曲应力 $\mathcal{M}^{\alpha\beta}$，定义如下

$$\mathcal{N}^{\alpha\beta}=\int_{-h/2}^{h/2}S^{\alpha\beta}d\zeta=\int_{-h/2}^{h/2}C^{\alpha\beta\gamma\delta}E_{\gamma\delta}d\zeta=hC^{\alpha\beta\gamma\delta}\varepsilon_{\gamma\delta} \tag{9.95}$$

$$\mathcal{M}^{\alpha\beta}=\int_{-h/2}^{h/2}\zeta S^{\alpha\beta}d\zeta=\int_{-h/2}^{h/2}\zeta C^{\alpha\beta\gamma\delta}E_{\gamma\delta}d\zeta=\frac{h^3}{12}C^{\alpha\beta\gamma\delta}\kappa_{\gamma\delta} \tag{9.96}$$

令

$$\mathcal{N}=\begin{Bmatrix}\mathcal{N}^{11}\\ \mathcal{N}^{22}\\ \mathcal{N}^{12}\end{Bmatrix},\quad \mathcal{M}=\begin{Bmatrix}\mathcal{M}^{11}\\ \mathcal{M}^{22}\\ \mathcal{M}^{12}\end{Bmatrix},\quad \boldsymbol{\varepsilon}=\begin{Bmatrix}\varepsilon_{11}\\ \varepsilon_{22}\\ 2\varepsilon_{12}\end{Bmatrix},\quad \boldsymbol{\kappa}=\begin{Bmatrix}\kappa_{11}\\ \kappa_{22}\\ 2\kappa_{12}\end{Bmatrix} \tag{9.97}$$

联立式(9.94)～式(9.97)，可得

$$\boldsymbol{\delta W}=\int_{\Omega}(\mathcal{N}^{\alpha\beta}\delta\varepsilon_{\alpha\beta}+\mathcal{M}^{\alpha\beta}\delta\kappa_{\alpha\beta})\,\mathrm{d}\Omega=\int_{\Omega}(\delta\boldsymbol{\varepsilon}^{\mathrm{T}}\mathcal{N}+\delta\boldsymbol{\kappa}^{\mathrm{T}}\mathcal{M})\,\mathrm{d}\Omega \tag{9.98}$$

对于线弹性材料，式(9.95)和式(9.96)可表示成如下矩阵形式

$$\mathcal{N}=h\boldsymbol{D}_g\,\boldsymbol{\varepsilon},\quad \mathcal{M}=\frac{h^3}{12}\boldsymbol{D}_g\,\boldsymbol{\kappa} \tag{9.99}$$

其中，$\boldsymbol{D}_g$ 表示全局坐标下的弹性矩阵，有

$$\boldsymbol{D}_g=\frac{E}{1-\nu^2}\begin{bmatrix}G^{11}G^{11} & \nu G^{11}G^{22}+(1-\nu)G^{12}G^{12} & G^{11}G^{12}\\ & G^{22}G^{22} & G^{22}G^{12}\\ sym. & & 0.5[(1-\nu)G^{11}G^{22}+(1+\nu)G^{12}G^{12}]\end{bmatrix} \tag{9.100}$$

可以通过式(9.56)所示的局部坐标系下弹性矩阵 $\boldsymbol{D}$ 变换得到。

在 KL 理论中，每个控制顶点 $\boldsymbol{b}_A$ 仅包含 3 个位移自由度，记为 $\bar{\boldsymbol{u}}_A=[\bar{u}_A,\bar{v}_A,\bar{w}_A]^{\mathrm{T}}$。假定壳体中面由 $n_{cp}+1$ 个控制顶点定义，则待求位移矢量 $\bar{\boldsymbol{u}}$ 可表示为

$$\bar{\boldsymbol{u}}=\begin{bmatrix}\bar{u}_0 & \bar{v}_0 & \bar{w}_0 & \bar{u}_1 & \bar{v}_1 & \bar{w}_1 & \cdots & \bar{u}_{n_{cp}} & \bar{v}_{n_{cp}} & \bar{w}_{n_{cp}}\end{bmatrix}^{\mathrm{T}} \tag{9.101}$$

中面切矢 $\boldsymbol{t}_\alpha$ 和单位法矢 $\boldsymbol{n}$ 的变分形式可以离散为

$$\delta\boldsymbol{t}_\alpha=\boldsymbol{R}_{,\alpha}\delta\bar{\boldsymbol{u}},\quad \delta\boldsymbol{n}=\boldsymbol{E}_a\boldsymbol{R}_m\delta\bar{\boldsymbol{u}} \tag{9.102}$$

其中，

$$\underset{3\times3(n_{cp}+1)}{\boldsymbol{R}_{,\alpha}}=\begin{bmatrix}R_{0,\alpha} & 0 & 0 & R_{1,\alpha} & 0 & 0 & \cdots & R_{n_{cp},\alpha} & 0 & 0\\ 0 & R_{0,\alpha} & 0 & 0 & R_{1,\alpha} & 0 & \cdots & 0 & R_{n_{cp},\alpha} & 0\\ 0 & 0 & R_{0,\alpha} & 0 & 0 & R_{1,\alpha} & \cdots & 0 & 0 & R_{n_{cp},\alpha}\end{bmatrix} \tag{9.103}$$

$$\underset{6\times3(n_{cp}+1)}{\boldsymbol{R}_m}=\begin{bmatrix}\boldsymbol{R}_{,1}\\ \boldsymbol{R}_{,2}\end{bmatrix},\quad \underset{3\times6}{\boldsymbol{E}_a}=\frac{\boldsymbol{I}_a\boldsymbol{T}_a}{\|\boldsymbol{t}_1\times\boldsymbol{t}_2\|},\quad \underset{3\times3}{\boldsymbol{I}_a}=I_3-\boldsymbol{n}\boldsymbol{n}^{\mathrm{T}},\quad \underbrace{\boldsymbol{T}_a}_{3\times6}=[[\![\boldsymbol{t}_2]\!]\ -[\![\boldsymbol{t}_1]\!]] \tag{9.104}$$

其中，I_3 表示 3×3 的单位矩阵；双方括号〚·〛表示将 3×1 矢量转换为 3×3 矩阵，即

$$[\![\cdot]\!]:\begin{bmatrix}a\\ b\\ c\end{bmatrix}\ \rightarrow\ \begin{bmatrix}0 & c & -b\\ -c & 0 & a\\ b & -a & 0\end{bmatrix} \tag{9.105}$$

将式(9.102)代入式(9.91)，可将膜应变和弯曲应变的变分形式表示为

$$\delta\boldsymbol{\varepsilon}=\boldsymbol{E}_\varepsilon^{\mathrm{T}}\boldsymbol{R}_m\delta\bar{\boldsymbol{u}},\quad \delta\boldsymbol{\kappa}=\boldsymbol{E}_\kappa^{\mathrm{T}}\boldsymbol{R}_b\delta\bar{\boldsymbol{u}} \tag{9.106}$$

其中，

$$\underset{6\times3}{\boldsymbol{E}_\varepsilon}=\begin{bmatrix}\boldsymbol{t}_1 & \boldsymbol{0} & \boldsymbol{t}_2\\ \boldsymbol{0} & \boldsymbol{t}_2 & \boldsymbol{t}_1\end{bmatrix},\quad \underset{15\times3(n_{cp}+1)}{\boldsymbol{R}_b}=\begin{bmatrix}\boldsymbol{R}_m\\ \boldsymbol{R}_{,11}\\ \boldsymbol{R}_{,22}\\ \boldsymbol{R}_{,12}\end{bmatrix},\quad \underset{15\times3}{\boldsymbol{E}_\kappa}=-\begin{bmatrix}\boldsymbol{E}_a^{\mathrm{T}}\boldsymbol{t}_{1,1} & \boldsymbol{E}_a^{\mathrm{T}}\boldsymbol{t}_{2,2} & 2\boldsymbol{E}_a^{\mathrm{T}}\boldsymbol{t}_{1,2}\\ \boldsymbol{n} & \boldsymbol{0} & \boldsymbol{0}\\ \boldsymbol{0} & \boldsymbol{n} & \boldsymbol{0}\\ \boldsymbol{0} & \boldsymbol{0} & 2\boldsymbol{n}\end{bmatrix} \tag{9.107}$$

矩阵 $\boldsymbol{R}_b$ 中的二阶导数矩阵 $\boldsymbol{R}_{,\alpha\beta}$ 与式(9.103)形式相同。

联立式(9.98)、式(9.99)和式(9.106)，可推导等几何 KL 壳的刚度矩阵如下

$$\boldsymbol{K}=\int_\Omega\left(h\boldsymbol{R}_m^{\mathrm{T}}\boldsymbol{E}_\varepsilon\boldsymbol{D}_g\boldsymbol{E}_\varepsilon^{\mathrm{T}}\boldsymbol{R}_m+\frac{h^3}{12}\boldsymbol{R}_b^{\mathrm{T}}\boldsymbol{E}_\kappa\boldsymbol{D}_g\boldsymbol{E}_\kappa^{\mathrm{T}}\boldsymbol{R}_b\right)\mathrm{d}\Omega \tag{9.108}$$

依照等几何计算的一般流程，首先计算单元刚度矩阵，再组装成全局刚度矩阵，求解可得壳体中面所有控制顶点处的位移。

9.3.2 Reissner-Mindlin 壳单元

在 RM 理论中，假设壳体中面的直法线在变形过程中始终保持直线状态，但不再垂直于中面。与 KL 壳几何描述相同，RM 壳也通过中面和法矢表示

$$\boldsymbol{x}(\xi,\eta,\zeta)=\bar{\boldsymbol{x}}(\xi,\eta)+\zeta\boldsymbol{n}(\xi,\eta) \tag{9.109}$$

但 RM 壳位移的描述和 KL 壳不同。由于考虑剪切应变的影响，中面的每个控制顶点在全局坐标系下定义有 6 个自由度，包括 3 个位移自由度和 3 个转角自由度。在小转角和小变形假设下，RM 壳体中任意一点的位移可以表示为

$$\boldsymbol{u}(\xi,\eta,\zeta)=\sum_{A=0}^{n_{cp}}R_A(\xi,\eta)\tilde{\boldsymbol{u}}_A+\zeta\sum_{A=1}^{n_{cp}}R_A(\xi,\eta)\left[\tilde{\boldsymbol{\theta}}_A\times\boldsymbol{n}(\xi,\eta)\right] \tag{9.110}$$

其中，$\tilde{\boldsymbol{u}}_A=\begin{bmatrix}\tilde{u}_A & \tilde{v}_A & \tilde{w}_A\end{bmatrix}^{\mathrm{T}}$ 与 $\tilde{\boldsymbol{\theta}}_A=\begin{bmatrix}\tilde{\theta}_A^x & \tilde{\theta}_A^y & \tilde{\theta}_A^z\end{bmatrix}^{\mathrm{T}}$ 表示控制顶点处的位移矢量和转角矢量。

使用 Voigt 形式表示应变，有 $\boldsymbol{\varepsilon}=\begin{bmatrix}\varepsilon_{11} & \varepsilon_{22} & \varepsilon_{33} & 2\gamma_{12} & 2\gamma_{23} & 2\gamma_{13}\end{bmatrix}^{\mathrm{T}}$，根据广义胡克定律和式(9.110)，可将应变离散为

$$\boldsymbol{\varepsilon}=\boldsymbol{B}\bar{\boldsymbol{u}} \tag{9.111}$$

其中，$\bar{\boldsymbol{u}}$ 为全局位移矢量；$\boldsymbol{B}$ 为应变位移矩阵，展开为

$$\bar{\boldsymbol{u}}=\begin{bmatrix}\tilde{\boldsymbol{u}}_0^{\mathrm{T}} & \tilde{\boldsymbol{\theta}}_0^{\mathrm{T}} & \cdots & \tilde{\boldsymbol{u}}_A^{\mathrm{T}} & \tilde{\boldsymbol{\theta}}_A^{\mathrm{T}} & \cdots & \tilde{\boldsymbol{u}}_{n_{cp}}^{\mathrm{T}} & \tilde{\boldsymbol{\theta}}_{n_{cp}}^{\mathrm{T}}\end{bmatrix}^{\mathrm{T}} \tag{9.112}$$

$$\boldsymbol{B}=\begin{bmatrix}\boldsymbol{B}_0 & \boldsymbol{B}_1 & \cdots & \boldsymbol{B}_A & \cdots & \boldsymbol{B}_{n_{cp}}\end{bmatrix} \tag{9.113}$$

应变位移矩阵 $\boldsymbol{B}$ 的子矩阵 $\boldsymbol{B}_A$ 形式如下

$$\boldsymbol{B}_A=\begin{bmatrix}R_{A,x} & 0 & 0 & 0 & (\bar{R}_An_3)_{,x} & -(\bar{R}_An_2)_{,x}\\ 0 & R_{A,y} & 0 & -(\bar{R}_An_3)_{,y} & 0 & (\bar{R}_An_1)_{,y}\\ 0 & 0 & R_{A,z} & (\bar{R}_An_2)_{,z} & -(\bar{R}_An_1)_{,z} & 0\\ R_{A,y} & R_{A,x} & 0 & -(\bar{R}_An_3)_{,x} & (\bar{R}_An_3)_{,y} & (\bar{R}_An_1)_{,x}-(\bar{R}_An_2)_{,y}\\ 0 & R_{A,z} & R_{A,y} & (\bar{R}_An_2)_{,y}-(\bar{R}_An_3)_{,z} & -(\bar{R}_An_1)_{,y} & (\bar{R}_An_1)_{,z}\\ R_{A,z} & 0 & R_{A,x} & (\bar{R}_An_2)_{,x} & (\bar{R}_An_3)_{,z}-(\bar{R}_An_1)_{,x} & -(\bar{R}_An_2)_{,z}\end{bmatrix} \tag{9.114}$$

其中，$\bar{R}_A=\zeta R_A$；$n_j(j=1,2,3)$表示单位法矢 $\boldsymbol{n}$ 的三个分量。因此，应变位移矩阵 $\boldsymbol{B}$ 的计算涉及基函数与单位法矢对物理坐标(x,y,z)的导数，可以通过雅可比矩阵来间接计算。

由壳体定义式(9.109)，可将壳体中任意一点沿 3 个参数方向的一阶导矢表示为

$$\boldsymbol{x}_{,\xi}=\boldsymbol{t}_1+\zeta\boldsymbol{n}_{,\xi},\quad \boldsymbol{x}_{,\eta}=\boldsymbol{t}_2+\zeta\boldsymbol{n}_{,\eta},\quad \boldsymbol{x}_{,\zeta}=h\boldsymbol{n}/2 \tag{9.115}$$

其中，$\boldsymbol{t}_1$ 与 $\boldsymbol{t}_2$ 表示中面点 $\bar{\boldsymbol{x}}(\xi,\eta)$处的两个切矢量。定义雅可比矩阵 $\boldsymbol{J}=[\boldsymbol{x}_{,\xi},\boldsymbol{x}_{,\eta},\boldsymbol{x}_{,\zeta}]^{\mathrm{T}}$，继而可将基函数和单位法矢对物理坐标$(x,y,z)$的导数表示为

$$\boldsymbol{R}_{A,\boldsymbol{x}}=\boldsymbol{J}^{-1}\boldsymbol{R}_{A,\boldsymbol{\xi}},\quad \boldsymbol{n}_{,\boldsymbol{x}}=\boldsymbol{J}^{-1}\boldsymbol{n}_{,\boldsymbol{\xi}} \tag{9.116}$$

由 $\boldsymbol{R}_{A,\boldsymbol{x}}$ 与 $\boldsymbol{n}_{,\boldsymbol{x}}$ 可计算应变位移矩阵 $\boldsymbol{B}$。刚度矩阵 $\boldsymbol{K}$ 表示为

$$\boldsymbol{K}=\int_V \boldsymbol{B}^{\mathrm{T}}\boldsymbol{D}_g\boldsymbol{B}\,\mathrm{d}V \tag{9.117}$$

其中，全局坐标系下的弹性矩阵 $\boldsymbol{D}_g$ 可通过局部坐标系弹性矩阵 $\boldsymbol{D}_l$ 变换得到，即

$$\boldsymbol{D}_g=\boldsymbol{Q}\boldsymbol{D}_l\boldsymbol{Q}^{\mathrm{T}} \tag{9.118}$$

壳结构假定沿垂直于中面的应力为 0，即 $\sigma_{33}=0$，局部弹性矩阵 $\boldsymbol{D}_l$ 可表示为

$$\boldsymbol{D}_l=\frac{E}{1-\nu^2}\begin{bmatrix}1 & \nu & 0 & 0 & 0 & 0\\ \nu & 1 & 0 & 0 & 0 & 0\\ 0 & 0 & 0 & 0 & 0 & 0\\ 0 & 0 & 0 & (1-\nu)/2 & 0 & 0\\ 0 & 0 & 0 & 0 & \kappa(1-\nu)/2 & 0\\ 0 & 0 & 0 & 0 & 0 & \kappa(1-\nu)/2\end{bmatrix} \tag{9.119}$$

其中，$\kappa=5/6$ 为剪切修正因子。转换矩阵 $\boldsymbol{Q}$ 将 $\boldsymbol{D}_l$ 从局部坐标系转换到全局坐标系，令局部坐标系的 3 个单位方向列矢量表示为 $\boldsymbol{q}_1=[q_{1x},q_{1y},q_{1z}]^{\mathrm{T}}$，$\boldsymbol{q}_2=[q_{2x},q_{2y},q_{2z}]^{\mathrm{T}}$，$\boldsymbol{q}_3=[q_{3x},q_{3y},q_{3z}]^{\mathrm{T}}$，则转换矩阵 $\boldsymbol{Q}$ 可以写为

$$\boldsymbol{Q}=\begin{bmatrix} q_{1x}^2 & q_{2x}^2 & q_{3x}^2 & 2q_{1x}q_{2x} & 2q_{2x}q_{3x} & 2q_{1x}q_{3x}\\ q_{1y}^2 & q_{2y}^2 & q_{3y}^2 & 2q_{1y}q_{2y} & 2q_{2y}q_{3y} & 2q_{1y}q_{3y}\\ q_{1z}^2 & q_{2z}^2 & q_{3z}^2 & 2q_{1z}q_{2z} & 2q_{2z}q_{3z} & 2q_{1z}q_{3z}\\ q_{1x}q_{1y} & q_{2x}q_{2y} & q_{3x}q_{3y} & q_{1x}q_{2y}+q_{2x}q_{1y} & q_{2x}q_{3y}+q_{3x}q_{2y} & q_{3x}q_{1y}+q_{1x}q_{3y}\\ q_{1y}q_{1z} & q_{2y}q_{2z} & q_{3y}q_{3z} & q_{1y}q_{2z}+q_{2y}q_{1z} & q_{2y}q_{3z}+q_{3y}q_{2z} & q_{3y}q_{1z}+q_{1y}q_{3z}\\ q_{1x}q_{1z} & q_{2x}q_{2z} & q_{3x}q_{3z} & q_{1x}q_{2z}+q_{2x}q_{1z} & q_{2x}q_{3z}+q_{3x}q_{2z} & q_{3x}q_{1z}+q_{1x}q_{3z}\end{bmatrix} \tag{9.120}$$

局部坐标系的定义主要有两种方法：共旋基(corotational basis)方法和正交基(orthonormal basis)方法。其中共旋基的 3 个基矢量定义如下

$$\begin{gathered}\boldsymbol{q}_3=\boldsymbol{n},\quad \boldsymbol{q}_a=\frac{\boldsymbol{t}_1+\boldsymbol{t}_2}{\|\boldsymbol{t}_1+\boldsymbol{t}_2\|},\quad \boldsymbol{q}_b=\frac{\boldsymbol{q}_3\times\boldsymbol{q}_a}{\|\boldsymbol{q}_3\times\boldsymbol{q}_a\|},\\ \boldsymbol{q}_1=\frac{\sqrt{2}}{2}(\boldsymbol{q}_a-\boldsymbol{q}_b),\quad \boldsymbol{q}_2=\frac{\sqrt{2}}{2}(\boldsymbol{q}_a+\boldsymbol{q}_b)\end{gathered} \tag{9.121}$$

而正交基的 3 个基矢量定义为

$$\boldsymbol{q}_3=\boldsymbol{n},\quad \boldsymbol{q}_1=\frac{\boldsymbol{t}_1}{\|\boldsymbol{t}_1\|},\quad \boldsymbol{q}_2=\boldsymbol{q}_3\times\boldsymbol{q}_1 \tag{9.122}$$

至此，式(9.117)中刚度矩阵计算所涉及变量全部已知。

由于 RM 壳中假定控制顶点在局部坐标系下绕 z 轴转角为 0，这可能会引起全局刚度矩阵的奇异。为了避免刚度方程求解出现奇异问题，可以在刚度矩阵的所有转角自由度对应位置加上一个与控制顶点法矢量相关的子矩阵。对于第 A 个控制顶点，有

$$\boldsymbol{K}_A^{\theta\theta} = \boldsymbol{K}_A^{\theta\theta} + sk\boldsymbol{n}_A \otimes \boldsymbol{n}_A \tag{9.123}$$

其中，$\boldsymbol{K}_A^{\theta\theta}$ 表示控制顶点 A 的 3 个转角自由度在全局刚度矩阵中对应的子矩阵，是一个 3×3 的矩阵；参数 s 是一个小的常数，推荐使用 $10^{-4}\sim10^{-6}$ 量级的小数；k 取矩阵 $\boldsymbol{K}_A^{\theta\theta}$ 对角元素的最大值。

9.3.3　算例详解

如图 9.14 所示，圆柱壳两端面与刚性隔板相连，圆柱面中心线上承受方向相反的一对点载荷 $\boldsymbol{P}$，几何和材料数据如下

$$R=300,\quad L=600,\quad h=3.0,\quad E=3\times10^6,\quad \nu=0.3,\quad P=1.0$$

由于几何模型及其边界条件满足对称性，只对圆柱壳的 1/8 进行建模，如图 9.14 中深色部分所示。两个与刚性隔板相连的端面边界条件在 RM 壳理论中可以等效为 $u=w=\theta_y=0$，在 KL 壳理论中等效为 $u=w=0$。在对称模型中，左侧、上侧和右侧边施加对称边界条件。点 A 处的参考位移为 $u_A^z=-1.8248\times10^{-5}$。

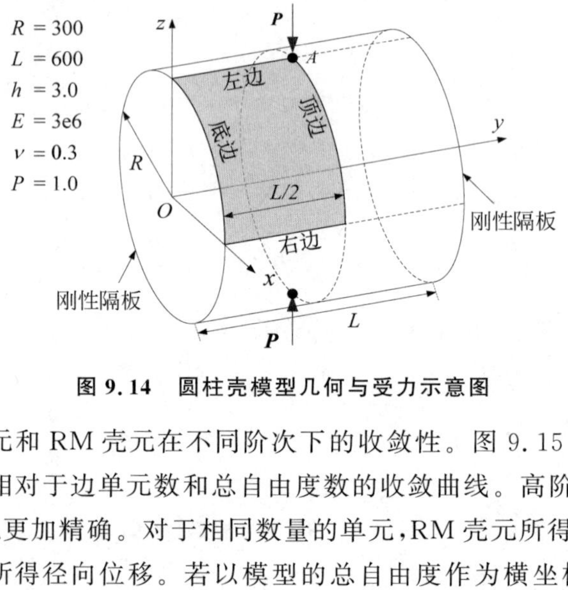

图 9.14　圆柱壳模型几何与受力示意图

首先考查 KL 壳元和 RM 壳元在不同阶次下的收敛性。图 9.15 给出了圆柱壳在力载荷处的 z 向位移大小相对于边单元数和总自由度数的收敛曲线。高阶单元展现出了更快的收敛速度，计算结果也更加精确。对于相同数量的单元，RM 壳元所得径向位移在多数情况下要稍大于 KL 壳元所得径向位移。若以模型的总自由度作为横坐标，则 KL 壳元的收敛曲线位于 RM 之上，如图 9.15(b)所示，同样自由度数情形下 KL 壳元结果更准确。在双三次 NURBS 模型中，细分为 3600 个单元，基于 KL 壳元的 A 点 z 向位移为 $u_A^z=-1.8223\times10^{-5}$，

基于 RM 壳元的计算结果为 $u_A^z=-1.8542\times10^{-5}$，图 9.16 展示了基于这两种壳元所得的径向位移云图，从位移分布上来看两者高度一致。

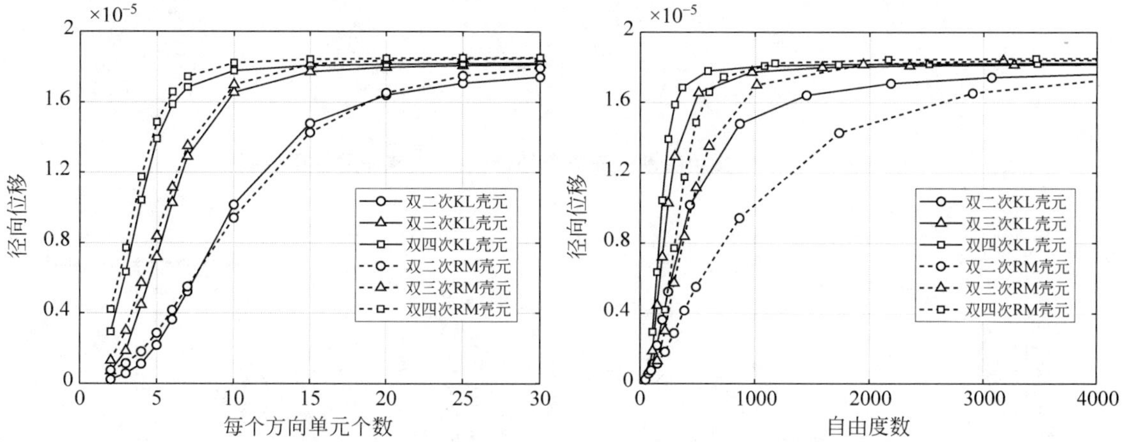

(a) 径向位移随单元个数变化　　(b) 径向位移随自由度总数变化

图 9.15　圆柱壳 A 点径向位移收敛曲线

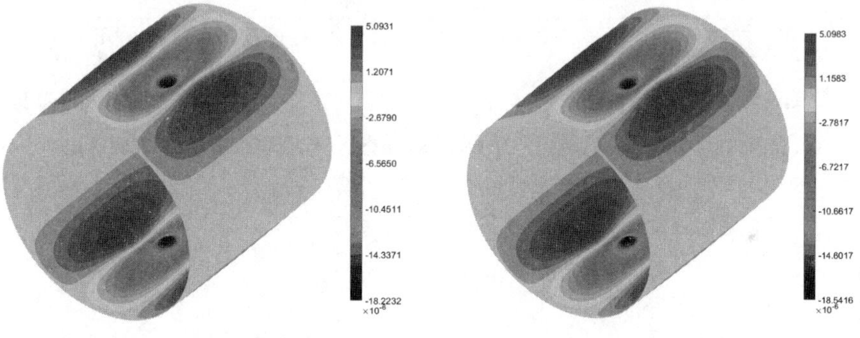

(a) KL壳元　　(b) RM壳元

图 9.16　基于 KL 壳元和 RM 壳元计算的圆柱壳径向位移云图

NURBS 模型在单元细分时，需要插入整行或整列控制顶点。T 样条则可以通过引入 T 型节点对模型局部区域进行单元细分，这对等几何分析来说有重要价值。在场变量变化大的区域引入更多控制变量，可以提升计算精度，同时控制计算成本。图 9.17 展示了基于 T 样条构造的圆柱壳对称模型，集中载荷区域得到了逐级细分，单元总数分别为 7、28、139、616 和 1404。图 9.18 给出了基于 NURBS 和 T 样条的收敛曲线对比。显然 T 样条收敛速度更快，因为 T 样条在加载点附近给予了相对更多的控制变量，丰富了位移场变量的描述自由度。

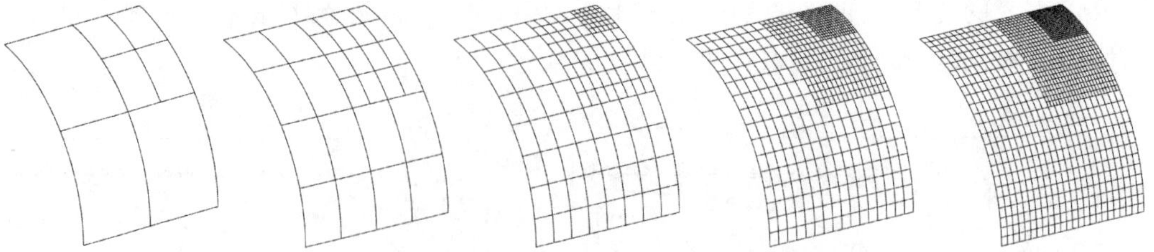

图 9.17 基于 T 样条的圆柱壳对称部分建模,对集中载荷区域细分

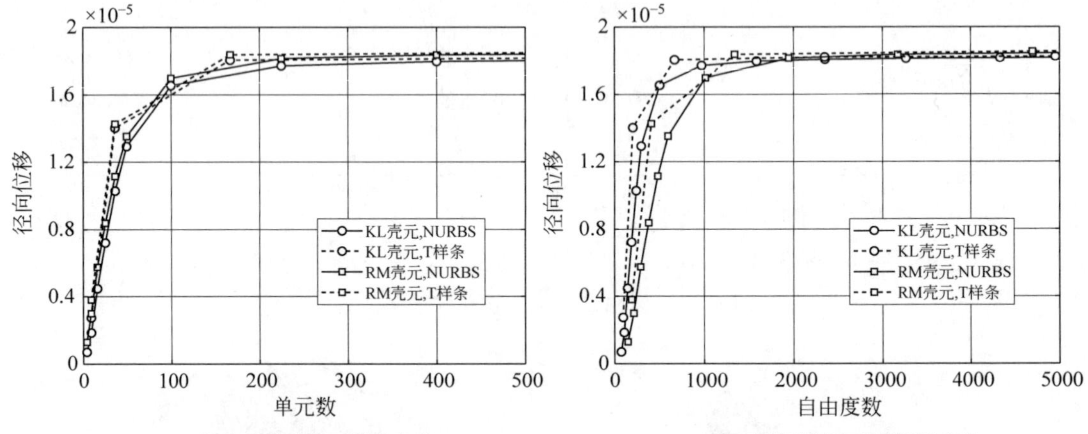

(a) 径向位移随单元总数变化

(b) 径向位移随自由度总数变化

图 9.18 基于 T 样条和 NURBS 的圆柱壳 A 点径向位移收敛曲线对比

参考文献